滇东矿区喀斯特地貌
高精度三维地震勘探技术研究

Research on High-Resolution 3D Seismic Exploration Technology Under Karst Landform Conditions in the Eastern Yunnan Mining Area

彭苏萍 等 著

科 学 出 版 社

北 京

内 容 简 介

目前，我国西南地区煤层资源开发面临寻找煤层开发有利区和安全区两大挑战。滇东矿区地表是典型喀斯特地貌代表之一。矿区地表地形高差大、岩性变化大；地层倾角陡、煤层薄、地质情况复杂，是我国煤田勘探的难点之一。本书围绕影响喀斯特地貌条件下滇东矿区隐蔽致灾地质因素：小构造、煤层厚度、卡以头组砂岩富水性和煤层含气量，结合地震探测技术进行研究。以滇东矿区雨汪矿地震资料为基本素材，全面细致地介绍喀斯特地貌条件下的地震探测技术特征，重点分析滇东矿区野外采集、地震资料处理、地震解释方法的关键性步骤。同时，总结提升三维地震资料信噪比、改善静校正处理效果的技术流程和方法，结合支持向量机原理分析提高小构造解释精度的智能化解释方法，通过数值模拟和实际数据分析煤层厚度与地震振幅属性的关系并进行预测，通过岩石物理分析砂岩富水性和地震属性的关系，煤层气富集区的地震振幅随偏移距变化（AVO）响应特征，构建煤层含气量预测的技术方法。本书资料数据翔实、内容丰富，具有科学性、创新性、资料性和实用性。

本书可供煤田勘探地球物理专业和地质工程专业的师生，以及从事现场工作的物探、地质及其他工程技术人员参考和使用。

图书在版编目(CIP)数据

滇东矿区喀斯特地貌高精度三维地震勘探技术研究 / 彭苏萍等著. —北京：科学出版社，2024. 4

ISBN 978-7-03-073129-6

Ⅰ. ①滇…　Ⅱ. ①彭…　Ⅲ. ①矿区-岩溶地貌-地震勘探-研究　Ⅳ. ①P631. 4②P931. 5

中国版本图书馆 CIP 数据核字（2022）第 166875 号

责任编辑：焦　健　吴春花 / 责任校对：何艳萍

责任印制：赵　博 / 封面设计：无极书装

科 学 出 版 社 出版

北京东黄城根北街 16 号

邮政编码：100717

http://www.sciencep.com

北京中科印刷有限公司印刷

科学出版社发行　各地新华书店经销

*

2024 年 4 月第　一　版　开本：787×1092　1/16

2025 年 2 月第二次印刷　印张：27

字数：640 000

定价：368.00 元

（如有印装质量问题，我社负责调换）

作者名单

彭苏萍　邹冠贵　李　前　殷裁云

李伟东　李贵和　于忠升　汪义龙

王大龙　胡　兵　陈存强　顾雷雨

王海军　赵清全　李义朝　孙晓虎

前　　言

基于我国富煤、贫油、少气的能源资源禀赋，在未来相当长时间内，煤炭仍将作为我国的主体能源。华中、华南、西南地区经济快速发展带动能源需求快速增长，整体对煤炭需求量越来越大。“十二五”“十三五”期间，国家规划建立14个亿吨级大型煤炭基地，其中云贵基地是南方地区最重要的基地，担负向中南、西南地区供给煤炭，并作为“西电东送”南通道电煤基地，是我国能源总体战略的重要组成部分。西南地区由于煤炭地质条件的限制，煤炭资源开发严重不足，且自二叠纪成煤期以来受到印支、燕山、喜马拉雅等大规模多期次构造运动作用，矿区地质条件复杂，煤层赋存稳定性较差，瓦斯、水害等矿井地质灾害多发。为了进一步发掘西南地区自身的煤炭资源潜力，保障能源经济安全稳定需要，围绕建设安全、高效、绿色、智能矿山的要求，急需在西南地区有关矿区进行精细地球物理勘探研究，提供西南地区煤矿的高精度地质保障技术示范，破解西南云南、贵州地区煤矿安全高效生产的地质保障难题。

自从1960年云南省地质矿产勘查开发局第六地质队首次开展云南省曲靖市富源县老厂煤田（滇东矿区）预查工作，至今已经开展地质钻探勘查十余次，认为其是我国西南地区首个整装煤田，其中雨汪井田已探明的无烟煤储量达38.86亿t，煤层气达300多亿立方米，具有重要的开发意义。2008年以来，经中国煤炭地质总局、中国石油集团东方地球物理勘探有限责任公司等多家物探单位探索，总体认为在喀斯特地貌条件下开展煤矿高精度三维地震勘探，是一项极具挑战性的物探工作，综合考虑经济技术可行性，认为此地区三维地震勘探成本极高，探查效果不好，不适合做煤田三维物探。

为了对采掘部署、矿井科学设计、安全高效生产、重大灾害治理、透明矿山、智慧矿井建设提供有力的地质依据，针对滇东矿区断崖、冲沟发育、山高谷深、高原剥蚀与岩溶区广泛分布等典型复杂喀斯特地貌地表条件这一“世界级”地质勘探难题，全力攻关云南地区复杂喀斯特地貌条件下煤矿高精度三维地震勘探技术难题，本研究以云南滇东雨汪能源有限公司雨汪煤矿一井为背景，选取101、102盘区共4km^{2}研究范围，开展高精度三维地震科技研究和试验，对高精度三维地震勘探的地震采集、处理、解释等关键环节进行技术创新研发，主要内容包括喀斯特地貌条件下的地震采集技术、喀斯特地貌条件下的垂直地震剖面探测技术、低信噪比下的山地高分辨率地震数据处理技术、三维地震构造解释技术、基于支持向量机的断层智能化解释技术、基于波阻抗的含煤地层与顶底板岩性及富水性分析、基于地震AVO技术的煤层含气量分布规律研究、基于地震资料的煤层稳定性评价与预测，并开展煤及煤层气资源潜力评价，构建煤层赋存条件、地质构造、煤层气资源潜力和瓦斯突出危险区等煤矿资源与灾害源的地震探查技术方法，获得了更为精细的成果，指导煤炭资源开采、煤层气（瓦斯）的地面地下抽采，改善煤矿生产的安全性，提高经济效益，为矿井安全高效生产和智能绿色矿井建设奠定了基础。

通过在滇东矿区首次开展喀斯特地貌条件下的高精度三维地震勘探试验研究，初步取得了积极的研究成果，通过采掘工程揭露对比，整体上达到了预期的勘探目标和技术经济指标，搭建了全套包含采集、处理、智能化解释三方面核心技术的喀斯特地貌条件下煤矿高精度三维地震勘探技术体系，该技术是我国西南整装煤田首次成功开展高精度三维地震勘探实践，对煤矿地质因素的地面地震探测具有重要的理论意义和实际的应用价值，具有较广泛的应用前景，可推广到地质条件类似的矿井，并产生巨大的社会和经济效益。

本书共10章，由彭苏萍、邹冠贵、李前、殷裁云等共同完成。其中，彭苏萍负责项目整体方案设计和实施，提出喀斯特地貌煤矿高精度三维地震勘探技术框架，撰写了第1章；邹冠贵负责高精度三维地震勘探采集、处理、解释关键技术与方法研究，撰写了第3章、第5章、第6章；李前完成项目总体实施方案并作为现场负责人，撰写了第3章、第4章；殷裁云负责矿区地质分析和基于地震AVO技术的煤层含气量预测方法与技术研究，撰写了第2章、第8章；李伟东进行喀斯特地貌条件下高精度三维地震采集试验研究，撰写了第3章；李贵和负责喀斯特地貌条件下地震勘探观测系统设计与采集参数研究，撰写了第3章；于忠升开展煤层群高分辨率垂直地震剖面技术研究，撰写了第4章；汪义龙进行基于三维地震的煤层资源稳定性定性、定量评价研究，撰写了第9章；陈存强开展垂直地震剖面资料解释与综合分析和基于波阻抗数据体的煤层分叉合并分析，撰写了第4章、第7章；顾雷雨进行三维地震构造高精度解释研究，撰写了第6章；王海军协助高精度三维地震勘探地质成果现场实践，撰写了第6章、第7章；赵清全开展基于三维地震的主采煤层上覆岩性及其富水区预测研究，撰写了第7章；王大龙、胡兵负责现场实施和后续规划，撰写了第10章；李义朝、孙晓虎进行资料处理技术研究，参与撰写了第3章；最后由彭苏萍、邹冠贵统稿。本书是研究团队的集体成果，参与这方面研究的成员有博士研究生曾葫、任珂、佘佳生，硕士研究生莫仕林、滕德亮、丁建宇、张少敏、李志凌、靳超超。佘佳生、刘燕海、张少敏、史奥川等很多同学为本书的插图进行了清绘和部分资料的收集整理，在此特表感谢。

本书的研究工作还得到了中国矿业大学（北京）的杜文凤教授、朱国维教授，中国矿业大学的董守华教授，中国煤炭地质总局的王佟教授级高工，以及中国华能集团有限公司的领导及工程技术人员在地质、地震资料方面的支持和帮助，在此表示真诚的感谢。同时，还要感谢书中引用文献作者的支持和帮助。

本书的出版得到了国家重点研发计划课题“地质异常体的三维地震精细勘探技术与装备”（编号：2018YFC0807803）的资助，同时，也得到了中国华能集团有限公司科技项目“滇东矿区喀斯特地貌条件下高精度三维地震勘探技术研究”以及多个科研课题的资助，在此表示衷心的感谢。

喀斯特地貌条件下的高精度三维地震探测技术研究，有许多理论和方法内容需要进一步完善探讨，书中不妥之处，还请读者多多批评指正。

目　　录

第1章 研究概况

1.1 研究背景与研究意义

华能滇东雨汪井田位于富源县老厂煤矿区四勘探区西南部，属富源县十八连山镇及老厂镇管辖。井田范围呈北东向延展，东及东北部至4117勘探线，与白龙山煤矿毗邻，浅部（北及西北）以F1-19断层与地方煤矿为界，南东（深部）以F408断层为界，南及西部以四勘探区边界为界，井田走向长4.2～10.2km，倾斜宽1.8～7.1km。

雨汪煤矿一井地处十八连山山区，海拔1310～2018m，沿走向地势中间高两侧低，最低侵蚀基准面位于西南缘喜旧溪河谷，最大高差710m，地表植被较发育。地貌由高原剥蚀中山区与高原岩溶区两个地貌类型组合而成，受控于地质构造，山体延伸方向大致与地层走向一致，呈北东—南西向，山脊均由下三叠统砂泥岩及泥灰岩组成。地表永宁镇组（T_1y）灰岩覆盖面积较大，灰岩覆盖区地貌上常表现为侵蚀、剥蚀峰丛、沟谷等。地层倾向与坡向基本一致，总体为同向坡地貌，属中山地形。原矿井地勘钻孔布置考虑地形因素影响施工，钻孔布置于山谷或地形相对平缓位置，钻孔间距大多大于500m，难以控制隐伏构造。以已施工的集中进风斜巷（贯穿101盘区2300m）为例，实际揭露地质构造复杂程度远超《云南省富源县雨汪井田煤炭勘探报告》所述，在中部约600m范围内揭露最大落差为57m的断层近10条，形成阶梯状地堑构造，地质情况相当复杂。

针对上述复杂的地质情况，围绕建设透明矿山、智慧矿井的要求，滇东矿区需要开展精细勘探。我国煤炭工业20余年的发展表明，采用先进的三维地震高分辨率勘探技术，是完成精细地质探查的一种有效手段。以往该区域仅做过地震勘探的探索和试验，受困于地质条件复杂一直未获得成功。该区域三维地震采集面临的主要问题有：①山区山高坡陡，沟壑纵横，地形起伏变化剧烈；②表层结构不稳定，地表地层岩性多变，低速层速度和厚度变化大。山区复杂的表层地震地质条件影响了地震波的激发和接收，因此各种干扰波发育，资料信噪比低。根据三维地震勘探技术的发展现状，通过低速带调查，分析起伏地表、浅层的速度横向变化；基于高分辨率的地震观测系统设计、高性能的数字检波器、先进的地震数据处理技术、大数据智能化的地震资料解译方法，滇东矿区开展高分辨率三维地震勘探成为可能。

针对研究区的复杂地震地质情况，通过开展高分辨率三维地震采集，可以获得高品质的原始记录；基于先进的三维地震处理技术，可以确保断层和褶曲等地质构造准确成像与归位；基于支持向量机的智能解释方法，有效识别小构造；开展协克里金煤层厚度预测研究，预测主要煤层厚度变化；开展地震多属性精细构造解释，建立精细速度场，实现时深转换，获得主要煤层底板等高线；通过采用地震叠后反演获得波阻抗数据体，求得研究区内的速度、密度分布；通过建立煤层含气量与AVO属性之间的统计关系，预测煤层含气量；构建基于煤层起伏形态的资源量计算方法，计算得到煤层气资源量；基于地震资料的地质成果，开展煤层资源稳定性评价，分析主采煤层上覆异常富含水区域。

基于高分辨率三维地震勘探，从三维地震数据体中提取有效信息，进行多参数多手段解释，不仅能提供丰富的地质细节，还能多角度、多层次地提供高性价比的可靠地质资料，将煤矿复杂的地质信息透明化，极大地促进了煤矿的安全高效生产。

1.2 喀斯特地貌条件下采区三维地震国内外研究现状

1.2.1 三维地震采集技术研究现状

俗话说，"上天容易，下地难"，由于地下是一个实体空间，人们想了解地下介质的构造、岩性等情况时，总是面临多方面的困难（王言剑，2007；Peter et al.，2002；Vermeer，2003）。19世纪中叶，R. 马利特（Mallet）曾用人工激发的地震波来测量弹性波在地壳中的传播速度，这可以说是地震勘探方法的萌芽。后续的研究表明，地面激发的地震波，向下传播遇到岩性界面，反射地震波携带着很多与地层性质有关的信息，利用这些信息就可以知道地下地层的高低起伏情况，如是硬地层还是软地层，厚度如何，孔隙中所含的是石油、天然气还是水等。该工作为人们探测地下介质提供了一种新方法，从而最终形成现在的地震勘探技术。

虽然地震波勘探具有如此多的优势，然而要得到这些陆续从地下返回的地震波并将其展示出来绝非易事，这首先需要到野外将这些信息采集回来，也就是野外地震资料采集（Sheriff and Geldart，1995）。地震资料采集包括测量炮点检波点位置→利用炸药等方式激发出震源→埋检波器→布置电缆线至仪器车几个工序。测量任务是定好测线及爆炸点和接收点的位置。激发震源的方式有多种，如炸药激发震源、电源激发震源、重力震源等，其中炸药激发震源因宽频带、能量大而被广泛使用。地震波遇岩层界面反射回来被检波器接收并传到仪器车，仪器车将检波器传来的信号记录下来，这就获得了用以研究地下地质构造和岩性情况的地震记录（Hoover and O'Brien，1982）。

上述过程中，采集设备和观测系统的设计是最为关键的两部分。这里主要针对观测系统的国内外研究现状进行描述。观测系统的设计实质就是根据勘探区的范围，设置好检波点、炮点的位置。一个好的观测系统应具备经济上廉价、采集资料上高效的特征，从而有利于后续的构造和岩性处理、解释。最初，地震波的记录主要是靠照相方法，此时设计的观测系统主要是一次覆盖，一般采用24道检波器接收，地震波的信噪比和分辨率均较低，由于仪器的落后，很多处理技术都没办法实现，如不能回放地震记录，在记录上无法进行静、动校正；另外，由于地震资料只能对主要反射层位做一些简单处理，因此资料成果的分辨率较低，只能探测尺寸较大的地质体。随着科技的发展，直到1954年W. 哈·梅恩（W. Harry Mayne）提出了共中心点（common midpoint，CMP）的概念，并于1955年实现了模拟记录的静校正和动校正，从20世纪60年代开始，中国地震采集设备引入电子计算机，为多次覆盖技术、静校正、动校正的技术发展创造了条件。多次覆盖就是对地下同一地段进行多次重复性观测，该技术大大提高了地震资料信噪比及解决地质问题的能力。中国从20世纪70年代开始使用数字记录接收仪，至80年代之前，该阶段的二维地震勘探实现了多次覆盖，仪器的接收道数也较以往更长，为48~120道。在80年代末，采集方法除继续沿用多次覆盖技术外还开发了提高勘探准确性的三维地震采集技术。三维地震采集的数据能更好地解决复杂地质构造问题（陆基孟，2008）。随着生产的发展和需要，人们对三维地震勘探的地质要求也越来越高，即三维勘探不仅要达到更高的分辨率，更需要准确的构造成像；而且希望通过利用三维地震技术来探测岩性气藏（尹喜玲，2010；冷广升，2010；熊宗宫，2003），同时分析储层的各种属性，对油藏进行精细描述。这些对三维观测系统设计的精细程度提出了更大的挑战。观测系统设计在以前的基础上加入了对炮检距大小及其分布、偏移孔径、分辨率、采集足痕等因素的考虑。随着地震装备的进步，地震勘探系统也变得越来越庞大，对观测系统的要求也越来越高，观测系统的设计也就变得越来越复杂（Mortice et al.，2001；王海燕，2009）。

随着地震勘探技术的发展，产生了一些垂直观测的特殊地震勘探技术（Liner et al.，1999；程增庆等，2004；Volker et al.，2005；赵镨和武喜尊，2008；Li，2005），该方法是在井中观测地震波场，将地震检波器置于井中不同深度来记录地面震源所产生的地震信号，被称为垂直地震剖面（vertical seismic profile，VSP）。例如，刘洋等对三维VSP观测系统设计进行了分析，认为VSP观测系统取决于地面炮数、井下可利用检波器个数、井源距、检波点深度、炮点分布和检波点分布等方面，设计合理的观测系统能够改善井孔附近地层的三维成像效果。通常可以通过覆盖次数和井源距等面元属性参数来衡量三维VSP观测系统设计的合理性（刘洋等，2002）。王建民等（2007）通过研究得出检波器个数、井源距和观测面积三者之间的关系，井源距随检波点深度的增加而减小，观测面积则随之增大；PS波观测面积小于PP波观测面积；当检波器个数和炮点分布不变时，可以通过适当增加检波点间距使覆盖次数达到均匀；当炮点呈环形分布或束状分布且炮点间距与炮线间距相当时覆盖次数较为均匀，PP波、PS波覆盖次数的均匀程度基本相当。

由于宽方位三维观测系统有利于采集到相近的全三维波场，冯凯等对宽方位的三维观测系统进行了研究（冯凯等，2006），发现该观测系统具有如下优点：尽可能缩小观测系统造成的面元间的偏移距与方位角分布差异所带来的振幅异常，进而通过全三维数据处理与偏移，得到地下介质的准确成像（凌云研究组，2003）。唐建明认为，宽方位三维三分量勘探综合了宽方位纵波勘探和转换波勘探的优势，对于解决川西深层致密裂缝性气藏的勘探开发问题具有良好的应用前景，而宽方位三维三分量地震采集设计是采集到高质量多分量原始资料的技术保障（孙歧峰和杜启振，2011；唐建明和马昭军，2007）。为此，根据储层埋藏深、岩性致密的特点，结合地质任务要求，分析宽方位三维三分量观测系统设计的难点；然后通过观测系统参数的分析论证，确定同时适合纵波勘探和转换波勘探的面元尺寸、最大和最小炮检距、接收线距、束间滚动距等；通过针对目的层深度和纵、横波速度比的观测系统模板分析，确定观测系统的类型。基于上述分析设计三种观测系统方案，通过对三种观测系统方案的玫瑰图、CMP面元和共转换点（common converted point，CCP）面元属性、最大炮检距分布等的分析，确定适合的宽方位三维三分量观测系统，并利用正演模拟对其进行验证。将该观测系统应用于实际地震资料采集，获得的三分量资料波组特征清楚，同相轴连续性好，反射信息丰富；PP波剖面和PS波剖面反射层次清楚，目标层反射特征明显，构造形态一致性好。狄帮让等（2007）则通过物理模型，研究了宽/窄方位三维观测系统对地震成像的影响分析，得出如下认识：在上覆地层相对平缓、速度横向变化不大的地质背景下，通过采用CMP叠加偏移处理，宽方位和窄方位三维采集都能对地下目标实现基本正确的地震成像，且两者的成像分辨率基本相当。在复杂地表条件下，地表干扰源、障碍物等广泛分布，造成野外采集作业困难，这时需要进行观测系统的变观设计，陈学强和张林（2007）针对这种情况进行了研究，讨论了复杂地表条件对地震资料影响程度的定量分析方法，包括干扰的衰减分析方法、给地震数据加载噪声的分析方法、信噪比比值法，并分析了障碍物引起的空炮或空道对地震资料的影响程度。

综上所述，目前实践中主要以典型的物理点为依据对地震采集参数进行分析，然后将局部点分析的结果用于整个勘探区，采用一种近似或者折中的方案；在观测系统设计方面，通过CMP分析获得地下有效反射信息，并且以此为基础对实际反射点进行近似的描述（Sheriff，1997）。

观测系统是地震施工中的向导，为地震勘探技术指明了方向，决定着最终的勘探成果。多年来，地震勘探技术发生了巨大的变化，观测系统的设计也伴随着地震勘探技术的发展得到了更大程度上的优化（李万万，2008；晁如佑等，2010；李佩等，2010；彭苏萍等，2008；尹成等，2005；郭恒庆等，2007；左建军，2010；狄帮让等，2003）。随着勘探区越来越复杂，对地震采集参数分析和观测系统设计的准确性、真实性提出了更高的要求。然而，喀斯特地貌条件下的三维地震采集一直是我国西南煤田地质勘探的难点。雨汪煤矿地处滇东矿区，是我国西南地区喀斯特地貌条件下的代表性煤矿。

2008年，中国煤炭地质总局施工队伍在雨汪煤矿井田选取三个点放了三次炮，进行三维地震试验，认为需要16m井深，5kg药量才能取得有效波，三维地震勘探成本巨大。2014年上半年来自安徽、河北、陕西、山西的多家煤田地质局物探测量队等科研院所到滇东矿区，进行三维地震可行性研讨；2016年中国石油集团东方地球物理勘探有限责任公司到云南某煤矿区踏勘，探讨三维地震的可行性。以上多家国内权威三维地震勘探单位得出结论：此地区不适合做三维物探，成本高，探查效果不好。主要是考虑到滇东矿区只能采用传统人工打孔装药放炮形式，施工难度较大；地表浮土及松散基岩对震动产生的能量吸收多，导致震动波损失较大，不能探测到目的层，难以保证探查出5m以下断层，地质构造带平面位置最小控制在30m范围内。贵州发耳煤矿及曲靖恩洪煤矿、贵州能发高山煤矿均开展过地面三维地震勘探工作，也是类似结论。

1.2.2 三维地震处理技术研究现状

地震资料的处理是在野外采集设备获取的地震数据基础上，进行地震波成像的技术手段。地震资料处理一般需要经过如下过程：资料解编和整理、野外静校正、去噪、反褶积、速度分析、偏移成像等几个关键性步骤（刘振宽等，2004）。煤田地震资料具有小偏移距和小道间距的特点，而且煤炭生产者在井下施工，进而对煤田地震资料的处理具有更高的“高分辨率、高信噪比、高保真度”要求。

静校正就是研究地震波传播时间受地表起伏和地表低速带横向变化影响，通过校正使得时距曲线满足理论双曲线方程。在陆地反射波地震勘探资料处理中，近地表校正是一项十分关键的基础性工作，一直受到国内外学者的极大重视。多年来，学者提出了多种室内进行的近地表校正技术，主要有利用野外低测数据的野外近地表校正、利用初至波信息的初至波静校正、利用折射波信息的折射波静校正、利用首波的层析反演静校正等。这些校正方法都在某些地表适应条件满足时，能较好地解决地表速度横向变化不剧烈、介质形态接近层状的复杂地区的近地表校正问题。在近地表结构很复杂，没有大的折射层时，可以采用层析静校正的方法。Zhang 和 Toksöz（1998）提出可以使用视速度和平均速度进行反演，而不是直接使用折射波的走时。Vera（1987）在此基础上，提出使用 Herglotz-Wiechert 积分公式来获取视速度模型，进行旅行时分解，得到长波长静校正值的计算结果。Zhu 等（1992）提出了非线性射线层析静校正的方法，根据射线传播路径计算折射波走时，并根据其与实际数据的走时之差求取新的速度模型。经过长波长静校正之后，近地表速度变化的影响往往不能被消除，主要是因为近地表存在一些未知的小构造，而且炮点和检波器的位置并不完全准确。此外，还需要在处理过的地震数据中进行进一步的处理，即剩余静校正。郭明杰（2006）在共中心点道集上使用折射波作为模型道计算剩余静校正值。Wu 等（2021）提出了一种利用长偏移距折射波走时计算剩余静校正的方法。张剑锋等（2021）提出了利用二维折射波干涉法求解剩余静校正的方法。对于剩余静校正问题，很多学者提出了一些求全局最优解的方法。Rothman（1986）将模拟退化法应用于求解剩余静校正问题。Wilson 等（2001）将遗传算法应用于剩余静校正，并且应用并行计算进行求解。尹成等（2001）提出了遗传退火的混合算法，利用遗传算法的演化过程来逼近模拟退火中每个温度的准平衡状态。

去噪是对地震数据的噪声进行压制以提高地震信号的信噪比，去除相干噪声主要利用有效波和相干噪声的差异对相干噪声进行滤波。去除随机噪声方法的理论依据是：假设地震剖面上相邻地震道共深度点的有效信号具有较强的相关性，而随机噪声是没有相关性的，利用该相关性增强有效信号能量来抑制噪声能量。基于滤波的地震数据去噪方法利用有效信号和噪声在时间-空间域、频率域或频率-波数域等中具有较好的分选性，通过设计滤波器来滤去噪声所对应的成分实现去噪。地震中常见中值滤波、频域滤波和频率-波数域滤波等。预测滤波法通过地震信号在时间-空间域和频率域中的可预测性构造出预测滤波器，实现噪声去除和信号增强，Gulunay 在 1986 年提出 F-X 反褶积滤波，Abma 等在 1995 年提出 T-X 预测滤波。基于稀疏变换的地震数据去噪是近些年比较热门的方法，这种方法利用有效信号和噪声在变换域中系数幅值差异的特点，通常有效信号对应为大值系数而噪声对应为小值系数，在变换域中通过硬阈值法或软阈值法来滤去噪声所对应的小值系数保留信号相应的大值系数，再通过反变换得到去噪后的信号。基于稀疏变换的去噪效果依赖稀疏变换对数据表达的稀疏程度，一般认为稀疏程度越高则去噪效果越好。傅里叶变换、小波变换、Radon 变换和 Seislet 变换等多种用于信号分析的数学变换被应用于地震数据的去噪研究。基于模态分解的地震数据去噪方法认为，信号由不同“模态”的子信号叠加而成，有效信号的模态要接近原始信号而噪声信号的模态与原始信号相差较大。通过经验模态分解（empirical mode decomposition，EMD）和变分模态分解（variational mode decomposition，VMD）对地震数据中的随机噪声进行衰减。模态分解方法依据数据本身在时空域中的特征来进行分解而不需要通过基函数，但EMD在分解过程中基本模态分量的个数不能人为设定。VMD虽可以人为设定基本模态分量的个数，但当VMD分解过多时信号会不连续。基于矩阵降秩的地震数据去噪方法是根据数据中的噪声会增加数据在频率切片汉克尔（Hankel）矩阵的秩这一特征，通过降低频率切片Hankel矩阵的秩来得到矩阵的近似，从而实现去噪。

反褶积是通过压缩基本子波来提高地震数据垂向分辨率的处理过程。在理想情况下，反褶积能压缩子波长度并衰减多次波，最后在地震道上仅保留地下反射系数。因此，进行反褶积的目的主要是压缩地震子波，进而提高分辨率，许多学者围绕该项课题展开了一系列研究（侯建全等，2002；李国发和常索亮，2009；张军华等，2006；李泽英和张欣，2010；罗国安等，2010；张新等，2010），如Denisov等（2001）考虑了地层吸收对地震子波的影响，提出子波具有非平衡态特性和带限子波的紧凑参数化形式，根据这些特征可以分别考虑子波振幅谱和相位谱校正，独立进行振幅谱、Q因子估计和零相位校正，由于该方法对子波的考虑更为全面，并且有数学描述方法，因此反褶积的效果更加稳定和有效。Margrave和Lamoureux（2001）提出了应用Gabor变换地震反褶积的方法，该方法考虑非稳态性，即非稳态地震信号的Gabor变换是地震信号源、Q滤波器和反射效应的积，基于这种数学变换，可以在Gabor域应用谱因式分解定理作为新反褶积算法的基础。Canadas（2002）则针对褶积模型的反射系数、子波和噪声都是未知的情况，归结为盲反褶积问题，提出了统一的数学框架，该数学分析假设地震道中的噪声具有高斯分布，子波的长度相对信号长度较短，以此建立的数学模型可以增加收敛于全局最优解的机会。

与反褶积技术一样受到广泛关注的是叠前偏移技术，可以分为叠前时间偏移和叠前深度偏移。这些叠前偏移技术的提出，主要是基于常规地震偏移方法大多假设界面水平，然而当界面倾角较大且横向上速度变化大时，不能实现真正的共反射点叠加，导致常规的地震叠后偏移方法效果较差。叠前时间偏移技术考虑速度的横向变化，解决了共反射点叠加问题，如高银波等（2010）在某地区地震数据处理中，考虑了叠前保幅去噪、子波一致性处理和各向异性速度分析，开展各向异性叠前时间偏移技术研究，得到的地震剖面能很好地反映出地下构造。大量实践表明，叠前时间偏移技术在复杂构造成像方面具有较好的适用性，在生产应用中取得了良好的效果（王秀荣，2006；何光明等，2006；麻三怀等，2008；王建青，2008；朱海波和张兵，2007；朱海波等，2009；毕丽飞，2010；逄雯，2010）。进一步的研究发现，目前被广泛使用的叠前时间偏移技术只能解决共反射点叠加问题，不能解决成像点与地下绕射点位置不重合的问题，因此人们提出了叠前深度偏移技术（Jia et al.，2006；赵玉莲等，2006；黄中玉和朱海龙，2003；陈志德等，2001；宋炜等，2004；马淑芳和李振春，2007；张钋等，2000；薛花等，2010）。目前，国内研究和应用的叠前深度偏移技术基本上可以概括为基于波动方程积分解的克希霍夫（Kirchhoff）积分法叠前深度偏移和基于波动方程微分解的波动方程叠前深度偏移，而目前大量用于生产的主要是克希霍夫积分法叠前深度偏移（潘宏勋和方伍宝，2010）。在叠前深度偏移过程中，速度模型的建立是叠前深度偏移的关键技术。例如，潘宏勋和方伍宝（2010）给出了一个简单的地质模型，采用分步傅里叶方法进行叠前深度偏移，分析了几种误差速度模型给偏移成像带来的影响，研究结果表明速度模型的精确程度直接影响成像结果的可信度，局部速度误差影响成像质量，而区域速度误差不仅影响成像质量，还影响成像的构造形态。

1.2.3 三维地震解释技术研究现状

三维地震资料的解释，是建立地震属性与各种地质异常的关系，从而利用地震属性预测地质异常的过程。地震属性是指地震数据经过一定的数学变换后得到与地震波有关的几何学、运动学、动力学或统计学特征。从属性的定义来看，属性是一个包含非常广泛的概念，可以说所有的地震资料都可以归到地震属性的范围。由于地震属性具有大范围的特征，很多学者对地震属性进行了归纳和分类。例如，将地震属性分为几何属性和物理属性两大类。几何属性通常与波形及地震层位的几何形态有关，如倾角属性、方位属性和曲率属性等。物理属性包括运动学和动力学属性，主要包括波形、振幅、频率、相位、能量等属性。当按属性提取的方法分类时，可以分为单道与多道分时窗属性、层位属性、体积属性与剖面属性。针对地震信号的不同处理步骤，还可将地震属性分为叠前属性和叠后属性两大类。

由于解释目的的需要，这些地震属性在资料的解释过程中或多或少都会用到，其中三瞬属性、相干体属性、波阻抗属性、AVO 属性应用广泛。三瞬属性是利用希尔伯特（Hilbert）变换的信号处理方法得到瞬时振幅、瞬时频率和瞬时相位三种地震属性，瞬时振幅是地震反射波强度的体现，该属性能反映地震波能量上的变化，可以突出特殊岩层的变化。瞬时相位是描述地震反射波同相轴的相位，由于该属性与地震波的能量强弱没有关系，因此能作为地震同相轴连续性的一个衡量标准。因此，利用瞬时相位能够较好地对地下分层和地下异常进行辨别。当瞬时相位剖面图中出现相位不连续时，就可以判断该处存在分层或异常。瞬时频率是相位的时间变化率，能够反映组成地层的岩性变化，有助于识别地层。地震相干体属性是利用地震波形的相干性，根据相干原理，计算中心地震道与相邻地震道之间的相干系数，当地质体稳定时地震道之间的相干性高，当地质体出现异常时地震道之间的相干性低。由于大部分地区是一种地质正常的现象，为相干高值，而地质异常的部位较少，为相干低值，因此通过对比能很好地体现出地震资料中的异常现象，从而快速建立起地质构造、特殊岩性体的空间展布形态，指导岩性体和断层的剖面解释。波阻抗属性是 20 世纪 70 年代早期由加拿大 TRD 有限公司的 Roy Lindseth 博士开发的，该属性根据反褶积的原理，将常规的地震反射振幅与地下介质的波阻抗建立关系，也就是与介质的速度变化和密度变化建立关系，从而将时间域的地震剖面转换成反映地下岩层的深度域波阻抗剖面，如果建立速度与密度之间的关系，由此还可以得到反映地下岩层的速度剖面或者密度剖面。AVO 属性是振幅随着偏移距的变化，利用该属性可以确定反射界面上覆、下伏介质的岩性特征及物性参数。借助 AVO 分析，地球物理学家可以更好地评估油气藏岩石属性，包括孔隙度、密度、岩性与流体含量。例如，当煤层为正常煤时，AVO 属性呈现出一种稳定的截距和斜率趋势；当煤层为构造煤时，由于物性参数的变化，地震波振幅随偏移距的变化出现较大的变化，从而可以区分出构造煤和正常煤。

我国煤田的地震资料解释方法，主要是探索各种地质构造、岩性变化与地震属性之间的关系，其研究者主要来源于中国矿业大学等煤矿有关的高校，以及中国煤炭地质总局、省煤田地质局等各个煤田物探测量队。现在能收集到的文献资料主要从20世纪80年代开始，从已有的文献资料来看，90年代的煤田地震资料解释，主要是探索三维地震资料精细构造解释基本工作流程，此时的地震资料解释技术，主要是根据各种地质构造在地震时间剖面上的时差来判别。随着实践的不断摸索，逐步增加了振幅变弱、方差异常、相干属性等地震属性进行综合判断，并且这些方法一直沿用至今。在确定断层的位置后，探索正逆断层等值线图成图技术、数据网格化方法、等值线编辑方法、时深转换中的速度场建立技术，利用这些计算机技术可以极大地提高地震资料的构造成像精度（Cameron et al., 2006；杜文凤，1997，1998；Xu et al., 2004；李玲等，1996；Bahorich and Farmer, 1995）。

随着煤田地震资料在构造解释方面的逐渐成熟，煤田地震资料解释逐步转向岩性勘探，该阶段主要利用地震资料预测煤厚变化、地下的顶底板岩性、瓦斯突出危险区、深部的灰岩富水区等，并且地震解释工作取得了很大的进步（侯重初等，1985；杨晓东等，2007；李福中等，2000；杜文凤和彭苏萍，2008；张晓坤，2009；魏建新等，2002）。例如，彭苏萍等利用测井约束反演，分析煤层的分叉、合并、变薄等情况在地震波阻抗数据上的体现形式，并指出利用测井约束反演的方法获得具有高分辨率的数据体，求出煤厚分布，需要注意测井资料的预处理、地震资料的保真性、合成记录的高质量才可以获得具有与地下地质较为相符的地质模型，在地质模型的基础上通过合适的反演分析，获得反映地下地质情况的波阻抗数据体，进而获得煤厚分布信息，且误差在5%以内（彭苏萍等，2008；邹冠贵，2007）；孔炜等基于神经网络算法，建立地震多属性与地质目标的分析技术，根据地震属性与地质目标的关系，再利用神经网络算法，求出能反映地质目标的数据体，如利用神经网络优选出与测井声波具有较高相关性的振幅、频率、相位等六种地震属性，然后利用神经网络算法，从这六种地震属性中求出拟声波数据体，该数据体具有纵向上高分辨率、横向上分布精确可靠的优势，能提供高准确度的煤层空间分布情况（Marfurt et al., 1998；孔炜等，2003）。邹冠贵等研究了地震反演用于预测深部灰岩富水性的关键性问题，指出在具有地震资料和测井资料的地区，可以利用测井约束反演的方法进行深部灰岩富水性分析，该方法可以充分发挥地震资料在横向上高密度和测井资料在纵向上高分辨率的特点，获得表征灰岩富水性的灰岩孔隙度数据体。在没有测井资料的地区，可以利用递推反演的方法进行灰岩富水性分析，并提出了在递推反演中减少反演误差的技术手段（邹冠贵等，2009a，2009b；Zou et al., 2010a；刘振武等，2009）。在部分地区，利用地震反演方法预测灰岩富水性存在灰岩物性变化大、测井资料缺乏、常规的地震反演方法失效的情况，因此邹冠贵等进一步基于孔隙介质理论，分析了灰岩富水区与地震波衰减之间的关系，并在河南永城地区进行了实践，指出在该地区的灰岩富水区表现出明显的衰减特征，并根据地震波衰减在频谱上表现为低频移动的趋势，提出了利用地震属性来描述地震衰减的方法，归纳为主频低值、高频低值，低频高值，以此预测的灰岩富水性与地质情况吻合良好；该方法基于孔隙介质理论，具有非常好的理论基础，且实际情况表明地震波衰减与深部灰岩富水区的相关性高、敏感性强，具有非常好的应用前景（邹冠贵，2010；Zou et al.，2010b）。张辉、蔡利文、何凯通过利用波阻抗反演的方法，对比分析了利用人工伽马曲线、自然伽马测井曲线、密度曲线求取声波曲线的效果，指出利用密度曲线求取声波曲线具有更好的相似性，并利用归一化方法对测井资料进行了标准化；根据井下提供的砂岩、灰岩富水信息，建立了介质富水性与波阻抗数据体之间的关系，利用波阻抗反演方法求取波阻抗数据体，并根据该关系预测了淮南某矿区13-1煤和11-2煤顶底板砂岩的富水性、深部灰岩富水性，取得了较好的效果（张辉，2010；蔡利文，2010；何凯，2010）。

上述地震解释主要利用纵波进行地震资料的解释，随着地震勘探的发展，出现了利用多波资料进行煤田地质资料的分析，主要有：以淮南矿区主采煤层13-1煤为例，详细分析和研究了不同结构煤层的测井曲线特征及其与煤层气富集之间的关系；分析研究了多波多分量地震勘探技术在煤层气勘探中的应用基础和主要技术方法，并建立了煤层气富集区预测的测井参数门限和多波地震勘探的技术指标，首次明确指出煤层气富集区和煤矿瓦斯突出灾害区有本质不同，并在地球物理标志中有明显的分辨特征。为了实现利用转换波剖面得到横波波阻抗信息，通过建立转换波反射系数和横波反射系数之间的关系，直接从转换波地震数据中获取横波反射系数，将转换波叠后波阻抗反演问题转化为横波波阻抗反演问题；基于测井约束反演原理，利用横波反射系数和转换波解释层位建立初始横波波阻抗模型，优选反演处理参数，实现转换波叠后横波波阻抗反演，该方法指出，含煤地层转换波横波波阻抗反演结果为进一步研究岩性参数奠定了基础，但由于在计算横波反射系数时采用了近似公式，所以反演结果精度会受到一定的影响。

从上述文献资料可以看出，煤田地震资料的解释，在解释手段上，经历了手工解释和人机联合两大过程，其中计算机技术的引入，使得地震资料的解释方法和手段更为丰富；在解释方法上，经历了单属性解释到多属性解释，叠后解释到叠前解释，构造解释到岩性解释的过程。由于地震勘探技术具有横向上高密度和大面积的优点，利用地震资料可以对煤层底板等高线形态、地下的地质构造、瓦斯富集区、灰岩富水性、煤层自燃区等地质异常情况进行预测。

1.3　研究目标

本研究以华能云南滇东能源有限责任公司矿业分公司雨汪煤矿一井为工程背景，由于矿井实际揭露地质构造较复杂，断层切割到煤系地层，严重影响到采煤工作面布局，也制约着井下巷道工程的安全高效掘进施工。亟须采用先进的地面三维物探等技术手段对矿井先期开采地段进行地质精细探查，为采掘部署、透明矿山、智慧矿井建设提供有力的地质依据。针对矿区地面喀斯特地貌条件，拟开展喀斯特地貌条件下高精度三维地震勘探技术研究。为了提高三维地震勘探的精细程度和构造解释的准确率，对该矿区煤层气资源量做出合理预测，主要研究内容及预期成果包括：喀斯特地貌条件下的地震采集技术、喀斯特地貌条件下的垂直地震剖面探测技术、低信噪比下的山地高分辨率地震数据处理技术、基于后验概率支持向量机的断层智能化解释技术、基于波阻抗的含煤地层岩性分析、基于地震 AVO 技术的煤层含气量分布规律研究、煤层资源稳定性及煤层气资源潜力评价。

1.4 研究内容

1.4.1 研究内容 1：喀斯特地貌条件下的地震采集技术

雨汪煤矿一井山区地震采集面临的主要问题有：①山区山高坡陡，沟壑纵横，地形起伏变化剧烈；②表层结构不稳定，地表地层岩性多变，低速层速度和厚度变化大。山区复杂的表层地震地质条件严重影响地震波的激发和接收，因此各种干扰波发育，资料信噪比低。为了解决采集遇到的问题，将针对地质目标进行观测系统设计，结合大比例尺地形图和无人机飞行数据，布设激发点和接收点，采取合理的变观措施，保证叠加次数，达到提高地震原始资料信噪比的目的。

为了保证本次三维地震采集方法的可靠性，提高三维地震采集的质量，本次三维地震勘探正式生产前对采集参数要进行充分的试验。试验为点试验和线试验。本次试验的目的是进行地表岩性激发对比试验，确保得到深层资料。每个点主要进行井深及药量对比试验，同时进行干扰波调查和地震有效接收时窗分析，保证激发参数的最优化；在地表岩性为黄土的试验点使用微测井进行低速带调查，厘清表层黄土速度及厚度，为井深设计提供依据。在点试验的基础上，进行线试验，以检验采集参数的合理性。

本次勘探选择适用于高分辨率三维地震勘探的观测系统。即该观测系统应具有足够的空间采样密度，足够的面元覆盖次数，均匀的炮检距分布和方位角分布，良好的静校正耦合特性，炮检距分布范围处在最佳接收窗口内，同时能保证速度分析和动校正精度。

1.4.2 研究内容 2：喀斯特地貌条件下的垂直地震剖面探测技术

针对雨汪煤矿区利用零偏 VSP 原始资料波场分析及识别各类波，获得与主要可采煤层有关的地震波场特征，并就主要可采煤层的地震层位进行精细标定及提取钻孔周围地质介质的速度。通过零偏 VSP 资料处理，重点做好静校正、初至拾取、球面扩散能量补偿、波场分离、反褶积处理等，实现地震记录与 VSP 记录的走廊叠加。考虑到地震数据与 VSP 数据的频带不一致，采用频谱分析滤波的方法，改进两者之间的一致性。基于零偏 VSP 数据，分析时间-深度对应关系，对研究区内含煤地层的地震波反射特征进行精细标定，尤其是确定地震解释目的层位——主采 C_2、C_3、C_{7+8}、C_9 煤层在反射波上的位置。基于 VSP 数据，进一步分析地震频带下层速度与测井声波曲线层速度的差异性，为后续基于地震速度信息分析地层岩性打下基础。根据雨汪地区地质地震条件，分析人工可控震源和炸药震源获得数据的差异，尝试为喀斯特地貌条件下的 VSP 技术提供技术支撑，且为三维地震构造精细解释提供基础资料。

1.4.3 研究内容3：低信噪比下的山地高分辨率地震数据处理技术

依据本次勘探的地质任务要求，数据处理应尽最大努力获得高分辨率、高保真度、高信噪比的处理成果，提供给解释人员进行精细构造解释和岩性研究。在处理中，侧重做好拓宽有效波频带、压制噪声、提高速度分析与静校正精度、振幅保真与突出断层面成像等工作。各步骤的参数选择均以提高目的层位质量为准，以确保研究任务的完成。

本次勘探为国内首次在喀斯特地貌地区实施精细化三维地震，因此针对复杂地表条件与复杂地下构造条件，建立高分辨率三维地震资料处理流程，通过高精度地表静校正、叠前噪声压制、振幅补偿处理和叠前时间偏移，提高三维地震资料的品质，为精细解释和反演奠定基础。其中，静校正、多域去噪、叠前偏移是核心。地表一致性处理包括建立高精度地表静校正方法、叠前噪声压制技术、地表一致性振幅处理技术。针对山地资料静校正突出问题，通过对比高程静校正、折射静校正、层析静校正，优选合理的静校正方法。针对信噪比低的问题，通过多频域、多方法去噪，获得有效目的层反射波信息。叠前时间偏移处理的核心是需要得到准确的均方根速度场。叠前时间偏移方法抛弃了输入数据为零炮检距的假设，避免了正常时差校正（normal moveout correction，NMO）叠加所产生的畸变，因此得到的叠前偏移剖面比叠后时间偏移剖面成像更准确，地质现象刻画更清晰。

1.4.4 研究内容4：基于后验概率支持向量机的断层智能化解释技术

研究支持向量机二分类算法的基本原理和结构，分析支持向量机算法用于解决断层识别问题的可行性；建立断层正演模型，提取不同的地震属性，分析其对断层的响应情况，找到适合表征断层的地震属性；研究属性优选方法，如聚类分析、主成分分析等方法，利用这些方法从属性集合中剔除冗余属性，降低建模过程中的过拟合风险；研究支持向量机模型的参数优选算法，如粒子群算法，通过这些算法优化支持向量机模型参数，构建最佳的支持向量机模型；研究基于后验概率支持向量机模型，通过将标准向量机决策值转化为后验概率输出，可以对研究区内各位置存在断层的概率进行估计，并据此划分断层的可靠性。

1.4.5 研究内容5：基于波阻抗的含煤地层岩性分析

通过叠后波阻抗反演的方法对煤层顶底板岩性进行预测。含煤地层中，正常煤层表现为低纵波速度和密度，其波阻抗值为低值。与煤岩相比，泥岩、砂岩等岩性波阻抗值明显大，因此通过波阻抗反演的数据成果，可以很好地划分煤层与围岩。通过叠后拟声波反演的方法区分砂泥岩。通过反演得到的区块煤层顶底板反演切片可用来进行顶底板岩性预测。根据 Wyllie 时间平均方程和阿尔奇公式，分别计算得到波阻抗、电阻率及孔隙度之间的关系，结合测井数据及三维地震数据，得到勘探区含煤地层的反演数据体，建立波阻抗与富水性的关系，并对研究区内煤层顶板岩层富水性进行分析。针对勘探区内存在的煤层分叉合并现象，如 C_{1+1}、C_{2+1}及 C_{7+8}煤层等，当煤层发生分叉合并时，由于夹矸的波阻抗与煤层有明显区别，且波阻抗反演提高了地震数据的分辨率，因此需研究基于波阻抗数据体的煤层分叉合并分析。

1.4.6 研究内容6：基于地震 AVO 技术的煤层含气量分布规律研究

地震 AVO 技术广泛应用于煤层气勘探开发领域，根据振幅随炮检距的变化规律来反映地下反射界面上覆、下伏介质岩性特性和物性参数。瓦斯的富集将引起煤储层的泊松比、弹性模量等参数的变化，研究地震波弹性参数与煤储层弹性参数的关系可以预测煤层气的高渗富集区。

本研究基于 Gassmann 流体替换理论进行煤层气定量预测，结合三维地震属性，建立以岩石物理模型为基础的煤层含气量地球物理预测方法。通过对喀斯特地貌条件下的叠前三维地震数据的高精度处理及真振幅恢复，利用 AVO 流体检测技术，结合岩石物理理论模型，定量分析煤层的地震 AVO 响应特征与含气量的关系，构建利用 AVO 属性预测煤层含气量的方法。为了对比测井的 AVO 响应与实际地震资料的响应是否一致，需要进行地震 AVO 反演，从而获得与地下实际情况较符合的截距和梯度信息。在进行本次 AVO 反演时，首先进行 AVO 预处理，综合考虑 AVO 反演对资料的要求（“三高”的叠前道集和精细的速度模型）、资料本身的特点和方法的稳定性等因素，对资料做叠前时间偏移，以时间偏移后得到的均方根速度模型为初始速度模型，获得较好的偏移结果。然后，主要采用 Aki 和 Richards 近似与 Shuey 近似两种近似简化公式作为理论基础，使用 GeoView 软件获取相应的 AVO 截距、梯度、曲率三维数据体。最后，将截距与梯度进行不同的组合还可以得到伪泊松比、横波阻抗、AVO 异常指示因子、极化强度和极化角等常见的 AVO 属性，根据 AVO 属性与含气量的关系进行比较分析，选取最优属性对勘探区内煤层含气量进行预测。

1.4.7 研究内容7：煤层资源稳定性及煤层气资源潜力评价

煤层资源稳定性主要是指煤层厚度、煤质和煤体结构在工作区范围内变化的情况。其中，煤层厚度的变化直接影响煤炭开采方法，是划分煤层稳定性的主要因素。地质工作中依据煤层变化规律和可采性评价煤层稳定性，主要采用定性和定量结合的方法来确定。煤层可采系数能较可靠地反映煤层的可采性。煤层标准差、方差系数、变异系数越小，煤层的稳定程度越好；煤层可采系数越小，煤层可采性越差，煤层可采系数越大，煤层可采性越好。煤层气资源考虑煤层质量和煤层体积，煤层质量为煤层体积和密度的乘积，而煤层体积等于煤层厚度和煤层面积的乘积，以此开展煤层气资源潜力评价。

本研究首先研究了利用地震资料获得这些已知量的方法，以地震数据计算煤层厚度，通过分析煤层厚度与地震属性之间所具有的相关性，选择具有较好相关系数的地震属性，采用克里金内插的方法，获得勘探区内的煤层厚度分布。然后，利用地震资料计算煤层底板等高线形态，再通过地震叠后反演获得了波阻抗数据体，结合反演中的声波结果可以求得雨汪矿区内的密度分布。接着，对利用勘探手段获得的煤层厚度、煤质资料进行分析处理、数理统计运算，找出能反映其变化的特征数，以获取划分煤层稳定程度的指标，对煤层进行定量评价，以补充定性分析结果的不足。最后，根据煤层厚度、煤质和可采情况对可采煤层进行稳定性评价。

在进行煤层气资源潜力评价时，需要获知四个已知量：煤层含气量、煤层面积、煤层厚度和煤层密度。利用 AVO 技术定量获得煤层含气量，采用波阻抗反演技术获得煤层厚度和煤层密度，通过构造解释获得煤层底板等高线形态等资料。煤层顶板和煤层底板构成一个闭合空间体，利用有限差分方法，可以得到目标区段的资源量。

1.5 研究方法与技术路线

1.5.1 研究技术方法

（1）高精度地表静校正方法研究

随着地震勘探逐步向精细化、目标化方向发展，勘探区域表层结构的纵、横向变化产生的低速层静校正对地震数据处理结果的影响越来越明显，特别是复杂地表区静校正问题尤为突出，不仅大大地降低了地震数据处理的信噪比和分辨率，有时甚至扭曲地下地质构造而产生假象，造成解释错误。因此，有必要通过对地球物理信息的处理、分析和对比，找出其变化规律，最终消除因表层及近地表结构变化所产生的不同波长静校正的影响，以提高地震数据的分辨率，使地震数据的成像能够真实地反映地下地质构造形态。

（2）叠前噪声压制技术研究

研究矿区处于复杂的地表条件下，地球物理场发生剧烈的变化，干扰信号和有效信号混杂，导致信噪比降低，与近水平地表条件相比，地球物理信号复杂，因此如何消除复杂地表对地球物理信号的影响，是一个重要的内容。针对研究矿区的强面波、异常干扰和折射干扰，采用叠前去噪方法，利用面波压制、自适应线性干扰压制、单频干扰波压制、强能量干扰分频压制、高频干扰压制和随机干扰衰减等方法，并进行不同参数及模块对比、流程搭配试验，最终采取合理的方法进行噪声压制。

（3）叠前时间偏移技术研究

研究矿区部分区域煤层倾角较大，如采用共中心点叠加将导致反射点模糊，因此采用叠前时间偏移方法来提高共反射点的成像精度。叠前时间偏移处理的核心是需要得到准确的均方根速度场。处理中主要通过对目标线的共反射点道集、偏移剖面及均方根速度场的综合检查来判断偏移速度场的正确性。采用横向上沿层和纵向上拾取速度误差的方式，通过叠前时间偏移与速度分析迭代的方法优化均方根速度场。叠前时间偏移方法抛弃了输入数据为零炮检距的假设，避免了 NMO 叠加所产生的畸变，因此得到的叠前偏移剖面比叠后时间偏移剖面成像更准确，地质现象刻画更清晰。

（4）支持向量机算法和粒子群算法研究

调研国内外研究现状，研究支持向量机二分类算法的原理和应用方法以及粒子群算法的基本原理和实现。在粒子群算法中，通过最优粒子找到问题的最优解决方案。基于不依赖个体演化特征以及对环境的适应度，找到群体的最优值。

（5）断层正演模型技术研究

交错网格有限差分技术是地震波场模拟的常用方法之一，该方法的实质是根据泰勒级数将偏导数转化成差分格式，构建应力-速度一阶方程，提高地震模拟的精度和稳定性，并消除了部分假频现象，模拟不同地层倾角下的断层响应特征。断层由正逆断层两种类型组成，落差为 2 ~ 10m，在正演模型中加入噪声，模拟实际地震数据情况，提取模型地震属性，通过断层和属性值变化趋势，分析地震属性与断层的响应关系。

（6）地震属性评估和选择

利用支持向量机自动识别断层，除选取具有断层地质意义的地震属性外，还要对这些地震属性进行相关性评估。地震属性的相关性分析，从地质意义上保证这些属性能够从不同的方面挖掘断层信息；在模型的可靠程度上，能够增强支持向量机模型的容错率和性能，提高断层识别正确率。地震属性分析可以通过计算相关系数，确定地震属性间的相关性；也可以利用 R 型聚类分析，更直观地获得地震属性间的相关关系。另外，利用这两种方法计算地震属性的相关性，也可以对计算的结果互相印证。因此，在建立机器学习模型前，需要对用于训练的地震属性样本进行选择，从相关性分析、地质意义分析和 R 型聚类分析三个方面评估地震属性，然后选择符合条件的地震属性，组成机器学习模型的学习样本。

1.5.2　研究技术手段或技术路线

本研究针对雨汪煤矿复杂地质条件，开展高分辨率三维地震勘探研究，对三维地震原始资料，开展高分辨率地震资料处理和基于支持向量机的三维地震精细构造解释，从而对矿区内的小构造进行高精度识别，得到雨汪煤矿构造分布特征，进而指导矿区的安全高效开采。同时，通过地震资料获得煤层厚度、底板等高线形态、煤层密度、煤层含气量，构建基于煤层起伏形态的资源量计算方法，得到矿区煤层气资源量分布。研究技术路线如图 1.1 ~ 图 1.5 所示。

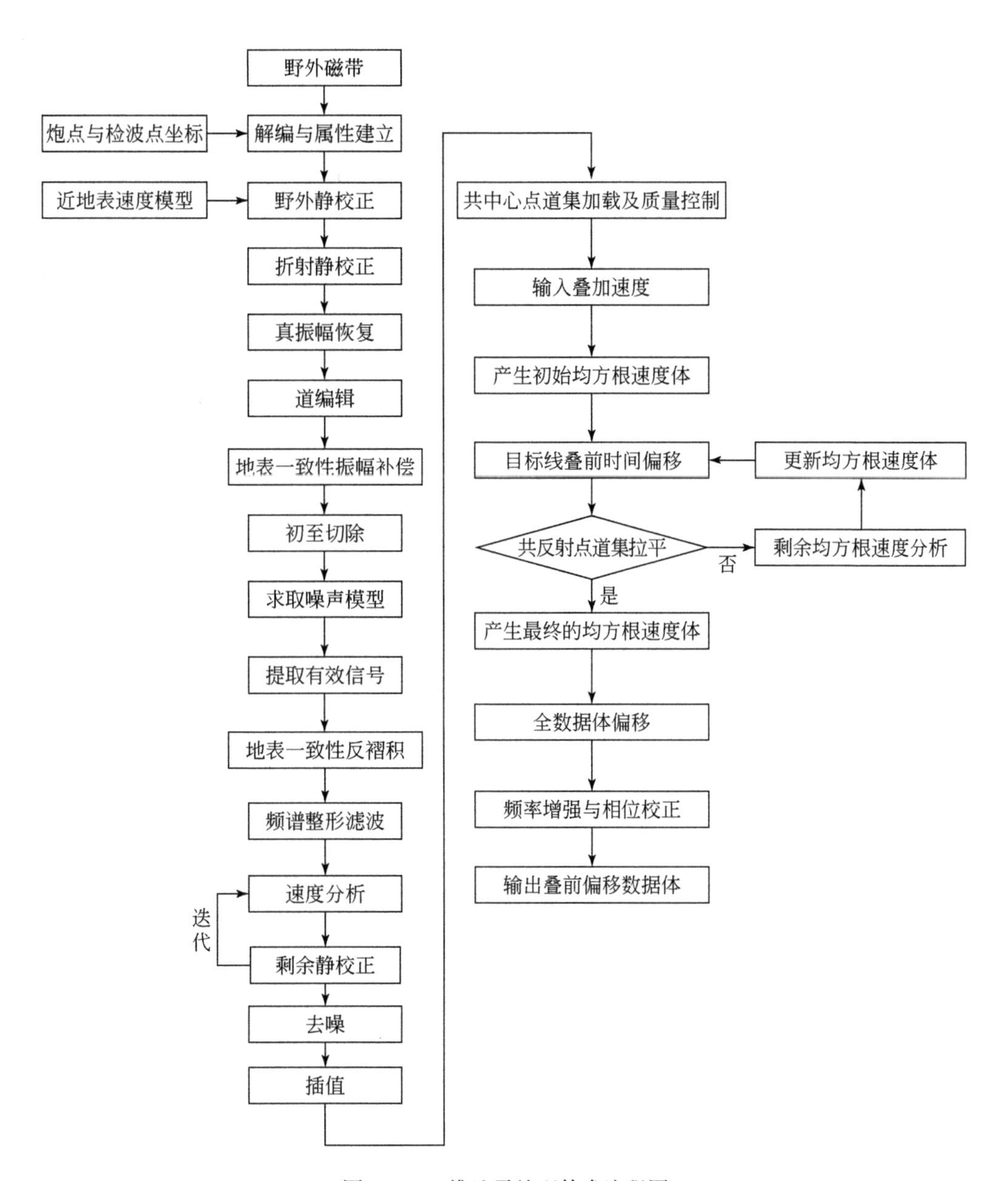

图 1.1 三维地震处理技术流程图

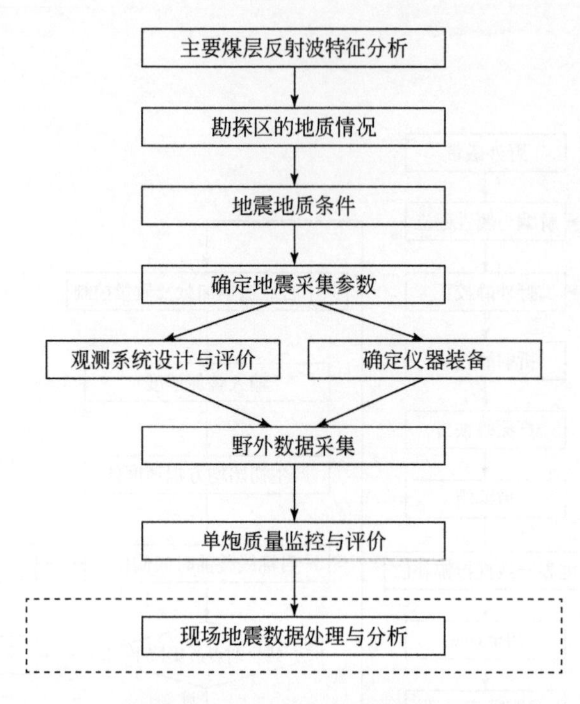

图 1.2　三维采集技术流程图

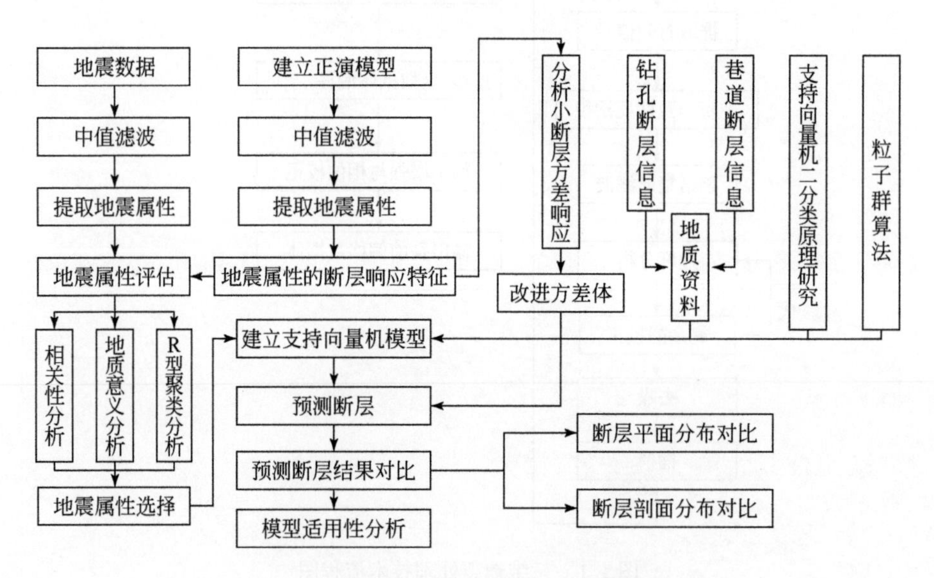

图 1.3　基于支持向量机的三维地震构造解释技术路线

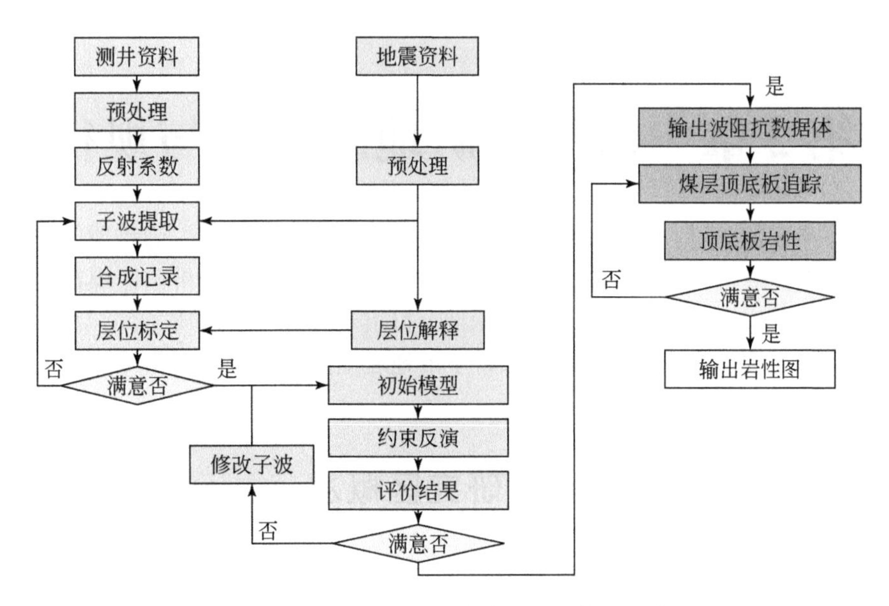

图 1.4 基于波阻抗的富水区预测技术路线

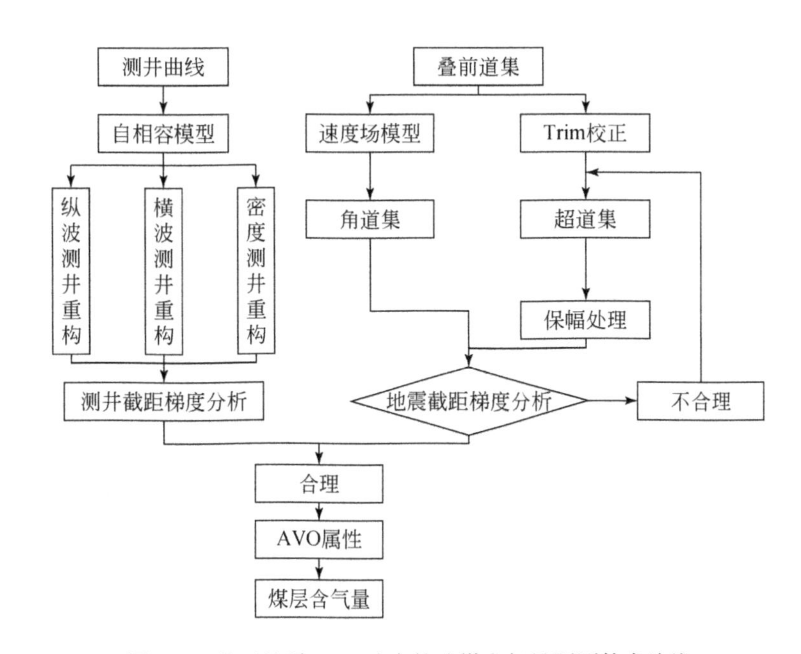

图 1.5 基于地震 AVO 响应的吨煤含气量预测技术路线

第2章　雨汪煤矿地质特征与规律

煤矿建井和开发期间，需要对煤层灾害相关地质因素进行分析，为煤层的安全高效开采评价提供基础性资料。通过基于研究区的地勘钻孔成果，定性分析雨汪煤矿的表层结构特征、地层结构、地质构造、含煤地层、深部茅口组灰岩、瓦斯地质条件，总结出雨汪煤矿的地质特征与规律。结合喀斯特地貌条件下的地震地质特征，进而指导后续的地震资料采集、处理与解释工作。

2.1　研究区概况

研究区位于富源县老厂煤矿区四勘探区西南部的雨汪井田，长2.16km，宽1.84km，勘探面积4.0km^2。行政区划属十八连山镇所辖。研究区涉及四个行政村，分别为丕德村、箐头村、岔河村、雨汪村。图2.1和表2.1为研究区边界拐点坐标。

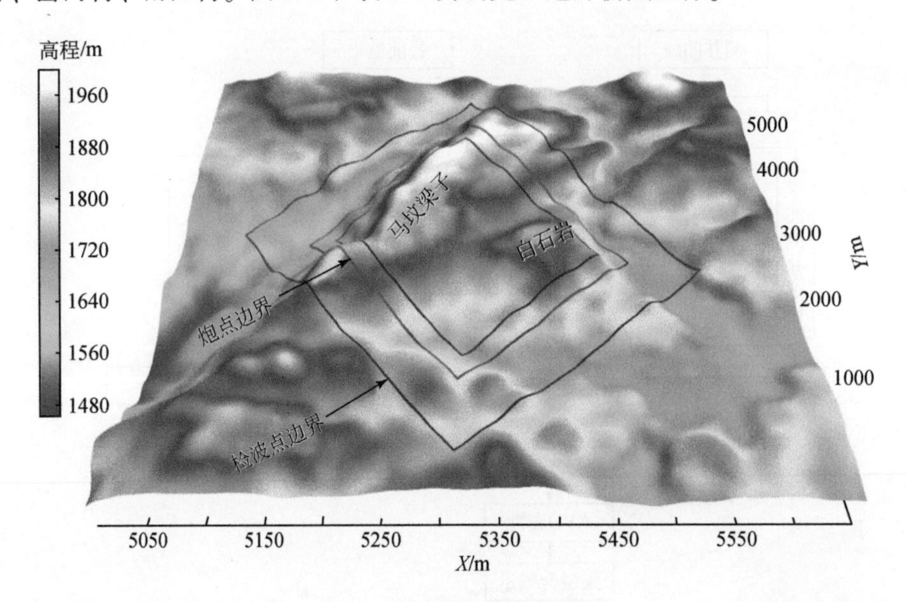

图2.1　研究区范围部署图

表2.1　研究区边界拐点坐标

序号	X/m	Y/m
1	35454574.5656	2782158.5339
2	35453186.0561	2783813.1158
3	35451776.5974	2782630.3114
4	35453165.1069	2780975.7295

2.1.1　研究区自然地理条件

1. 研究区地形

雨汪井田地处十八连山山区，海拔1500～2000m，沿走向地势中间高两侧低，最低侵蚀基准面位于西南缘喜旧溪河谷，最大高差710m，地表植被较发育。地貌由高原剥蚀中山区与高原岩溶区两个地貌类型组合而成，受控于地质构造，山体延伸方向大致与地层走向一致，呈北东—南西向，山脊均由下三叠统砂泥岩及泥灰岩组成。地表永宁镇组（T_1y）灰岩覆盖面积较大，灰岩覆盖区地貌常表现为侵蚀、剥蚀峰丛、沟谷等。地层倾向与坡向基本一致，总体为同向坡地貌，属中山地形。研究区总体施工条件较好，研究区地表如图2.2所示。

(a)农作物种植区

(b)沟壑地形

图2.2　研究区地表照片

按照研究区测线部署，分别在Inline线和Crossline线抽取地表高程曲线，由图2.3～图2.5可以看出，地表呈中间高两侧低的趋势，地表高差较大。

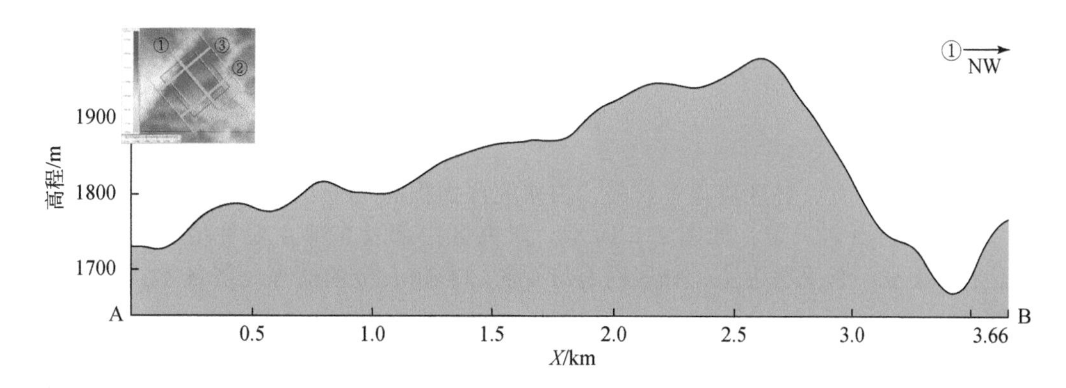

图2.3　研究区北西向测线地表高程曲线

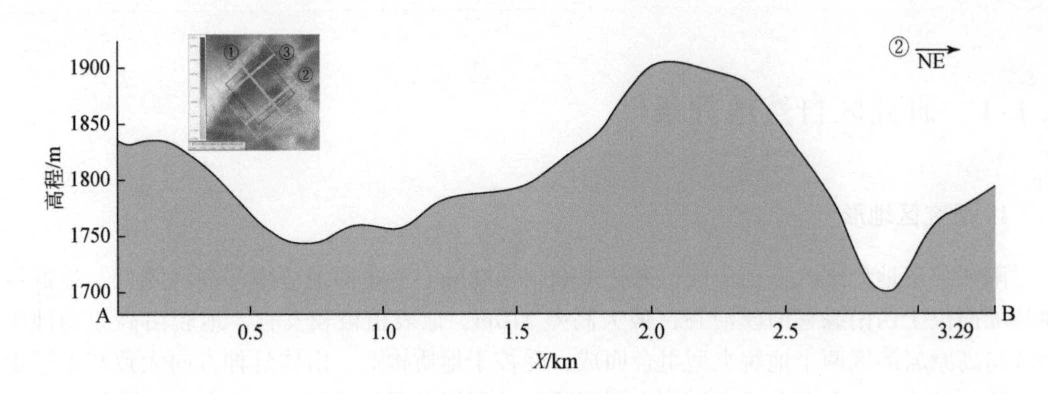

图 2.4　研究区南部北东向测线地表高程曲线

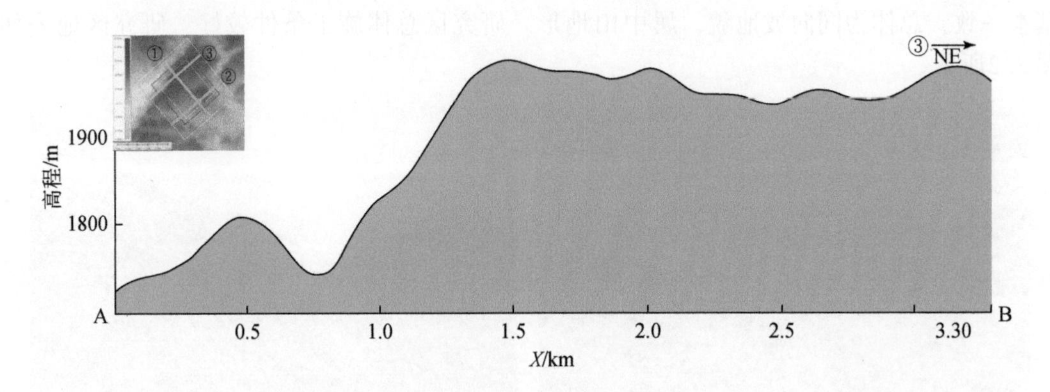

图 2.5　研究区北部北东向测线地表高程曲线

2. 研究区水系

区域地表水属珠江流域南盘江水系。研究区西部有杨保河，东北部有岔河水库，南部有松毛林水库，如图 2.6 所示。河水流量以大气降水及当地煤矿排水补给为主。井田内冲沟较发育，呈树枝状展布。地表永宁镇组（T_1y）灰岩覆盖面积较大，岩溶漏斗发育，岔河在井田东北部下马嘎村附近注入永宁镇组（T_1y）灰岩溶洞变为地下暗河。研究区地表水以地下径流为主。岔河水库、松毛林水库为地方饮用水安全、农业灌溉的民生工程，对布线和采集具有不利影响，如图 2.7 所示。

3. 植被情况

研究区植被发育，林区覆盖率较高，占研究区面积的35%以上，主要分布在高海拔的马坟梁子和白石岩一带，如图 2.8 所示。研究区中部及东部主要种植农作物，以油菜、玉米、土豆、长毛林为主；林区内有红豆杉、杉树、金丝楠等经济林木，青苗赔偿费用高。

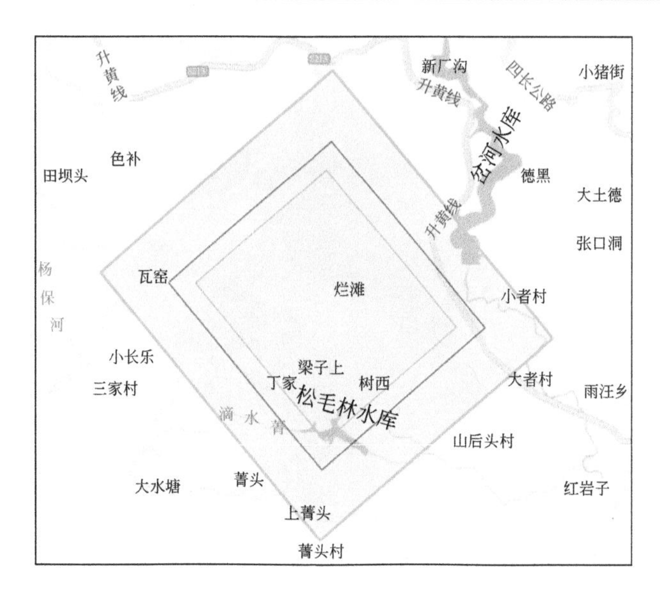

图 2.6　研究区主要河流及水库

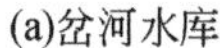

(a)岔河水库

(b)松毛林水库

图 2.7　研究区水源情况

2.1.2　地勘钻孔资料情况

首先利用《云南省富源县雨汪井田煤炭勘探报告》中的钻孔数据，该报告以普查、详查勘探线为基础，垂直于地层走向布设勘探线 15 条，基本线距为 500m。报告中共使用钻孔 62 个，其中相邻一勘区钻孔 6 个，井田内普查钻孔 9 个、详查钻孔 5 个，勘探工作新布设钻孔 42 个。为了更好地认识研究区内的地质情况，特别收集了指定三维地震勘探范围内的钻孔资料，共计 17 个，统计如表 2.2 所示。

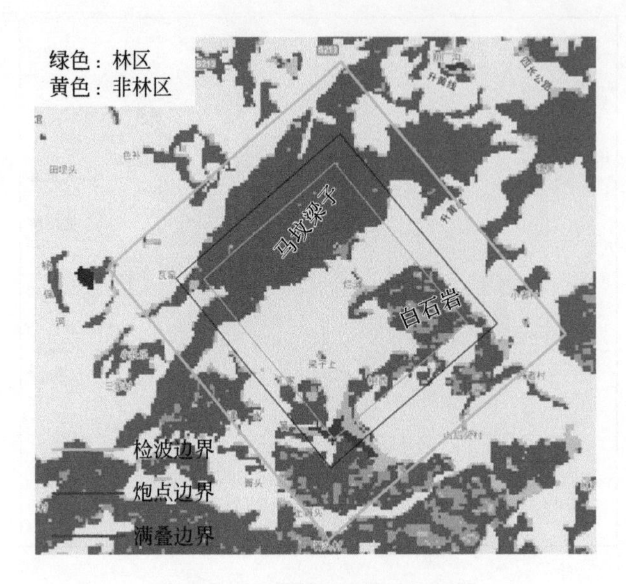

图 2.8　研究区植被分布图

表 2.2　研究区内钻孔信息

编号	位置	孔号	纵坐标	横坐标	地表标高/m
1	区内	K4107-1	2782199.6290	452160.4880	1950.246
2	区内	K4107-2	2781665.8970	452636.1230	1822.025
3	区内	K4113-2	2783014.8970	453233.2370	1919.977
4	区内	K4115-2	2783070.0640	453808.1630	1876.411
5	区内	K4109-3	2781717.2380	453150.5110	1804.638
6	区内	K4111-1	2783090.7400	452535.5190	1940.260
7	区内	K4111-2	2782421.3850	453148.3920	1881.226
8	区内	K4111-4	2782806.4270	452863.0980	1907.872
9	区内	K4113-1	2783526.1070	452787.4900	1997.236
10	区内	K4115-1	2783767.8340	453192.7620	1973.388
11	区内	K4109-2	2782588.4720	452462.3270	1945.532
12	区内	11311	2782606.5301	453590.1570	1831.350
13	区边界	11310	2783846.4379	452536.1358	1831.350
14	区边界	K4109-1	2782975.2910	452113.0570	1738.688
15	区边界	K4111-3	2782014.3120	453480.3050	1852.873
16	区边界	K4105-1	2782025.9380	451791.5500	1960.727
17	区边界	K4105-2	2781381.9600	452305.2780	1832.547

2.2　基于地勘资料的地层框架及构造认识

2.2.1　区域地层

雨汪煤矿地处云南省滇东地区，区域内地层从老至新有：震旦系、寒武系、奥陶系、志留系、泥盆系、石炭系、二叠系、三叠系、侏罗系、新近系及第四系，其中以二叠系和三叠系出露、分布较广，主要含煤地层位于上二叠统长兴组、龙潭组（或宣威组），见表 2.3。

表 2.3　区域地层简表

<table>
<tr><th>系</th><th>统</th><th colspan="2">组</th><th colspan="2">地层代号及接触关系</th><th>备注</th></tr>
<tr><td>第四系</td><td></td><td colspan="2"></td><td colspan="2">Q</td><td>0 ~ 200m</td></tr>
<tr><td>新近系</td><td></td><td colspan="2"></td><td colspan="2">N</td><td>600m</td></tr>
<tr><td rowspan="3">侏罗系</td><td>上统</td><td colspan="2"></td><td colspan="2">J_3</td><td>350m</td></tr>
<tr><td>中统</td><td colspan="2"></td><td colspan="2">J_2</td><td>350m，含煤</td></tr>
<tr><td>下统</td><td colspan="2"></td><td colspan="2">J_1</td><td>700m</td></tr>
<tr><td rowspan="7">三叠系</td><td rowspan="2">上统</td><td colspan="2">火把冲组</td><td colspan="2">T_3h</td><td>900m</td></tr>
<tr><td colspan="2">把南组</td><td colspan="2">T_3b</td><td>300m</td></tr>
<tr><td rowspan="2">中统</td><td colspan="2">法郎组</td><td colspan="2">T_2f</td><td>820</td></tr>
<tr><td colspan="2">个旧组</td><td colspan="2">T_2g</td><td>2500m</td></tr>
<tr><td rowspan="3">下统</td><td colspan="2">永宁镇组</td><td colspan="2">T_1y</td><td>330m</td></tr>
<tr><td colspan="2">飞仙关组</td><td colspan="2">T_1f</td><td>550m</td></tr>
<tr><td colspan="2">卡以头组</td><td colspan="2">T_1k</td><td>130m</td></tr>
<tr><td rowspan="6">二叠系</td><td rowspan="3">上统</td><td>长兴组</td><td rowspan="2">宣威组</td><td>P_2c</td><td rowspan="2">P_2x</td><td>厚 20m，含煤</td></tr>
<tr><td>龙潭组</td><td>P_2l</td><td>厚 430m，含煤</td></tr>
<tr><td colspan="2">峨眉山玄武岩组</td><td colspan="2">$P_2\beta$</td><td>400m</td></tr>
<tr><td rowspan="3">下统</td><td colspan="2">茅口组</td><td colspan="2">P_1m</td><td>400m</td></tr>
<tr><td colspan="2">栖霞组</td><td colspan="2">P_1q</td><td>120m</td></tr>
<tr><td colspan="2">梁山组</td><td colspan="2">P_1l</td><td>80m，含煤</td></tr>
<tr><td>石炭系</td><td>下统</td><td colspan="2"></td><td colspan="2">C_1</td><td>500m</td></tr>
<tr><td rowspan="2">泥盆系</td><td>上统</td><td colspan="2"></td><td colspan="2">D_1</td><td>150m</td></tr>
<tr><td>中统</td><td colspan="2"></td><td colspan="2">D_2</td><td>240m</td></tr>
<tr><td>志留系</td><td>上统</td><td colspan="2"></td><td colspan="2">S_1</td><td>350m</td></tr>
<tr><td>奥陶系</td><td>中统</td><td colspan="2"></td><td colspan="2">O_2</td><td>100m</td></tr>
<tr><td rowspan="3">寒武系</td><td>上统</td><td colspan="2"></td><td colspan="2">$\in_3$</td><td>900m</td></tr>
<tr><td>中统</td><td colspan="2"></td><td colspan="2">$\in_2$</td><td>600m</td></tr>
<tr><td>下统</td><td colspan="2"></td><td colspan="2">$\in_1$</td><td>500m</td></tr>
<tr><td>震旦系</td><td>下统</td><td colspan="2"></td><td colspan="2">Z_1</td><td>200m</td></tr>
</table>

2.2.2 井田地层

1. 井田地层概况

雨汪井田位于老厂煤矿区四勘探区西南部，主要构造线及地层走向呈北东—南西向展布。出露地层从老到新有上二叠统龙潭组（P_2l）、长兴组（P_2c），下三叠统卡以头组（T_1k）、飞仙关组（T_1f）、永宁镇组（T_1y），中三叠统个旧组（T_2g）；钻孔揭露地层从老到新有上二叠统龙潭组（P_2l）1～3 段、长兴组（P_2c），下三叠统卡以头组（T_1k）、飞仙关组（T_1f）、永宁镇组（T_1y），中三叠统个旧组第一段（T_2g^1）。

2. 井田地层综述

井田地层从老到新有下二叠统茅口组（P_1m），上二叠统龙潭组（P_2l）及长兴组（P_2c）；下三叠统卡以头组（T_1k）、飞仙关组（T_1f）、永宁镇组（T_1y）和中三叠统个旧组（T_2g）。缺失上二叠统峨眉山玄武岩组（$P_2\beta$）地层，地层总厚 1556.42m。

（1）下二叠统茅口组（P_1m）

茅口组（P_1m）为井田内含煤地层的基底地层，地表无出露，亦无钻孔揭露。据以往勘查成果，本区含煤地层沉积前，基底呈断块状上升，使得滇东地区普遍存在的峨眉山玄武岩剥蚀殆尽，还使茅口灰岩遭受短期剥蚀，该地层在老厂背斜核部（老厂乡集镇附近）有出露，呈北东—南西向展布，可见厚度大于100m：为浅海相中厚层状-块状亮晶介屑灰岩，局部夹硅质灰岩，偶含燧石结核，具生物碎屑结构。老厂等邻区出露岩性显示，茅口组灰岩多发育岩溶，溶洞、漏斗、落水洞、天生桥和石芽分布普遍，对区内进行抽水实验得到：泉点枯季流量为 12.92～283.4L/s，钻孔单位涌水量为 0.00256～0.113L/(s · m)，水温为 30～48℃，pH=8.2，水质为 HCO_3^--Ca^{2+} 型水。

该含水层组在老厂背斜轴部出露区为潜水，有 25.00～30.00m 水位季节变动带，枯季为落水洞，雨季为冒水洞，在背斜翼部四勘探区内隐伏于龙潭组第二段之下，为承压含水层，富水性较浅部弱，对主含煤段充水无直接影响，但若因断层导致与主含煤段接触，将有可能由断层导水补给矿井。

（2）上二叠统含煤地层（龙潭组+长兴组）（P_2l+P_2c）

龙潭组（P_2l）为一套海陆交互相的碎屑岩夹灰岩的含煤沉积，地层厚 439.53m，含煤总厚 31.25m，含煤系数 7.11%。地层中普遍含动物化石，下部夹多层薄层灰岩，含较多动物化石和黄铁矿结核，含煤性差；上部（C_2～C_{19}）为富煤段。按岩性岩相、含煤性、标志层、生物群的特征和变化规律，根据以往工作成果，自下而上将井田内龙潭组划分为三个段六个亚段，分述如下。

1）龙潭组第一段（P_2l^1）。地表无出露，本次勘探亦无钻孔揭露该地层，总结以往历次勘查成果，其划分自茅口灰岩顶至 C_{23} 煤层顶，地层厚 102～175m，平均厚 147.33m，为一套以浅海相灰岩和粉砂岩为主，与陆相地层交互的含薄煤地层。

2）龙潭组第二段（P_2l^2）：自C_{23}煤层顶至C_{17}煤层顶，地层厚129.65～151.95m，平均厚141.70m。C_{19}煤层以下岩性以粉砂岩、细砂岩为主，夹泥质粉砂岩、碳质粉砂岩，含少量菱铁岩及薄层灰岩或生物碎屑灰岩，含薄煤和煤线3～15层。平均厚约16.20m，为主要标志层。除C_{23}煤层局部可采之外，其余均不可采。

C_{19}煤层以上为井田富煤段底部的一个煤组，地层厚26.61～39.06m，平均厚30.54m，含C_{17}、C_{18}、C_{18+1}、C_{19}四层编号煤层，平均煤层总厚4.03m，其中C_{19}煤层全区大部可采；C_{17}煤层为层位稳定的薄煤层；C_{18}煤层为较稳定局部可采煤层，C_{18+1}煤层为不稳定局部可采煤层，属潮坪环境沉积的煤层。岩性以粉砂岩、细砂岩或含砾细砂岩为主，夹透镜状、似层状菱铁岩，岩层变化较大，细砂岩多呈透镜状产出，含大量星散状、结核状黄铁矿。

3）龙潭组第三段（P_2l^3）：自C_{17}煤层顶至C_2煤层顶，为井田主要含煤段，地层厚115.24～162.01m，平均厚137.71m，以灰-深灰色粉砂岩为主，与细砂岩、菱铁岩和煤层交替组成本段含煤岩系，含煤10～15层，一般11层，含全区可采煤层C_{7+8}、C_9，大部可采煤层C_2、C_3、C_4、C_{13}、C_{14}、C_{16}六层及不稳定的局部可采煤层C_{15}。

根据其岩性、含煤性和生物化石特征，本段又分为三个亚段。

第一亚段（P_2l^{3-1}）：由C_{17}煤层顶至C_9煤层顶，地层厚44.35～96.37m，平均厚68.91m。地层厚度较稳定，偶见增厚或变薄区，由粉砂岩、细砂岩、菱铁岩和煤层交替组成，为潮坪、潮沟组成的网状河沼泽组合。含煤3～9层，一般5层。岩性变化大，上部常由含砾细砂岩取代粉砂岩，透镜状、似层状菱铁岩发育。底部C_{17}煤层顶板在井田范围内普遍发育0.10～0.80m的生物碎屑灰岩，局部含植物化石。本段顶部C_9煤层是矿区特征明显、可单独作为标志层的煤层。C_{15}煤层变化大，尖灭点较多。C_{16}煤层为较稳定的中厚煤层。

第二亚段（P_2l^{3-2}）：由C_9煤层顶至C_4煤层顶，地层厚28.54～61.75m，平均厚41.49m，为矿区最稳定的沉积段。下部以细砂岩为主，上部以粉砂岩为主，含煤4～5层，一般3层（C_4、C_{7+8}、C_{8+1}），其中：C_4煤层零星有可采点，层位稳定；C_{7+8}煤层为全区稳定可采的中厚煤层，与C_4煤层间距较稳定；C_{8+1}煤层为全区稳定的薄煤层，厚度在0.40～0.70m。本段地层为潮坪下部的砂坪沉积，见零星动物化石。

第三亚段（P_2l^{3-3}）：由C_4煤层顶至C_2煤层顶，地层厚19.55～41.65m，平均厚27.31m，厚度较稳定，岩性简单，主要为细砂岩，次为粉砂岩，夹薄层菱铁岩，一般为2层（C_2、C_3），其中：C_2煤层为全区稳定可采的中厚煤层，C_3煤层为全区大部可采的薄—中厚煤层。底部C_4煤层顶板有0.05～1.00m的黑色薄层状含碳泥质粉砂岩，其中偶夹条带状水云母黏土岩。

早期（C_{19}煤组下部）潮坪进退频繁，薄煤多或煤层结构复杂，随后C_{18}煤层沉积在低洼的废弃潮道中，沿海岸线含煤区与无煤区相间，煤层向岸坡突变尖灭，之后聚煤环境发生了潮坪后退，沉积了分布较广的C_{17}煤层；随即发生了一次大范围的海侵（顶板为含动物化石丰富的碎屑岩及薄层灰岩），较深海水环境使得煤层内黄铁矿结核较多，C_{17}煤层为本区含硫量较高、脱硫率也较高的煤层。C_{17}煤层海侵之后，广阔平坦的沉积环境逐渐海退成潮下、潮上坪沼泽，形成了厚度、结构与煤质都很稳定的C_{16}煤层；C_{15}煤层之后，逐渐进入构造活动相对稳定时期，由于陆源物质补偿较充分，开始进入沉积补偿性海退阶段，持续到C_9煤层乃至C_{7+8}煤层沉积阶段，沉积区连片，C_{13}、C_9与C_{7+8}煤层为厚度大、分布广、稳定性高、煤质好的煤层，体现了沉积性海退段煤层沉积的特点；C_4～C_2煤层段各煤层顶板开始均为海相—下潮坪—上潮坪成煤的韵律性发展，煤层稳定。

长兴组（P_2c）井田内含煤地层为海陆交互相含煤沉积，包括龙潭期和长兴期的同期异相沉积。由于在老厂矿区及昭通镇雄矿区煤系上部地层中发现了含古纺锤蠖（*Palaeofusulina*）、柯兰尼虫（*Colaniella*）化石而证明煤系中有长兴组存在。这些长兴组的标准化石，在老厂矿区出现在C_2煤层顶板（一勘区出现在C_4煤层顶板）以上，镇雄煤田出现在M_5煤层（相当滇东统一编号的M_7煤层）顶板。由于长兴期海侵海岸线由东向西推进，含动物化石的海相灰岩或海相碎屑岩的层位也相应地由东向西超覆而逐渐抬高。划分滇东煤田与长兴组同期异相但不含动物化石的最低界线，是根据在川南、镇雄、黔西发现长兴阶标准化石所确定的最低层位，再通过区域性大面积分布的、具有等时性的煤层中高岭石黏土岩夹矸（火山灰蚀变黏土岩夹矸）的特征引入本区的。经过对比，滇东地区长兴组的下界，至少应定在全区统一编号的M_7煤层顶板，相当于老厂四井田C_9煤层顶板。但是老厂矿区各井田仅以发现长兴阶标准化石的层位划分长兴组底界，与滇东长兴组划分界线有较大的出入。为保证区域内资料统一，避免出现使用上的混乱，本书仍沿用C_2煤层顶界作为长兴组的底界。

整个老厂煤矿区长兴组地层厚度由东向西变薄，东部六勘探区平均厚30.87m，二勘探区平均厚20.88m，三勘探区平均厚20.60m，四勘探区厚8.80～27.60m，平均厚19.32m。本次勘探共有40个钻孔揭露该层位，除个别孔因局部隐覆断层影响，厚度变小或变大外，井田内一般厚12.46～24.93m，平均厚15.81m，岩性以粉砂岩与细砂岩为主，含薄煤或碳质泥岩2～3层，总厚0～1.16m，平均厚0.29m，无可采煤层。底部C_2煤层顶板、C_{1+1}、C_1煤层顶板及C_{1+1}与C_2煤层之间的岩石中部，共4个层位含动物化石，其中小古蠖、非蠖有孔虫、柯兰尼虫、假菲氏三叶虫、南京蠖等为长兴阶的标准化石组合，为标准长兴组的同期异相沉积。长兴组在丕德村附近的河谷有零星出露。

据以往勘查成果，结合本次勘探成果分析，老厂矿区煤系沉积除区域沉积特征外，还具有以下特点：

1）沉积前基底上升遭受剥蚀，缺失玄武岩，煤系直接与茅口组灰岩呈假整合接触，是滇东唯一特殊的矿区。底部有铁铝质黏土岩（厚4.64～34.32m），为古风化壳产物。

2）煤系沉积过程沉降较强烈，煤系厚度大，与邻近矿区比较，增厚100～150m，而且主要是多出下部一段。上覆地层也相应有所加厚。

3）为滇东各矿区中受海侵影响最大、海陆交互相沉积最明显的矿区。下部为海相灰岩夹碎屑岩。中部为潟湖潮坪滨海湖沼沉积的富煤段，上部为有规律的滨海平原（上潮坪）成煤到短期海侵交替的聚煤沉积，几乎所有煤层顶板都有含动物化石的薄层海相层。全煤系都夹有海相动物化石层位，尤以下部最多。

4）茅口灰岩顶部有断裂造成的低温热液活动，矿化形成似层状和脉状萤石矿，并出现地温高温异常区。

5）沉积时构造沉降快、煤系厚度大、上覆地层加厚、缺失玄武岩隔热层和地温异常等综合因素，是造成本区煤变质程度高的原因。

(3) 下三叠统卡以头组 (T_1k)

卡以头组 (T_1k) 主要出露在井田西北角及外围雄达煤矿到丕德村丕德河谷一带。本次勘探钻孔其完整控制点35个，厚79.58～135.50m，平均厚113.75m。下部为浅灰绿色泥质粉砂岩夹极薄层细砂岩及灰白色钙质条带，底部含圆珠状钙质结核。向上渐变为灰绿色细砂岩夹粉砂岩，局部夹粉砂岩条带或薄层，具水平状、水平缓波状层理。顶部有0.02～0.35m苹果绿色水云母黏土岩（称绿豆岩），是分布广的标志层，作为与飞仙关组的分层标志。与下伏长兴组过渡接触。

(4) 下三叠统飞仙关组 (T_1f)

飞仙关组 (T_1f) 主要出露在井田中部及西北部一带，一般厚398.74m，根据岩性和化石演变划分为以下四段。

第一段 (T_1f^1)：地表出露于井田西北部丕德河东侧山坡。本次勘探钻孔完整控制点36个，地层厚80.80～145.36m，平均厚108.80m。为紫红色、紫灰色薄—中厚层状泥质粉砂岩、粉砂质泥岩、粉砂岩夹灰绿色细砂岩，其顶部含大量白色蠕虫状方解石，以此作为其与第二段 (T_1f^2) 的分段标志。化石稀少，仅有克氏蛤一属。与下伏卡以头组整合接触。

第二段 (T_1f^2)：出露于井田西部，本次勘探钻孔完整控制点36个，地层厚69.44～139.54m，平均厚112.78m。为紫灰、灰绿色薄—中厚层状粉砂岩、泥质粉砂岩，二者局部呈互层状，间夹泥灰岩或生物碎屑灰岩薄层或条带。具大型板状交错层理、平行及收敛型交错层理，有波痕、泥裂等。含丰富的克氏蛤，有王氏克氏蛤、带耳克氏蛤、格氏克氏蛤、云南克氏蛤等，向上蚌形蛤出现量增多，克氏蛤逐渐减少。顶部夹数层生物碎屑灰岩，为该段地层与其上覆地层分带的明显标志。与下伏飞仙关组第一段 (T_1f^1) 整合接触。

第三段 (T_1f^3)：井田中—西北部地表有出露，本次勘探钻孔亦有揭露。其完整控制点36个，地层厚106.24～140.78m，平均厚125.71m。以灰绿色中厚层状粉砂岩为主，夹灰绿色细砂岩、紫红色泥岩、生物介壳灰岩等，克氏蛤基本消失，真形蛤大量出现与蚌形蛤组合。与下伏飞仙关组第二段 (T_1f^2) 整合接触。

第四段 (T_1f^4)：井田中部及东北部以“帽子”形式伴随永宁镇组第一段灰岩出露，钻孔亦有揭露。钻孔完整控制点5个，地层厚45.99～62.60m，平均厚51.45m。该段主要分布于山顶缓坡地带，岩性为紫红色薄层状泥岩、粉砂质泥岩，易风化剥蚀形成紫红色夹灰白色的泥土，是与其下伏第三段 (T_1f^3) 分段的明显标志。与永宁镇组接触带为4m厚的薄层状泥岩菱铁质粉砂岩及灰岩，该层位较易风化、被剥蚀，在地面常由永宁镇组灰岩形成陡岩。与下伏飞仙关组第三段 (T_1f^3) 整合接触。

(5) 下三叠统永宁镇组 (T_1y)

井田内地表出露主要地层，约占地表出露地层的70%。地层总厚367.83m，该组地层上部以薄层状粉砂岩、泥灰岩、泥质粉砂岩等碎屑岩为主，下部以薄—中厚层状灰岩、泥灰岩为主。根据岩性组合划分为以下两段。

第一段 (T_1y^1)：井田中—南大部地区有出露，为井田地表出露的主要地层，钻孔亦有揭露，分布于井田的中南部。本次勘探有两个孔（K4300-1、K4113-4 钻孔）完整揭露该地层，最厚 285.25m，最薄 246.70m，平均厚度为 265.98m，与下伏地层呈整合接触。岩性为灰、青灰色薄—中厚层泥晶-细晶灰岩，夹少量断续波状泥质纹层，局部夹数层鲕状灰岩。中下部产瓣鳃类化石、菊石，还见虫管痕迹化石。

第二段（T_1y^2）：出露于井田东南及南部边缘，本次勘探工作仅 K4113-4 孔完整揭露该地层，厚 101.85m，综合四勘探区详查报告，该地层平均厚 95m。岩性为灰绿、紫灰色薄层状粉砂质泥岩、粉砂岩、细砂岩、夹薄层灰岩，具水平层理、缓波状水平层理，含瓣鳃类化石，顶部为厚层状灰岩。

（6）中三叠统个旧组一段（T_2g^1）

个旧组一段（T_2g^1）出露于井田东南及南部边缘，本次勘探工作仅在 K4113-4 孔揭露该地层（揭露不全），钻孔所见厚度为 93.10m。岩性为浅灰色厚层状灰岩，含生物碎屑灰岩及虫迹灰岩，质纯，主要由粉晶方解石镶嵌组成，在整个井范围内仅出露个旧组一段，厚度不详，故其厚度参考以往勘查成果：大于 100m。

（7）第四系（Q）

第四系（Q）分布在洼地、山间沟溪、丕德河、岔河河谷及雨汪、海泥黑、姑那黑等洼地中。主要由坡积、洪积、冲积及部分湖沼沉积的砾石、砂、亚黏土及黏土组成，由于风化母岩不同而成分不一，结构松散，厚 0～80m。

2.2.3 区域构造

雨汪井田位于扬子准地台西南边缘，滇黔凹褶束，云南山字形构造第二道弧（石屏建水弧）滇东台褶带与黄泥河反射弧交会处内侧。区域构造处于压扭性孤岛状构造带上，富源—弥勒断裂带和阿岗—弥勒断裂带及南盘江断裂之间。褶皱及断裂发育，并具有西南收敛，北东旋扭散开的特点。其中，东西向构造和弧形构造发育。

1. 东西向构造

东西向构造在平面上分南北两带，以褶曲为主，断层次之，两带相距约 6km。

1）北带：分布于井田中部，由 B401 背斜、S401 向斜及其派生的大致与背向斜轴平行的次级断裂组成，如 F402 等。东西长 9km，南北宽 2～4.5km。

2）南带：分布于原三、四井田南部边缘及其以南地区，由干桃树断层、哈木格断层等组成，东西长 27km，南北展布宽 12km。卷入地层为下三叠统飞仙关组至上三叠统火把冲组。断层产状陡立，倾角为 30°～80°，断层迹线平直或呈舒缓波状。

2. 弧形构造

弧形构造分布在井田北部外围，由德黑向斜和罗额断层组成，对井田呈合围状。

1）德黑向斜：向斜西部轴线离老厂背斜轴约 5km，以走向 50°延伸至白石崖一带偏转为东西向，继而呈南东方向延伸至黄泥河镇附近消失，形成弧顶向北凸出的完整弧形，长约 37km。核部为中三叠统个旧组二、三段，两翼依次为个旧组二、一段及下三叠统。西南段开阔，宽达 7km，地层倾角北西翼 19°～21°、南东翼 30°～50°，南端被断层切断；北东段紧密狭窄，宽约 3km，两翼倾角 60°～70°，南西翼被断层破坏，保存较差。该向斜为老厂矿区北部外围煤炭资源预测区。

2）罗额断层：为云南山字形构造东翼第二道弧的一级构造，位于德黑向斜外侧，长约 16km，北西、南东两端延出区外，走向 30°，倾向南东，倾角 85°，北西盘为中三叠统个旧组三、四段，南东盘为下三叠统飞仙关组一、二段，断层落差大于 1000m。断层线呈舒缓波状，两侧岩层陡立、扭曲、碎裂，上二叠统含煤地层沿断层上盘断续出露，具逆断层性质。

2.2.4　井田构造

老厂矿区位于扬子准地台西南边缘，滇黔凹褶束，云南山字形构造第二道弧（石屏建水弧）东翼黄泥河反射弧内侧老厂背斜构造带（老厂背斜轴向北东转南东、向北弯曲呈弧形，背斜轴长 10km，北翼较陡 30°～50°，南翼平缓 8°～20°）。老厂背斜南东翼为老厂矿区主体部分，雨汪煤矿（井田）位于老厂矿区四勘探区西南部，如图 2.9 所示。

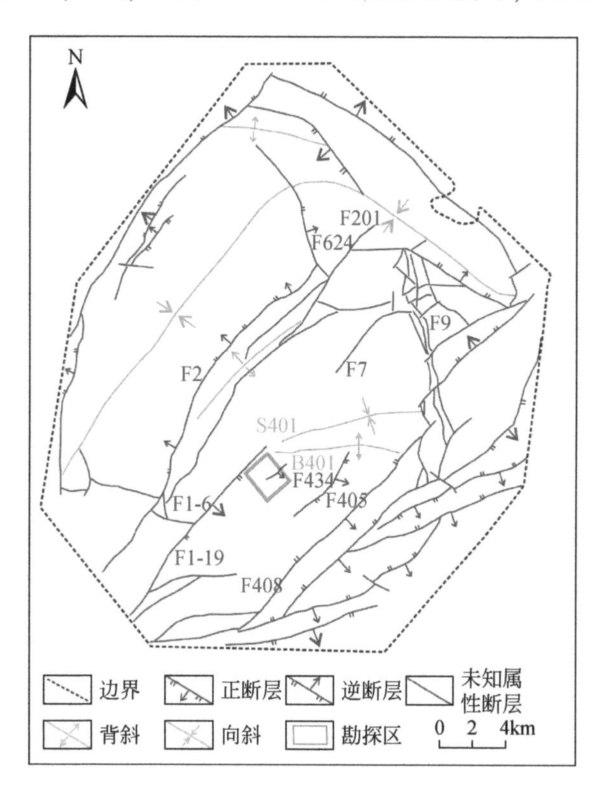

图 2.9　雨汪煤矿井田区域构造纲要图

井田构造总貌为一倾向南东的单斜，边缘为弧形断裂围绕，内部有次一级的宽缓褶曲，断层稀少，地层倾角 6°～15°，靠断层附近局部可达 30°～43°。工作区共发现断层 9 条，F1-19、F426 断层由井田西南角向东北及东部呈弧形伸展，构成了井田的西部和东南部的边界断层，两条断层随断层延伸方向，断距变小，并在井田的东部和东北部尖灭。

井田内断层以北东走向为主，有北西向的横断层和由北东转北西的弧形断层，主要分布在井田边缘，断距大于 100m 的多为边界断层，内部断层稀少，多分布在褶曲附近。

1. 褶曲

井田内地层走向北东，倾角 6°～20°，一般 10°～15°，主体为单斜构造，但南东部、西南部及北部边缘有次级褶曲及稀少的走向斜交断层，分别简述如下。

（1）*南东波状褶曲组*

南东波状褶曲组位于井田东南部，4307～4109 线之间，F426 边界断层东段内侧，F428 断层西侧及 F424 断层东侧，在 10km 内，永宁镇组及个旧组中，发育一组近东西向的向背组，分别为 S402、B402、S403、B403、B406 等，组成连续的波状 S 形褶曲组。

1）S402 向斜：轴向 75°，轴长 1.5km，处在 T_1y^1内，两翼地层倾向相向，倾角 10°～15°，向斜北翼为 T_1y^2，南翼为 T_1y^1、T_1y^2。

2）B402 背斜：轴向 115°，轴长 0.9km，北翼地层倾向北东，倾角 14°～15°，南翼地层倾向南西，倾角 13°～25°。核部及两翼地层皆为 T_1y^2。

3）S403 向斜：轴向 90°～110°，轴长 1.1km，核部及两翼地层为 T_1y^1、T_1y^2，北翼地层倾向南西，倾角 7°～20°，南翼地层倾向北东，倾角 6°～20°，东端被 F428 断层所切。

4）B403 背斜：轴向 100°，轴长 1.3km，轴部及两翼地层皆为 T_1y^1，北翼地层倾向北，倾角 11°～20°，南翼地层倾向南，倾角 6°～19°，东端接近 F428 断层。

5）B406 背斜：轴向 75°～85°，轴长 1.8km，核部及两翼地层皆为 T_1y^2，北翼地层倾向北西，倾角 25°～31°，南翼地层倾向南东，倾角 6°～35°，东端被 F428 断层所切。

（2）*西南波状褶曲组*

西南波状褶曲组位于井田西南部，F430 东端，F426 内侧的特克村附近，受弧形构造影响，形成了宽缓的一组褶曲，分别为 S420、B420。

1）S420 向斜：向斜轴长 500m 左右，走向近南东。东翼地层倾向 175°～225°，西翼地层倾向 25°～45°。轴部及两翼地层均为永宁镇组第一段，地表迹象较明显。该背斜对本井田煤层的赋存情况无影响。

2）B420 背斜：背斜轴长 550m 左右，近东西走向。北翼地层倾向 10°～30°，南翼地层倾向 150°～175°，轴部及两翼地层均为永宁镇组第一段和飞仙关组第四段，地表迹象较明显。该背斜对本井田煤层的赋存情况无影响。

（3）*北部褶曲组*

在井田北部外缘，发育一组较大的褶皱，分别为 S401、B410。虽然 S401、B410 对本井田煤层赋存情况影响较小，但这组向斜、背斜在四勘探区是最大的一组褶皱，在此仍将其特性叙述如下。

1）S401 向斜：其轴线位于井田北部外围（已出本井田图幅），该向斜轴长 7.24km，近东西向走向。该向斜为老厂背斜南翼的次级褶皱构造，其北翼地层倾向南南东，倾角 9°～33°；南翼地层倾向北北西，倾角 10°～37°。轴部主要出露永宁镇组（T_1y），两翼主要出露飞仙关组（T_1f），东部被 F404 断层切割，西部出露飞仙关组（T_1f）。向斜轴向东倾伏，倾伏角 4°，褶曲波幅最大达 320m。该向斜对本井田煤层的赋存情况无影响。

2）B401 背斜：位于 S401 向斜南侧（已出本井田图幅），相距 1～2km，两褶曲轴线近于平行延伸，背斜轴线长约 7.18km，向东倾没，轴部出露飞仙关组，两翼亦为飞仙关组。北翼倾向近北，倾角 8°～35°，两翼基本对称。褶曲波幅最大达 340m。轴部被 F401、F404、F405 断层所切。对本井田煤层的赋存情况影响较小，仅在 4117 勘探线北端使煤层倾角变缓。

2. 断层

表 2.4 为雨汪井田断层情况统计表。

表 2.4　雨汪井田断层情况统计表

编号	性质	延伸长度/m	产状/（°）		落差/m	控制情况	通过剖面	断层证据	探明程度
			走向倾向	倾角					
F1-19	正	9000	203 293	70	450	15 个露头点	4001、4300、4304、4302、4307、4309	沿断层走向形成沟谷或洼地，地层风化明显，岩石破碎	基本探明
F430	正	2200	35 125	70	100	8 个露头点	4001	沿断层走向形成冲沟或洼地，断层产状清晰，风化严重，破碎带明显	基本探明
F426	逆	10000	25～85 115～175	63	80～550	23 个露头点及 3 个钻孔、2 个槽探控制	4001、4307、4300、4309、4302、4101、4304、4103、4105、4107、4109、4111、4113、4115、4117	沿断层走向呈串珠状，两侧地层不正常接触，沿断层走向地层产状变化大	基本探明
F427	正	2600	85 175	68	45	6 个露头点	4309、4302、4101、4307、4103	沿断层走向地层变化较大，地层缺失，岩石风化，地貌沿断层走向形成沟谷	基本探明
F435	正	950	70 167	72	35	6 个露头点	4304、42302、4307、4309、4101	断层破碎带岩石风化明显，两盘地层倾角变化较大，具有牵引褶曲现象	基本探明

续表

编号	性质	延伸长度/m	产状/(°)		落差/m	控制情况	通过剖面	断层证据	探明程度
			走向倾向	倾角					
F406	正	1700	53 143	73	20	4个露头点	4113、4109、4115、4111、4117	沿断层走向形成沟谷，地层风化明显，T_1f^1错动明显，断层产状清晰，具有牵引褶曲现象	基本探明
F434	逆	2100	40~50 130~140	60	45	6个露头点	4109、4111、4113、4115、4117	地表露头点由于覆盖严重，断层产状不清，沿断层走向形成沟谷	基本探明
F428	逆	2800	70 290	75	25~55	8个露头点	4309、4101、4103、4105、4107、4109	沿断层走向形成沟谷或洼地，岩层发生错动明显，破碎带明显	基本探明
F405	逆	3000	20 110	70	20	5个露头点	4111、4113、4115、4117	断层附近地层产状变化大，地层重复，地貌上沿断层走向形成沟谷，岩石易风化	基本探明
F4117-1-1	逆	300	225 135	60	10	钻孔4117-1	4117	C_4到C_{7+8}煤层间距变大，影响C_2、C_3、C_4、C_{7+8}、C_9煤层	基本探明
F3004-1	逆	250	240 150	65	10	钻孔3004	4300	C_{13}到C_{16}煤层间距变大，影响C_9、C_{13}、C_{14}、C_{16}煤层	基本探明
F3004-2	逆	150	240 150	65	5	钻孔3004	4300	缺失C_{16}煤层，仅影响C_{16}煤层	基本探明
F10511-1	逆	350	230 140	35	5	钻孔10511	4105	C_9到C_{13}煤层间距变大，影响C_{7+8}、C_9、C_{13}、C_{14}、C_{15}、C_{16}煤层	基本探明
F4101-2-1	正	350	290 200	35	5~10	钻孔4101-2	4101	缺失C_2煤层，仅影响C_2煤层	基本探明

1）F1-19正断层：为井田北西侧边界断层，通过4001、4300、4304、4302、4307、4309勘探线，并从ZK10708、ZK11107与ZK11108钻孔之间穿过，为四勘探区与一勘探区、三勘探区的分界断层。走向203°，倾向293°，倾角70°，走向长9000m。断层南段地表见上盘的T_2g^2与下盘的T_1f^3接触，ZK10503钻孔上盘C_4~C_7煤层段与下盘的C_{18}煤层直

接接触，断层落差达 450m。断距南部大，向北变小，在 4309 线北侧尖灭。在一勘探区、三勘探区有 2 个钻孔及 15 个露头观测点控制，断层基本探明。

2）F426 逆断层：位于井田南部及东部，近东西走向，走向长 10000m。在井田西部斜交于 F1-19，在特克村北部附近，由北东向转向东西向延伸，在井田中部被 F428 切割。断层倾角 63°。断层断距变化较大，由西向东急剧变小。在断层西端，4001 勘探线由 K4001-1 钻孔揭露，断层落差达 550m；在 4300 线，由钻孔 K4300-1 揭露，断距变为 160m；向东在 4101 线由钻孔揭露，断层落差为 80m。该断层沿断层走向呈串珠状，两侧地层不正常接触，断层带宽约 10m，可见断层角砾。在钻孔中，该断层破碎带为 0.15 ~ 10m，具有角砾及挤压现象。该断层在井田内落差大，切断整个煤系地层，影响较大。深部有 3 个钻孔控制，地表有 2 个槽探及 23 个露头观测点控制，断层基本探明。

3）F405 逆断层：位于井田东北部雨汪、下马嘎村一带，通过 4111、4113、4115、4117 勘探线，走向 20°，倾向 110°，倾角 70°。断层落差 20m，井田内走向长 3000m，向北延伸出矿区，在北端白龙山井田至 B401 背斜轴。井田内断层上下盘均由 T_1y^1 组成，断层破碎带明显，地层产状变化大，呈大角度相交，地形上形成沟谷洼地。在四勘探区详查时地表有 TC-7、TC-8 探槽及本次勘探的 5 个露头观测点控制。北部因有大面积第四系覆盖，地表位置有一定的摆动性，断层基本探明。

4）F430 正断层：位于井田西南角一带，通过 4001 勘探线。走向 35°，倾向 125°，倾角 70°，井田内走向长 2200m，北端交于 F426 断层。断层落差 100m，两盘地层产状变化大。深部被 F426 所切。有 8 个露头观测点控制，断层基本探明。

5）F406 正断层：位于 F405 断层北部 1000m 处，走向 53°，倾角 73°，在井田东北部大者村、小者村一带延伸出井田，通过 4109、4111、4113、4115、4117 勘探线。断层落差 20m，井田内走向长 1700m。井田内断层上下盘均由 T_1y^1、T_1f^4 和 T_1f^3 组成，断层破碎带宽约 5m，断层两盘岩石破碎。有 4 个露头观测点控制，断层基本探明。

6）F428 逆断层：位于井田东南部，通过 4309、4101、4103、4105、4107、4109 勘探线，走向 70°，倾向 290°，倾角 75°，井田延伸长 2800m，由井田东南角向北延伸，沿断层线上盘 T_1y^1、T_1y^2 与下盘 T_2g^1 接触，落差 25 ~ 55m。有 8 个露头观测点控制，断层基本探明。

7）F427 正断层：位于井田南部海泥黑一带，通过 4302、4101、4103、4307、4309 勘探线。走向 85°，倾向 175°，倾角 68°，长 2600m，上盘 T_1y^1、T_1y^2 与下盘 T_1y^1 接触，断层落差 45m，断层破碎带宽 5 ~ 10m，两盘地层产状变化大，局部见地层陡立，沿断层线形成沟谷，溶洞发育。断层深度仅达 T_1f^4。有 6 个露头观测点控制，断层基本探明。

井田内还发育着几条断距较小（≤20m）的断层，如 F434、F435 等，由于断层断距小，只影响到 T_1f^4，不再详细叙述。

根据本次勘探及以往工作施工钻孔揭露，井田内仍发育着一些隐伏断层，这些断层大部分属于大断层的伴生断层，而出现在大断层的旁侧，其中多数与大断层平行。这些断层均是单孔揭露，地表无出露，断层断距小，一般在 5 ~ 20m。对今后的采煤工作仍有一定程度的影响。

3. 井田构造形成机制

区域及井田各种构造主要是在燕山期形成的，由于受区域近北西南东挤压作用力影响，首先形成一系列近北东南西褶皱，如S401、B401、S402、B402等褶皱。当挤压力超过岩层强度时，岩层破裂，继而沿压性结构面产生F1-19、F426等边界断层；当这组压力受到井田南部阻力时，整个井田构造形成似弧形的总构造形态，并有向西南合拢之势。这是最早形成的断层。

在第一组断层形成时，由于张力和阻力的影响，形成了一系列次一级的波状褶曲组，如S420、B420和井田东南部的波状褶曲组。

在受力最小的方向上，产生了张性结构面，形成了一系列近于北东南西向的断层，这些断层断距较小，基本对井田的煤层赋存情况影响不大，如F405、F406、F428等断层。这是第二期形成的主要断层，该组断层与第一组断层的交接关系是：或交于第一组断层上，或将第一组断层错开，如F428将先形成的F426断层错开。

该区断层，除边界断层外，绝大多数发生在上覆地层中，尤其以岩石强度较脆的永宁镇组第一段最为突出，受力后易形成张性结构面和各种断距较小的断层，如F434等。

4. 井田构造复杂程度分析

本井田位于老厂背斜南东翼深部，构造总貌为一倾向南东的单斜，井田周边发育一定数量落差大于50m的断层，内部断层稀少，有次一级的宽缓褶曲，地层倾角6°~25°，靠断层附近局部可达20°~30°。总体构造形态如下：

1）井田及周边断层以北东走向为主，断距大于50m的均为边界或边界外断层，内部断层稀少。井田及周边共发现断层9条：以断层性质划分，正断层5条，逆断层4条；以断层落差划分，落差大于100m的3条（断层F1-19、F426、F430），落差在20~100m的6条。对煤系地层影响较大的只有F426和F1-19两条边界断层。

2）本井田未发现较大的褶曲构造，仅在井田东南和西南部F426与F428交错部的西侧和F426与F430交会处发育两组波状褶皱，由于褶曲两翼地层起伏较小，向背斜轴延伸不长，均发育在上覆的永宁镇组及飞仙关组第四段，离煤系地层较远，对煤系地层影响较小。

3）井田未发现岩浆岩分布，煤层赋存不受岩浆岩的影响。

本次勘探成果表明：

1）雨汪井田总体为一简单的单斜构造。

2）影响到井田范围的断距大于100m的断层仅有F1-19、F426两条断层，且均为井田的边界断层，断层倾向均为井田边界外侧，对井田内煤层赋存影响不大，仅在靠近断层附近对地层有一定的牵引作用，产状有一定变化，或伴生有一定数量的小断层及小褶曲。

井田面积为50.95km²，经钻孔控制切割到含煤地层的断层只有F1-19、F426两条边界断层，其他断层只影响上覆地层，从钻孔揭露的情况分析，小断层较发育。断层单位面积密度小。

3）含煤地层产状变化不大，局部地段发育少量规模较小的褶曲。

2.3 煤 层

2.3.1 含煤地层

井田内含煤地层总厚439.53m，含煤20～53层，一般为27～42层，煤层总厚31.25m，含煤系数7.11%。含可采煤层10～20层，一般13层，总厚22.78m，可采含煤系数5.18%。井田内编号煤层（C_{19}煤层以上）自上而下有C_1、C_{1+1}、C_2、C_3、C_4、C_{7+8}、C_{8+1}、C_9、C_{13}、C_{14}、C_{15}、C_{16}、C_{17}、C_{18}、C_{19} 15层。

2.3.2 可采煤层

将井田内可采煤层对比可靠性分述如下。

C_2煤层：全井田发育，为含煤地层龙潭组（P_2l）第一层编号煤层，亦是含煤地层第一层可采煤层。该煤层对比可靠。

C_3煤层：全井田发育，为含煤地层龙潭组（P_2l）第二层编号煤层，全井田稳定。该煤层对比可靠。

C_{7+8}煤层：全井田发育，为全井田主要可采煤层之一，该煤层对比可靠。

C_9煤层：全井田发育，为井田内主要可采煤层之一，全井田稳定。该煤层对比可靠。

C_{13}煤层：全井田稳定。该煤层对比可靠。

C_{14}、C_{15}煤层：与其下C_{15}煤层间距不稳定，从本次对比情况看，C_{14}、C_{15}煤层可能存在分叉合并现象，但因埋藏较深，附近没有生产窑揭露该煤层，有待于将来煤矿开采后，进行更准确的论证。该煤层相对比较可靠。

C_{16}煤层：全井田发育，为井田主要可采煤层之一，其全硫为特低—中硫，平均为低硫。该煤层对比可靠。

C_{17}煤层：井田内稳定，煤层虽偶有尖灭现象，但其顶板的动物化石标志层仍然存在。该煤层对比可靠。

C_{18}煤层：偶见尖灭现象。该煤层对比可靠。

C_{19}煤层：底板尚有地球物理测井曲线特征加以佐证。该煤层对比可靠。

综上所述：井田内11层可采煤层中无对比不可靠煤层，其中C_2、C_3、C_{7+8}、C_9、C_{13}、C_{16}、C_{17}、C_{18}、C_{19}煤层为对比可靠，占比为81.8%；C_{14}、C_{15}煤层为相对比较可靠，占比为18.2%。

2.3.3 三维地震勘探区内的主要煤层

表2.5为三维地震勘探区钻孔统计表，大部分钻孔埋深在450～650m，仅有K4109-1钻孔的埋深在198～265m。C_2煤层平均厚度1.48m；C_3煤层平均厚度1.57m，C_{7+8}煤层平

表 2.5　主要煤层特征表

（单位：m）

井名	X	Y	地表高程	C_2煤层			C_3煤层			C_{7+8}煤层			C_9煤层		
				标高	埋深	厚度	标高	埋深	厚度	标高	埋深	厚度	标高	埋深	厚度
K4115-1	53192.624	783768.102	1973.39	1432.46	540.93	1.84	1419.27	554.12	1.48	1389.03	584.36	1.59	1369.91	603.48	1.31
K4115-2	53807.93	783070.275	1876.41	1330.7	545.71	1	1315.25	561.16	1.59	1268.84	607.57	3.44	1248.68	627.73	1.7
K4113-1	52787.479	783526.262	1997.24	1477.66	519.58	1.01	1462.07	535.17	1.5	1421.64	575.6	3.22	1395.9	601.34	2
K4113-2	53233.377	783014.784	1919.98	1366.31	553.67	1.19	1350.85	569.13	1.59	1322.55	597.43	1.69	1300.38	619.6	1.64
11311	53590.206	782606.906	1831.35	1324.51	506.84	6.23	1305	526.35	1.99	1272.4	558.95	3.7	1242	589.35	2.38
K4111-1	52535.513	783090.824	1940.26	1491.27	448.99	1.22	1474.97	465.29	1.67	1445.18	495.08	1.6	1420.56	519.7	3.02
K4111-4	52863.098	782806.427	1907.872	1444	463.87	1.27	1421.86	486.01	2.4	1386.8	521.07	2.38	1354.49	553.38	1.77
K4111-2	53148.283	782421.561	1881.23	1336.48	544.75	1.27	1319.86	561.37	1.13	1299.5	581.73	1.09	1276.97	604.26	1.89
K4111-3	53480.125	782014.227	1852.87	1284.33	568.54	0.87	1263.41	589.46	1.1	1240.56	612.31	1.56	1225.07	627.8	1.15
K4109-1	52113.057	782975.291	1738.69	1540.66	198.03	1.18	1522.77	215.92	1.49	1492.84	245.85	1.63	1474.7	263.99	1.09
K4109-2	52462.44	782588.446	1945.53	1467.39	478.14	1.17	1448.05	497.48	1.57	1425.61	519.92	2.43	1407.93	537.6	1.44
4109-1	52711.507	782269.055	1920.91	1363.48	557.43	1.32	1341.79	579.12	1.37	1320.44	600.47	2.17	1297.65	623.26	0.94
K4109-3	53150.628	781717.304	1804.64	1298.24	506.4	1.07	1277.37	527.27	1.38	1260.03	544.61	1.51	1231.41	573.23	2.24
4109-2	53592.374	781171.537	1781.57	1218.41	563.16	0.95	1194.2	587.37	1.72	1174.87	606.7	1.43	1147.83	633.74	1.48
K4107-1	52160.651	782199.556	1950.25	1456.75	493.5	0.85	1434.29	515.96	1.49	1411.96	538.29	1.53	1394.3	555.95	1.11
K4107-2	52636.061	781666.157	1822.03	1329.56	492.47	1.24	1312.37	509.66	1.63	1288.53	533.5	1.89	1259.38	562.65	1.99

均厚度 2.05m；C_9煤层平均厚度 1.70m。C_3与 C_2煤层的平均层间距为 18.68m；C_{7+8}与 C_3煤层的平均层间距为 27.66m；C_9与 C_{7+8}煤层的平均层间距为 23.35m。

2.4　含煤地层沉积环境

老厂聚煤区位于扬子准地台西部南缘与华南褶皱系的过渡带上，南部紧靠罗平拗陷强烈沉降区，因此矿区同沉积构造沉降幅度较大，基底持续沉降，煤系连续沉积，煤系厚度比邻近矿区加厚 200m 以上。

在近海型煤田沉积区，基底沉降意味着会有海侵发生，但老厂矿区陆源物质供给充分，沉降补偿反复达到平衡，就形成海陆交替的沉积环境。滇东地区晚二叠世含煤地层的沉积序列，表现为下段海侵—中段海退—上段长兴期海侵，但中段（相当于 C_{13} ~ C_{7+8}煤层段）海退，实质上是在持续沉降过程中构造活动相对稳定，物质补给充分形成的沉积补偿性海退，故老厂矿区总体成煤特点属海侵成煤。

滇东地区海侵成煤的表现如下：①各煤层的沉积范围自下而上向陆地方向迁移，呈叠瓦式超覆扩大，层位向上抬高；②长兴期含海相化石的层位由海向陆超覆，层段厚度变薄，层位逐渐升高；③沉积性海退层段的含煤范围既向陆地方向超覆，也向海的方向扩大，形成分布范围最广、厚度与稳定性最好的煤层。

滇东晚二叠世含煤地层沉积区内为浅陆表海，由于物质补偿较充分，缺乏海相环境，因此没有河流入海的典型三角洲，而主要是网状河发育的滨海平原。老厂聚煤区离陆源区相对较远，没有古陆山口控制的位置比较固定的主河流沉积带，而离南部海相区较近，受海水进退的影响较大，罗平拗陷上二叠统沉积厚达 1500m，间夹薄煤和碳质泥岩，说明沉积补偿也经常达到平衡，使得老厂沉积区受海水影响的沉积环境主要为有障壁岛阻隔的潮坪环境，包括潮下坪、潮间坪和潮上坪环境的交替。来自西北部的陆源河，通过冲积平原进入广阔平坦的滨海平原即发生分流形成网状河，多源头网状河分叉合并联结成巨大的网状河湿地沼泽体系，其中一些主要分流河道与潮坪上的潮道相接，使海水沿分流河道深入到滨海平原中，形成老厂沉积区受潮汐影响明显的网状河湿地沼泽成煤的景观。如果将潮道沉积理解为三角洲沉积，那么上三角洲平原与潮上带、下三角洲平原与潮间带的性质极相似，在海水进退变化中，有海相沉积，必定有过渡相的潮坪沉积。

2.5　卡以头组砂岩特征

卡以头组砂岩主要出露在井田西北角及外围雄达煤矿到丕德村丕德河谷一带。根据《云南省富源县雨汪井田煤炭勘探报告》对其完整控制点 35 个，厚 79.58 ~ 135.50m，平均厚 113.75m。下部为浅灰绿色泥质粉砂岩夹极薄层细砂岩及灰白色钙质条带。底部含圆珠状钙质结核。向上渐变为灰绿色细砂岩夹粉砂岩，局部夹粉砂岩条带或薄层，具水平状、水平缓波状层理。顶部有 0.02 ~ 0.35m 苹果绿色水云母黏土岩（称绿豆岩），是分布广的标志层，作为与飞仙关组的分层标志。与下伏长兴组过渡接触。

井田内基本无泉点出露，详查 4117-1 钻孔抽水试验单位涌水量 0.00175L/(s·m)，渗透系数0.0006991m/d；水温18℃，pH=9.7，为弱碱性水；本次勘探于K4103-3孔进行注水试验，水量较小，钻孔单位注水量0.0004728L/(s·m)，渗透系数0.0007607m/d。钻孔揭露简易水位，消耗量一般无变化，未发生涌、漏水现象。但在构造破碎带附近及地形切割较陡处变化较大，K4103-2钻孔施工该层段井液消耗量大于8.7m^3/h，全部漏失。井田内水位标高1494.05~1851.26m，平均1696.93m。该含水层富水性在浅部露头区为弱裂隙潜水，向深部过渡为承压含水层。地下水流向总体与地表水流向相近似。深部裂隙密度为0.7条/m，大部分被方解石细脉充填，因而其富水性较浅部弱，该含水层底板下距C_2煤层顶板平均厚20.25m，在采空塌陷带范围内，是矿床充水顶板直接充水含水层。卡以头组浅部和深部抽水对比数据详见表2.6。

表2.6　卡以头组浅部和深部抽水对比表

范围	孔号	静止水位/m	水位降低 S/m	水量/(L/s)	单位涌水量 q/[L/(s·m)]	含水裂隙密度/(条/m)	备注
浅部一、二、三勘探区	21506	29.7	12.85	0.7794	0.0607		K4103-3钻孔表中相应降深、涌水量，即注水水头高与注水量(或单位注水量)
	20913	29.01	26.76	0.04819	0.0018		
	12109	85.46	48.2	0.0516	0.0018		
	30706	141.99	16.10	0.0044	0.00107		
	平均		25.98	0.2209	0.01634	0.4	
深部四勘探区	4117-1	96.83	19.42	0.034	0.00175	0.21	
雨汪井田勘探区	K4103-3	117.00	117.50	0.0556	0.0004728	0.16	

2.6　矿区瓦斯地质条件

瓦斯是一种混合气体，其中甲烷占绝大多数，其气体体积百分含量通常在63.1%~99.22%；其次为氮气，其气体体积百分含量通常在0.05%~35.96%；再次为二氧化碳，其气体体积百分含量通常在0.06%~14.75%。另外，含少量的重烃及微量的惰性气体。根据《云南省富源县雨汪井田煤炭勘探报告》，雨汪煤田瓦斯特征分述如下。

1）自然瓦斯成分：各煤层甲烷成分在30.50%（K4115-2孔C_{13}煤层）~99.64%（K4115-1孔C_9煤层），平均为80.27%；氮含量在0.00%~69.22%（K4115-2孔C_{13}煤层），平均为18.44%；二氧化碳含量在0.00%~10.78%（10509孔C_{19}煤层），平均为1.17%；其他为少量的重烃及微量的惰性气体。

2）分析组分含量：二氧化碳含量以C_{19}煤层最大，平均为2.05%；氮含量以C_2煤层最大，平均为26.50%；甲烷含量以C_9煤层最大，平均为88.18%。

3）根据《矿产地质勘查规范煤》（DZ/T 0215—2020），根据瓦斯含量划分三带。

氮气带：CH_4=0%~20%，N_2=80%~100%，CO_2=0%~20%；

氮气-沼气带：CH_4=20%~80%，N_2=20%~80%，CO_2=0%~20%；

沼气带：CH_4=80%~100%，N_2=0%~20%，CO_2=0%~20%。

4）瓦斯含量：瓦斯含量最高为24.78m^3/t（K4302-1孔C_9煤层），井田瓦斯含量平均为9.62m^3/t，属高瓦斯矿井。

煤层瓦斯分布规律：根据本井田所有瓦斯煤样资料，同一钻孔不同煤层瓦斯含量变化无较明显规律。但同一煤层随深度的增加，瓦斯含量有增加的趋势；同一煤层随标高的降低，瓦斯含量有增加的趋势，标高每降低100m，瓦斯含量最大增加（即瓦斯增长率）2.30m^3/t（C_3煤层），平均增加1.84m^3/t；瓦斯梯度C_{17}煤层最大，为83.33m/（1m^3/t），井田瓦斯梯度平均为56.60m/（1m^3/t），即瓦斯每增加1m^3/t，则标高相应降低56.60m，详见表2.7。

表2.7　雨汪井田勘探主要煤层瓦斯综合成果表

煤层	瓦斯含量/（m^3/t）	瓦斯成分/%			
		N_2	CO_2	CH_4	C_2H_6
C_2	3.40~10.95 7.61（10）	8.94~50.58 26.50	0.09~1.90 0.77	48.48~89.35 72.64	0.00~0.47 0.14
C_3	3.54~20.79 9.82（16）	2.46~63.06 21.32	0.00~1.83 0.65	36.19~96.08 77.83	0.00~1.60 0.20
C_{7+8}	3.38~20.67 10.24（21）	0.00~67.32 19.22	0.10~10.23 1.21	30.88~99.47 79.47	0.00~0.25 0.09
C_9	5.71~24.78 12.01（20）	0.00~41.18 11.00	0.00~7.12 1.27	56.74~99.64 88.18	0.00~0.39 0.11
C_{13}	3.80~18.59 9.19（18）	1.27~69.22 17.28	0.00~10.28 1.87	30.50~97.68 80.78	0.00~0.19 0.06
C_{14}	3.16~13.52 9.20（18）	3.58~47.34 17.80	0.00~4.89 0.84	48.78~95.75 81.23	0.00~0.51 0.13
C_{15}	5.42~13.68 8.88（11）	0.00~59.66 23.64	0.26~3.19 0.85	37.13~99.60 75.53	0.02~0.16 0.08
C_{16}	5.35~14.16 9.75（15）	1.41~39.64 17.36	0.00~3.21 0.62	59.25~98.36 81.88	0.00~0.93 0.13
C_{17}	6.52~18.11 10.08（7）	3.21~30.68 14.91	0.10~8.15 1.86	68.98~95.35 83.17	0.00~0.20 0.05
C_{18}	3.95~17.74 9.76（17）	4.01~30.89 17.96	0.00~3.53 0.95	65.49~94.86 80.89	0.00~0.62 0.10
C_{19}	4.08~19.41 9.34（13）	0.00~48.40 16.53	0.00~10.78 2.05	51.22~98.45 81.32	0.00~0.59 0.13
平均	3.16~24.78 9.62（166）	0.00~69.22 18.44	0.00~10.78 1.17	30.50~99.64 80.27	0.00~0.93 0.11

注：第2列括号内数字为样品个数；$\frac{最小值\sim最大值}{平均值}$。

现将煤田总体瓦斯分布规律总结如下。

C_2煤层：以沼气带为主，有小范围氮气-沼气带分布，无二氧化碳-氮气带；

C_3煤层：以沼气带为主，井田北西边有小范围氮气-沼气带分布，无二氧化碳-氮气带；

C_{7+8}煤层：以沼气带为主，零星分布氮气-沼气带；无二氧化碳-氮气带；

C_9煤层：以沼气带为主，井田北西边有小范围氮气-沼气带分布，无二氧化碳-氮气带；

C_{13}煤层：以沼气带为主，氮气-沼气带主要分布于井田北西边，无二氧化碳-氮气带；

C_{14}煤层：以沼气带为主，氮气-沼气带主要分布于井田北西边，无二氧化碳-氮气带；

C_{15}煤层：以氮气-沼气带为主，零星分布氮气-沼气带，无二氧化碳-氮气带；

C_{16}煤层：以沼气带为主，井田北西边有小范围氮气-沼气带分布，无二氧化碳-氮气带；

C_{17}煤层：以沼气带为主，井田北西边有小范围氮气-沼气带分布，无二氧化碳-氮气带；

C_{18}煤层：以沼气带为主，氮气-沼气带分布于井田北西边，无二氧化碳-氮气带；

C_{19}煤层：以沼气带为主，井田北西边有小范围氮气-沼气带分布，无二氧化碳-氮气带。

根据《煤矿安全规程》，本井田内煤层属高瓦斯煤层，并且相邻白龙山煤矿在开采过程中曾出现多次煤与瓦斯突出现象，因此雨汪煤矿井田应定为煤与瓦斯突出矿井。

2.7　地震地质条件

2.7.1　表、浅层地震地质条件

三维地震勘探区地处十八连山山区，海拔1738～1997m。地貌由高原剥蚀中山区与高原岩溶区两个地貌类型组合而成，受控于地质构造，山体延伸方向大致与地层走向一致，呈北东—南西向，山脊均由下三叠统砂泥岩及泥灰岩组成。地表永宁镇组（T_1y）灰岩覆盖面积较大，灰岩覆盖区地貌常表现为侵蚀、剥蚀峰丛、沟谷等。地层倾向与坡向基本一致，总体为同向坡地貌。属中山地形。

根据三维地震勘探区已知钻孔得到地表高程图（图2.10）。总体上北部高，南部低，最低点位于正西部，最高点位于正北部。东南部灰岩出露地表，表土层较薄；马坟梁子以西，坡度陡，坡积物厚，覆土层厚近50m；中部以农田区为主，覆土层厚6～10m，局部坡积区达到17m左右，详见表2.8。

表2.8　收集钻孔表层情况统计表

序号	钻孔	表层情况
1	K4113-2井	覆土层厚17.98m
2	K4109-2井	第四系厚8.99m
3	K4109-3井	覆土层厚6.45m
4	K4111-3井	灰岩出露

续表

序号	钻孔	表层情况
5	K4107-1井	覆土层厚9.37m
6	K4107-2井	覆土层厚16.34m
7	4109-2井	灰岩出露
8	4109-1井	灰岩出露
9	K4109-1井	表土层厚48.28m
10	K4111-1井	覆土层厚43.32m
11	K4111-4井	覆土层厚6.2m
12	K4111-2井	覆土层厚9.55m
13	K4113-1井	粉砂岩出露
14	K4115-1井	覆土层厚8.00m

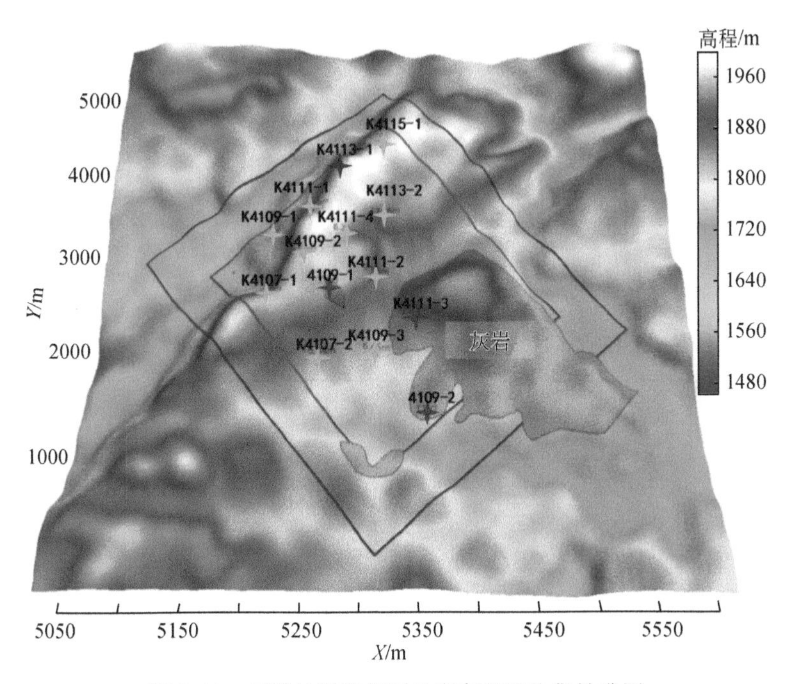

图2.10　三维地震勘探区地表高程及收集钻孔图

地表植被灌木发育，通视条件差，给地震测线测量和野外资料采集造成了很大困难。研究区内地震激发条件多变及浅表层岩性间杂分布，由于成孔时遇黄土、风积砂、泥岩甚至为坚硬基岩，必须采用钻机成孔，难度大。

2.7.2　深层地震地质条件

本区主采煤层发育稳定，煤层与围岩之间有较大的波阻抗差异（图2.11～图2.13），其顶、底板是良好的反射界面，可形成较强的反射波。

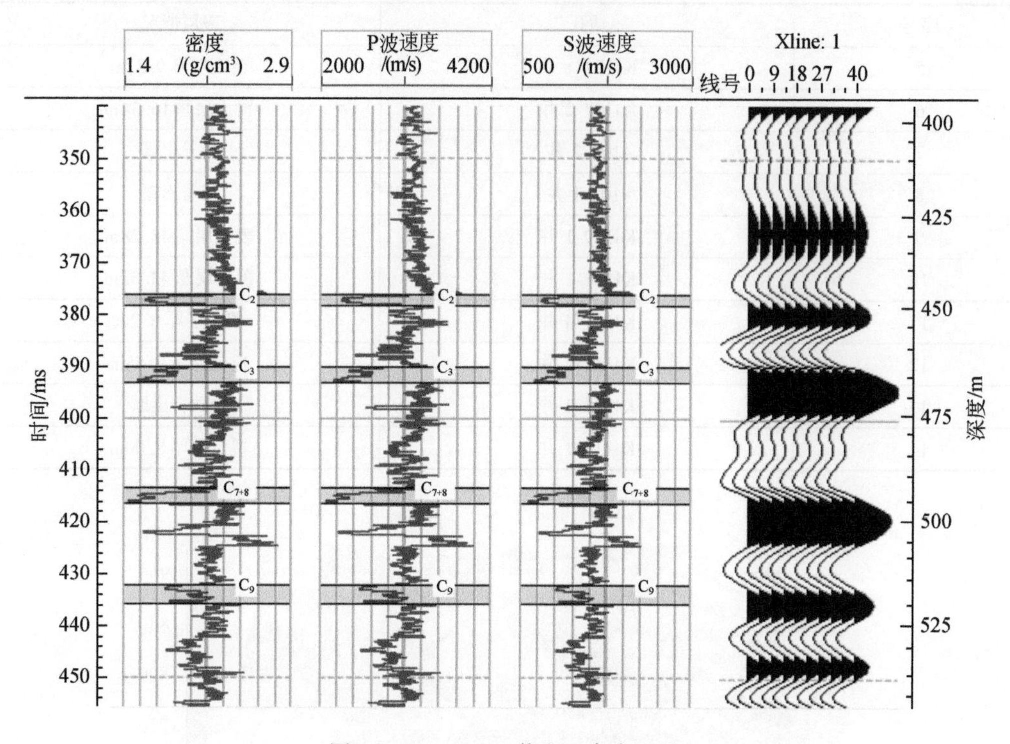

图 2.11　K4111-1 井人工合成记录

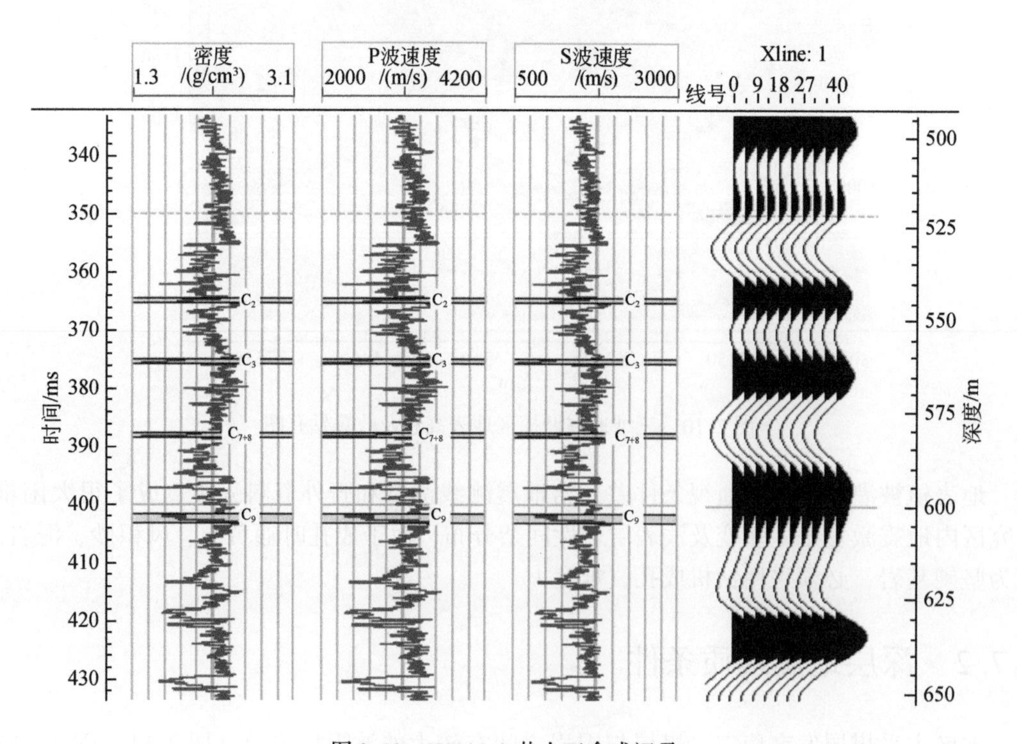

图 2.12　K4111-2 井人工合成记录

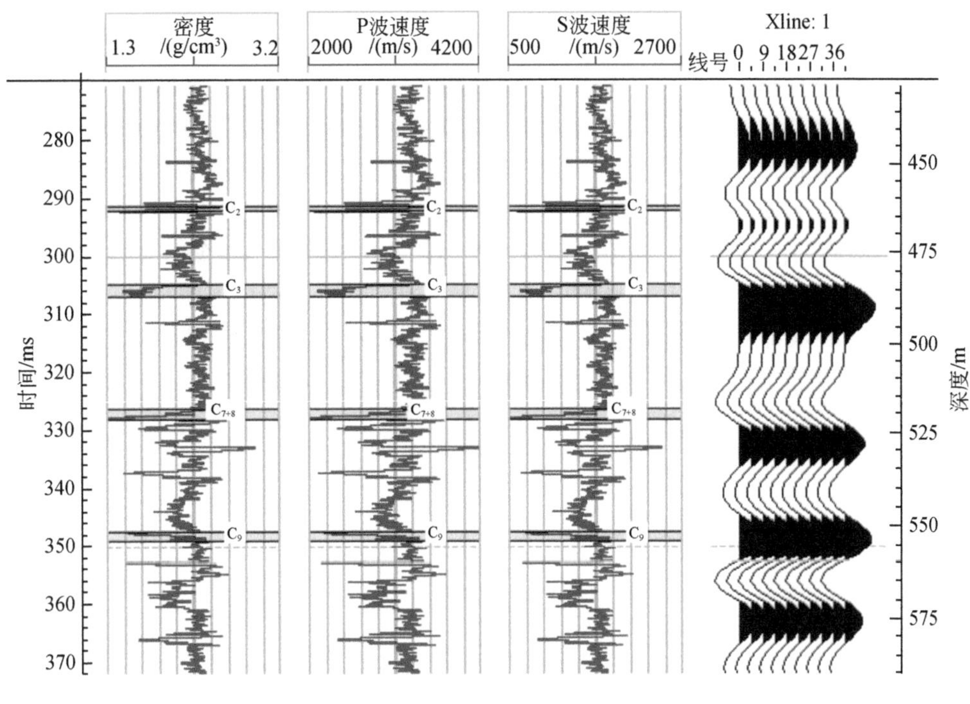

图 2.13　K4111-4 井人工合成记录

本区主要目的层反射波有：T2 反射波，为 C_2煤层的反射波；T3 反射波，为 C_3煤层产生的反射波；T78 反射波，为 C_{7+8}煤层产生的反射波；T9 反射波，为 C_9煤层产生的反射波。从主要煤层合成记录看，深层地震地质条件良好。

2.8　小　　结

通过对已有资料的充分分析，并重点结合本次研究的需要，对雨汪煤田区域地层、井田地层、断层、褶曲分布特征进行了概述，主要认识如下。

1）雨汪井田地层表现为两大特征：一是上二叠统龙潭组煤层群发育，表现为薄互层特征。井田内沉积环境为潮坪沉积，进退频繁，引起上二叠统龙潭组发育大量煤层，且煤层之间存在分叉合并。井田内编号煤层（C_{19}煤层以上）自上而下有 C_1、C_{1+1}、C_2、C_3、C_4、C_{7+8}、C_{8+1}、C_9、C_{13}、C_{14}、C_{15}、C_{16}、C_{17}、C_{18}、C_{19} 15 层。缺失玄武岩隔热层和地温异常等综合因素，是造成本区煤变质程度高的原因。二是下三叠统卡以头组发育巨厚层的砂岩，主要有细砂岩、粉砂岩，还有少量泥质粉砂岩及粉砂质泥岩。由于动荡的沉积环境，卡以头组砂岩在横向上和垂向上都表现出了较大的非均质性。由于卡以头组砂岩受到后期构造的影响，裂隙发育，为典型的裂隙型含水层。

2）勘探区内没有钻遇茅口组灰岩的钻孔，根据以往勘查成果，认为沉积前基底上升遭受剥蚀，缺失玄武岩，煤系直接与茅口组灰岩呈假整合接触。由于茅口组灰岩经历了地层抬升剥蚀，灰岩容易发育裂隙溶洞。受断裂造成的低温热液活动影响，茅口组出现高地温异常区。

3）雨汪煤田主采煤层瓦斯含量具备一定的规律性，C_2、C_3、C_{7+8}、C_9 煤层总瓦斯含量随地层厚度的增加呈增加趋势。煤层埋藏深度的增加导致煤层地应力增高，从而使煤层和围岩的透气性变差，所以煤层埋深增大有利于瓦斯的封存，即煤层中的瓦斯赋存含量和煤层埋藏深度具有正比关系，但是往下的深部煤层，瓦斯富集规律需要进一步分析。

已有文献研究表明，同一煤样对不同气体吸附量的大小可表征为 $CO_2>CH_4>N_2$，即 CO_2最易产生吸附并占有煤基中孔隙的体积。由雨汪井田瓦斯成分可知：N_2含量随着深度增加呈现下降趋势，CO_2和 CH_4则呈单向增加趋势，C_2H_6变化趋势不明显，对比 C_2、C_3、C_{7+8}、C_9 煤层，在浅部 C_2煤层 N_2含量较高但 CO_2含量较低，活化能相对较高的气体吸附量较小，可推断游离气占据主体；相反在深部（C_9 煤层）以吸附气为主，游离气相对占比较小。

第3章　雨汪煤矿三维地震数据采集技术

喀斯特地貌条件下的三维地震数据采集面临检波器埋置难、地形起伏大的挑战。根据地质任务要求，本次勘探需选择适用于高分辨率三维地震勘探的观测系统。即该观测系统应具有足够的空间采样密度，足够的面元覆盖次数，均匀的炮检距分布和方位角分布，良好的静校正耦合特性，炮检距分布范围处在最佳接收窗口内，同时能保证速度分析和动校正精度。首先，根据地勘钻孔，分析主采 C_9煤层的最大埋深约在650m，煤层倾角在5°～16°。根据地质任务以及参考类似勘探区的面元和覆盖次数，确定反射点面元大小为5m×10m，覆盖次数在36次以上。然后根据观测系统设计原理，确定时间采样率、空间采样间隔、最大偏移距、镶边范围，最终确定观测系统为12线96道4炮。接着，通过现场点试验，确定激发井深、药量。最后，根据设计的观测系统高质量完成三维地震资料采集。

3.1　采集难点与对策

根据对以往资料的分析和野外实际踏勘，雨汪煤矿山区地震采集面临的主要问题包括：①目的层埋深浅、山区山高坡陡，沟壑纵横，地形起伏变化剧烈；②表层结构不稳定，地表地层岩性多变，低速层速度和厚度变化大。山区复杂的表层地震地质条件影响了地震波的激发和接收，因此各种干扰波发育，资料信噪比低。

3.1.1　技术难点与对策

1）难点一：目的层埋深浅、采集密度高、障碍物多，取全资料难度大。

对策1：数字信息化精准预设计。利用高清卫片资料和煤田巷道图，形成研究区障碍数字化地图；辅助利用无人机技术进行航拍，了解高价值经济作物分布，指导农田区炮检点设计与施工。

对策2：详尽的地表调查。有偿聘请村组干部，与协调人员形成两个小组，准确排查水窖、水井、地质灾害点、烟叶地或魔芋地等分布，提前排查可能引发协调隐患和安全隐患的区域，以避开绝大多数协调高难区和地下安全隐患区。

对策3：有针对性的预设计。在前述工作的基础上开展室内炮点预设计，将预设计的井炮炮点坐标交测量组实地放样。在预设计时遵循以下变观原则：为了叠次均匀，为尽量保持观测系统不变、炮点沿接收线方向整桩号移动、严格按照规范和技术设计要求、针对目的层分析论证、充分考虑炮点的安全性和可行性、尽可能完成规定的技术指标。

对策4：钻井前逐点落实。根据炮点放样进度，在钻井施工前，分组逐点核实钻井点位可行性和安全性。及时向室内组反馈无法布设炮点信息，为动态优化方案提供准确资料。

对策5：动态优化方案。不断调整和优化井炮施工方案，反复论证分析，尽可能满足任务要求。协调组、井班、下药班等班组实时反馈炮点布设的可行性至室内组，室内组及时调整优化方案。加大工农协调力度，尽可能减小井炮的空炮区范围。

井炮缺口分析：根据最终效果，最大最小偏移距约 395m（图 3.1），位于烂滩村附近。研究区煤层反射资料不存在缺口，浅层资料最大缺口约为 110ms。

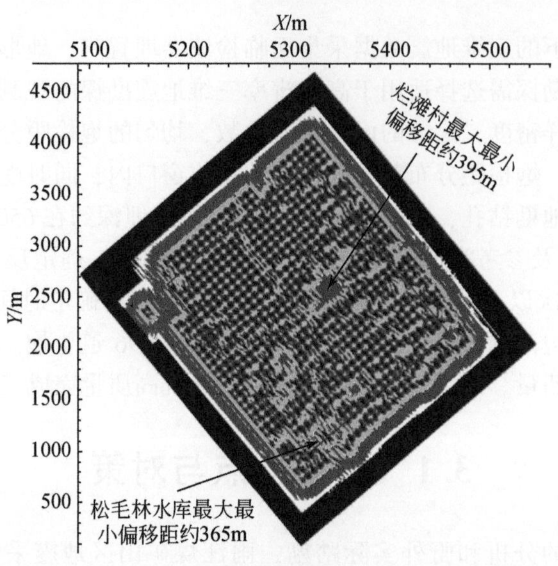

图 3.1　井炮设计研究区最大最小偏移距分析图

井炮效果：烂滩村附近部分面元无法满足叠次要求，松毛林水库和烂滩村附近最浅煤层叠次不能满足设计的 3/4 要求，如图 3.2 和图 3.3 所示。

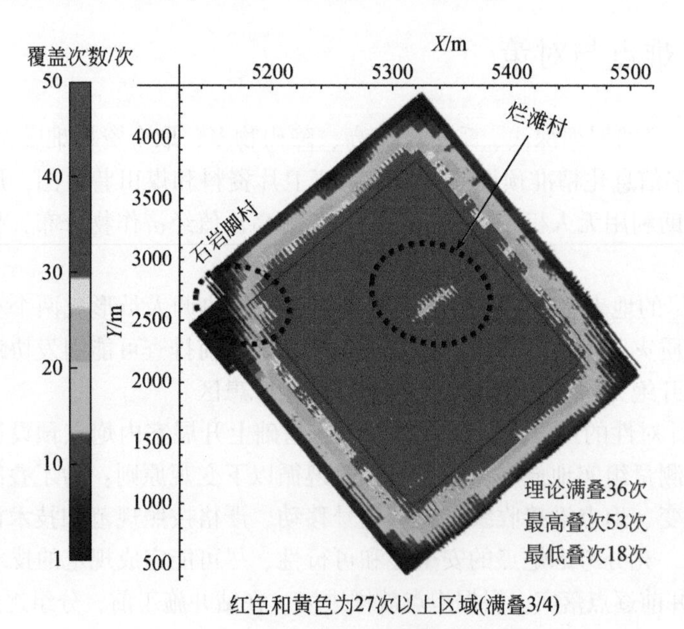

图 3.2　研究区全偏移距覆盖次数分析图

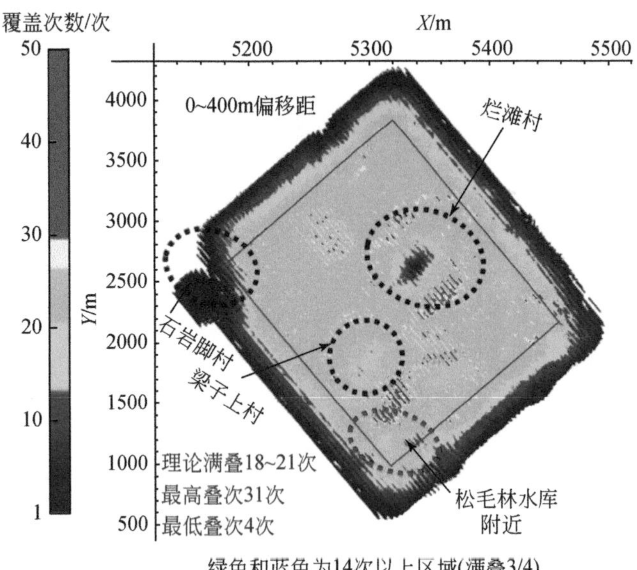

图3.3　研究区限偏移距0～400m覆盖次数分析图

为了弥补浅层煤层叠次不足，启动可控震源弥补的方案。根据井炮布设情况，利用无人机辅助，在烂滩村、石岩脚村附近采用可控震源10m网格方案，在松毛林水库和梁子上村附近采用20m网格方案，如图3.4所示。

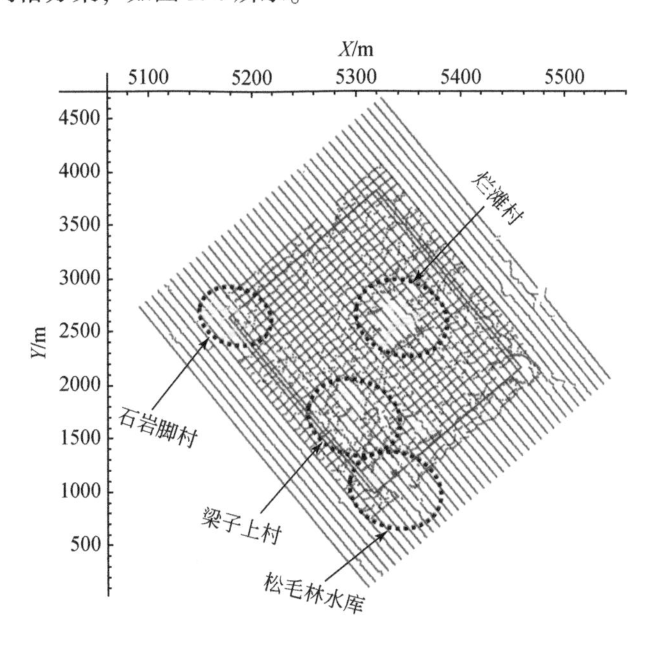

图3.4　研究区炮检点位置示意图

采用震源补充方案，可以较好地满足煤层的有效叠次不小于理论设计的3/4的要求，并确保资料缺口小于70ms，如图3.5和图3.6所示。

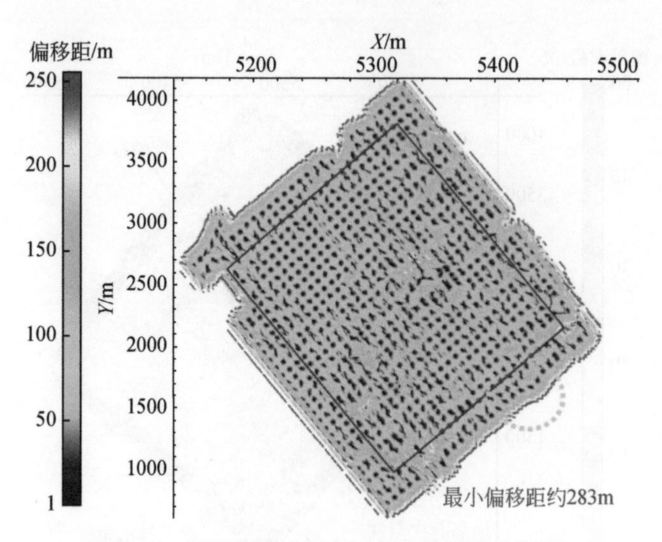

图 3.5　震源加密后研究区最小偏移距分析图

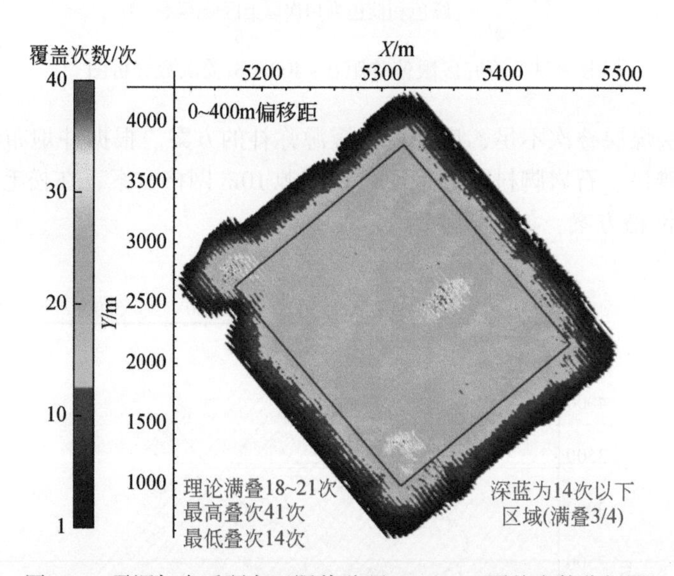

图 3.6　震源加密后研究区限偏移距 0 ~ 400m 覆盖次数分析图

2）难点二：区内地表破碎、地形复杂、表层岩性变化大且灰岩出露，如何提高资料品质，满足地质任务。

研究区目标为龙潭组 C_2 ~ C_{19} 煤层段，从研究区内连井剖面来看，煤层埋深 400 ~ 600m，平均总厚 18.19m。为了满足分辨 5m 以上的断层、平面摆动误差不大于 30m 的地质要求，需要勘探纵向分辨率不大于 5m、横向分辨率不大于 30m。在确保信噪比的前提下，获取高分辨率的资料难度大。

对策 1：优化观测系统。结合前期地震资料，通过地球物理参数建模，进行观测系统复核论证，优化观测系统，改善偏移成像效果。充分利用已铺采集排列（将井炮的横向接收排列增加为 14 线，纵向不低于 105 道），提高目的层位共反射点叠次，提高速度建模精度，改善资料成像效果。

对策2：抓住关键环节，严控质量。

第一，在测量方面采取的措施。

采用“五标法”保证测点的准确性，标记的醒目性及长效性；严格按照规范执行精度控制，无法放样的点执行变更程序，确保正点率；变更程序的物理点，由定井员和测量人员组成固定队伍，按照规范进行现场调整。

变观炮点执行100%放炮后二次测量，确保测量点位数据准确。

第二，在激发环节方面采取的措施。

以地质任务为导向，坚持“试验指导生产”原则，选择合适的试验点，优化采集参数，确保资料品质。开工前，根据岩性与覆土层厚度，在灰岩区（S2）、农田区（S1）、厚坡积区（S3），开展系统试验，优选激发参数；在施工中，开展震源（S4）因素试验，优化施工参数，开展震源与井炮相位对比，校正震源与井炮子波波形。始终确保以最优因素生产。提前踏勘、及时复核，采用“五避五就”原则，针对崖边、低洼河道等易垮塌部位，尽量选择在基岩中激发，保证激发效果。

第三，在接收方面采取的措施。

借鉴前期经验，选择不受漏电、电子干扰且具有较宽频带的DSU1数字检波器接收。

根据不同地表条件，因地制宜地采用多种方式埋置检波器，确保耦合，减少高频干扰。土覆盖区：铲土—挖坑—埋置器打孔—埋置检波器—回填；公路上：去除风化层—贴泥饼—插入检波器；林区：挖坑30cm后必须回填，以减少高频干扰；砾石区：挖开砾石30cm后，填土并回填，确保耦合良好。

强化仪器实时监控，优选放炮时间段，做好干扰的控制工作。每天放炮前全排列录制背景噪声，严控当天放炮环境噪声，回避干扰高峰期（如下雨、刮风、放鞭炮等）；对干扰源提前干预，提前做好背景录制，分析干扰半径，进行必要协停或回避干扰高峰期；对于如通风口等无法协停的干扰，计算其干扰半径，做好加炮压噪设计。

在震源放炮前，校对仪器车与震源车全球定系统（global positioning system，GPS）控制器参数一致性，保证震源按设计施工。

3.1.2　施工难点与对策

1）难点一：研究区内地表条件复杂，沟多坎深，灌木丛茂密，钻井搬迁和排列铺设困难；研究区内交通条件较差，仅有一条村级公路分割南北，但部分地区需要人抬肩扛，设备到位困难；施工前期降雨较多，施工时间有限；研究区内有民房、坟墓群和大量高价值经济作物，炮点布设困难；受以上因素的制约，施工效率整体较低，整体施工相对滞后。

对策1：精心准备、整体谋划。

精细踏勘，提前了解情况，推行事前地表详细调查和民爆物品办理准备，确保项目管理和进度可控。执行详尽的地表尽职调查，指导炮检点预设，事前规避后期安全施工风险，降低群众阻工概率。

对策2：协调先行，规避风险。

借鉴前期南方山地施工经验，强调协调先行，即在启动前安排协调入场，提前开展工农关系摸查工作，早发现、早宣传、早解释、早处理。提前入场，提前联系，快速通过，积极回访，展现诚意，坚持核实登记，快速事后统一赔付。

对策3：加大设备投入，强化设备维护，确保设备出勤率。

为应对雨水天气等复杂问题，加大设备投入，以便在较短的时间段内（停雨期间）可突击完成当天的采集任务。规范采集设备的野外使用，强调设备防水保护，减少故障发生；同时，加强故障采集设备维修，为野外采集正常运行保驾护航。就近建立检修房，建立健全设备检修制度和野外设备使用规程。

对策4：抓住重点环节，优化生产工序。

以工期和效率反向推算各项工序的工作节点时间及工作重点，以工序为单元梳理效率瓶颈，单点突破，达到整体高效推进。

2）难点二：雨水季节安全施工。研究区位于雨汪煤矿区，地下有巷道，地表有房屋、陡坎和滑坡体。受诸多雨水或汛期、雷电和高温天气影响，研究区在民爆物品管理、交通运输、山地施工、煤矿区作业、地质灾害与山洪暴发的预防、虫蛇叮咬等方面安全风险明显增加。针对如此点多面广的安全管理工作，如何安全组织和实施是施工最大的难点。

对策1：实行责任分解，强化责任落实。

建立项目经理责任制、队领导承包制，细化岗位职责，层层分解，形成“横向到边、纵向到底”的管理网络。

对策2：实行动态管控，强调细节管理。

根据施工进度、气候变化和环境变化，结合与野外人员沟通与观察结果，执行动态的工作安全分析（job safety analysis，JSA）和安全检查表（safety check list，SCL）分析，动态识别出汛期安全风险，把握督察重点，并根据现场风险分析结果及需求，制订相应项应急处置方案。

对策3：“两重一大”提级管控。

执行领导带班制、安全管控升级管理，督促各项安全工作执行到位。

开展防灾减灾及恶劣天气应对培训，增强应对山洪、垮塌等地质灾害的能力。

预定气象信息，利用微信等建立预警平台，执行回复确认，及时掌握人员动态。

3.2　观测系统设计与采集参数

3.2.1　观测系统关键参数选择

1. 采样间隔

（1）时间采样率

采用多道数字地震仪，0.5ms 高采样率全频带接收，从而能高保真地接收较宽频带的有效波，为提高分辨率提供了前提条件。

（2）空间采样间隔

在平面波假设的条件下，为防止出现空间假频，倾斜界面的采样间隔必须满足：

$$D \leqslant \frac{V}{2f\sin\phi} \tag{3.1}$$

式中，V 为地层平均速度；f 为目的层有效波的最高频率，取 80Hz；ϕ 为地层倾角，取 30°。经计算，对煤层 $D \leqslant 33.125\text{m}$。

2. 最大炮检距

1）动校拉伸畸变对最大炮检距的限定。

为获得高质量的地震资料，须避免动校拉伸畸变过大，最大炮检距的限定：

$\beta = 2 \times \frac{1}{8} \times \frac{X}{H} \leqslant 10\%$，则 $X \leqslant 1.0H$，即最大炮检距不超过最深部目的层深度。其中，X 为最大炮检距，H 为目的层最大深度，β 为限定参数 $\leqslant 10\%$。

2）从提高水平分辨率角度出发，应尽量采用小道距、小排列。

3）为保证速度分析精度及有效压制多次波，最大炮检距应尽可能大。

4）为减小因反射界面倾斜造成的共反射面元道集反射点弥散，应采取较小炮检距。

3. 偏移范围

偏移范围是倾斜地层的反射波同相轴恢复到实际地下位置时移动的水平距离 M（图 3.7）。

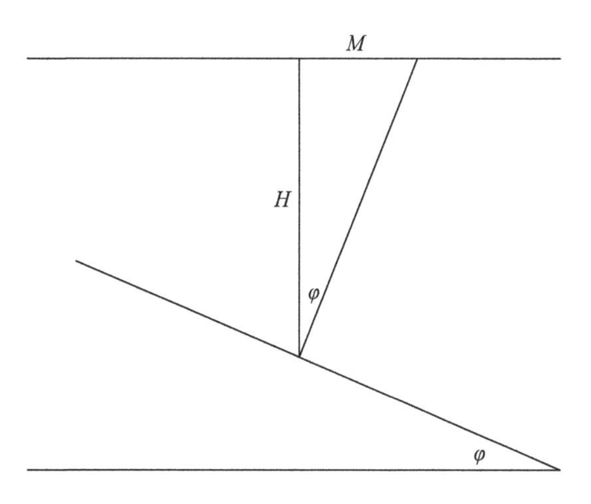

图 3.7　镶边宽度理论计算示意图

对一个倾斜反射同相轴进行偏移时的最大水平距离：

$$M = H\tan\varphi \tag{3.2}$$

式中，H 为目的层最大深度；φ 为目的层最大倾角。

为了能够确切地反映目标地质体的真实属性，根据式（3.2）计算，该区深度以 600m

计算，煤层倾角在5°～16°，以30°计算，偏移量为346m，下倾方向在东南部，因此在该方向进行镶边。

3.2.2　观测系统参数

针对本区地表和地下地质情况，设计端点激发12线96道4炮束状观测系统（图3.8）。

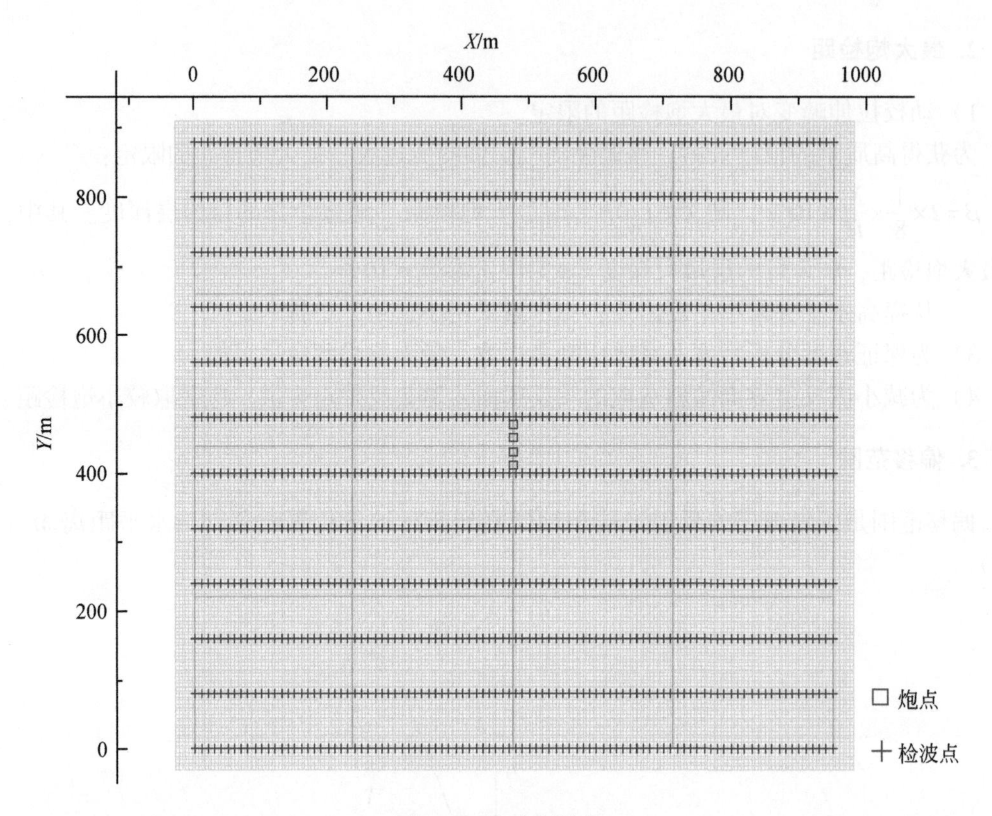

图3.8　观测系统图

该观测系统的主要参数如下：

接收道数：12×96＝1152道：接收线数：12条；接收线距：80m；接收道距：10m；炮点网格：80m×20m（纵向80m，横向20m）；检波点网格：10m×80m（纵向10m，横向80m）；共深度点（common depth point，CDP）网格：5m×10m；叠加次数：36次（纵向6次，横向6次）；最大炮检距：668m；最小炮检距：11m；滚动距：横向80m；纵向80m。

该观测系统5m×10m面元覆盖次数为36次，为提高分辨率奠定了基础；最大炮检距668m，有助于主要煤层的勘探，同时可提高层析静校正和速度分析的精度。

观测系统分布特性如图3.9～图3.12所示。偏移距分布、方位角和覆盖次数分布均匀，可以满足地质任务要求。

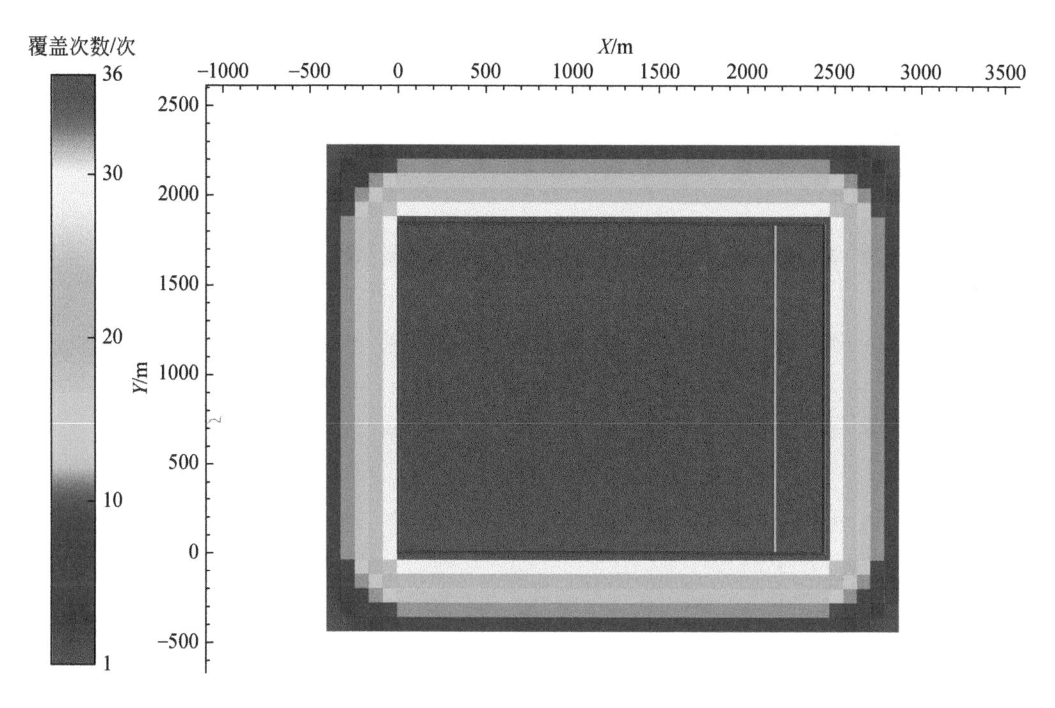

图3.9　覆盖次数图

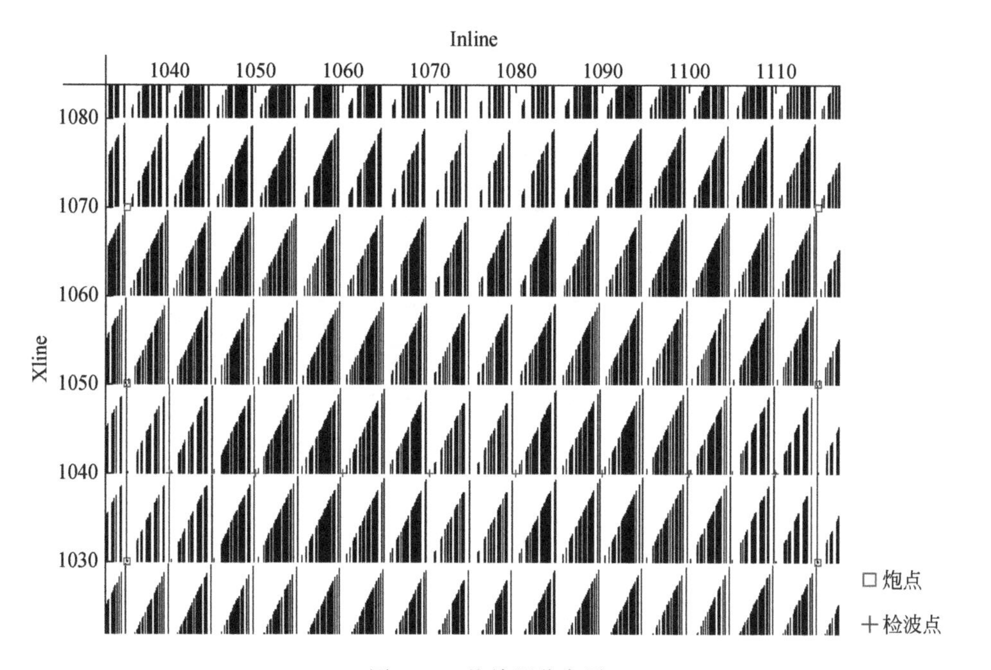

图3.10　炮检距分布图

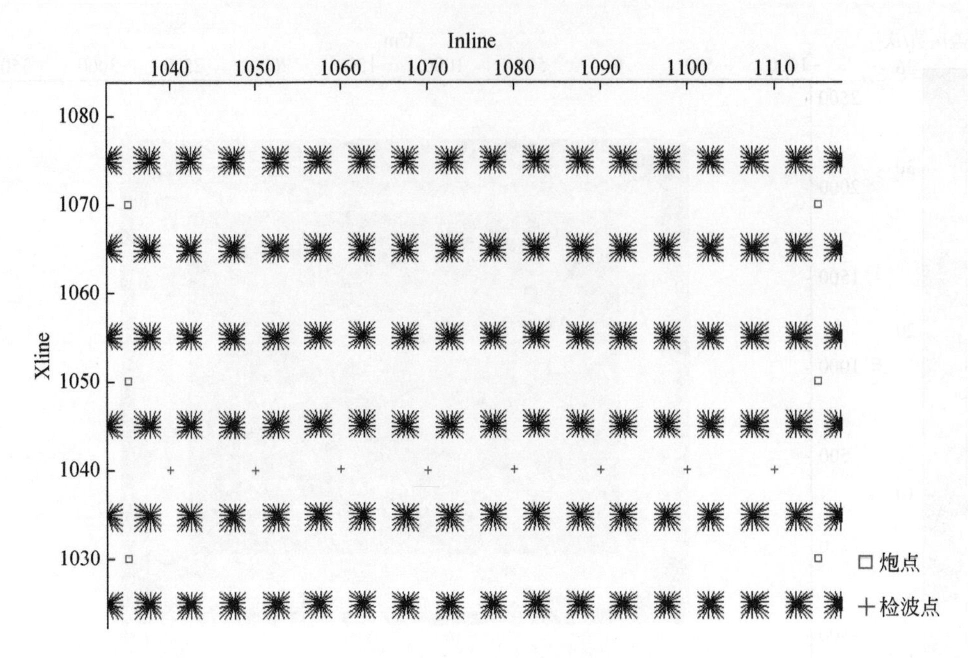

图 3.11　方位角分布图

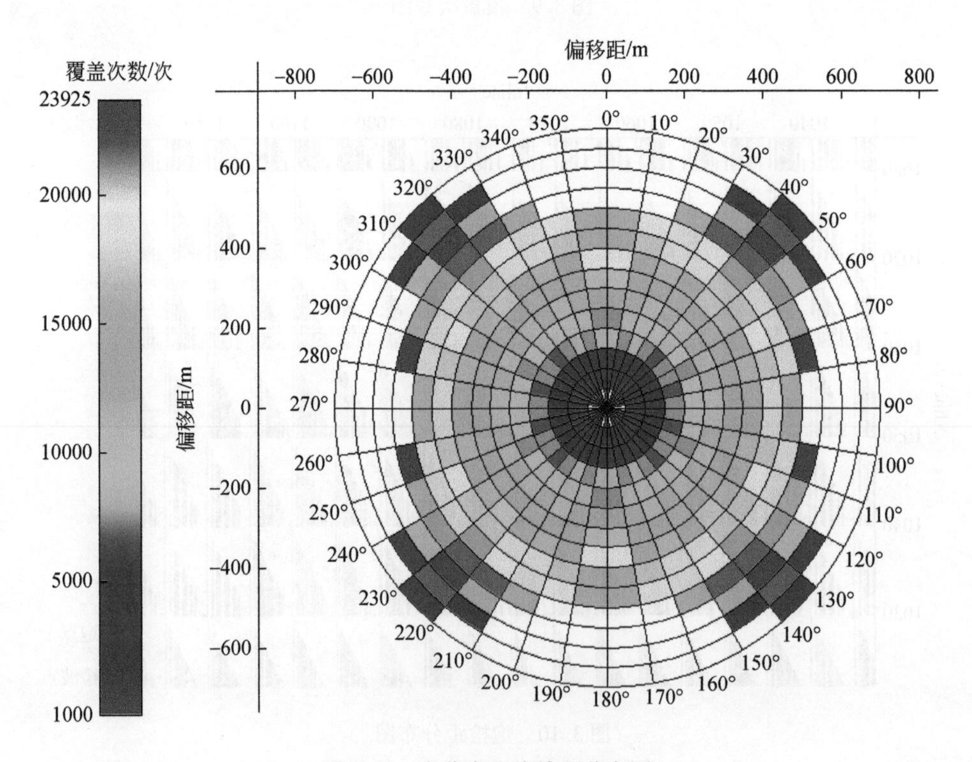

图 3.12　方位角和炮检距分布图

3.3 试 验 情 况

根据《雨汪井田高精度三维地震勘探采集技术研究项目施工设计》对试验工作的具体要求，结合研究区实际地表条件情况，制定了详细的试验方案。根据研究区的表层地震地质条件和踏勘情况，分别在农田区、灰岩区和较厚黄土区完成了系统的激发因素试验；在障碍物附近公路完成了便携式可控震源参数试验，同时在生产过程中增加了马坟梁子巨厚黄土区的药量考核试验炮。所有试验资料均进行了详细的对比分析，确保所选因素合理。

3.3.1 井炮试验情况

1. 试验内容及位置

根据施工设计和试验方案的安排，结合本研究区的实际情况，选取生产前试验点三个（图3.13），分别为半坡的农田区试验点S1（桩号211221111）、高部位灰岩区试验点S2（桩号211041134）、较厚黄土区试验点S3（桩号211091094），井炮试验具体数据统计如表3.1所示。

图3.13　井炮试验位置示意图

表 3.1　井炮试验完成情况统计表

<table>
<tr><th>试验点</th><th colspan="2">试验项目</th><th>内容</th><th>工作量</th></tr>
<tr><td rowspan="4">农田区
试验点 S1</td><td colspan="2">单井微测井</td><td>1 口、12m</td><td rowspan="4">10 炮</td></tr>
<tr><td rowspan="3">井炮试验</td><td>井深试验</td><td>3m、4m、5m、6m、8m、10m、12m（药量 1kg），优选井深 H_1</td></tr>
<tr><td>药量试验</td><td>1kg、2kg、2kg（井深 5m），优选药量 Q_1</td></tr>
<tr><td>组合井试验</td><td>5m×1kg×2 口，优选激发方式</td></tr>
<tr><td rowspan="3">高部位灰岩区
试验点 S2</td><td colspan="2">单井微测井</td><td>1 口、12m</td><td rowspan="3">9 炮</td></tr>
<tr><td rowspan="2">井炮试验</td><td>井深试验</td><td>4m、5m、6m、7m、8m、10m、12m（药量 2kg），优选井深 H_2</td></tr>
<tr><td>药量试验</td><td>1kg、2kg、3kg（井深 6m），优选药量 Q_2</td></tr>
<tr><td rowspan="2">较厚黄土区
试验点 S3</td><td rowspan="2">井炮试验</td><td>井深试验</td><td>5m、6m、7m、8m（药量 1kg），优选井深 H_3</td><td rowspan="2">5 炮</td></tr>
<tr><td>药量试验</td><td>1kg、2kg（井深 5m），优选药量 Q_3</td></tr>
</table>

2. 试验点 S1 资料分析

1）试验点 S1 表层情况

试验点 S1，桩号 211221111，位于梁子上村东南、K4109-3 井附近，为农田地表，附近出露岩性为破碎的紫灰色薄—中厚层状泥质粉砂岩（图 3.14 和图 3.15），属于三叠系飞仙关组第四段。

采用单井微测井调查该点的表层结构。解释成果如图 3.16 所示。

通过计算：$V_0=747\text{m/s}$，$H_0=4.50\text{m}$，$V_1=1853\text{m/s}$，该点低速带厚度为 4.5m。

(a)耕田

(b)陡坎

图 3.14　试验点 S1 地表情况

(a)4m岩屑　　(b)5m岩屑

图3.15　试验点S1钻井岩屑情况

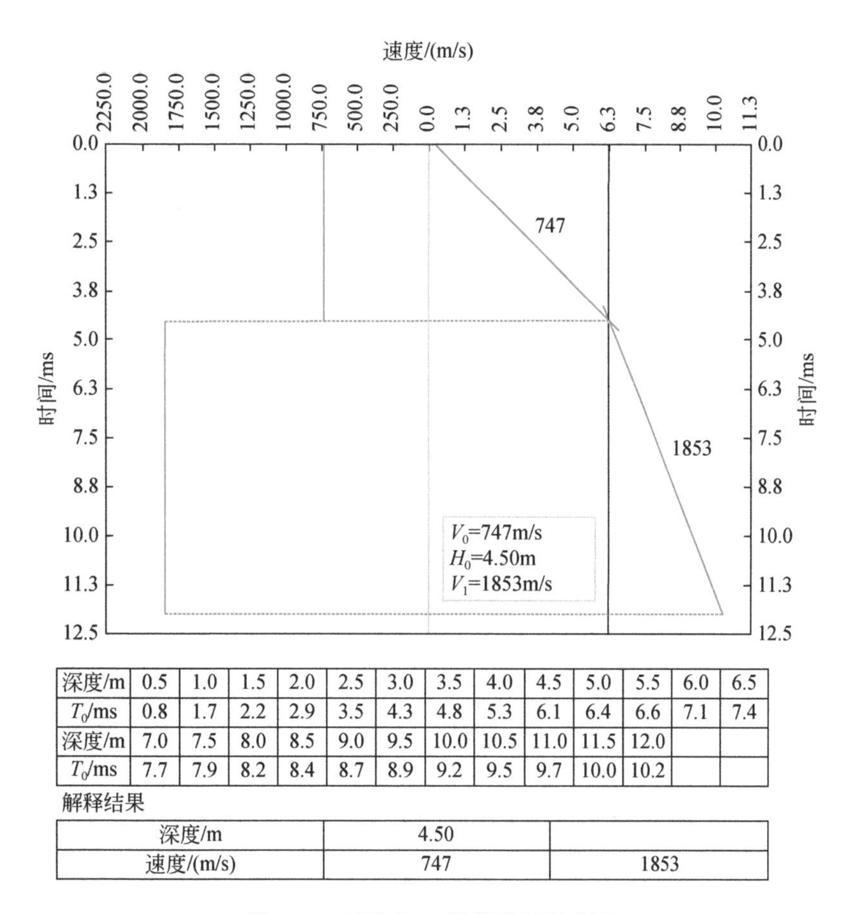

深度/m	0.5	1.0	1.5	2.0	2.5	3.0	3.5	4.0	4.5	5.0	5.5	6.0	6.5
T_0/ms	0.8	1.7	2.2	2.9	3.5	4.3	4.8	5.3	6.1	6.4	6.6	7.1	7.4
深度/m	7.0	7.5	8.0	8.5	9.0	9.5	10.0	10.5	11.0	11.5	12.0		
T_0/ms	7.7	7.9	8.2	8.4	8.7	8.9	9.2	9.5	9.7	10.0	10.2		

解释结果

深度/m	4.50	
速度/(m/s)	747	1853

图3.16　试验点S1微测井解释成果

2）药量试验资料分析

选取固定井深5m进行试验，对比药量1kg、2kg的激发效果，见表3.2。

表3.2　试验点S1药量对比因素统计表

序号	文件号	井深/m	药量/kg
1	4	5	1
2	10	5	2
3	13	5	2

定性分析（图3.17～图3.26）：单炮固定增益显示，随着药量的增加，单炮有效反射的能量增强，面波、折射和散射干扰能量明显增强；单炮自动增益控制（automatic gain control，AGC）显示，5m井深激发，折射波、散射干扰发育，0.3～0.4s附近可见一组多波峰有效反射（煤层），且具有明显倾斜地层（向小号）双曲线特征；15～30Hz分频扫描显示，药量越高，有效反射的低频成分能量越强；20～40Hz分频扫描显示，2kg药量记录的有效反射波组连续性稍好；30～60Hz分频扫描显示，有效反射的同相轴清晰，2kg药量记录的浅层反射波组连续性稍好；40～80Hz分频扫描显示，2kg药量记录的左支有效反射波组连续性稍好；50～100Hz分频扫描显示，2kg药量记录的浅层反射波组连续性稍好；60～120Hz分频扫描显示，2kg药量记录的浅层反射波组连续性较好；单炮70～140Hz分频扫描显示，各单炮高频信息丰富，70Hz以上仍能看到有效信息，2kg药量记录的反射信息稍显丰富；单炮15～100Hz分频扫描显示，单炮散射干扰频率较低，频段主要在15Hz以下，2kg药量记录的有效反射波组连续性稍好。

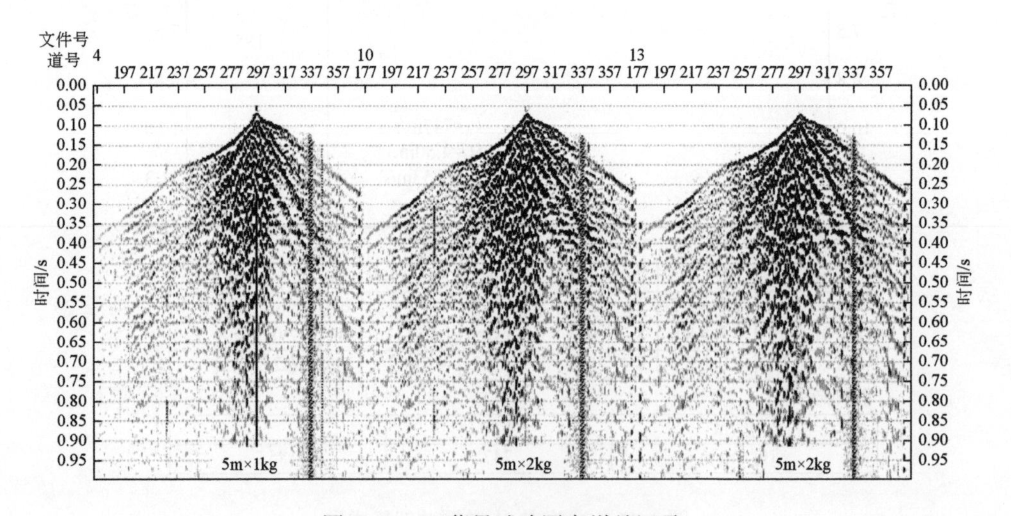

图3.17　S1药量试验固定增益记录

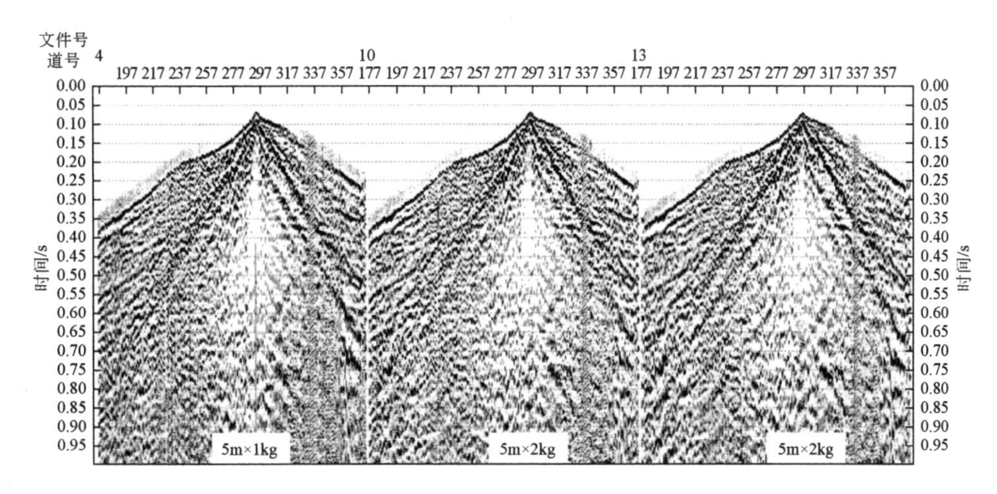

图3.18　S1药量试验记录AGC显示

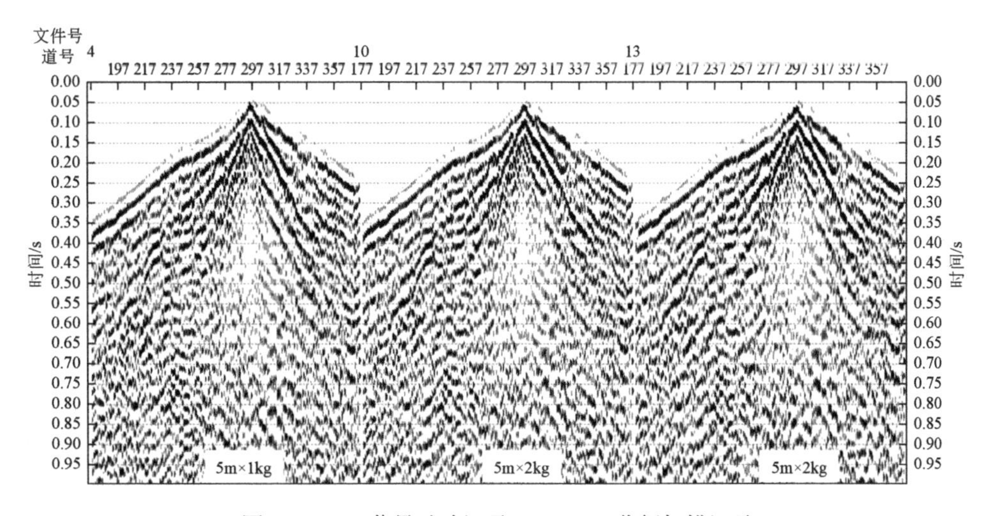

图3.19　S1药量试验记录15～30Hz分频扫描记录

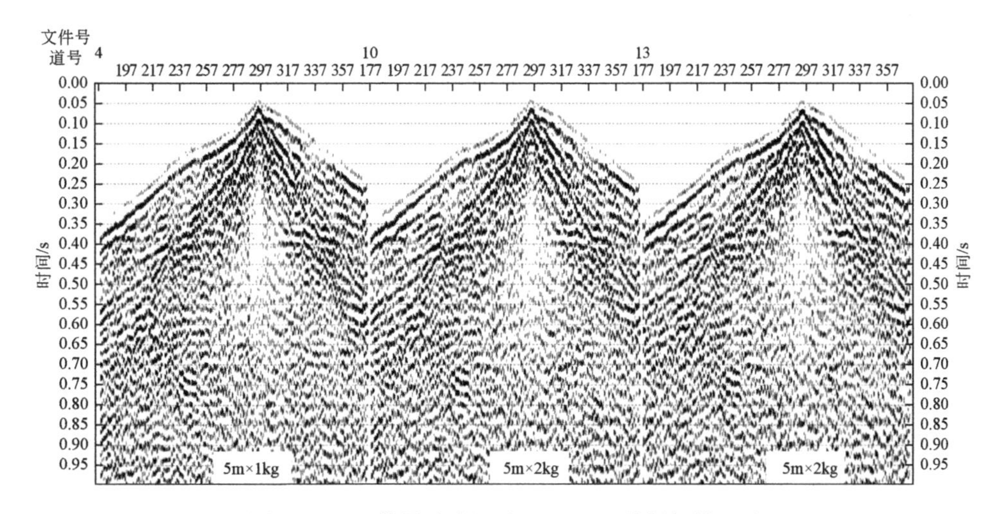

图3.20　S1药量试验记录20～40Hz分频扫描记录

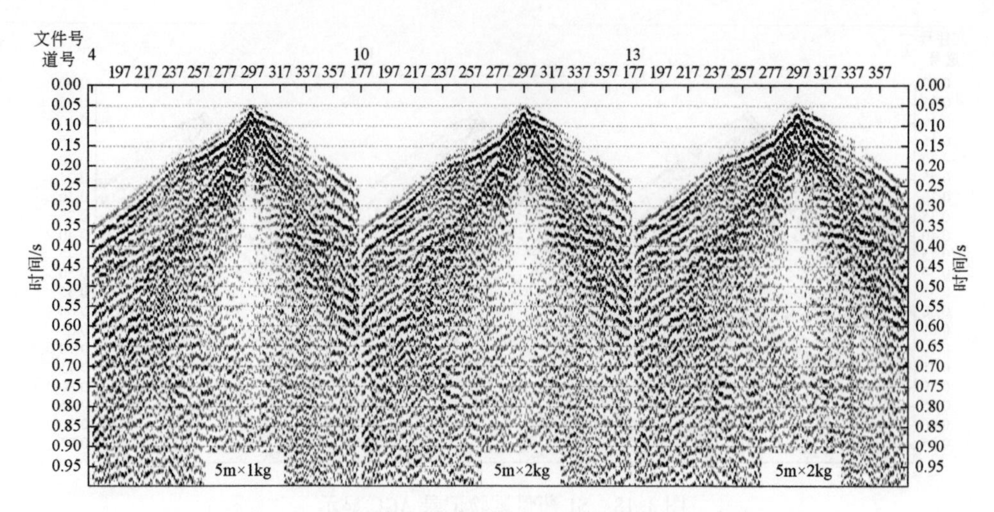

图 3.21　S1 药量试验记录 30 ~ 60Hz 分频扫描记录

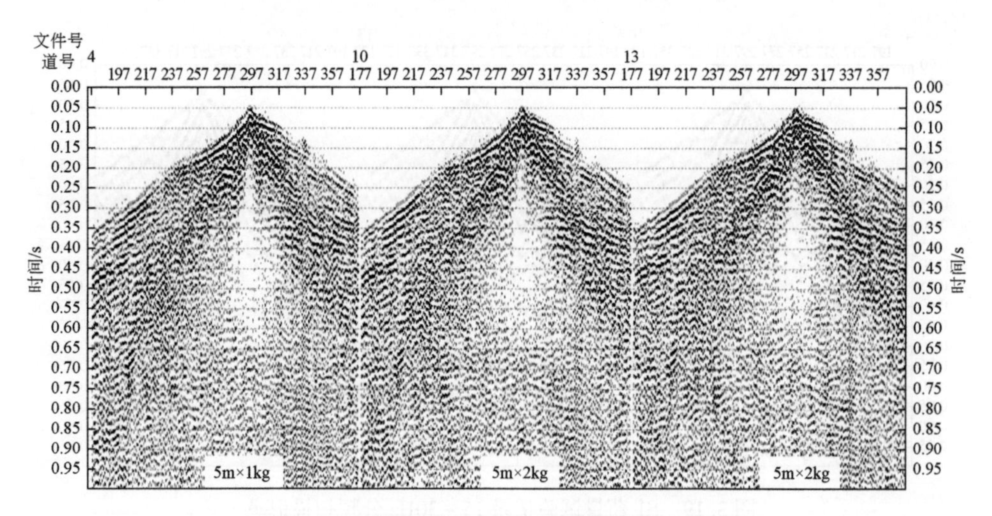

图 3.22　S1 药量试验记录 40 ~ 80Hz 分频扫描记录

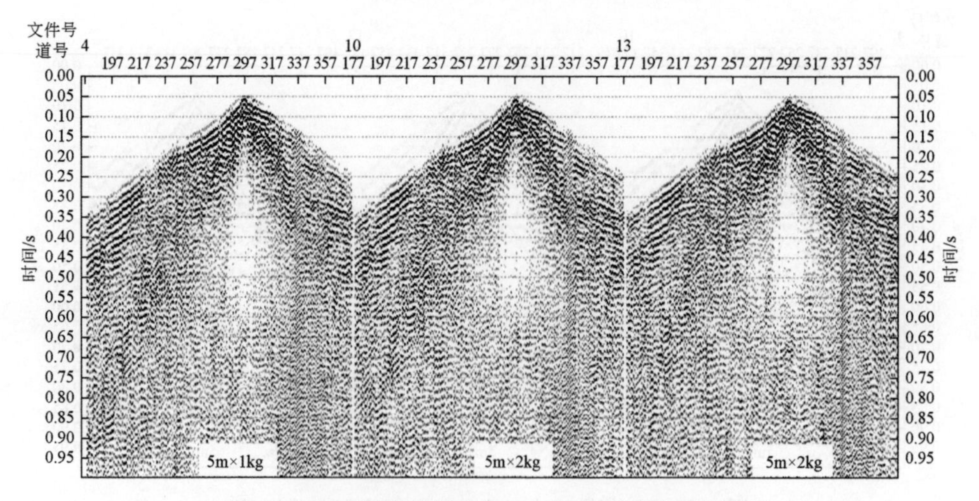

图 3.23　S1 药量试验记录 50 ~ 100Hz 分频扫描记录

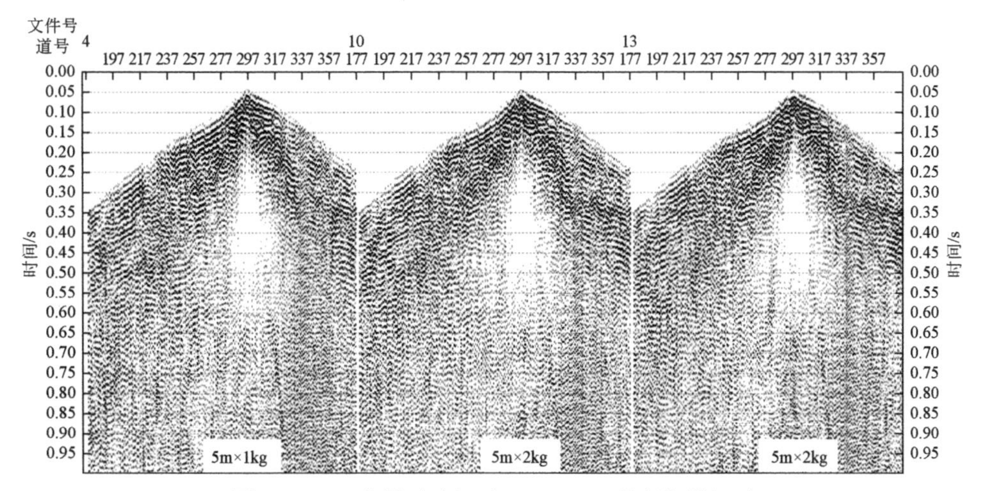

图3.24　S1 药量试验记录 60 ~ 120Hz 分频扫描记录

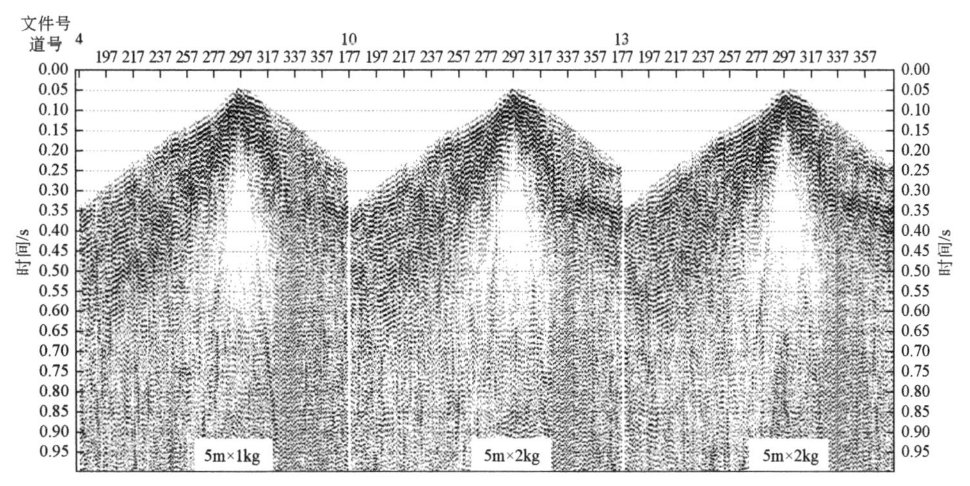

图3.25　S1 药量试验记录 70 ~ 140Hz 分频扫描记录

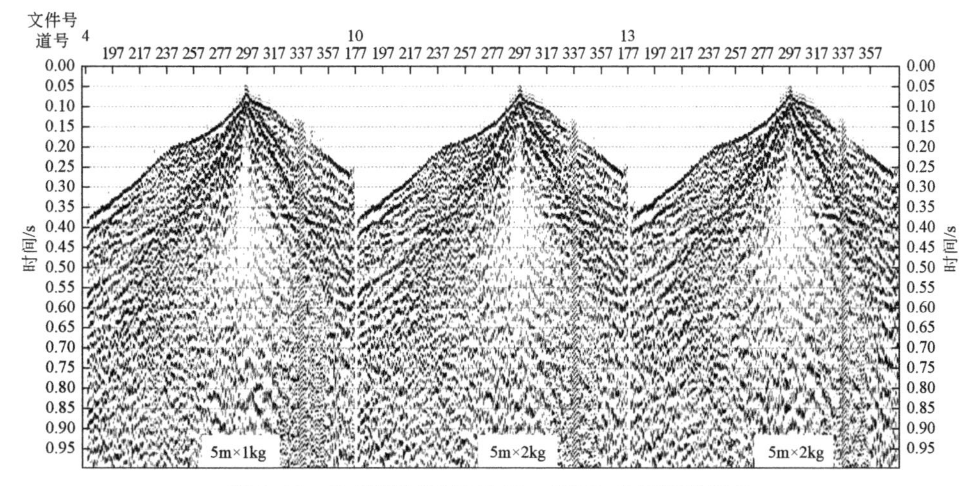

图3.26　S1 药量试验记录 15 ~ 100Hz 分频扫描记录

定量分析（图 3. 27 和图 3. 28）：能量分析显示，随药量增加，能量增强；频谱分析显示，2kg 药量激发记录频谱较宽，有效频宽为 15 ~ 50Hz；信噪比分析显示，2kg 药量激发单炮信噪比略高于 1kg 药量激发单炮；统计自相关分析显示，在激发岩性变化不大的情况下，1kg 与 2kg 激发，对子波影响很小。

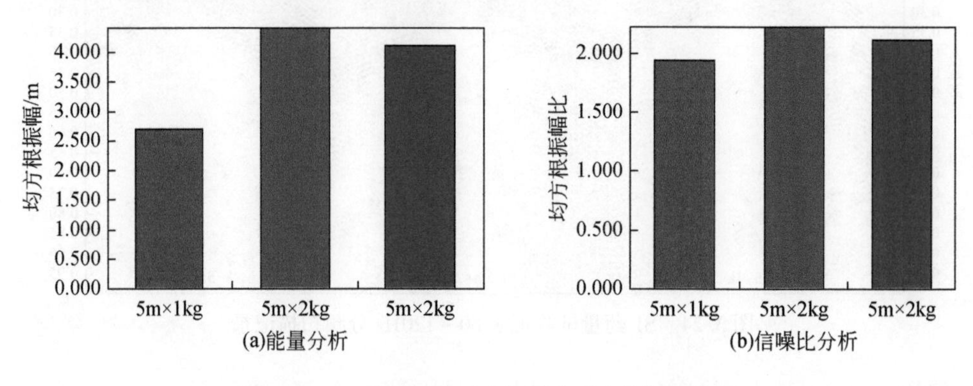

图 3. 27 S1 药量试验对比能量分析和信噪比分析

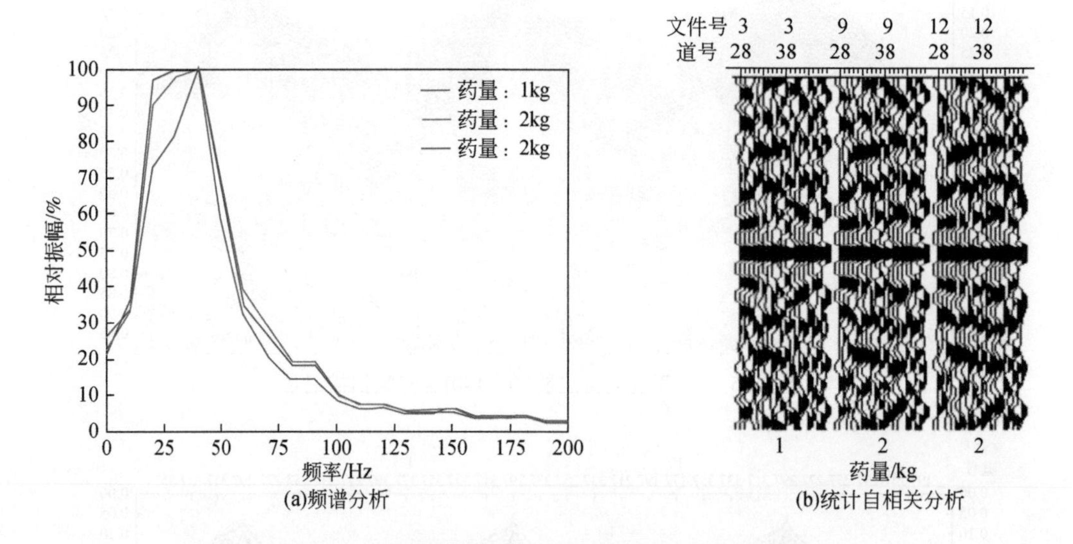

图 3. 28 S1 药量试验对比频谱分析和统计自相关分析

综合分析认为，砂岩区激发点宜采用药量 2kg。

3）井深试验资料分析

选取药量 1kg 进行激发井深试验，对比井深 3m、4m、5m、6m、8m、10m、12m 的激发效果，见表 3. 3。

表3.3　试验点S1井深对比因素统计表

序号	文件号	井深/m	药量/kg
1	3	3	1
2	6	4	1
3	4	5	1
4	15	6	1
5	18	8	1
6	19	10	1
7	1	12	1

定性分析（图3.29～图3.46）：单炮固定增益显示，各井深记录能量相当，但3～5m井深激发，单炮记录具有明显的“尖帽子”特征，散射干扰略强；单炮AGC显示，3～12m井深激发，记录面貌相差不大，5m及以上激发，有效反射同相轴略清晰，12m激发频率较高；15～30Hz分频扫描显示，在15～30Hz频段，难以识别有效反射信号；20～40Hz分频扫描显示，4m及以上记录的有效反射波组连续性相差不明显；单炮30～60Hz分频扫描显示，8m及以上记录的有效反射波组连续性稍好；单炮40～80Hz分频扫描显示，5m、8m、12m记录的有效反射波组连续性好；单炮50～100Hz分频扫描显示，3～5m激发隐约可见有效反射的同相轴，8m记录的反射波组连续性稍好；单炮60～120Hz分频扫描显示，6～12m激发记录隐约可见有效反射的同相轴；15～100Hz分频扫描显示，随着井深加深，有效反射的同相轴逐渐清晰，主频增高。

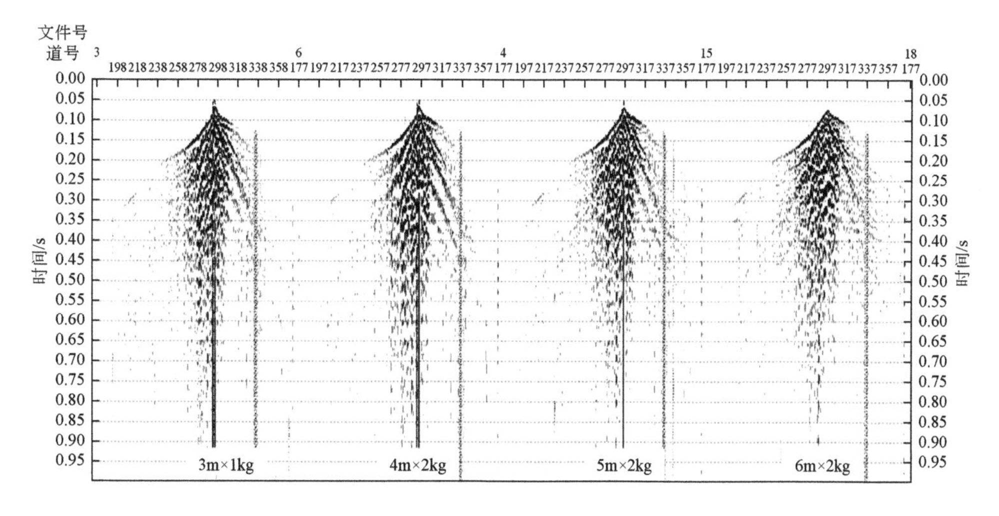

图3.29　S1井深试验固定增益显示（3m、4m、5m、6m井深激发）

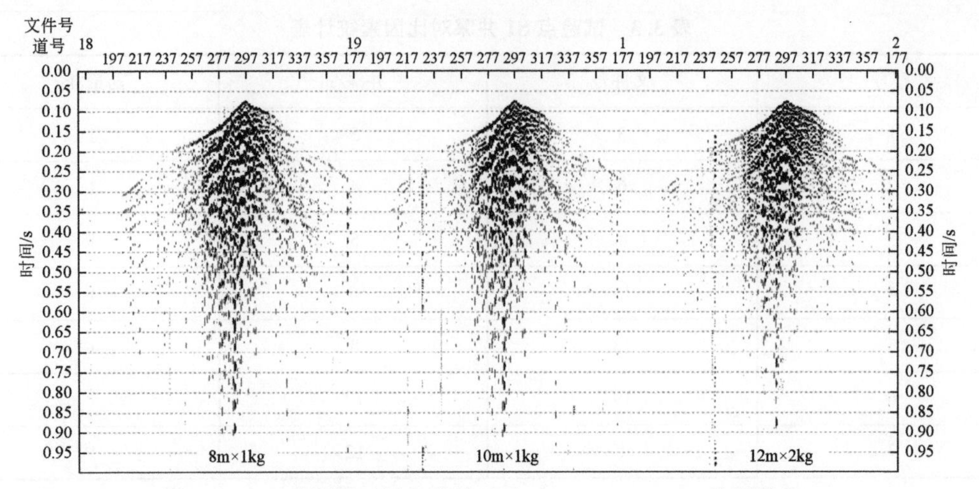

图 3.30　S1 井深试验固定增益显示（8m、10m、12m 井深激发）

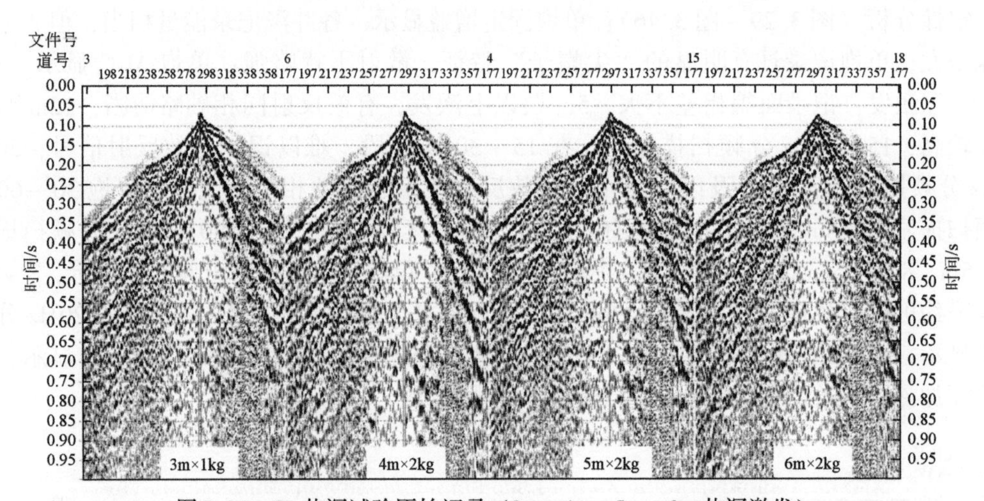

图 3.31　S1 井深试验原始记录（3m、4m、5m、6m 井深激发）

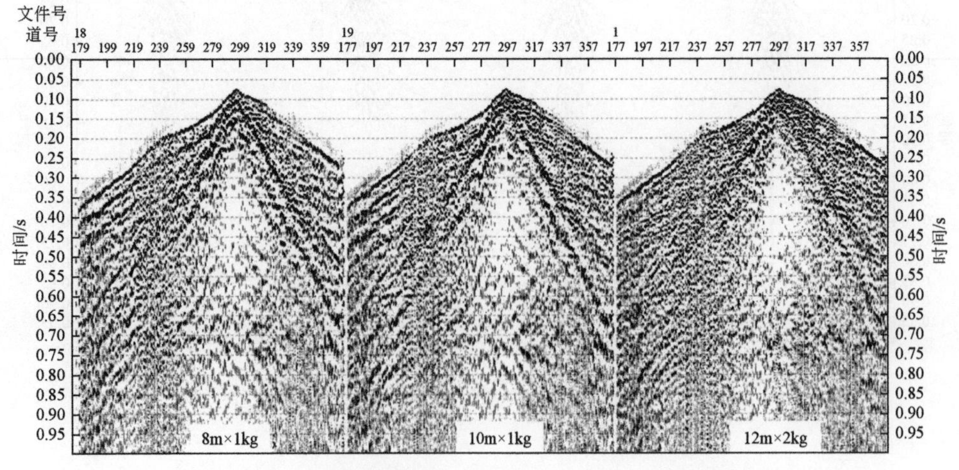

图 3.32　S1 井深试验原始记录（8m、10m、12m 井深激发）

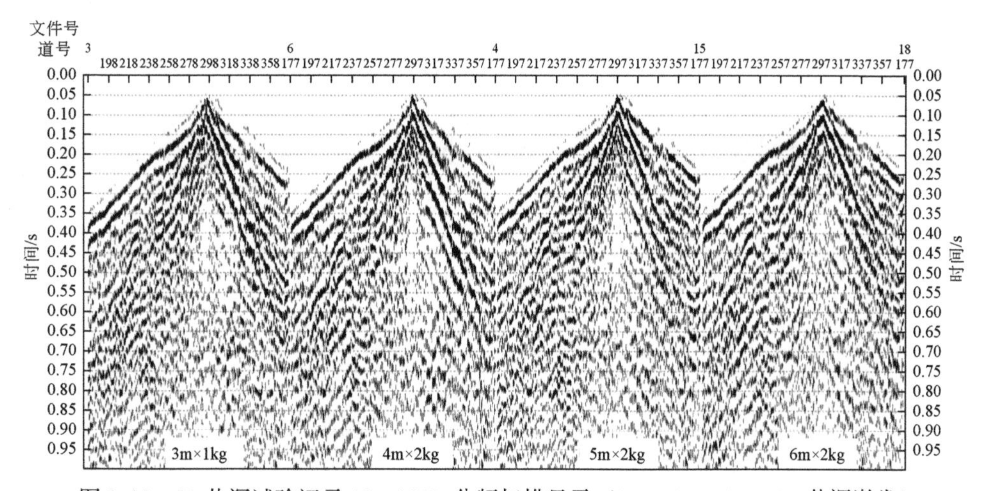

图3.33　S1井深试验记录15～30Hz分频扫描显示（3m、4m、5m、6m井深激发）

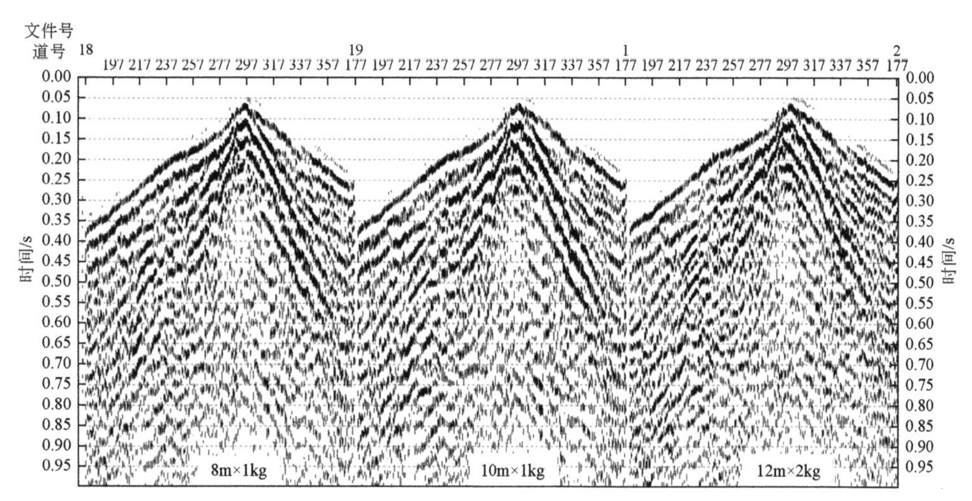

图3.34　S1井深试验记录15～30Hz分频扫描显示（8m、10m、12m井深激发）

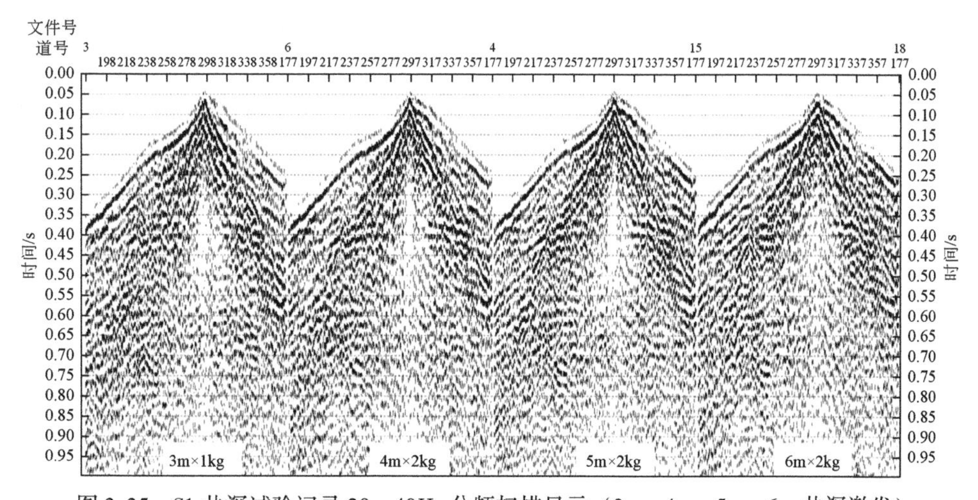

图3.35　S1井深试验记录20～40Hz分频扫描显示（3m、4m、5m、6m井深激发）

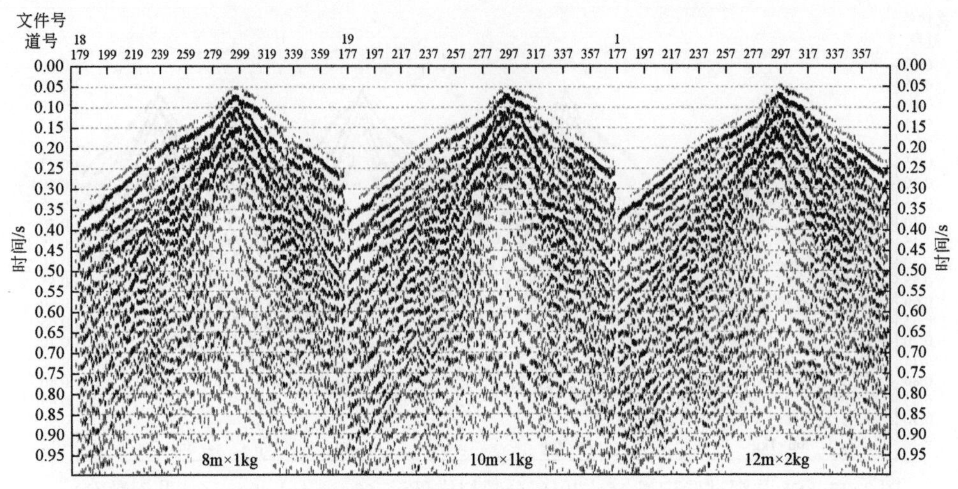

图 3.36　S1 井深试验记录 20～40Hz 分频扫描显示（8m、10m、12m 井深激发）

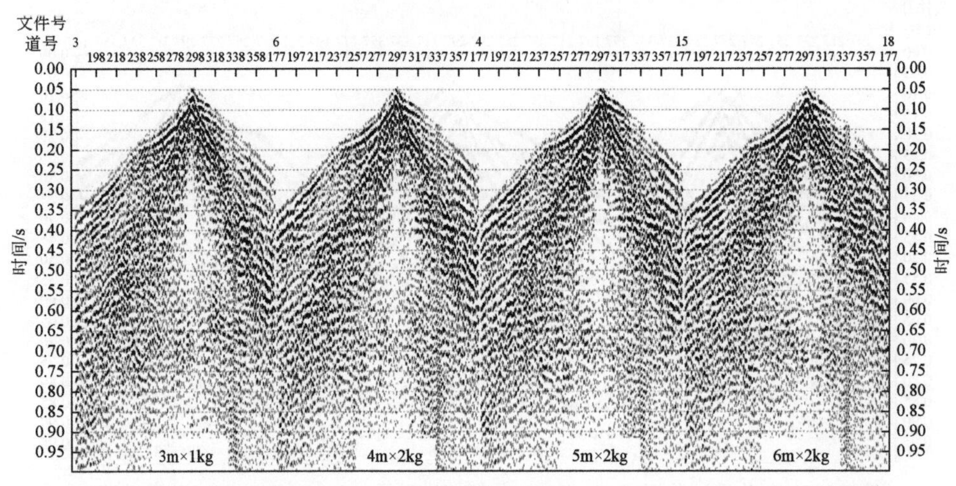

图 3.37　S1 井深试验记录 30～60Hz 分频扫描显示（3m、4m、5m、6m 井深激发）

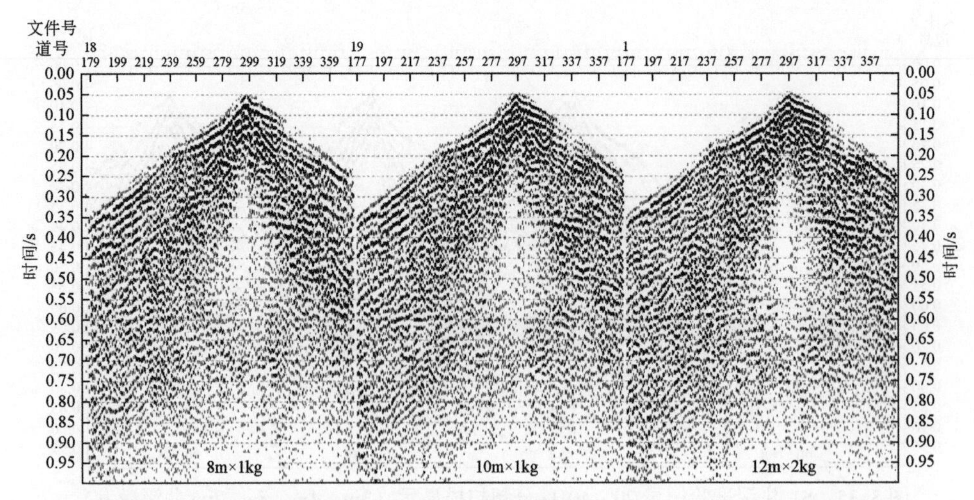

图 3.38　S1 井深试验记录 30～60Hz 分频扫描显示（8m、10m、12m 井深激发）

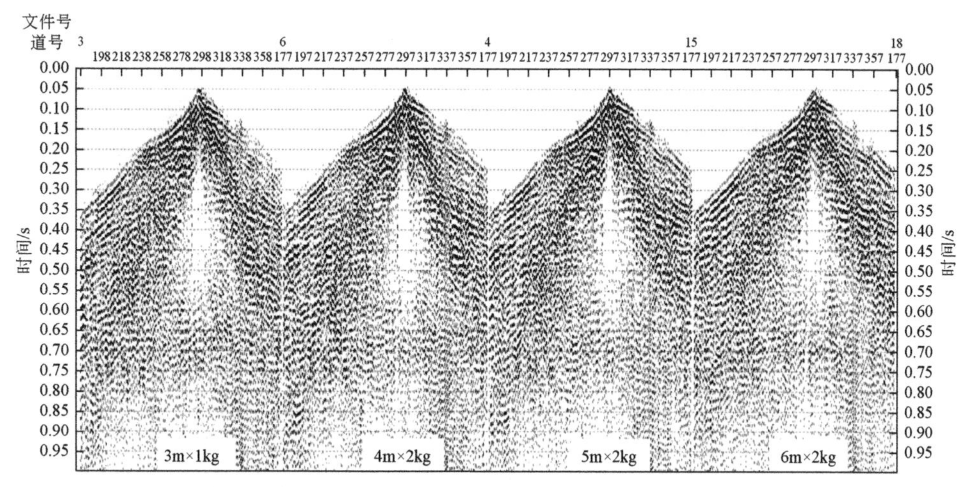

图3.39　S1井深试验记录40～80Hz分频扫描显示（3m、4m、5m、6m井深激发）

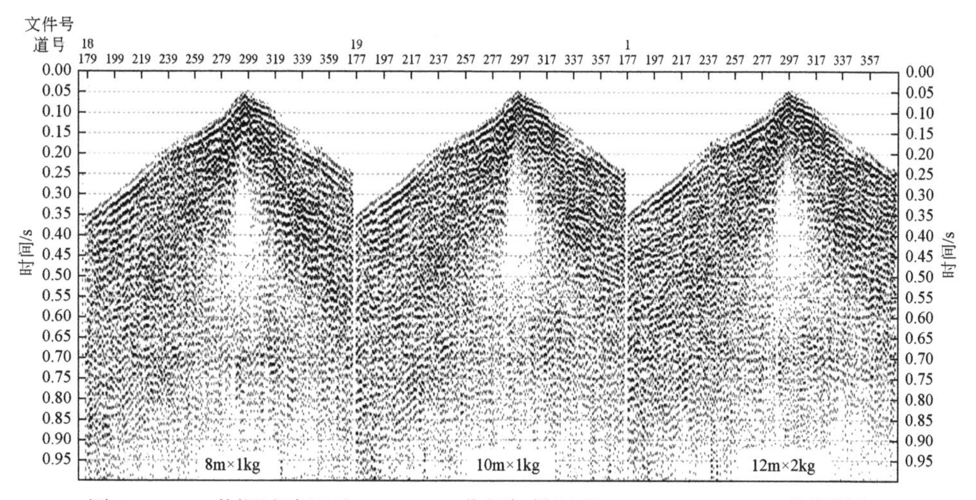

图3.40　S1井深试验记录40～80Hz分频扫描显示（8m、10m、12m井深激发）

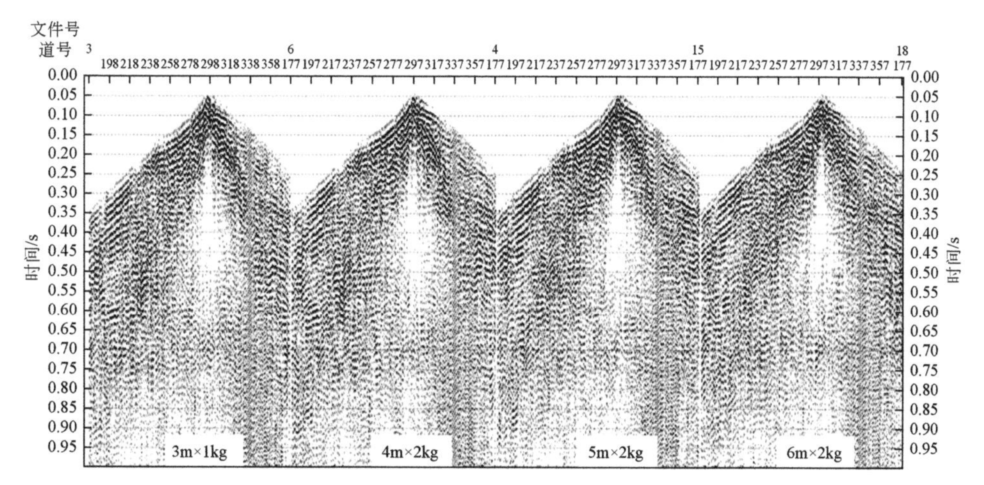

图3.41　S1井深试验记录50～100Hz分频扫描显示（3m、4m、5m、6m井深激发）

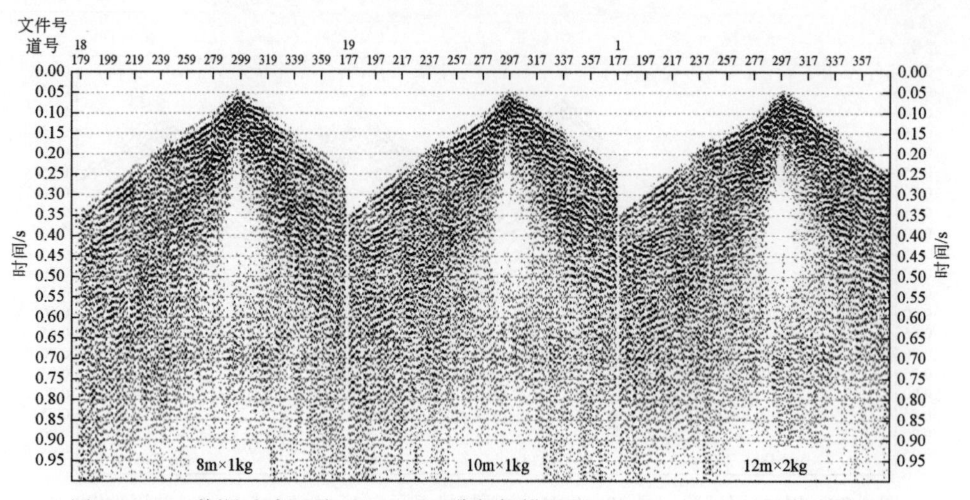

图 3.42　S1 井深试验记录 50 ~ 100Hz 分频扫描显示（83m、10m、12m 井深激发）

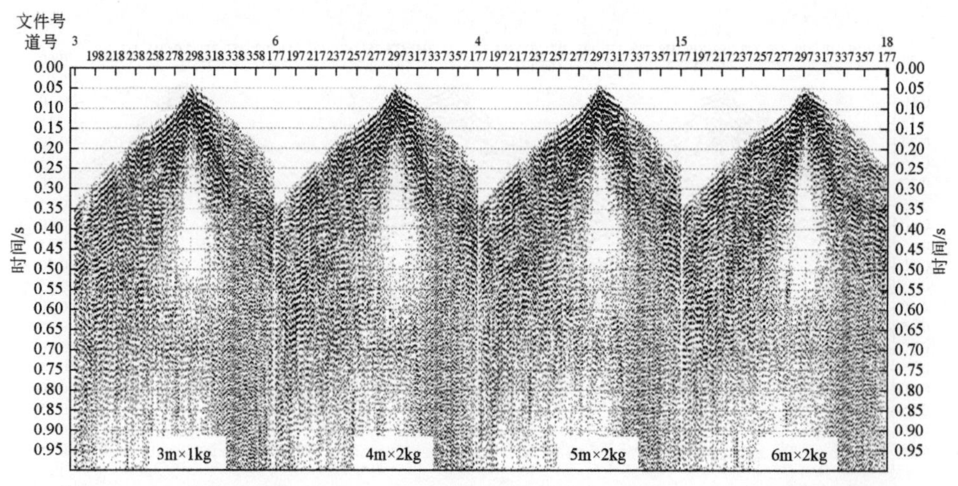

图 3.43　S1 井深试验记录 60 ~ 120Hz 分频扫描显示（3m、4m、5m、6m 井深激发）

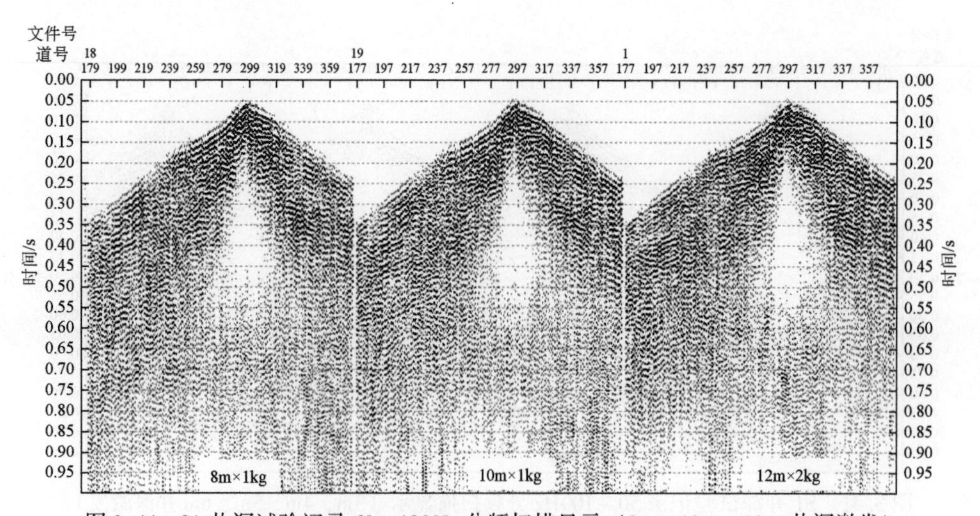

图 3.44　S1 井深试验记录 60 ~ 120Hz 分频扫描显示（8m、10m、12m 井深激发）

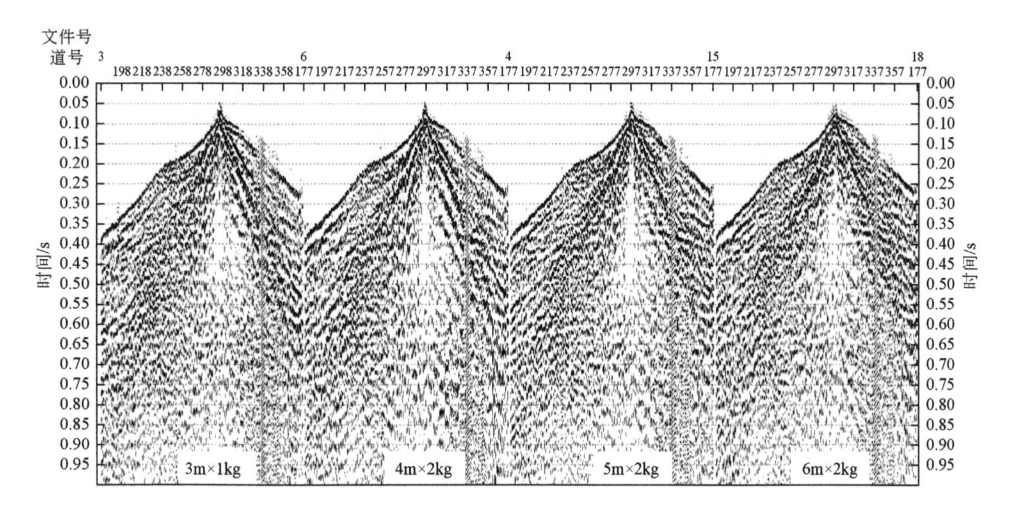

图 3.45 S1 井深试验记录 15 ~ 100Hz 分频扫描显示（3m、4m、5m、6m 井深激发）

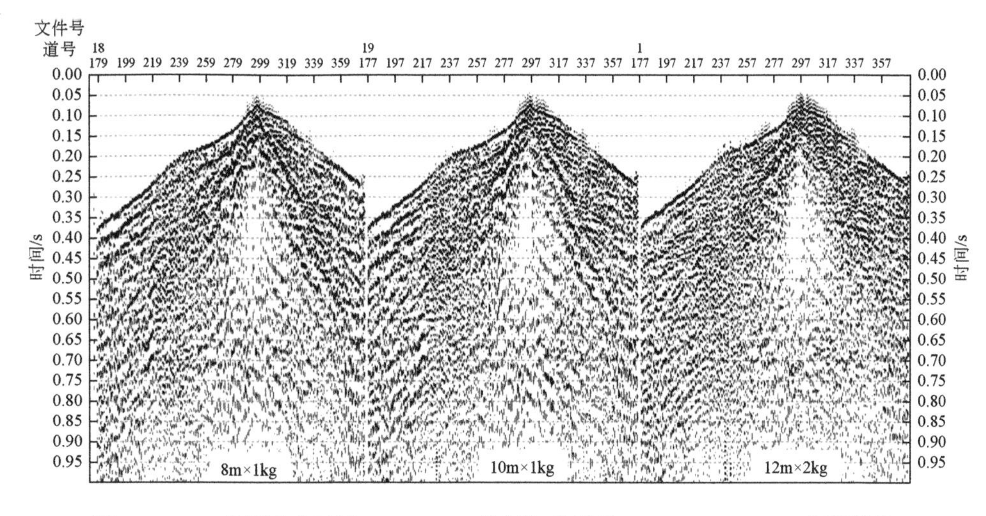

图 3.46 S1 井深试验记录 15 ~ 100Hz 分频扫描显示（8m、10m、12m 井深激发）

定量分析（图 3.47 和图 3.48）：能量分析显示，不同井深激发记录能量相当；频谱分析显示，3 ~ 4m 激发，主频较低，12m 激发主频较高；信噪比分析显示，12m 激发信噪比较高，5 ~ 10m 激发次之，3 ~ 4m 激发信噪比较低；考虑该试验点 4m 进入风化基岩，因此在风化基岩激发效果优于覆盖层激发。统计自相关分析显示，岩性对激发子波影响较大，覆盖层激发，子波较差。

综合分析认为，砂岩区激发井深不低于 5m。

4）组合井试验资料分析

在试验点 S1 完成组合井试验，对比组合井比单井激发的效果改善情况。试验点 S1 组合井试验因素统计表见表 3.4。

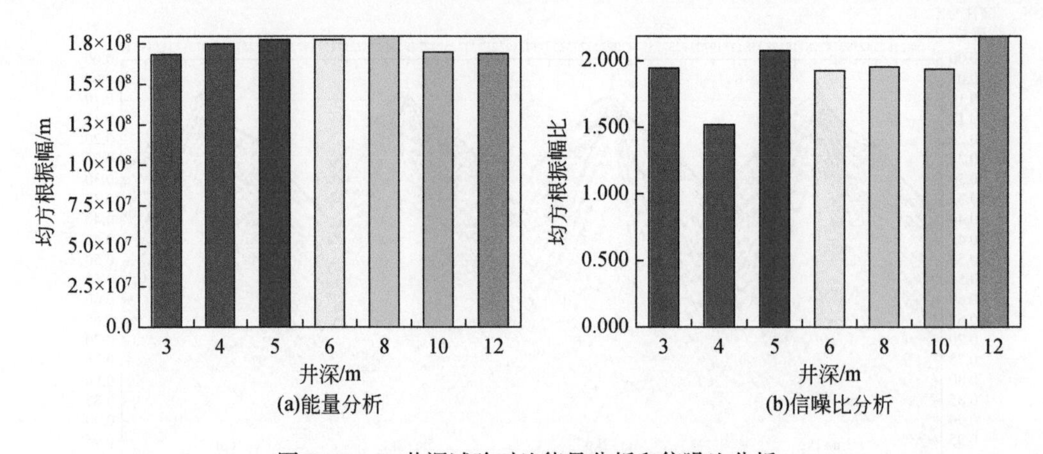

(a)能量分析　　(b)信噪比分析

图 3.47　S1 井深试验对比能量分析和信噪比分析

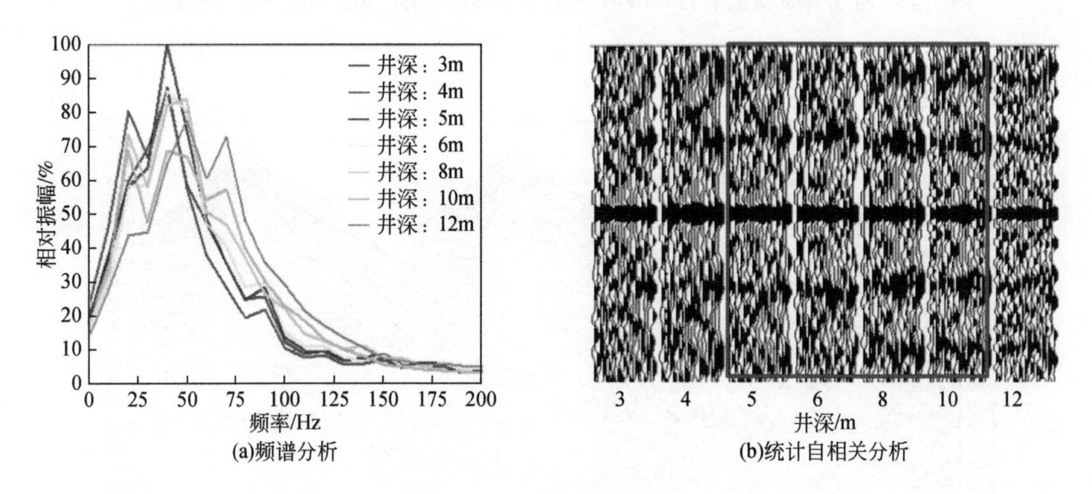

(a)频谱分析　　(b)统计自相关分析

图 3.48　S1 井深试验对比频谱分析和统计自相关分析

表 3.4　试验点 S1 组合井试验因素统计表

序号	文件号	井深/m	药量/kg	备注
1	13	5	2	
2	20	5×2 口	2	2 口组合井

定性分析（图 3.49 ~ 图 3.53）：单炮固定增益显示，相同药量单井激发能量较高，干扰波较发育；单炮 AGC 显示，组合井激发，有效反射波组同相轴连续性较好；15 ~ 30Hz 分频扫描显示，在 15 ~ 30Hz 频段，难以识别有效反射信号；单炮 20 ~ 40Hz 分频扫描显示，有效反射的同相轴清晰，单井激发连续性较好。单炮 30 ~ 60Hz、40 ~ 80Hz 分频扫描显示，双井组合有效反射的同相轴更清晰；单炮 50 ~ 100Hz、60 ~ 120Hz 分频扫描显示，双井组合有效反射的同相轴更清晰；单炮 70 ~ 140Hz、15 ~ 100Hz 分频扫描显示，单炮高频信息丰富，70Hz 以上仍能看到有效信息。双井组合激发，有效反射波组的主频更高。

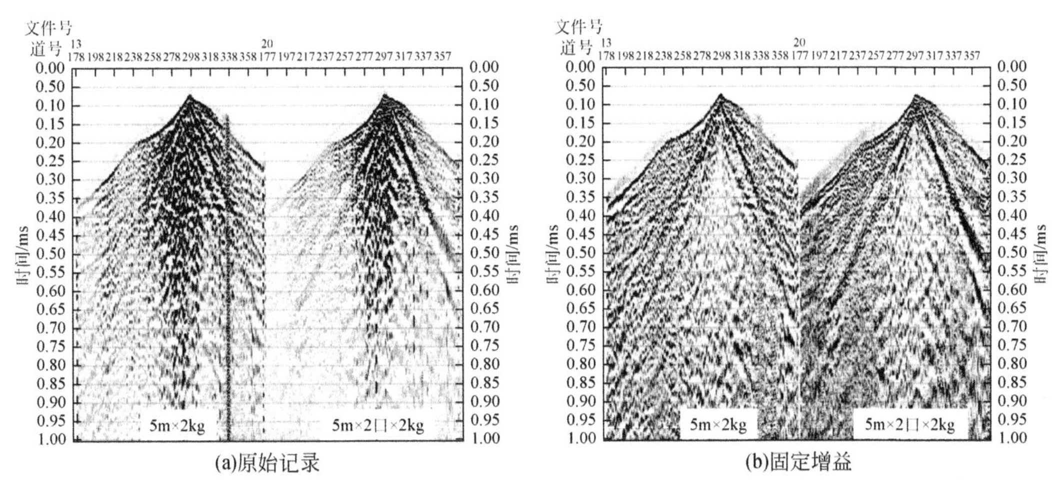

(a)原始记录 (b)固定增益

图3.49 S1组合井试验对比记录原始记录和固定增益

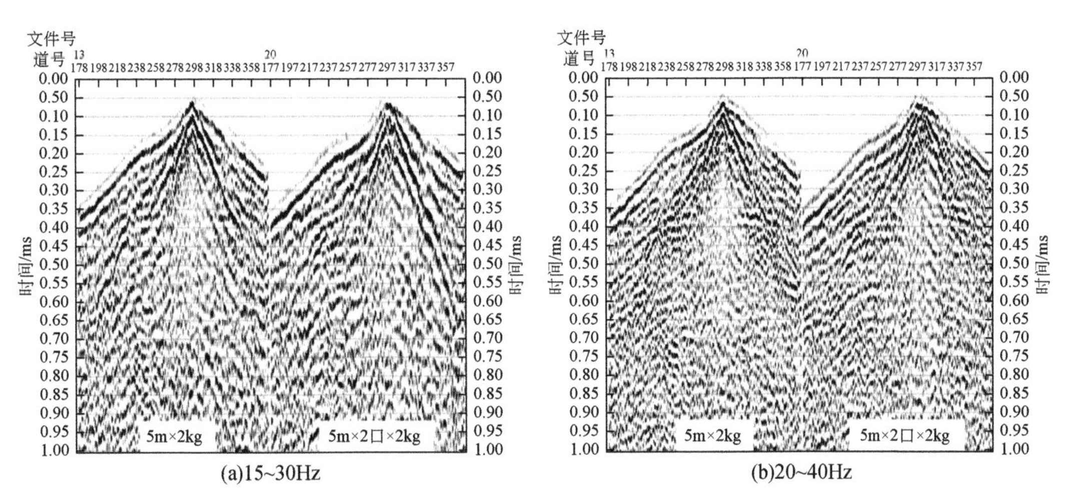

(a)15~30Hz (b)20~40Hz

图3.50 S1组合井试验对比记录15~30Hz和20~40Hz分频扫描记录

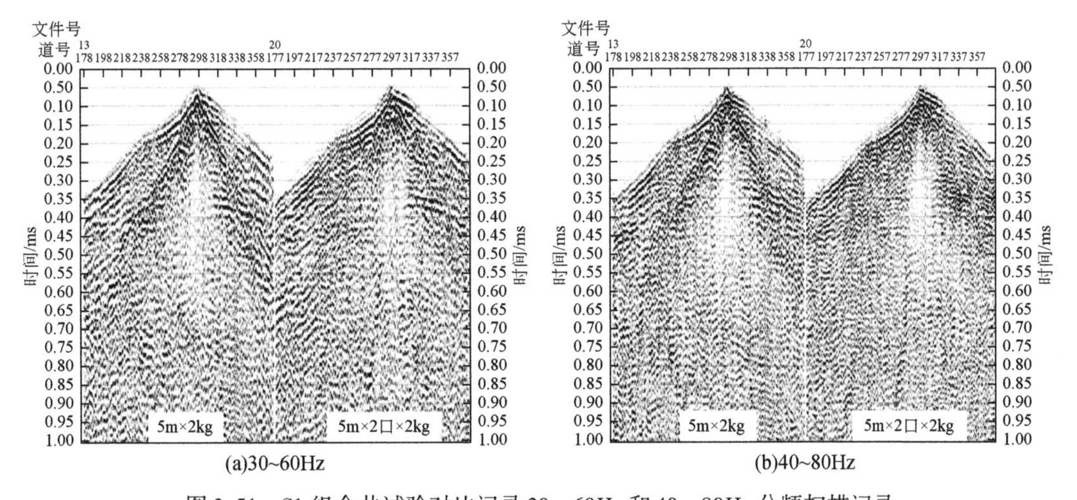

(a)30~60Hz (b)40~80Hz

图3.51 S1组合井试验对比记录30~60Hz和40~80Hz分频扫描记录

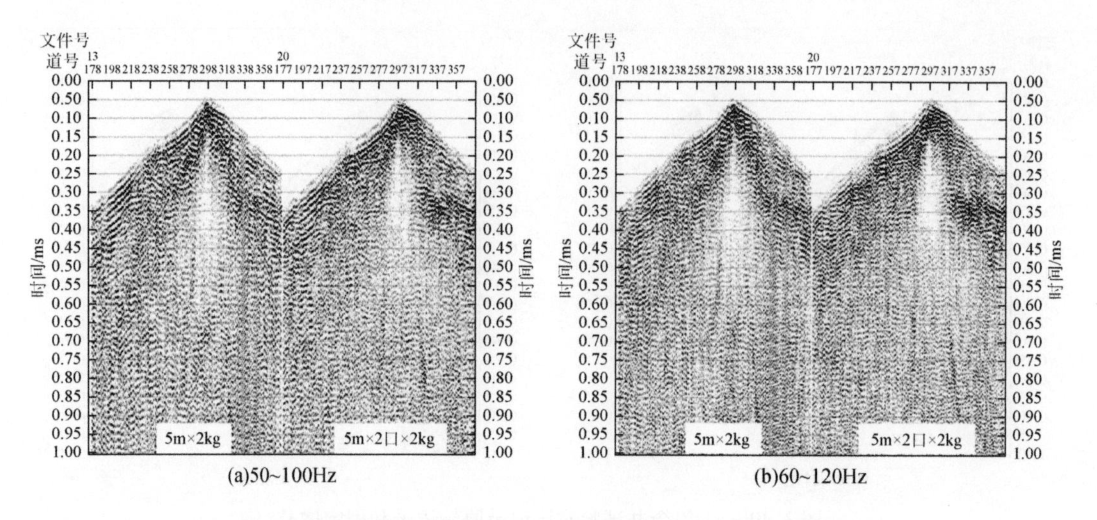

(a)50~100Hz　(b)60~120Hz

图 3.52　S1 组合井试验对比记录 50 ~ 100Hz 和 60 ~ 120Hz 分频扫描记录

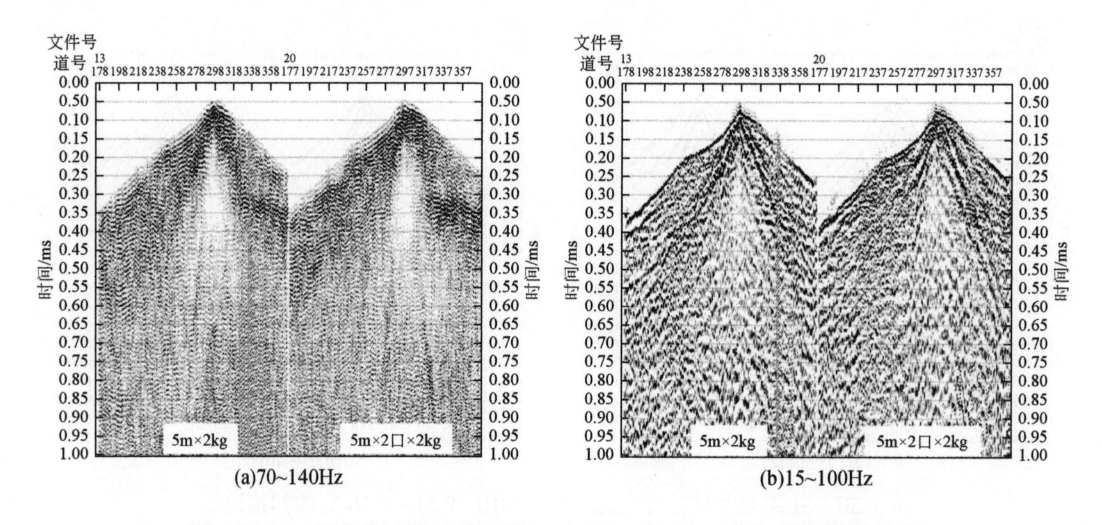

(a)70~140Hz　(b)15~100Hz

图 3.53　S1 组合井试验对比记录 70 ~ 140Hz 和 15 ~ 100Hz 分频扫描记录

定量分析（图 3.54 和图 3.55）：能量分析显示，相同药量的单井激发能量强于双井激发；频谱分析显示，相同药量的单井激发，主频较低，双井激发主频较高；信噪比分析显示，双井激发信噪比较高；在相同激发岩性条件下，双井激发，子波较好。

综合分析认为，组合井有利于高分辨率勘探，但考虑高精度的需要，不建议采用组合井激发。

3. 试验点 S2 资料分析

1）试验点 S2 表层情况

试验点 S2：桩号 211041134，位于树西村西南，为灰岩地表，部分地表被薄土覆盖，附近出露岩性为灰白色薄—中厚层状灰岩（图 3.56），属于三叠系永宁镇组。

试验点两口钻井未钻到基岩。其中，4m 井深钻孔，未钻到基岩；10 井深钻孔，上部

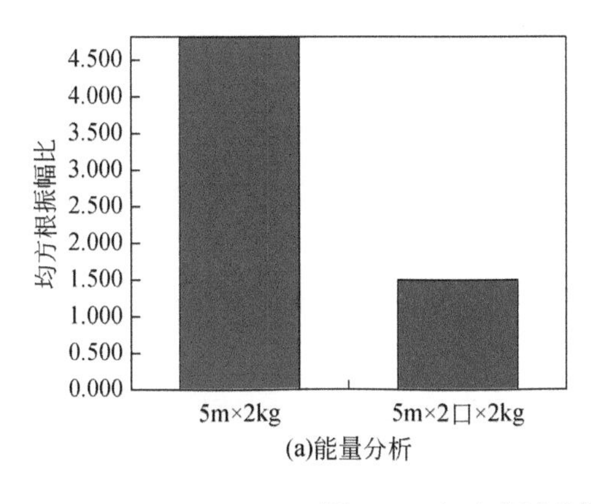

(a)能量分析

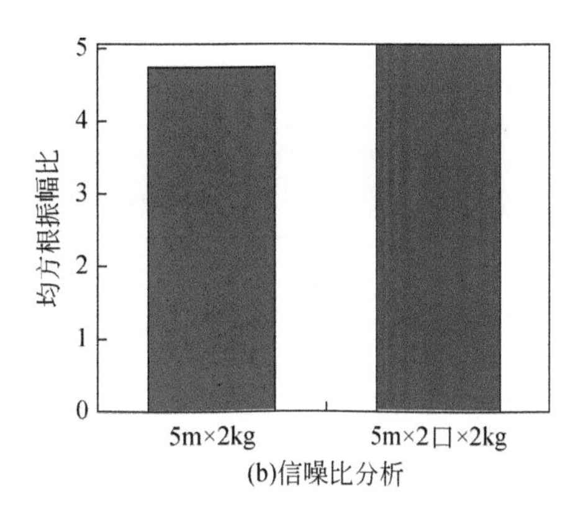

(b)信噪比分析

图3.54　组合井试验能量分析和信噪比分析

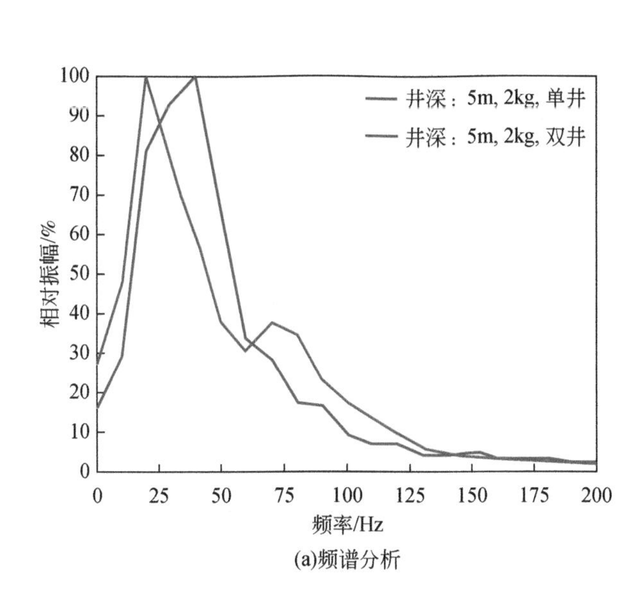

(a)频谱分析

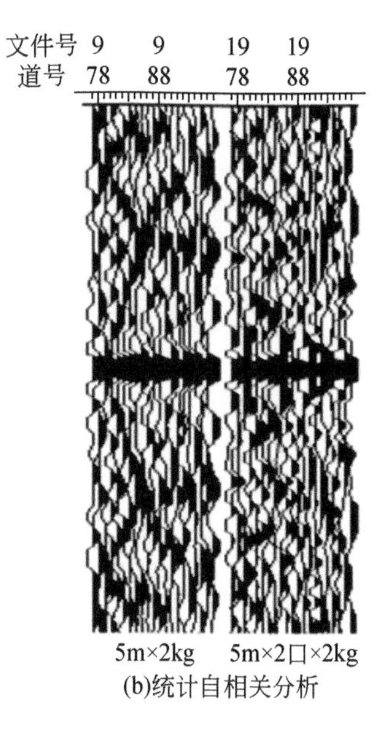

(b)统计自相关分析

图3.55　组合井试验频谱分析和统计自相关分析

钻遇灰岩，底部钻遇土充填的溶洞。

采用单井微测井调查该点的表层结构。解释成果如图3.57所示。

通过计算：$V_0=676\text{m/s}$，$H_0=2.51\text{m}$，$V_1=3640\text{m/s}$，该点低速带厚度为2.5m。

2）药量试验资料分析

选取固定井深6m进行药量试验，对比1kg、2kg、3kg的激发效果，见表3.5。

表3.5　试验点S2药量对比因素统计表

序号	文件号	井深/m	药量/kg	备注
1	8	6	1	
2	26	6	2	
3	11	6	3	

图 3.56　试验点 S2 表层情况

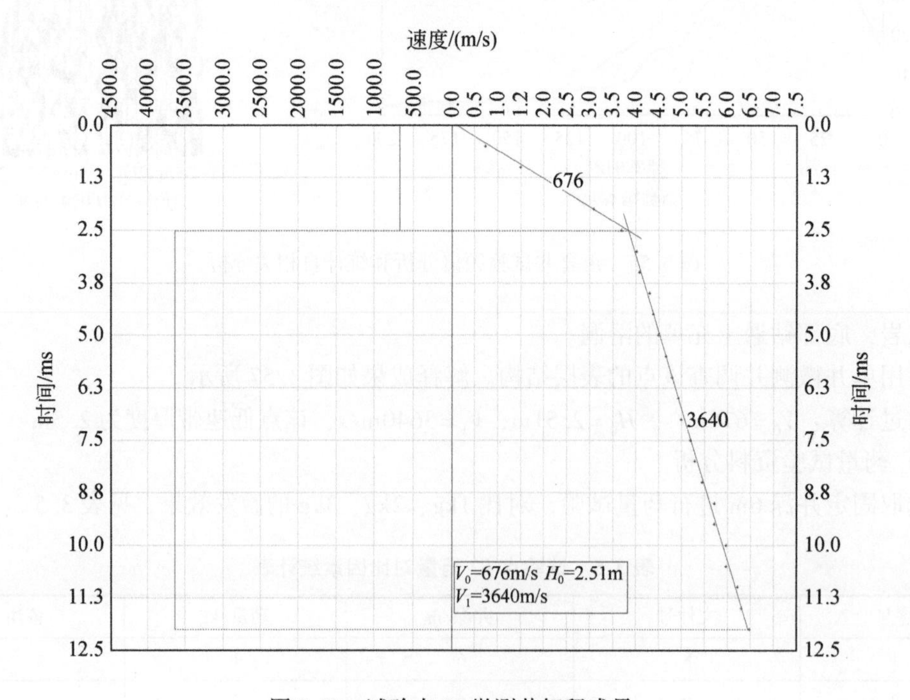

图 3.57　试验点 S2 微测井解释成果

定性分析（图3.58和图3.59）：单炮固定增益显示，随着药量增加，单炮有效反射的能量增强，面波、折射和散射干扰能量明显增强；单炮AGC显示，6m井深激发，折射波、散射干扰发育，0.3～0.4s附近可见一组多波峰有效反射（煤层），且具有明显倾斜地层（向小号）双曲线特征；单炮15～30Hz分频扫描显示：无明显有效波的反射；单炮20～40Hz分频扫描显示，1kg和2kg药量记录无明显差异；单炮30～60Hz分频扫描显示，3kg药量记录的反射波组连续性稍好；单炮40～80Hz分频扫描显示，2kg和2kg药量记录的反射波组连续性稍好；单炮50～100Hz分频扫描显示，2kg药量记录的反射波组连续性稍好；单炮60～120Hz分频扫描显示，3kg药量记录的反射波组连续性稍好；单炮70～140Hz分频扫描显示，各单炮高频信息丰富，70Hz以上仍能清晰看到有效信息。

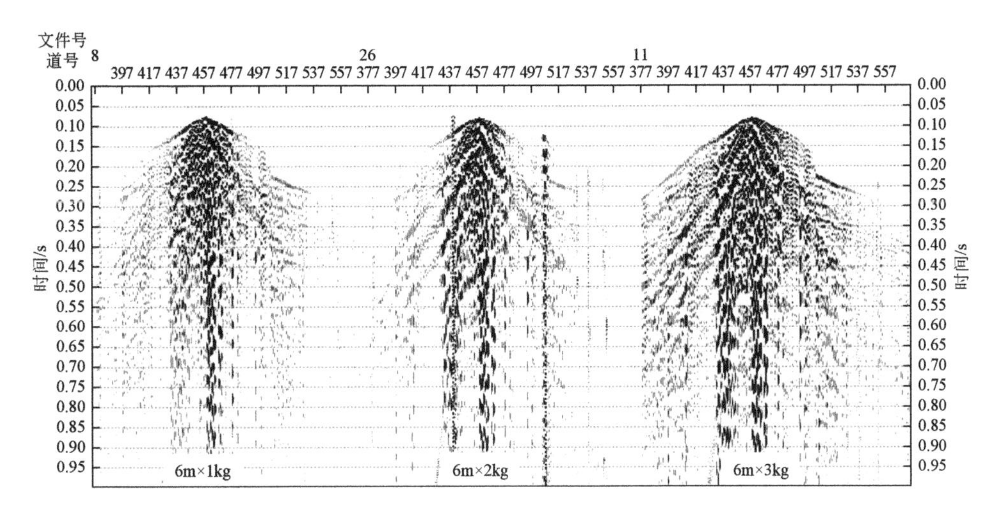

图3.58　S2药量试验对比记录固定增益显示

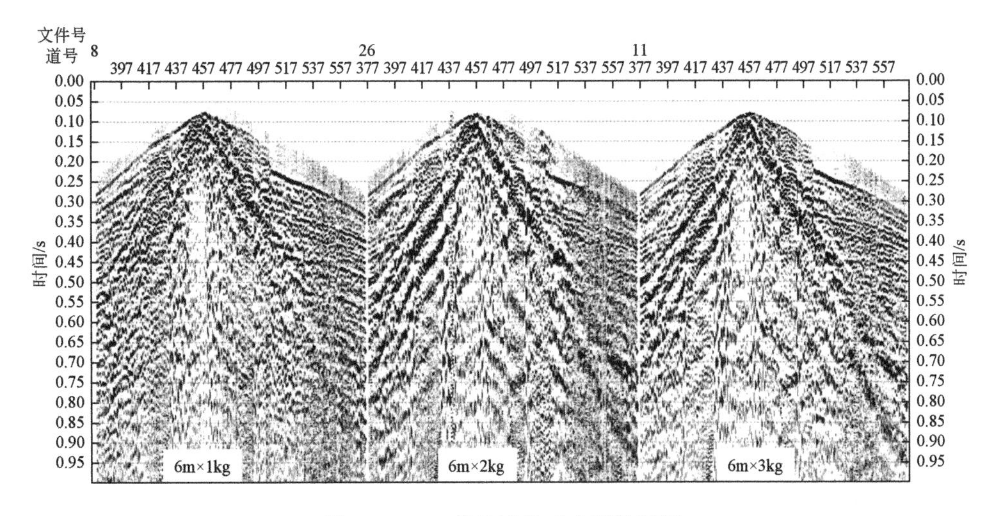

图3.59　S2药量试验对比原始记录

定量分析（图 3.60 和图 3.61）：能量分析显示，随药量增加，能量增强；频谱分析显示，1～3kg 药量激发，频宽与主频相当；信噪比分析，1kg、2kg 药量激发单炮信噪比高于 3kg 药量激发单炮；统计自相关分析，在激发岩性变化不大的情况下，1～3kg 激发，对子波影响不大。

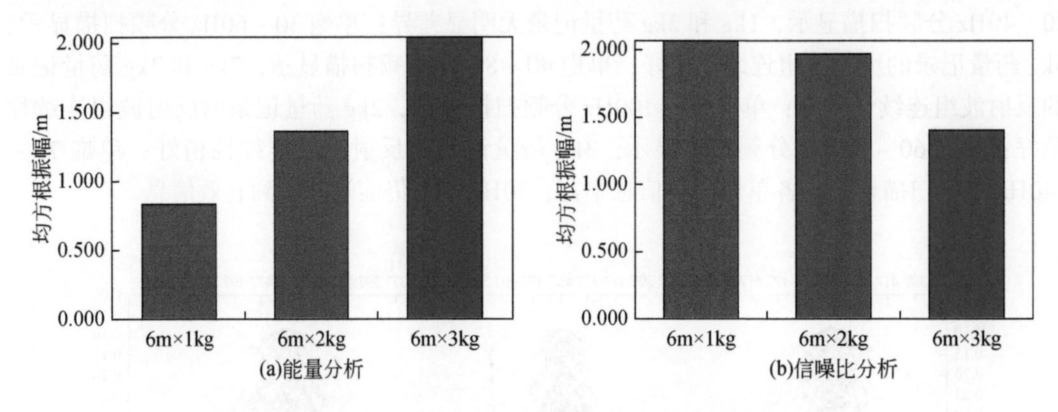

图 3.60　S2 药量试验对比能量分析和信噪比分析

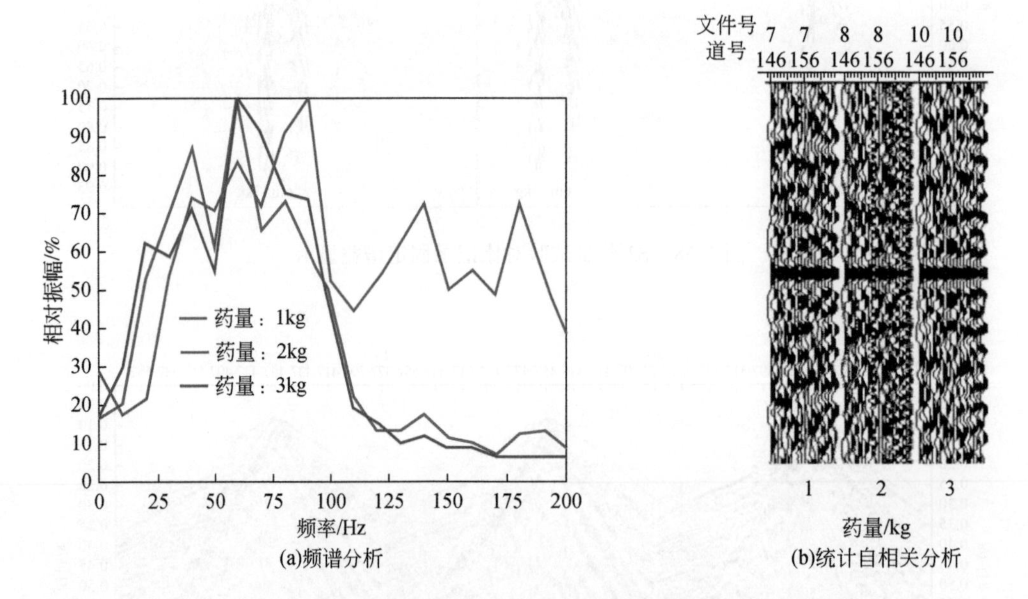

图 3.61　S2 药量试验对比频谱分析和统计自相关分析

综合分析认为，灰岩区宜采用 2kg 激发。

3）井深试验资料分析

选取固定药量 2kg 进行井深对比试验，对比井深 4m、5m、6m、7m、8m、10m、12m 的激发效果，见表 3.6。

表3.6　试验点S2井深对比因素统计表

序号	文件号	井深/m	药量/kg
1	5	4	2
2	7	5	2
3	9	6	2
4	12	7	2
5	14	8	2
6	16	10	2
7	17	12	2

定性分析（图3.62～图3.65）：单炮固定增益显示，不同激发能量差异较大，但总体7m及以上激发能量略强；单炮AGC显示，不同井深激发记录面貌差异较为明显，8m及以上井深激发有效波反射清晰；单炮15～30Hz分频扫描显示，在15～30Hz频段，多以折射、散射干扰为主，难以识别有效反射信号；单炮20～40Hz分频扫描显示，无明显有效波的反射；单炮30～60Hz分频扫描显示，10m及12m井深激发记录隐约可见煤层段有效波的反射。单炮40～80Hz、50～100Hz、60～120Hz、70～140Hz分频扫描显示，井深5m及以上激发记录可见清晰有效波的反射。

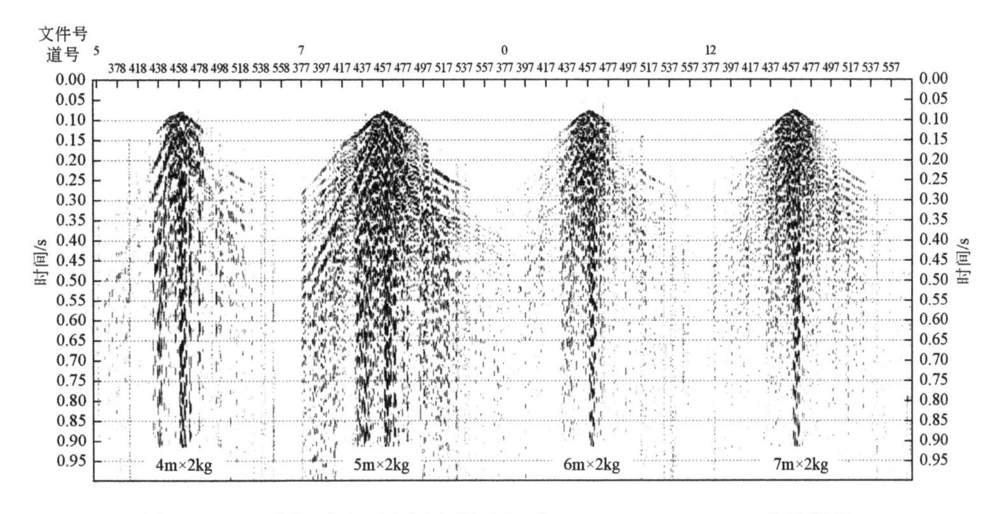

图3.62　S2井深试验对比固定增益记录（4m、5m、6m、7m井深激发）

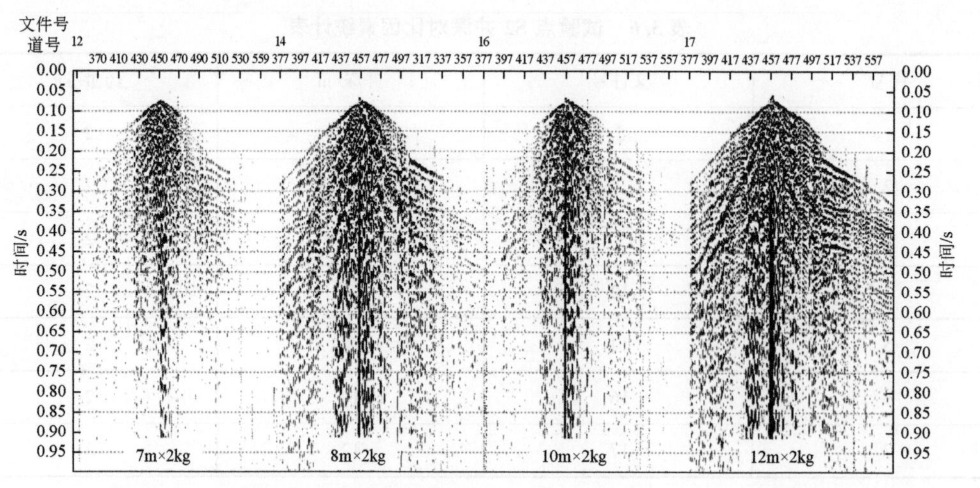

图 3.63　S2 井深试验对比固定增益记录（7m、8m、10m、12m 井深激发）

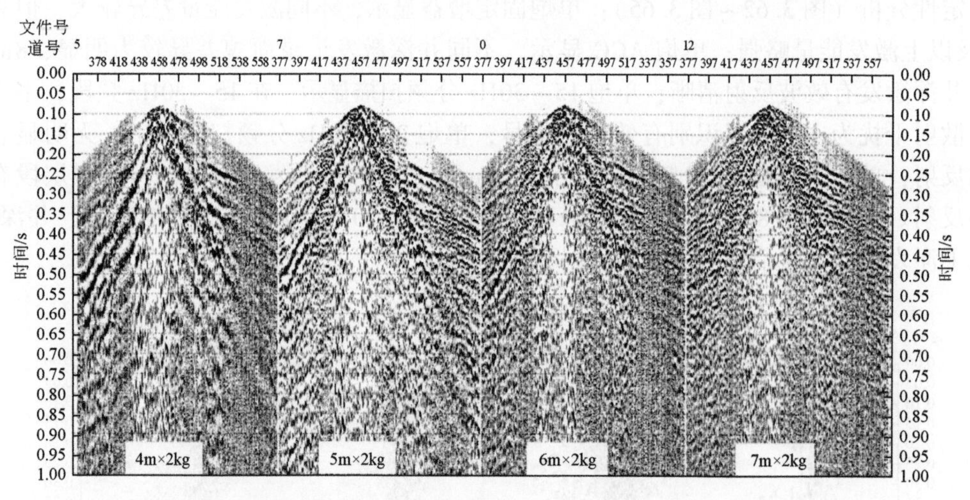

图 3.64　S2 井深试验对比原始记录（4m、5m、6m、7m 井深激发）

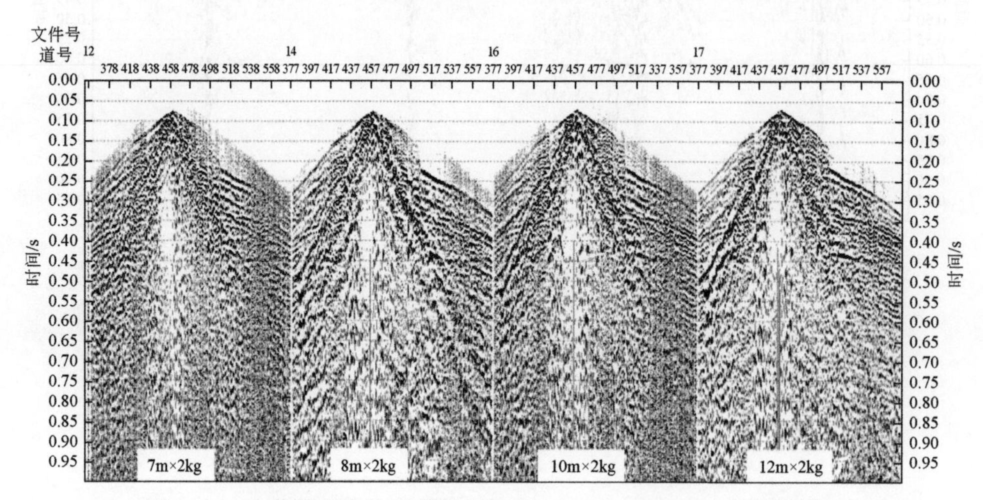

图 3.65　S2 井深试验对比原始记录（7m、8m、10m、12m 井深激发）

定量分析（图3.66和图3.67）：能量分析，受灰岩强烈非均质影响，不同井深激发能量相差甚大，8～12m激发能量相对较高；频谱分析，4m激发记录主频较低，12m激发记录主频较高；信噪比分析，8～12m激发记录信噪比较高，4m激发记录信噪比较低；统计自相关分析，岩性对激发子波影响较大，8～12m激发记录子波一致性较好。

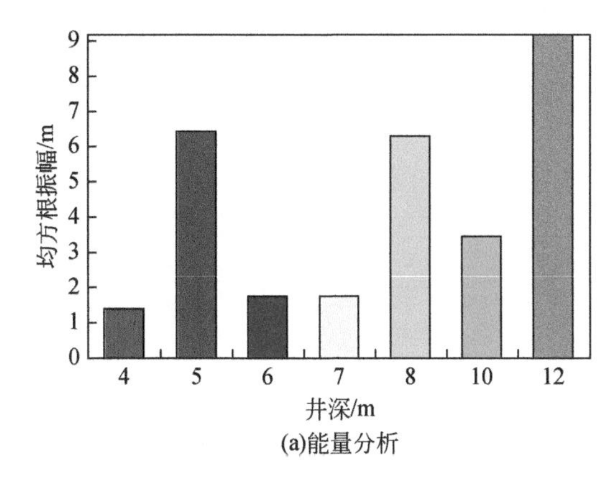

(a)能量分析

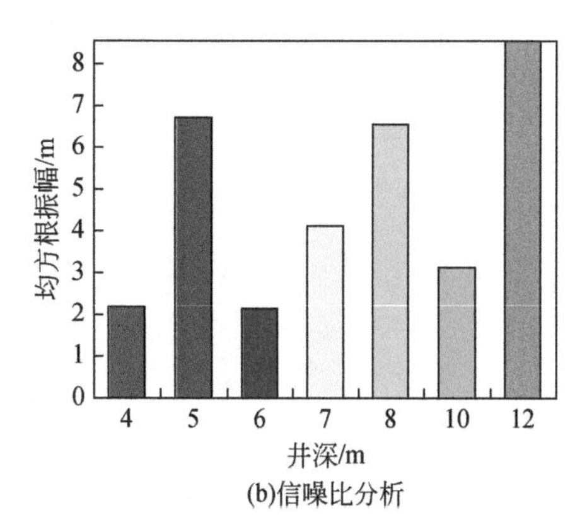

(b)信噪比分析

图3.66　S2井深试验对比能量分析和信噪比分析

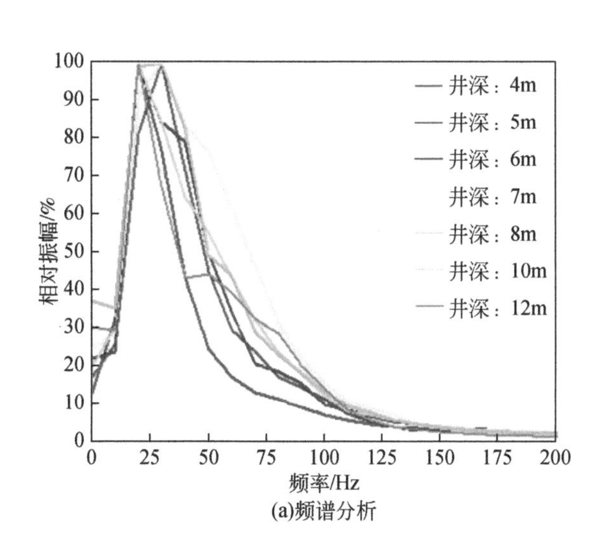

(a)频谱分析

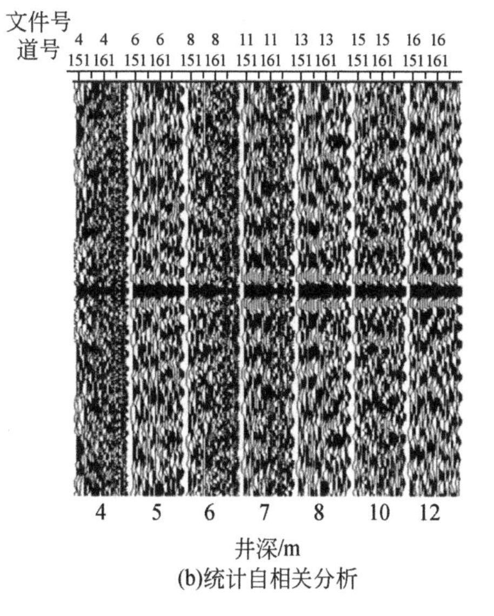

(b)统计自相关分析

图3.67　S2井深试验对比频谱分析和统计自相关分析

综合分析认为，灰岩区激发，井深宜采用8m。

4. 试验点S3资料分析

农田区试验点S3：炮点桩号211091094，潜水面埋深4.5m。

1）试验点S3表层情况

试验点S3：桩号211091094，位于梁子上村东南、K4109-3井附近，为厚坡积地表，表层黄土区较厚，如图 3.68 所示。钻孔碎屑显示，该区域为山体坡积形成。5m、6m、7m、8m 钻井显示均为土层。

(a)厚坡积地表

(b)厚黄土

图 3.68　试验点 S3 表层情况

2）药量对比试验

选取固定井深 5m 进行药量对比试验，对比药量 1kg、2kg 的激发效果，见表 3.7。

表 3.7　试验点 S3 药量对比因素统计表

序号	文件号	井深/m	药量/kg
1	23	5	1
2	25	5	2

定性分析（图 3.69）：单炮固定增益显示，2kg 药量激发能量较高，干扰波较发育。单炮 AGC 显示，2kg 药量激发，有效反射波组同相轴较清晰；单炮 15 ~ 30Hz 分频扫描显示，在 15 ~ 30Hz 频段，难以识别有效反射信号。单炮 20 ~ 40Hz 分频扫描显示，2kg 激发记录可见断续有效反射；单炮 30 ~ 60Hz、40 ~ 80Hz 分频扫描显示，2kg 激发有效反射的同相轴更清晰；单炮 50 ~ 100Hz、60 ~ 120Hz 分频扫描显示，2kg 激发有效反射的同相轴更清晰；单炮 70 ~ 140Hz、15 ~ 100Hz 分频扫描显示，单炮高频信息丰富，70Hz 以上仍能看到有效信息。单炮 50 ~ 100Hz、60 ~ 120Hz 分频扫描显示，2kg 激发，有效反射波组连续性更好。

定量分析（图 3.70 和图 3.71）：能量分析，随药量增加，能量增强；频谱分析，2kg 药量激发，频宽变窄；信噪比分析，2kg 药量激发信噪比优于 1kg 药量激发；统计自相关分析，在激发岩性变化不大的情况下，2kg 激发子波一致性较好。

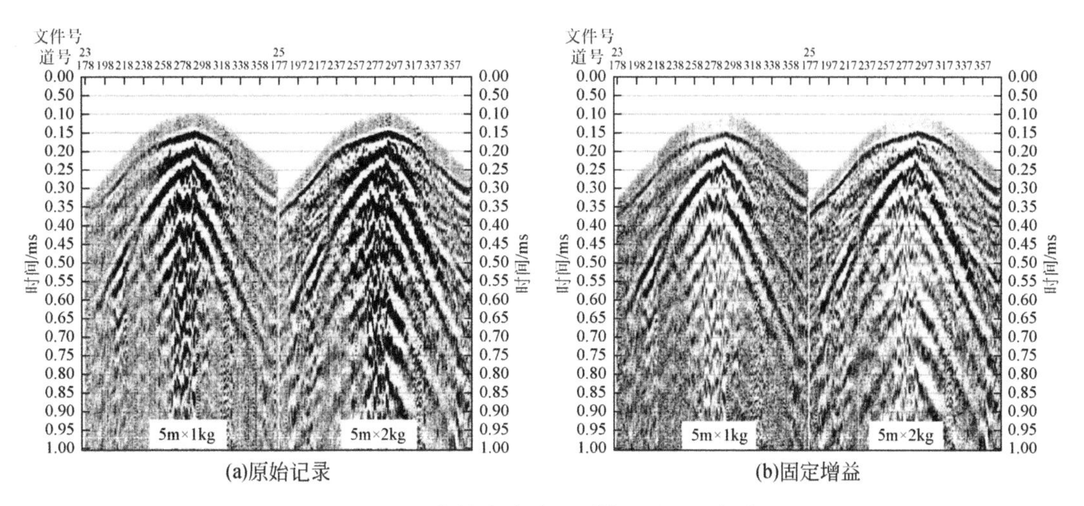

图 3.69　S3 药量试验对比原始记录和固定增益

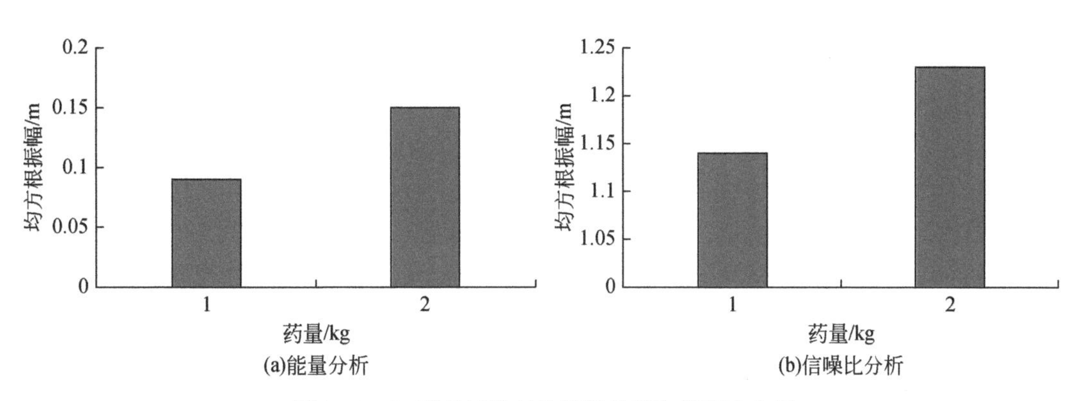

图 3.70　S3 药量试验对比能量分析和信噪比分析

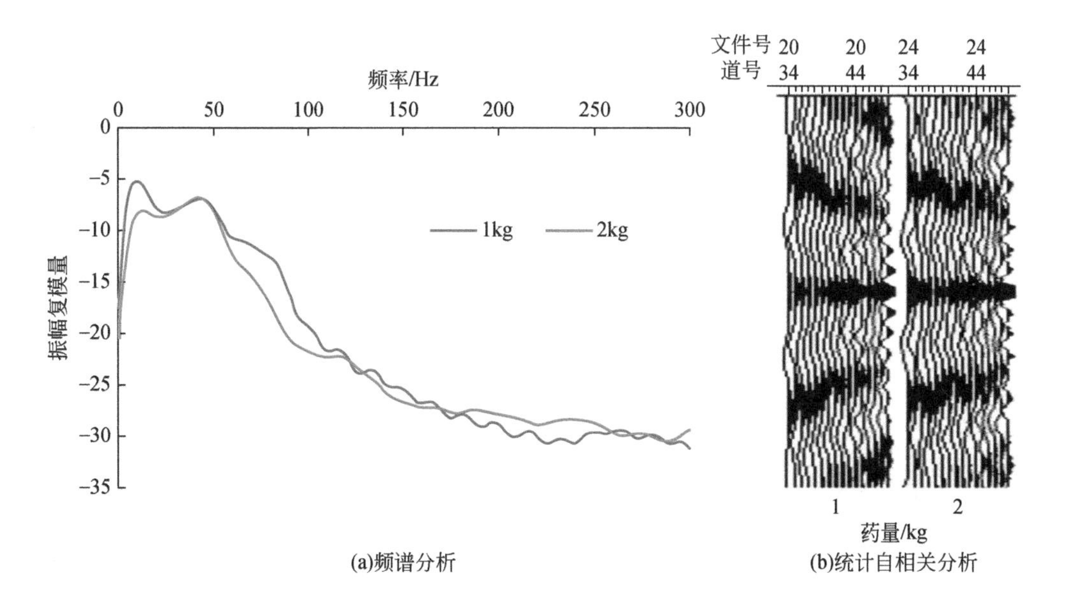

图 3.71　S3 药量试验对比频谱分析和统计自相关分析

综合分析认为，在厚覆土区，药量宜采用2kg。

3）井深对比试验

选取固定药量2kg进行井深对比试验，对比井深5m、6m、7m、8m的激发效果，见表3.8。

表3.8　试验点S3井深对比因素统计表

序号	文件号	井深/m	药量/kg
1	23	5	2
2	21	6	2
3	22	7	2
4	24	8	2

定性分析（图3.72和图3.73）：固定增益显示：随着井深增加，单炮主频明显提高，干扰波明显减弱。8m井深激发记录上可见有效反射波。AGC显示，随着井深增加，单炮主频明显提高，干扰波明显减弱。6m、8m井深激发记录上可见有效反射波。15～30Hz分频扫描显示，难以识别有效反射信号；20～40Hz分频扫描显示，5～6m井深难以识别有效反射信号，7～8m井深激发记录上可见有效反射波；30～60Hz分频扫描显示，5m井深难以识别有效反射信号，6～8m井深激发记录上可见有效反射波；40～80Hz分频扫描显示，激发记录均可见清晰有效波的反射，但6～8m激发记录连续性较好；50～120Hz分频扫描显示，6～8m激发记录均可见有效波的反射，但8m激发记录连续性较好；60～120Hz分频扫描显示，6～8m激发记录均可见有效波的反射，但8m激发记录连续性较好。

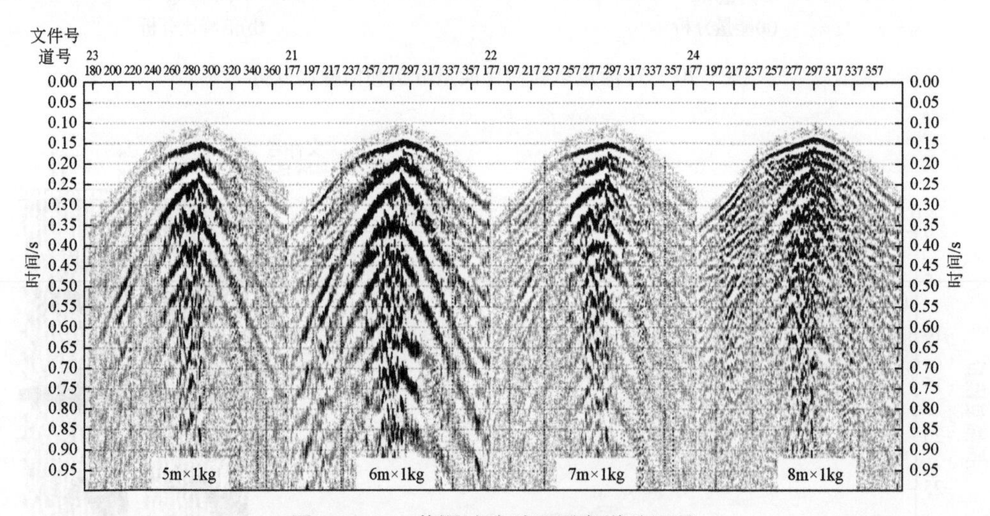

图3.72　S3井深试验对比固定增益记录

定量分析（图3.74和图3.75）：能量分析，井深5～7m激发能量相差不大，8m激发能量较高；频谱分析，5～7m激发主频较低、频宽较窄，8m激发主频较高、频宽较宽；信噪比分析，5～7m激发信噪比相差不大，8m激发信噪比较高；统计自相关分析，岩性对激发子波影响较大，8m激发分辨率高，子波一致性较好。

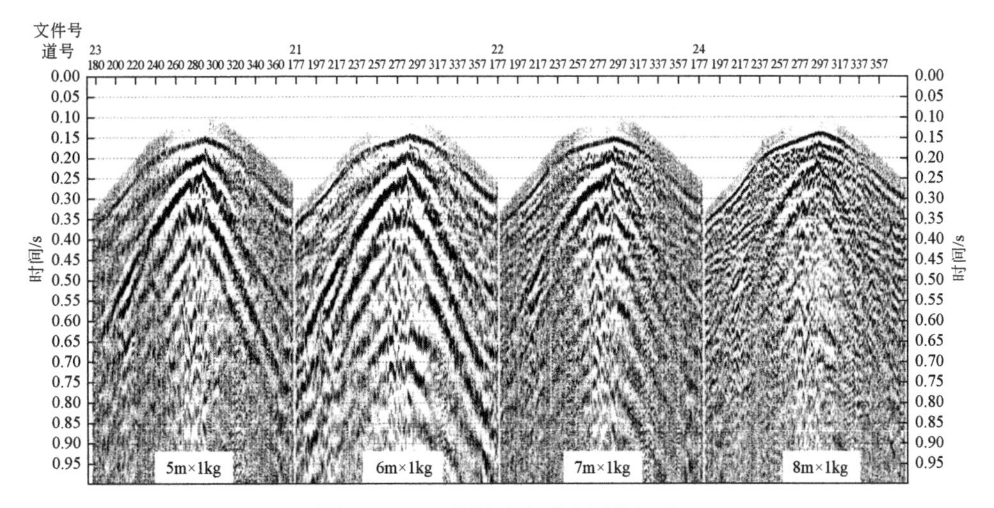

图3.73 S3井深试验对比原始记录

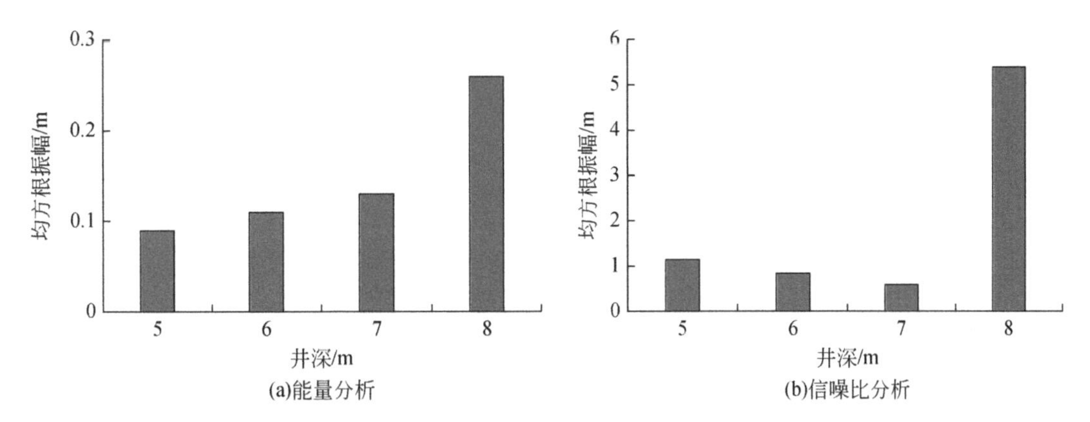

图3.74 S3井深试验能量分析和信噪比分析

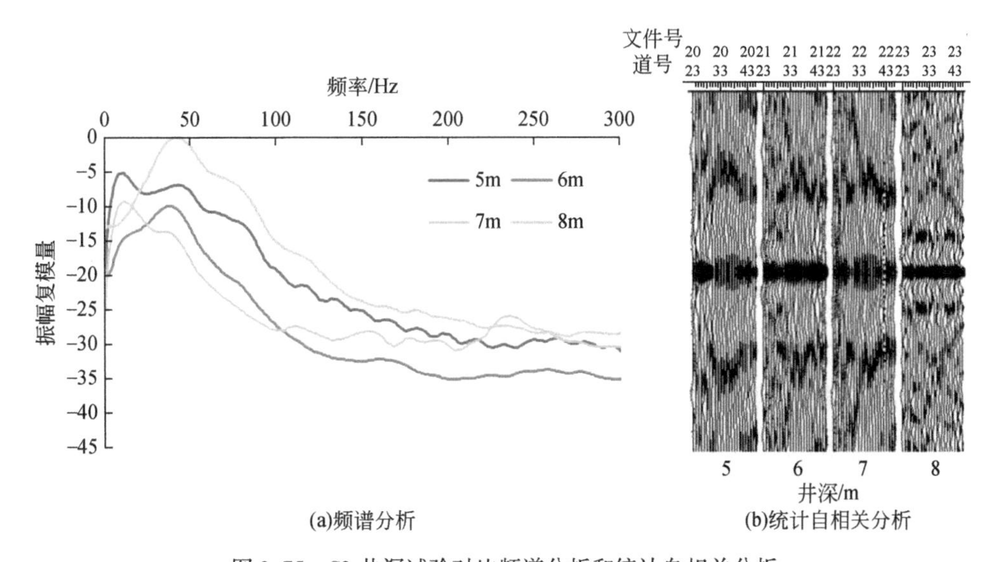

图3.75 S3井深试验对比频谱分析和统计自相关分析

综合分析认为，厚覆土区，井深宜采用8m。

3.3.2　可控震源试验情况

1. 可控震源试验位置

本研究区在桩号210651090附近公路进行震源试验，如图3.76所示，采用12线96道接收，采用排列110491018～111371113。可控震源试验因素统计如表3.9所示。

表3.9　可控震源试验因素统计表

试验项目	试验内容
台次试验	1台1次/1台2次/1台4次（驱动幅度80%、扫描频率5～100Hz、扫描长度16s），优选台次参数
硬化路面驱动幅度	60%/70%/80%/90%（1台2次、扫描频率5～100Hz、扫描长度16s），优选硬化路面震动驱动幅度参数
扫描频率	5～80Hz/5～100Hz/5～120Hz/5～140Hz（1台2次、驱动幅度80%、扫描长度16s），优选扫描频率参数
扫描长度	16s/20s/24s（1台2次、驱动幅度80%、扫描频率5～100Hz），优选扫描长度参数

图3.76　可控震源因素试验位置示意图

2. 可控震源试验资料分析

1）台次试验资料分析

固定增益显示（图3.77和图3.78），随着台次增加，单炮有效反射的能量增强，面波、折射和散射干扰能量明显增强；AGC显示，折射波、散射干扰发育，0.3～0.4s附近隐约可见一组有效反射（煤层）；单炮15～30Hz分频扫描显示，干扰波发育，15～30Hz段资料以干扰为主；单炮20～40Hz分频扫描显示，隐约可见断续的有效反射同相轴；单炮40～80Hz分频扫描显示，随着台次增加，断续的有效反射同相轴连续性略变差；单炮50～100Hz分频扫描显示，随着台次增加，断续的有效反射同相轴连续性略变差；单炮60～120Hz分频扫描显示，单台单次高频信息较差；单炮70～140Hz分频扫描显示，单台单次高频信息较差；单炮15～100Hz分频扫描显示，单炮干扰重，频率偏低，台次对资料目的层连续性改善不明显。

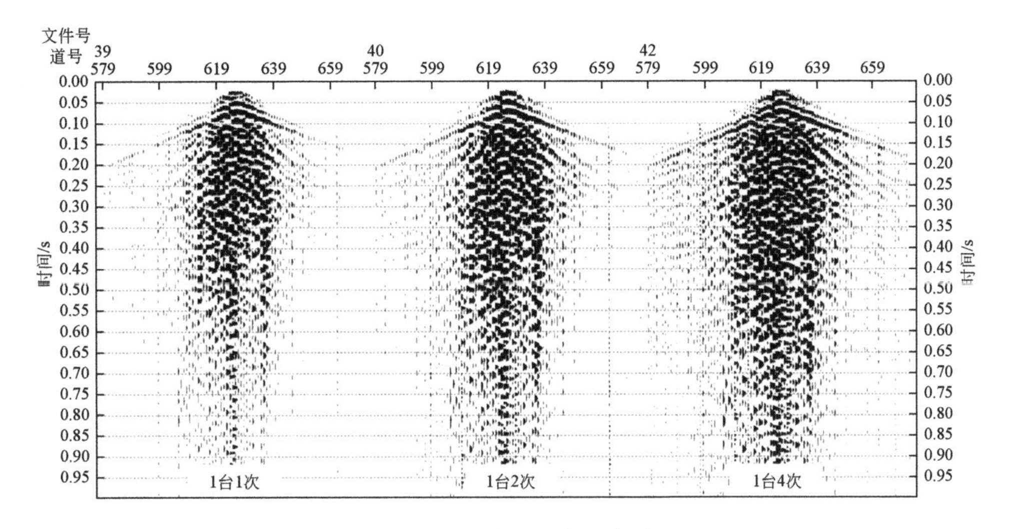

图3.77 可控震源台次试验固定增益显示

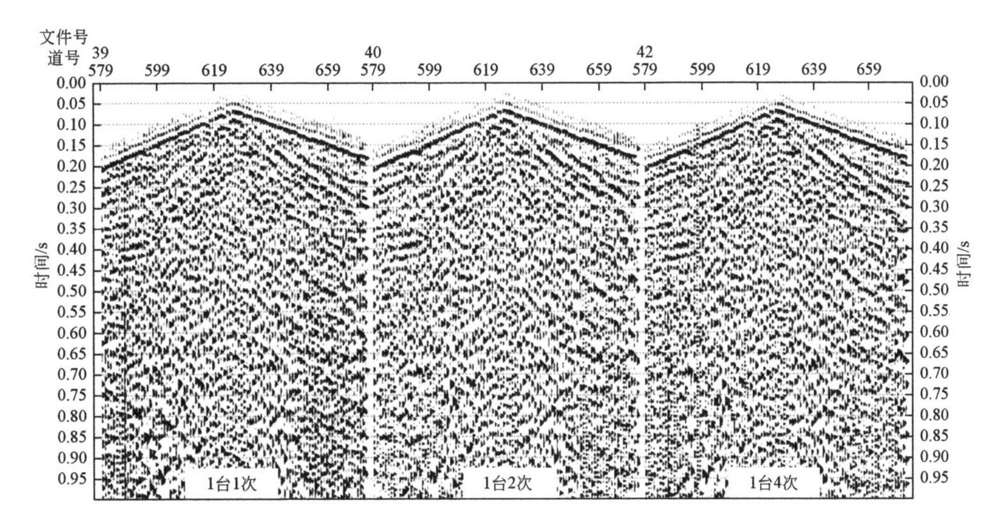

图3.78 可控震源台次试验AGC显示

定量分析显示（图3.79），台次增加，能量增强；可控震源激发，有效频宽为15～50Hz；台次增加对信噪比改善不明显；高台次对子波一致性不利。

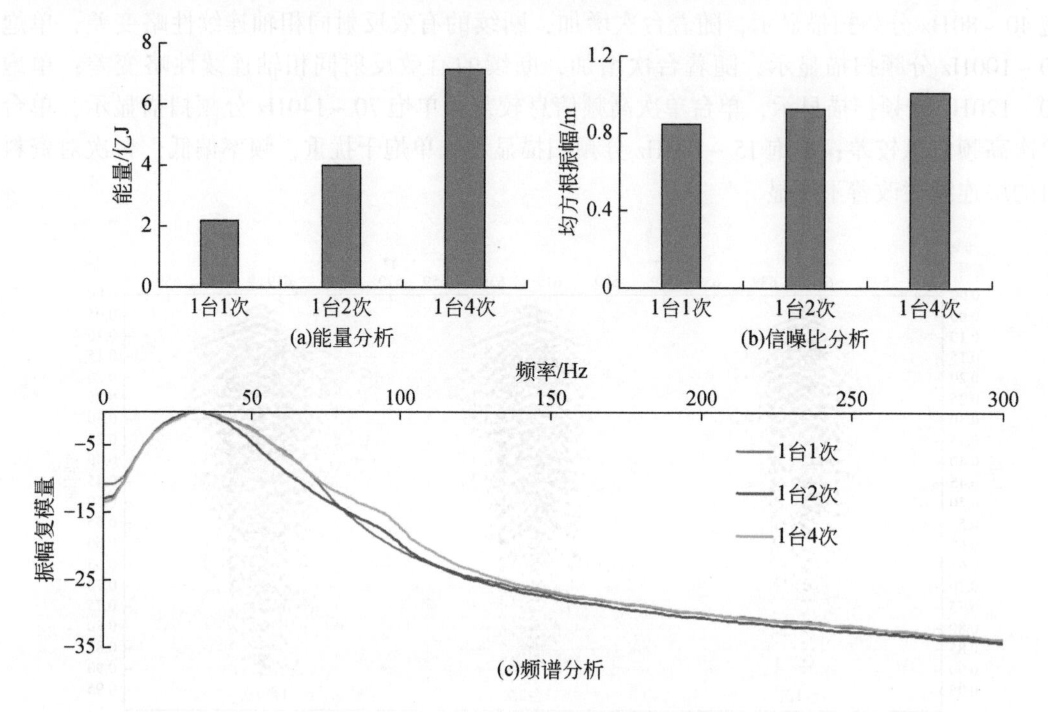

图3.79　可控震源台次试验定量分析

2）驱动幅度试验资料分析

固定增益显示（图3.80和图3.81），随着驱动幅度增加，单炮的能量增强；AGC显示，驱动幅度60%、70%、80%激发，记录有效反射波形较好，有效反射同相轴略清晰，驱动幅度90%激发波形存在畸变；带通滤波（band-pass filtering，BP）15～30Hz显示，驱

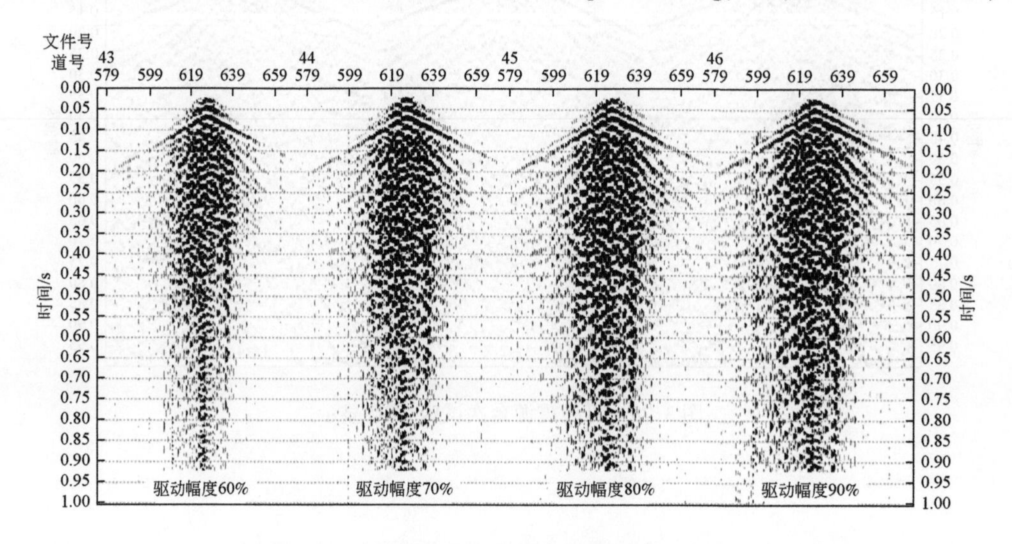

图3.80　可控震源驱动幅度试验固定增益显示

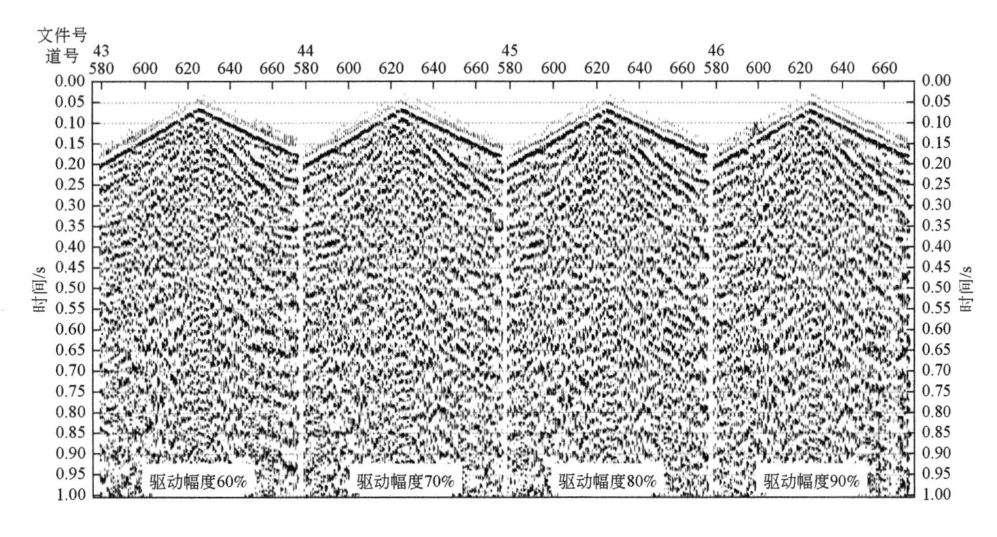

图3.81　可控震源驱动幅度试验AGC显示

动幅度60%、70%、80%激发，记录主要为干扰且面貌相似，驱动幅度90%激发波形存在畸变；BP20～40Hz显示，驱动幅度60%、70%、80%激发，随着驱动幅度增加，有效波连续性逐渐改善，但当驱动幅度90%激发时，有效波连续性变差；BP30～60Hz显示，驱动幅度60%、70%、80%激发，随着驱动幅度增加，有效波连续性逐渐改善，但当驱动幅度90%激发时，有效波连续性变差；BP40～80Hz显示，驱动幅度60%、70%、80%激发，有效波连续性逐渐改善；BP50～100Hz显示，驱动幅度60%、70%、80%激发，有效波连续性逐渐改善；BP60～120Hz显示，隐约可见有效信号，驱动幅度80%激发连续性略明显；BP70～140Hz显示，难以识别有效信号；BP15～100Hz显示，驱动幅度60%、70%、80%激发，有效反射波能量逐渐增强。

定量分析显示（图3.82），驱动幅度增加，能量增强；驱动幅度越大，有效频宽越窄，主要频宽为8～63Hz；当增加至70%后，驱动幅度增加对信噪比改善不明显；在硬化路面的情况下，过高驱动幅度对子波一致性不利。

综合分析认为，硬化路面情况下，驱动幅度宜采用80%。

3）扫描长度试验资料分析

固定增益显示（图3.83和图3.84）：扫描长度增加，单炮有效反射的能量变化不明显。AGC显示，扫描长度增加，有效反射同相轴连续性逐渐改善；BP15～30Hz显示，干扰波发育，15～30Hz段资料以干扰为主；BP20～40Hz显示，隐约可见断续的有效反射同相轴；BP30～60Hz显示，随着扫描长度增加，断续的有效反射同相轴连续性略改善；BP40～80Hz显示，随着扫描长度增加，断续的有效反射同相轴连续性略改善；BP50～100Hz显示，随着扫描长度增加，断续的有效反射同相轴连续性略改善；BP60～120Hz显示，隐约可见部分有效反射；BP70～140Hz显示，难以识别有效信号；BP15～100Hz显示，扫描长度24s激发，有效反射波连续性较好。

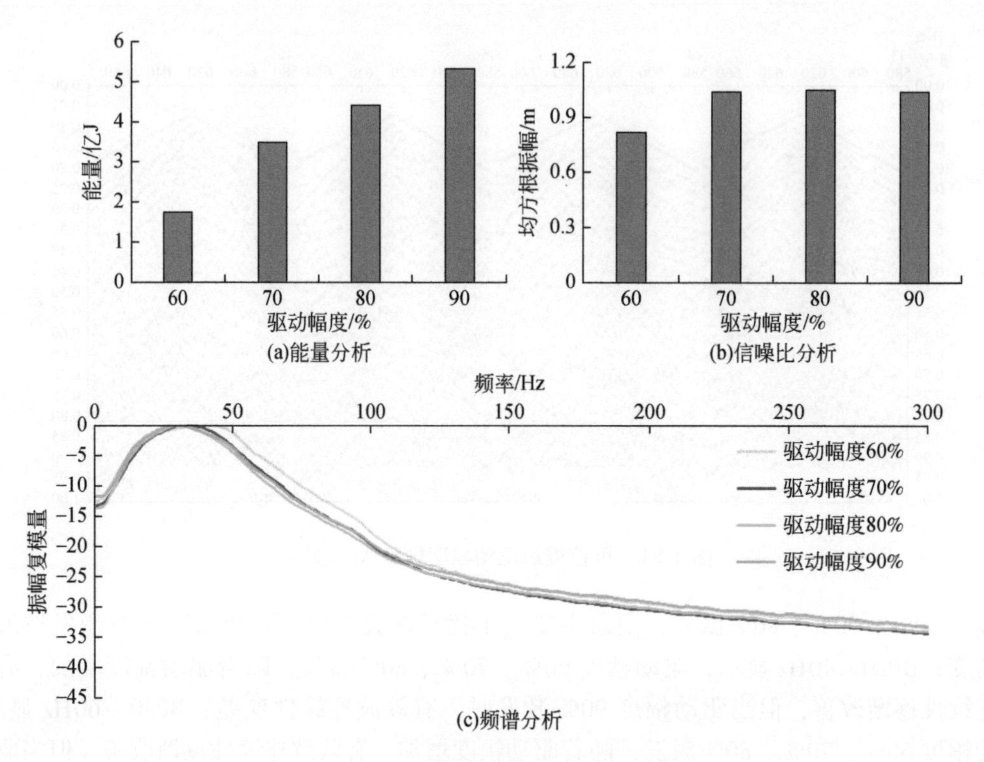

图 3.82　可控震源驱动幅度试验定量分析

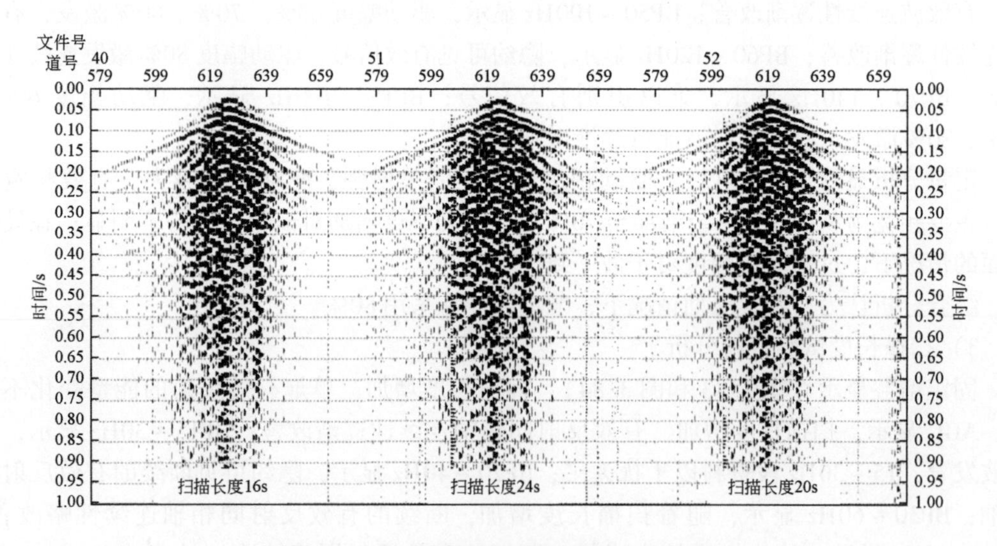

图 3.83　可控震源扫描长度试验固定增益记录

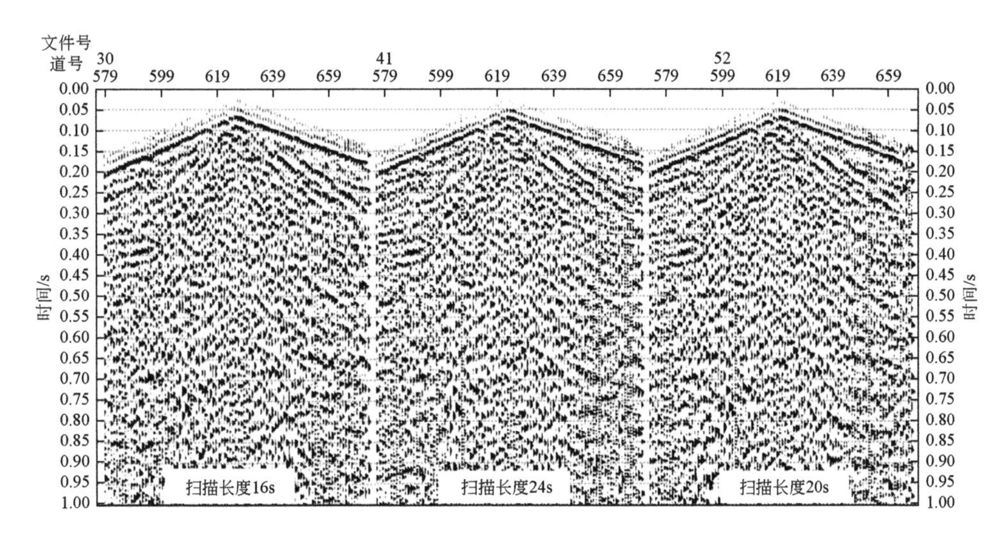

图3.84　可控震源扫描长度试验AGC记录

定量分析显示（图3.85），扫描长度增加，能量变化不大；扫描长度增加，有效频宽变宽；当增加至20s后，扫描长度增加对信噪比改善不明显；扫描长度24s的单炮子波一致性较好。

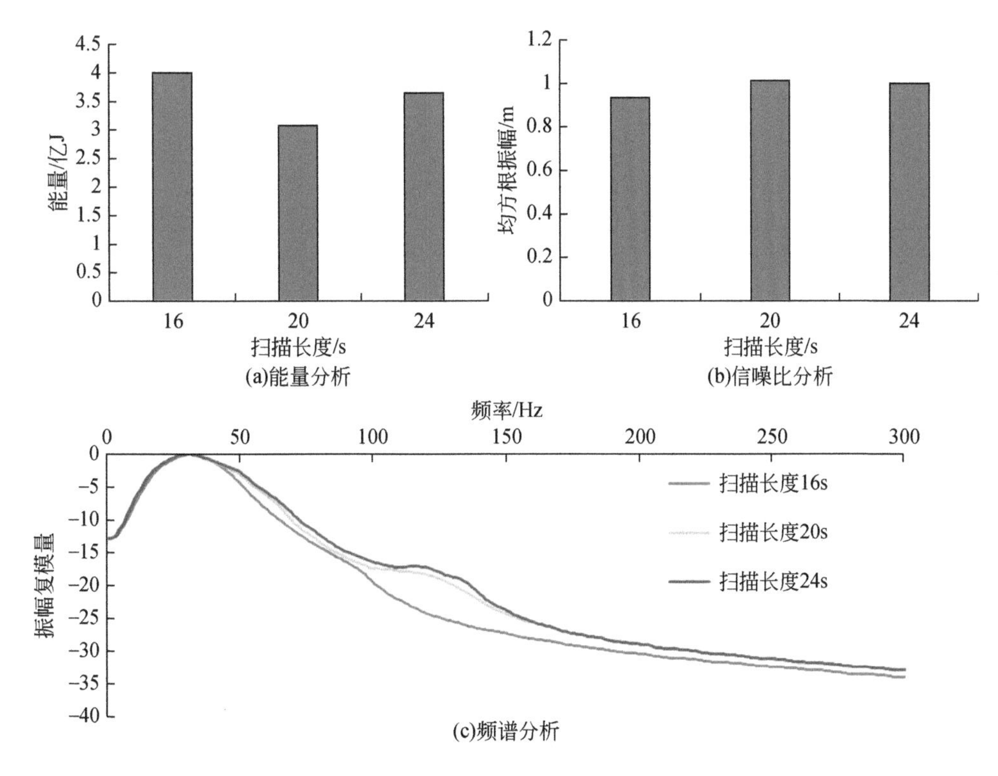

图3.85　可控震源扫描长度试验定量分析

综合分析认为，扫描长度宜采用24s。

4）扫描频率试验资料分析

固定增益显示（图3.86和图3.87），扫描频率范围增加，单炮有效反射的能量逐渐减弱；AGC显示，扫描频率范围增加5～120Hz时，有效反射同相轴连续性较好；BP15～30Hz显示，干扰波发育，15～30Hz段资料以干扰为主；BP20～40Hz显示，隐约可见断续的有效反射同相轴；BP30～60Hz显示，扫描频率范围增加，断续的有效反射同相轴连续性略改善；BP40～80Hz显示，扫描频率5～100Hz、5～120Hz激发，有效波连续性较好；BP50～100Hz显示，扫描频率5～100Hz、5～120Hz激发，有效波连续性较好；BP60～120Hz显示，隐约可见部分有效反射，5～120Hz激发有效波连续性略好；BP70～140Hz显示，难以识别有效信号；BP15～100Hz显示，扫描频率15～120Hz激发，有效反射波连续性较好。

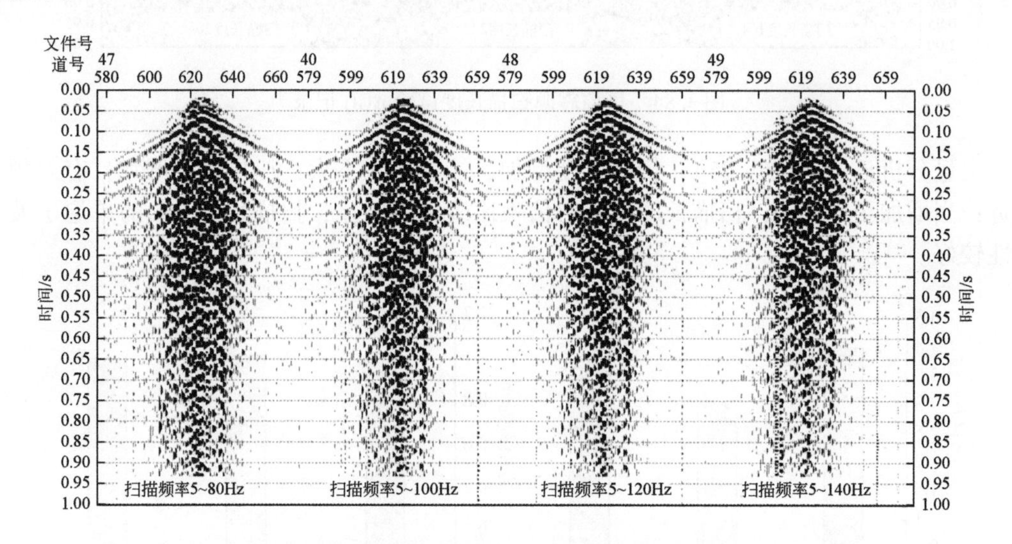

图3.86 可控震源扫描频率试验固定增益显示

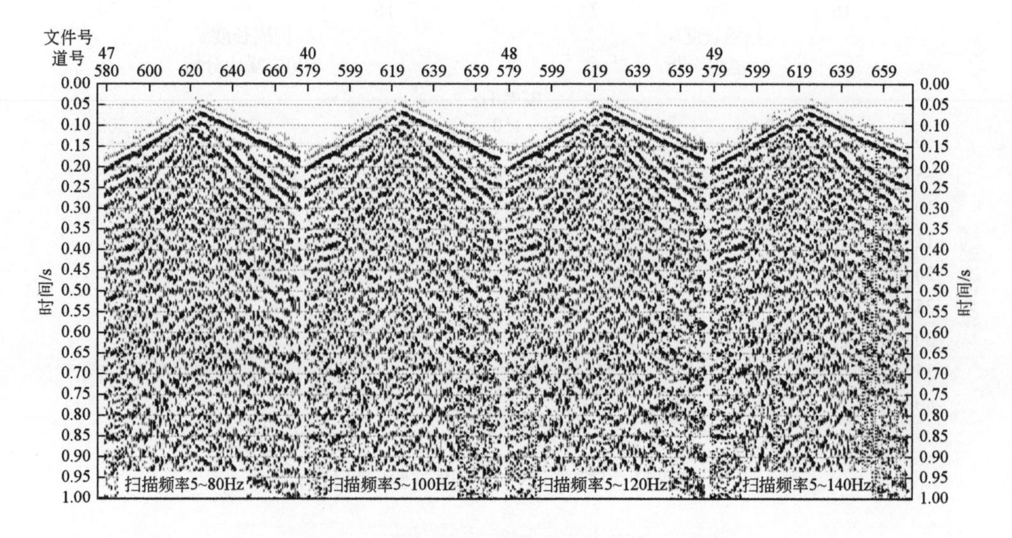

图3.87 可控震源扫描频率试验AGC显示

定量分析显示（图3.88），扫描频率范围增加，能量逐渐减弱，有效频宽变宽；增加扫描频率范围对信噪比改善不明显；扫描频率5～100Hz、5～120Hz的单炮子波一致性较好。

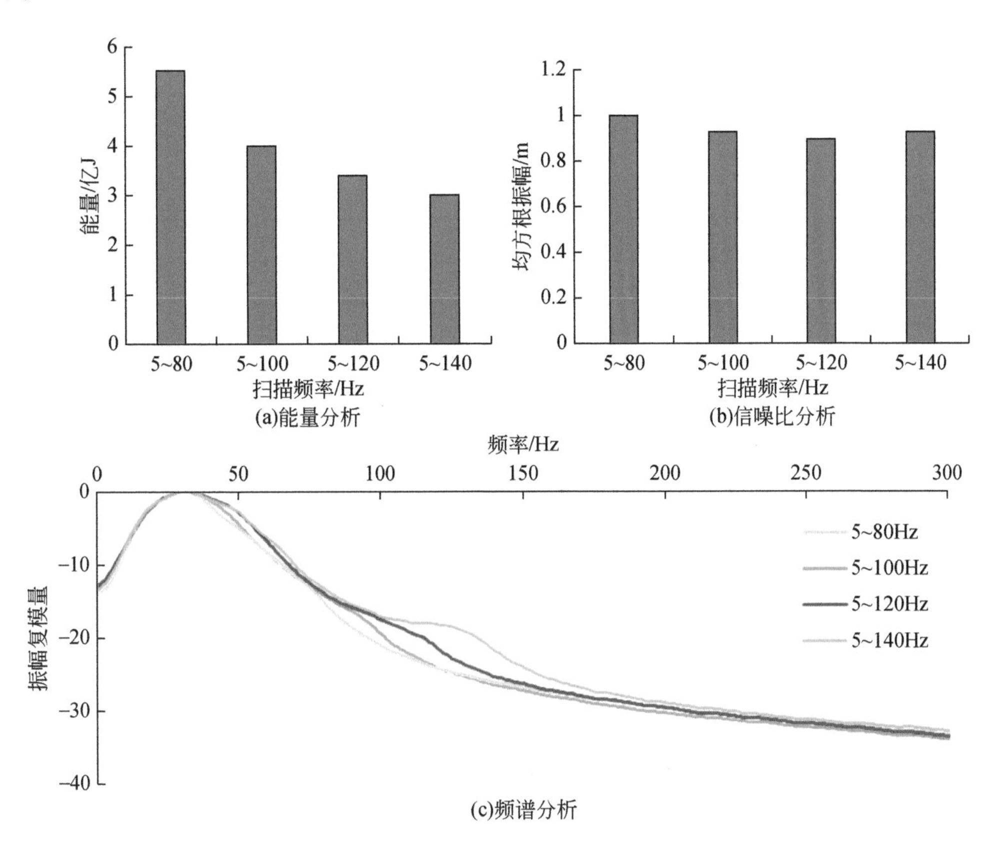

图3.88　可控震源扫描频率试验定量分析

综合分析认为，扫描频率范围宜采用5～120Hz。

3.4　技术指标完成情况

每天完成采集工作后，及时组织技术人员对单炮资料进行评价，质量体系规范运行，本次三维地震采集甲级品2591炮，甲级品率68.18%，远远超过设计要求，详见表3.10和表3.11。

表3.10　采集单炮质量评价表

文件号	甲级品/炮	乙级品/炮	有效炮/炮	甲级品率/%
1～1000	694	300	994	69.82
1001～1777	512	251	763	67.10
1778～2080	190	89	279	68.10

续表

文件号	甲级品/炮	乙级品/炮	有效炮/炮	甲级品率/%
2081 ~ 2197	87	30	117	74.36
2198 ~ 2413	160	56	216	74.07
2414 ~ 2568	114	41	155	73.55
2569 ~ 2779	152	59	211	72.04
2780 ~ 3018	150	89	239	62.76
3019 ~ 3211	134	59	193	69.43
3212 ~ 3422	149	62	211	70.62
3423 ~ 3572	89	57	146	60.96
3573 ~ 3855	160	116	276	57.97
合计	2591	1209	3800	68.18

表 3.11　质量指标完成情况表

项目	设计指标	完成指标	备注
原始记录合格率	≥99%	100%	超过
记录甲级品率	≥55%	记录甲级品 2591 炮，总记录 3800 炮，甲级品率 68.18%	超过
废品率	≤1%	无	超过
全区空炮率	≤3%	无	超过
覆盖次数	每个 CDP 点的覆盖次数下降不超过 1/4	满足要求	
低测资料合格率	95%	100%	超过
测量资料合格率	100%	100%	达到
现场处理剖面合格率	100%	100%	达到

3.5　喀斯特地貌条件下的地震资料质量分析

3.5.1　基于微测井的地表层特征

图 3.89 为典型微测井原始记录，微测井记录背景干净，初至起跳干脆。研究区内表层受风化程度不同，普遍存在降速层。

从微测井结果来看（图 3.90），研究区灰岩表层相对较薄，高速层一般在 3000m/s 以上，且有 3 口微测井未追到高速层。考虑研究区地表条件，地区表层变化剧烈且复杂，微测井难以控制表层变化情况，需考虑与层析静校正结合，如图 3.91 和图 3.92 所示。

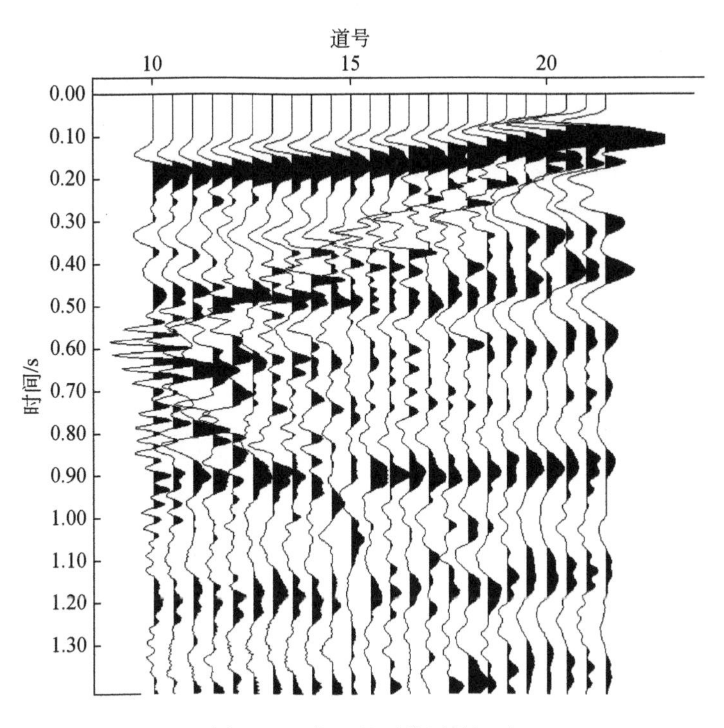

图3.89　典型微测井原始记录

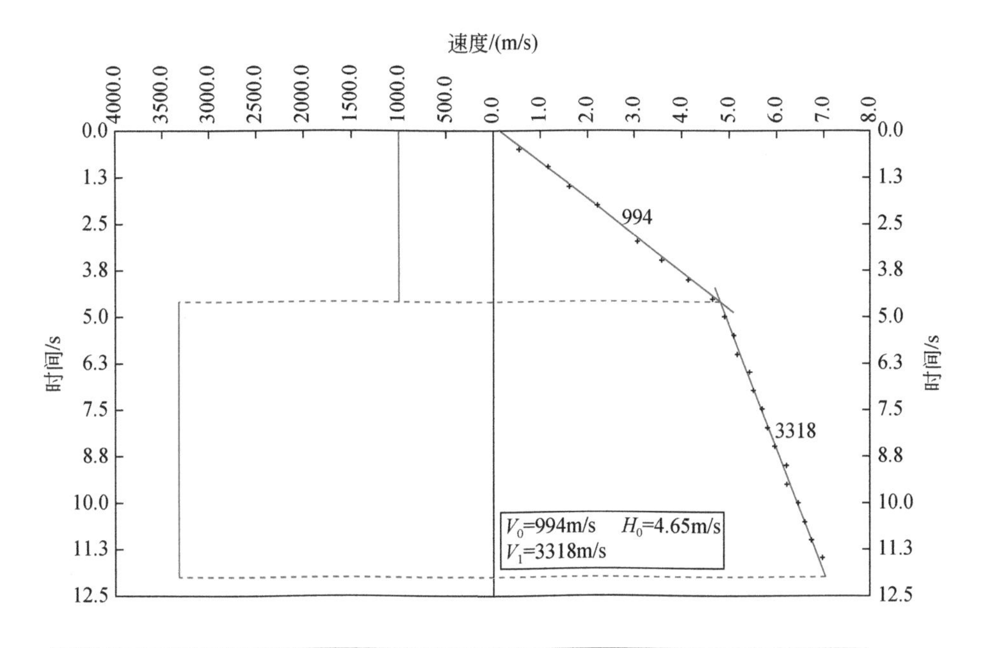

深度/m	0.5	1.0	1.5	2.0	2.5	3.0	3.5	4.0	4.5	5.0	5.5	6.0	6.5
T_0/ms	0.6	1.2	1.6	2.2	2.8	3.1	3.6	4.1	4.6	4.9	5.1	5.2	5.4
深度/m	7.0	7.5	8.0	8.5	9.0	9.5	10.0	10.5	11.0	11.5	12.0		
T_0/ms	5.5	5.7	5.8	6.0	6.2	6.2	6.5	6.6	6.7	7.0	7.5		

解释结果

厚度/m	4.65	
速度/(m/s)	994	3318

图3.90　典型微测井解释成果

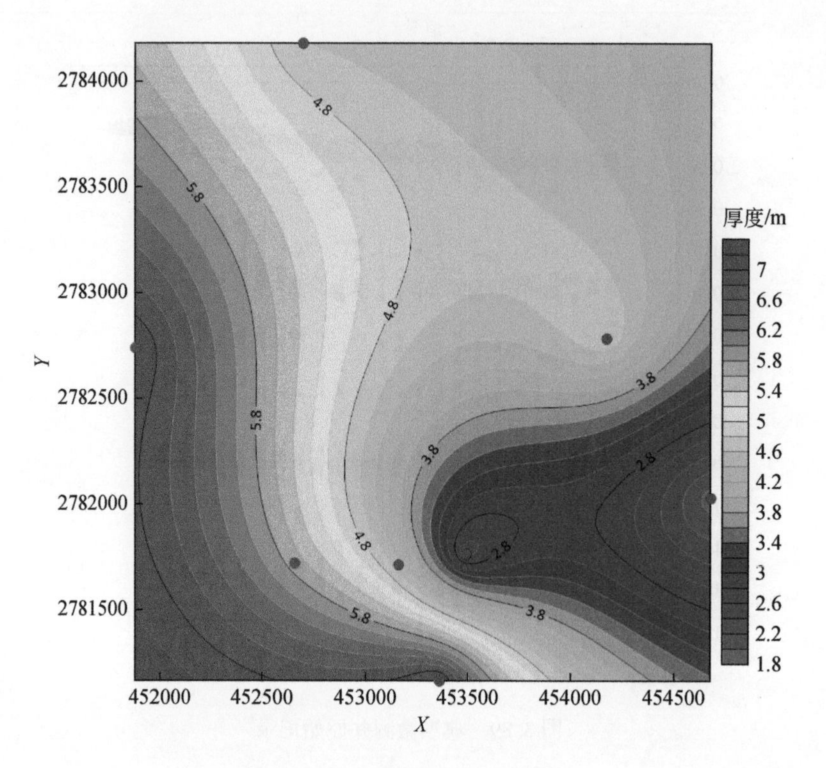

图 3.91　低速层厚度等值线图

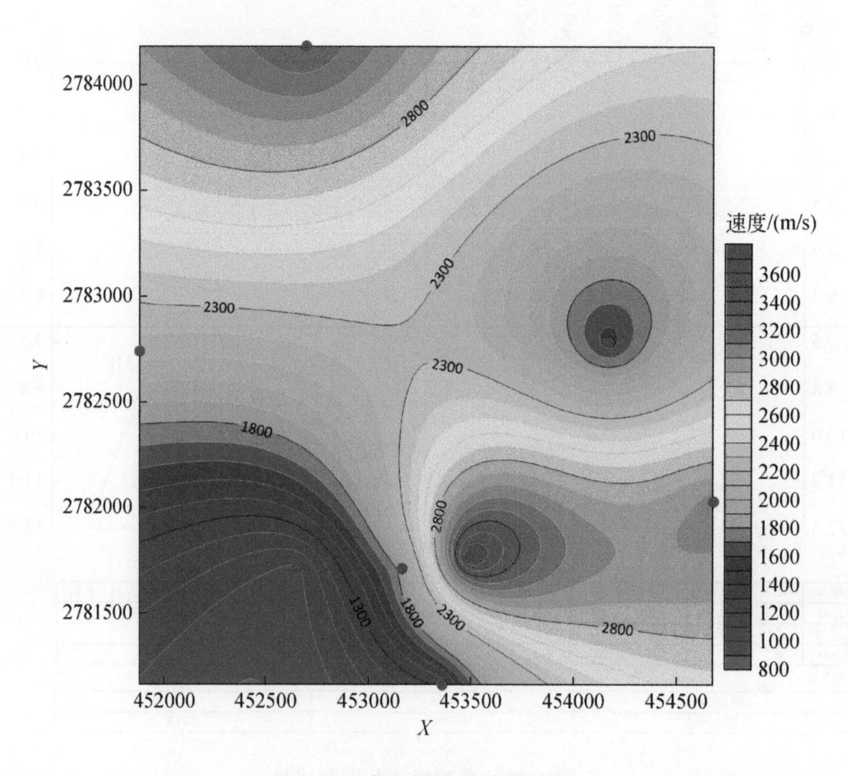

图 3.92　高速层速度等值线图

3.5.2 喀斯特地貌条件下的表层划分及干扰波分析

1. 表层情况

(1) 钻孔显示表层情况

收集的以往钻孔资料显示，东南部灰岩出露地表，表层相对较薄；马坟梁子以西石岩脚村附近，因滑坡而坡积物厚，覆土层厚度（低速层）接近50m；中部以农田区为主，覆土层较薄。

(2) 表层调查情况

从微测井结果来看，研究区灰岩表层相对较薄，砂泥岩区表层相对较厚，高速层一般在3000m/s以上，仅有3口微测井追到高速层，4口微测井追到低速层。

(3) 层析静校正表层模型情况

从层析反演结果来看（图3.93），Inline方向表层结构和速度变化较为剧烈，石岩脚滑坡体附近低速层（覆土堆积层）巨厚，马坟梁子北坡、烂滩村、松毛林水库附近表层相对较厚。

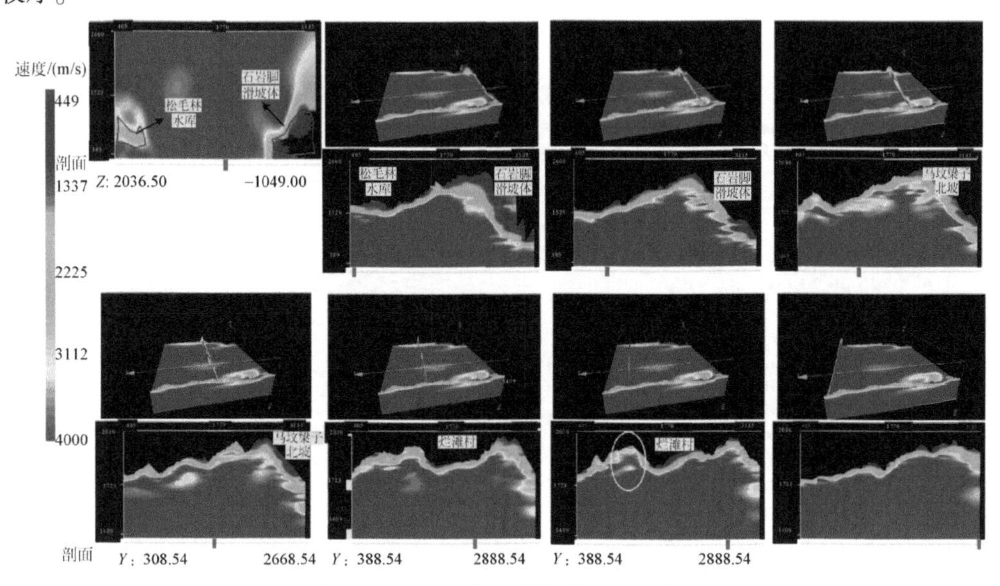

图3.93　Inline方向层析模型切片显示

从层析反演结果来看（图3.94），Crossline方向表层结构和速度变化相对较小，石岩脚滑坡体附近低速层（覆土堆积层）巨厚，小田头、烂滩村、松毛林水库附近表层相对较厚。

2. 干扰波分析

在砂泥岩或砂泥岩风化层中激发，记录上干扰波主要为面波、P导波、折射波等。连续性较好的有效波主要分布在扫把形面波干扰区以外，详见图3.95。

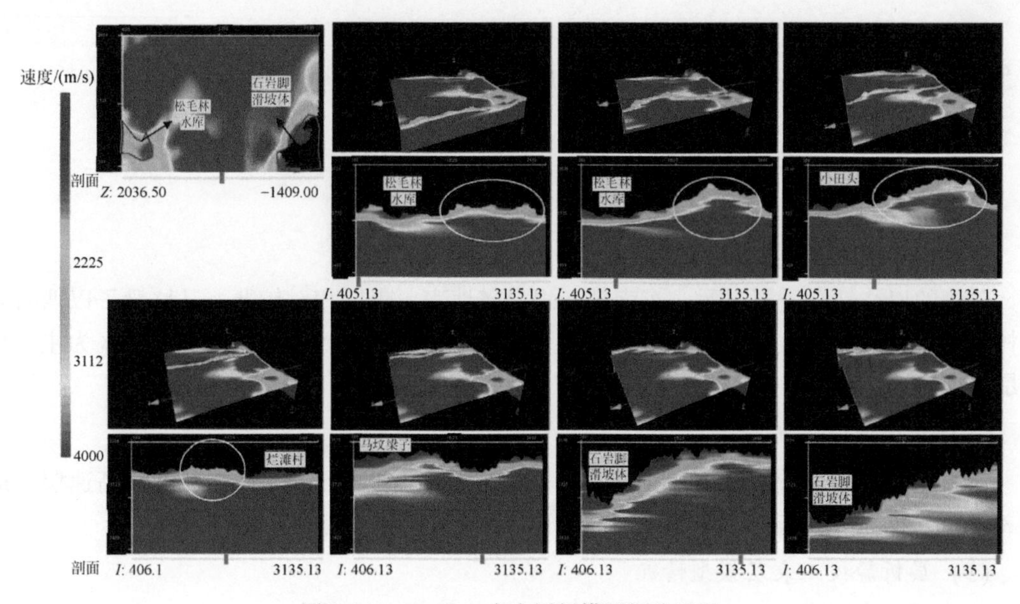

图 3. 94　Crossline 方向层析模型切片显示

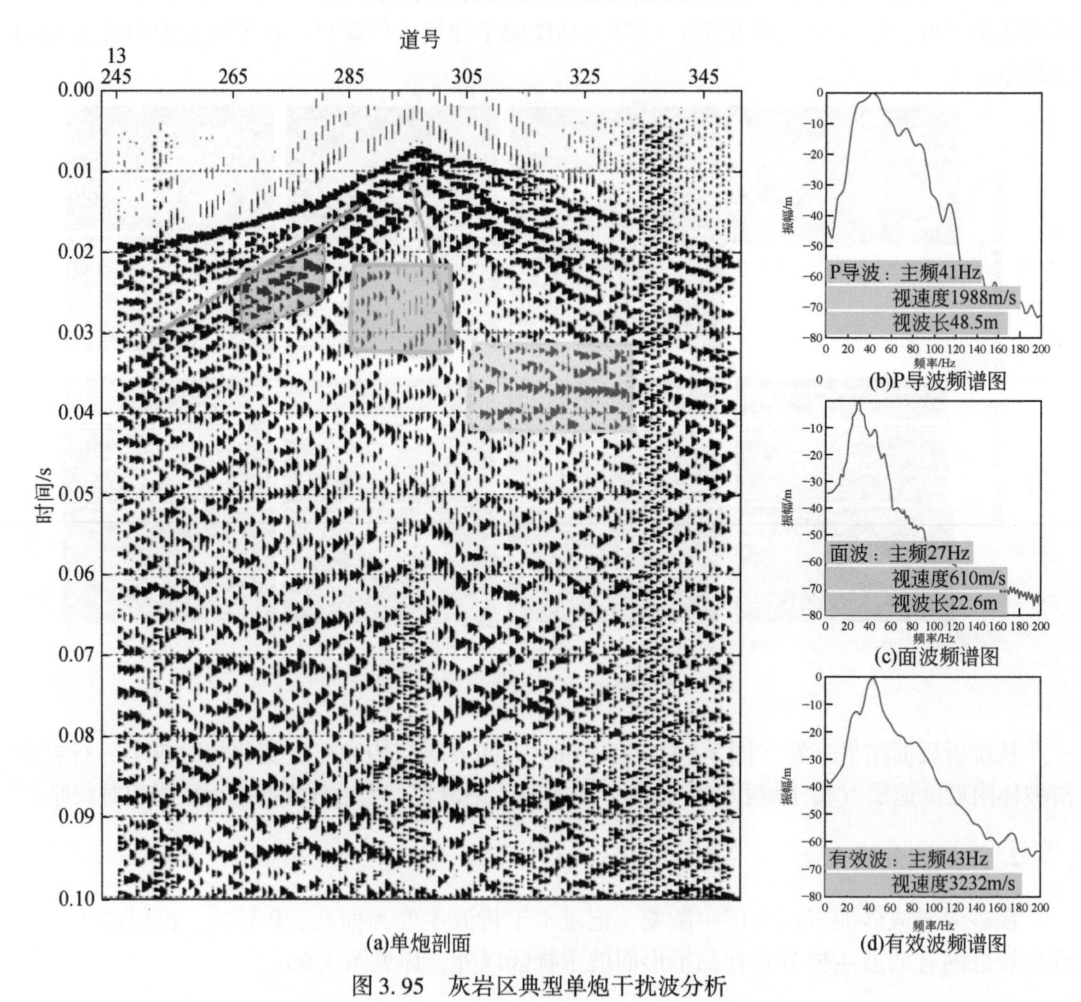

(a)单炮剖面　(b)P导波频谱图　(c)面波频谱图　(d)有效波频谱图

图 3. 95　灰岩区典型单炮干扰波分析

在厚覆土区激发，记录上干扰波极为发育，能量衰减较为严重。主要干扰波为面波、P导波、S导波、折射波等。在该区域激发记录上，仅能识别断续的反射波组，其主要分布在扫扇形的S导波干扰区以外，详见图3.96。

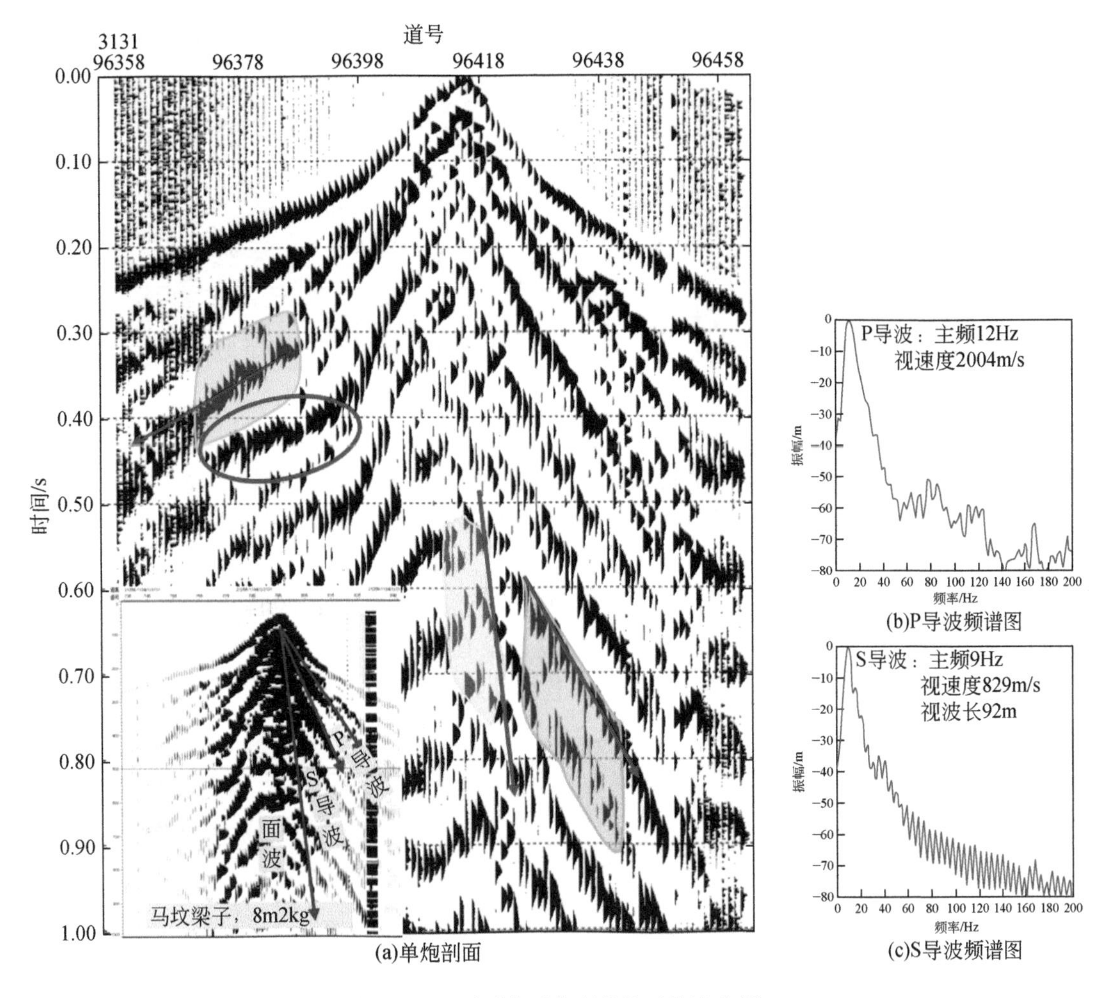

(a)单炮剖面　(b)P导波频谱图　(c)S导波频谱图

图3.96　厚覆盖区典型单炮干扰波分析

受地形、岩性变化等影响，不同区域近表层速度、结构差异较大，变化快。这种复杂多变的起伏表层，导致其表层干扰波场的复杂性，造成了单炮信噪比差异变化，详见图3.97。

3.5.3　喀斯特地貌条件下的单炮资料分析

1. 不同岩性条件对单炮品质的影响

(1) 不同激发岩性单炮品质分析

在研究区南部选择典型单炮对比（图3.98～图3.102），可以看出黄土区激发记录能

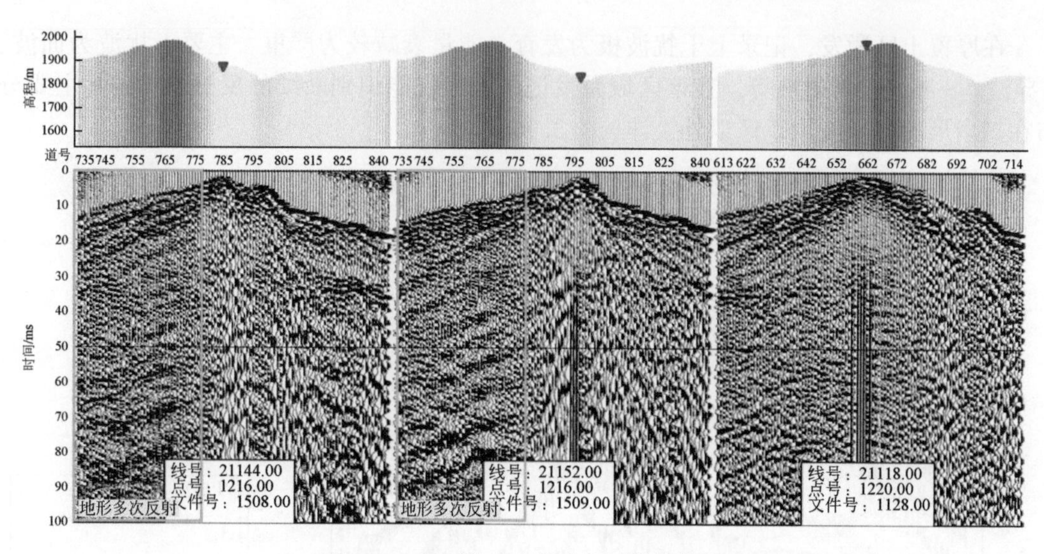

图 3.97　不同地表高程单炮干扰波分析

量衰减快、主频低，砂岩激发能量较强，灰岩激发能量虽然次之，但频率高，散射发育。不同岩性区激发记录面貌差异较大。黄土区受强烈吸收衰减和多次折射波、面波发育影响，有效反射被干扰波湮没；灰岩区激发散射发育，有效反射杂乱，连续性比砂岩激发差。黄土区激发记录在 25 ~ 80Hz 段，有效反射被干扰波湮没；砂岩区激发记录，有效反射连续性相对较好。在层析静校正后，黄土区激发记录有效反射受干扰波影响，有效带宽窄，具杂乱特征；砂岩区激发记录，有效带宽宽、连续性好；灰岩区激发记录，主频偏高。

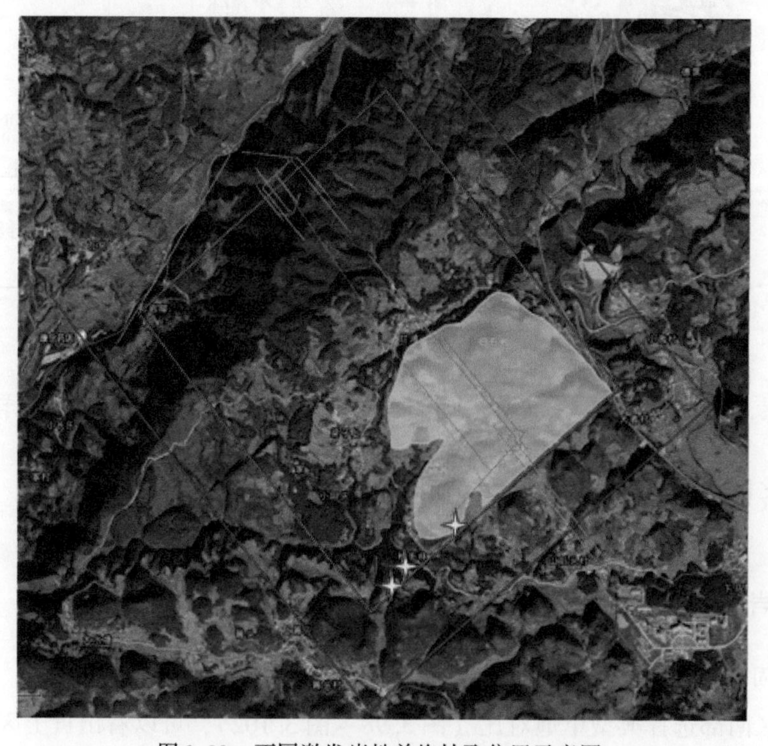

图 3.98　不同激发岩性单炮抽取位置示意图

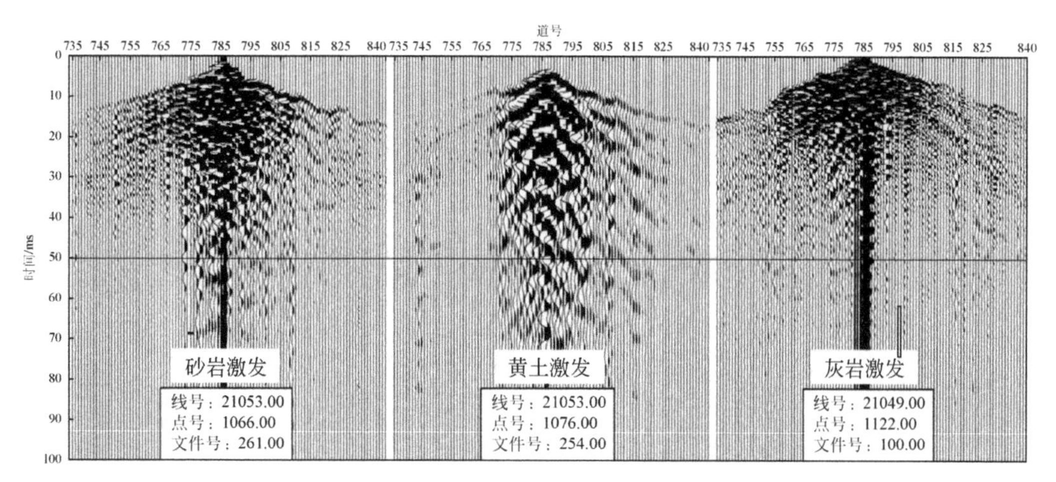

图3.99　不同激发岩性单炮固定增益显示

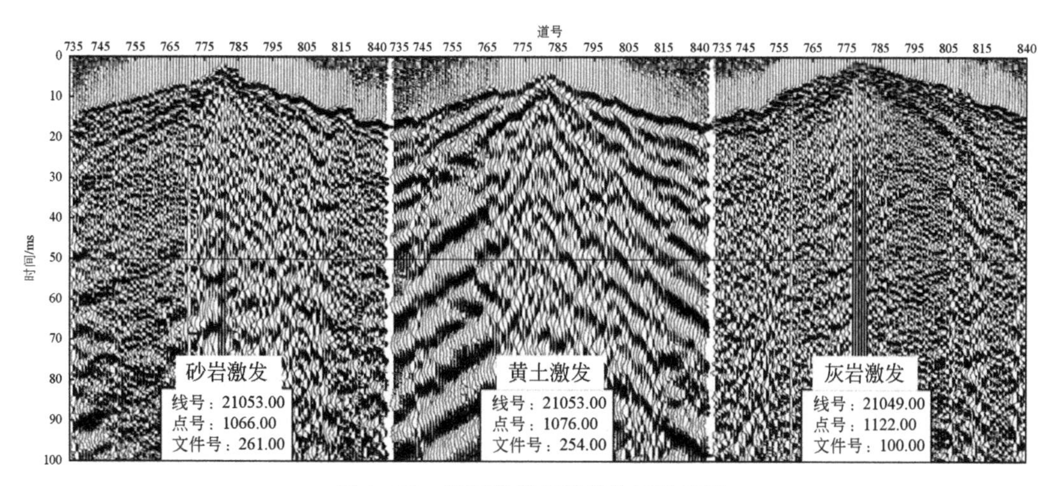

图3.100　不同激发岩性单炮原始记录

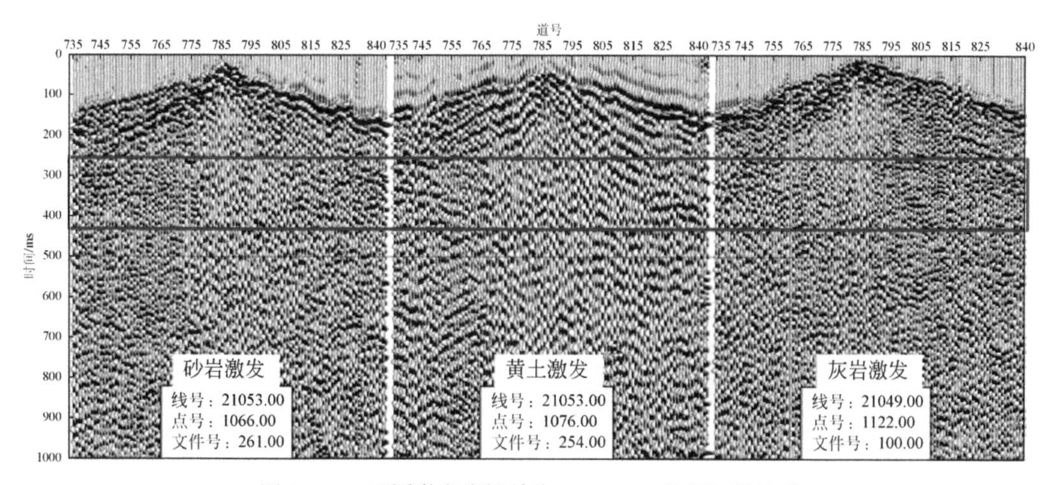

图3.101　不同激发岩性单炮25～80Hz分频扫描显示

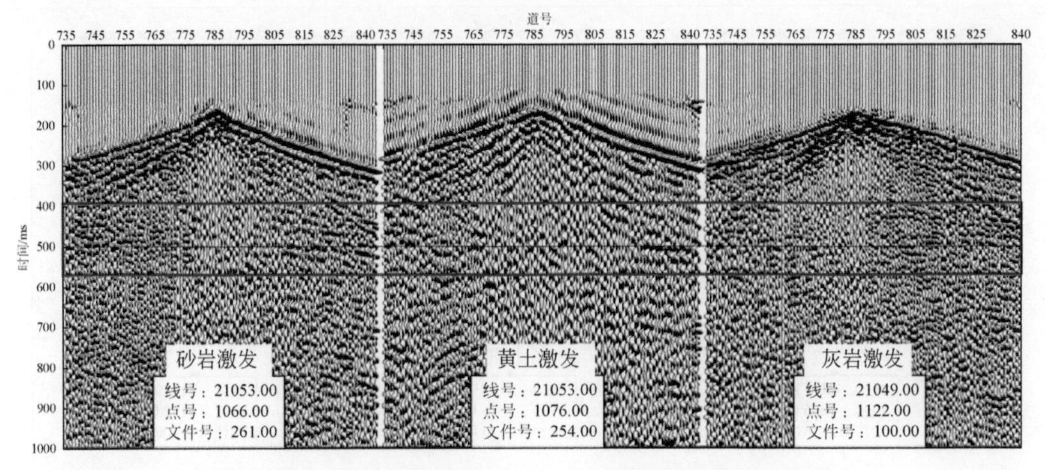

图 3.102　不同激发岩性单炮 25 ~ 80Hz 分频扫描静校正记录

（2）不同风化程度单炮记录分析

在研究区中部选择三个典型单炮对比（图 3.103 ~ 图 3.106），风化层激发记录能量相对较弱，面波发育，主频偏低；基岩（砂岩或灰岩）激发能量较强，面波相对不发育。风化层激发记录面貌与基岩激发记录差异较大，风化层激发记录多次折射干扰、面波相对发育；灰岩激发记录较砂岩激发记录明显散射更严重。风化层激发和砂岩层激发记录的有效波连续性明显好于灰岩激发有效波连续性。砂岩层激发记录的有效波连续性优于风化层激发记录的有效波连续性，更优于灰岩激发有效波连续性。

图 3.103　不同风化程度单炮抽取位置示意图

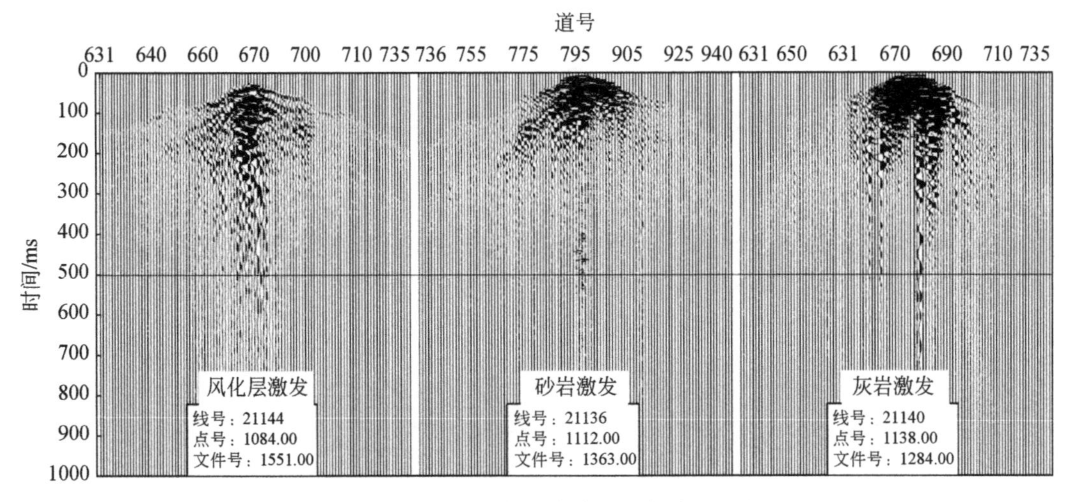

图3.104　不同风化程度单炮固定增益记录

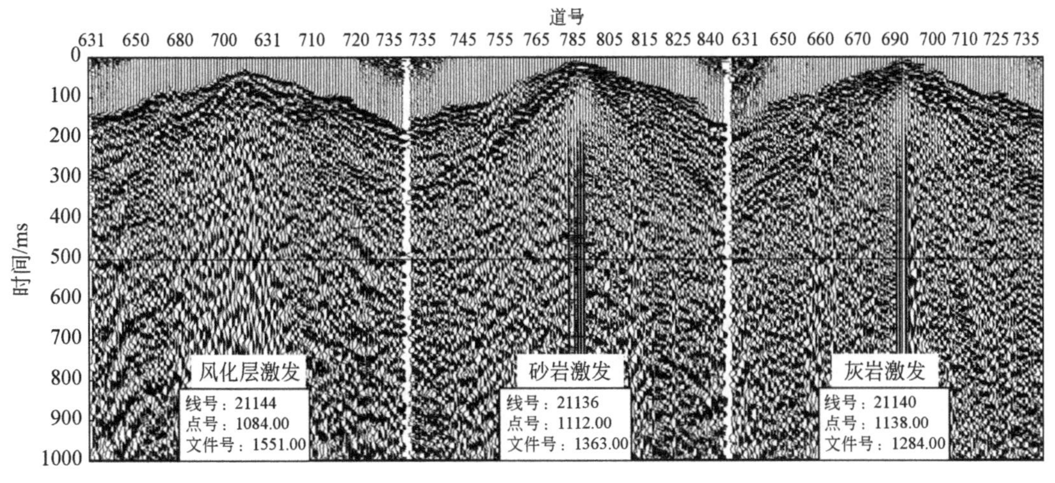

图3.105　不同风化程度单炮原始记录

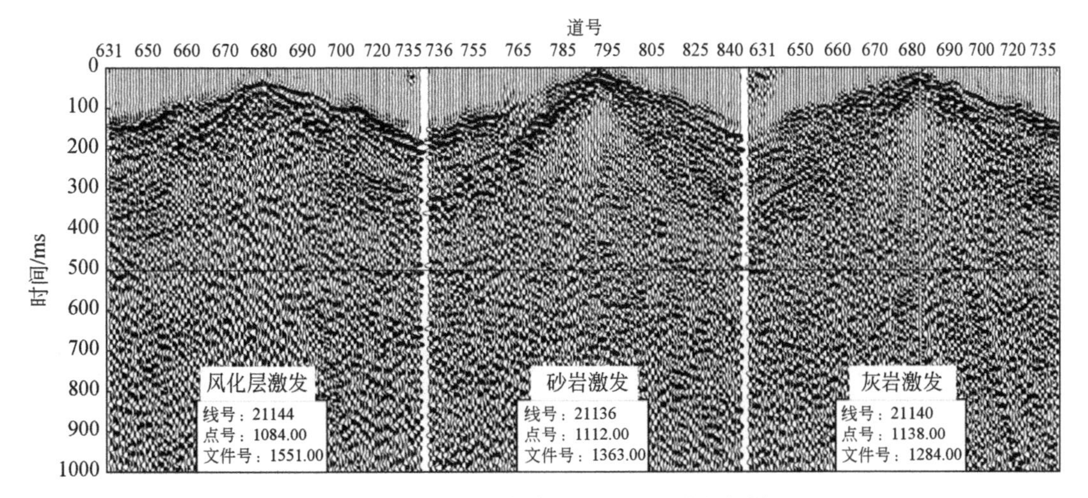

图3.106　不同风化程度单炮25～80Hz分频扫描记录

(3) 不同覆盖层厚度单炮对比分析

研究区西部有地质灾害点，覆盖层最厚，选择三个典型单炮对比（图 3. 107 ~ 图 3. 111）。滑坡体（石岩脚村附近）激发和厚黄土激发记录能量较弱；风化砂岩激发能量相对较强。滑坡体（石岩脚村附近）激发和厚黄土激发记录面貌相似，记录上折射干扰、面波极为发育，主频较低；风化砂岩激发记录散射较强，视频率相对较高。滑坡体（石岩脚村附近）激发记录的有效波连续性明显差于厚黄土区激发有效波连续性。滑坡体（石岩脚村附近）激发和厚黄土激发记录的有效波连续性明显差于薄黄土区激发有效波连续性。黄土区越厚、非均一性越强，其对有效波连续性的影响越大。

图 3. 107　不同覆盖层厚度单炮抽取位置示意图

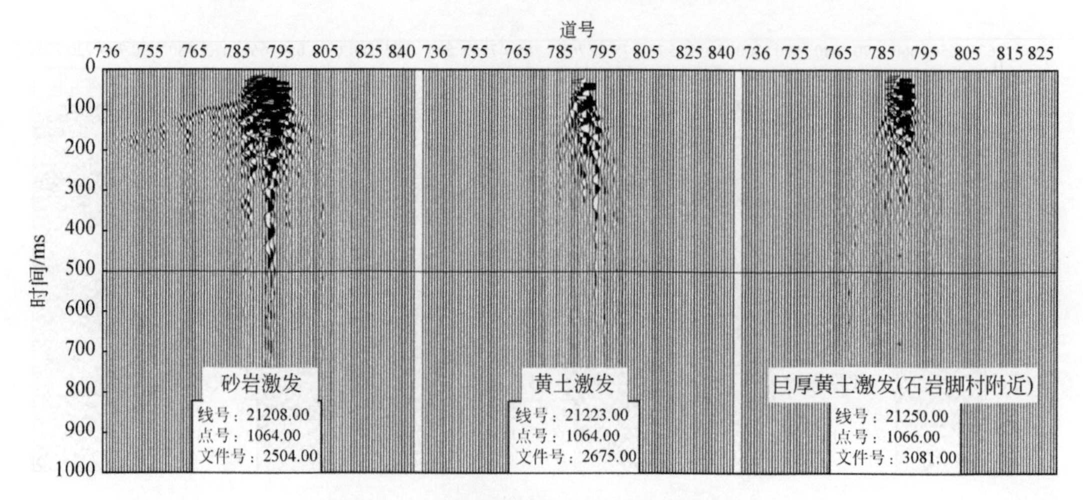

图 3. 108　不同覆盖层厚度单炮固定增益记录

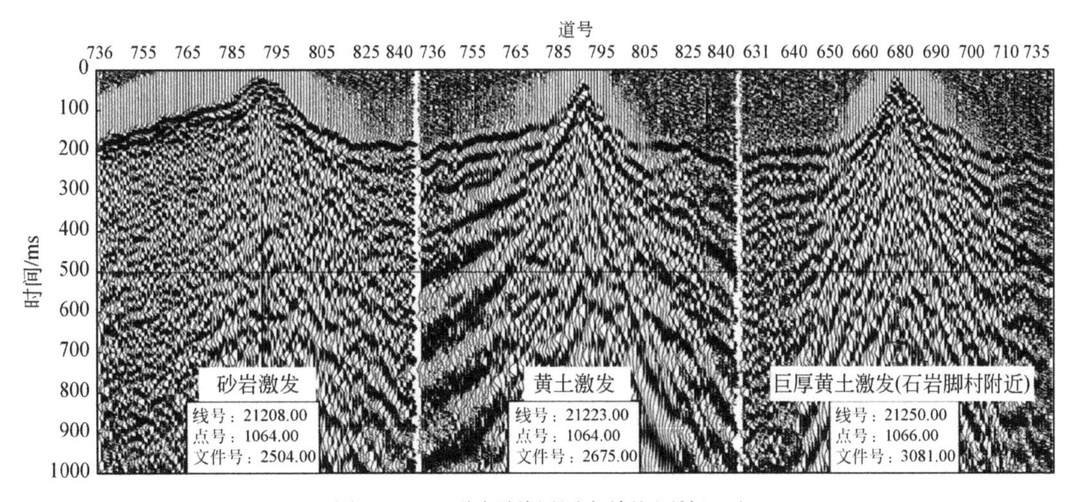

图3.109　不同覆盖层厚度单炮原始记录

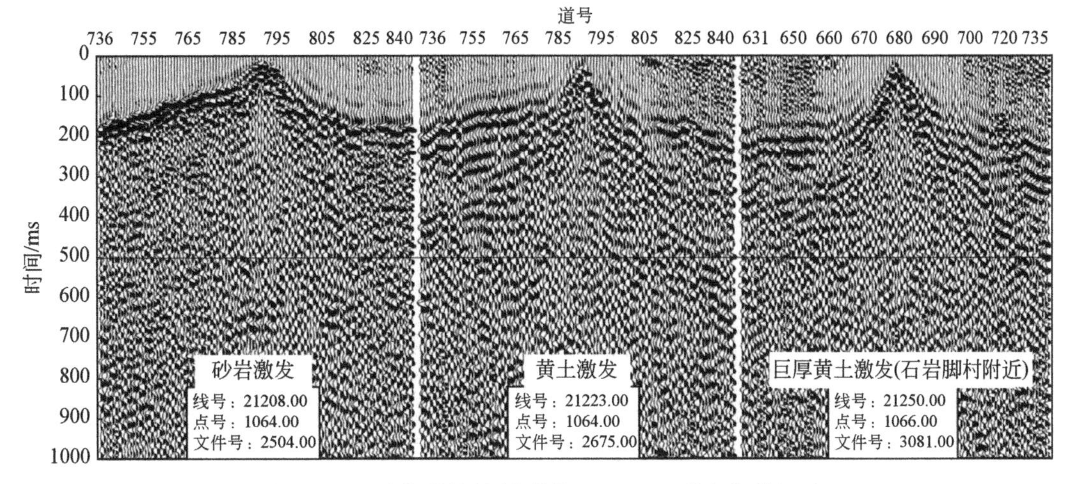

图3.110　不同覆盖层厚度单炮25～80Hz分频扫描记录

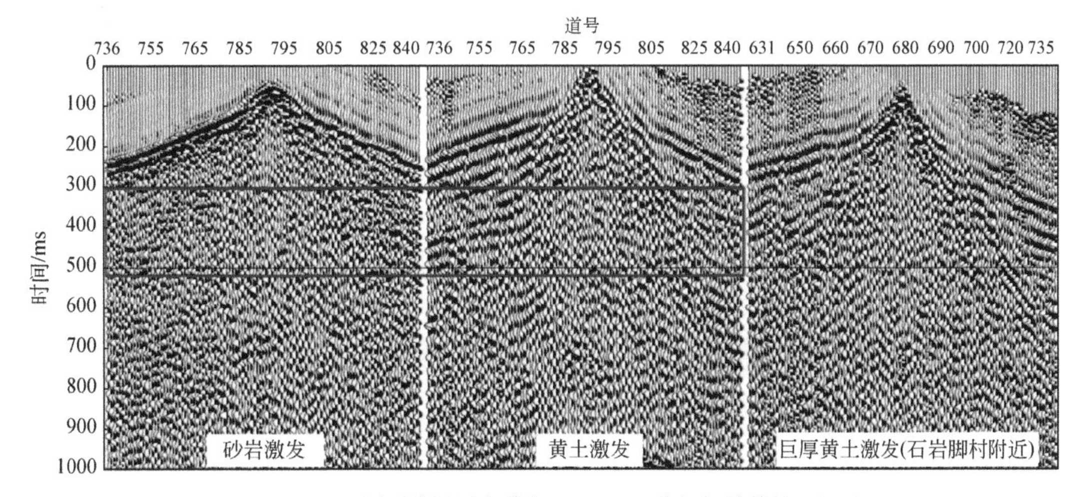

图3.111　不同覆盖层厚度单炮25～80Hz分频扫描静校正记录

2. 不同地形条件对单炮品质的影响

选择不同地表高程的相同岩性单炮对比，如图 3. 112 所示。固定增益记录显示，受岩性出露影响，在相同岩性条件下，砂岩区高部位受风化影响，低速层相对较厚，激发能量相对较弱，灰岩区因高速层出露，受地形多次反射影响，高部位能量相对较强。

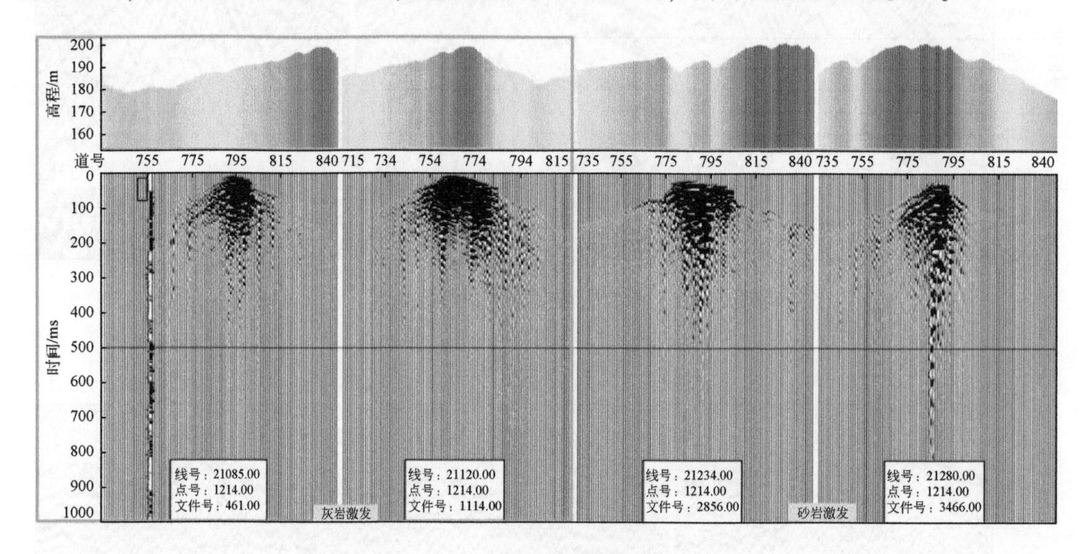

图 3. 112　不同地形单炮固定增益显示

AGC 原始记录显示（图 3. 113），在相同岩性条件下，灰岩区高部位因非强均一性影响，表现为较强的散射干扰湮没近道反射，砂岩区高部位因较强的面波干扰湮没近道反射。

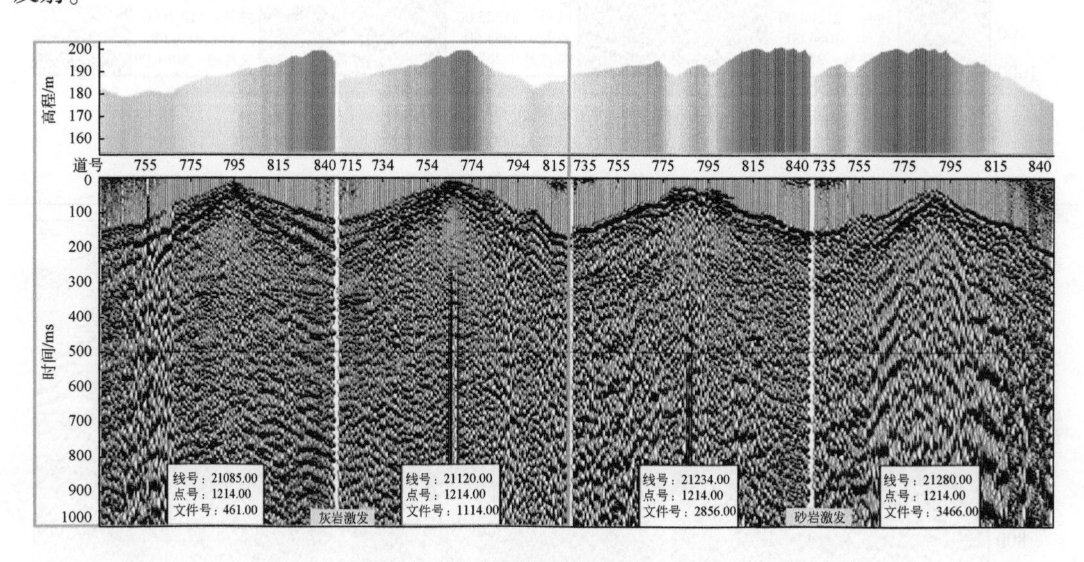

图 3. 113　不同地形单炮原始记录

分频扫描记录显示（图3.114和图3.115），在相同岩性条件下，高部位激发有效反射的连续性明显差于低部位激发的有效反射。

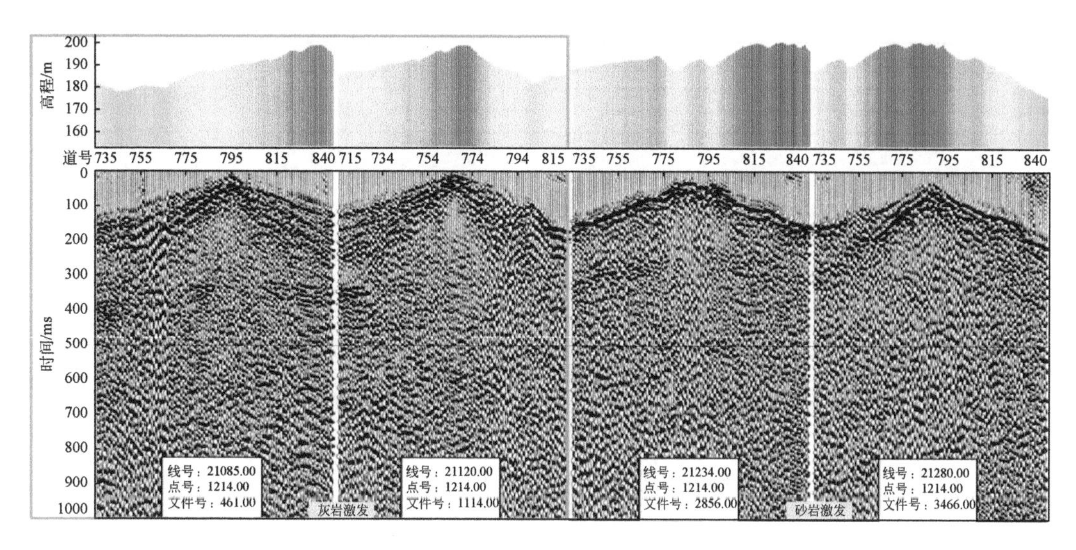

图3.114　不同地形单炮25～90Hz分频扫描记录

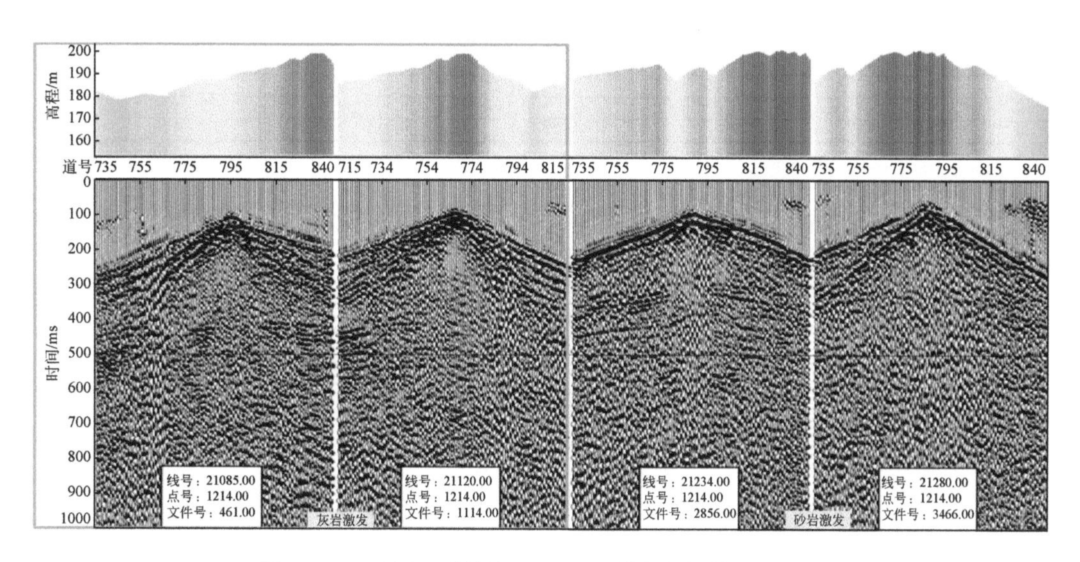

图3.115　不同地形单炮25～90Hz分频扫描静校正记录

3. 不同接收条件对单炮品质的影响

研究区地表条件纵横向变化较大，从单炮记录上可看出明显差异，灰岩区接收，频率较高，高频能量衰减强；厚黄土区接收，频率相对较低，能量衰减强；低洼且厚低速灰岩区，频率低，能量较弱，详见图3.116和图3.117。

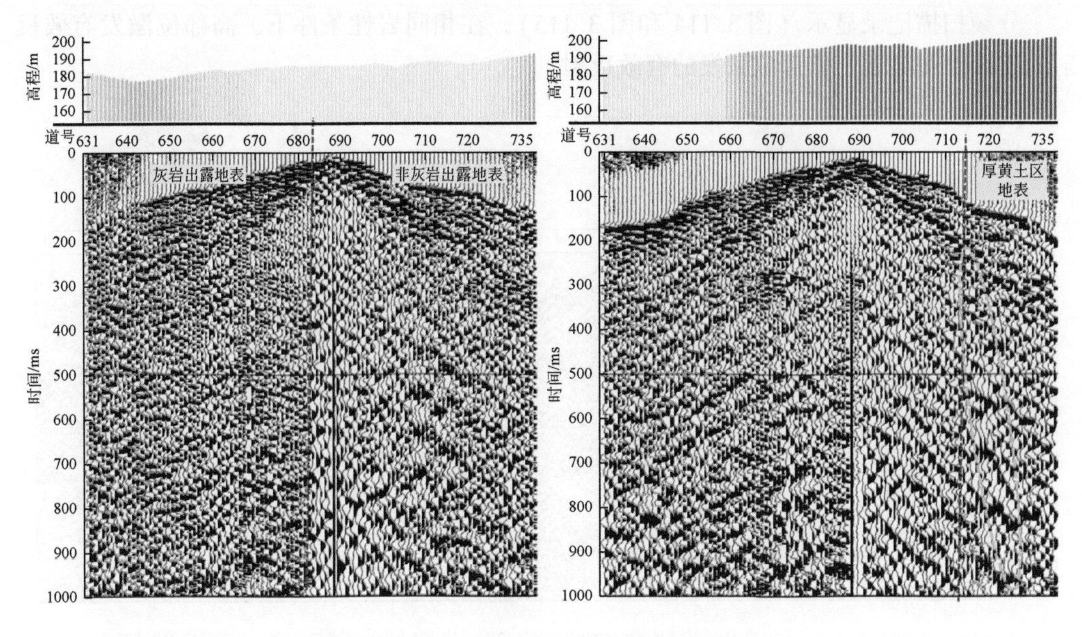

图 3.116　不同接收条件单炮原始记录

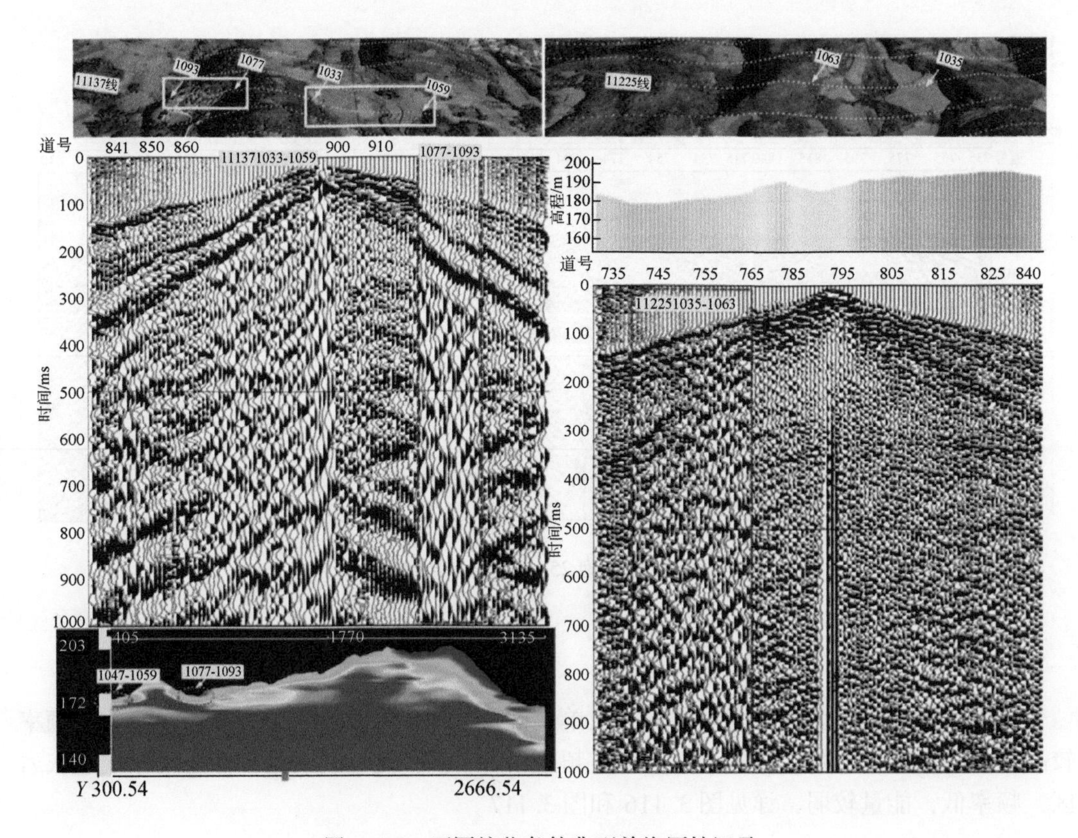

图 3.117　不同接收条件典型单炮原始记录

4. 全区单炮品质变化情况

在全研究区范围内均匀抽取纵横向几组单炮进行对比分析。

在 Inline 方向上第一组单炮能量差异较大（图 3.118 ~ 图 3.122）。从初至能量来看，受巨厚堆积层影响，石岩脚村附近单炮能量较弱，面波极为发育；村庄或水库附近黄土相对较厚，能量次之。从记录面貌看，受巨厚堆积层、黄土区影响，石岩脚村附近、村庄或水库附近等黄土区单炮记录频率低，面波干扰发育，石岩脚村附近单炮具备低速层激发特征。从分频记录看，受激发岩性和地形影响，石岩脚村附近单炮记录有效波反射基本无法识别。经过静校正后，记录有效波反射得到明显改善，石岩脚村附近单炮记录受多次折射等干扰污染，有效波反射连续性差。

图 3.118　Inline 方向抽取单炮位置示意图（第一组）

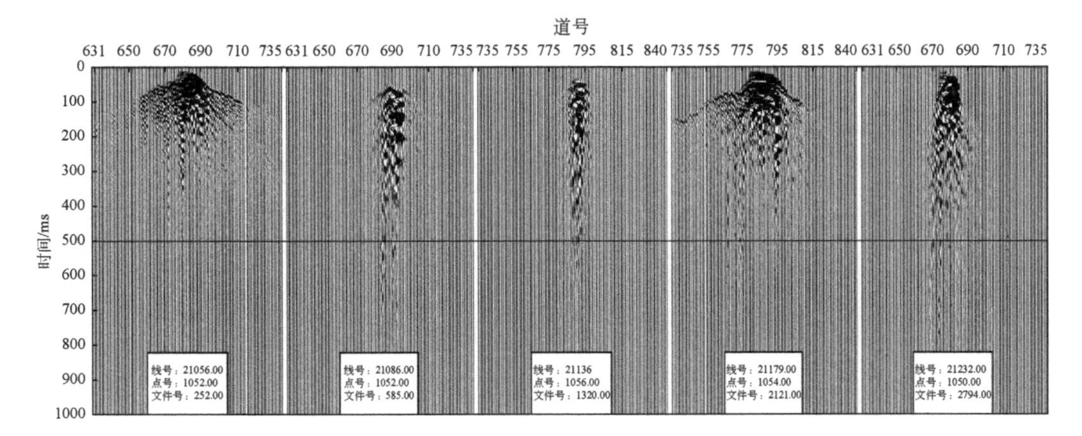

图 3.119　Inline 方向抽取单炮固定增益显示（第一组）

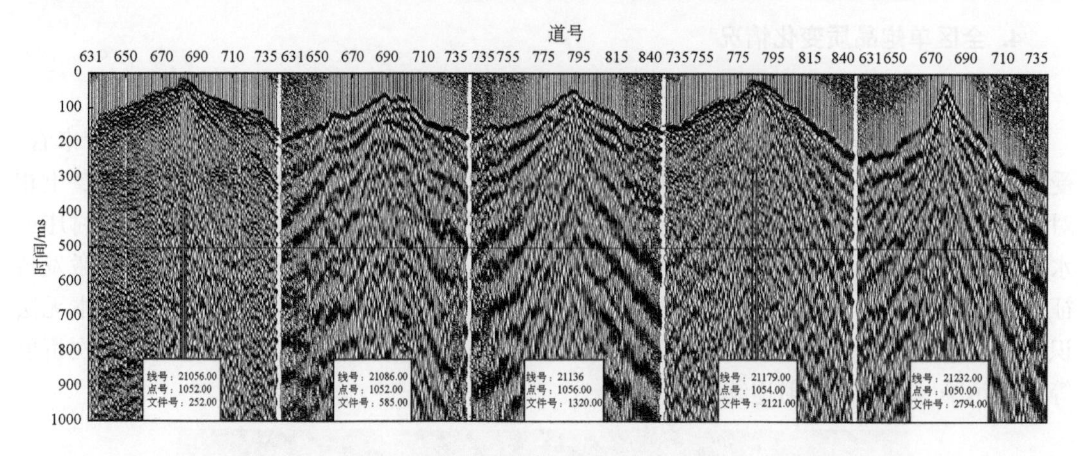

图 3.120　Inline 方向抽取单炮原始记录（第一组）

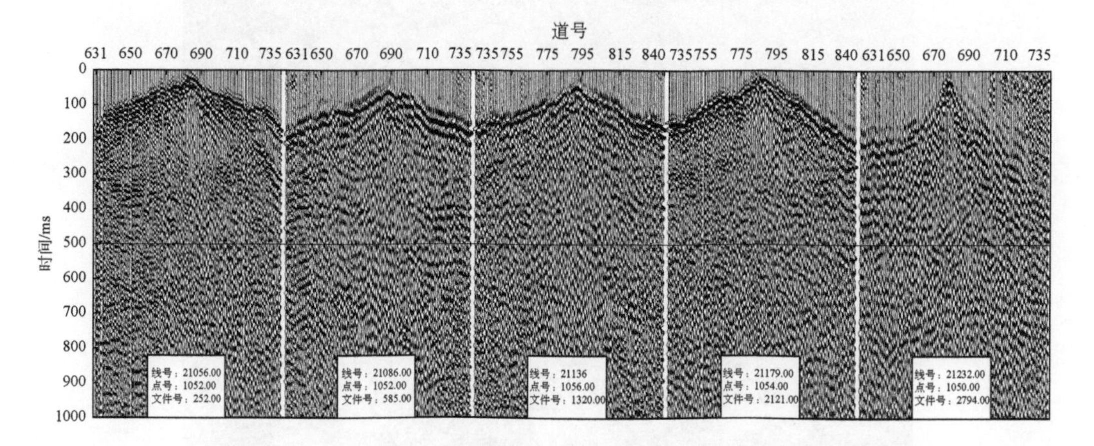

图 3.121　Inline 方向抽取单炮 25 ~ 80Hz 分频扫描记录（第一组）

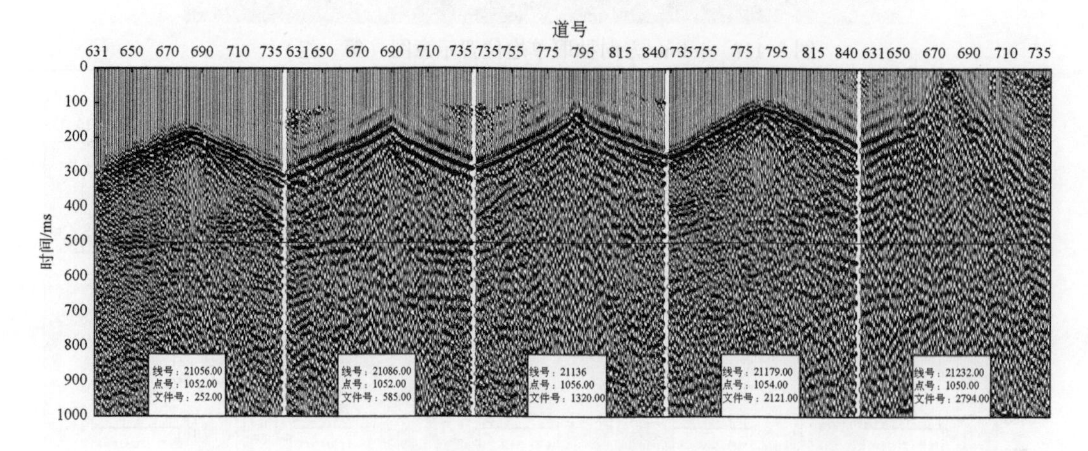

图 3.122　Inline 方向抽取单炮 25 ~ 80Hz 分频扫描静校正记录（第一组）

在 Inline 方向上第二组单炮能量差异不大（图 3.123～图 3.127）。从初至能量来看，受厚覆土层影响，马坟梁子北坡单炮能量偏弱，面波发育。从记录面貌看，灰岩激发单炮散射发育、沿线频率变化大；马坟梁子北坡单炮具备低速层激发特征。从分频记录看，受厚覆土层、地形影响，除马坟梁子北坡单炮记录有效波反射基本无法识别外，其余四炮可见不连续有效反射。经过静校正后，记录有效波反射得到明显改善，马坟梁子北坡单炮记录受多次折射、面波等干扰污染，有效波反射连续性差。

图 3.123　Inline 方向抽取单炮位置示意图（第二组）

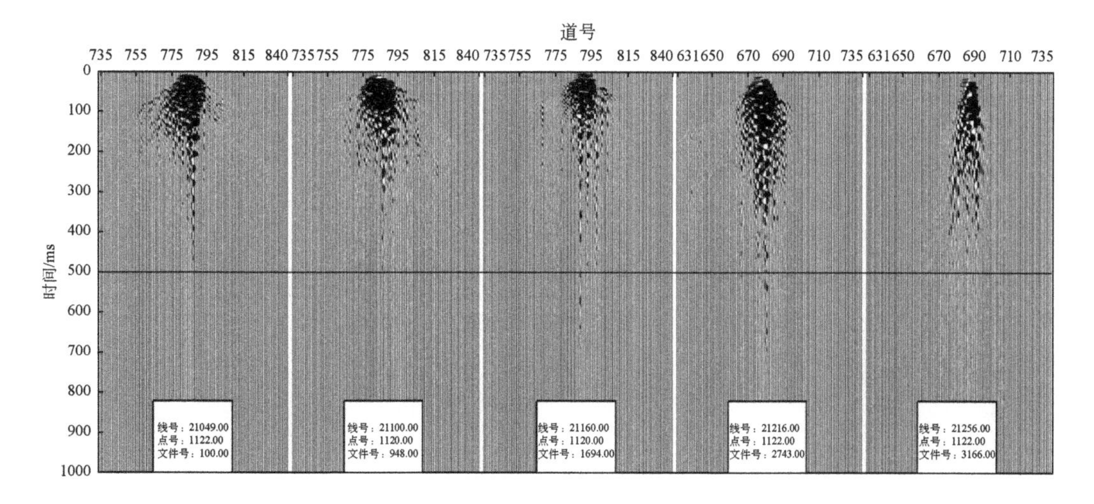

图 3.124　Inline 方向抽取单炮固定增益记录（第二组）

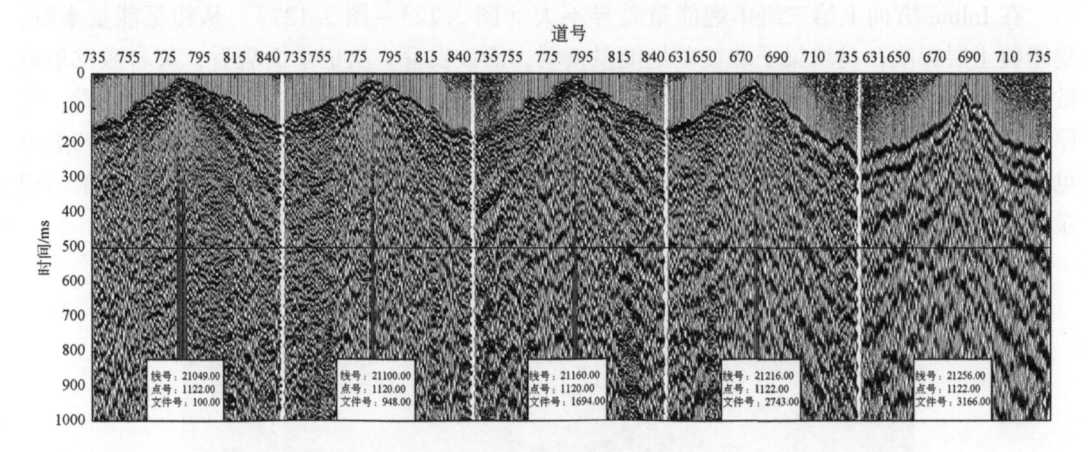

图 3. 125　Inline 方向抽取单炮原始记录（第二组）

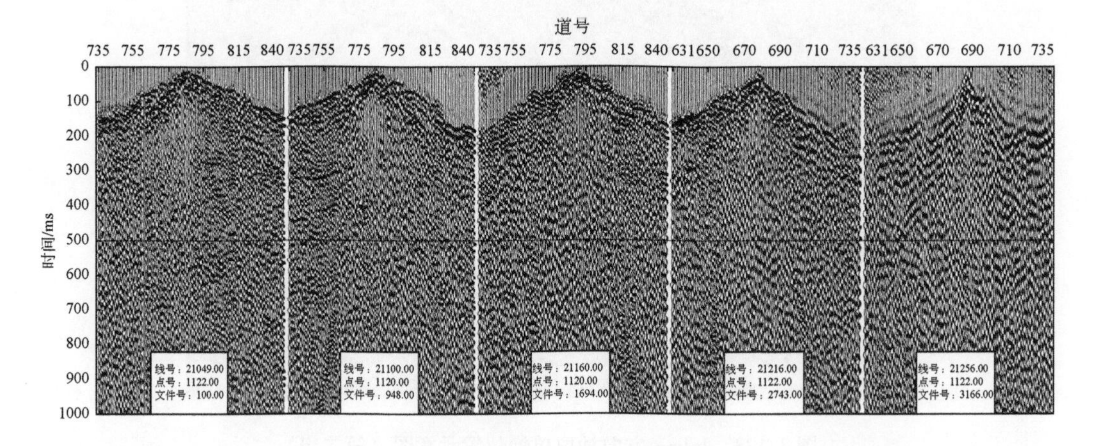

图 3. 126　Inline 方向抽取单炮 25 ~ 80Hz 分频扫描记录（第二组）

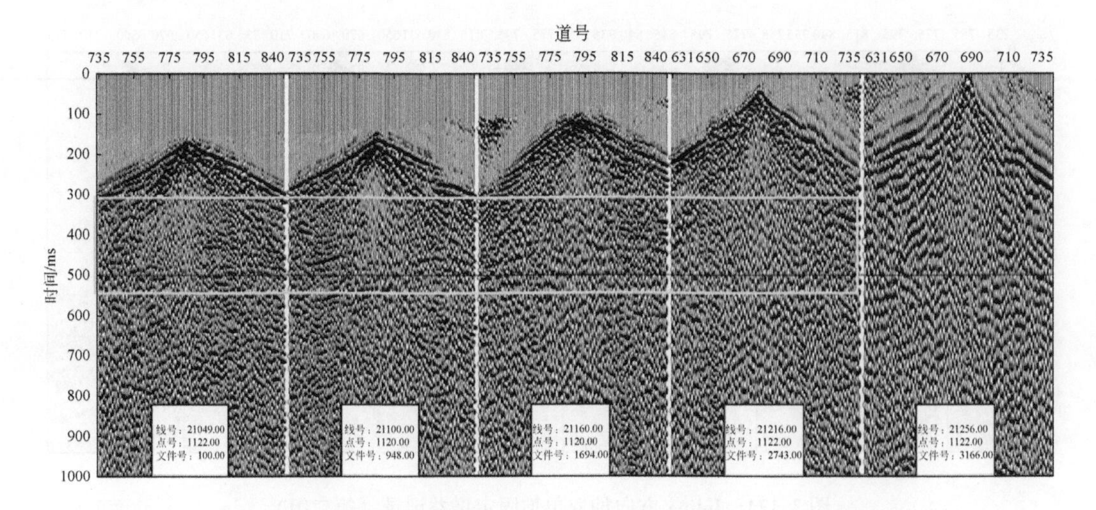

图 3. 127　Inline 方向抽取单炮 25 ~ 80Hz 分频扫描静校正记录（第二组）

在 Inline 方向上第三组单炮能量相当（图 3.128 ~ 图 3.132），灰岩区激发单炮存在明显的因地形起伏而导致的“挂面条”现象。从记录面貌看，灰岩激发单炮散射发育、沿线频率变化大；马坟梁子坡顶单炮具测线北端低速层明显增厚特征。从分频记录看，各激发记录上可见不连续有效反射，但中间两灰岩激发单炮中远道的有效反射受巷道、附近地形影响较小，相对较清晰。经过静校正后，记录有效波反射得到明显改善，中间两灰岩激发单炮远道有效反射受地下巷道、附近地形影响较小，相对较清晰。

图 3.128　Inline 方向抽取单炮位置示意图（第三组）

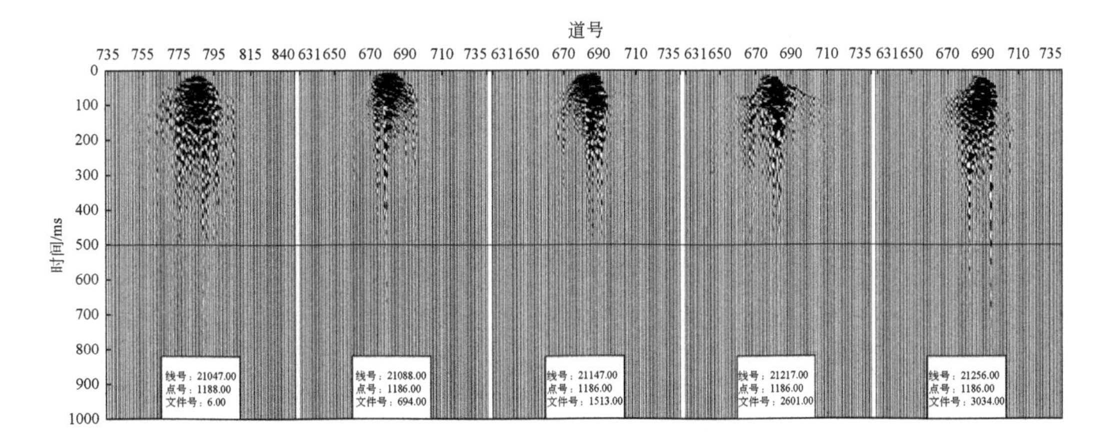

图 3.129　Inline 方向抽取单炮固定增益记录（第三组）

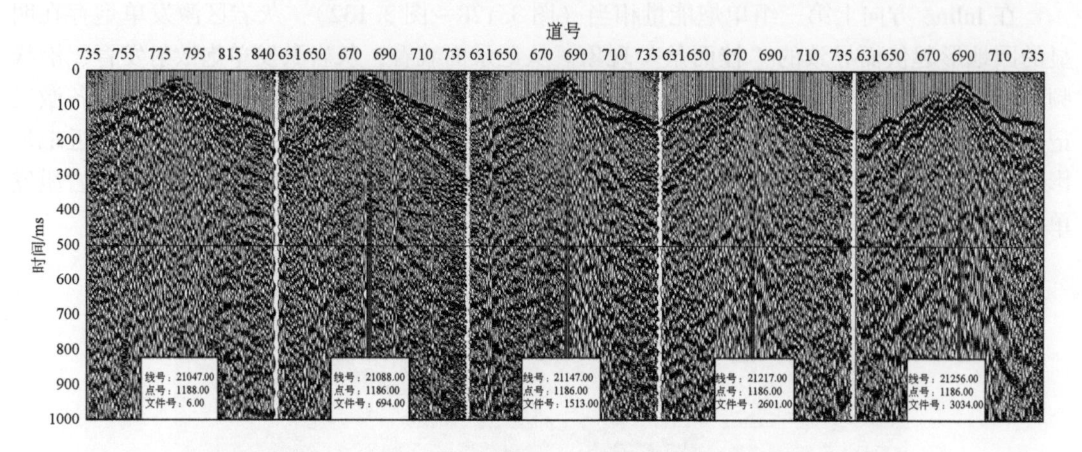

图 3.130　Inline 方向抽取单炮原始记录（第三组）

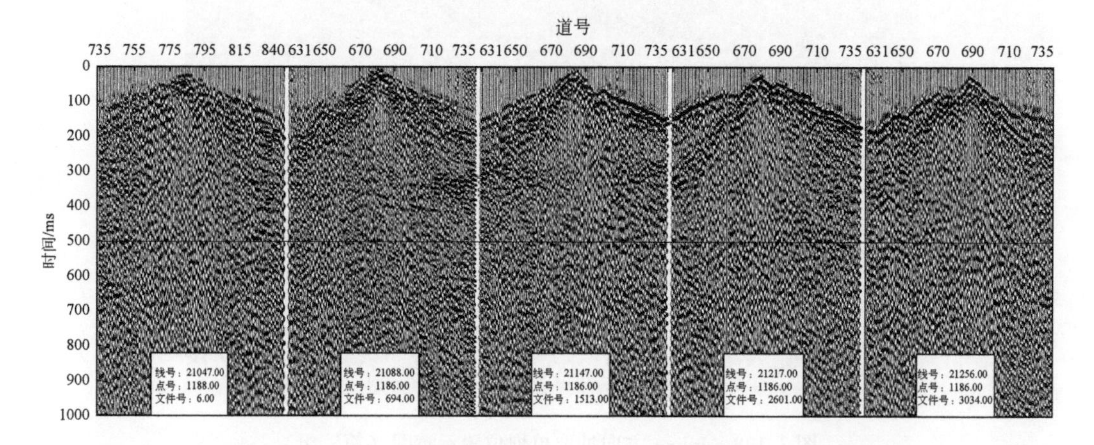

图 3.131　Inline 方向抽取单炮 25 ~ 80Hz 分频扫描记录（第三组）

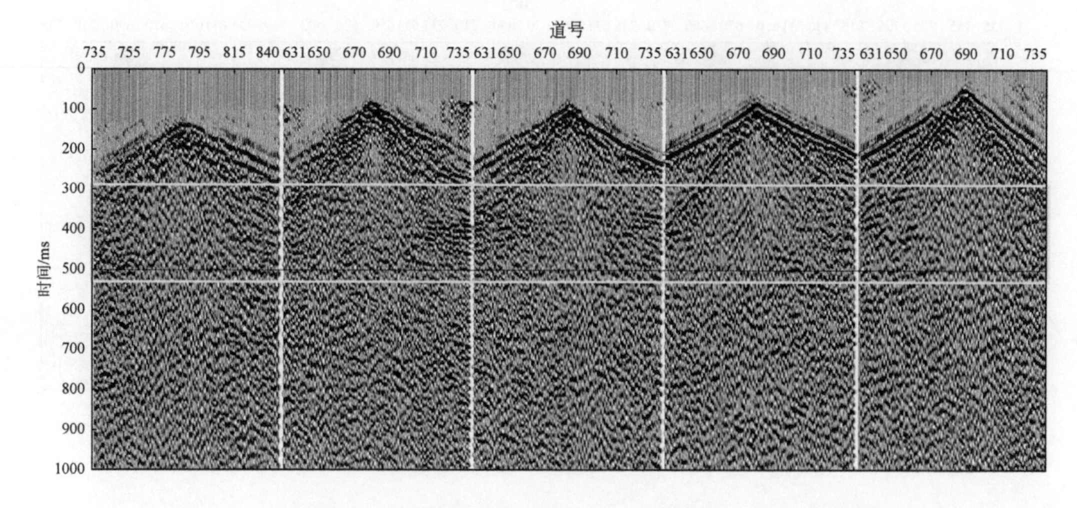

图 3.132　Inline 方向抽取单炮 25 ~ 80Hz 分频扫描静校正记录（第三组）

在 Inline 方向上第四组单炮能量差异不大（图 3.133 ~ 图 3.137）。从初至能量来看，受覆土层影响，马坟梁子坡顶风化层和厚黄土区单炮能量偏弱，面波发育。从记录面貌看，灰岩激发单炮散射发育、沿线频率变化大；厚黄土区激发单炮具低速层激发“尖帽子”特征。从分频记录看，各激发记录上可见不连续有效反射，但单炮有效反射大多在面波或者散射区外相对较清晰。经过静校正后，记录有效波反射连续性得到明显改善，单炮有效反射仍大多在面波或者散射区外相对较清晰。

图 3.133　Inline 方向抽取单炮位置示意图（第四组）

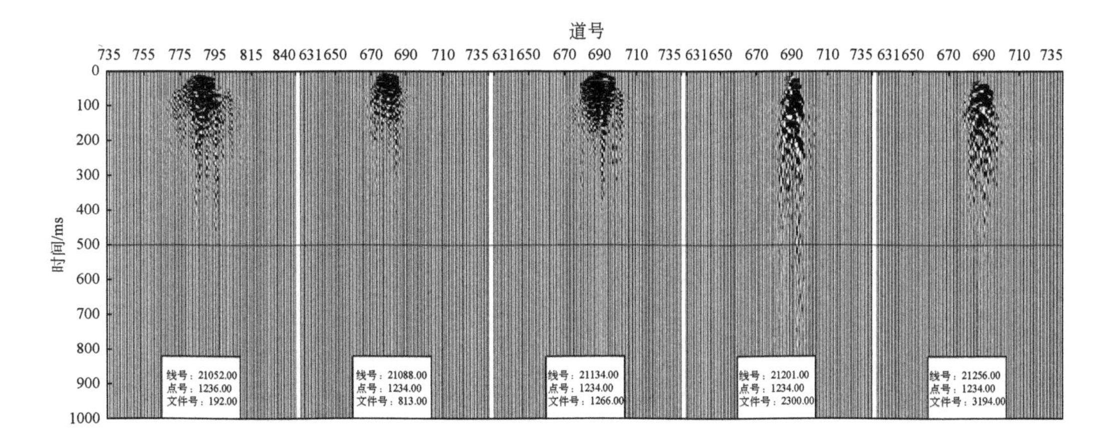

图 3.134　Inline 方向抽取单炮固定增益记录（第四组）

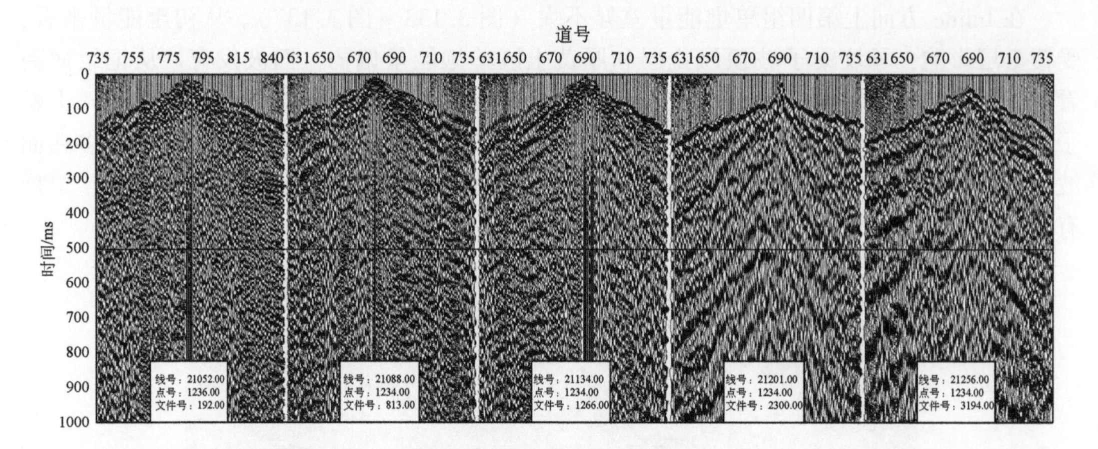

图 3.135　Inline 方向抽取单炮原始记录（第四组）

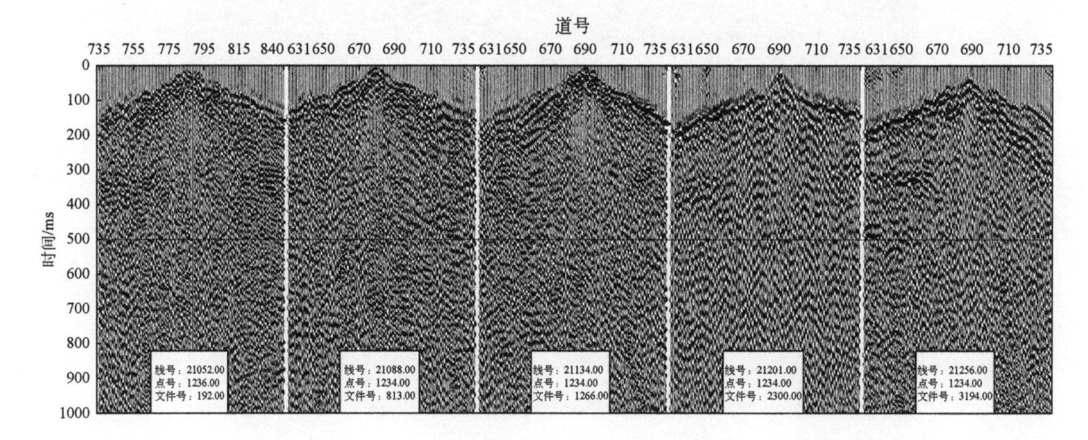

图 3.136　Inline 方向抽取单炮 25 ~ 80Hz 分频扫描记录（第四组）

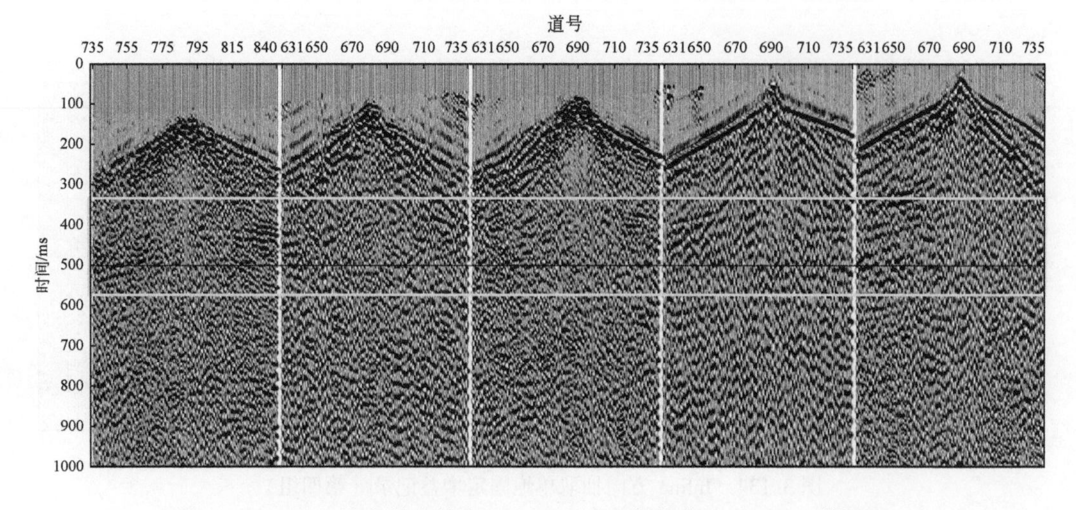

图 3.137　Inline 方向抽取单炮 25 ~ 80Hz 分频扫描静校正记录（第四组）

在 Crossline 方向上第一组单炮能量相当（图 3.138 ~ 图 3.140）。从初至能量来看，灰岩与砂岩过渡带附近灰岩激发单炮能量稍弱。从记录面貌看，砂岩或风化层激发单炮面波发育；灰岩激发单炮散射发育、沿线频率变化大。从分频记录看，砂岩或风化层激发记录上可见不连续有效反射，灰岩激发单炮有效反射连续性相对较差。经过静校正后，记录有效波反射连续性得到改善，单炮有效反射仍大多在面波或者散射区外相对较清晰，但西侧第一炮南部受地形多次反射污染，南部散射区外连续性较差。

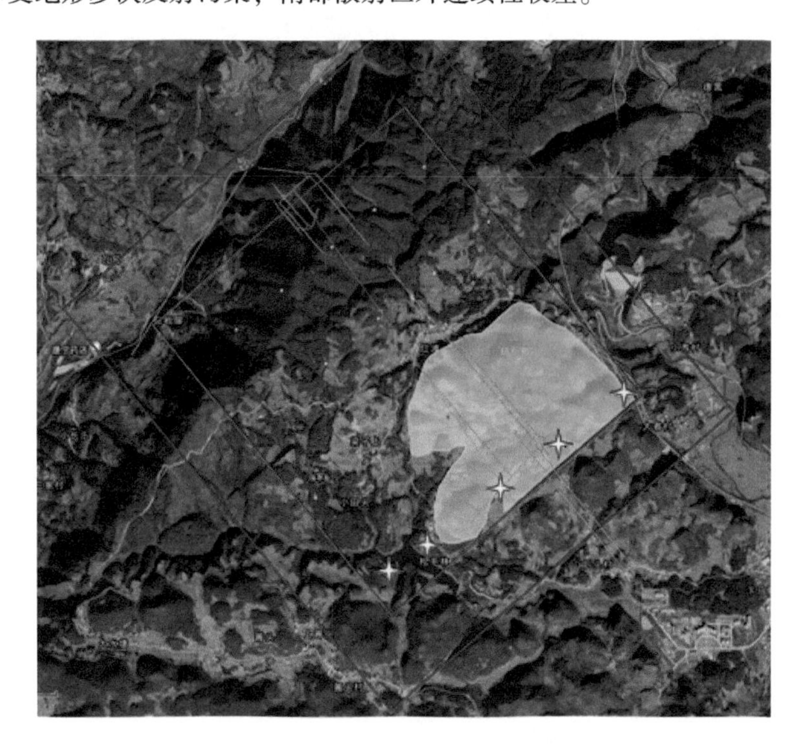

图 3.138　Crossline 方向抽取单炮位置示意图（第一组）

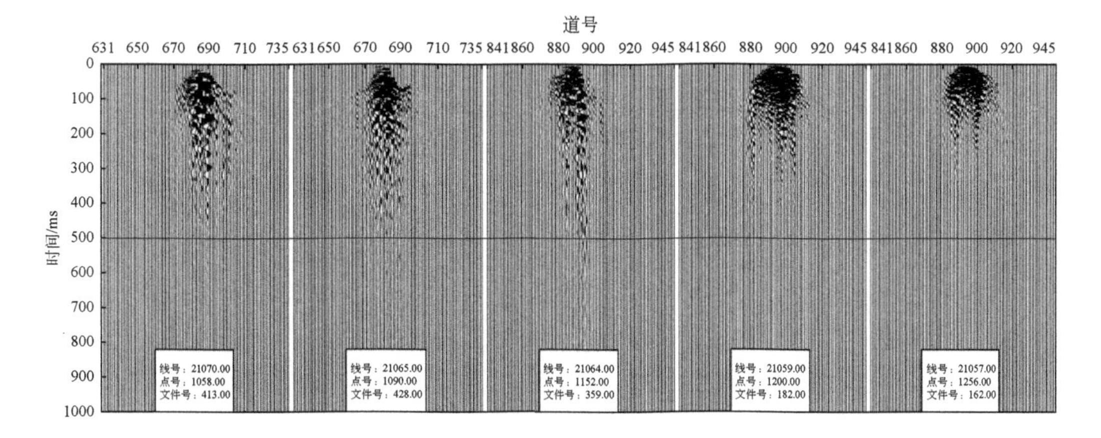

图 3.139　Crossline 方向抽取单炮固定增益记录（第一组）

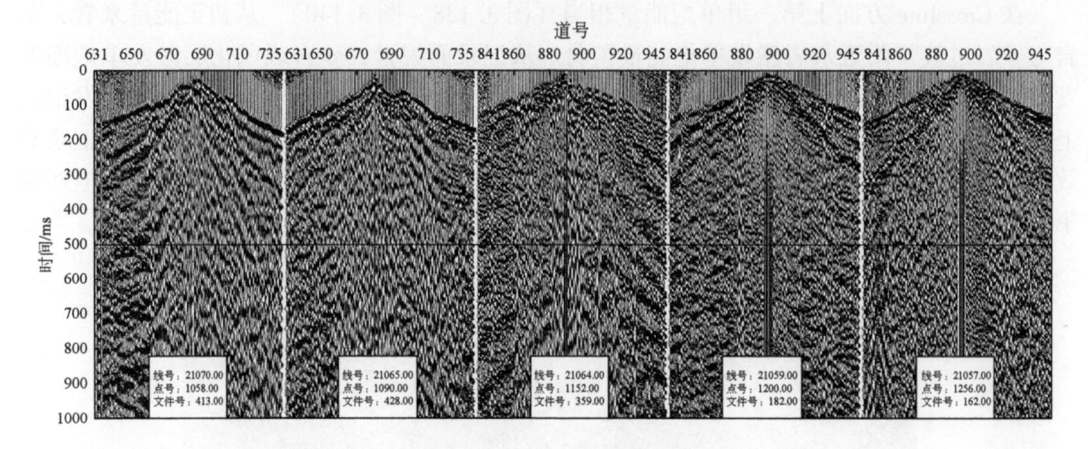

图 3.140　Crossline 方向抽取单炮原始记录（第一组）

在 Crossline 方向上第二组单炮能量差异较大（图 3.141 ~ 图 3.143）。从初至能量来看，黄土区激发单炮能量弱。从记录面貌看，黄土激发单炮面波、折射等干扰极发育，砂岩激发单炮面波发育，灰岩激发单炮散射发育、沿线频率变化大。从分频记录看，除毗邻巷道的单炮记录，其他激发记录上可见不连续有效反射。经过静校正后，记录有效波反射连续性得到改善，毗邻巷道的单炮记录，受附近平行的巷道散射影响，其下有效波反射连续性较差。

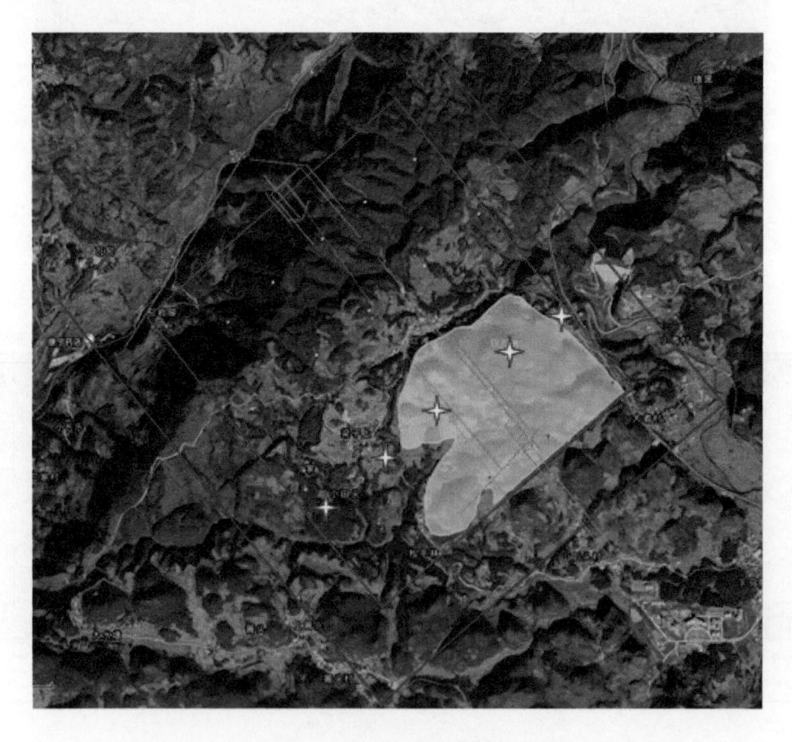

图 3.141　Crossline 方向抽取单炮位置示意图（第二组）

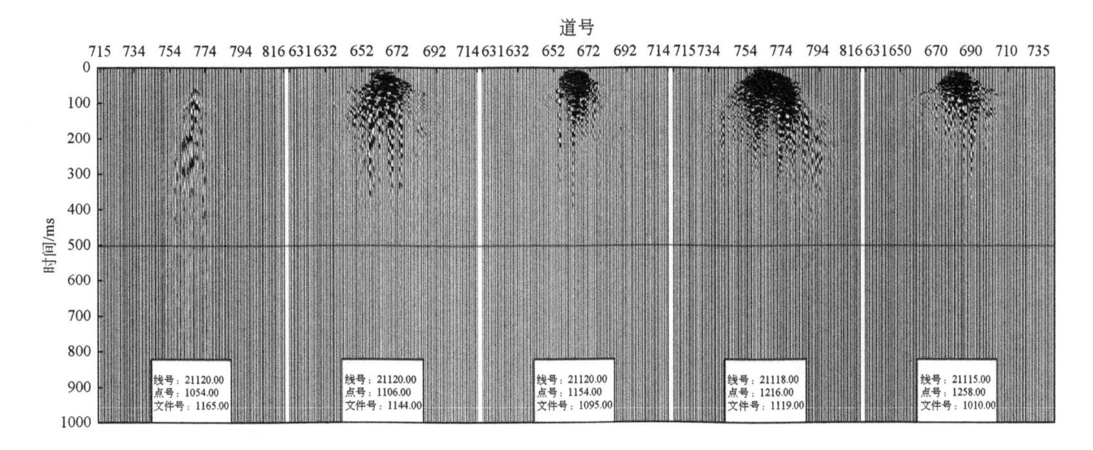

图3.142　Crossline方向抽取单炮固定增益记录（第二组）

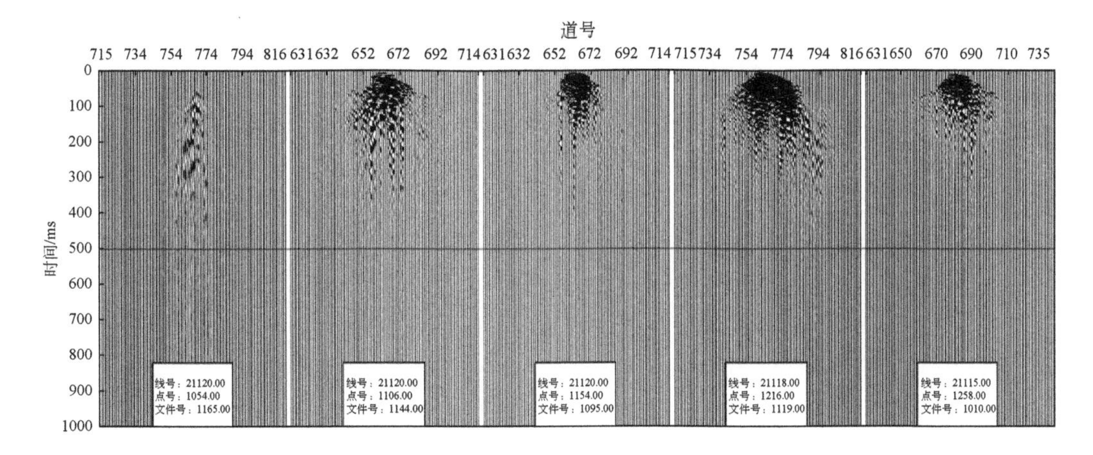

图3.143　Crossline方向抽取单炮原始记录（第二组）

在Crossline方向上第三组单炮能量差异不大（图3.144～图3.146）。从初至能量来看，砂岩激发（基岩出露）吸收衰减弱、单炮能量较强。从记录面貌看，风化层激发频率相对偏低，砂岩激发频率较高，农田地表非均一性强，面波发育，基岩非均一性弱，面波不发育，信噪比高。从分频记录看，砂岩激发记录上可见连续、清晰的有效反射，风化层激发记录有效反射连续性相对较差。经过静校正后，记录有效波反射连续性得到明显改善，风化层激发单炮有效反射仍大多在面波或者散射区外相对较清晰。

在Crossline方向上第四组单炮能量差异较大（图3.147～图3.149）。马坟梁子一带受地表低速层厚度影响，单炮激发效果差异较大。从记录面貌看，砂岩激发频率较高，风化层激发频率相对偏低，在覆土层中激发频率较低、能量弱。从分频记录看，受马坟梁子一带剧烈起伏地形影响，激发记录上难见连续、清晰的有效反射。经过静校正后，记录有效波反射连续性得到明显改善，风化层激发、砂岩激发单炮有效反射相对较清晰。

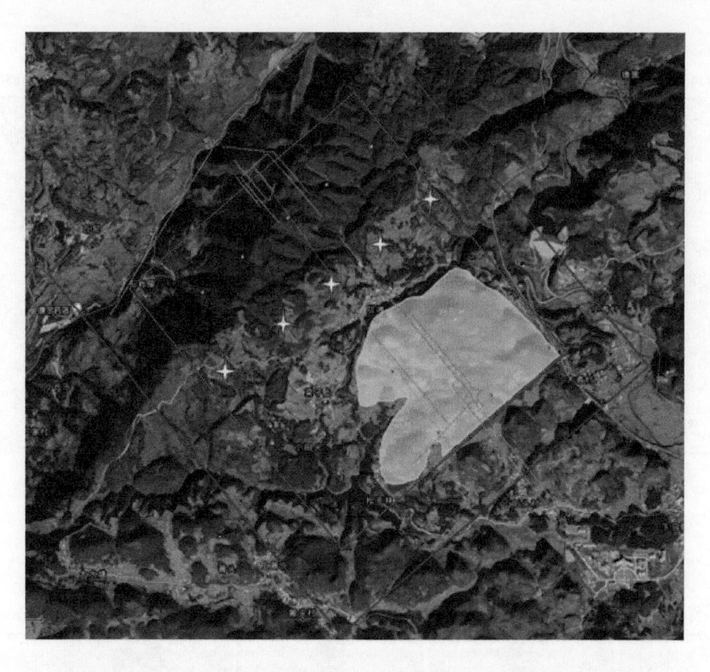

图 3.144　Crossline 方向抽取单炮位置示意图（第三组）

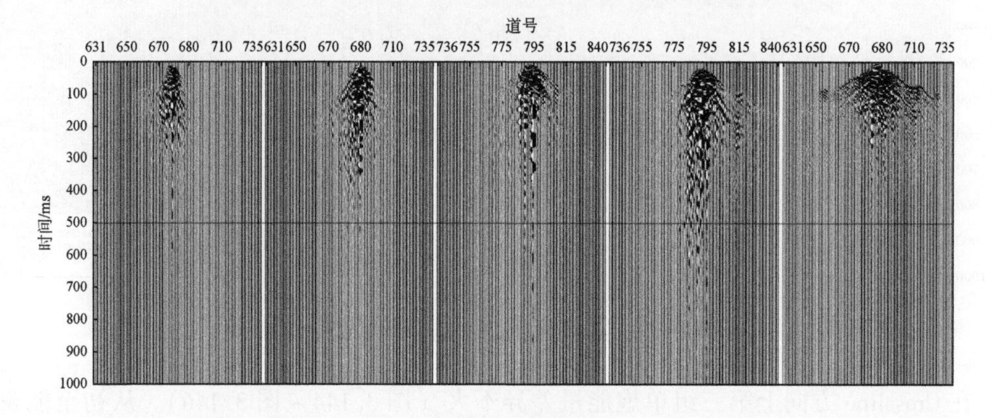

图 3.145　Crossline 方向抽取单炮固定增益记录（第三组）

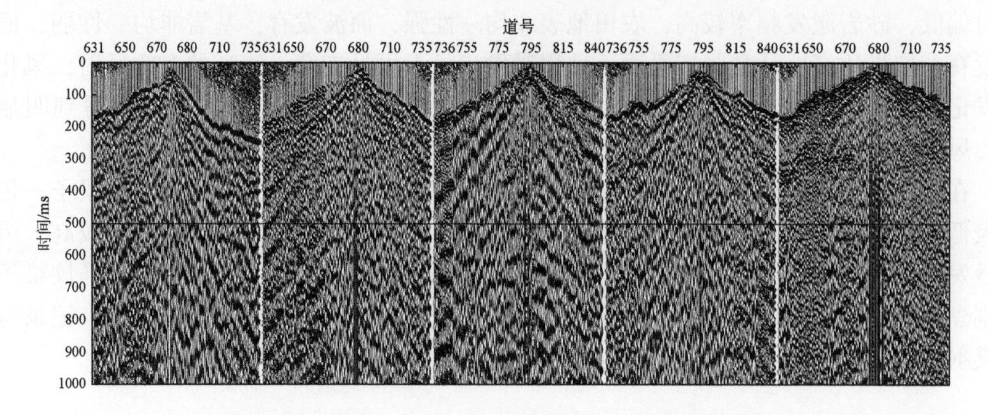

图 3.146　Crossline 方向抽取单炮原始记录（第三组）

图 3. 147　Crossline 方向抽取单炮位置示意图（第四组）

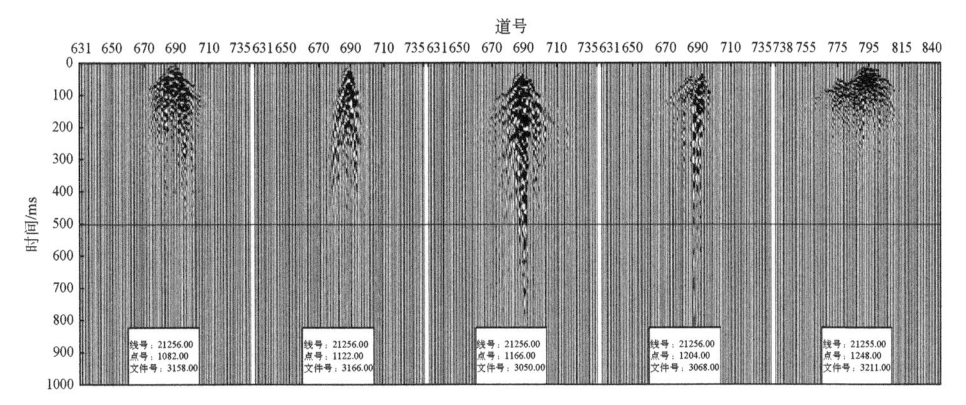

图 3. 148　Crossline 方向抽取单炮固定增益记录（第四组）

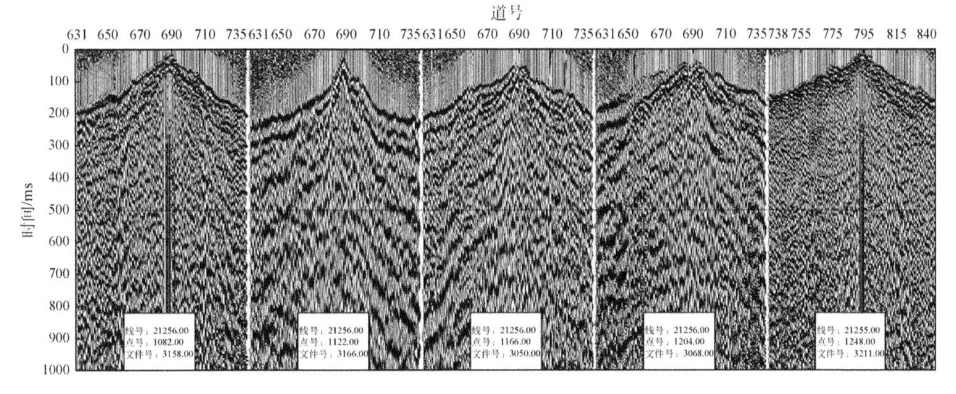

图 3. 149　Crossline 方向抽取单炮原始记录（第四组）

5. 不同震源单炮记录

抽取不同位置的可控震源单炮记录和井炮记录进行对比分析。库区可控震源单炮能量信噪比较低，频率偏低，记录整体面波、多次折射等干扰波发育。受库底相比水泥或硬化地面地表偏软的影响，库区震源单炮能量偏弱。经过静校正后，虽然记录被面波干扰污染严重，但震源记录上可见不连续的有效反射，详见图 3. 150 ~ 图 3. 152。

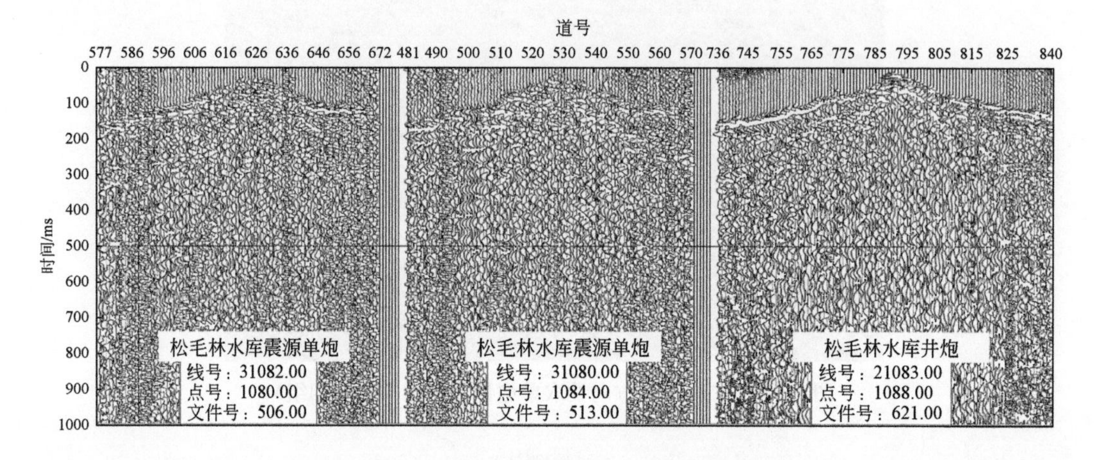

图 3. 150　松毛林水库震源和井炮对比原始记录

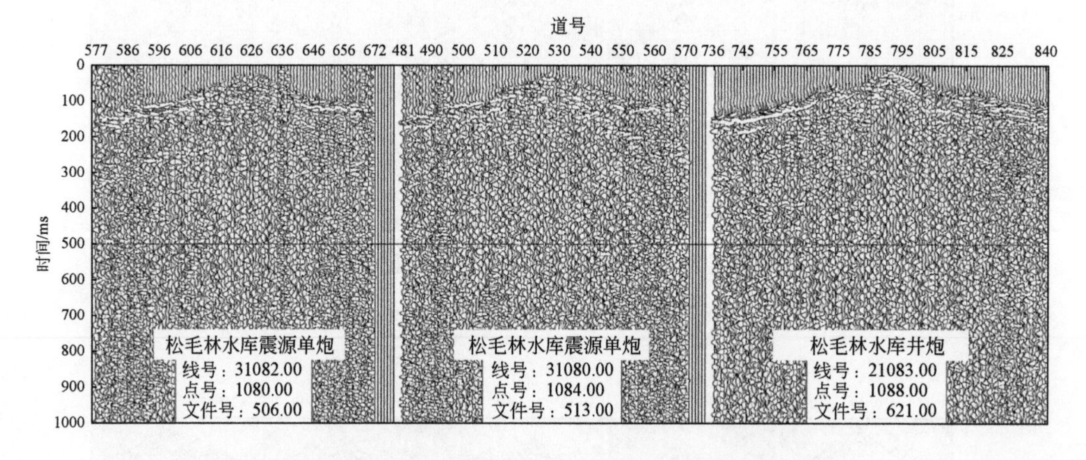

图 3. 151　松毛林水库震源和井炮对比 25 ~ 80Hz 分频扫描记录

烂滩村可控震源单炮能量信噪比偏低，衰减快、记录整体散射干扰波发育。受烂滩村为水泥路面、部分水泥路面下为充填河道的影响，烂滩村震源激发虽然激发能量强，但衰减相对较快。经过静校正后，虽然记录被散射干扰污染严重，但震源记录上可见不连续的有效反射，详见图 3. 153 ~ 图 3. 155。

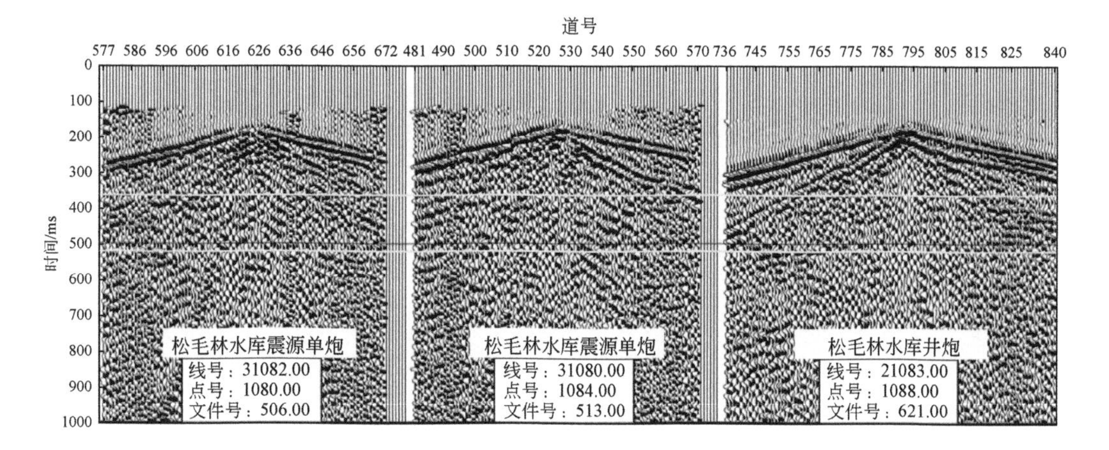

图3.152 松毛林水库震源和井炮对比25～80Hz分频扫描静校正记录

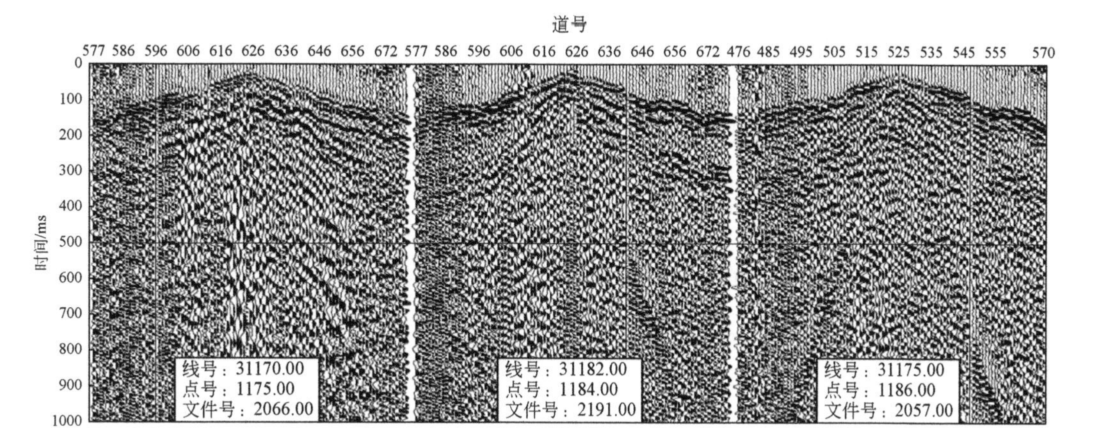

图3.153 烂滩村震源和井炮对比原始记录

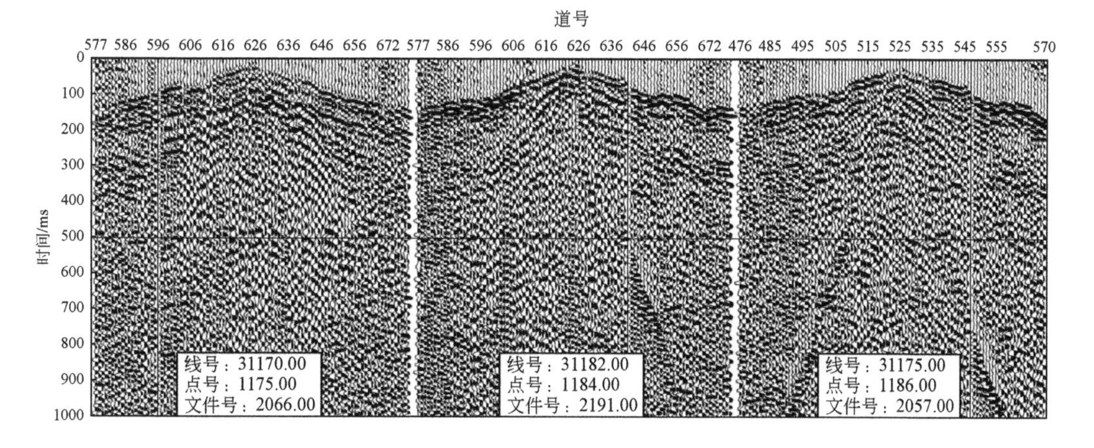

图3.154 烂滩村震源和井炮对比25～80Hz分频扫描记录

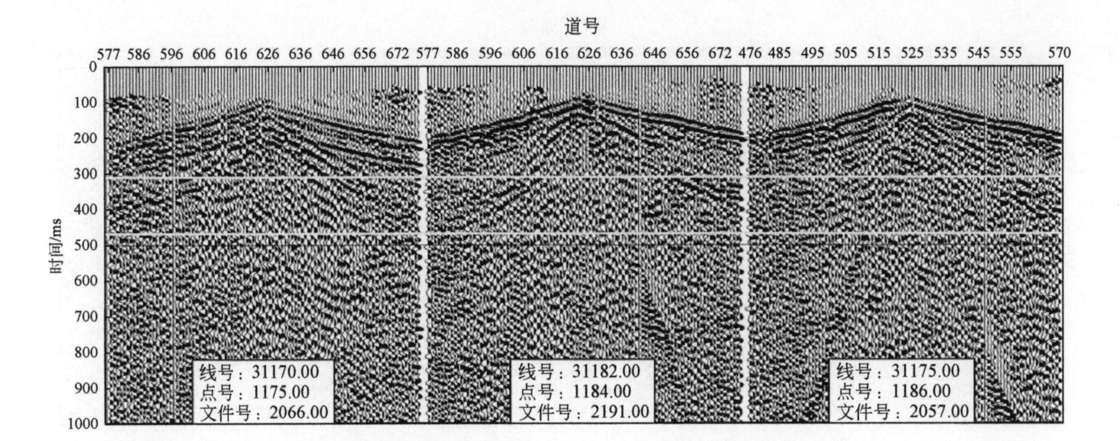

图 3.155　烂滩村震源和井炮对比 25 ~ 80Hz 分频扫描静校正记录

通过以上分析可得到以下结论。

1）不同岩性单炮对比：激发岩性对单炮资料品质影响较大；

2）不同地形单炮对比：低部位激发品质略好；

3）不同接收条件单炮对比：接收岩性对资料品质有影响；

4）东西方向单炮对比：与岩性、地形、构造、地下巷道等相关；

5）南北方向单炮对比：与岩性、地形、构造、地下巷道等相关。

6. 喀斯特地貌条件下的单炮记录分析

对喀斯特地貌条件的研究区所有单炮进行定量分析。

（1）能量分析

受黄土层厚度变化、厚黄土层分布和药量大小的影响，研究区井炮整体能量差异不大。

能量偏弱单炮主要分布在村庄附近、松毛林水库附近、石岩脚村附近、马坟梁子一带。

单炮能量与表层厚度关系密切，与地形有一定的相关性。灰岩区低部位表层变厚，为偏弱单炮集中区域，砂岩区受石漠化影响山顶和山谷表层普遍较厚，偏弱单炮相对集中，详见图 3.156 和图 3.157。

（2）频率分析

频率与岩性、表层厚度关系密切，与地形有一定的相关性。受厚黄土层分布影响，研究区井炮整体频率差异较大。

频率较低单炮主要分布在地形相对较陡农田区、松毛林水库附近、石岩脚村附近、马坟梁子一带低部位较缓斜坡。

如图 3.158 所示，灰岩区整体频率较高，砂岩区整体频率偏低，受石漠化影响山顶表层较厚，单炮频率较低。

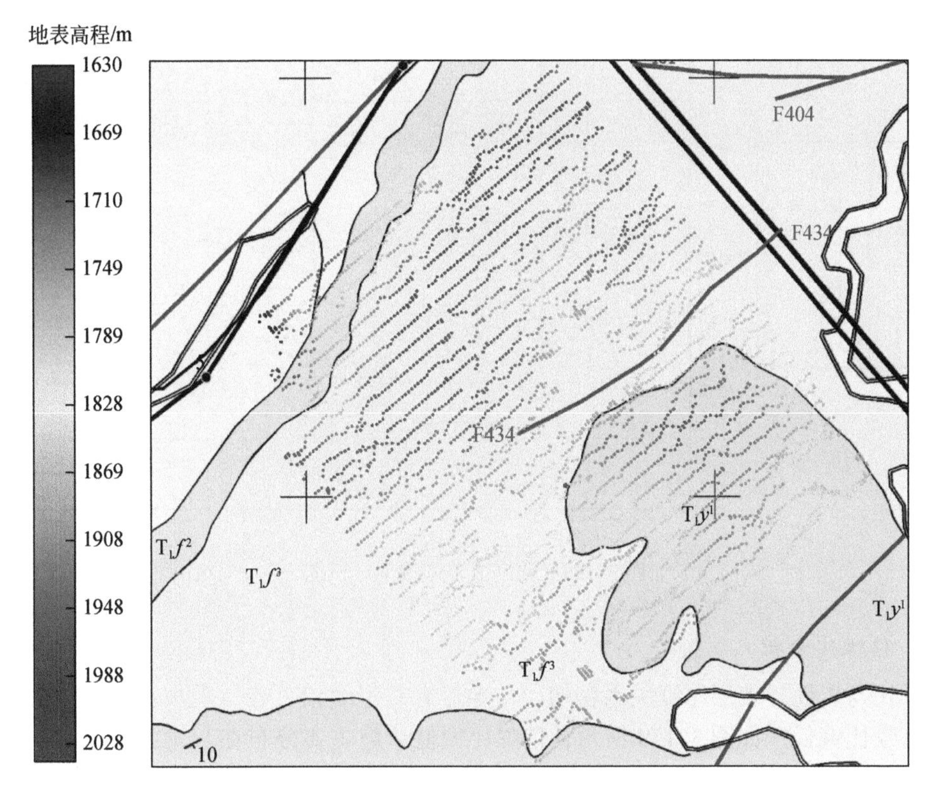

图 3.156　研究区炮点高程色差图

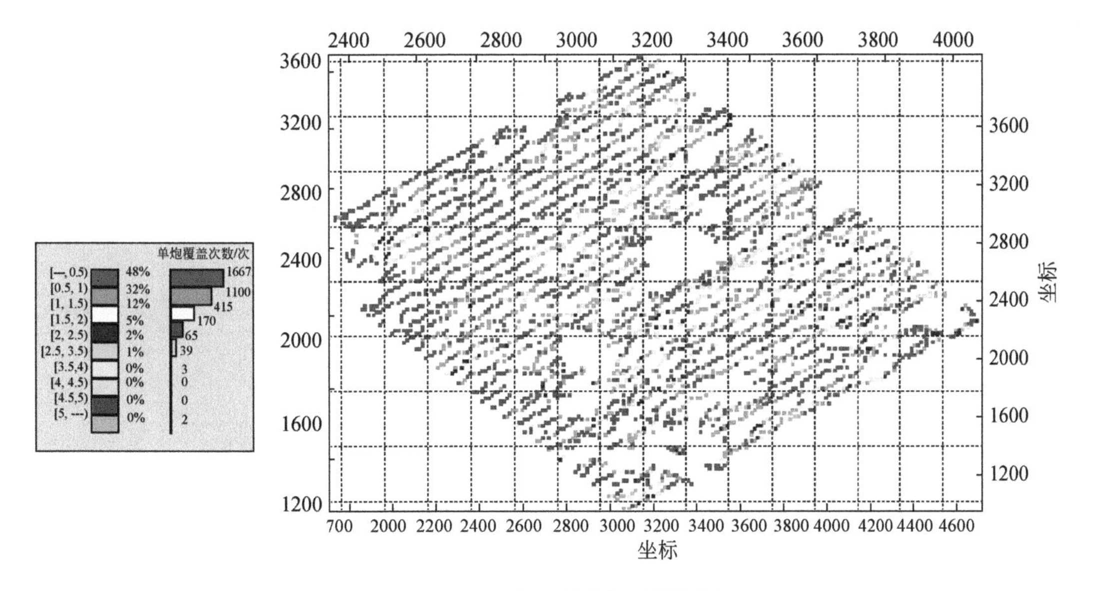

图 3.157　研究区单炮能量分析图

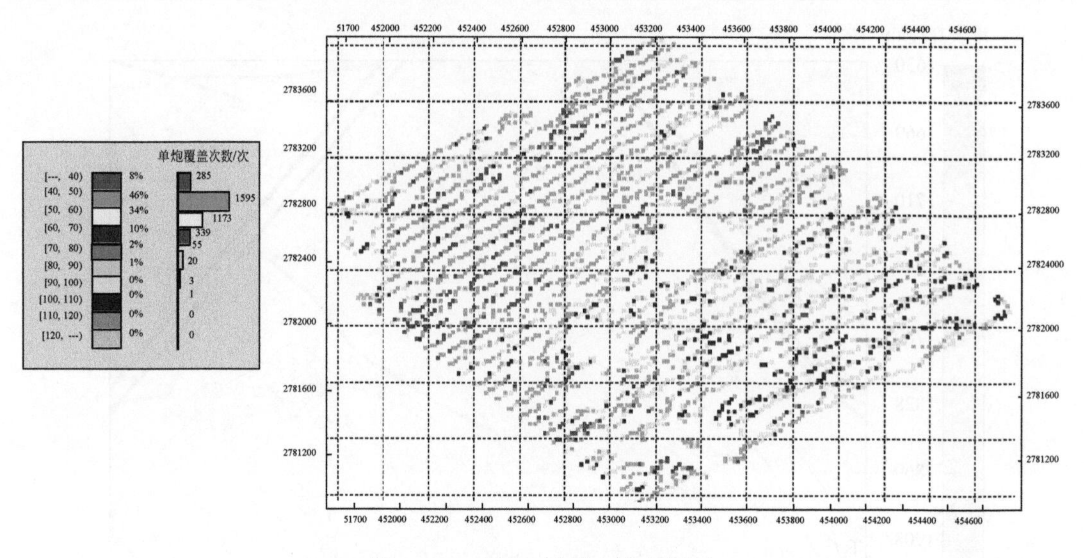

图 3. 158　研究区单炮频率分析图

（3）信噪比分析

信噪比与岩性、表层厚度关系密切，与地形有一定的相关性。受灰岩影响，灰岩区井炮整体信噪比偏低。如图 3. 159 所示，信噪比偏低单炮主要分布在灰岩区，信噪比较高单炮主要分布在砂岩区低洼区。

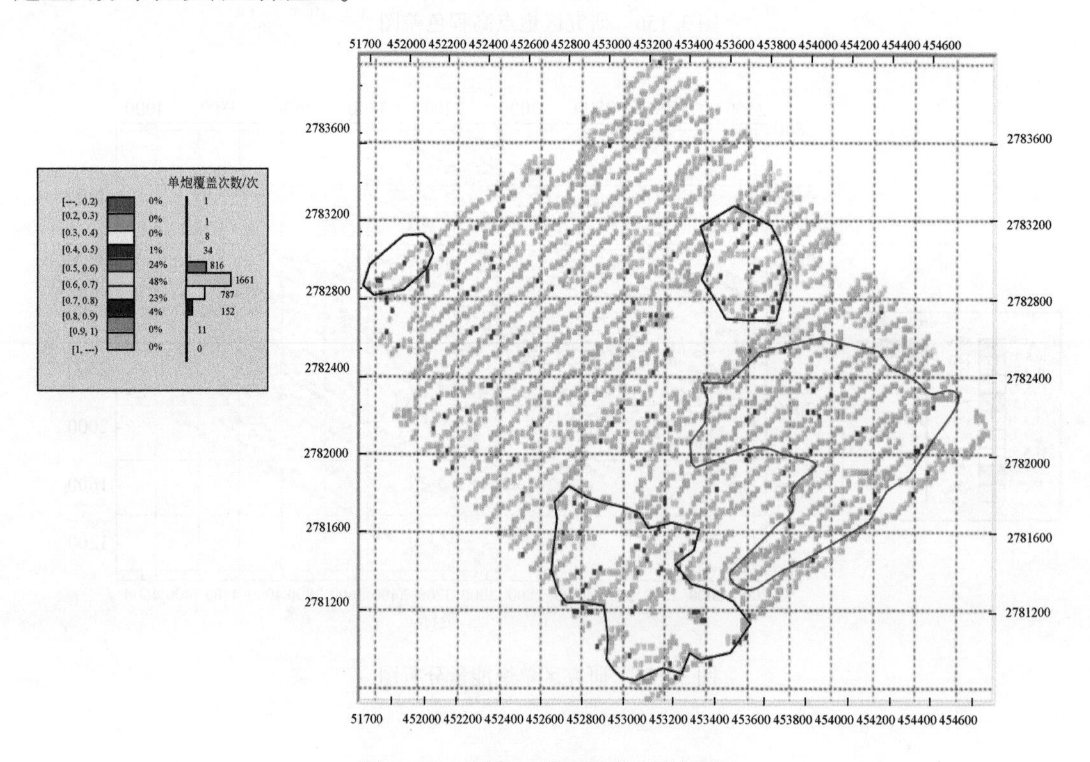

图 3. 159　研究区单炮信噪比分析图

3.5.4　观测系统退化分析

1. 接收线束对叠加剖面的影响

分别优选过砂岩和灰岩的两束线进行退化，分析接收线束、道距和炮点距、偏移距、叠加次数等参数对观测系统叠加效果的影响。

如图3.160～图3.171所示，随着接收线束的增加，剖面煤层有效反射的能量随之逐渐增大，信噪比逐渐增高，但在灰岩区与非灰岩区接收线与能量、信噪比的关系呈现一定的差异。在灰岩区，接收线与信噪比基本呈线性关系；而在非灰岩区，接收线与信噪比在8L（L为接收线束）线附近出现拐点，其斜率明显变小，但仍然大于灰岩区接收线与信噪比的斜率。

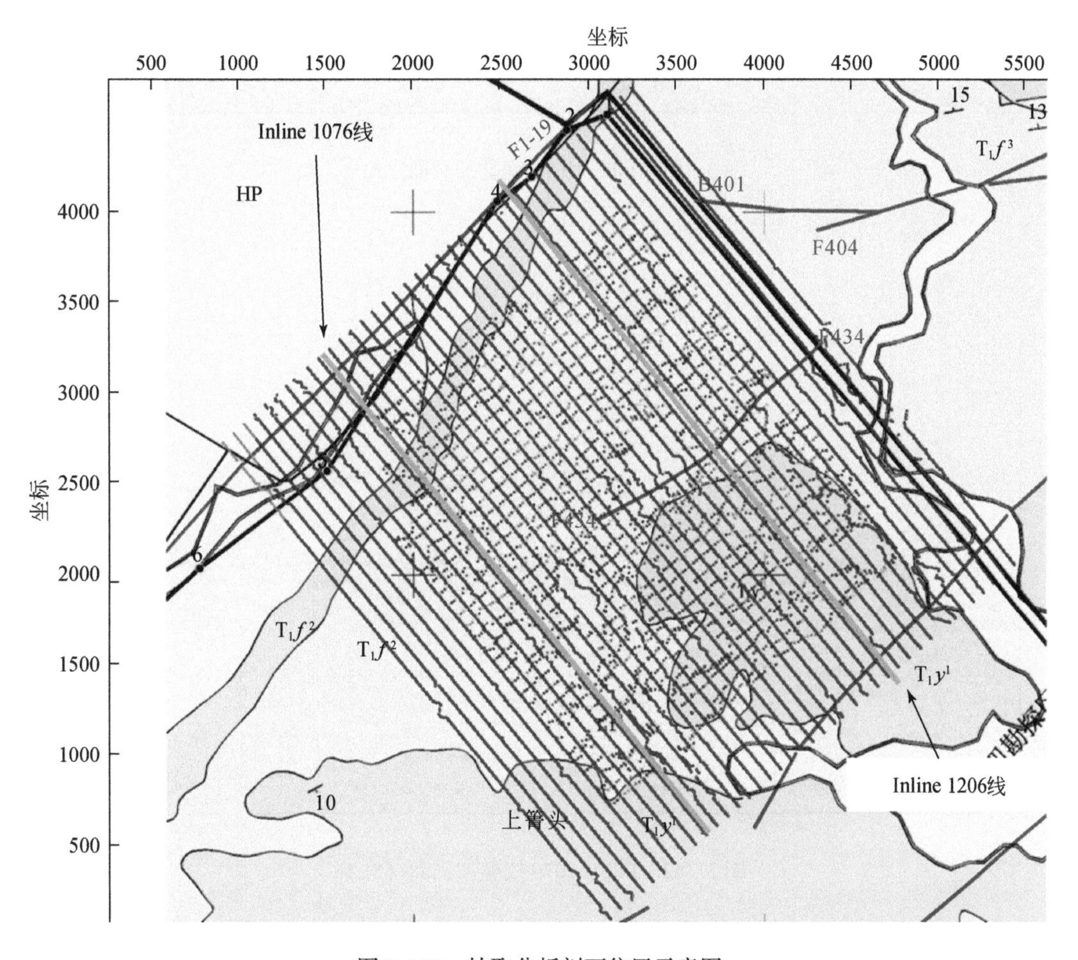

图3.160　抽取分析剖面位置示意图

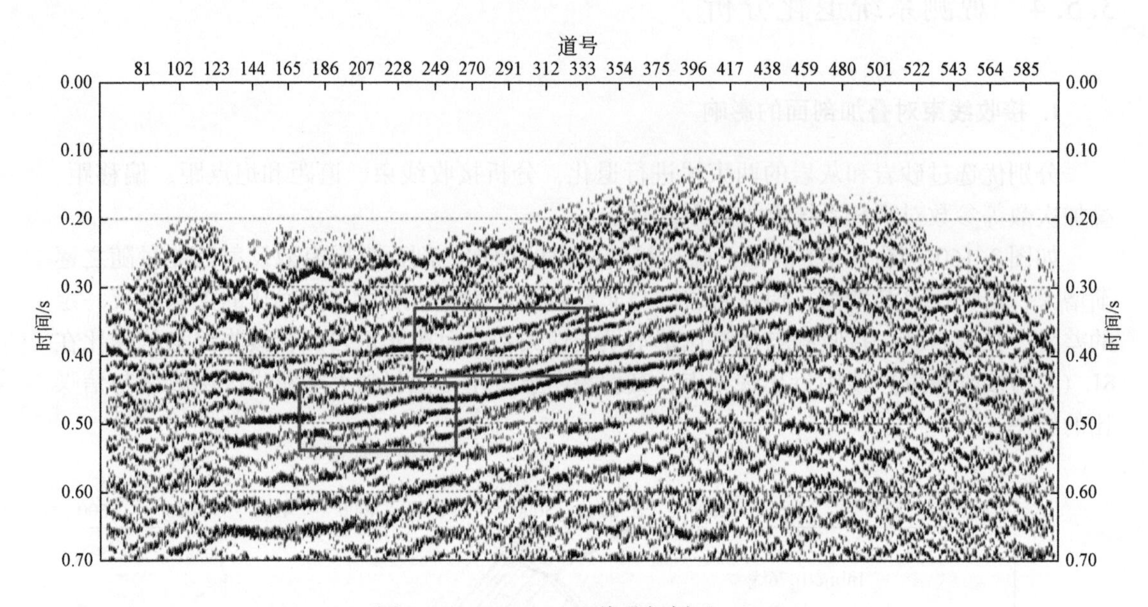

图 3.161　Inline 1076 线叠加剖面（6L）

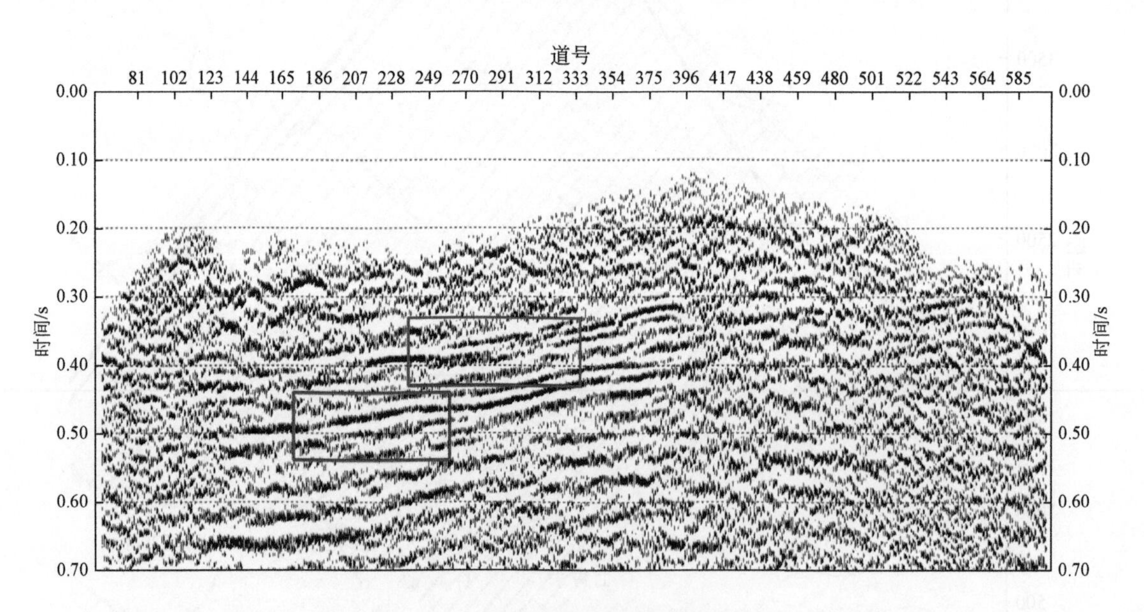

图 3.162　Inline 1076 线叠加剖面（8L）

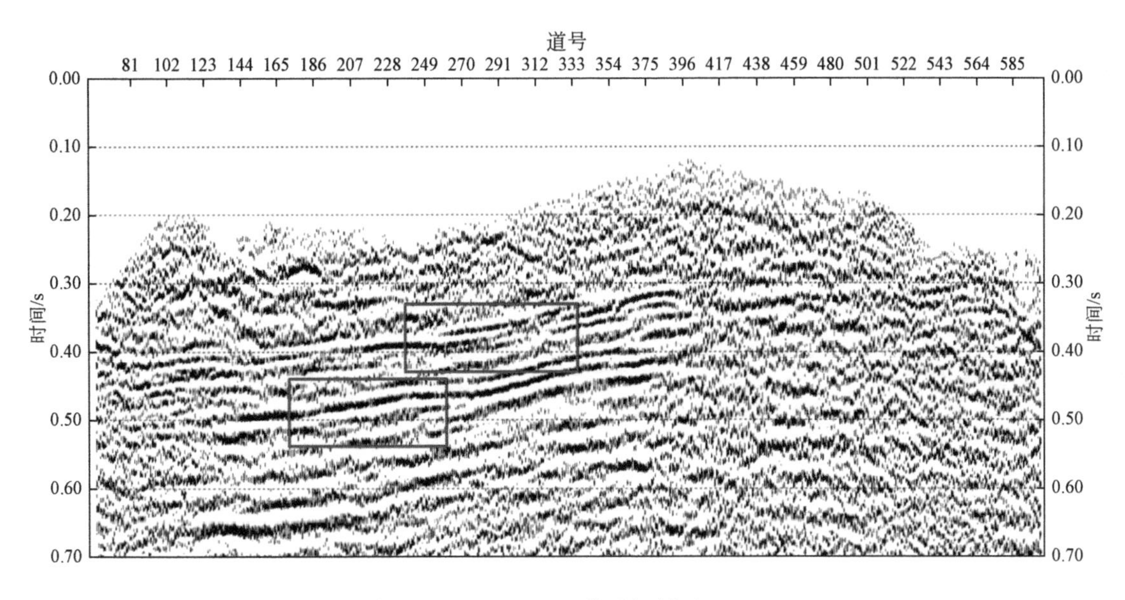

图3.163 Inline 1076线叠加剖面（10L）

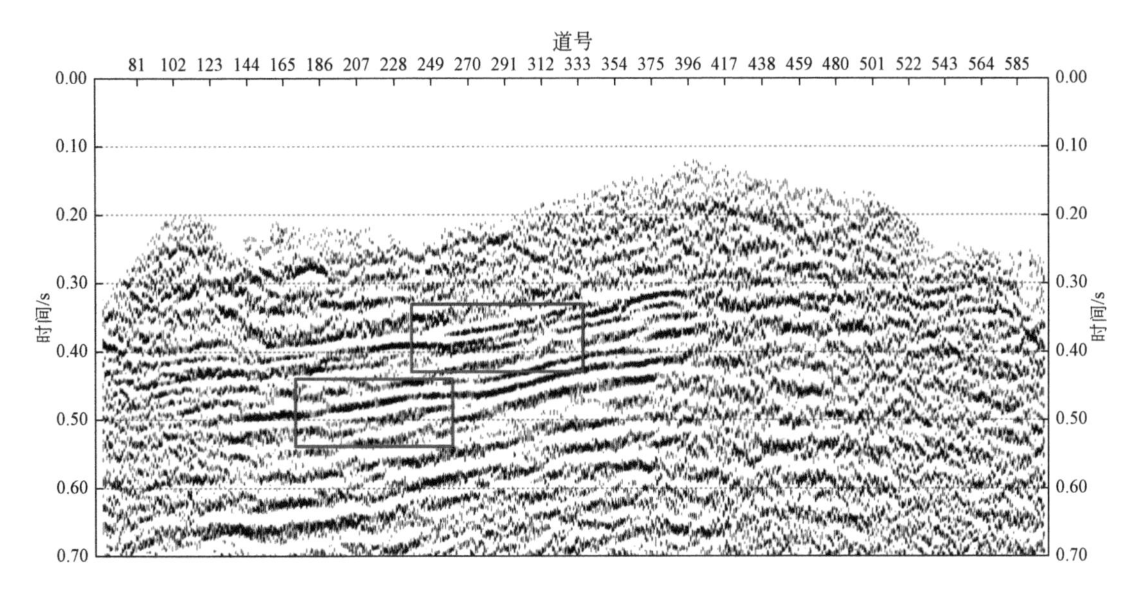

图3.164 Inline 1076线叠加剖面（12L）

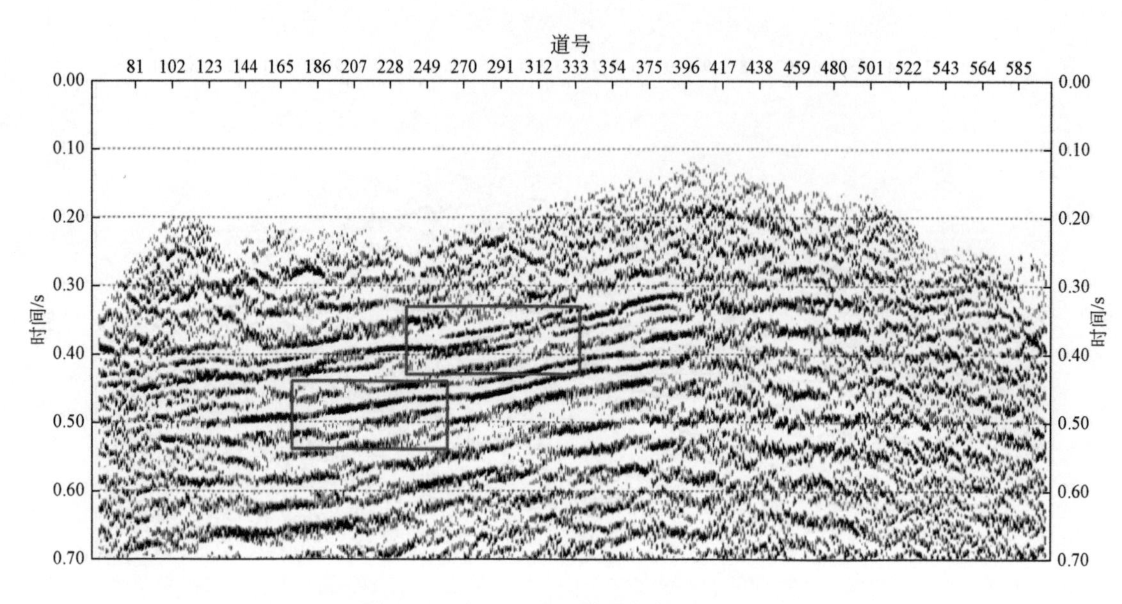

图 3.165　Inline 1076 线叠加剖面（14L）

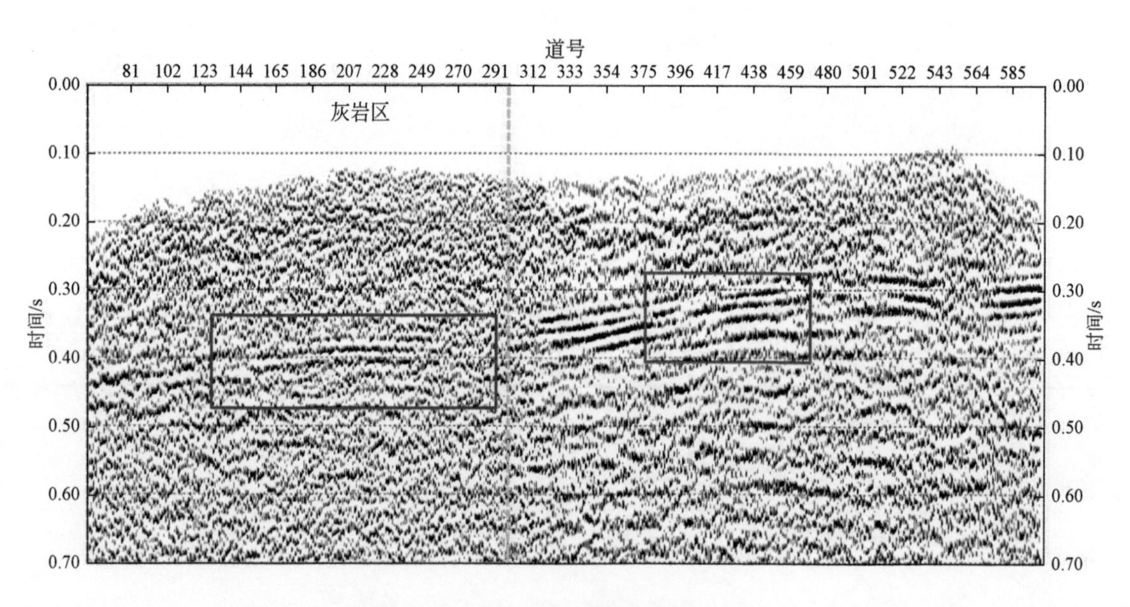

图 3.166　Inline 1206 线叠加剖面（6L）

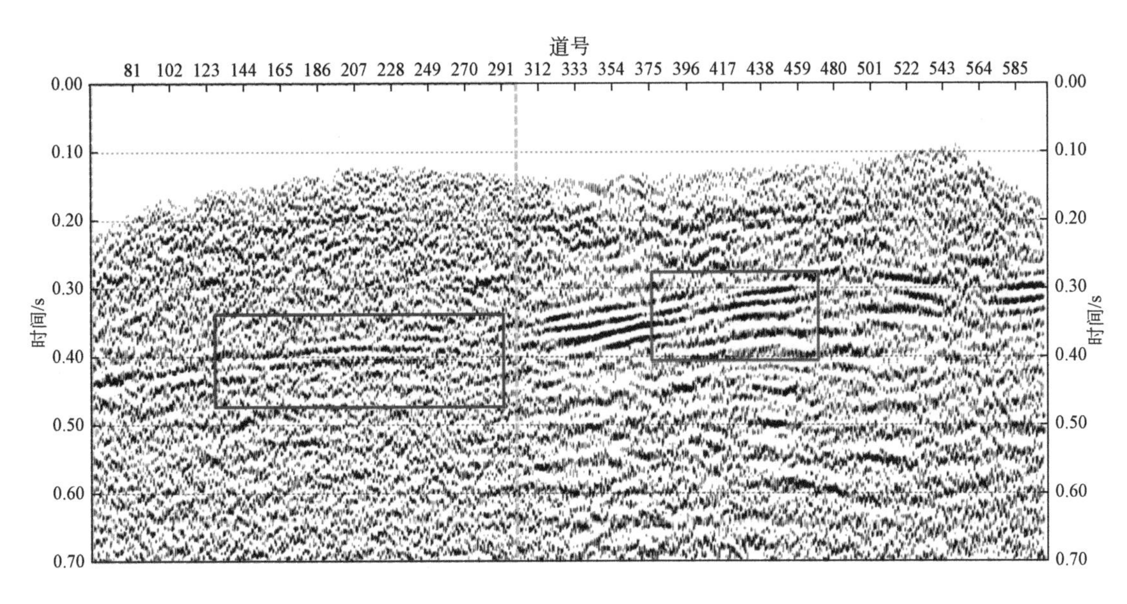

图 3.167　Inline 1206 线叠加剖面（8L）

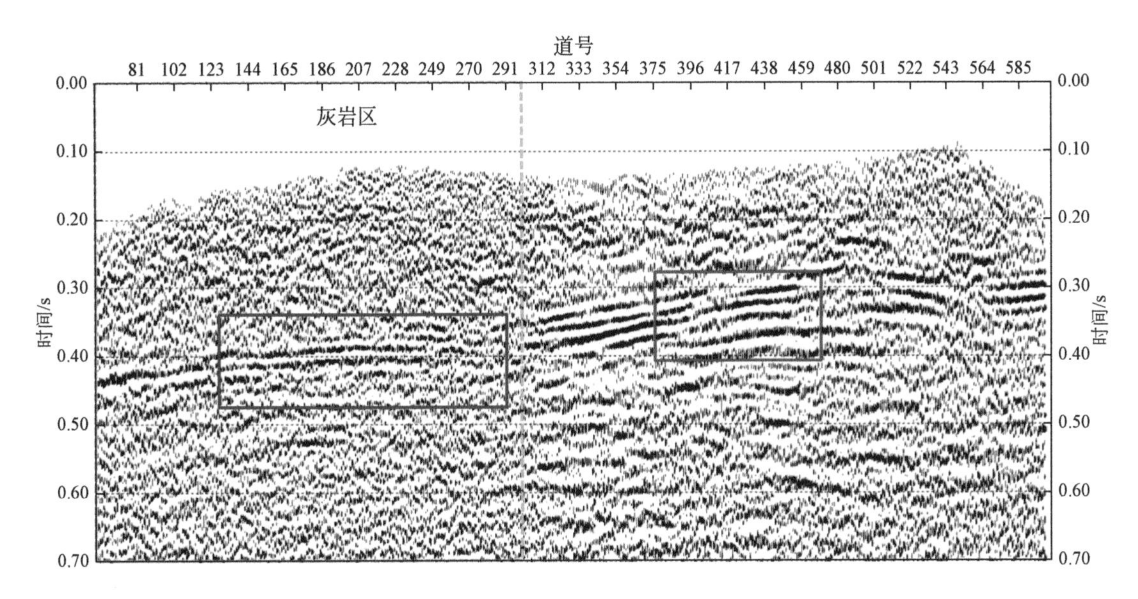

图 3.168　Inline 1206 线叠加剖面（10L）

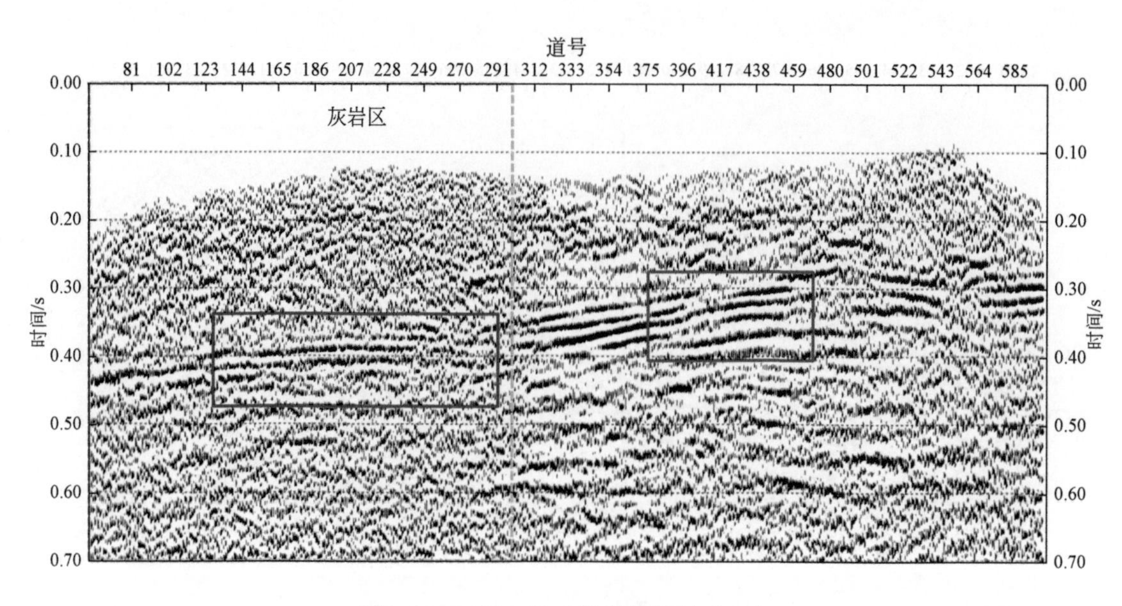

图 3.169　Inline 1206 线叠加剖面（12L）

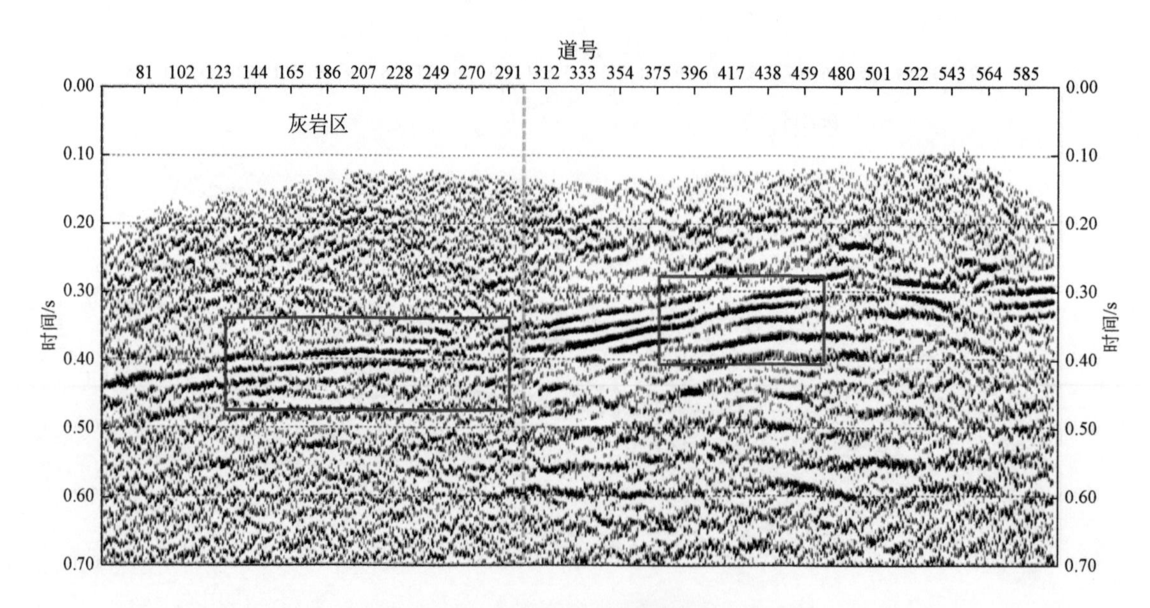

图 3.170　Inline 1206 线叠加剖面（14L）

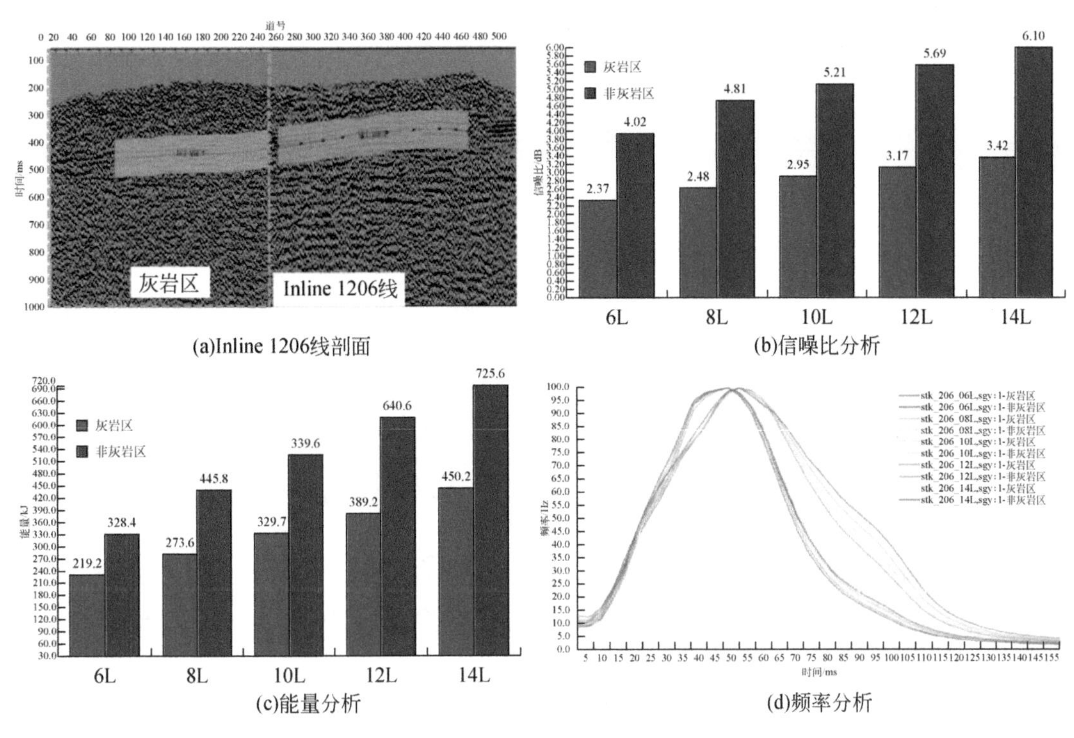

(a)Inline 1206线剖面　(b)信噪比分析

(c)能量分析　(d)频率分析

图3.171　Inline 1206线不同接收线剖面定量分析

2. 道距、炮点距对叠加剖面的影响

如图3.172～图3.184所示，选取不同道距、炮点距的剖面进行对比分析，可以看出：随着道距、炮点距的减小，剖面煤层有效反射的信噪比逐渐增高，但在灰岩区与非灰岩区道距、炮点距与能量、信噪比的关系呈现一定的差异。

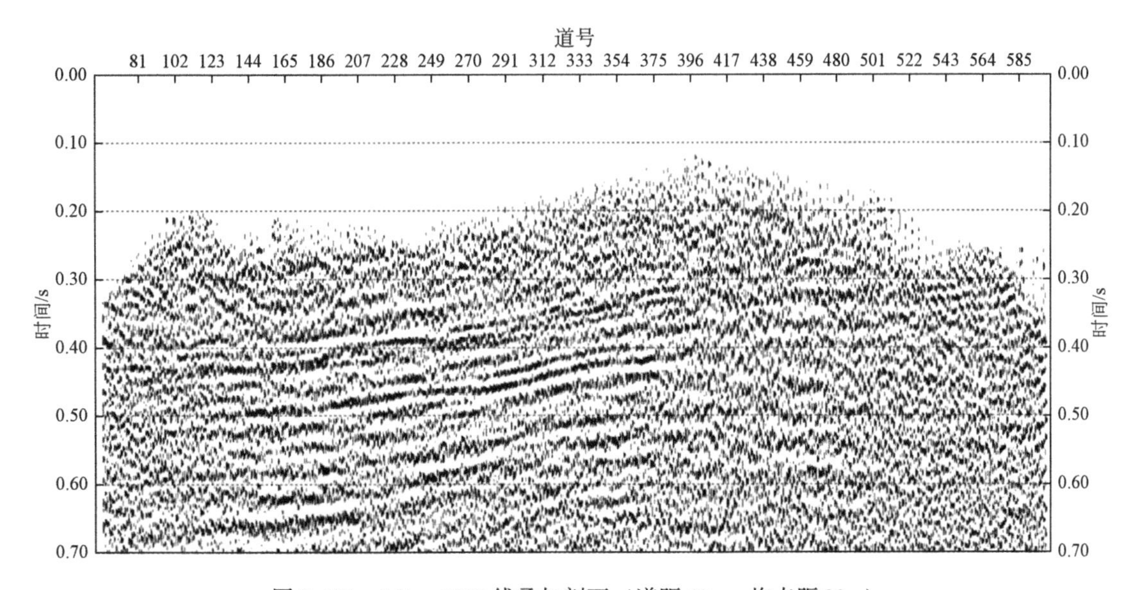

图3.172　Inline 1076线叠加剖面（道距40m、炮点距20m）

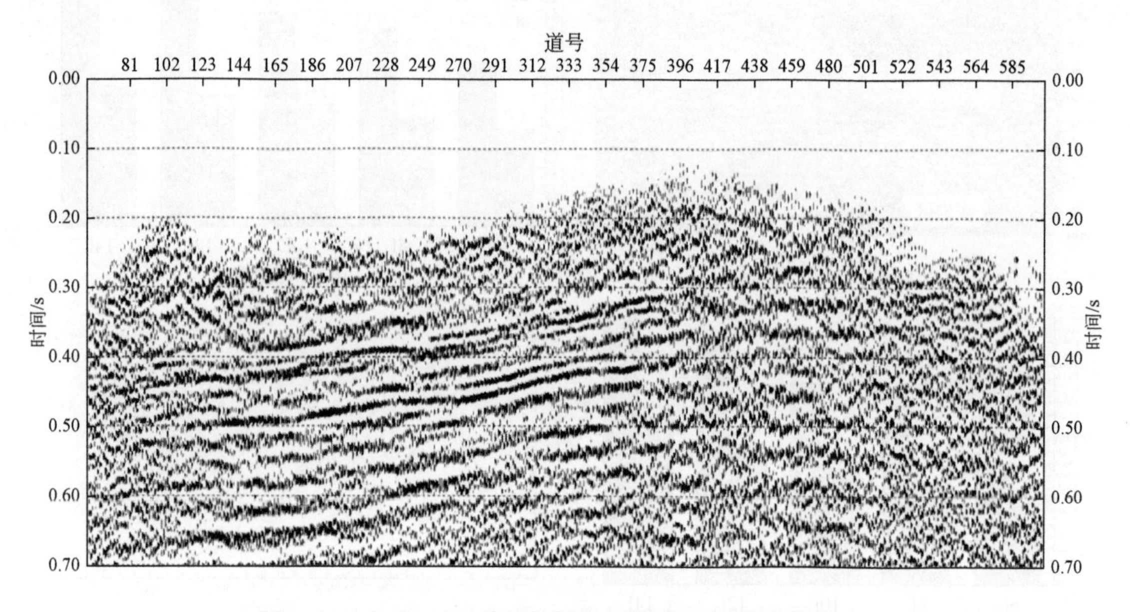

图 3. 173　Inline 1076 线叠加剖面（道距 20m、炮点距 20m）

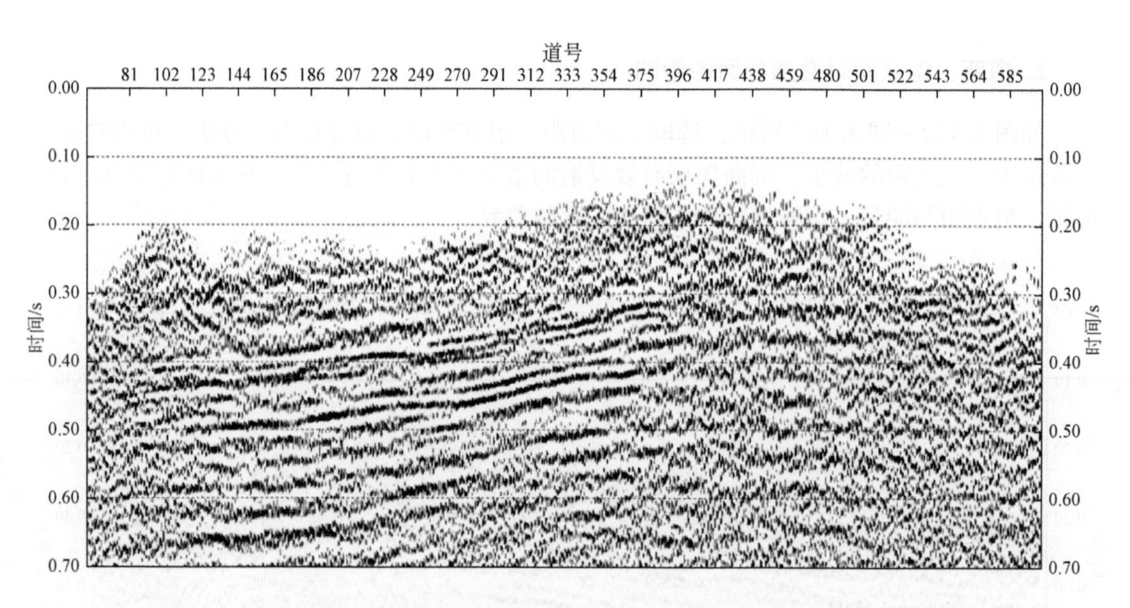

图 3. 174　Inline 1076 线叠加剖面（道距 10m、炮点距 20m）

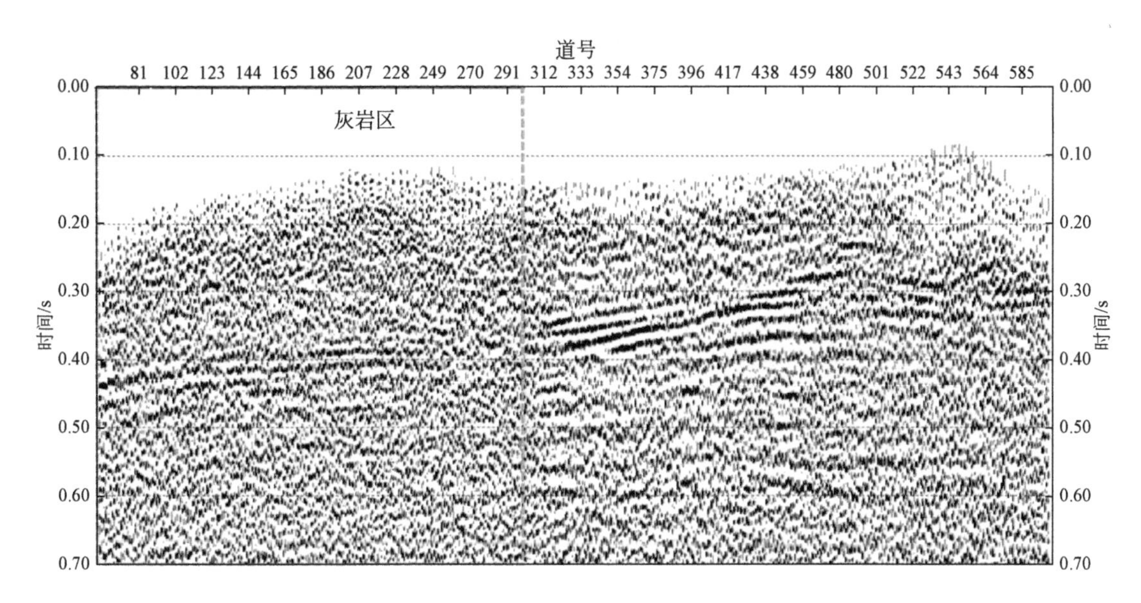

图3.175　Inline 1206线叠加剖面（道距40m、炮点距20m）

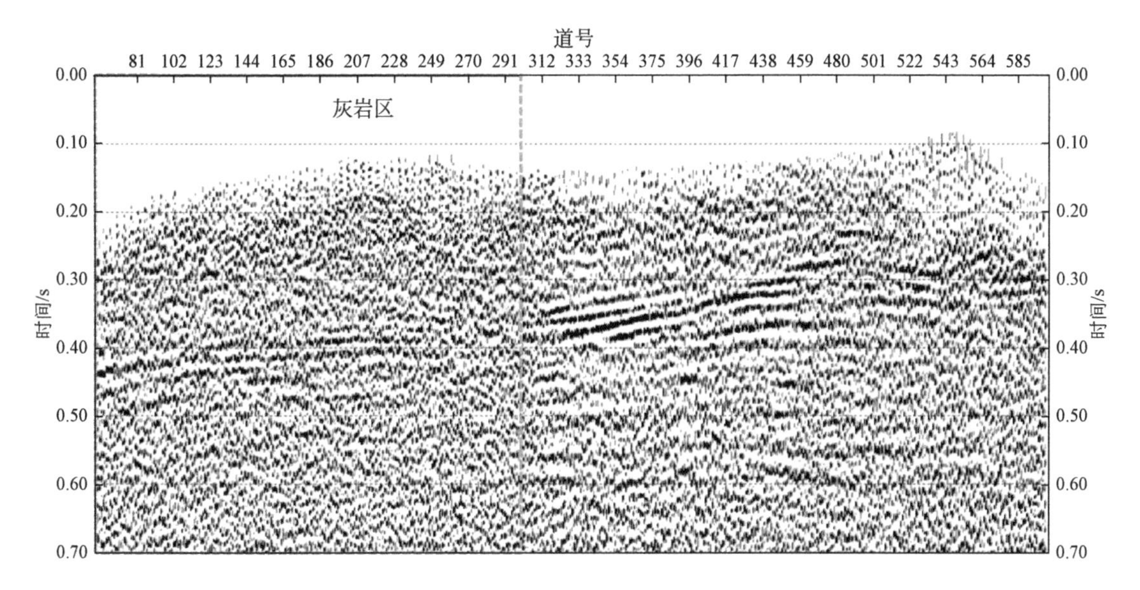

图3.176　Inline 1206线叠加剖面（道距20m、炮点距20m）

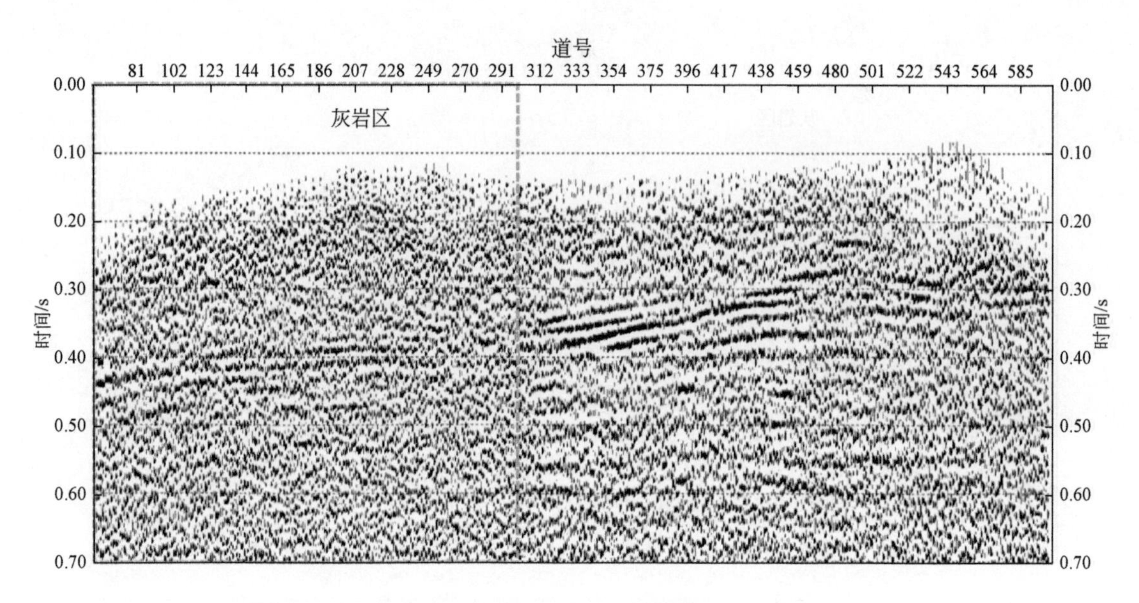

图 3.177　Inline 1206 线叠加剖面（道距 10m、炮点距 20m）

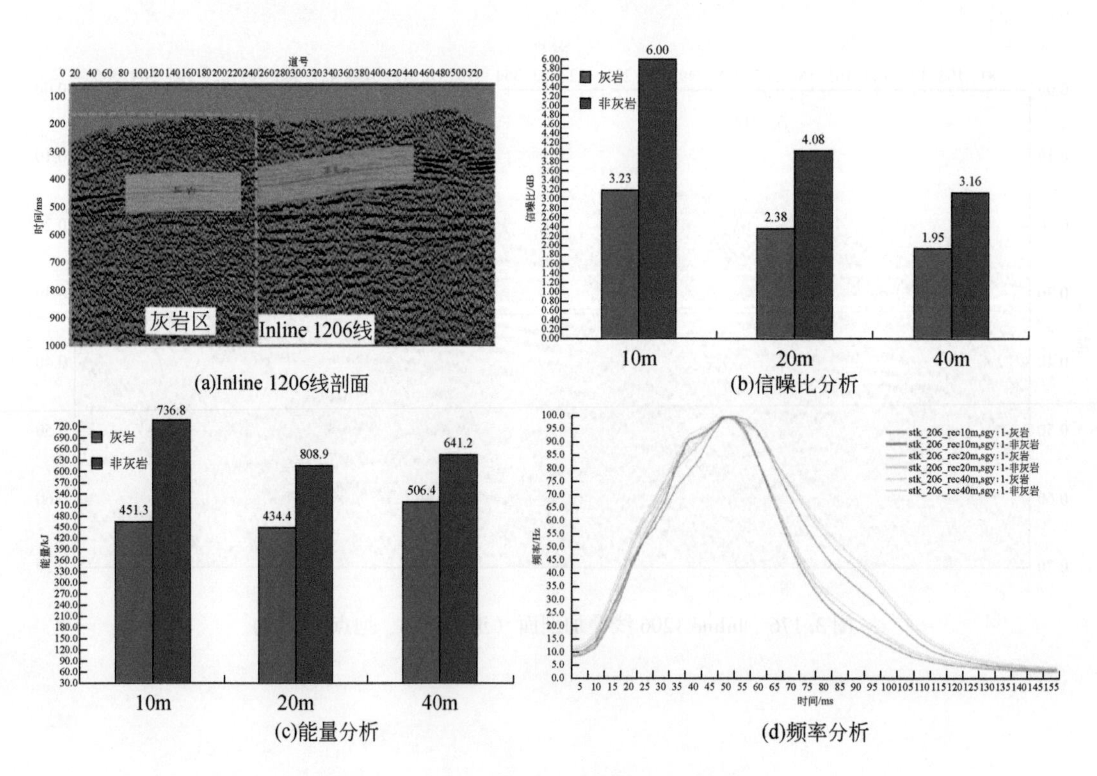

图 3.178　Inline 1206 线不同道距剖面定量分析

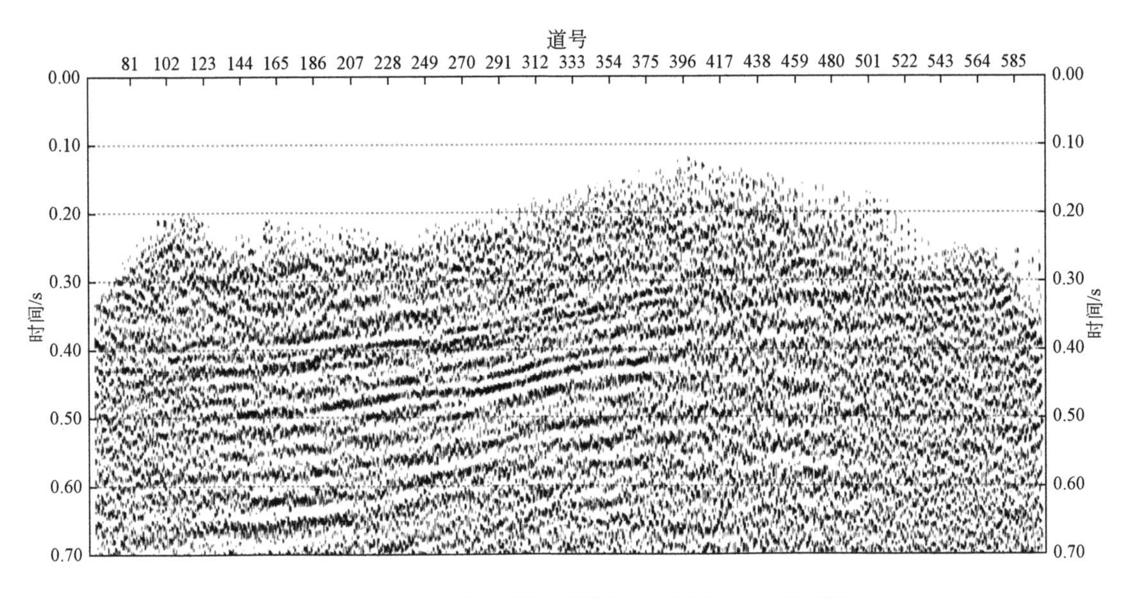

图 3.179　Inline 1076 线不同炮点距剖面（道距 40m、炮点距 10m）

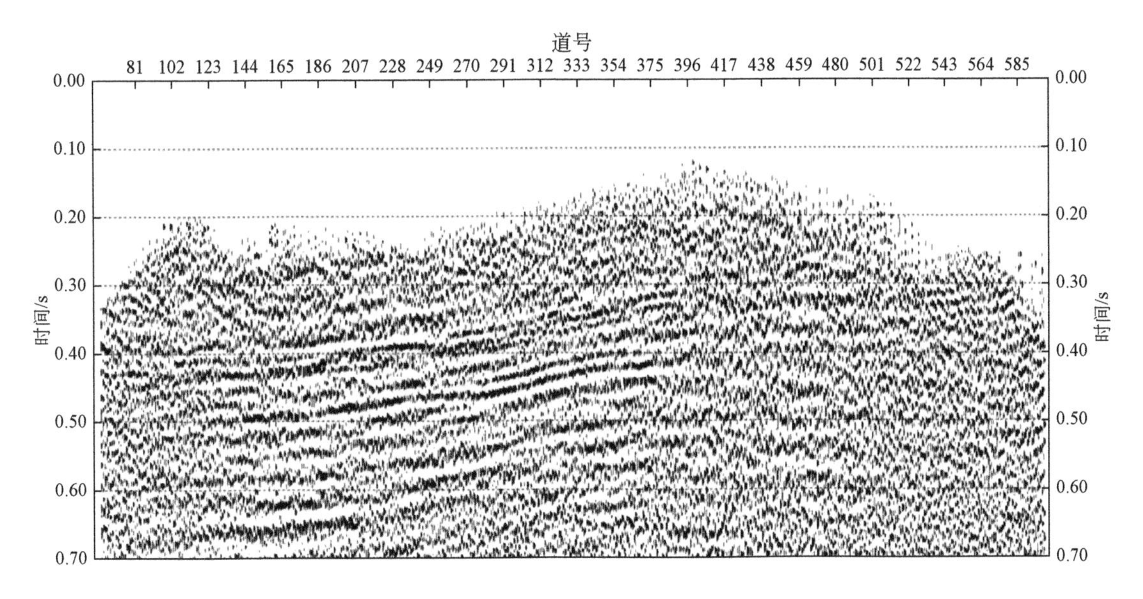

图 3.180　Inline 1076 线不同炮点距剖面（道距 20m、炮点距 10m）

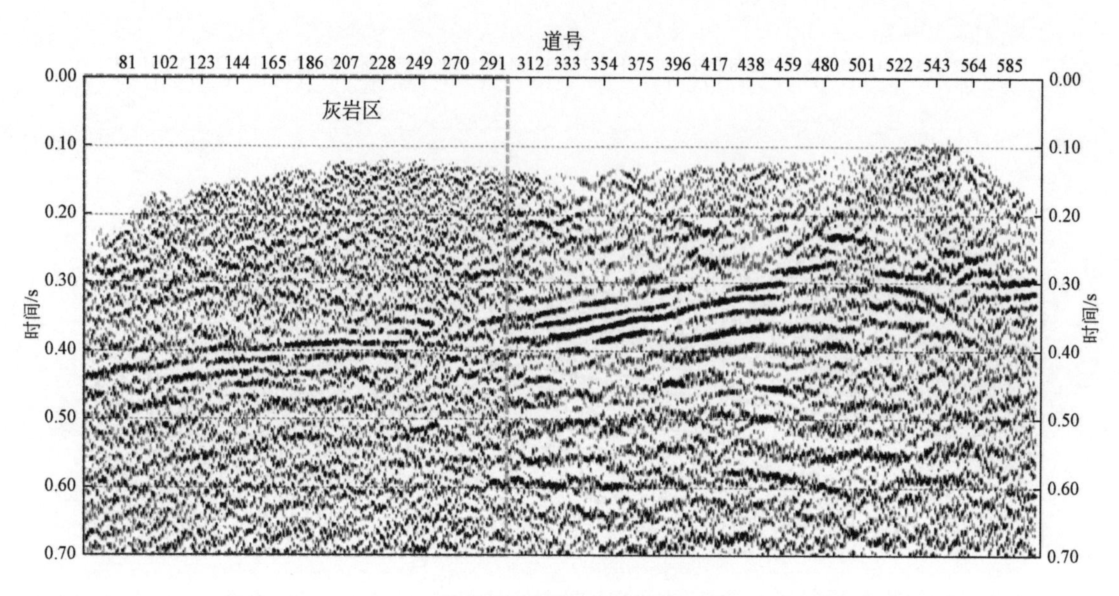

图 3. 181　Inline 1206 线不同炮点距剖面（炮点距 40m、道距 10m）

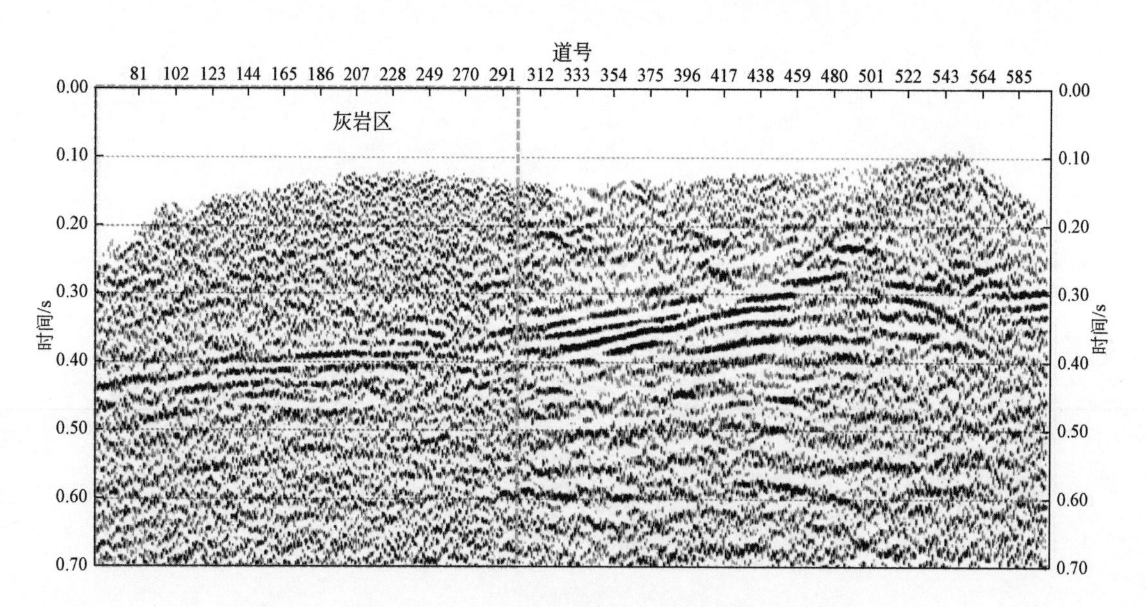

图 3. 182　Inline 1206 线不同炮点距剖面（炮点距 20m、道距 10m）

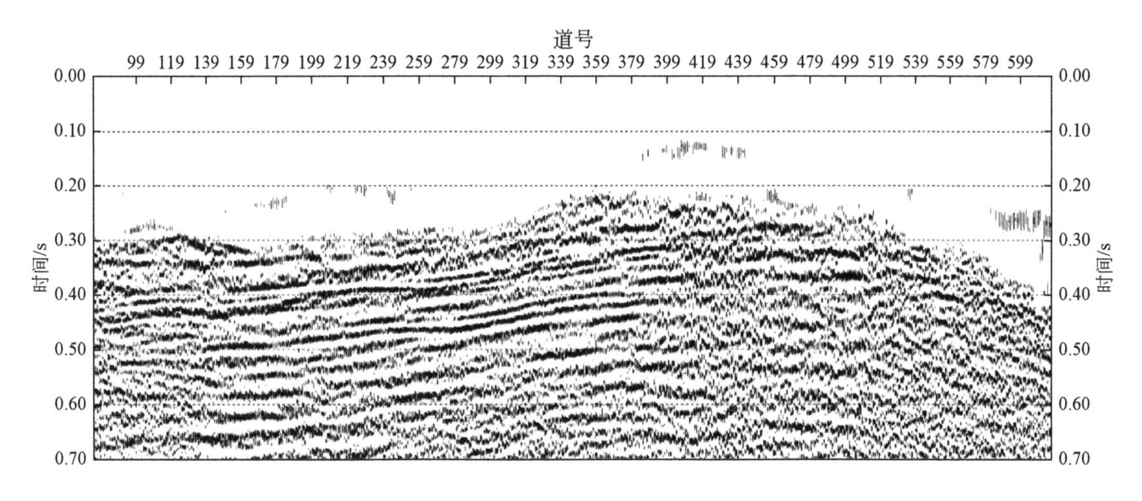

图 3.183　Inline 1206 线不同道距、炮点距剖面对比

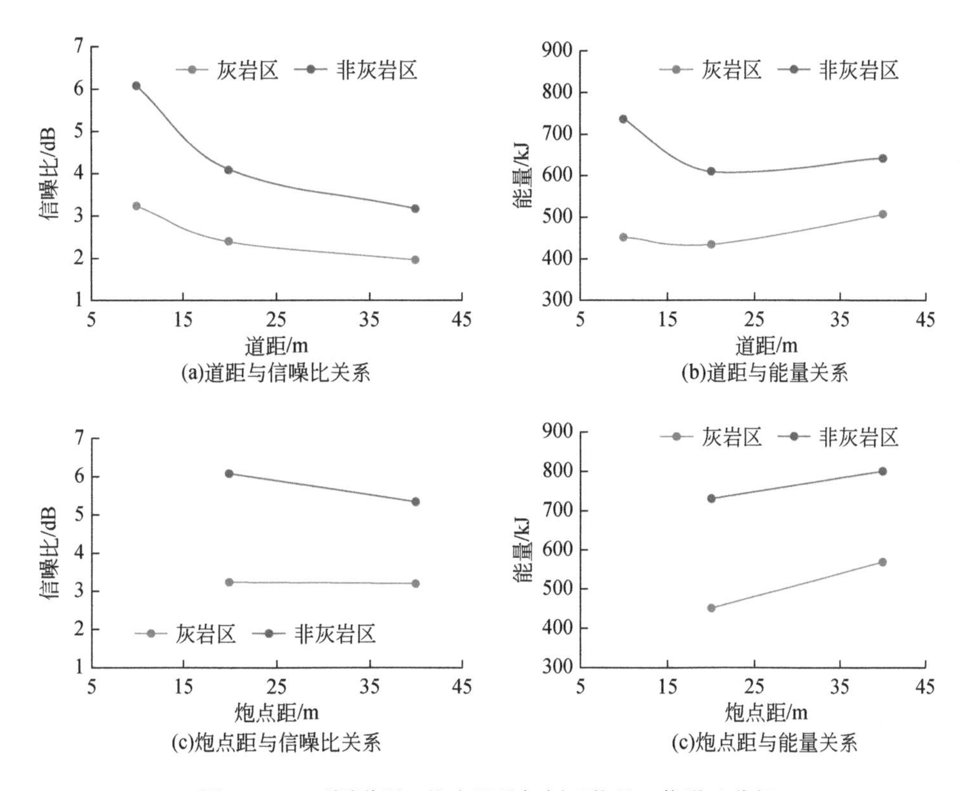

图 3.184　不同道距、炮点距叠加剖面能量、信噪比分析

当道距缩小为 10m 时，道距与煤层反射的信噪比呈现出明显拐点。对比道距、炮点距对煤层反射信噪比的影响，在灰岩区信噪比随道距变化斜率明显高于信噪比随炮点距变化斜率，因此说明在观测系统优化方面，缩小道距对成像的效果优于减小炮点距对成像的效果。

3. 偏移距对叠加剖面的影响

如图 3. 185 ~ 图 3. 193 所示，抽取不同偏移距剖面对比分析。受灰岩区与非灰岩区单炮资料有效反射分布范围的影响，其偏移距范围对叠加效果的贡献存在差异。在非灰岩区，对叠加成像有较大贡献的炮道对主要集中在偏移距范围 250 ~ 550m；在灰岩区，对叠加成像有较大贡献的炮道对主要集中在偏移距范围 350m 以上。

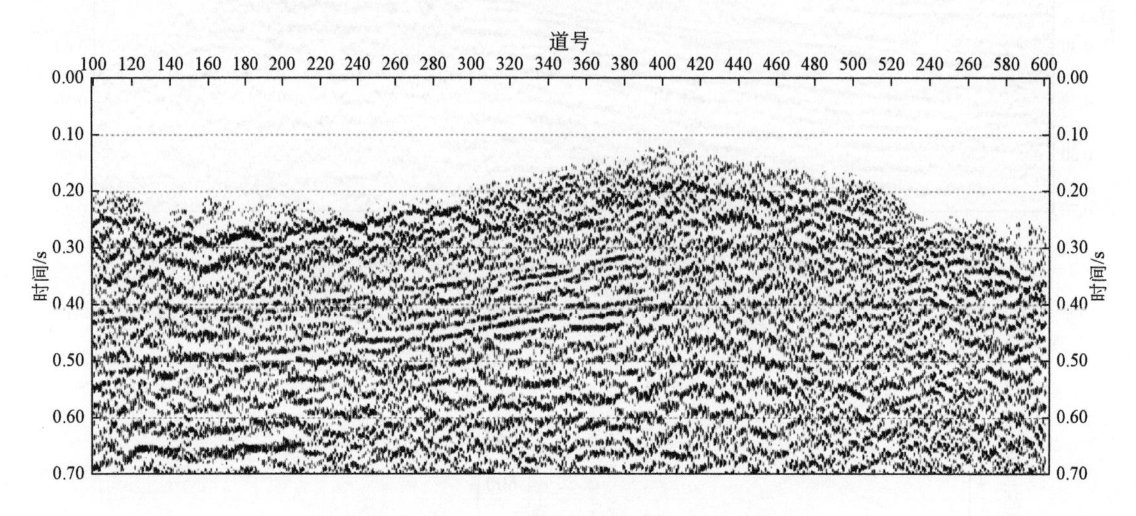

图 3. 185　Inline 1076 线限偏移距 0 ~ 250m 叠加剖面

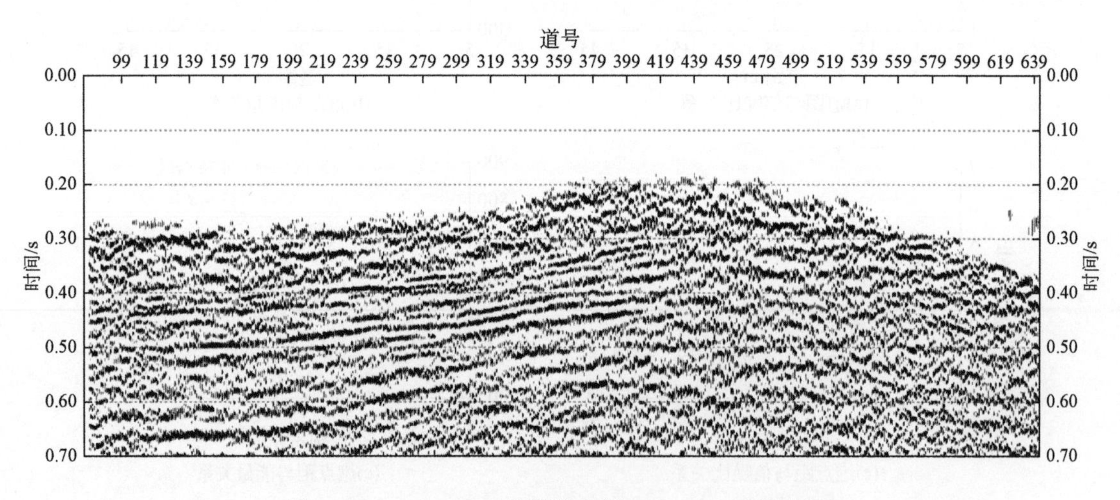

图 3. 186　Inline 1076 线限偏移距 200 ~ 400m 叠加剖面

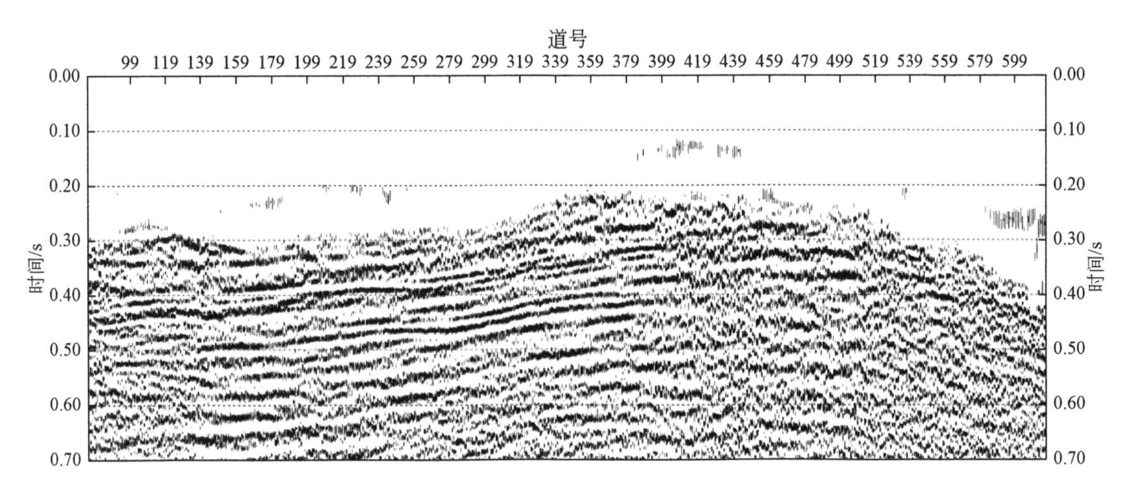

图3.187　Inline 1076线限偏移距350~550m叠加剖面

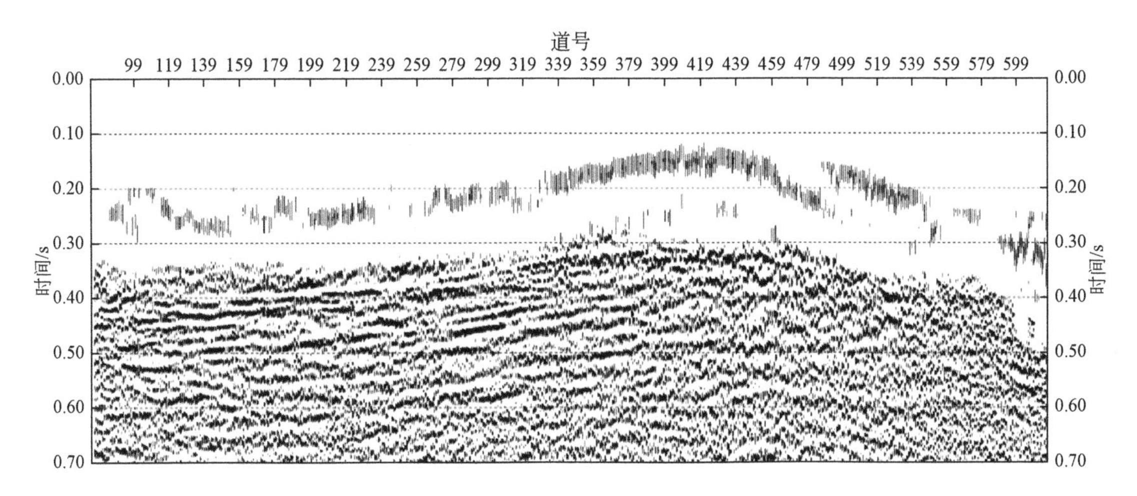

图3.188　Inline 1076线限偏移距500m以上叠加剖面

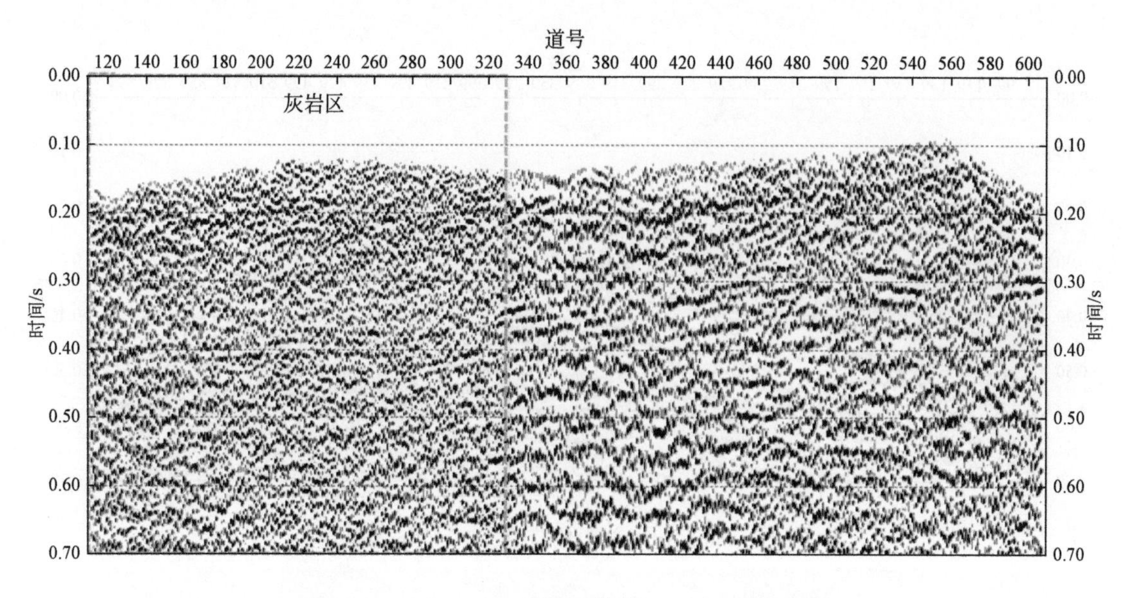

图 3.189　Inline 1206 线限偏移距 0～250m 叠加剖面

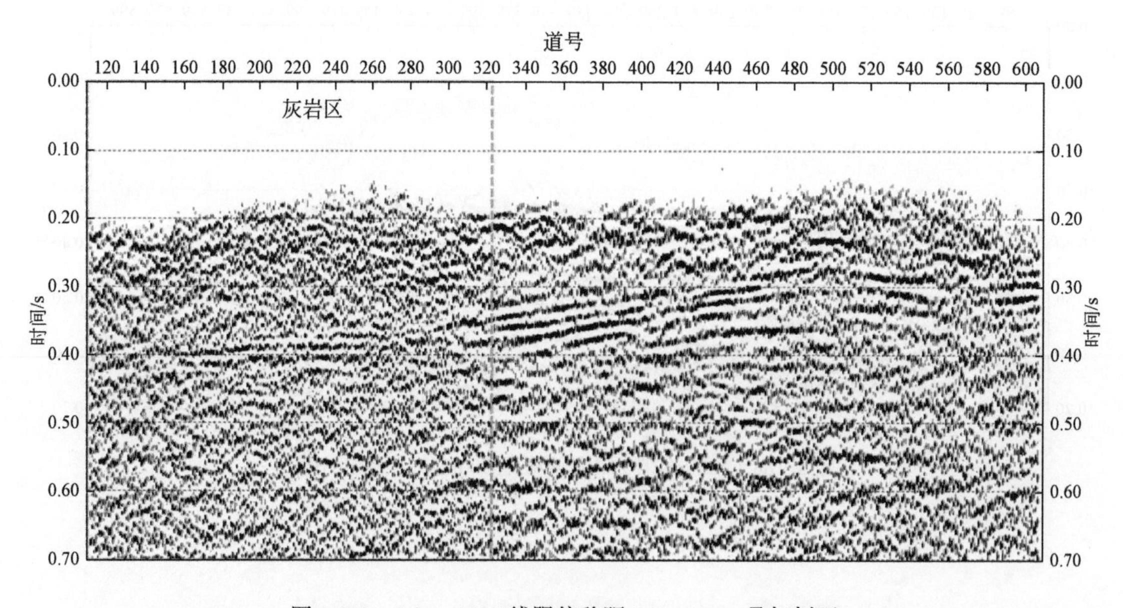

图 3.190　Inline 1206 线限偏移距 200～400m 叠加剖面

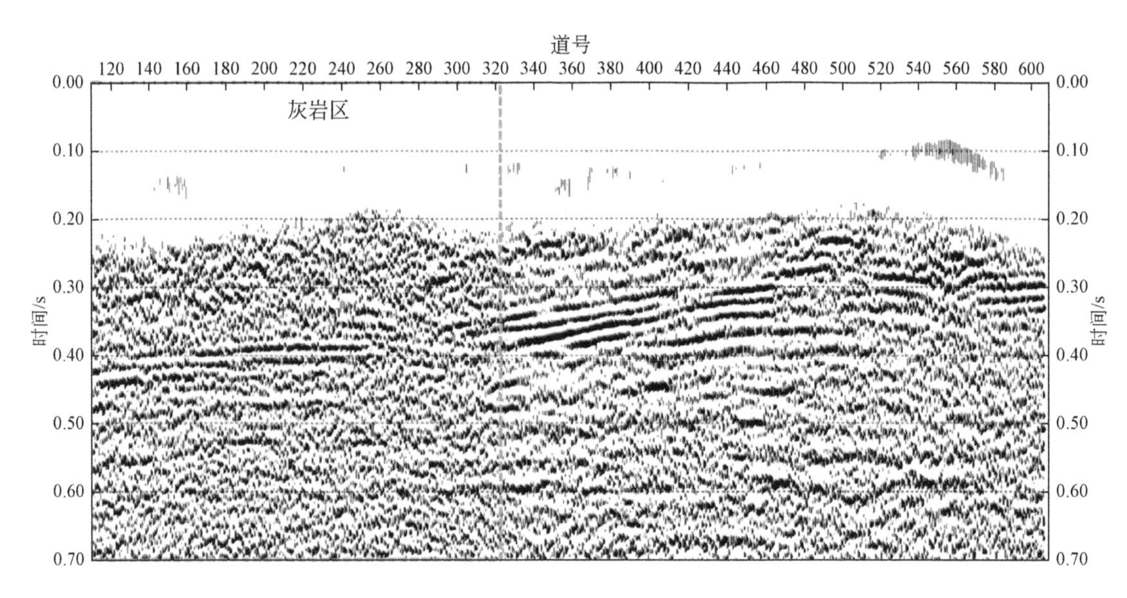

图 3.191 Inline 1206 线限偏移距 350～550m 叠加剖面

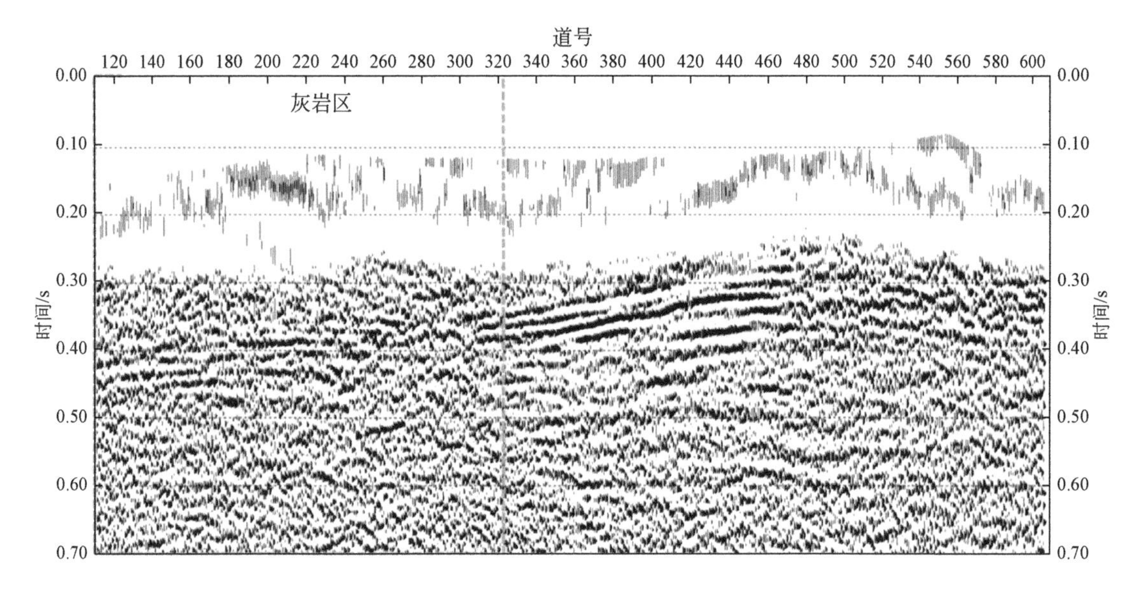

图 3.192 Inline 1206 线限偏移距 500m 以上叠加剖面

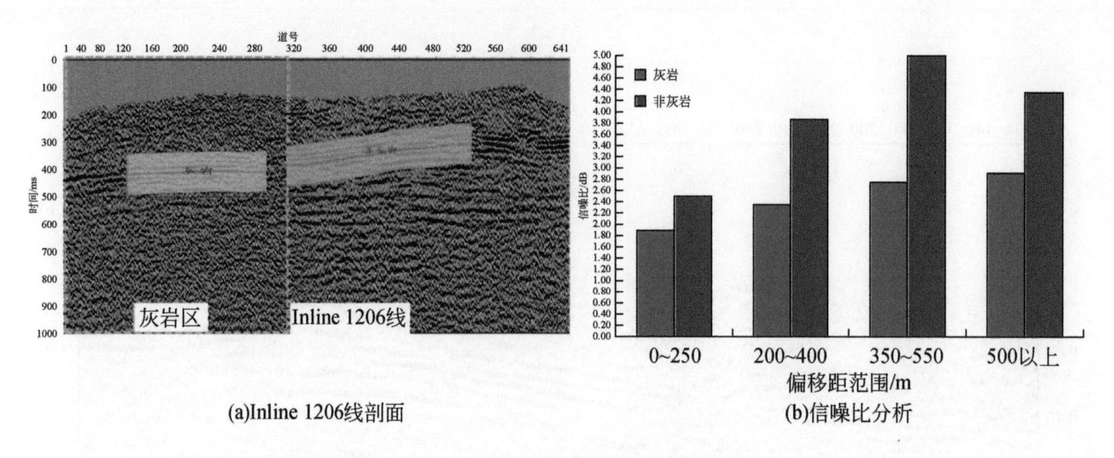

(a)Inline 1206线剖面　(b)信噪比分析

图 3. 193　Inline 1206 线不同限偏移距剖面信噪比分析

4. 方位角对叠加剖面的影响

为了分析方位角大小对叠加成像的影响，对比 14L4S80T35F 与 12L4S96T36F 的叠加效果。对比 14L4S80T35F 与 12L4S96T36F 两种不同方位角的观测系统，如图 3. 194 ~ 图 3. 198 所示。当方位角大于 1°后，在非灰岩区继续增加方位角对剖面煤层反射的信噪比几乎没有改善，而在灰岩区继续增加方位角对剖面煤层反射的信噪比仍有一定的改善。

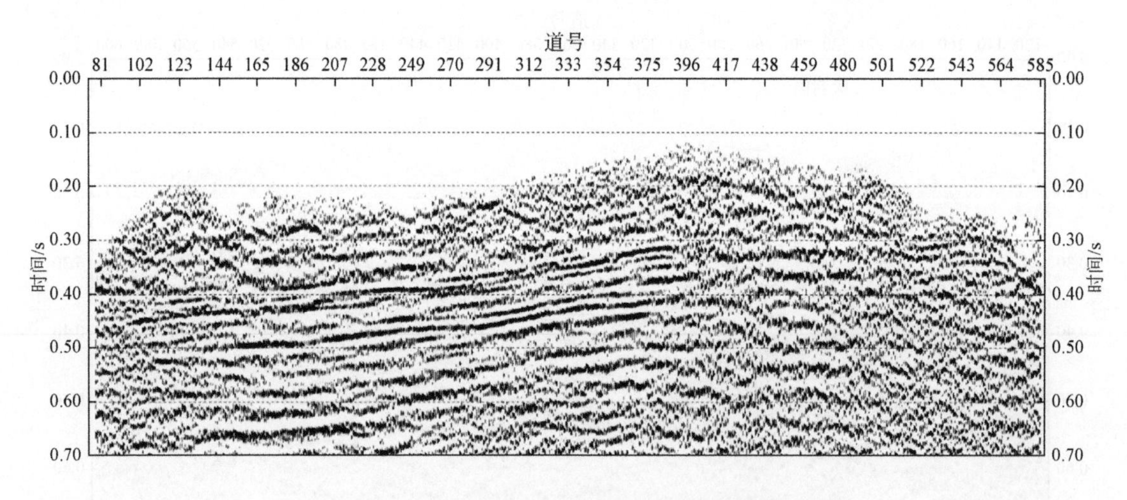

图 3. 194　Inline 1076 线 14L4S80T35F 观测系统叠加剖面

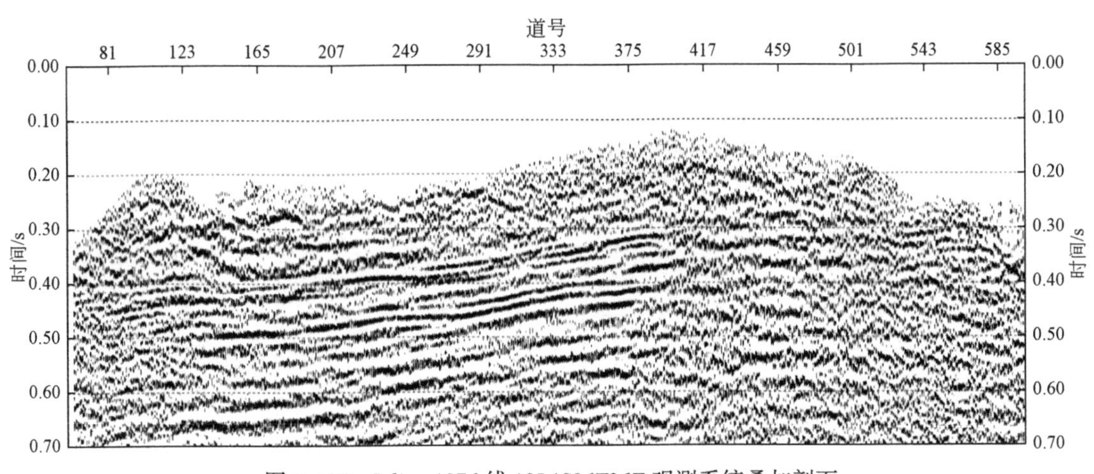

图 3.195　Inline 1076 线 12L4S96T36F 观测系统叠加剖面

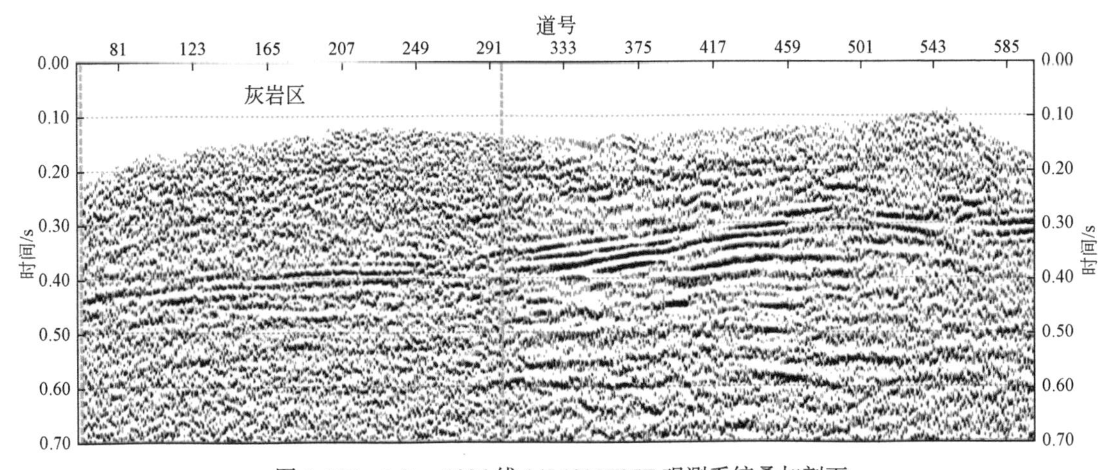

图 3.196　Inline 1206 线 14L4S80T35F 观测系统叠加剖面

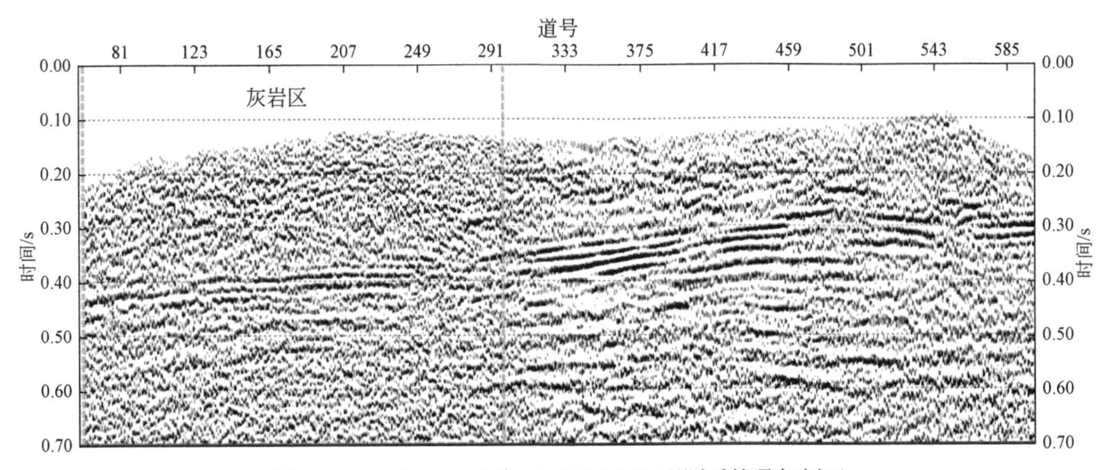

图 3.197　Inline 1206 线 12L4S96T36F 观测系统叠加剖面

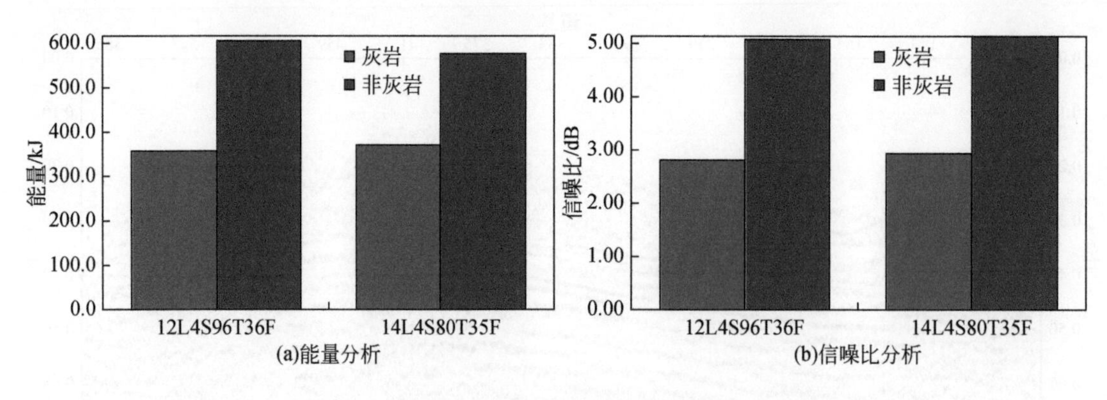

图 3.198　Inline 1206 线不同观测系统剖面定量分析

5. 叠加次数对叠加剖面的影响

如图 3.199 所示，随着叠加次数的增加，剖面煤层有效反射的信噪比逐渐增高，但在灰岩区与非灰岩区叠加次数与能量、信噪比的关系呈现一定的差异。

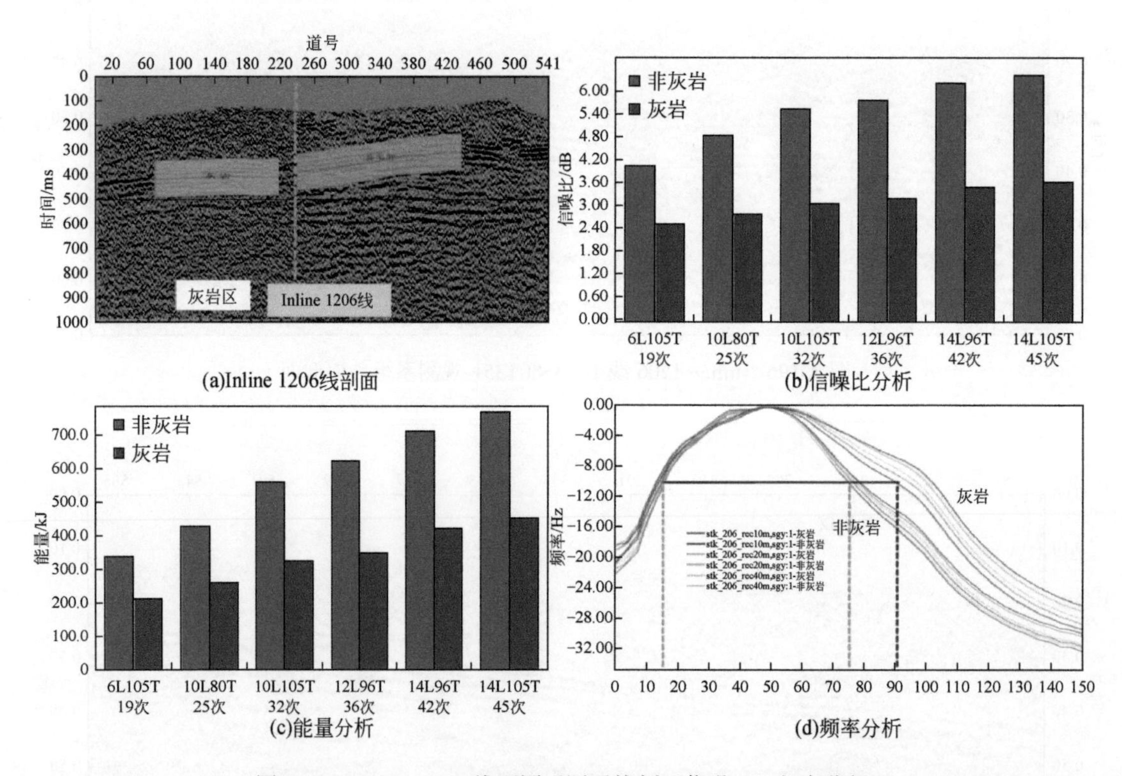

图 3.199　Inline 1206 线不同观测系统剖面信噪比、频率分析

随着叠加次数的增加，非灰岩区能量与信噪比比灰岩区增加更快。当观测系统叠加次数达到 25 次后，在非灰岩区叠加次数与煤层反射的信噪比呈现出明显拐点，而在灰岩区叠加次数与煤层反射的信噪比在叠加次数达到 42 次前，基本仍呈近线性关系。

3.5.5　剖面资料分析

1. 典型剖面分频扫描分析

图3.200为抽取剖面位置示意图，图3.201为Inline 1076线叠加剖面AGC显示图，从图3.201可以看出，灰岩区的煤层反射资料主频偏低、频宽相对较窄，砂岩区煤层反射资料主频较高，高频信息丰富。砂岩区反射高频信息丰富，在90Hz以上仍隐约可见有效反射信息。

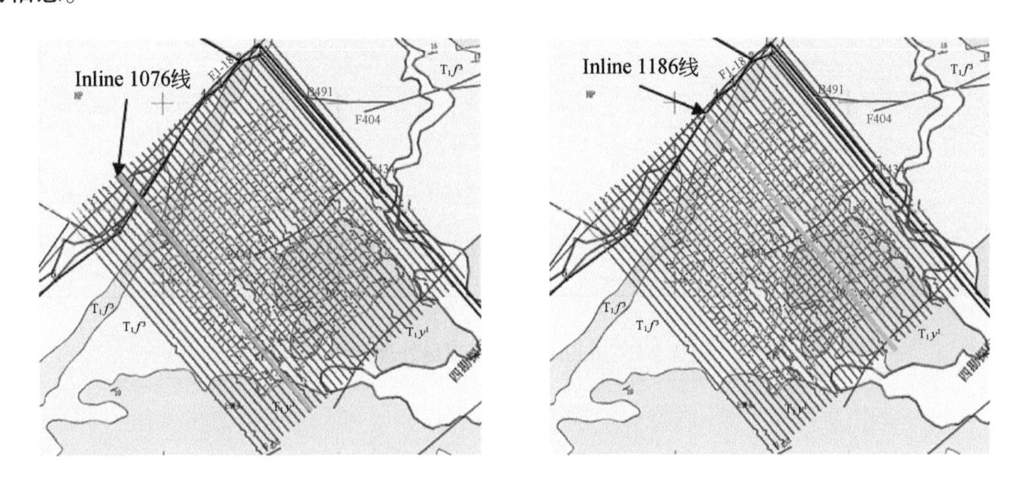

图3.200　抽取剖面位置示意图

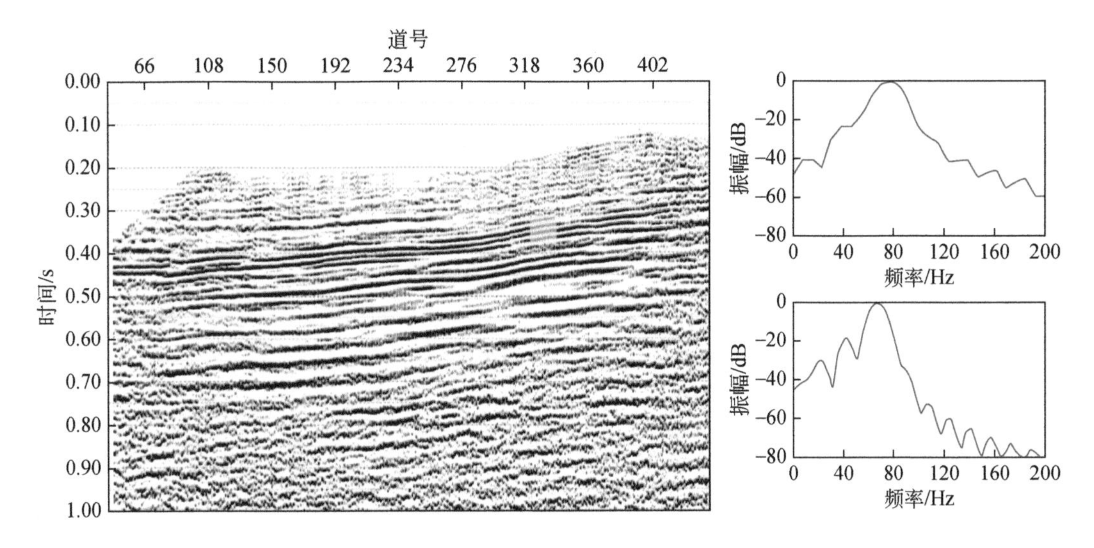

图3.201　Inline 1076线叠加剖面AGC显示

2. 典型叠加剖面品质分析

如图 3. 202 ~ 图 3. 220 所示，现场监控剖面均可获得多套反射波组，同相轴光滑连续，主要目的层可连续追踪，信噪比较高，层间反射信息丰富。剖面浅、中、深层反射波组齐全，层次清楚，波组特征变化明显，相位强弱分明，真实反映了地下地质结构特征。

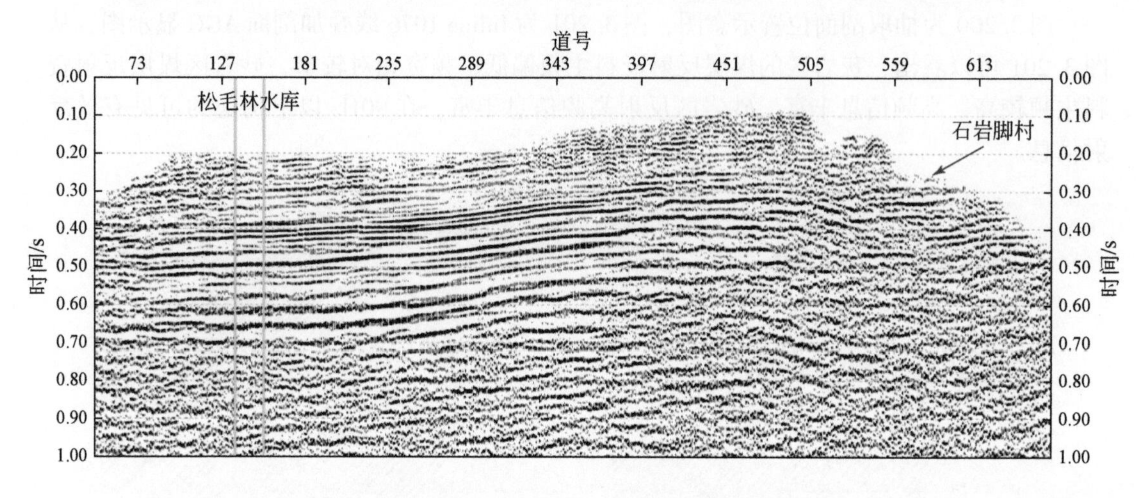

图 3. 202　Inline 1066 线现场处理剖面

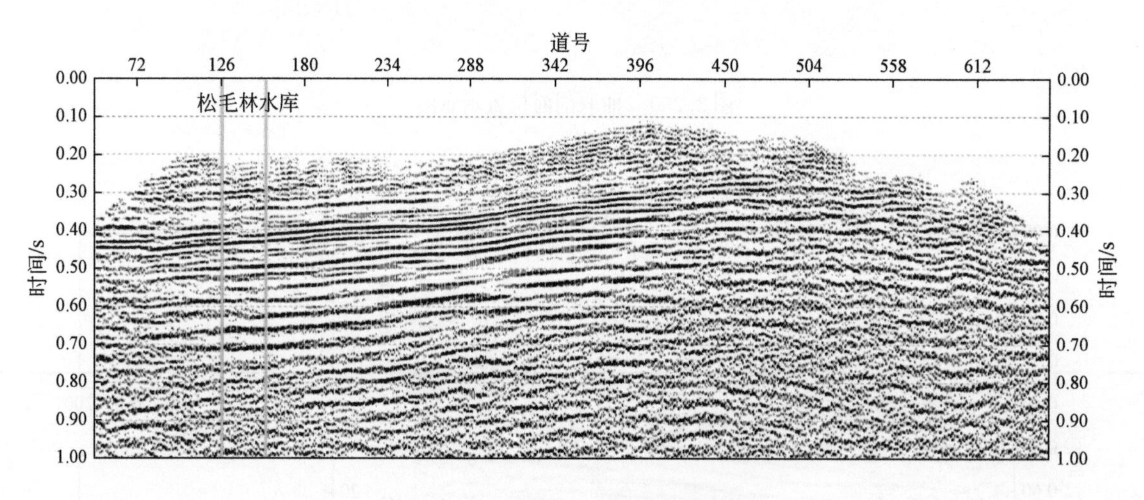

图 3. 203　Inline 1076 线现场处理剖面

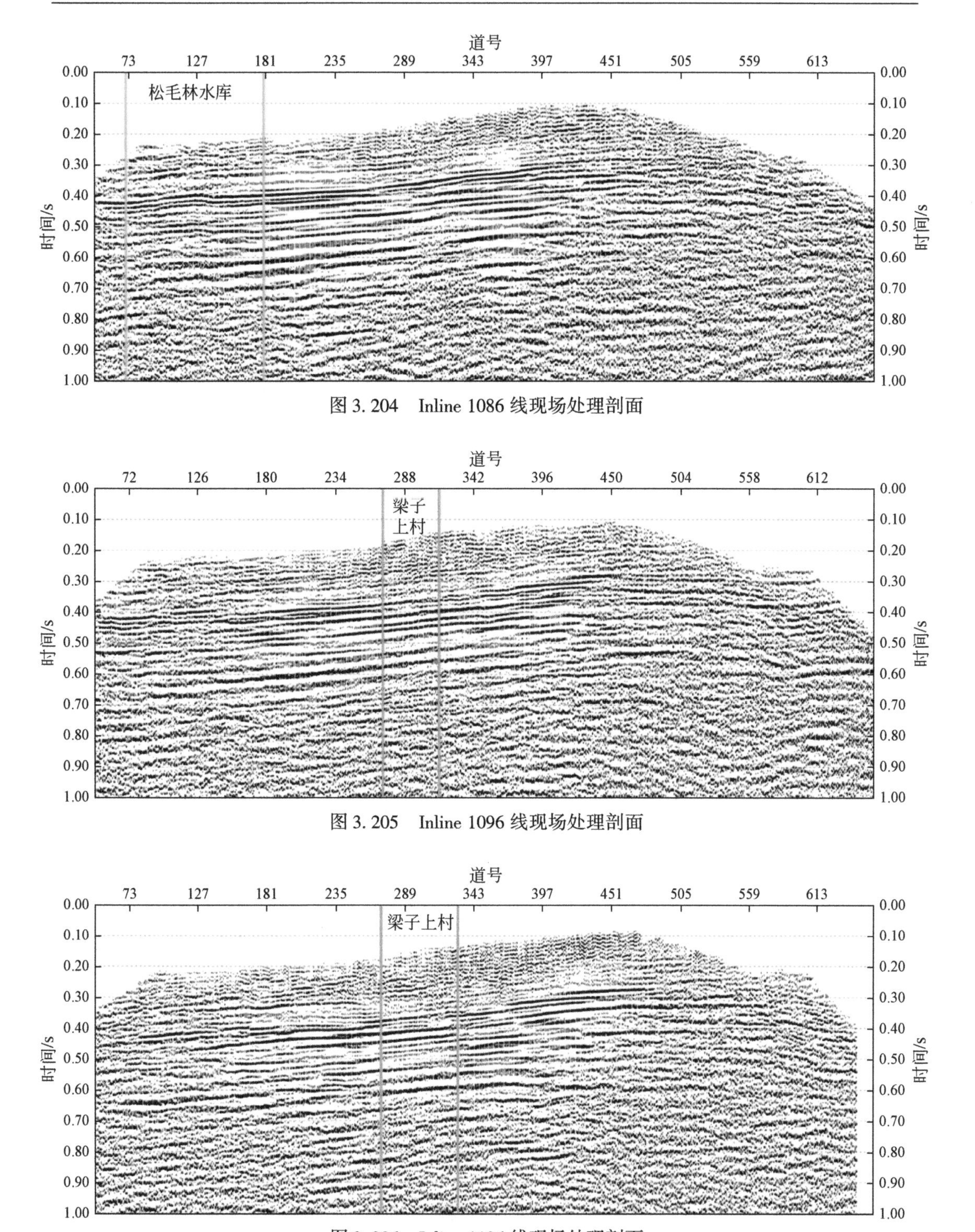

图3.204　Inline 1086线现场处理剖面

图3.205　Inline 1096线现场处理剖面

图3.206　Inline 1106线现场处理剖面

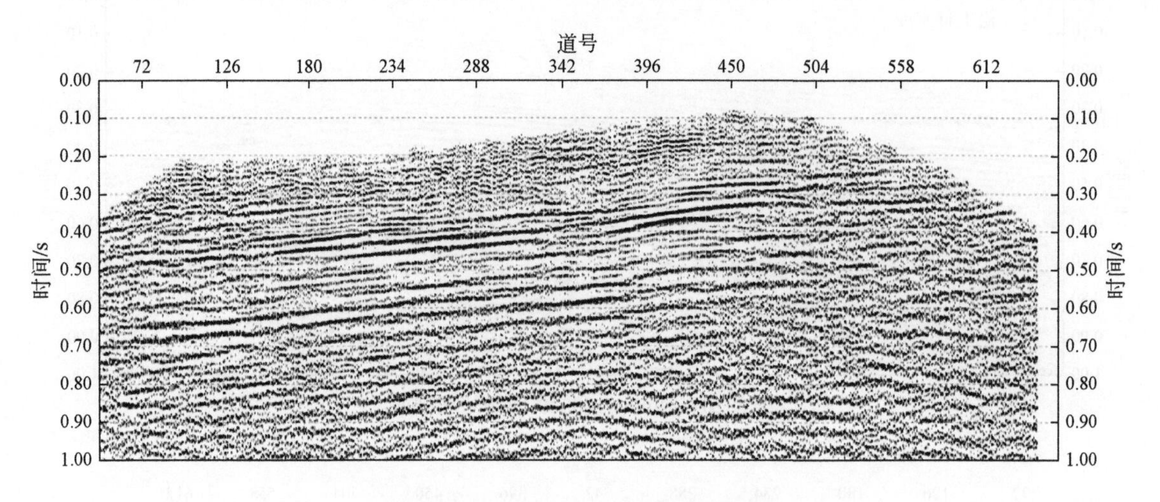

图 3. 207　Inline 1116 线现场处理剖面

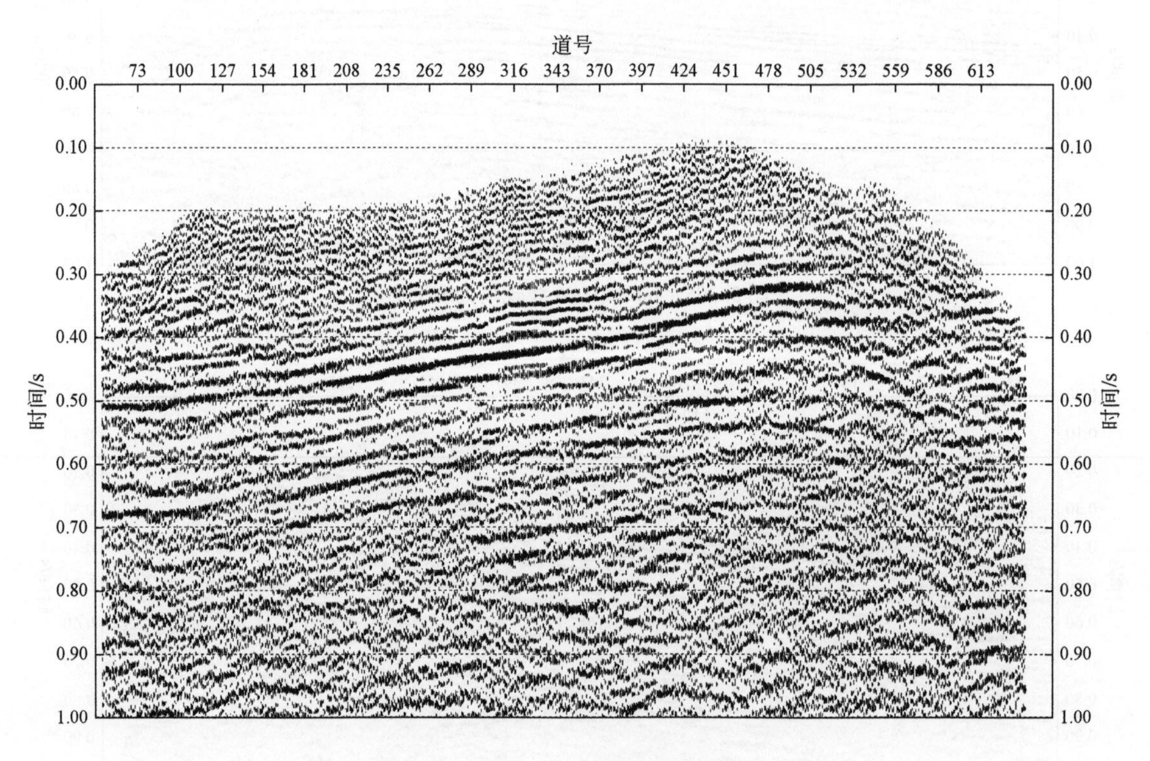

图 3. 208　Inline 1126 线现场处理剖面

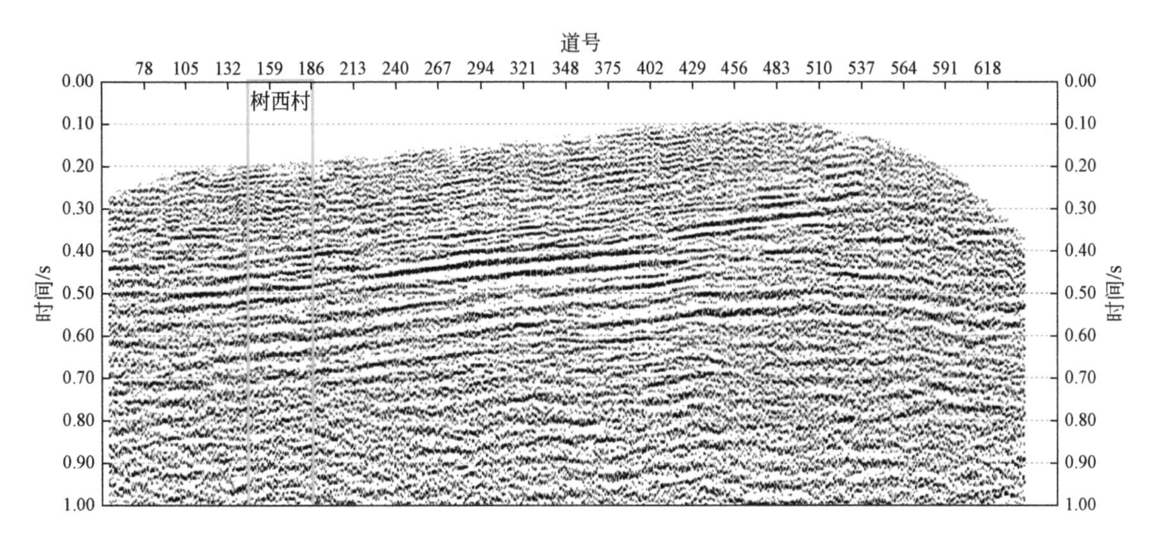

图 3.209 Inline 1136 线现场处理剖面

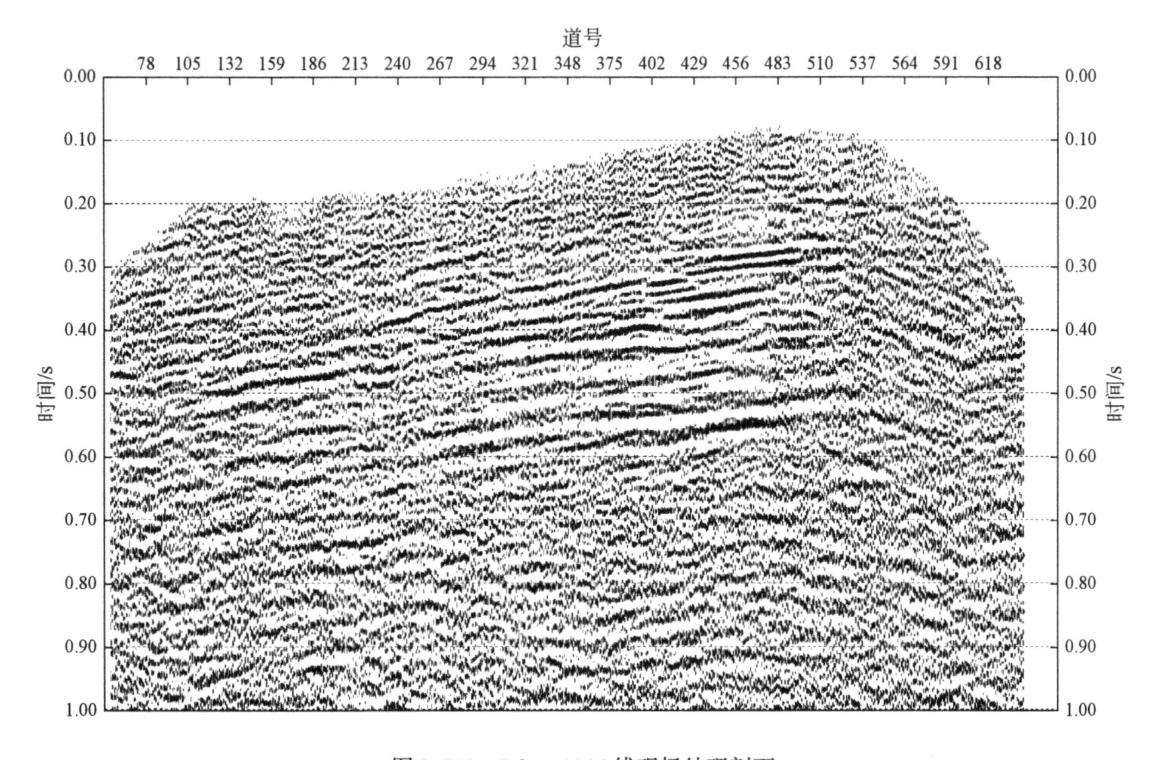

图 3.210 Inline 1146 线现场处理剖面

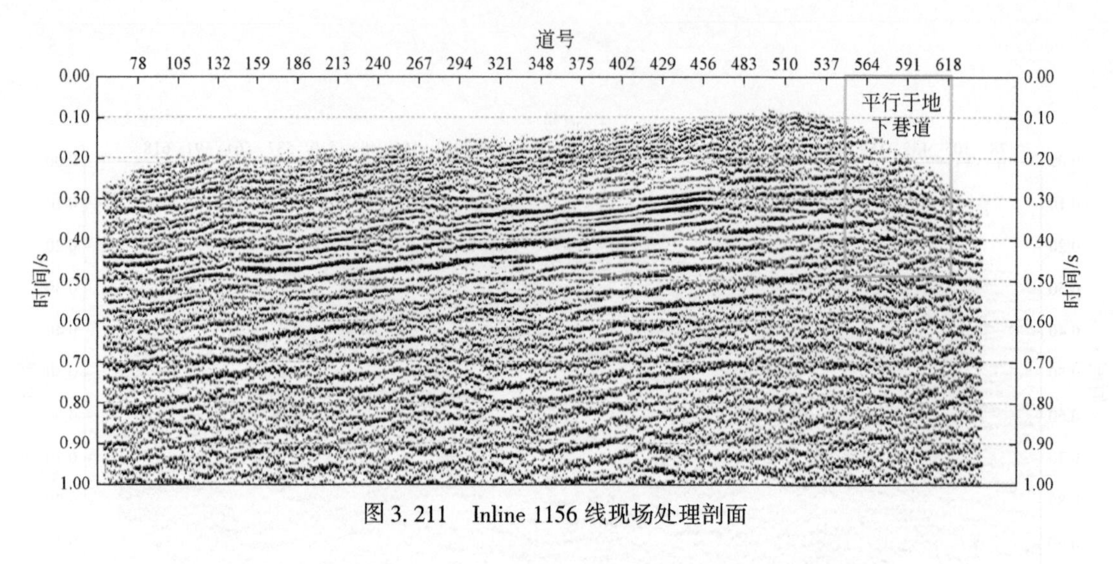

图 3.211　Inline 1156 线现场处理剖面

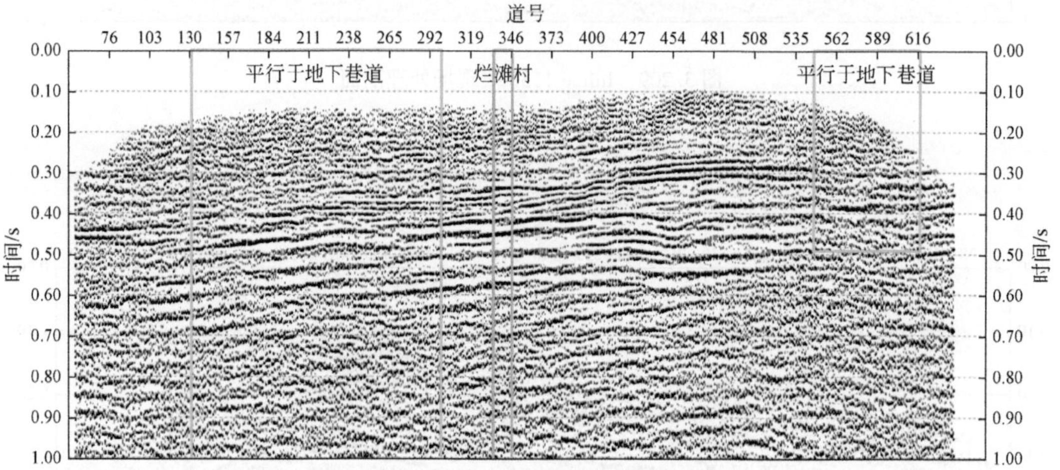

图 3.212　Inline 1166 线现场处理剖面

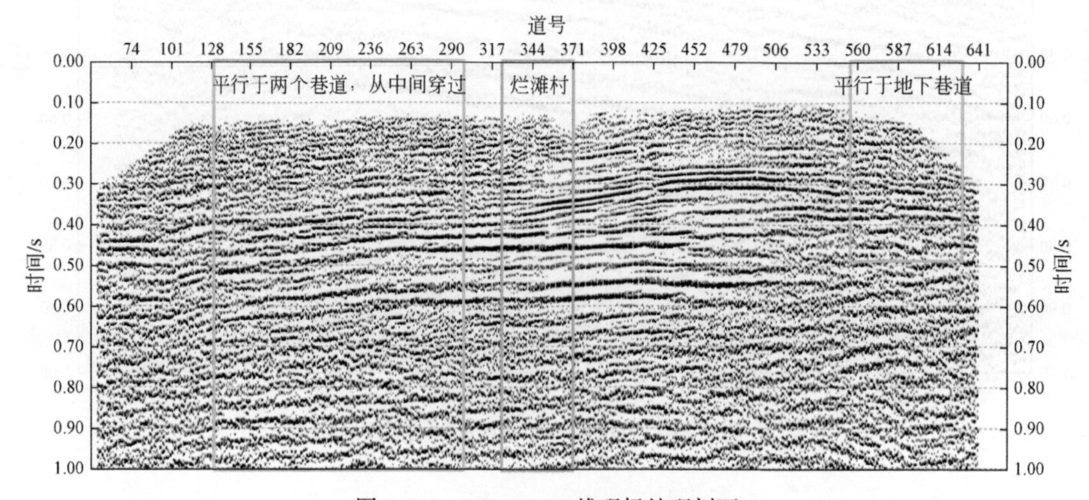

图 3.213　Inline 1176 线现场处理剖面

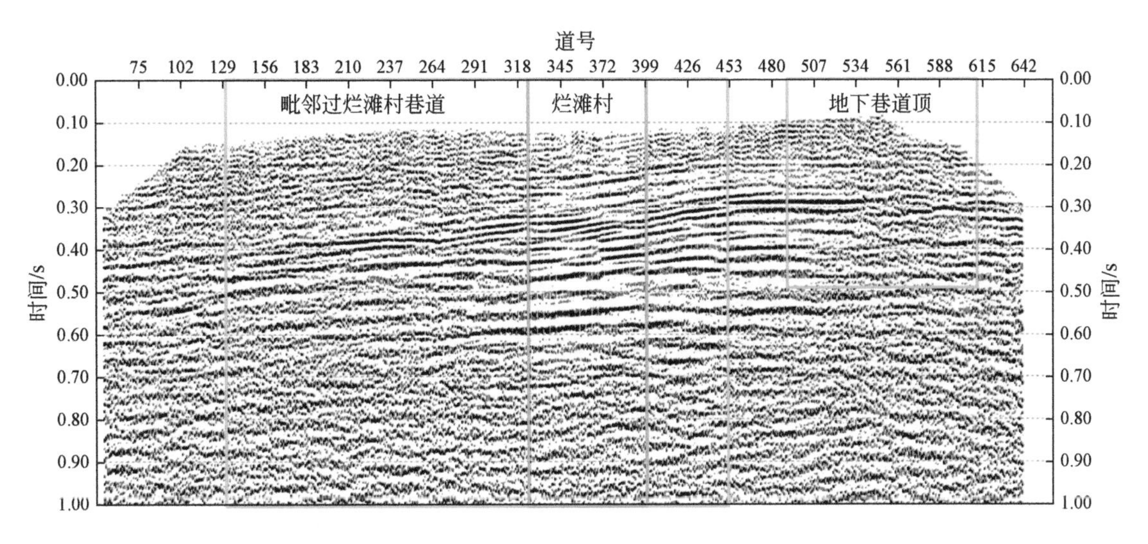

图 3.214　Inline 1186 线现场处理剖面

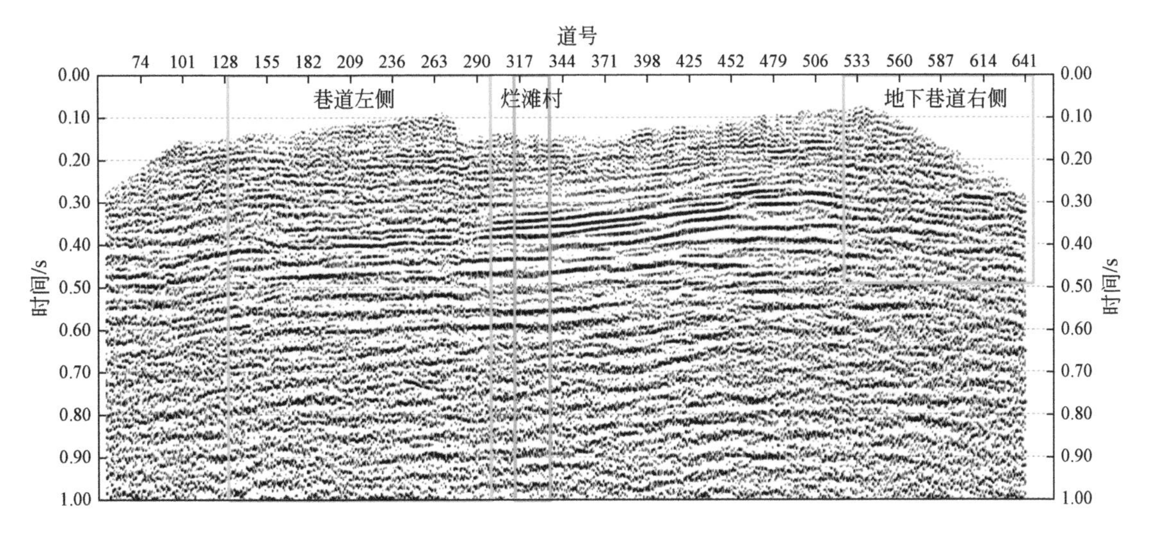

图 3.215　Inline 1196 线现场处理剖面

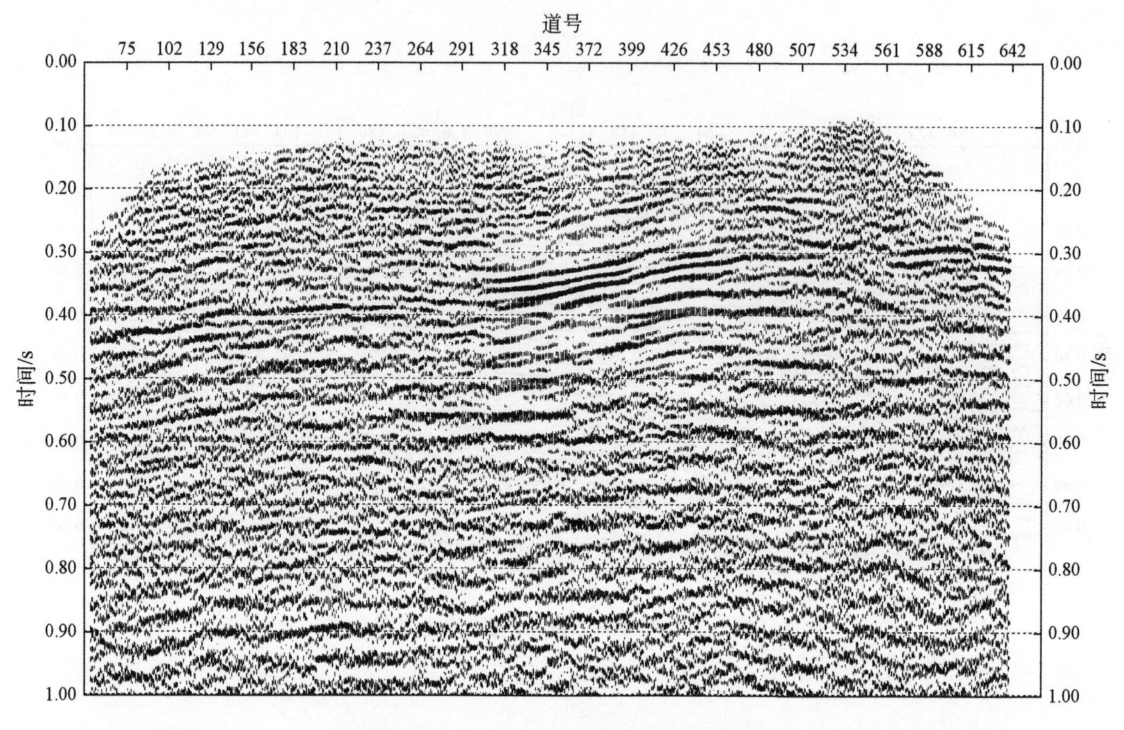

图 3.216　Inline 1206 线现场处理剖面

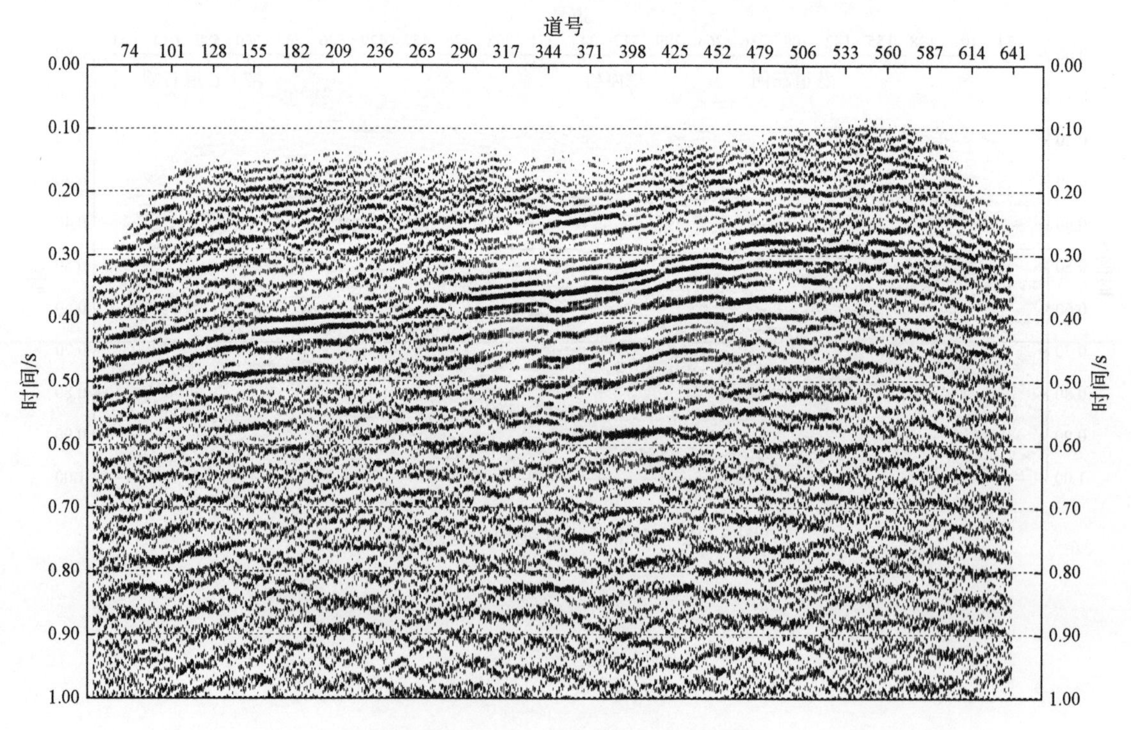

图 3.217　Inline 1216 线现场处理剖面

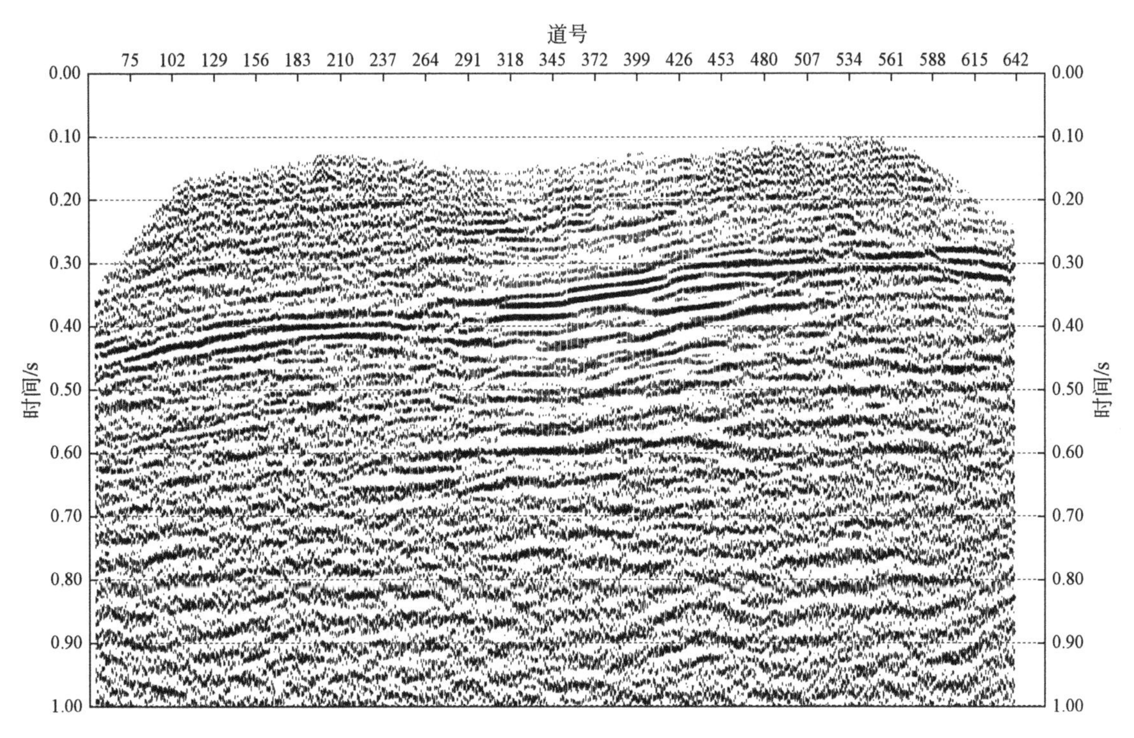

图3.218　Inline 1226线现场处理剖面

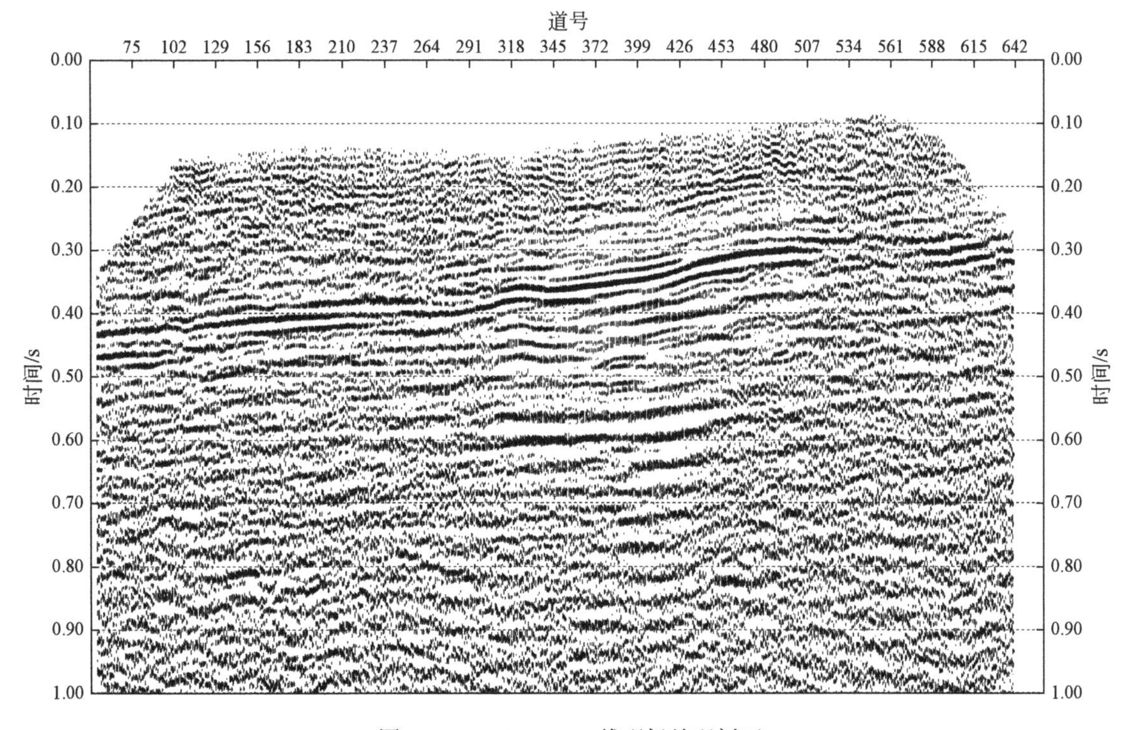

图3.219　Inline 1236线现场处理剖面

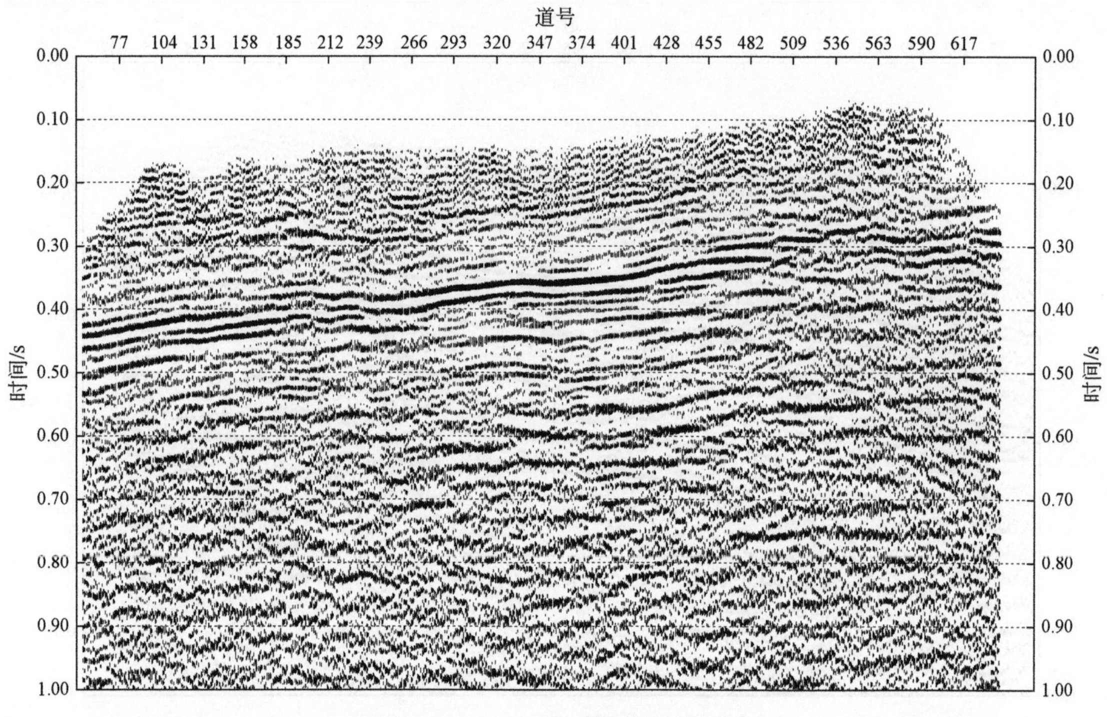

图 3. 220　Inline 1246 线现场处理剖面

3. 巷道对成像的影响

抽取巷道位置的剖面分析巷道对成像的影响，如图 3. 221 所示。从剖面上看，煤层上方巷道的展布对其下煤层成像有较大影响。巷道对其下煤层成像的影响主要体现在平行于巷道方向上，对垂直巷道方向的影响相对较小。

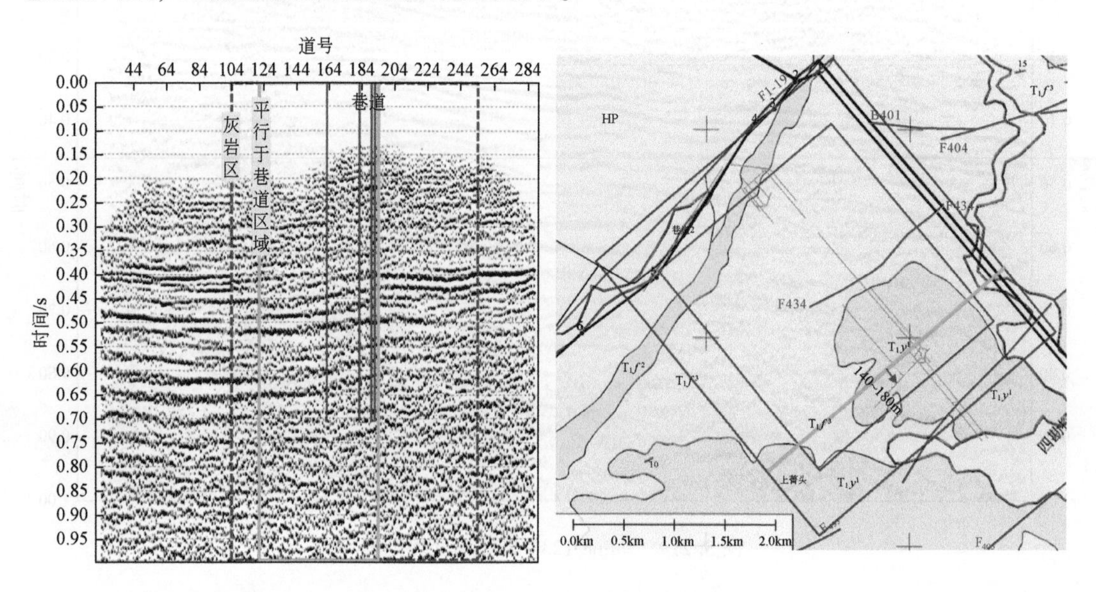

图 3. 221　Crossline 1080 线叠加剖面

从剖面上看，当巷道垂直于测线，如图3.222所示。单一巷道对煤层成像的影响难以明显识别。

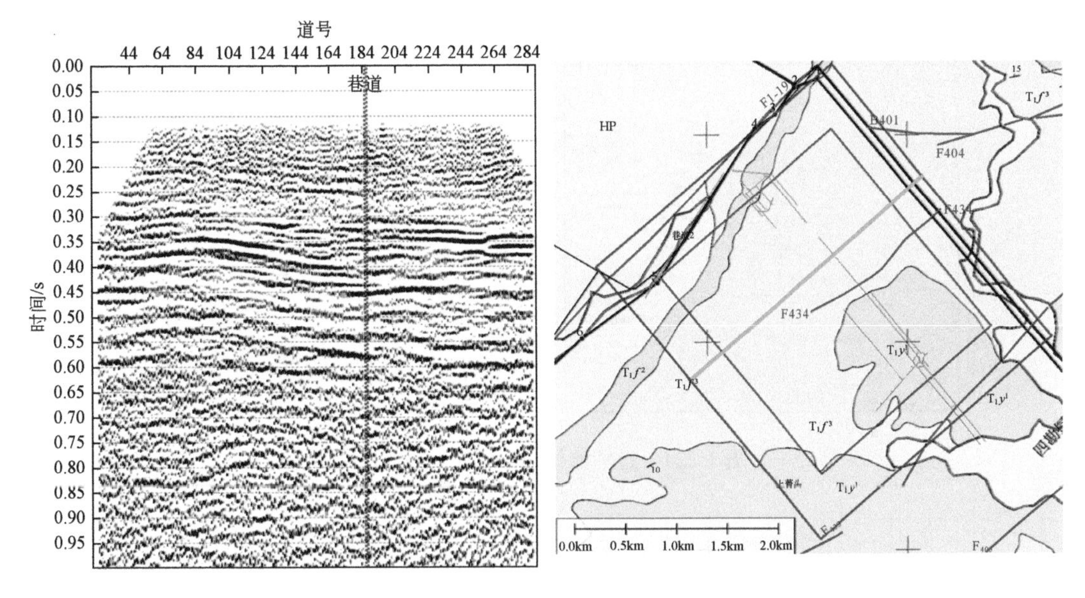

图3.222　Crossline 1200线叠加剖面

从剖面上看，当测线平行于多条巷道时，如图3.223所示。测线两侧半个最大横向偏移距内巷道越多，其下煤层叠加成像效果受巷道影响越大；受单炮信噪比影响，灰岩区巷道对煤层叠加成像效果的影响更大。

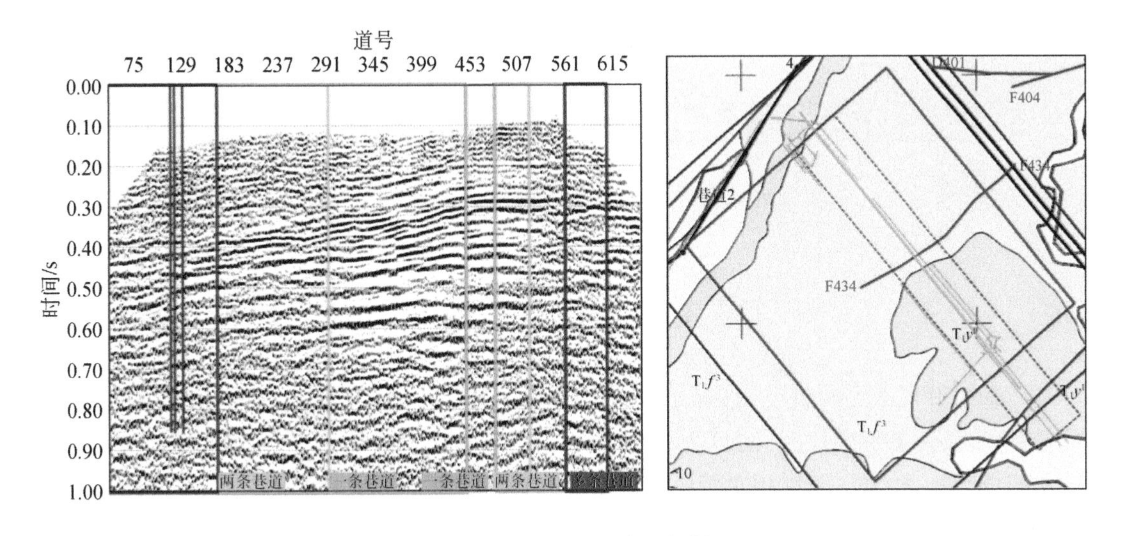

图3.223　Inline 1200线叠加剖面

4. 典型剖面品质分析

通过对可控震源单炮记录剥离形成的剖面对比（图3.224和图3.225）可以看出，可控震源单炮记录弥补了浅层缺口，同相轴连续性更好，能量更强，更利于追踪，可控震源的使用达到了预期效果。

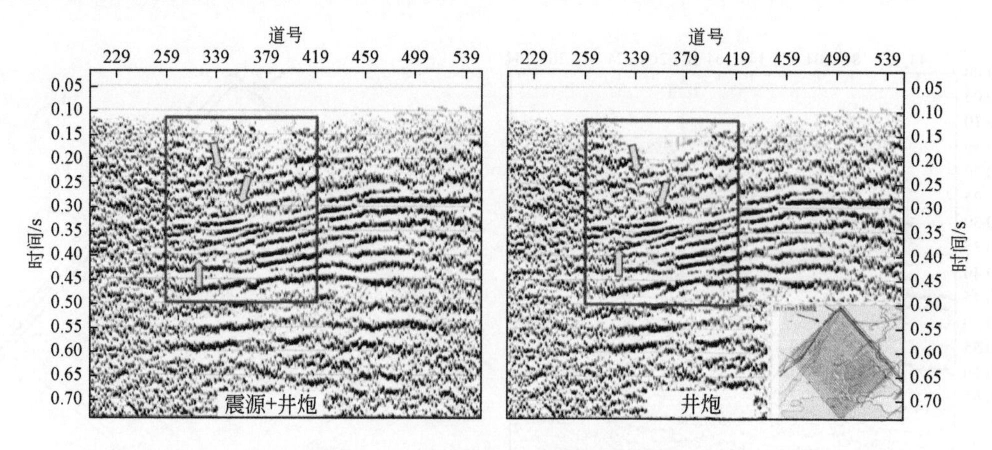

图 3.224　过烂滩村剖面震源效果对比

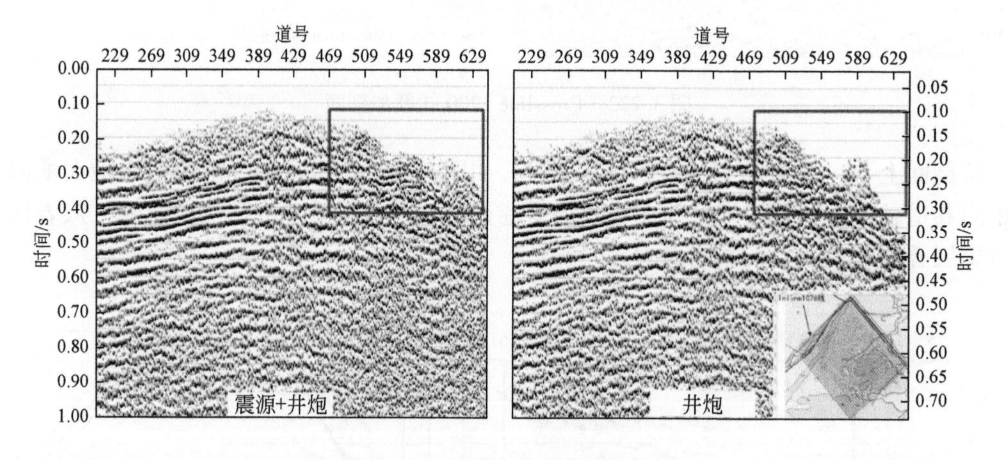

图 3.225　过石岩脚村剖面震源效果对比

3.6　小　结

1）通过开展微测井表层调查，结合收集的以往钻孔资料，结果表明：雨汪煤矿作为喀斯特地貌条件下的勘探区，激发岩性可以划分为灰岩区、砂岩区和黄土区。研究区灰岩表层相对较薄，砂岩区表层相对较厚，表现为高速层，速度一般在3000m/s以上；马坟梁子以西石岩脚村附近，因滑坡而坡积物厚，覆土层厚度（低速层）接近50m；马坟梁子北坡、烂滩村、松毛林水库附近表层相对较厚。中部以农田区为主，覆土层较薄。

2）根据地表出露岩性、表层调查、以往地勘钻孔资料，选取生产前试验点3个，分别为半坡的农田区试验点S1（桩号211221111）、高部位灰岩区试验点S2（桩号211041134）、较厚黄土区试验点S3（桩号211091094）。根据井深、药量试验，共计产生

24个物理点。对不同药量、井深的单炮记录进行单炮固定增益显示，每个物理点开展分别采用分频扫描、主频、频宽、信噪比、能量等多个参数分析，共计200多个图件，深入分析药量、井深对子波、分辨率、信噪比的影响，最终确定了8m井深，2kg药量为经济技术合理激发参数。

3）本研究在桩号210651090附近公路进行震源试验，采用12线96道接收，采用排列110491018 ~111371113。分别进行台次试验、硬化路面驱动幅度、扫描频率、扫描长度4项试验内容，共计14个物理点。每个物理点分别采用分频扫描、主频、频宽、信噪比、能量等多个参数分析，共计100多个图件，确定为1台一次激发，硬化路面情况下驱动幅度宜采用80%，扫描长度宜采用24s，扫描频率范围宜采用5～120Hz。通过对可控震源单炮记录剥离形成的剖面对比可以看出，可控震源单炮记录弥补了浅层缺口，同相轴连续性更好，能量更强，更利于追踪，可控震源的使用达到了预期效果。

4）对喀斯特地貌条件下的干扰波分析表明，在砂泥岩或砂泥岩风化层中激发，记录上干扰波主要为面波、P导波、折射波等。连续性较好的有效波主要分布在扫把形面波干扰区以外。在厚覆土区激发，记录上干扰波极为发育，能量衰减较为严重，主要干扰波为面波、P导波、S导波、折射波等；在该区域激发记录上，仅能识别断续的反射波组，其主要分布在扫扇形的S导波干扰区以外。受地形、岩性变化等影响，不同区域近表层速度、结构差异较大，变化快。这种复杂多变的起伏表层，也导致其表层干扰波场的复杂性，造成了单炮信噪比差异变化。这很好地解释了喀斯特地貌条件下的地震记录表现为低信噪比的原因。

5）基于雨汪煤矿喀斯特地貌条件下的单炮分析表明，不同岩性区激发记录面貌差异较大。黄土区激发记录能量衰减快、主频低，砂岩激发能量较强，灰岩激发能量虽然次之，但频率高，散射发育。与风化层相比，受分化基岩（砂岩或灰岩）激发能量较强，面波相对不发育。风化层激发记录能量相对较弱，面波发育，主频偏低。但是，风化层激发和砂岩层激发记录的有效波连续性明显好于灰岩激发有效波连续性。随着岩石分化进一步发育形成风化覆盖层，黄土区越厚、非均一性越强，其对有效波连续性的影响越大。分析不同地表高程、相同岩性的单炮分频扫描结果，发现在相同岩性下，高部位激发有效反射的连续性明显差于低部位激发的有效反射。研究区地表条件纵横向变化较大，从单炮记录上可看出不同接收条件对单炮品质的影响差异，灰岩区接收，频率较高，高频能量衰减强；厚黄土区接收，频率相对较低，能量衰减强。低洼且厚低速灰岩区，频率低，能量较弱。

6）通过退化处理，分析喀斯特地貌条件下观测系统对叠加剖面的影响，结果表明，随着接收线束的增加，剖面煤层有效反射的能量随之逐渐增大，信噪比逐渐增高，但在灰岩区与非灰岩区接收线与能量、信噪比的关系呈现一定的差异，灰岩区改善更为明显。随着道距、炮点距的减小，剖面煤层有效反射的信噪比逐渐增高，但在灰岩区与非灰岩区道距、炮点距与能量、信噪比的关系呈现一定的差异。随着道距从40m、20m缩小为10m时，道距与煤层反射的信噪比呈现出明显改善。对比道距、炮点距对煤层反射信噪比的影响，在灰岩区信噪比随道距变化斜率明显高于信噪比随炮点距变化斜率，因此说明在观测系统优化方面，缩小道距对成像的效果优于减小炮点距对成像的效果。在非灰岩区，对叠加成像有较大贡献的炮道对主要集中在偏移距范围 250 ~ 550m；在灰岩区，对叠加成像有较大贡献的炮道对主要集中在偏移距范围 350m 以上。随着叠加次数的增加，剖面煤层有效反射的信噪比逐渐增高，但是非灰岩区能量与信噪比比灰岩区增加更快。当观测系统叠加次数达到 25 次后，在非灰岩区叠加次数与煤层反射的信噪比呈现出明显拐点，而在灰岩区叠加次数与煤层反射的信噪比在叠加次数达到 42 次前，基本仍呈近线性关系。

7）抽取研究区东西部两条典型剖面进行频谱分析和分频扫描，可以看出灰岩区的煤层反射资料主频偏低、频宽相对较窄，砂岩区煤层反射资料主频较高，高频信息丰富。砂岩区反射高频信息丰富，在 90Hz 以上仍隐约可见有效反射信息。抽取巷道位置的剖面分析巷道对成像的影响，巷道对其下煤层成像的影响主要体现在平行于巷道方向上，对垂直巷道方向的影响相对较小。当测线平行于多条巷道时，测线两侧半个最大横向偏移距内巷道越多，其下煤层叠加成像效果受巷道影响越大；受单炮信噪比影响，灰岩区巷道对煤层叠加成像效果的影响更大。

第4章　垂直地震剖面探测技术

为实现地质目标的精准探测，利用VSP技术，通过零偏VSP资料处理，重点做好静校正、初至拾取、球面扩散能量补偿、波场分离、反褶积处理等技术，实现地震记录与VSP记录的走廊叠加，考虑到地震数据与VSP数据的频带不一致，采用频谱分析滤波的方法，改进两者之间的一致性。基于零偏VSP数据，分析时间-深度对应关系，对研究区内含煤地层的地震波反射特征进行精细标定，尤其是确定地震解释目的层位——主采C_2、C_3、C_{7+8}、C_9煤层在反射波上的位置。基于VSP数据，进一步分析地震频带下层速度，与测井声波曲线层速度的差异性，为后续基于地震速度信息分析地层岩性打下基础。

4.1　VSP探测项目概况

4.1.1　研究目标

结合该区块的勘探工作，主要研究目标如下：①与主要可采煤层有关的地震波场特征；②主要可采煤层的地震层位精细标定；③提取钻孔周围地质介质的速度。

4.1.2　J1、J2、J3井概况

三口井所在的三维地震勘探区地处十八连山山区，海拔1738～1997m。地貌由高原剥蚀中山区与高原岩溶区两个地貌类型组合而成，受控于地质构造，山体延伸方向大致与地层走向一致，呈北东—南西向，山脊均由下三叠统砂泥岩和泥灰岩组成。地表永宁镇组（T_1y）灰岩覆盖面积较大，灰岩覆盖区地貌上常表现为侵蚀、剥蚀峰丛、沟谷等。地层倾向与坡向基本一致，总体为同向坡地貌。属中山地形。

井号：滇东雨汪矿区J1井、J2井和J3井。

J1井钻孔位置：布置于雨汪煤矿二井工业广场，不在本次三维地震勘探范围内。

J2井钻孔位置：布置于雨汪煤矿一井101盘区，在本次三维地震勘探范围内。

J3井钻孔位置：布置于雨汪煤矿一井103盘区，在本次三维地震勘探范围内。

井位坐标：详见表4.1。

表4.1　滇东雨汪矿区VSP三口井（J1、J2、J3井）数据

井号	*X*坐标/m	*Y*坐标/m	地面标高/m	孔深/m
J1	35449014.37	2779943	1410.16	400
J2	35453190.79	2781610.533	1774.55	763

续表

井号	X坐标/m	Y坐标/m	地面标高/m	孔深/m
J3	35453991.12	2782777.531	1831.69	801

矿区J1、J2、J3井井身结构设计数据见表4.2，井身结构如图4.1所示。

表4.2 井身结构设计表

井号	施工项目	钻头/mm×钻深/m	套管/mm×长度/m	上返深度/m	固井方式
J1	一开	ϕ311.15×15	ϕ244.5×15	地面	常规固井
	二开	ϕ190×400	ϕ114×400	地面	胶塞式固井
J2	一开	ϕ311.15×15	ϕ244.5×15	地面	常规固井
	二开	ϕ190×763	ϕ114×763	地面	胶塞式固井
J3	一开	ϕ311.15×15	ϕ244.5×15	地面	常规固井
	二开	ϕ190×716	ϕ114×716	地面	胶塞式固井

4.1.3 钻遇地层

根据目标区域综合柱状图，地层有中三叠统个旧组（T_2g），下三叠统永宁镇组（T_1y）、飞仙关组（T_1f）、卡以头组（T_1k），上二叠统龙潭组（P_2l）、长兴组（P_2c），下二叠统茅口组（P_1m）。各组岩性简要描述如下：

永宁镇组（T_1y）主要是灰白色中厚层状灰岩，细晶结构为主，层面见较多缝合线构造，夹灰色薄—中厚层状泥质灰岩，呈隐晶结构，灰岩节理发育，为方解石和石英钟充填，该层位溶洞较发育，底部产瓣鳃类动物化石，与下伏地层整合接触。

飞仙关组（T_1f）的T_1f^3、T_1f^2主要是浅灰色、紫灰色、灰绿色中厚层状粉砂岩、泥质粉砂岩，中部常夹数层生物灰岩薄层；底部产少量腕足类动物化石，为一层生物碎屑灰岩。T_1f^1主要是紫红色、灰紫色薄—中厚层状粉砂质泥岩、泥岩，具水平及微波状层理，夹灰绿色粉砂岩、泥质粉砂岩，含大量蠕虫状方解石和钙质砂岩结核。

卡以头组（T_1k）上部为灰绿色泥质粉砂岩；中部为灰绿色薄—中厚层状钙质粉砂岩，夹灰色薄层泥质灰岩；下部为浅灰绿色薄层微层状含钙粉砂质泥岩，灰黑色纹理发育。

长兴组（P_2c）发育C_1和C_{1+1}，顶底板岩性主要是粉砂质泥岩和泥质粉砂岩。

龙潭组（P_2l）是本区内的主要含煤地层，发育C_2～C_{19}煤层段。地层厚134.67～188.16m，平均厚163.01m，含煤10～21层，一般含煤16层，煤层总厚23.81m，含煤系数14.61%。含可采煤层9～18层，一般11层，可采总厚18.08m，可采含煤系数11.09%。

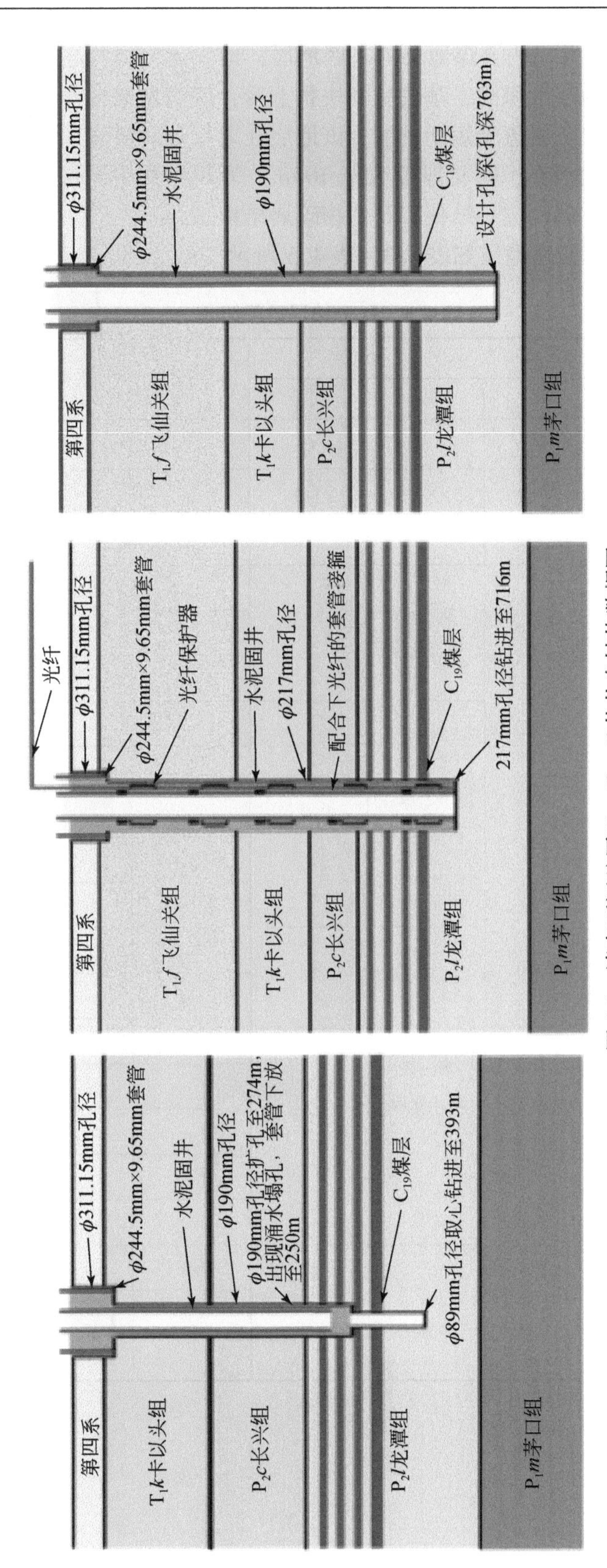

图 4.1　滇东雨汪矿区J1、J2、J3井井身结构数据图

茅口组（P_1m）为井田内含煤地层的基底地层，地表无出露，亦无钻孔揭露。据以往勘查成果，本区含煤地层沉积前，基底呈断块状上升，使滇东地区普遍存在的峨眉山玄武岩剥蚀殆尽，还使茅口灰岩遭受短期剥蚀，该地层在老厂背斜核部（老厂乡集镇附近）有出露，呈北东—南西向展布，可见厚度大于100m：为浅海相中厚层状-块状亮晶介屑灰岩，局部夹硅质灰岩，偶含燧石结核，具生物碎屑结构。

J1、J2、J3 井实际钻遇地层如表 4. 3 ~ 表 4. 5 所示。

表 4. 3　J1 井钻遇地层简表

地层					煤层	底界深度/m	实钻地层厚度/m
系	统	组	段	代号			
第四系				Q		21. 5	21. 5
三叠系	下统	卡以头组		T_1k		87. 4	65. 9
二叠系	上统	长兴组		P_2c		108. 1	20. 7
		龙潭组	第三段第三亚段	$P_2l^{3\text{-}3}$	C_2	109	0. 9
					C_3	116. 5	0. 3
						138. 9	30. 8
			第三段第二亚段	$P_2l^{3\text{-}2}$	C_4	141. 0	2. 1
					C_5	149. 8	0. 4
					C_{7+8}	178. 8	3. 7
					C_{8+1}	183. 8	4. 0
						189	50. 1
			第三段第一亚段	$P_2l^{3\text{-}1}$	C_9	189. 7	0. 7
					C_{13}	214. 9	3. 7
					C_{14}	223. 2	1. 6
					C_{15}	245. 3	2. 6
					C_{16}	270. 9	2. 1
					C_{17}	273. 0	1. 2
						283. 8	94. 8
					C_{18}	285. 5	0. 9
					C_{19}	298. 9	1. 8
						375. 70 终孔	

表4.4　J2井钻遇地层简表

地层					煤层	底界深度/m	实钻地层厚度/m
系	统	组	段	代号			
第四系				Q		2.8	2.8
三叠系	下统	飞仙关组	第四段	T_1f^4		31.6	29.8
			第三段	T_1f^3		155.4	123.8
			第二段	T_1f^2		253.3	97.9
			第一段	T_1f^1		348.9	95.6
		卡以头组		T_1k		476.9	128
二叠系	上统	长兴组		P_2c	C_1	481.1	0.7
					C_{1+1}	489.6	0.2
						497.8	20.9
		龙潭组	第三段第三亚段	$P_2l^{3\text{-}3}$	C_2	501.7	1.7
					C_{2+1}	510.9	0.9
					C_3	520.8	1.5
						527.6	29.8
			第三段第二亚段	$P_2l^{3\text{-}2}$	C_4	528.4	0.8
					C_{7+8}	552.0	2
					C_{8+1}	554.3	0.9
						562.6	35.0
			第三段第一亚段	$P_2l^{3\text{-}1}$	C_9	564.4	1.8
					C_{13}	587.0	0.5
					C_{14}	600.3	2.6
					C_{16}	610.6	1.2
						620.8	58.2
			第二段	P_2l^2	C_{17}	621.2	0.4
					C_{18}	632.7	3.1
					C_{19}	654.5	2.1
						758.30终孔	

表 4.5　J3 井钻遇地层简表

地层					煤层	底界深度/m	实钻地层厚度/m
系	统	组	段	代号			
第四系				Q		18	18
三叠系	下统	飞仙关组	第三段	T_1f^3		135.6	117.6
			第二段	T_1f^2		235.6	100
			第一段	T_1f^1		328.2	92.6
		卡以头组		T_1k		486.6	158.4
二叠系	上统	长兴组		P_2c	C_{1+1}	491.7	0.6
						521.7	35.1
		龙潭组	第三段第三亚段	P_2l^{3-3}	C_2	522.9	1.2
					C_{2+1}	530.7	0.7
					C_3	550.3	1.8
					C_4	557.0	35.3/1.3
			第三段第二亚段	P_2l^{3-2}	C_{7+8}	576.9	3
					C_{8+1}	585.1	0.8
						590.7	33.7
			第三段第一亚段	P_2l^{3-1}	C_9	592.0	1.3
					C_{13}	609.1	1.6
					C_{14}	615.9	0.4
					C_{15}	630.0	1.9
					C_{16}	645.2	0.8
						646.4	55.7
			第二段	P_2l^2	C_{17}	647.1	0.7
					C_{18}	654.3	1.2
					C_{19}	681.7	1.6
						716.7（终孔）	

4.1.4　主要成果

雨汪矿区 J1、J2、J3 井 VSP 工程项目是采集、处理及解释一体化的项目，项目研究取得的成果主要如下：

1）采集得到的原始波场丰富，资料频带宽，主频较高，存在多种干扰波，资料总体质量基本满足项目地质任务的要求。

2）处理得到 J1、J2、J3 井地震纵波层速度、平均速度、均方根速度；J2、J3 井横波层速度。

3）处理提取了J2、J3井的时-深关系，且时-深已校正到该区三维地震资料处理基准面，可用于该区三维地震资料解释。

4）为标定地震资料反射波组，对J2、J3井VSP走廊剖面进行匹配处理，标定了过井三维地震Inline 208、Inline 492测线主要可采煤层的地质属性，经声波合成记录验证，标定准确，可用于地面地震剖面层位识别解释。

5）井区可采煤层薄，J3井在目的层段加密1m采样，提高了薄煤层的标定精度。J2、J3井的C_2、C_4及C_{19}煤层在地震剖面Inline 208、Inline 492上都标定在正相位近峰值处，C_9煤层在地震剖面Inline 208和Inline 492上标定的相位有差异，分析认为与J2井井周构造复杂有关。

J2井标定了过井三维地面地震测线Inline 208线主要反射波组的地质属性；J3井标定了过井三维地面地震测线Inline 492线主要反射波组的地质属性。由于J1井井周没有地面地震资料，缺少地面地震资料，故未进行J1井地面地震地质属性标定。

6）形成了J2、J3井VSP反射波与地面地震、测井资料三者之间的桥式对比图。

4.2　雨汪矿区J1、J2、J3井VSP原始资料分析

4.2.1　采集设备及参数

地面仪型号：HDSeis数字测井仪。

井下检波器型号：DDS-250四分量数字检波器。

前方增益：42dB；采集率：0.5ms。

记录长度：3.0s；记录格式：SEG-Y。

为了选择最佳激发参数，获得高品质的野外采集数据，J1、J2、J3井的可控震源、炸药震源，零、非零井源距采集施工前，均进行了激发参数试验。

本次处理主要针对可控震源激发J1井零偏VSP生产资料和J3井零偏VSP生产资料，以及炸药震源激发J2井零偏VSP生产资料，具体激发参数见表4.6。

表4.6　生产激发参数

井号	震源类型	震源参数
J1	可控震源	线性扫描、扫描长度12s、扫描频率5～84Hz，出力70%，振动台次1×1
J2	炸药震源	激发井深10～12m，泥岩激发，150g药量
J3	可控震源	线性扫描、扫描长度12s、扫描频率5～84Hz，出力70%，振动台次1×1

4.2.2　测量成果

为了保证本次VSP测井零井源距、非零井源距激发点位的测量精度，在施工前组织技

术人员收集井区内的井位坐标以及附近的已知测量控制点，实测三口井的井口坐标、高程，零、非零井源距激发点坐标、高程以及零井源距的子波点坐标、高程。测量成果如表 4. 7 所示。

表 4. 7　雨汪矿区 J1、J2、J3 井零偏 VSP 测量成果

点名	北坐标	东坐标	高程/m	平距/m	方位角/（°）	备注
JK1	2779875. 8	449056. 3	1379. 744			
J1-Z-V	2779864. 0	449035. 4	1373. 582	23. 9953	240°34′14″	对零误差：0. 2m 生产系统延迟 100ms
J1-Z-ZB	2779862. 5	449065. 2	1378. 333			
JK2	2781555. 4	453223. 2	1743. 929			
J2-2	2781545. 1	453210. 5	1744. 593	16. 2918	230°51′07″	对零误差：0. 5m
J2-Z-ZB	2781559. 6	453225. 3	1743. 865			
JK3	2782821. 2	454021. 9	1801. 603			
J3-Z-1	2782821. 5	454009. 1	1803. 737	12. 7873	271°06′11″	对零误差：0. 4m
J3-Z-ZB	2782825. 4	454024. 3	1801. 123			
J3-Z-V	2782800. 2	454007. 6	1800. 203	25. 4635	214°10′51″	对零误差：0. 2m 生产系统延迟 100ms

4. 2. 3　直达波初至一致性分析

J1 井 VSP 观测是采用可控震源激发的三分量资料，图 4. 2 为 J1 井震源监测子波原始垂直分量（Z）记录。J1 井零偏观测井段为 10 ~ 280m，均采用 1 台震源 1 次激发，可以看出：J1 井可控震源激发的一致性较好。

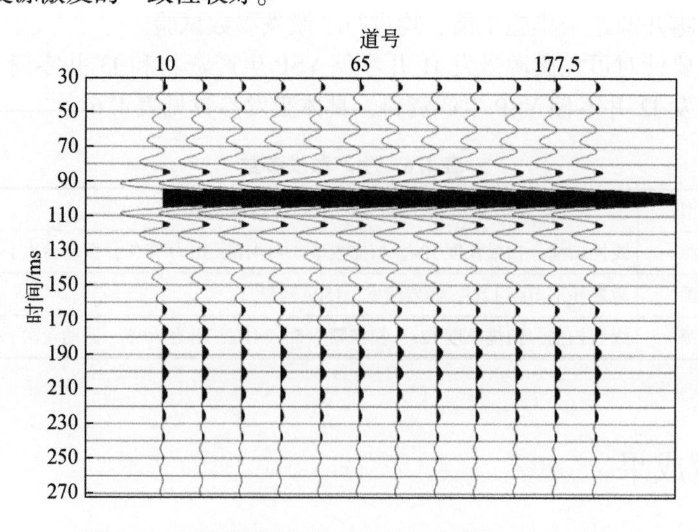

图 4. 2　J1 井震源监测子波原始垂直分量（Z）记录

J1井可控震源生产时系统有100ms延迟，初至拾取时间要减100ms。图4.3为J1井零偏原始垂直分量进行100ms校正后直达波初至分析图。当偏移距大于最浅接收点深度时，初至波会发生倒转，J1井偏移距为23.99m，10～22.5m接收井段初至波发生倒转。

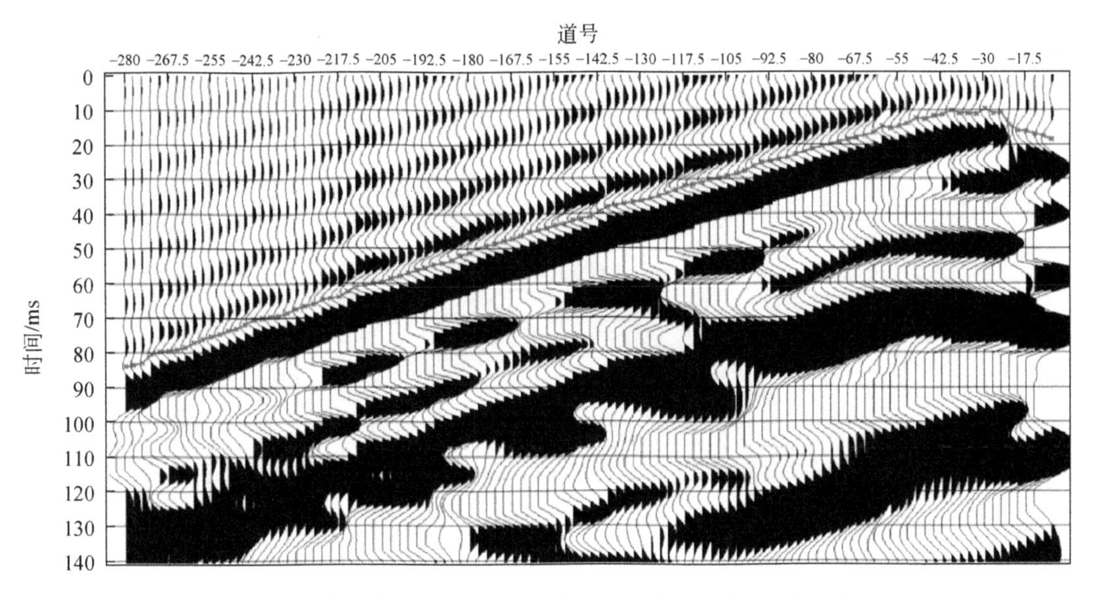

图4.3　J1井零偏原始垂直分量进行100ms校正后直达波初至分析

J2井VSP观测采用炸药激发的三分量资料，图4.4为J2井震源监测子波原始垂直分量（Z）记录。J2井观测井段为10～750m，其中10～120m（每10m点距间隔）接收段激发井深为10m，其余接收段激发井深为11m，药量均为150g。从图4.4可以看出，J2井炸药震源激发子波一致性较好。图4.5为J2井零偏原始垂直分量进行100ms校正后直达波初至分析图。整体来看，J2井原始垂直分量（Z）直达波初至清晰，起跳干脆，浅层受地面严重干扰影响，直达波初至能量不易分辨，拾取初至时需要先进行干扰波去除再进行拾取。

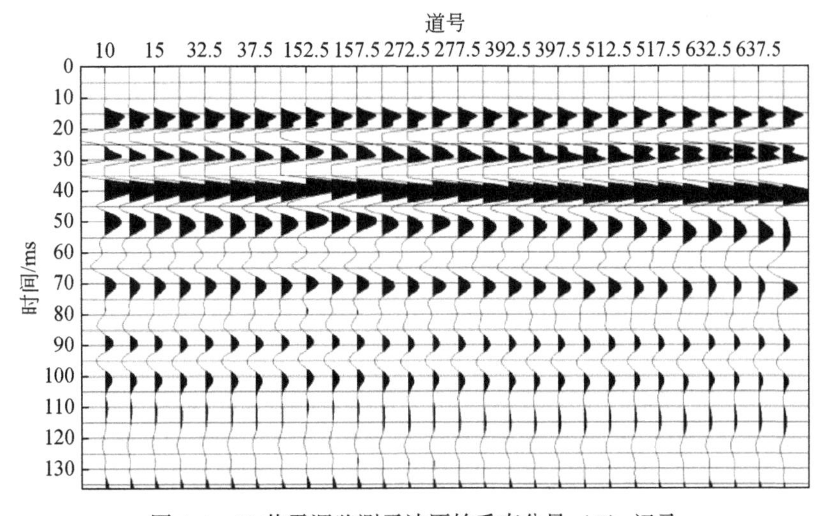

图4.4　J2井震源监测子波原始垂直分量（Z）记录

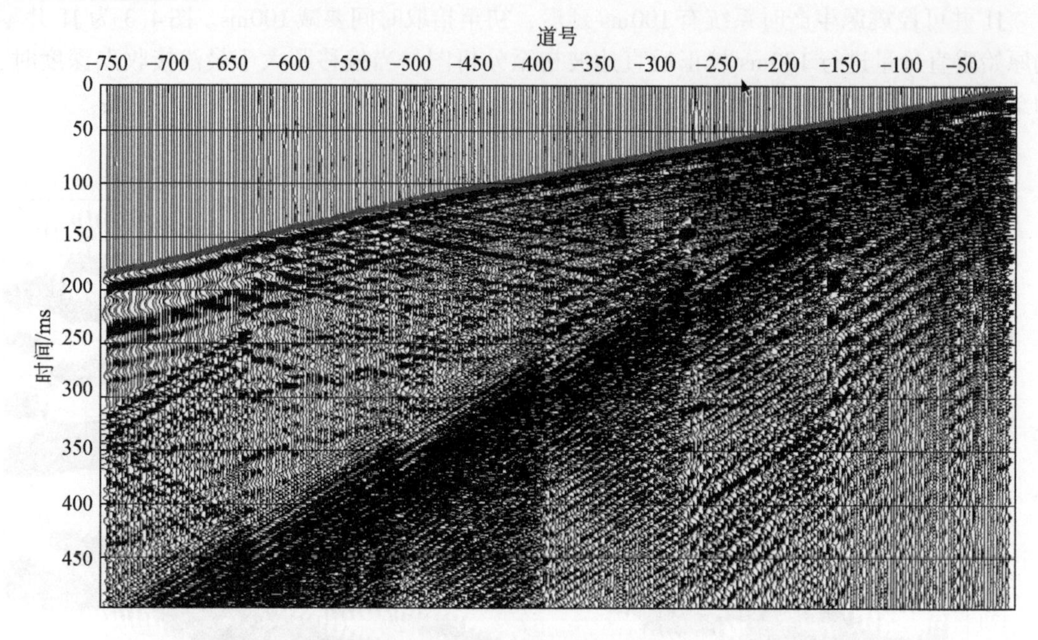

图 4.5　J2 井零偏原始垂直分量进行 100ms 校正后直达波初至分析

J3 井 VSP 观测采用可控震源激发的三分量资料，图 4.6 为 J3 井震源监测子波原始垂直分量（Z）记录。J3 井零偏观测井段为 10～690m，均采用 1 台震源 1 次激发。从震源监测子波图中可以看出，J3 井可控震源激发的一致性较好。

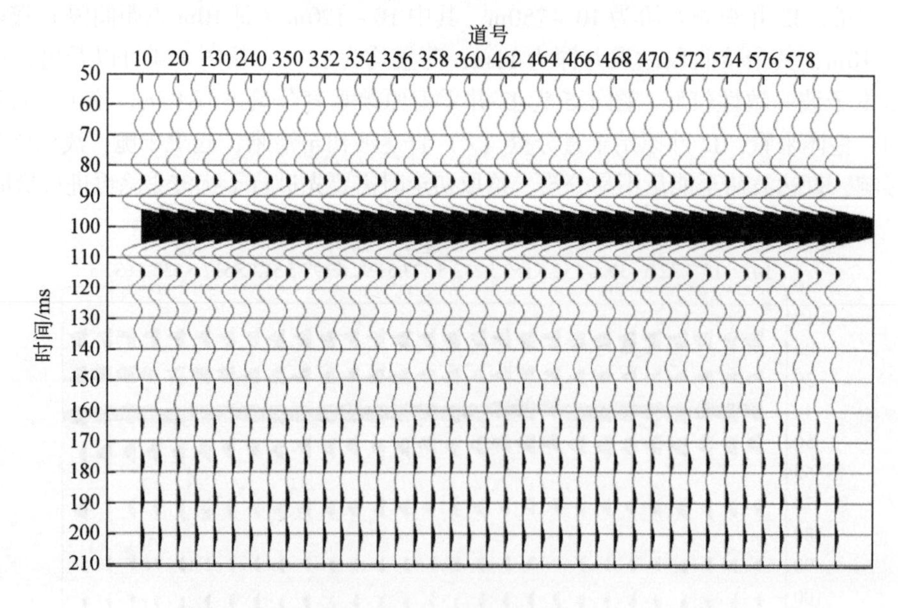

图 4.6　J3 井震源监测子波原始垂直分量（Z）记录

J3 井可控震源生产时系统有 100ms 延迟，初至拾取时间要减 100ms。图 4.7 为 J3 井零偏原始垂直分量进行 100ms 校正后直达波初至分析图。从图中可以看出，初至波清晰，能量均衡，没有明显的延迟跳跃。

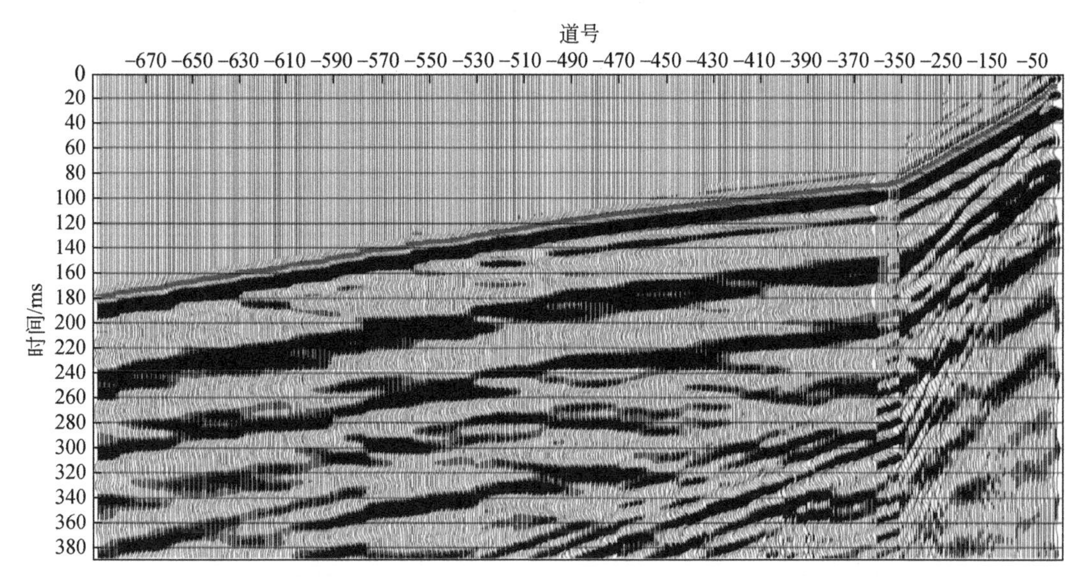

图 4.7　J3 井零偏原始垂直分量进行 100ms 校正后直达波初至分析

4.2.4　原始资料质量与评价

1. 原始资料质量

(1) 检查点与生产初至时间对比

J1、J2、J3 井进行零井源距和非零井源距 VSP 测井时，均进行了深度检查点观测。检波器下井时在检查点深度观测，记录初至时间，生产时，检波器从下向上提升提到相同深度时，再进行观测，记录初至时间，对比相同深度的初至时间差，来检验深度计数系统的误差，要求两者相差不大于一个采样间隔，本次应不大于 0.5ms。本研究所有检查点和生产点记录的初至时间对比见表 4.8 ~ 表 4.10。记录初至时间误差均不大于 0.5ms，满足规范要求，说明井下检波器深度定位准确。

表 4.8　J1 井零井源距检查点与生产点初至时间对比

项目	炸药震源	可控震源
H/m	170	80
$T_{检}$/ms	41.4	128.2
$T_{生}$/ms	41.9	128.1
时差/ms	-0.5	0.1

注：H 为检查点深度；$T_{检}$ 为检查点记录的初至时间；$T_{生}$ 为生产点记录的初至时间

表 4.9 J2 井零井源距检查点与生产点初至时间对比

项目	炸药震源	可控震源
H/m	350	640
$T_{检}$/ms	72.5	146.5
$T_{生}$/ms	72.7	146.8
时差/ms	−0.2	−0.3

表 4.10 J3 井零井源距检查点与生产点初至时间对比

项目	零井源距（炸药震源）		零井源距（可控震源）	
H/m	300	580	400	540
$T_{检}$/ms	62.4	128.1	107.9	143.9
$T_{生}$/ms	62.2	128.5	108.1	144.2
时差/ms	0.2	−0.4	−0.2	−0.3

（2）对零误差

VSP 项目开始采集施工时，检波器在井口进行对零，采集施工结束时，检波器在井口进行对零观测，对零相对最大观测井深的相对误差不得大于 1‰。

J1 井零井源最大观测井深 280m，可控震源零井源距对零误差 0.2m，0.2/280＝0.7‰；

J2 井炸药震源零井源最大观测井深 750m，对零误差 0.5m，0.5/750＝0.7‰；

J3 井最大观测井深 690m，可控震源零井源距对零误差 0.2m，0.2/690＝0.3‰。

J1、J2、J3 井对零相对误差均小于 1‰，符合规程要求。

2. 野外采集记录评价

采集记录评价按采集项目分类进行评价，评价分为合格和不合格两级，零井源距 VSP 纵波以垂直分量为准，非零井源距以三个分量为准。由固井质量问题造成的套管谐振和裸眼井造成的资料品质下降不参与资料评价。表 4.11 为 3 口井的采集资料评价。

表 4.11 炸药震源记录质量评价表

项目		实际完成工作量	评价			
			合格	合格率/%	不合格	不合格率/%
J1 零井源距可控震源	物理点数/个	109	109	100	0	0
	检查点数/个	1	1	100	0	0
	试验/炮	5	5	100	0	0

续表

项目		实际完成工作量	评价			
			合格	合格率/%	不合格	不合格率/%
J2 零井源距炸药震源	物理点数/个	297	297	100	0	0
	检查点数/个	2	2	100	0	0
	试验/炮	5	5	100	0	0
J3 零井源距可控震源	物理点数/个	409	409	100	0	0
	检查点数/个	2	2	100	0	0
	试验/炮	5	5	100	0	0

4.2.5　处理难点及处理思路

通过对滇东雨汪矿区 J1、J2、J3 井零偏 VSP 原始三分量记录分析，零偏 VSP 原始波场上多类波场相互叠加在一起，信息丰富，主频高，但消除任一类波，反射波必将受到影响。通过原始资料分析，认为该矿区资料处理难点如下：

1）J2 井波场存在很强能量的井筒波，J1、J2、J3 井均存在强水平干扰等干扰波，均在一定程度上增加了上下行波场分离难度。

2）由于 J1、J3 井采用不等间隔观测，主要目的层加密采集，处理过程中需要对波场进行点距抽稀和合并处理。不同点距处理参数如何选取以及哪一步进行抽稀与合并都将影响资料处理效果，需要进行一一测试，在一定程度上增加了工作量和工作难度。

3）部分目的层煤层厚度较薄，在 VSP 波场上没有表现出明显的强反射界面，这给波场标定增加了难度。

零偏 VSP 资料处理主要是分离出上行反射 P 波，制作走廊叠加剖面并提取准确的地层速度等参数，为地面地震资料反射波组的准确标定和解释提供可靠的依据。设计合理的处理流程，压制各种干扰是做好上、下行波波场分离的关键。在对滇东雨汪矿区 J1、J2、J3 井零偏 VSP 三分量原始波场剖面的波场识别和分析，以及目的层段上、下行 P 波频谱分析的基础上，根据三口井零偏 VSP 资料的特点，经过资料预处理试验分析，确定了 J1、J2、J3 井零偏 VSP 资料处理基本流程，如图 4.8 所示。

对滇东雨汪矿区 J1、J2、J3 井主要的 3 个零偏 VSP 资料进行处理，处理过程中以地质任务为目标，通过处理流程和处理参数的反复试验，优选出最佳的处理流程和处理参数，提供最佳的处理结果，为滇东雨汪矿区 J1、J2、J3 井区地面地震资料的标定、解释等提供依据，为该区的勘探开发提供必要的参数和依据，并为该区的综合研究提供速度资料。

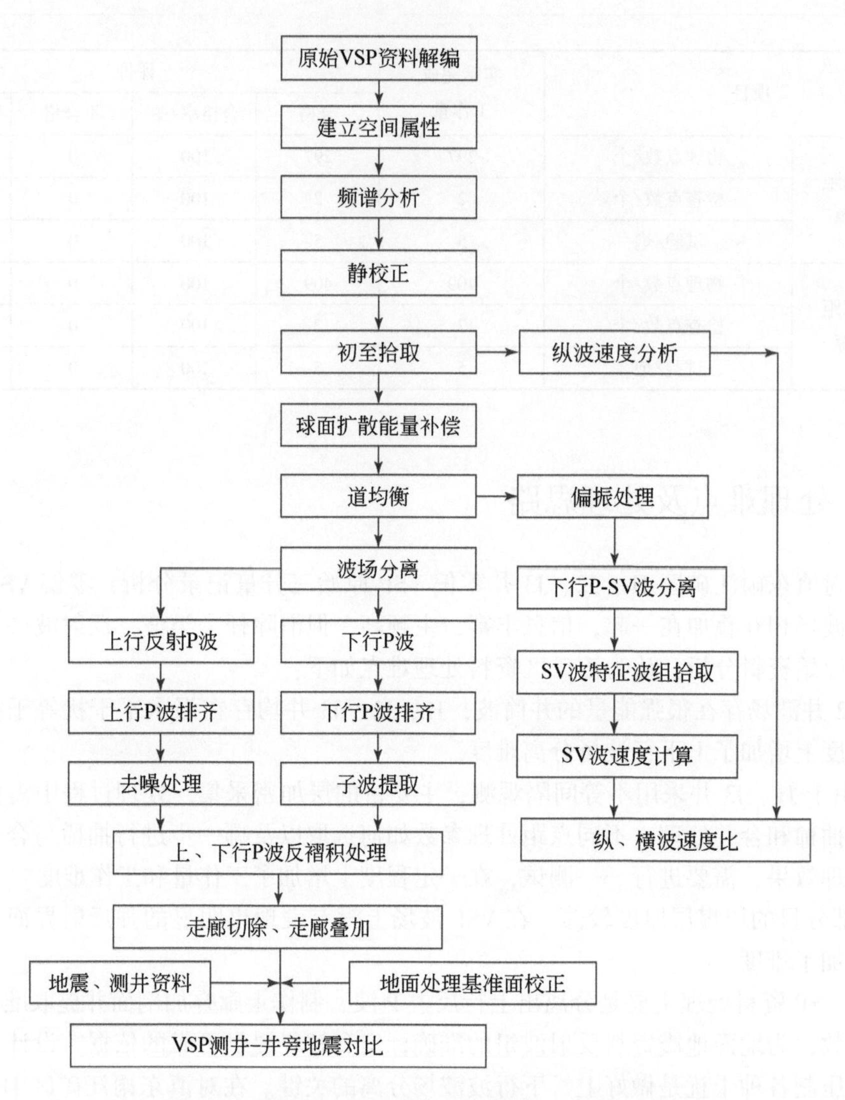

图 4.8　滇东雨汪矿区零偏 VSP 资料处理基本流程

4.3　J1 井零偏 VSP 资料处理

4.3.1　J1 井原始资料波场分析与识别

（1）原始波场分析

J1 井零偏 VSP 采集采用可控震源激发，接收井段为 10 ~ 280m，接收点距 2.5m，共 109 个深度点。野外获得了三分量原始数据，经过数据解编和选排后的原始波场记录如图 4.9 ~ 图 4.11 所示。

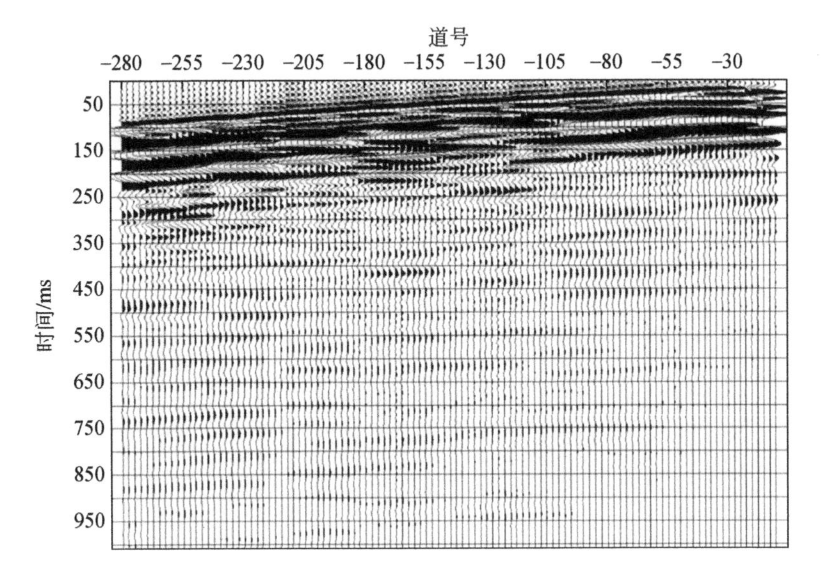

图 4.9　J1 井零偏 VSP 原始垂直分量（Z）记录

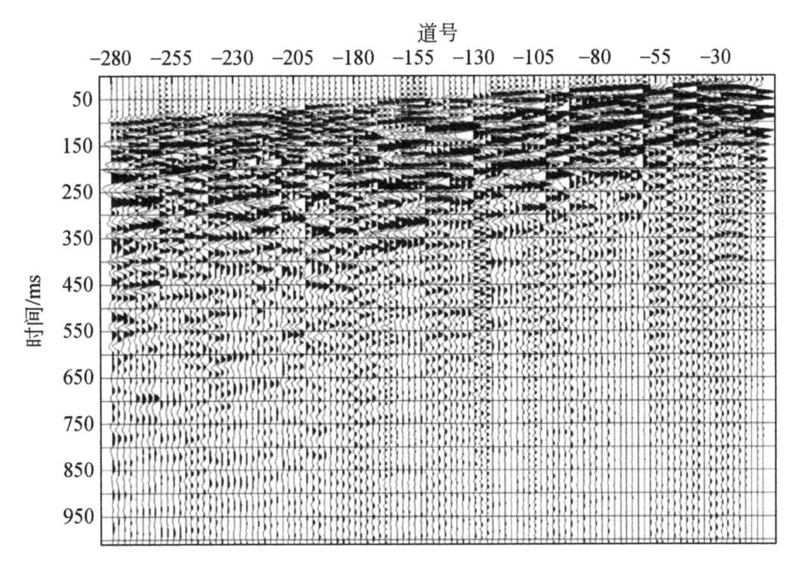

图 4.10　J1 井零偏 VSP 原始水平分量（X）记录

J1 井零偏 VSP 原始垂直分量（Z）剖面上，可见强能量的下行直达 P 波，上行反射 P 波能量几乎无法分辨。在原始水平分量（X）和水平分量（Y）剖面上，下行 P 波能量较弱，能看到明显的下行转换波，但波组连续性较差。

J1 井垂直分量上的下行直达波能量强，为准确识别各类波，先消去下行直达波，将掩盖在强直达波能量下的反射波能量显现出来。图 4.12 为 J1 井零偏 VSP 垂直分量消去下行直达 P 波后波场剖面。从图中可以看出，上行反射 P 波特征明显，波组层次基本清晰，部分反射波组延续性较好，井底以下波场能量较弱。

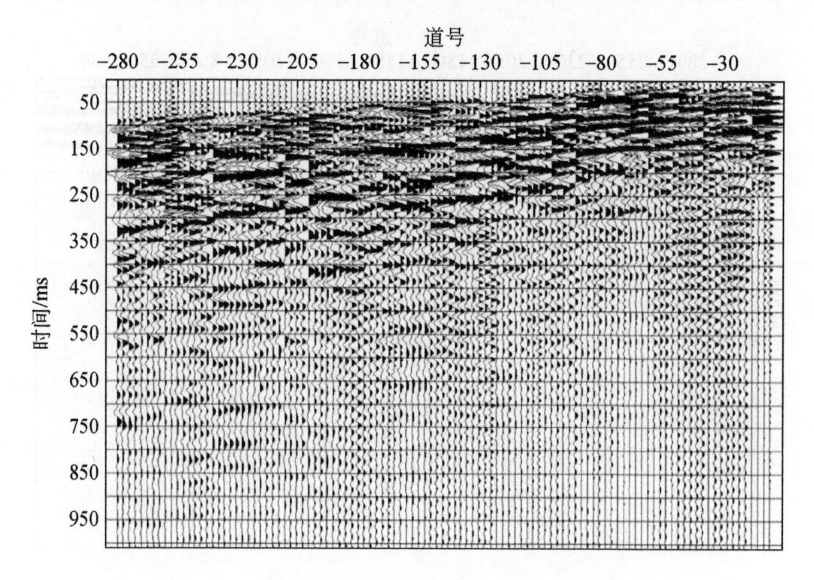

图 4.11　J1 井零偏 VSP 原始水平分量（Y）记录

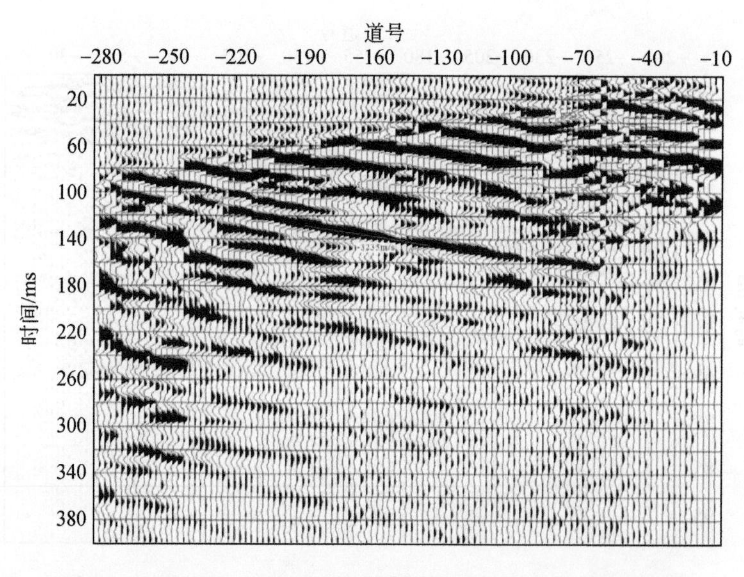

图 4.12　J1 井零偏 VSP 垂直分量消去下行直达 P 波后波场剖面

（2）干扰波分析

J1 井 VSP 零偏观测井段 10～280m（VSP 深度起算面为地面，对零误差为 0.2m），除很强的下行直达 P 波外，还有较强能量的下行转换波干扰，如图 4.13 所示。在消除上行反射 P 波、下行转换波和管波后，还可以看到一定能量的水平噪声等背景干扰，如图 4.14 所示。

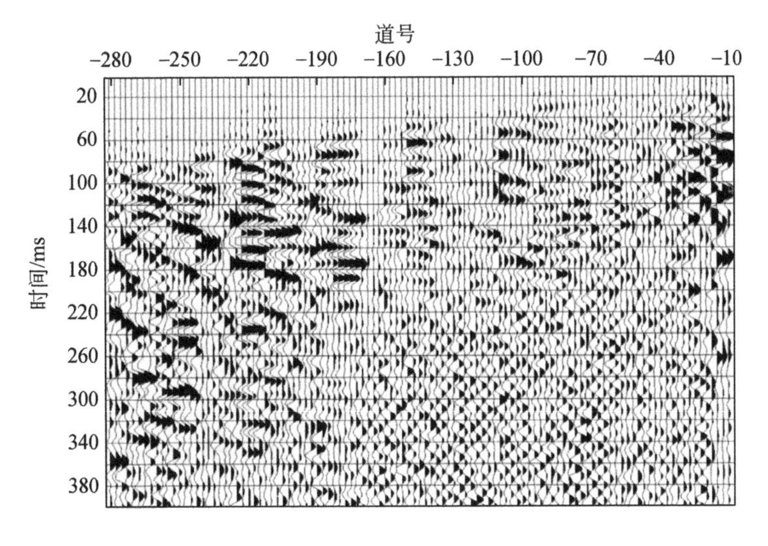

图 4.13 去除下行直达 P 波、上行反射 P 波后波场

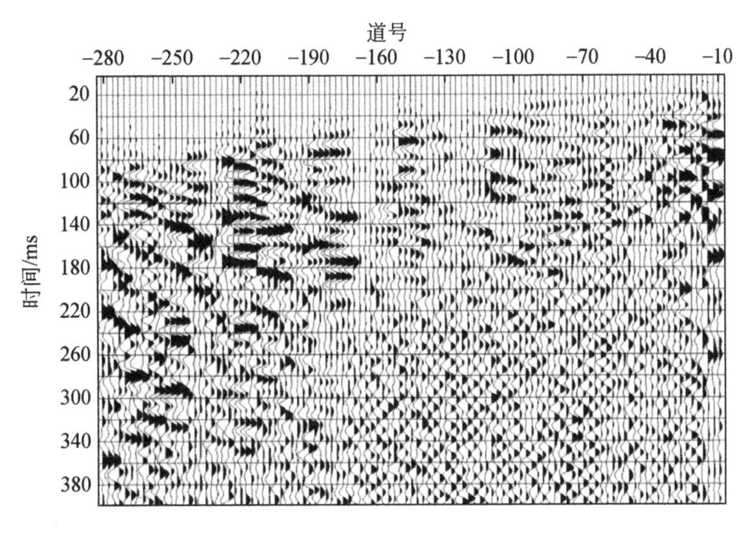

图 4.14 J1 井零偏 VSP 背景噪声波场

(3) 频谱分析

对 J1 井零偏 VSP 资料进行频谱分析，是在原始垂直分量（Z）上进行的。为分析直达波频谱，将直达波按初至拉平在某一时间，再选取时窗进行分析，时窗选取尽量避开浅层干扰。选取 100 ~ 280m 井段分析，图 4.15 为 J1 井零偏下行直达 P 波频谱分析。从图中可以看出，直达 P 波优势频宽为 25 ~ 84Hz，主频为 55Hz 左右。

分析目的层反射波频谱。需要去掉强能量的下行直达 P 波后对目的层反射 P 波进行频谱分析。图 4.16 为 J1 井零偏上行反射 P 波频谱分析。从图中可以看出，目的层上行反射 P 波优势频宽为 30 ~ 80Hz，主频为 50Hz 左右。总体来看，J1 井反射 P 波主频和频带宽度

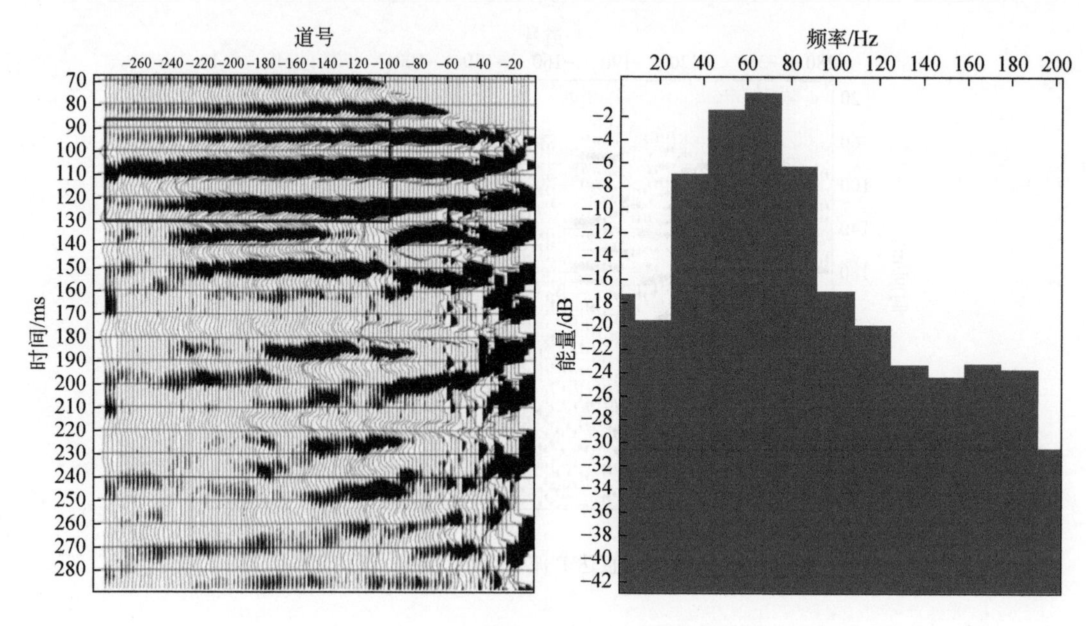

图 4.15　J1 井零偏下行直达 P 波频谱分析

与直达波相当，在后续处理中需要选用合适的带通滤波档做到保幅处理。

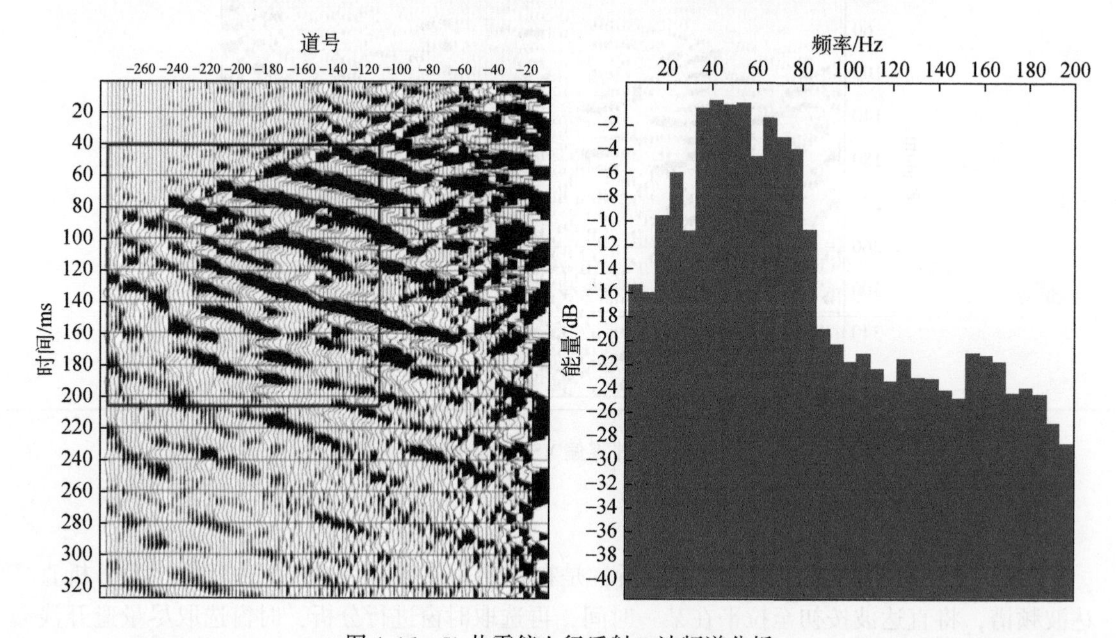

图 4.16　J1 井零偏上行反射 P 波频谱分析

4.3.2　J1井零偏VSP资料关键处理步骤

（1）静校正

零偏VSP的静校正处理包括两个方面：一方面是偏移距校正，根据每一个接收深度点所对应的偏移距，计算出相应的校正量值；另一方面是根据激发点的表层速度结构将激发点校正到地面地震处理基准面上。在实际资料的处理中，从激发平面高程校正到地震处理基准面高程上的静校正量，是根据VSP上行波走廊叠加剖面与井旁三维地震剖面上的反射波组（尤其是标志波组）对比来确定的。

第一步静校正量的计算公式：

$$\Delta T_i=\frac{\sqrt{(x_s-x_r)^2+(y_s-y_r)^2+[h_s-(h_r-H_i)]^2}-(h_r-H_i)}{V_{替速度}} \tag{4.1}$$

式中，ΔT_i为第i个接收点的静校正量；（x_r，y_r，h_r）为井口坐标；（x_s，y_s，h_s）为激发点坐标；H_i为第i个接收点从井口平面起算的深度；$V_{替速度}$为替换速度。根据J2、J3井地面地震处理资料替换速度，J1井零偏VSP静校正计算中的替换速度采用3500m/s。

J1井零偏VSP观测示意图如图4.17所示。由于J1井处于矿区外，没有井旁地面地震资料，因此没有计算第二步静校正量。在J1井零偏VSP资料处理过程中，只进行第一步静校正量计算。

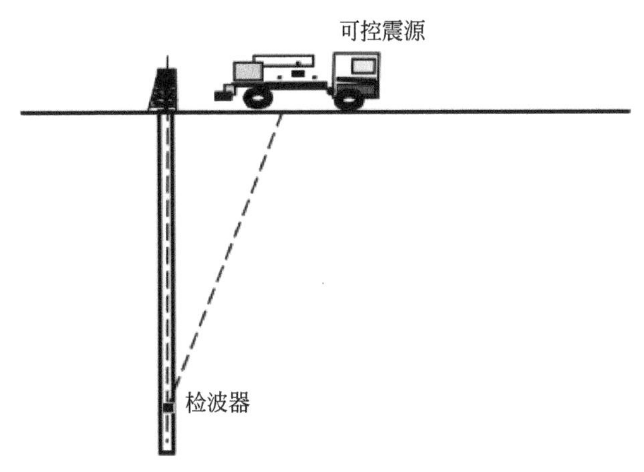

图4.17　J1井零偏VSP观测示意图

（2）初至拾取

理论认为，可控震源激发得到的VSP记录近似为零相位的记录，J1井采用可控震源激发，因此在偏移距校正后的垂直分量（Z）上拾取下行直达波的最大波谷时间为初至时间。由于偏移距为23.99m，大于最浅接收点深度10m，波场在10～22.5m接收井段初至波发生倒转，在拾取浅层初至时间时，为了降低浅层其他波组对下行直达P波的干扰，去除下行转换波和上行反射P波，并结合直达波趋势分析法，进行人工拾取。为了保证初至拾取的精度和质量，整个拾取过程采用人机交互的方式进行，最终拾取结果如图 4. 18 所示。

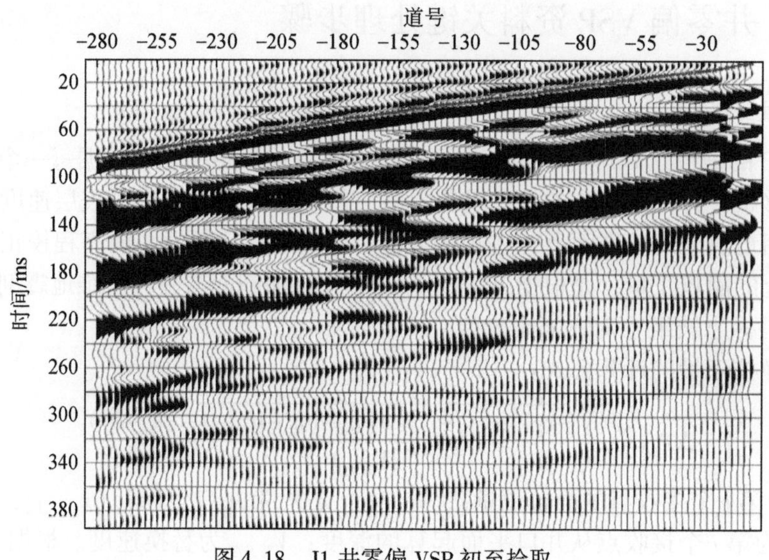

图 4. 18　J1 井零偏 VSP 初至拾取

（3）球面扩散能量补偿

地震波在介质中传播时由于地层吸收衰减作用，随着传播时间和距离的增加，地震波能量变弱。为了获得信号的真正振幅值，需要对地震数据进行真振幅恢复。真振幅恢复包括两个步骤：第一是增益恢复；第二是补偿因衰减而耗损的振幅值。采用通过初至时间计算地震波到达时的某个常数幂次方数值，来进行传播路径的球面扩散能量损失的补偿。

处理时主要是对零偏 VSP 原始垂直分量（Z）进行振幅球面扩散能量补偿处理。J1 井原始垂直分量（Z）经过振幅球面补偿校正后，补偿校正后的剖面深层能量得到补偿，深浅层能量分布更加均匀，波组特征更加清晰，由于下行直达波能量太强，反射波组能量仍无法分辨。图 4. 19 和图 4. 20 为 J1 井垂直分量（Z）球面扩散能量补偿前和补偿后。

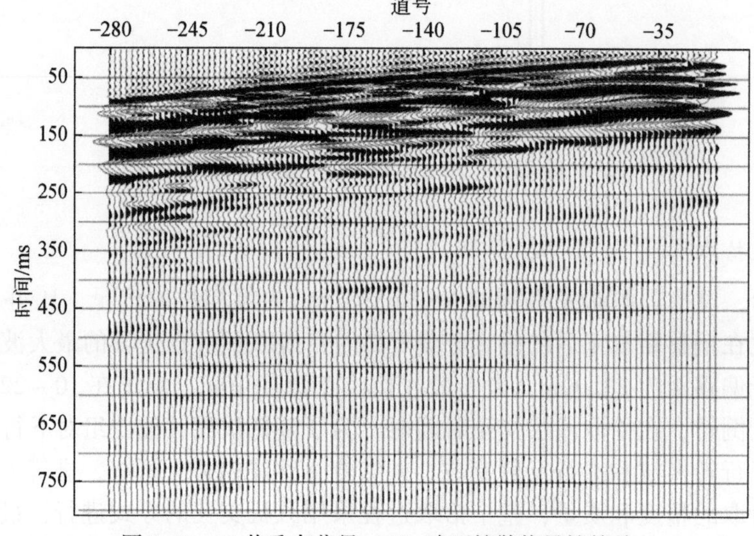

图 4. 19　J1 井垂直分量（Z）球面扩散能量补偿前

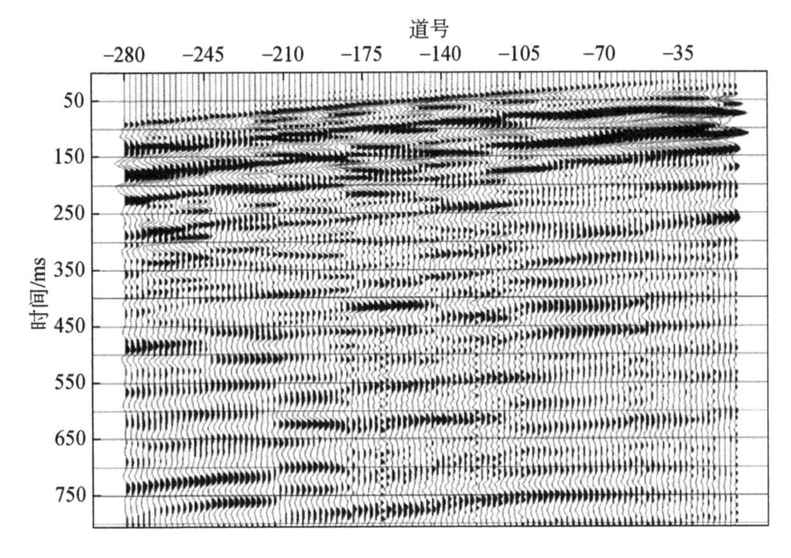

图4.20　J1井垂直分量（Z）球面扩散能量补偿后

(4) 波场分离

从J1井零偏VSP原始波场记录和干扰波分析中可以看出，下行直达波能量强，波场信息丰富，可以利用不同类型地震波传播特性和视速度特性的不同，分别将不同波组一一拾取出来并消去。为了做好波场分离处理，使用多种方法，通过参数试验和方法比较，最终选择先去背景干扰，再逐波识别追踪后，采用叠加消去法与中值滤波法相结合来分离上、下行波场。图4.21为J1井零偏VSP去除背景噪声后垂直分量剖面。

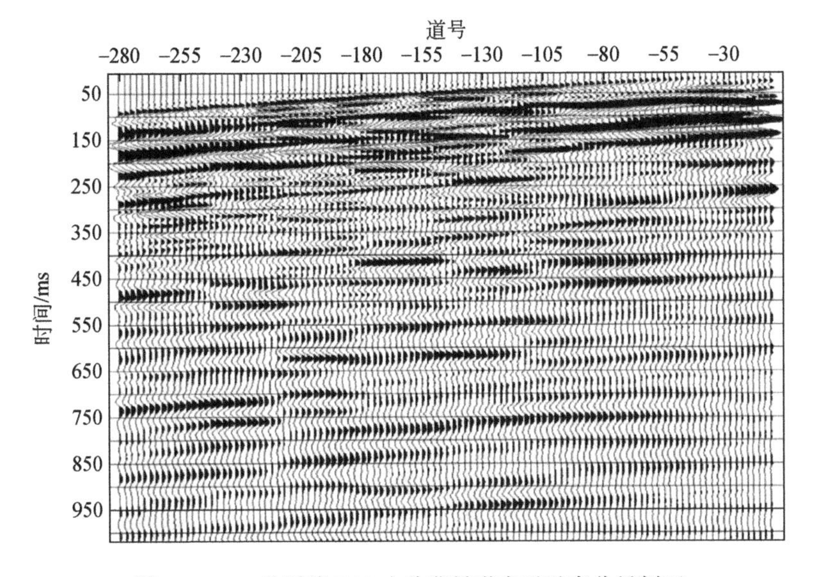

图4.21　J1井零偏VSP去除背景噪声后垂直分量剖面

图 4.22 为 J1 井波场分离后的下行直达 P 波剖面，从图中可以看出，波组特征较好。J1 井波场分离后的上行反射 P 波剖面（单程时）、上行反射 P 波（双程时）波场如图 4.23 和图 4.24 所示，从图中可以看出，上行反射 P 波波组清晰，延续性好。图 4.25 显示了原始垂直分量（Z）下行直达 P 波和波场分离后的上行反射 P 波频谱分析对比图。从图中可以看出，上行反射波频谱优势频带与下行直达波相当。

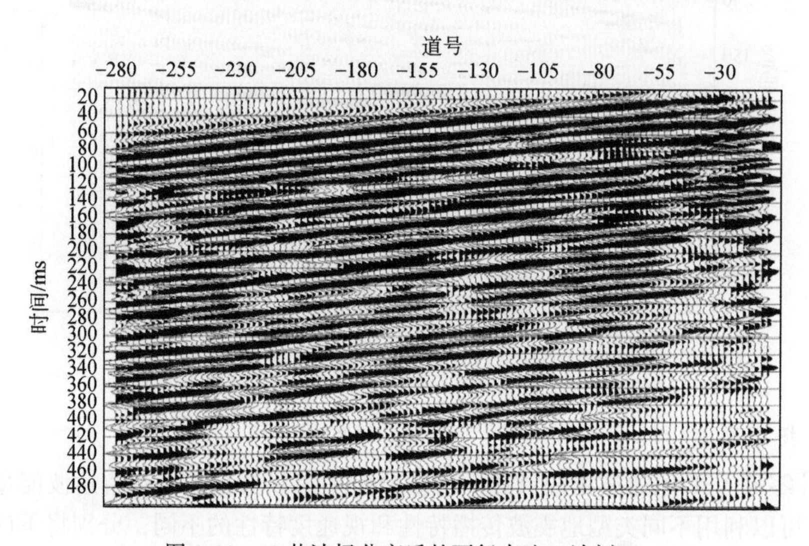

图 4.22　J1 井波场分离后的下行直达 P 波剖面

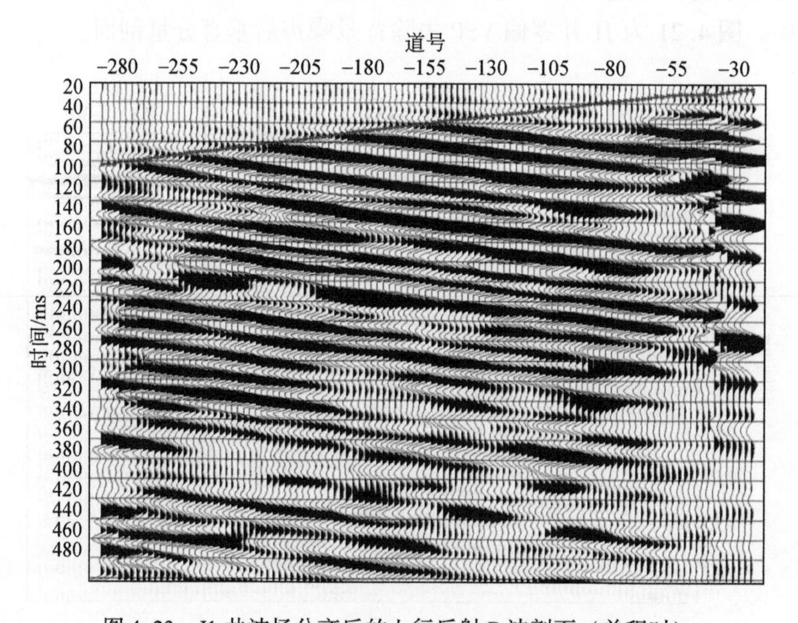

图 4.23　J1 井波场分离后的上行反射 P 波剖面（单程时）

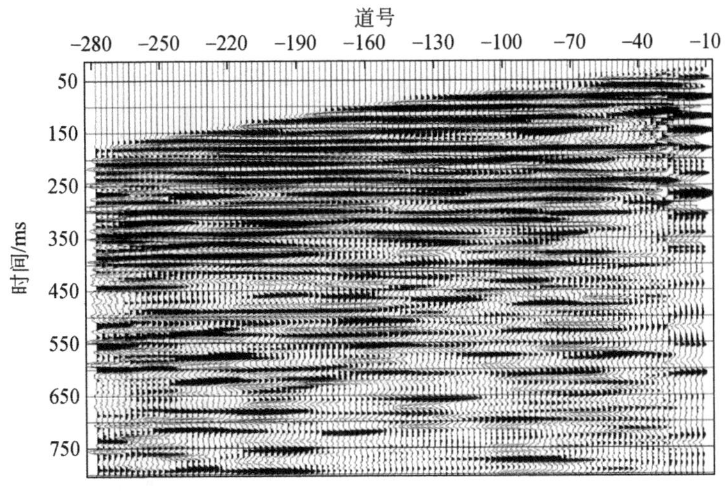

图 4. 24　J1 井波场分离后的上行反射 P 波剖面（双程时，未校正到地面地震处理基准面）

(5) 上、下行波反褶积

上、下行波反褶积处理的目的是对分离后的上、下行 P 波波场压制多次波和提高分辨率。VSP 反褶积主要是从井下垂直分量（Z）的下行直达 P 波中提取反褶积算子，采取每道分别提取算子的方法，然后应用到上行波场。

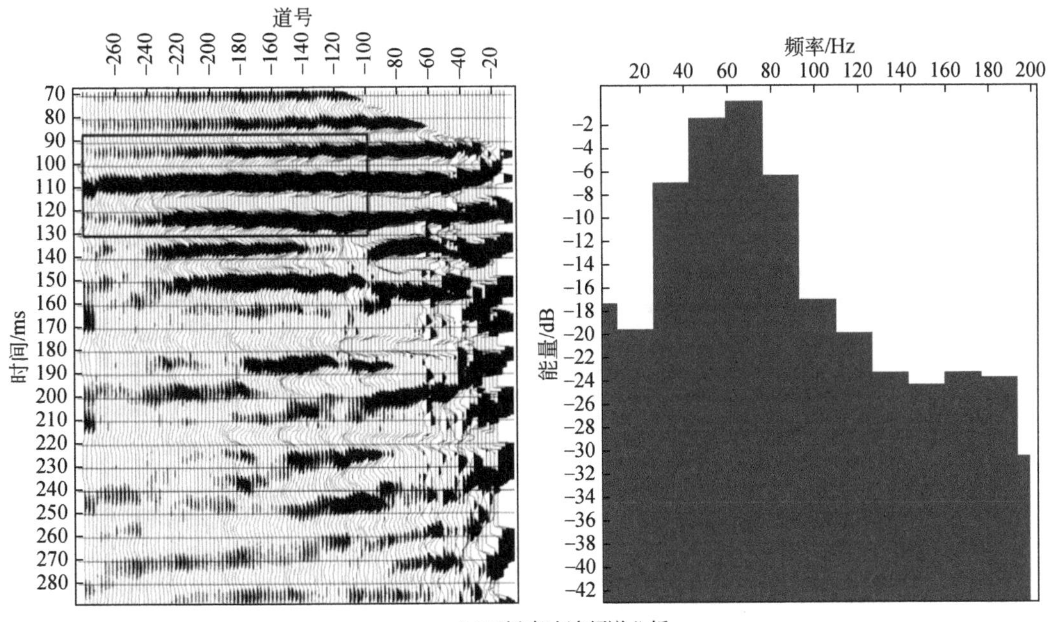

(a)下行直达波频谱分析

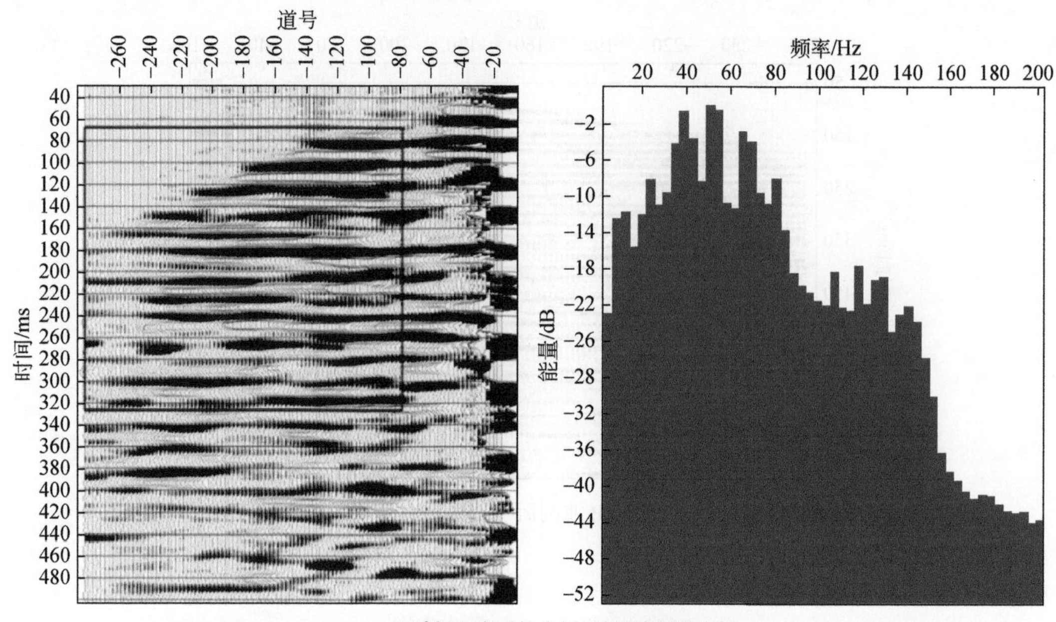

(b)波场分离后的上行反射P波频谱分析

图 4.25　原始垂直分量（Z）下行直达波和波场分离后的上行反射 P 波频谱分析

图 4.26 为上行反射 P 波反褶积处理前（左）和反褶积处理后（右）对比图。从图中可以看出，多次波得到一定压制，但影响了反射波的连续性。

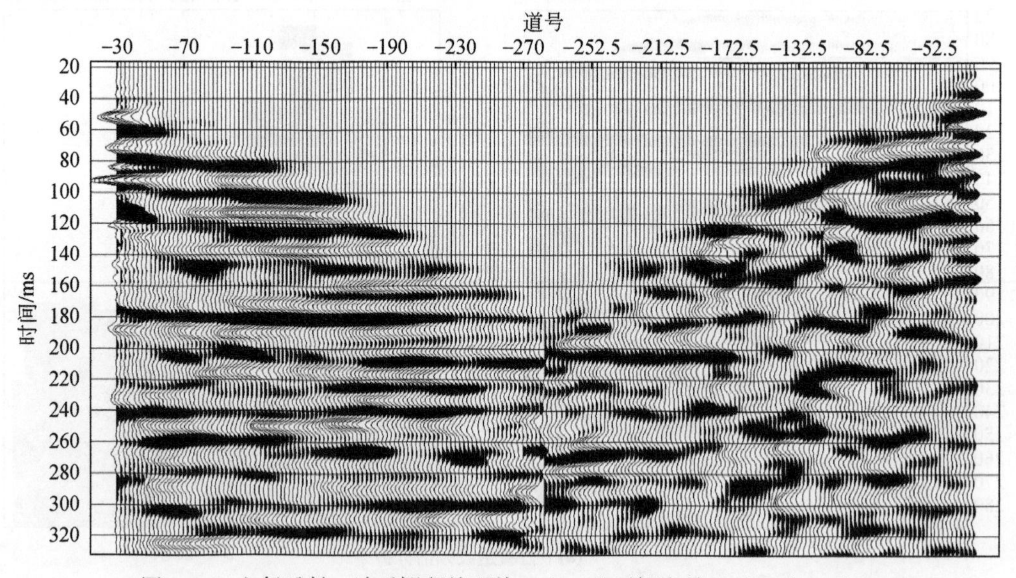

图 4.26　上行反射 P 波反褶积处理前（左）和反褶积处理后（右）对比

（6）走廊叠加

为了防止多次波及干扰波参加叠加，在上行波排齐的剖面上取一个仅保留一次波的走廊区域，切除走廊区域以外的信息，对走廊区域进行垂直叠加，形成走廊切除叠加剖面。走廊叠加剖面能比较客观地反映井旁及井底以下地层的反射波特征，是用于标定地面地震资料的重要资料之一。J1 井浅层反射波能量较弱，为了保留反射波能量，在切取走廊时时窗较宽。图 4.27 为 J1 井零偏 VSP 资料上行 P 波走廊区域及走廊叠加剖面。

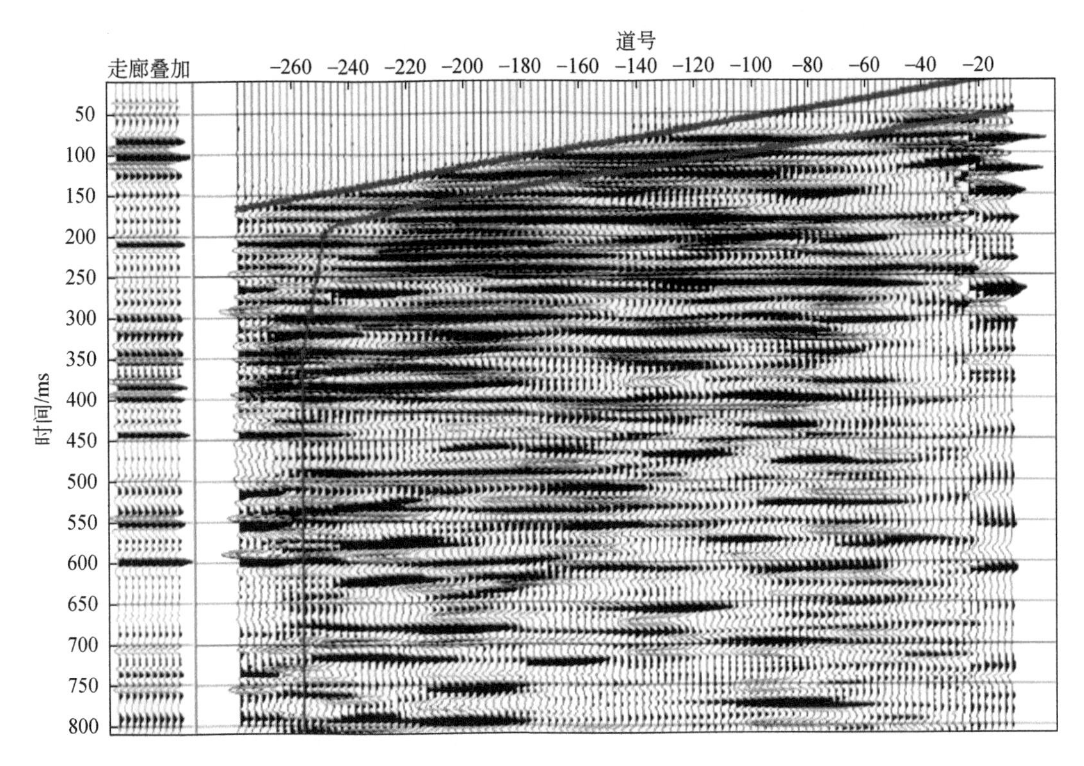

图 4.27　J1 井零偏 VSP 资料上行 P 波走廊区域及走廊叠加剖面

可控震源，未校正到地面地震处理基准面

4.4　J2 井零偏 VSP 资料处理

4.4.1　J2 井原始资料波场分析与识别

（1）原始波场分析

J2 井零偏 VSP 采集获得了三分量原始数据，经过选择排序后的原始波场记录如图 4.28 ~ 图 4.30 所示。

J2 井零偏 VSP 垂直分量（Z）原始剖面上，可见较强能量的直达 P 波，下行波能量强于上行波，续至下行波能量较弱。中深层井段发育多组上行反射 P 波，能量较强。整个原始剖面井筒多次波发育，相位多且能量强，对有效反射波干扰严重。75 ~ 10m 的浅层由于近地面，受多种干扰影响，直达波初至不清晰。

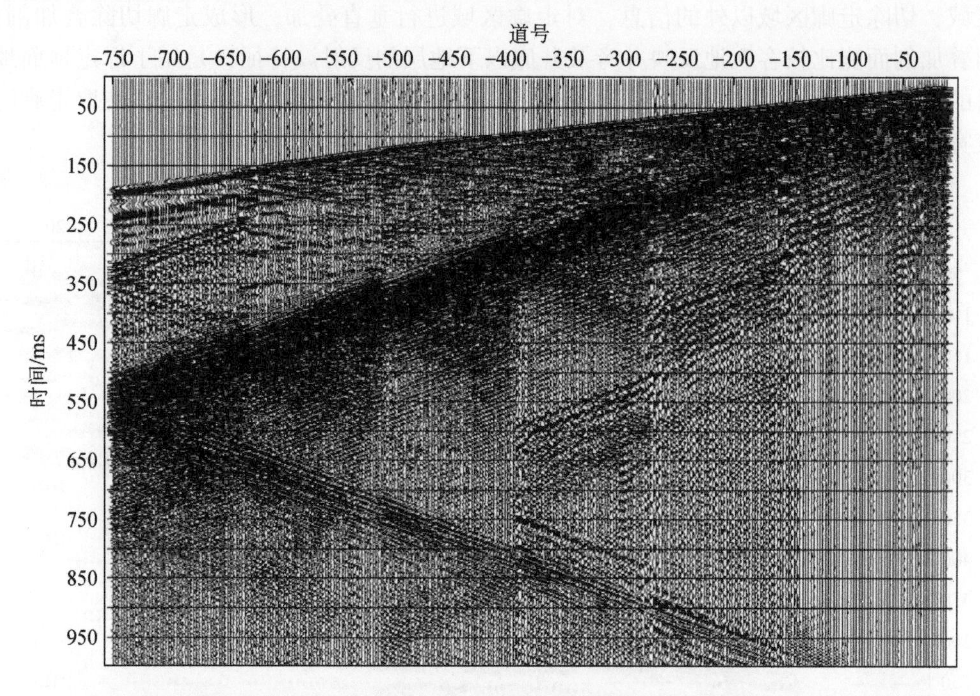

图 4.28　J2 井零偏 VSP 原始垂直分量（*Z*）记录

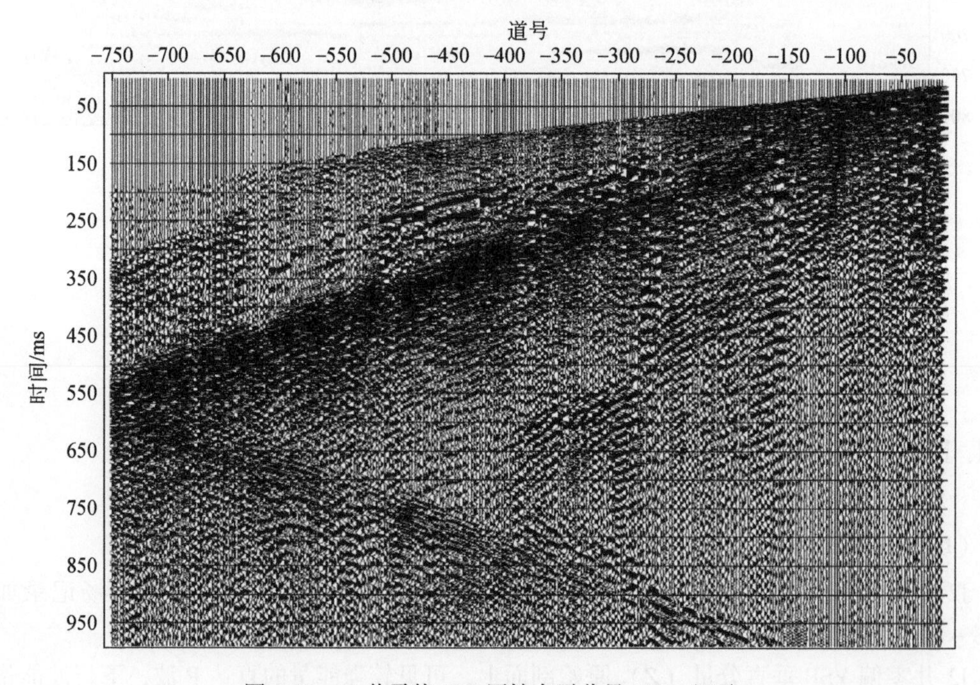

图 4.29　J2 井零偏 VSP 原始水平分量（*X*）记录

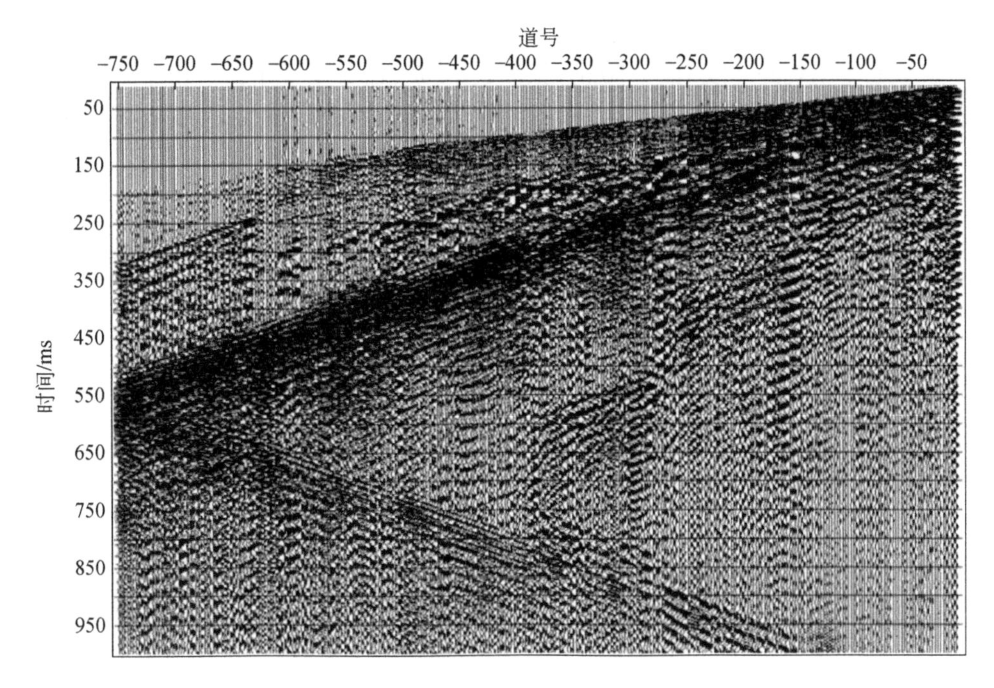

图4.30　J2井零偏VSP原始水平分量（Y）记录

零偏VSP原始水平分量（X、Y）上，上、下行P波能量较弱，由于干扰影响，下行横波不清晰。垂直分量上、下行直达波能量强，中深层反射波能量较强，浅层反射波在强直达波能量掩盖下，层次不清，为准确识别各类波，先消去下行直达波，再识别，如图4.31所示。

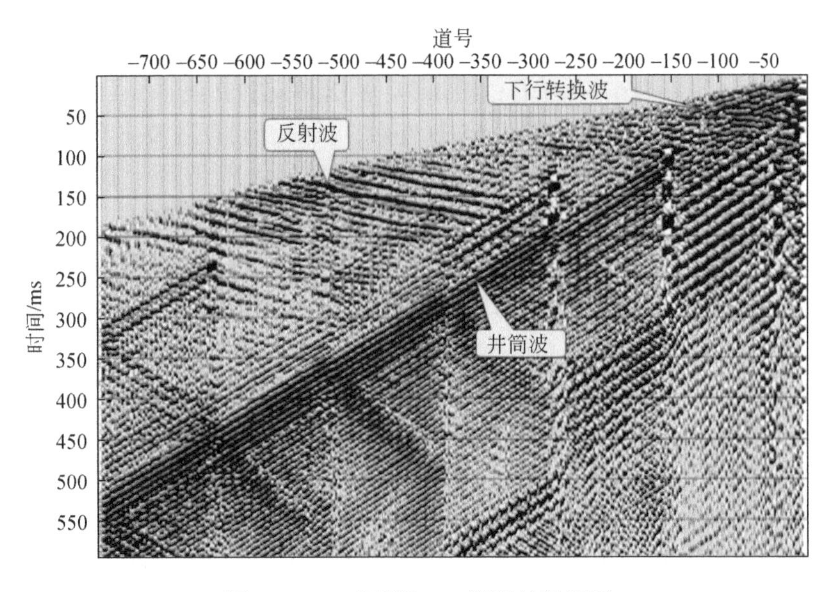

图4.31　J2井零偏VSP资料波场识别

（2）干扰波分析

J2 井 VSP 零偏观测井段 10 ~ 750m，虽然数字检波器置于井中，但由于井区干扰源众多，除强的井筒管波干扰外，在 10 ~ 150m 的浅层波场存在强干扰，主要有下行转换波及强水平干扰，如图 4.32 所示。在消去上、下行 P 波及管波后可进一步分析背景干扰波。

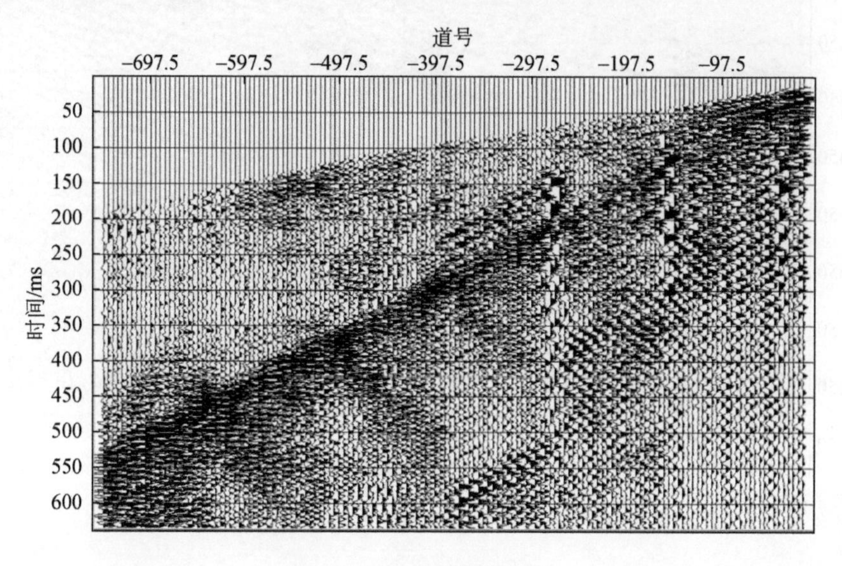

图 4.32　J2 井干扰波分析

（3）频谱分析

由于 VSP 资料的特点，VSP 资料的频谱分析是在原始垂直分量（Z）上进行的，为分析直达波频谱，将直达波按初至拉平在某一时间，再选取时窗分析。图 4.33 为 J2 井原始垂直分量（Z）记录的直达 P 波主要目的层的频谱分析，直达 P 波（350 ~ 750m）优势频宽为 33.5 ~ 184Hz，主频为 67Hz 左右；图 4.34 为 J2 井反射 P 波主要目的层的频谱分析，反射 P 波频宽为 41.7 ~ 174Hz，主频为 65Hz 左右，反射波同直达波主频基本一致。J2 井 VSP 资料上井筒波及其他干扰严重，经过对中深层井段井筒波等干扰的频谱分析（图 4.35）可知，干扰波频宽为 90.3 ~ 354Hz，主频主要为 118Hz、195Hz、320Hz。

4.4.2　J2 井零偏 VSP 资料关键处理步骤

在对 J2 井零偏 VSP 三分量原始波场剖面的波场识别和分析，以及目的层段上、下行 P 波频谱分析的基础上，根据 J2 井零偏 VSP 资料的特点，经过资料预处理试验分析，确定了 J2 井零偏 VSP 资料处理流程。J2 井零偏 VSP 资料处理关键步骤如下。

（1）静校正

J2 井口地面高程为 1743.929m，地面地震资料处理基准面为 2100m，炸药震源激发示意图如图 4.36 所示。根据式（4.1），计算 J2 井静校正量，替换速度为 3500m/s。

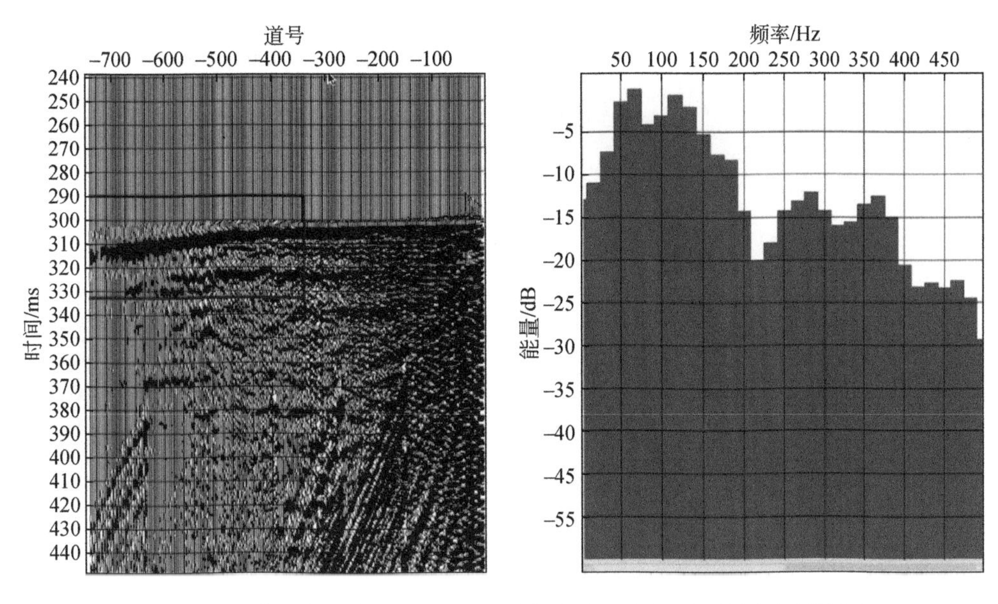

图 4.33　J2 井原始垂直分量（*Z*）记录的直达 P 波主要目的层的频谱分析

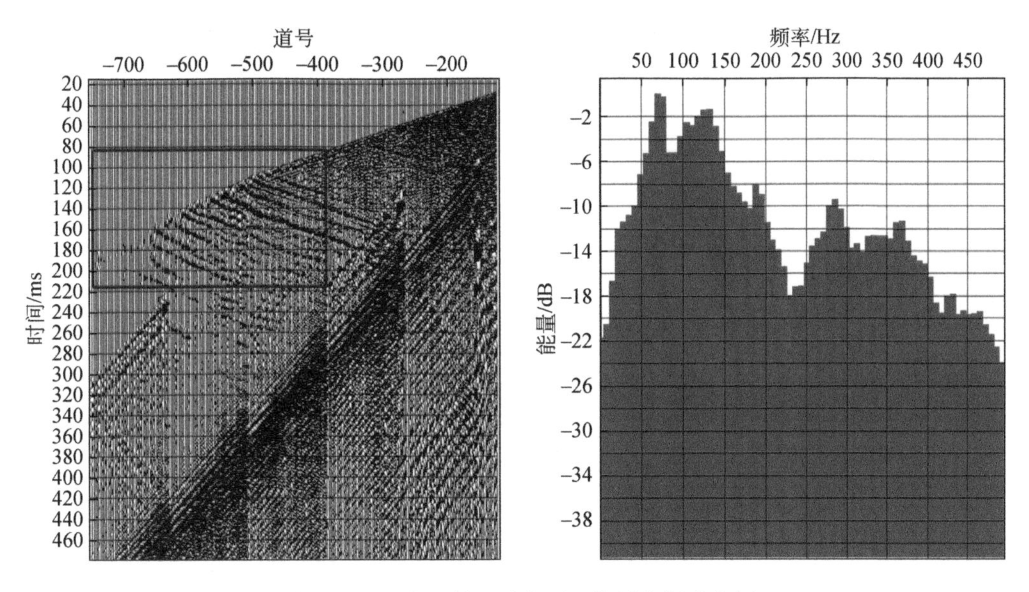

图 4.34　J2 井反射 P 波主要目的层的频谱分析

经与井旁地面三维地震剖面对比，VSP 与雨汪煤矿研究区地面三维地震资料对比时的整体时差为 163. 5ms。经过静校正量 163. 5ms 的时差校正后，VSP 资料就校正到地面地震处理基准面上，不再需要做其他校正。

（2）频谱分析

对原始 VSP 资料进行频谱分析，有助于在资料处理过程中选用合适的滤波档。考虑到 VSP 资料的特点，下行直达 P 波的频谱分析是在初至波拉平的基础上，选择以直达波为主

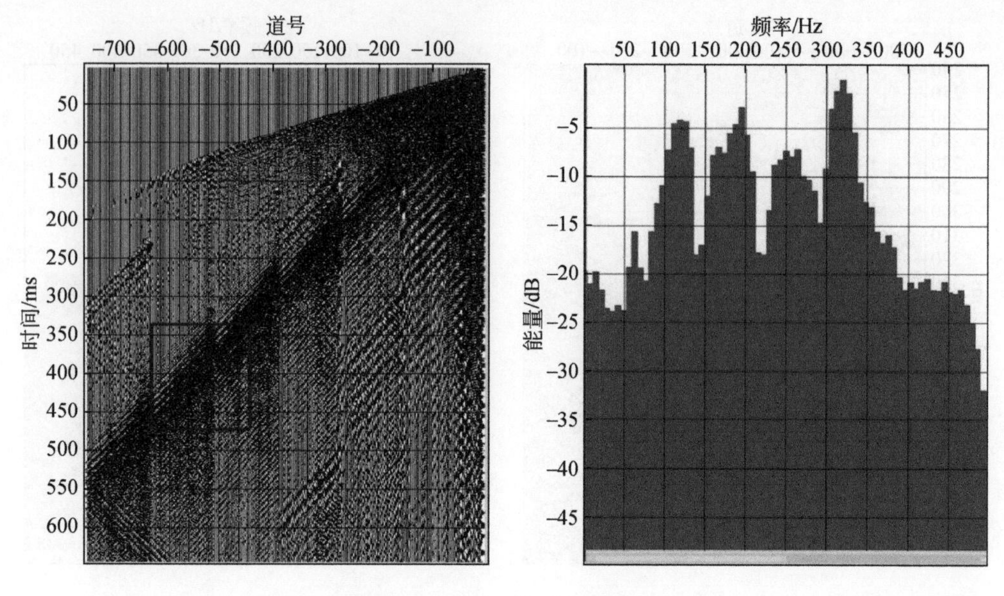

图 4. 35 J2 井干扰波频谱分析

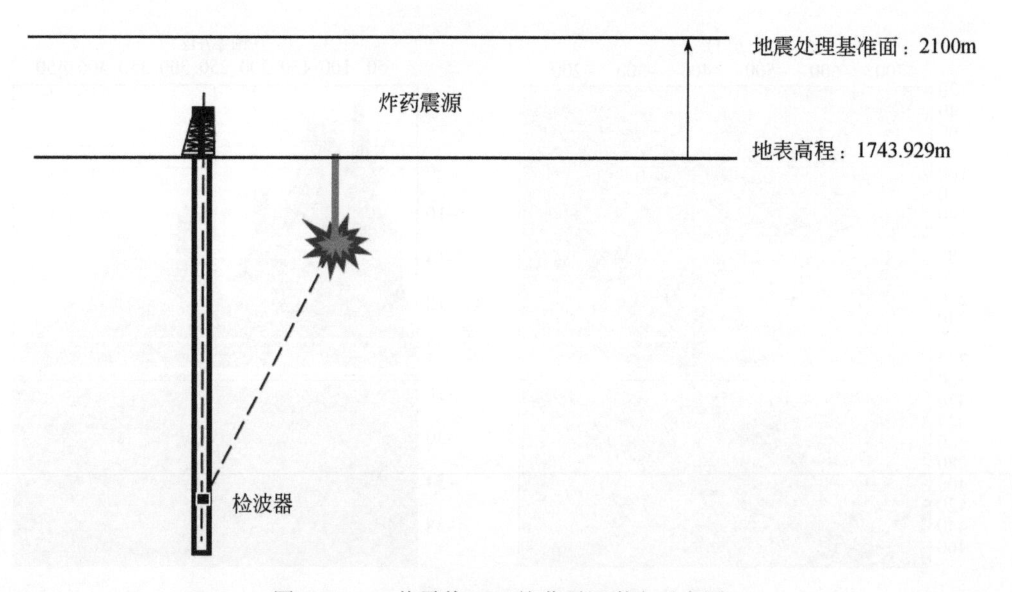

图 4. 36 J2 井零偏 VSP 炸药震源激发示意图

的窄时窗，避免续至波等影响，对主要目的层段进行频谱分析，零偏直达 P 波在所分析的井段内频宽为 33. 5 ~ 184Hz，主频为 67Hz 左右；反射 P 波频宽为 41. 7 ~ 174Hz，主频为 65Hz 左右，反射波与直达波主频基本一致。

（3）初至拾取

J2 井零偏 VSP 数据采集时采用的是炸药震源激发，因此拾取下行直达波的下跳点时间为初至时间。10 ~ 75m 段因干扰影响初至不清晰部分采用下行直达波趋势分析法，利用人机交互的方式拾取初至，保证了初至拾取的精度和质量。

（4）球面扩散能量补偿

这一处理主要是补偿传播路径的能量损失。处理时对零偏 VSP 原始垂直分量（Z）、原始水平分量（X、Y）记录都进行球面扩散能量补偿处理。原始垂直（Z）经过球面扩散能量补偿校正后，补偿校正的剖面应当显示出上、下行波能量均匀，波组特征表现更加清晰。图4.37为J2井球面扩散能量补偿后的垂直分量剖面。

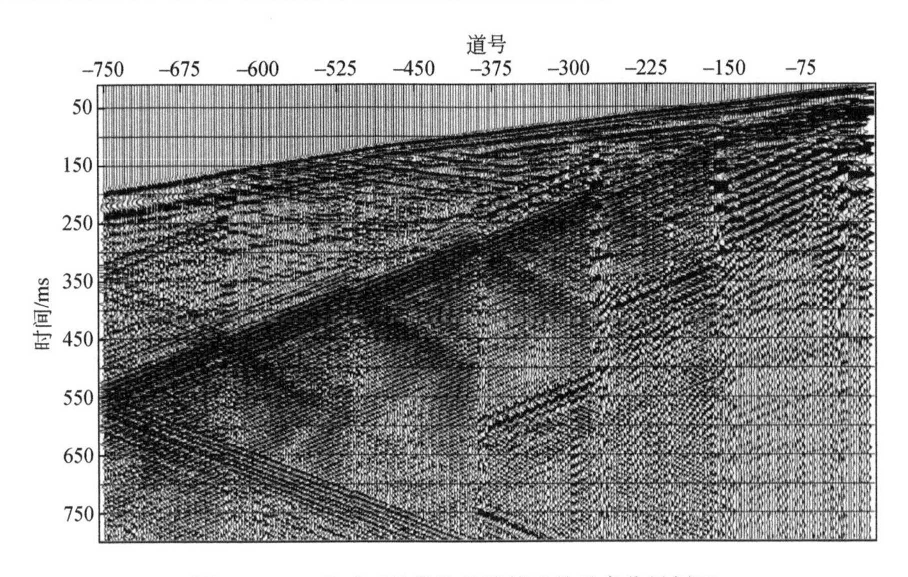

图4.37　J2井球面扩散能量补偿后的垂直分量剖面

（5）波场分离

波场分离是 VSP 数据处理中最重要的一个环节。从零偏 VSP 原始波场记录可以看到多种类型的波叠合在一起、波场信息丰富。为了做好波场分离处理，使用多种方法，通过参数试验和方法比较，最终选择先去背景干扰，通过逐波识别追踪，再用叠加消去法与中值滤波法相结合来分离上、下行波场。图4.38为J2井消去背景噪声后的垂直分量剖面，在消去下行直达波后，再采用逐波消除法，将各干扰波组一一消除，图4.39为J2井波场分离后的单程时上行反射P波波场，图4.40为J2井波场分离后的上行反射P波按照双程时进行排齐后的波场（未校正到地面地震处理基准面），从图中可以看到，上行反射P波波组清晰，连续追踪性较好，受强管波干扰影响，深层P波相对能量较弱。

由于强能量的井筒波干扰，J2井 X、Y 两个水平分量上的横波特征不明显，特征波组能量弱，连续性差，经道极一致性处理后的下行横波特征没有得到明显的改善。对 Z、X、Y 三分量资料进行偏振处理后，径向分量上的横波特征得到一定的改善，图4.41为J2井零偏 VSP 偏振处理后的径向分量，图4.42为J2井波场分离后的下行横波剖面。

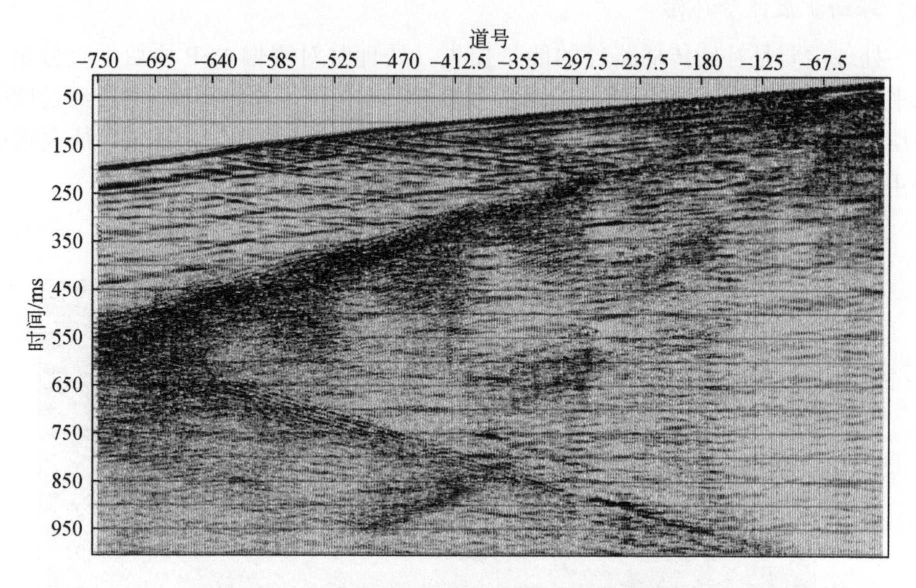

图 4.38　J2 井消去背景噪声后的垂直分量剖面

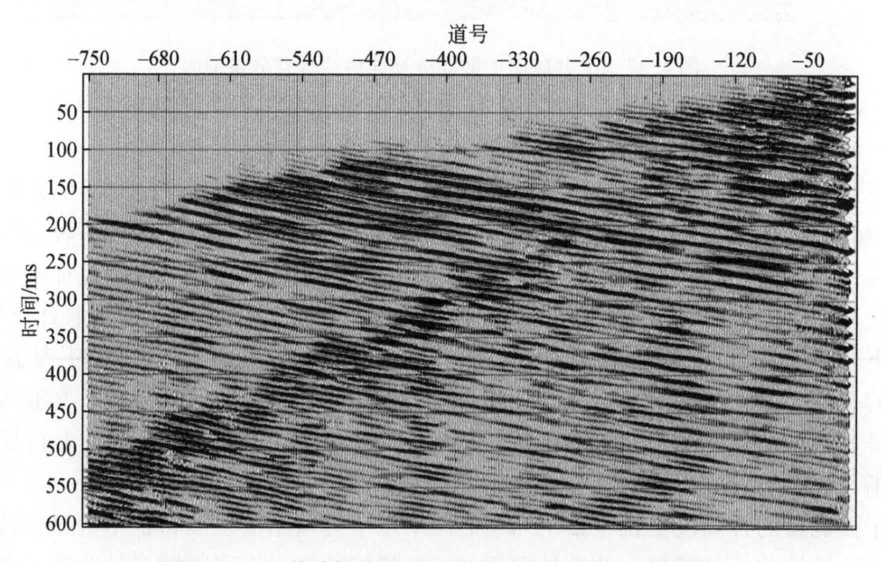

图 4.39　J2 井波场分离后的单程时上行反射 P 波波场

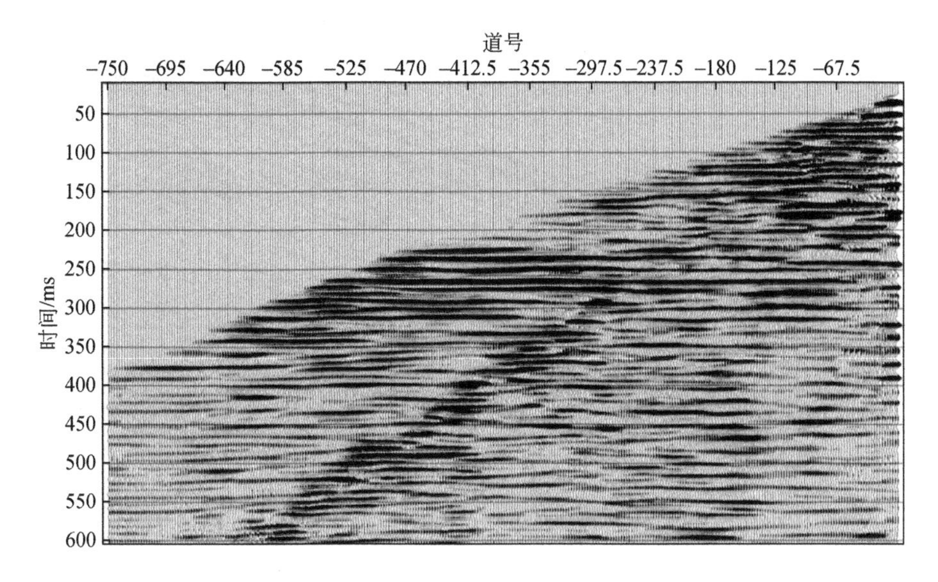

图 4.40　J2 井波场分离后的上行反射 P 波按照双程时进行排齐后的波场
未校正到地面地震处理基准面

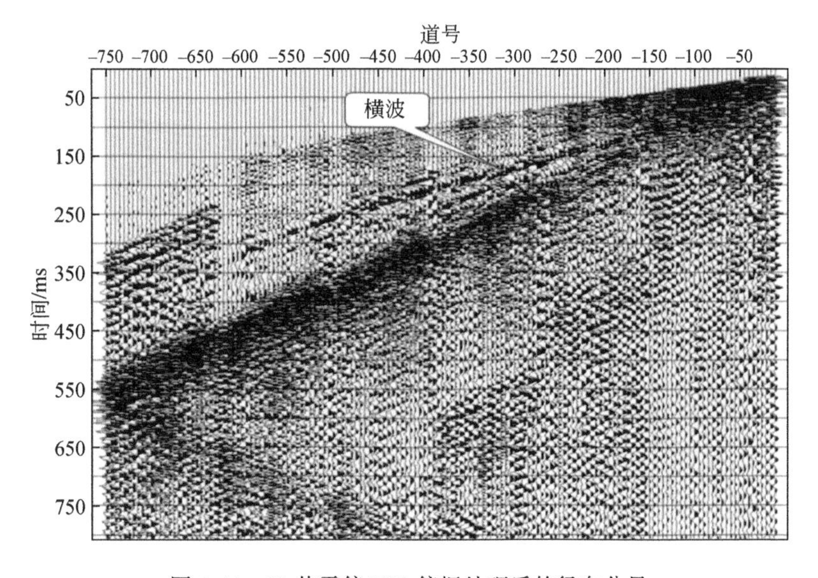

图 4.41　J2 井零偏 VSP 偏振处理后的径向分量

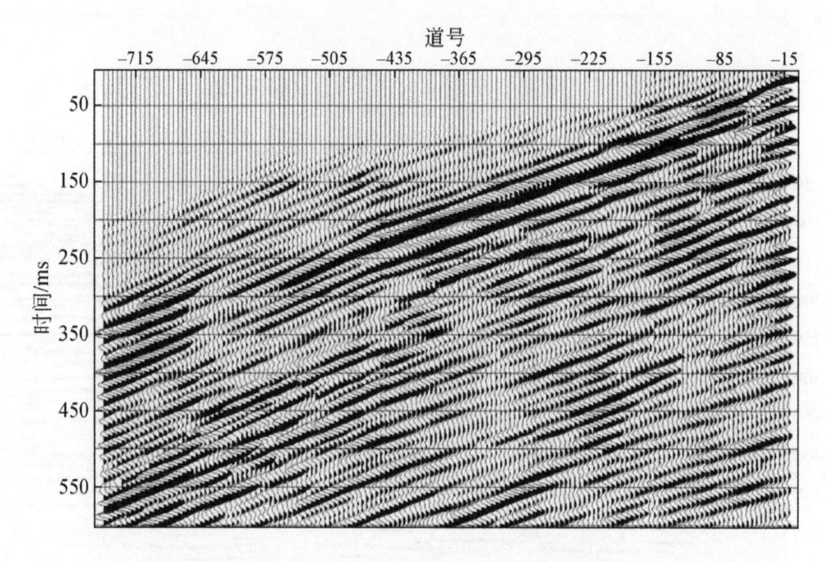

图 4.42　J2 井波场分离后的下行横波剖面

(6) 反褶积

从下行波场中提取下行直达 P 波，而后从下行直达 P 波中提取反褶积算子，采取每道分别提取算子的方法，应用到上行反射 P 波波场，进行反褶积处理达到压制多次波和提高分辨率的目的。图 4.43 为 J2 井波场分离后的下行 P 波波场，从该波场中提取反褶积算子，作用于上行 P 波波场获得反褶积处理后的剖面，如图 4.44 所示。

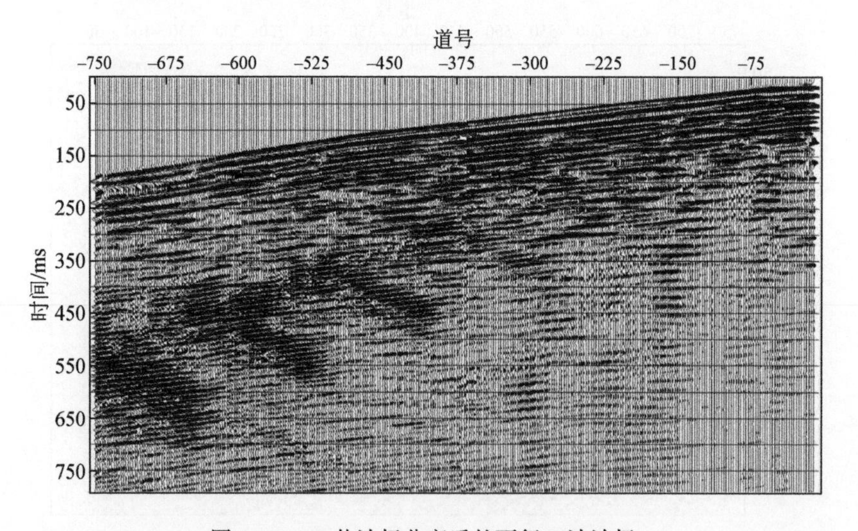

图 4.43　J2 井波场分离后的下行 P 波波场

图 4.45 为反褶积处理前（左）和处理后（右）的上行反射 P 波剖面对比。从图中可以看出，主要波组特征基本一致，上行 P 波后续多次波得到一定的压制。

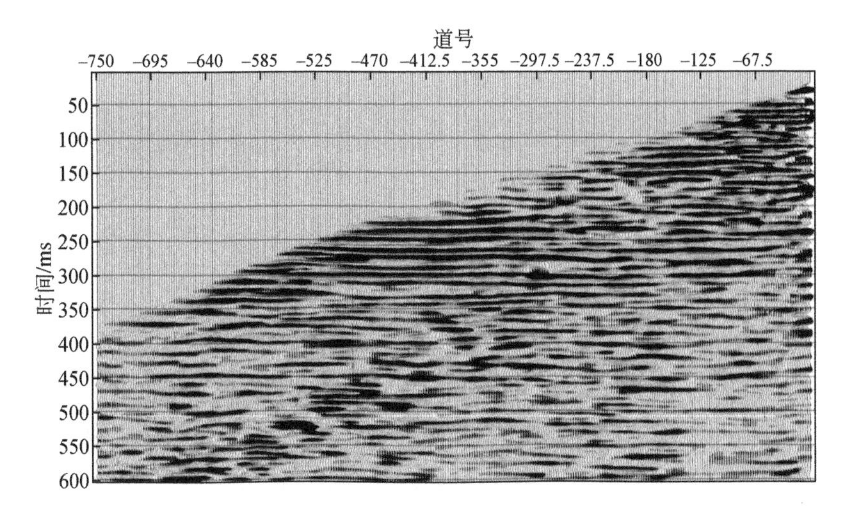

图4.44　反褶积处理后的上行反射P波剖面

双程时，未校正到地面地震处理基准面

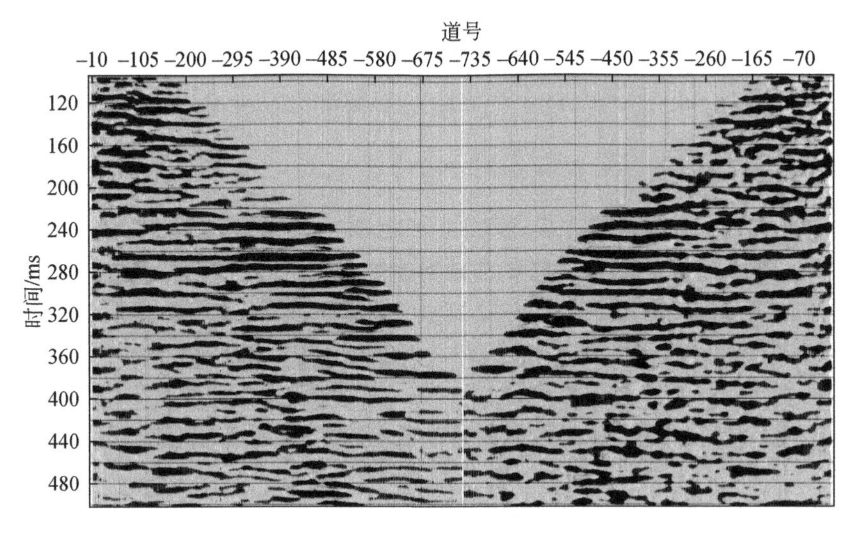

图4.45　反褶积处理前（左）和处理后（右）的上行反射P波剖面对比

双程时，未校正到地面地震处理基准面

（7）走廊叠加

为了防止多次波及干扰波参与叠加，在上行波排齐的剖面上取一个仅保留一次波的走廊区域，切除走廊区域以外的信息，对走廊区域进行垂直叠加，形成走廊切除叠加剖面。走廊叠加剖面是用于标定地面地震资料的重要资料之一，J2井零偏VSP资料上行P波走廊区域及走廊叠加剖面如图4.46所示。

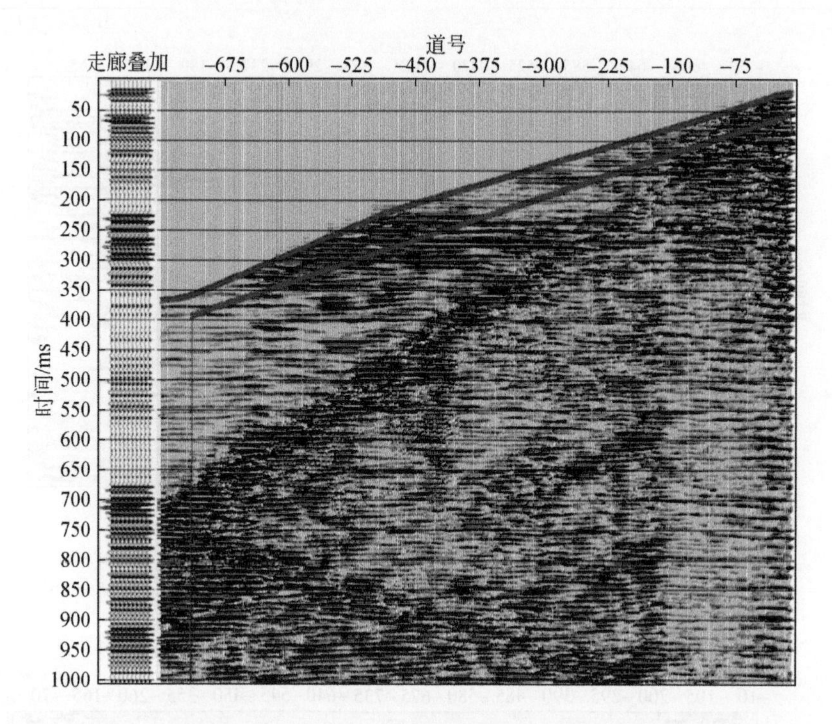

图 4.46 J2 井零偏 VSP 资料上行 P 波走廊区域及走廊叠加剖面

(8) 匹配处理

走廊叠加剖面嵌入井旁地面地震资料时，由于两者资料可能存在频谱差异，需要进行匹配滤波处理。对 VSP 走廊叠加资料和井旁地面地震资料的目的层进行频谱分析对比，并确定合适的滤波档范围。图 4.47（a）为 J2 井零偏 VSP 资料波场分离后上行 P 波频谱分析，从图中可以看到波场分离后时窗（350 ~ 750m，150 ~ 600ms）内主频大于 80Hz。图 4.47（b）为过 J2 井三维地面地震资料 Inline 208 线频谱分析，从图中可以看出地面资料的主频为 44.5Hz 左右，为了对地面资料进行标定，需要对 VSP 走廊叠加进行匹配滤波处理。

J2 井零偏 VSP 资料处理主要参数见表 4.12。

表 4.12 J2 井零偏 VSP 资料处理主要参数表

资料处理项目	处理参数	备注
带通滤波/Hz	1-10-110-130	去噪
中值滤波/点数	9	波场分离处理
匹配滤波/Hz	8-12-85-95	匹配处理

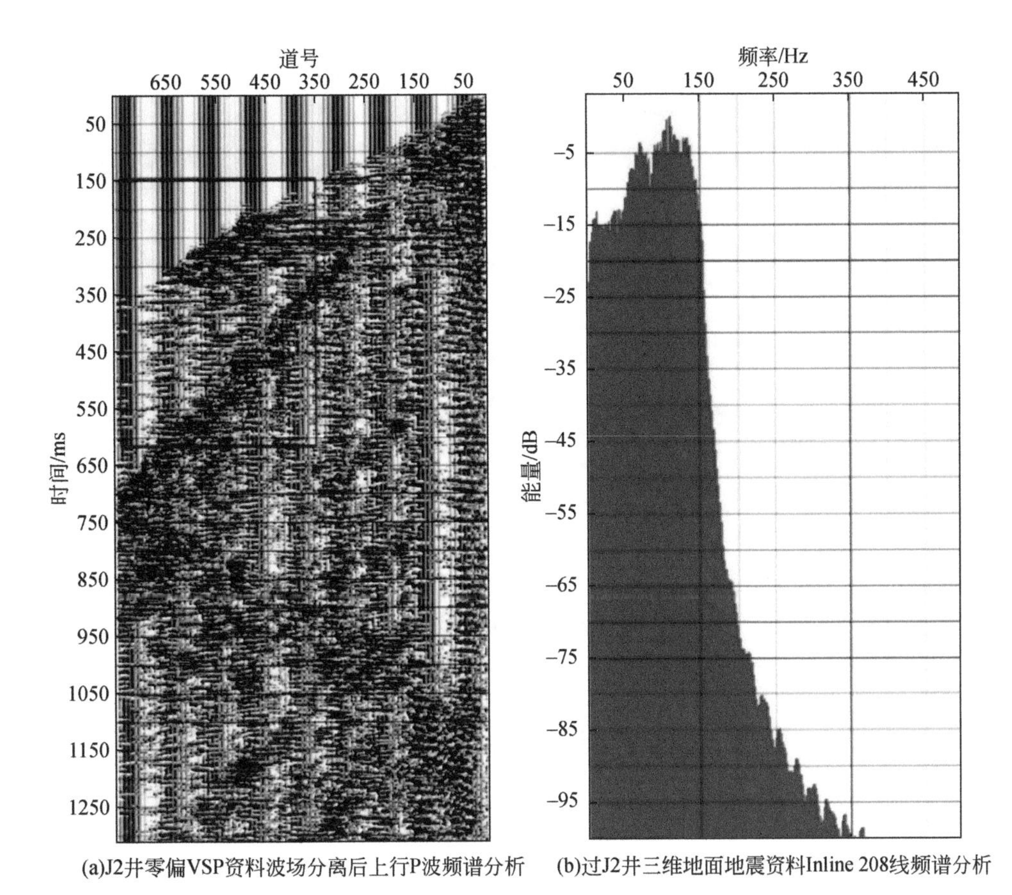

(a)J2井零偏VSP资料波场分离后上行P波频谱分析　(b)过J2井三维地面地震资料Inline 208线频谱分析

图4.47　J2井零偏VSP资料波场分离后上行P波频谱分析和过J2井三维地面地震资料Inline 208线频谱分析

4.4.3　J2井零偏VSP资料处理效果分析

VSP资料处理的结果可以用于井旁地面地震资料的波组对比和地质属性标定，VSP走廊叠加剖面是上行反射波双程时剖面上，避开多次波，在一次反射波的区域进行叠加而形成的。将其嵌入过井的地面地震剖面中，可以直接与井旁的地面资料地震波组进行对比，并用于标定地质属性。

图4.48为J2井零偏VSP走廊叠加剖面嵌入过井三维地面地震Inline 208线的对比剖面，J2井零偏VSP走廊叠加采用正极性镶嵌。从图中可以看出，VSP走廊叠加的频率明显高于井旁地震资料，因此对VSP走廊叠加进行匹配滤波，井旁地震资料的频宽为19.5～80.6Hz，主频为44.5Hz左右。经1-10-90-100、8-15-90-100、8-12-90-100和8-12-85-95滤波试验，波组分析，选择8-12-85-95滤波档对走廊叠加进行滤波匹配处理，从图4.48中可以看到相应的波组吻合度提高。

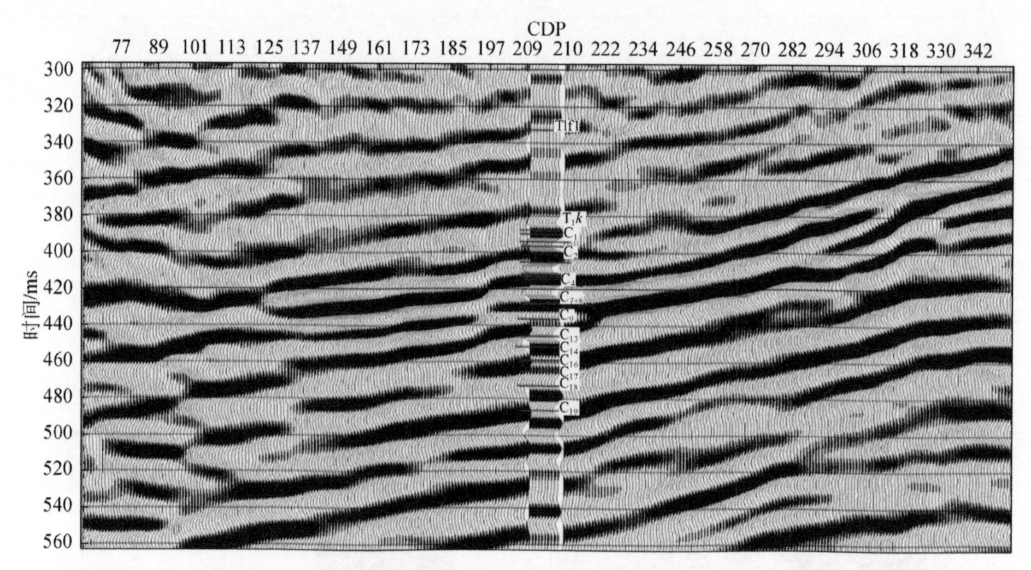

图 4.48　J2 井零偏 VSP 走廊叠加剖面嵌入过井三维地面地震 Inline 208 线的对比剖面
炸药震源，正极性

4.5　J3 井零偏 VSP 资料处理

4.5.1　J3 井原始资料波场分析与识别

（1）*原始波场分析*

J3 井零偏 VSP 采用可控震源激发，采集获得了三分量原始数据。经过数据解编和选择排序，原始垂直分量（Z）剖面、水平分量（X、Y）剖面如图 4.49～图 4.51 所示。

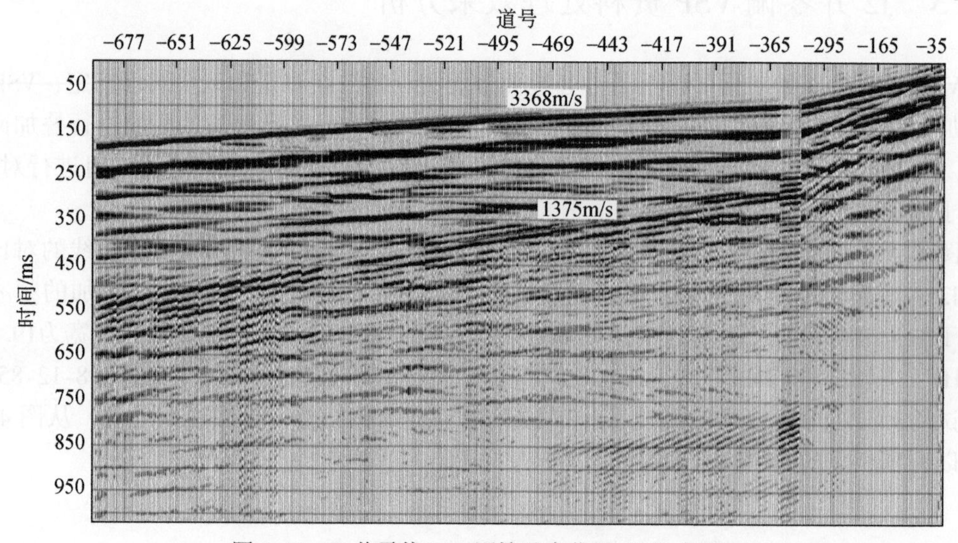

图 4.49　J3 井零偏 VSP 原始垂直分量（Z）剖面

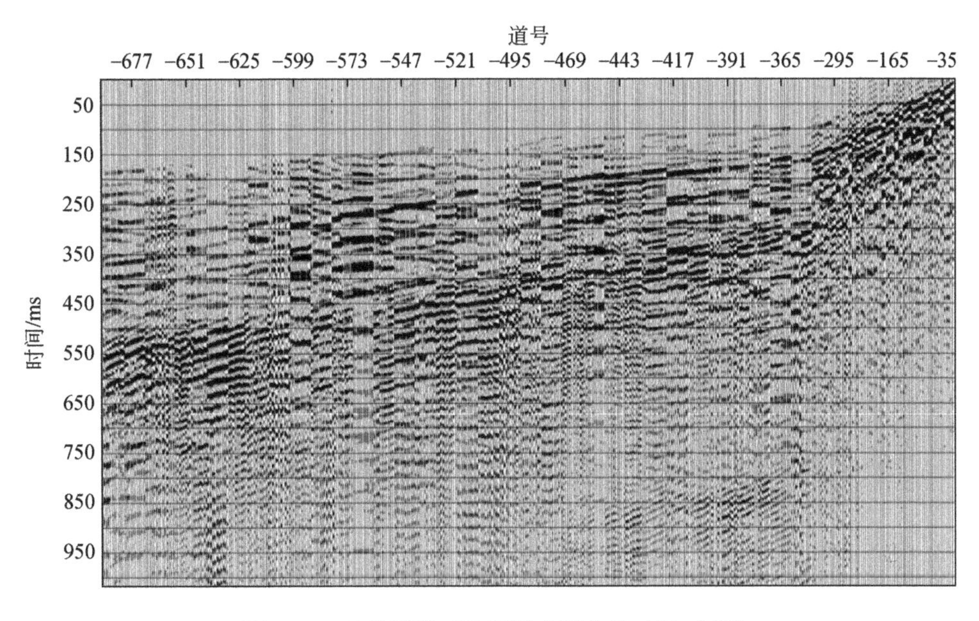

图4.50　J3井零偏VSP原始水平分量（X）剖面

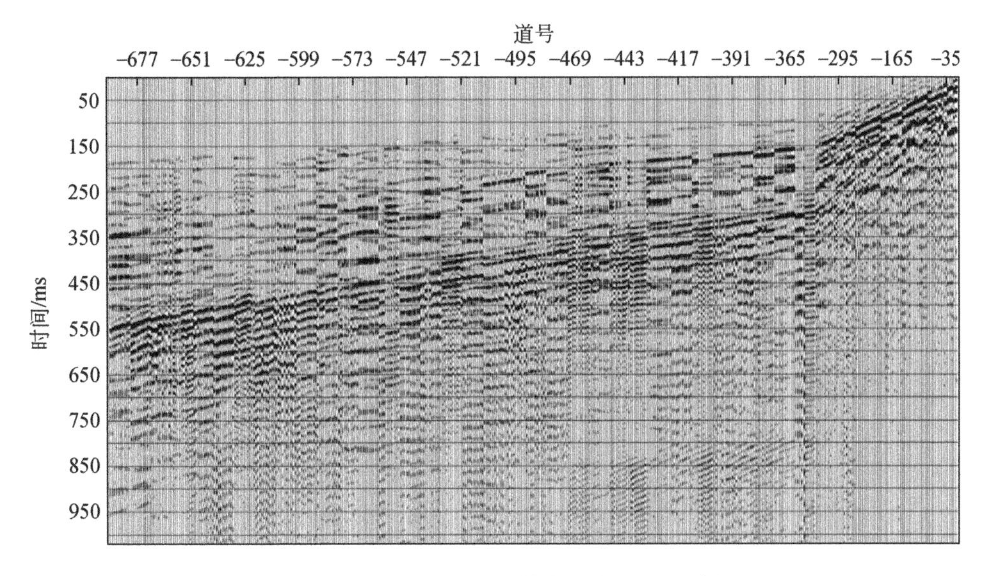

图4.51　J3井零偏VSP原始水平分量（Y）剖面

J3井零偏VSP垂直分量（Z）原始剖面上，可见较强能量的直达P波，井筒下行管波能量次之，以及10～350m的中浅层下行转换波。上行反射P波在强能量下行波干扰下，波组层次不清晰，难以分辨。J3井10～350m采用5m点距观测，351～690m采用1m加密点距观测，350m深度附近呈现出能量强弱变化。

J3井零偏VSP原始水平分量（X、Y）上，下行横波清晰，下行P波能量较弱，受干扰波影响，上行反射P波几乎无法分辨。垂直分量上下行直达波能量强，反射波在强直达波能量掩盖下，层次不清，为准确识别各类波，先消去下行直达波，再识别，如图 4.52 所示。

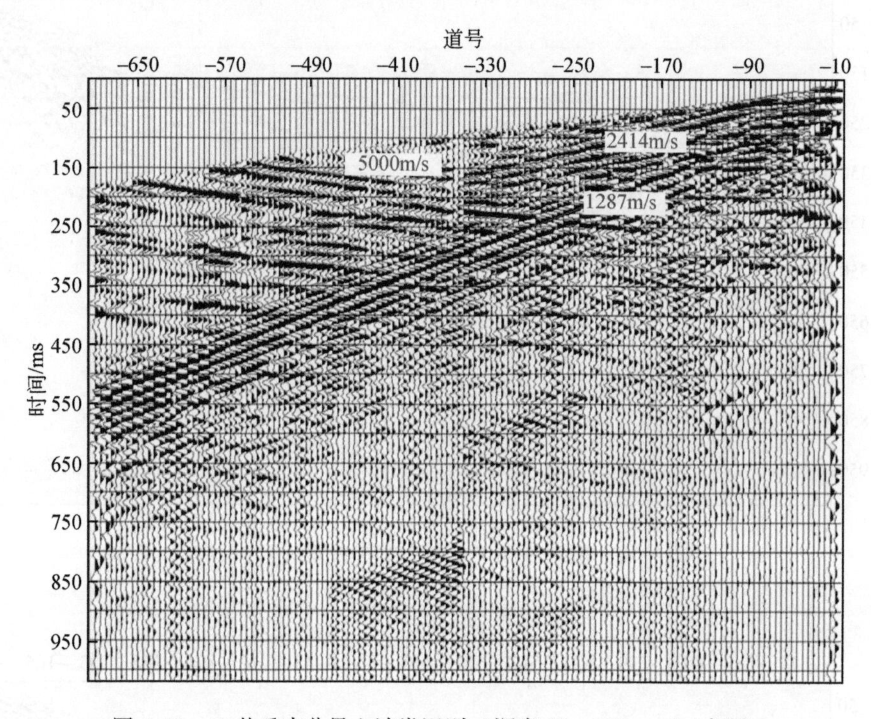

图 4.52　J3 井垂直分量上波类识别（深度 10 ~ 690m，5m 点距）

（2）干扰波分析

J3 井 VSP 零偏观测井段 10 ~ 690m（VSP 深度起算面为地面，对零误差 0.2m），除很强的井筒下行管波干扰外，转换波、水平干扰能量均较强。在消除上、下行 P 波，转换波及下行管波等强能量波组后可进一步分析背景干扰波。图 4.53 为消除上、下行 P 波，转换波及下行管波后的剖面，剖面上可见强水平干扰，强能量上行管波，以及不同方向的线性噪声。

（3）频谱分析

由于 VSP 资料的特点，VSP 资料的频谱分析是在原始垂直分量（Z）上进行的，为分析直达波频谱，将直达波按初至拉平在某一时间，再选取时窗进行分析。图 4.54 为 J3 井原始垂直分量（Z）记录的直达 P 波目的层的频谱分析。从图中可以看出，直达 P 波（520 ~ 690m）优势频宽为 10 ~ 84Hz。

由于背景干扰严重，反射波特征差，因此先消去下行直达 P 波后对目的层反射 P 波进行频谱分析。在 J3 井原始垂直分量（Z）记录上消去下行直达 P 波，双程时拉平后对目的层（520 ~ 690m）上行反射 P 波进行频谱分析，如图 4.55 所示。从图中可以看出，目的层上行反射 P 波优势频宽为 30 ~ 84Hz。

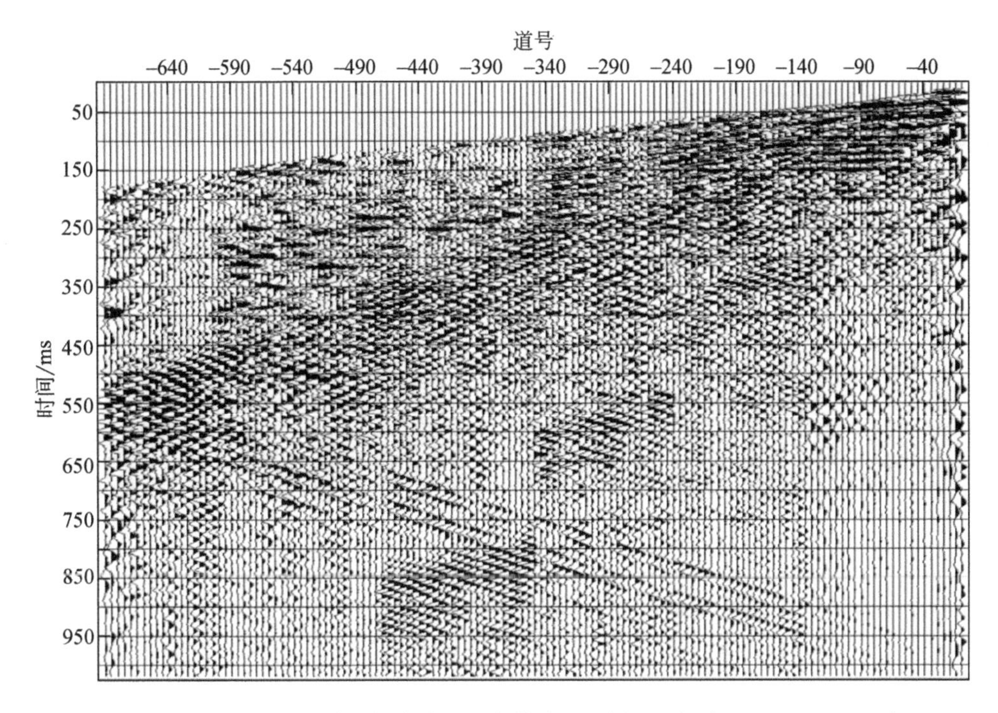

图4.53　消除上、下行P波，转换波及下行管波后的剖面（深度10～690m，5m点距）

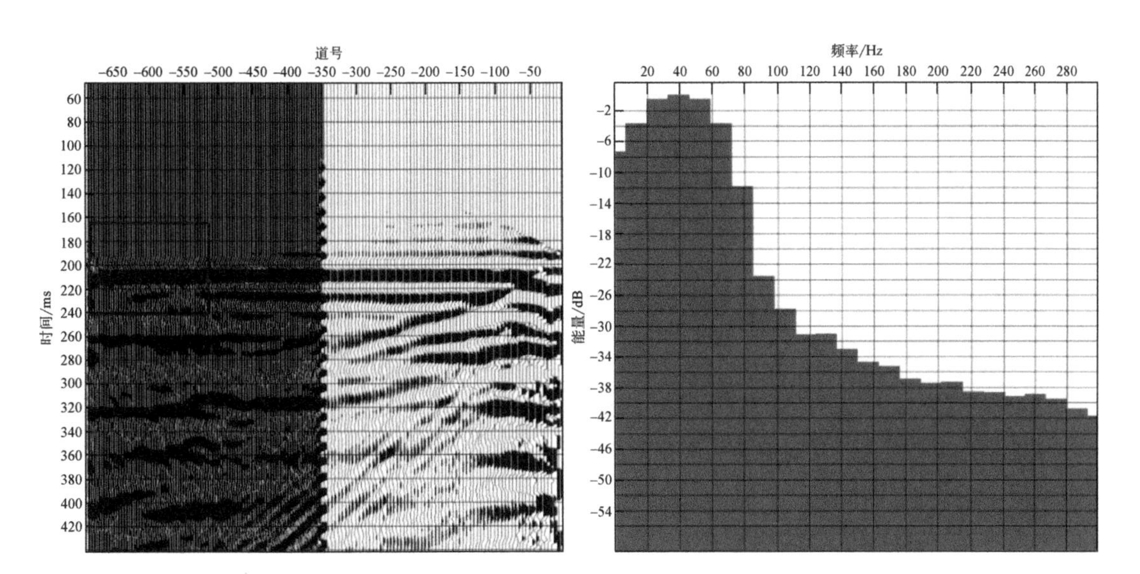

图4.54　J3井原始垂直分量（Z）记录的直达P波目的层的频谱分析

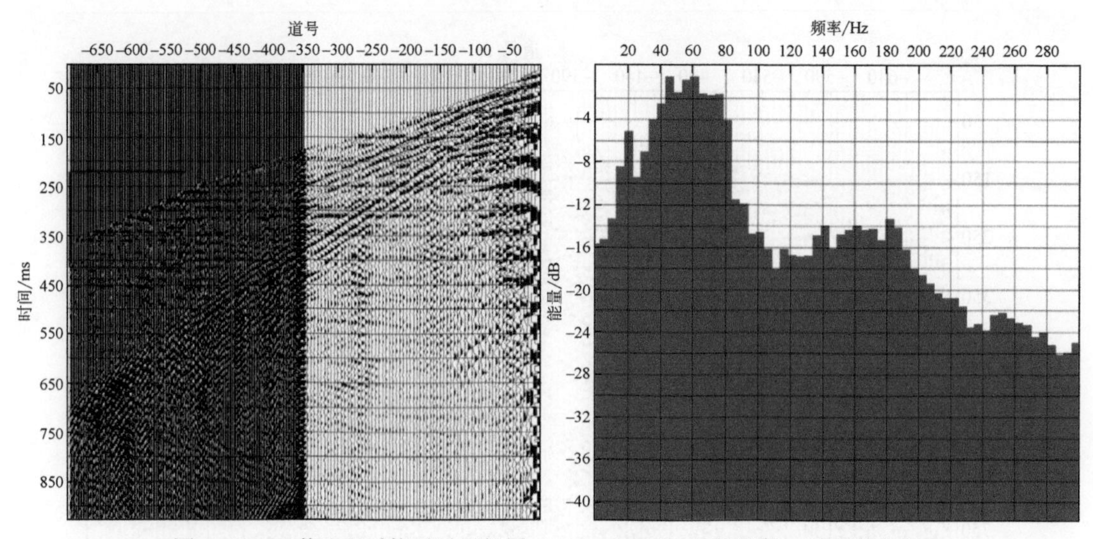

图 4.55　J3 井双程时拉平后目的层（520～690m）上行反射 P 波频谱分析

为了设计合适的带通滤波档范围，同时达到保真处理的目的，还分析了目的层有效波和噪声频带范围。在 J3 井原始垂直分量（Z）记录上去掉下行直达 P 波和上行反射 P 波，双程时拉平后对目的层（520～690m）噪声进行频谱分析，如图 4.56 所示。从图中可以看出，目的层干扰波噪声优势频宽为 30～72Hz，主频频带范围较宽。干扰波噪声频带较宽，主频高，且与目的层反射波频带范围高度重合，这也为高保真处理带来难度。

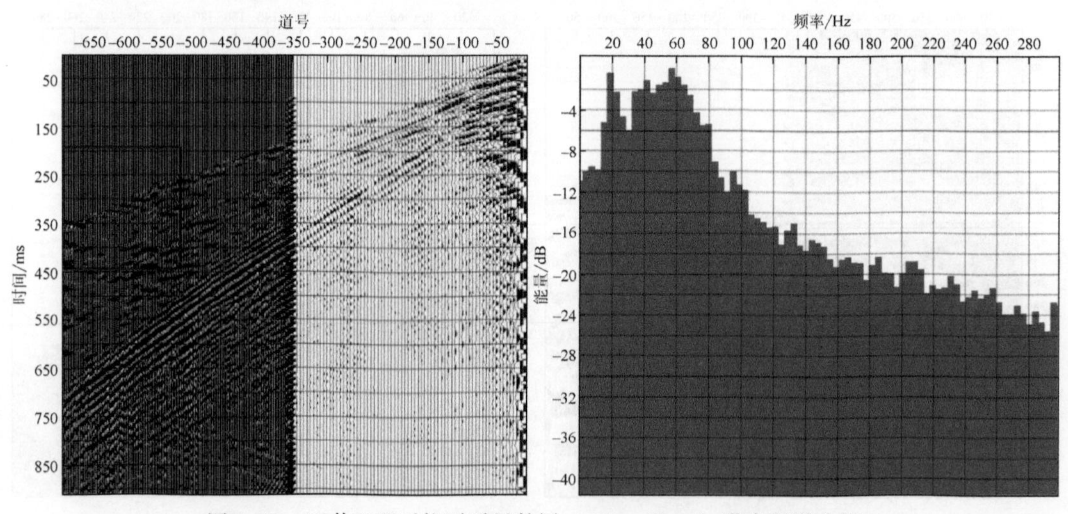

图 4.56　J3 井双程时拉平后目的层（520～690m）噪声频谱分析

4.5.2　J3 井零偏 VSP 资料关键处理步骤

J3 井零偏 VSP 资料处理基本流程如图 4.8 所示，现对其中的关键步骤进行简述。

（1）静校正

J3 井井口地面高程为 1801.60m，地面地震资料处理基准面为 2100m，可控震源激发示意图如图 4.57 所示。

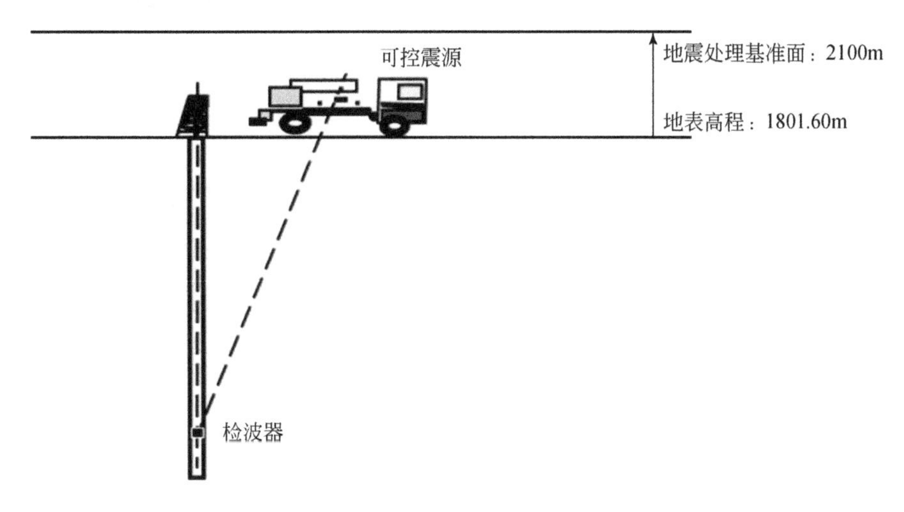

图 4.57　J3 井零偏 VSP 可控震源激发示意图

J3 井 VSP 资料静校正量计算也分两步。首先对偏移距进行校正：计算出每一个接收深度点所对应的偏移距和相应的校正量值；其次将井口高程校正到地面地震处理基准面。在实际资料的处理中，从激发平面高程校正到地震处理基准面高程上的静校正量，是根据 VSP 上行波走廊叠加剖面与过井三维地震剖面上的反射波组（尤其是标志波组）对比来确定的。

在两步静校正计算过程中，偏移距校正和地面地震处理基准面校正，波组均在空气中传播，因此均采用地面地震处理中的替换速度。替换速度均为 3500m/s。经与井旁地面三维地震剖面对比，J3 井零偏 VSP 与地面三维地震资料过井线 Inline 492 线对比，整体时差为 120.0ms。经过静校正量 120.0ms 的时差校正后，VSP 资料就校正到地面地震处理基准面上，不再需要做其他校正。

（2）初至拾取

J3 井采用可控震源激发，理论认为可控震源激发得到的 VSP 记录近似为零相位的记录，因此拾取下行直达波的最大谷峰时间为初至时间。10～50m 段因受干扰波影响初至不清晰，采用去除下行转换波和上行反射 P 波，并结合直达波趋势分析法，进行人工拾取，如图 4.58 所示。整个拾取过程采用人机交互的方式拾取初至，保证了初至拾取的精度和质量，为建立可靠的时-深关系、平均速度和层速度的计算精度，以及上行波排齐等处理提供了可靠保障。

（3）球面扩散能量补偿

在地震记录上，反射波的振幅值除了由界面的反射系数决定外，还受到地震放大器的增益控制影响以及波在介质中传播时的发散和吸收作用而衰减。为了获得信号的真正振幅

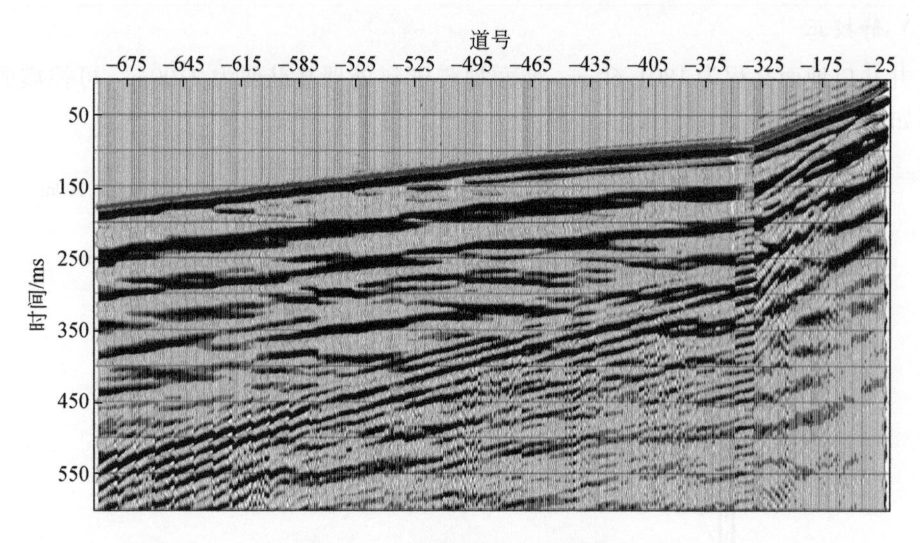

图 4. 58 J3 井零偏 VSP 初至拾取

值，需要对地震数据进行真振幅恢复。真振幅恢复包括两个步骤：第一是增益恢复；第二是补偿因衰减而耗损的振幅值。处理时主要是对零偏 VSP 原始垂直分量（Z）、原始水平分量（X、Y）。J3 井原始垂直分量（Z）经过振幅球面扩散能量补偿校正后，补偿校正的剖面应当显示出上、下行波能量均匀，波组特征表现更加清晰。图 4. 59 和图 4. 60 为 J3 井球面扩散能量补偿前和补偿后的垂直分量（Z）。

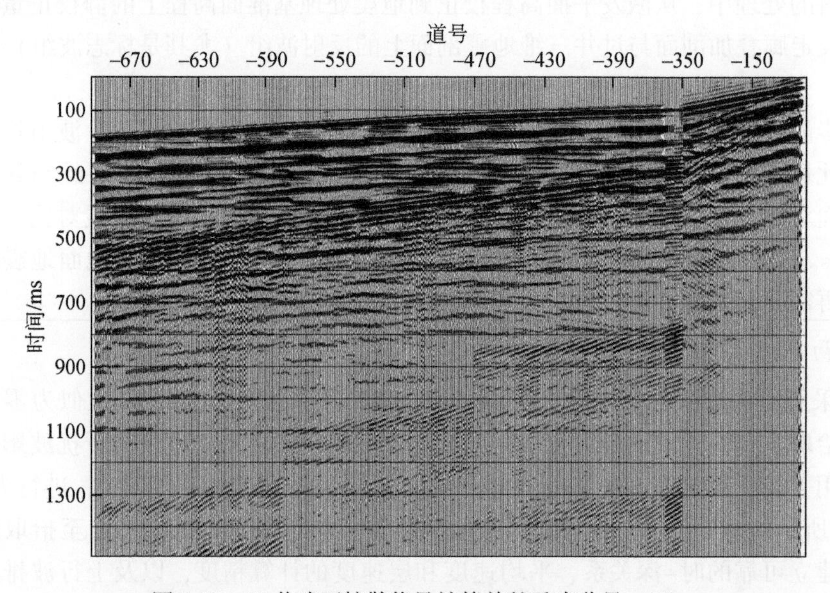

图 4. 59 J3 井球面扩散能量补偿前的垂直分量（Z）

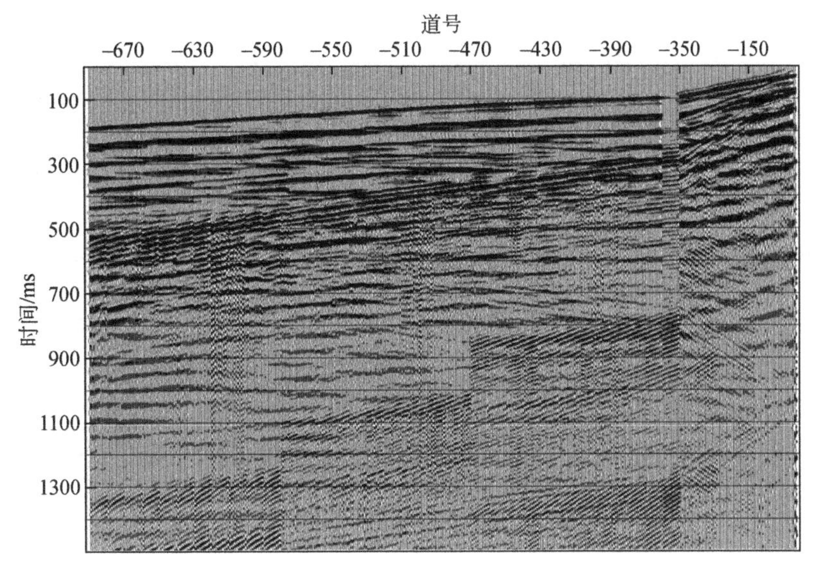

图 4.60　J3 井球面扩散能量补偿后的垂直分量（Z）

（4）波场分离

将相互干涉的波场分离开，是 VSP 数据处理的关键。从 J3 井零偏 VSP 原始波场记录可以看到，多种类型的波叠合在一起、波场信息丰富。利用不同类型地震波传播特性和偏振特性的不同，可以将波场分离。为了做好波场分离处理，使用多种方法，通过参数试验和方法比较，最终选择先去背景干扰，通过逐波识别追踪，再用叠加消去法与中值滤波法相结合来分离上、下行波场。J3 井波场分离后的下行直达 P 波剖面如图 4.61 所示，原始波场表现出强水平干扰和强管波干扰，并且在目的层加密采集，因此分离下行 P 波未将干扰完全消除干净。图 4.62 为 J3 井波场分离后的上行反射 P 波剖面，从图中可以看出，上行反射 P 波波组特征明显。

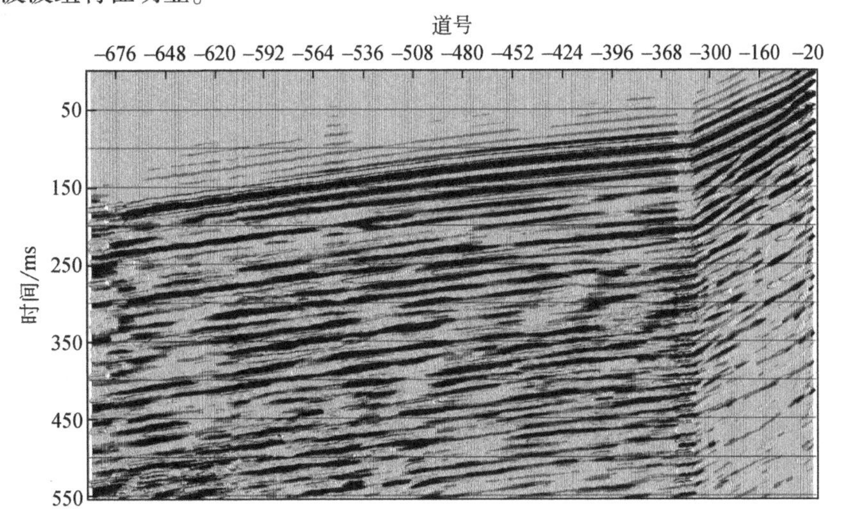

图 4.61　J3 井波场分离后的下行直达 P 波剖面

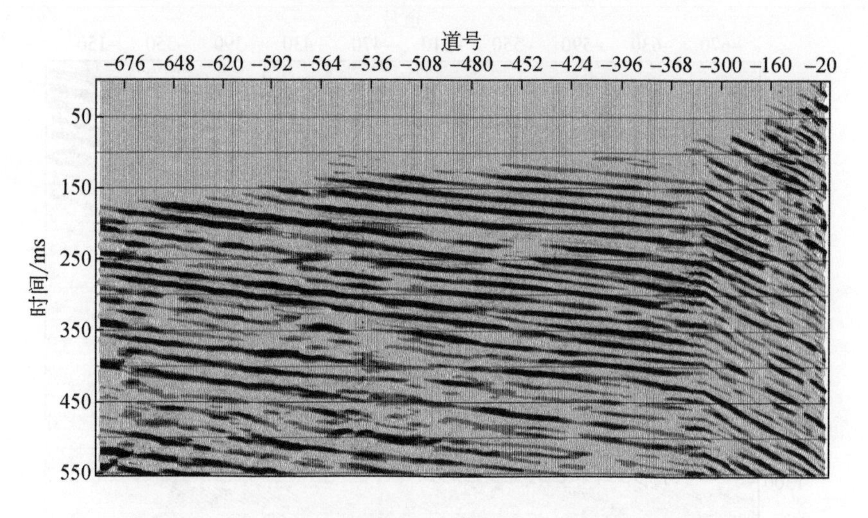

图 4.62　J3 井波场分离后的上行反射 P 波剖面（单程时）

(5) 上、下行波反褶积

上、下行波反褶积处理的目的是对分离后的上、下行波场压制多次波和提高分辨率。VSP 反褶积主要是从井下垂直分量（Z）的下行直达 P 波中提取反褶积算子，采取每道分别提取算子的方法，然后应用到上、下行 P 波波场。图 4.63 为提取的 J3 井反褶积算子，图 4.64 为 J3 井反褶积处理后的下行 P 波剖面，可以与图 4.61 对比分析，反褶积处理后有效压制了直达波续至多次波；图 4.65 为 J3 井反褶积处理前的上行反射 P 波双程时排齐后剖面（未校正到地面地震处理基准面），图 4.66 为 J3 井反褶积处理后的上行反射 P 波双程时排齐后剖面。反褶积处理后，主要波组特征基本一致，浅层部分多次波得到一定压制，反射波反褶积处理效果明显没有下行波好，在一定程度上还影响了资料的信噪比，需要谨慎选择参数使用。

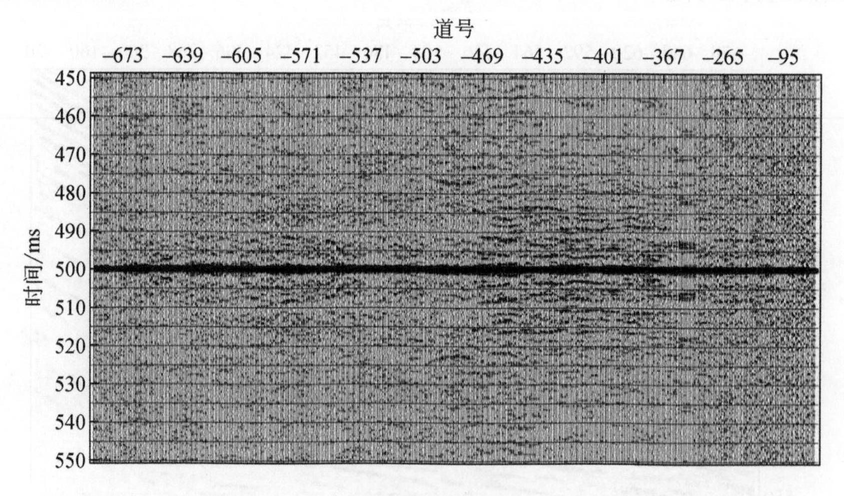

图 4.63　提取的 J3 井反褶积算子

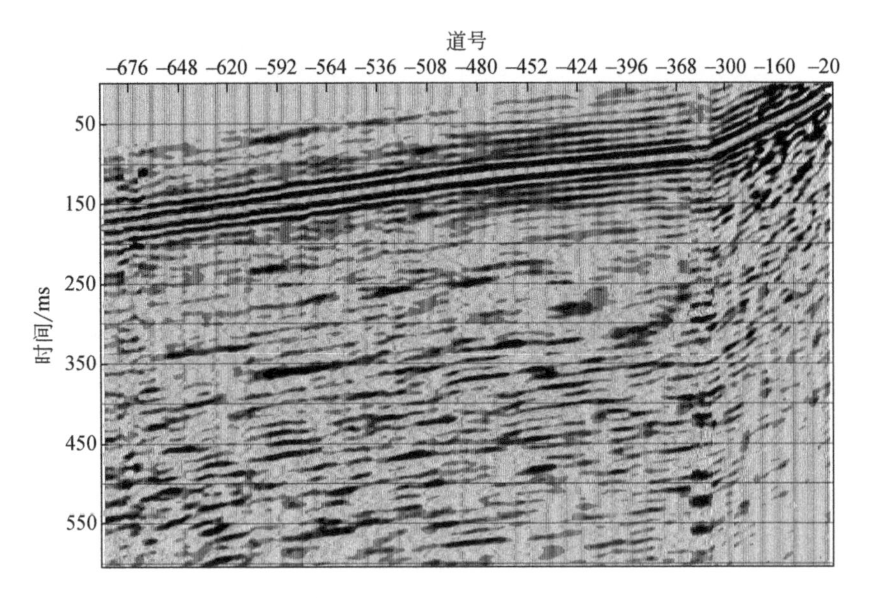

图4.64　J3井反褶积处理后的下行P波剖面

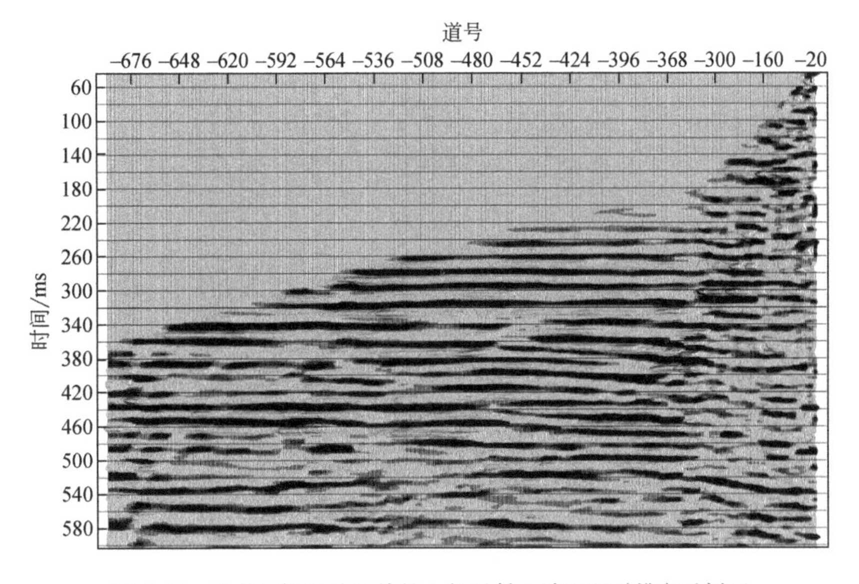

图4.65　J3井反褶积处理前的上行反射P波双程时排齐后剖面

未校正到地面地震处理基准面

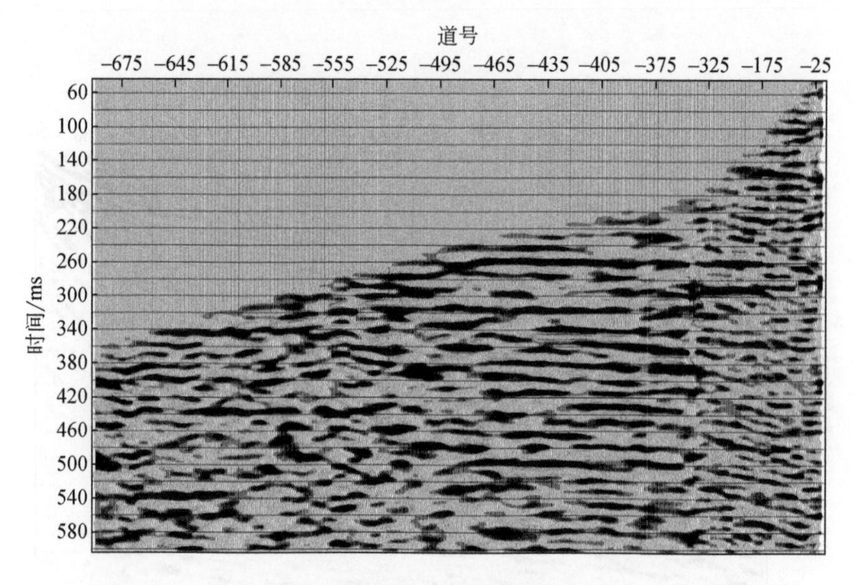

图 4.66　J3 井反褶积处理后的上行反射 P 波双程时排齐后剖面
未校正到地面地震处理基准面

（6）走廊叠加

J3 井进行走廊切除时，对于未能延续到直达波处的波组，在切取走廊时时窗有所减小，同时为了保护部分能量较弱的反射波组，进行切除时时窗可以适当加大。图 4.67 为 J3 井零偏 VSP 上行 P 波走廊区域及走廊叠加剖面。

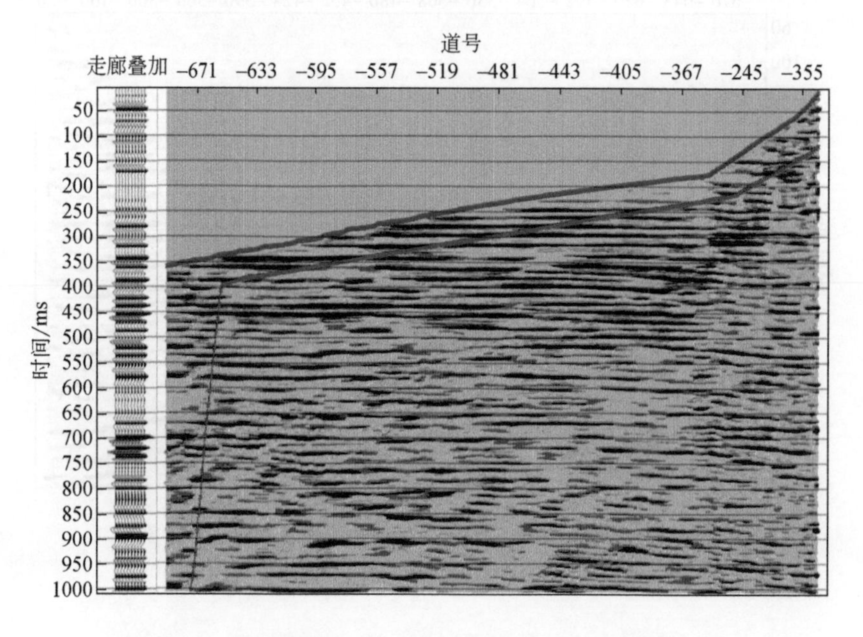

图 4.67　J3 井零偏 VSP 上行 P 波走廊区域及走廊叠加剖面

4.5.3　J3井零偏VSP资料处理效果分析

零偏VSP上行反射P波波场和过井地面地震资料目的层通常存在频带差异，在将零偏VSP走廊叠加剖面嵌入井旁地面地震前，需要分别对二者进行频谱分析并进行匹配滤波，避免因有效频带不同带来的资料不匹配问题。

图4.68为J3井零偏VSP资料波场分离后上行P波频谱分析，从图中可以看出波场分离后时窗（550～690m，268～375ms）内主频大约为48Hz，频带范围为10～82Hz。图4.69为过J3井三维Inline 492线井点位置前后主要目的层波组的频谱分析，从图中可以看出地面资料的主频为50Hz，频带范围为22～81Hz。比较来看，VSP资料与地面地震资料主频相当，VSP资料有效频带稍宽，为了对地面资料进行标定，可以对VSP走廊叠加进行匹配滤波处理。

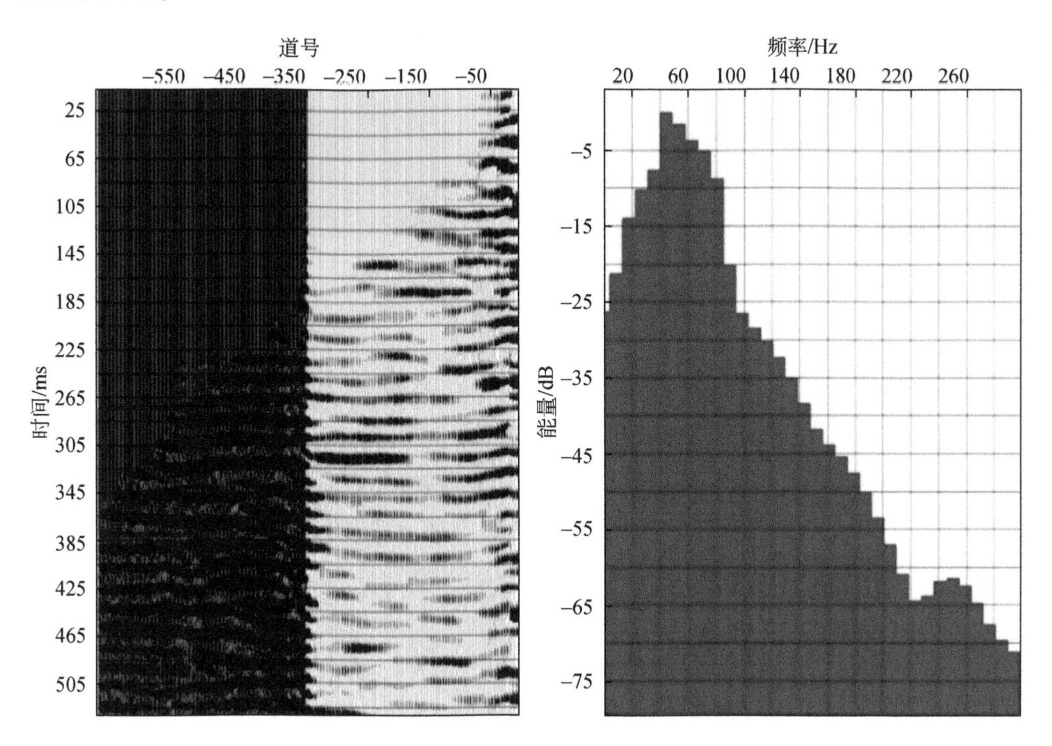

图4.68　J3井零偏VSP资料波场分离后上行P波频谱分析

J3井零偏VSP资料处理主要参数见表4.13。

表4.13　J3井零偏VSP资料处理主要参数表

资料处理项目	处理参数	备注
带通滤波/Hz	1-8-85-100	去噪
中值滤波/点数	9	波场分离处理
匹配滤波/Hz	7-14-80-90	匹配处理

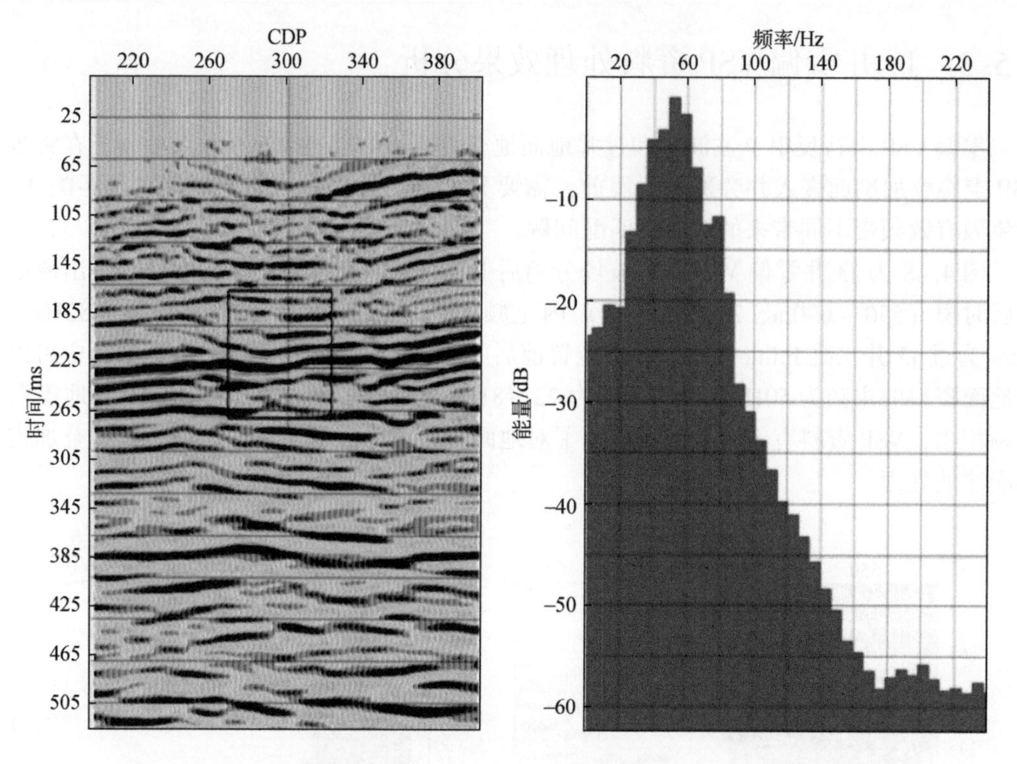

图 4.69　过 J3 井三维 Inline 492 线井点位置前后主要目的层波组的频谱分析

从 J3 井零偏 VSP 走廊叠加剖面嵌入过井三维地面地震 Inline 492 测线的对比可以看出，VSP 走廊叠加的频率明显高于井旁地震资料，因此对 VSP 走廊叠加进行匹配滤波。具体滤波参数参见表 4.13。图 4.70 为 J3 井走廊叠加（滤波后，正极性）嵌入过井地面三维地震测线 Inline 492 剖面，从图中可以看出，相应的波组吻合度提高。

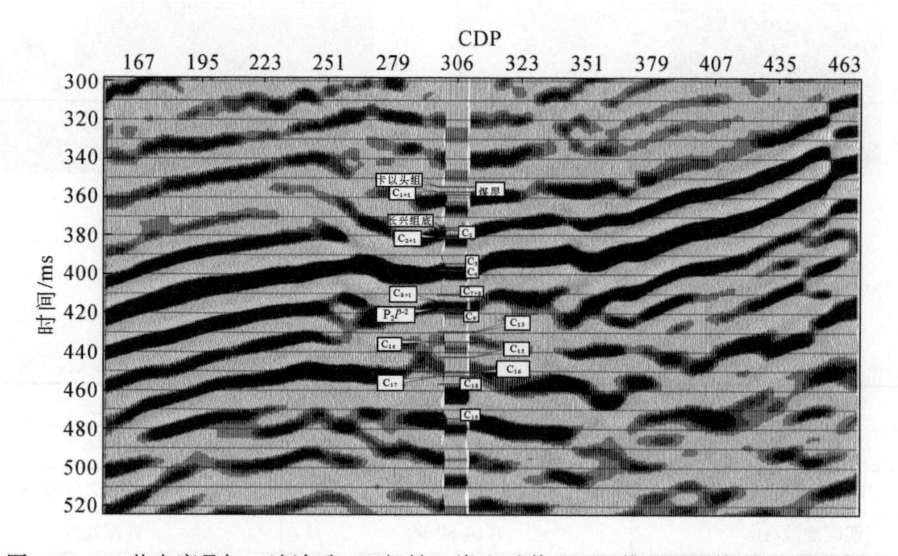

图 4.70　J3 井走廊叠加（滤波后，正极性）嵌入过井地面三维地震测线 Inline 492 剖面

4.6　J2、J3井VSP资料解释与综合分析

根据地质任务，滇东雨汪矿区J1、J2、J3井零偏以地震属性标定、速度分析、反射波特征分析作为解释工作的重点。由于J1井位于雨汪煤矿二井工业广场，井旁无地面地震资料，因此此次解释主要针对J2井、J3井这两个零偏VSP资料进行。

J2井布置于雨汪煤矿一井101盘区，J3井布置于雨汪煤矿一井103盘区，两口井同处于该矿区地面三维地震范围内，如图4.71所示。J2井过井三维地面地震测线号为Inline 208，J3井过井地面三维地震测线号Inline 492。因此，J2、J3井零偏VSP资料解释与综合分析过程中使用的地面地震资料分别是Inline 208和Inline 492。

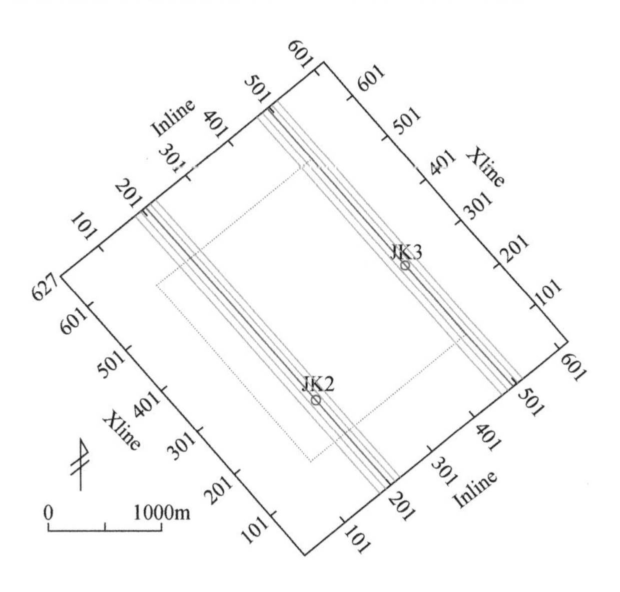

图4.71　J2、J3井在三维地面地震测线分布示意图

雨汪矿区J2、J3井所钻遇的煤层较多，如果煤层发育稳定，煤层与围岩之间有较大的波阻抗差异，其顶、底板是良好的反射界面，可形成较强的反射波，但J2、J3井所钻遇的煤层多为薄层。在对大的地质界面进行标准层标定的基础上，对主要目的层段进行细致的标定，标定过程注重细致化、目标化。反射波特征分析主要是根据VSP资料建立的时-深关系，解释地层、岩性界面与地震反射波之间的对应关系。

4.6.1　VSP速度分析

对零偏VSP资料进行直达波分析及初至波时间拾取，可直接得到时-深关系，由此可计算出地震波的平均速度、层速度等参数。由VSP获得的各种速度参数与声波速度相比更接近地面地震速度，其地震平均速度、层速度常应用于地面地震的时深转换及地层厚度的求取，具有直接、准确、可靠的特点。但由于VSP资料深度采样相对声波采样是稀疏的，针对VSP资料的具体情况，利用声波测井资料与VSP测井资料进行综合速度分析，发挥

两种方法的长处、弥补其不足，并相互补充验证，是进行速度分析的有效方法。

1. VSP 时-深关系

在零偏 VSP 资料的垂直分量（Z）上，采用人机交互的方式，拾取直达 P 波的初至时间 t_{P}，经偏移距校正后 P 波的初至时间为 t_{P0}，则双程时间 T_{P} 为

$$T_{\mathrm{P}}=2t_{\mathrm{P0}}+t_0 \tag{4.2}$$

式中，t_0 为 VSP 上行波的静校正值，即双程时间 T_{P} 是以地面地震处理基准面为时间起算的地震波双程时间。由于 J1 井缺乏地面地震处理基准面，因此只计算 J1 井 VSP 资料到井口地面的双程时间。

图 4.72 ~ 图 4.74 分别为 J1、J2、J3 井零偏 VSP 随深度变化的双程时间曲线。

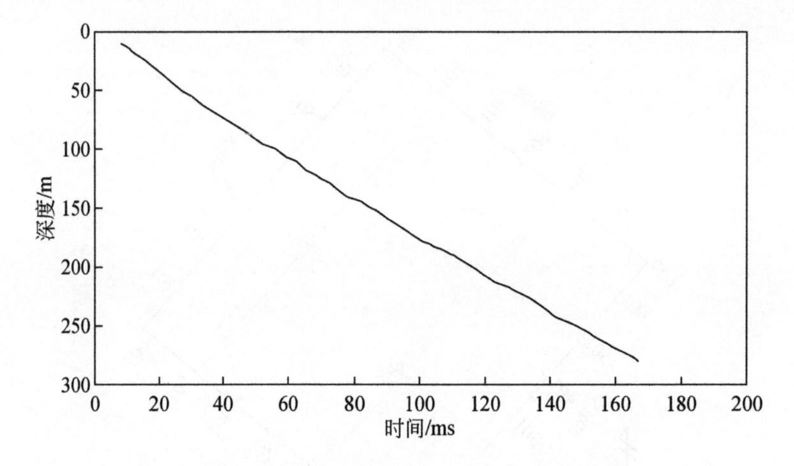

图 4.72　J1 井零偏 VSP 随深度变化的双程时间曲线

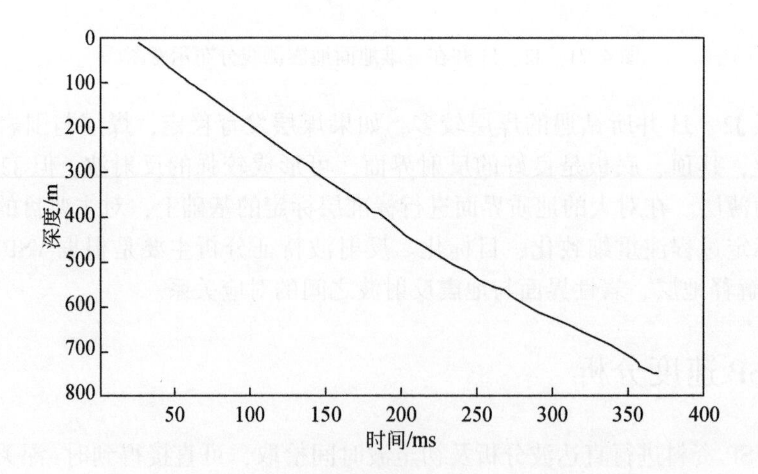

图 4.73　J2 井零偏 VSP 随深度变化的双程时间曲线

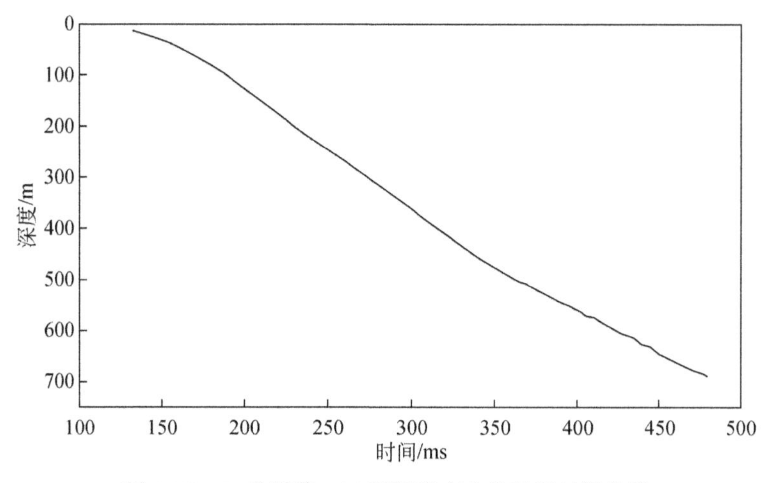

图4.74　J3井零偏VSP随深度变化的双程时间曲线

2. 平均速度、均方根速度

以J1、J2、J3井零偏VSP时间与深度关系为基础资料，利用式（4.3）分别计算三口井的平均速度：

$$V_{ai}=\frac{\sqrt{X^2+H_i^2}}{T_i} \tag{4.3}$$

式中，V_{ai}为平均层速度；X为激发点与井之间的距离，即偏移距；H_i为从井口地面高程起算的深度；T_i为从井口地面起算的初至时间。

均方根速度计算公式：

$$V_{rsm}^2=\frac{\sum_{i=1}^{n}t_iV_i^2}{\sum_{i=1}^{n}t_i} \tag{4.4}$$

式中，V_i为地震波层速度；t_i为层间地震波传播时间。

J1井零偏VSP平均速度和均方根速度从井口地面高程起算，速度随深度变化曲线如图4.75所示。浅部地层（10～40m）的平均速度和均方根速度呈现迅速上升趋势，速度变化率大；深度50m时平均速度和均方根速度达到最大，速度为4200m/s左右。之后随着深度的增加，速度呈现缓慢降低，深度280m时速度为3350m/s左右。平均速度和均方根速度变化特征不仅与地层岩性变化有关，而且与上覆地层压实程度变化较大等因素有关。

对J1井平均速度和均方根速度进行分析，结果表明，在15～280m井段，平均速度、均方根速度都大于3300m/s。

J2井零偏VSP平均速度和均方根速度从井口地面高程起算，速度随深度变化曲线如图4.76所示。10～65m，平均速度和均方根速度呈线性迅速上升趋势，速度变化率大；65～180m，平均速度和均方根速度增加，趋势较缓；180～455m，平均速度和均方根速度

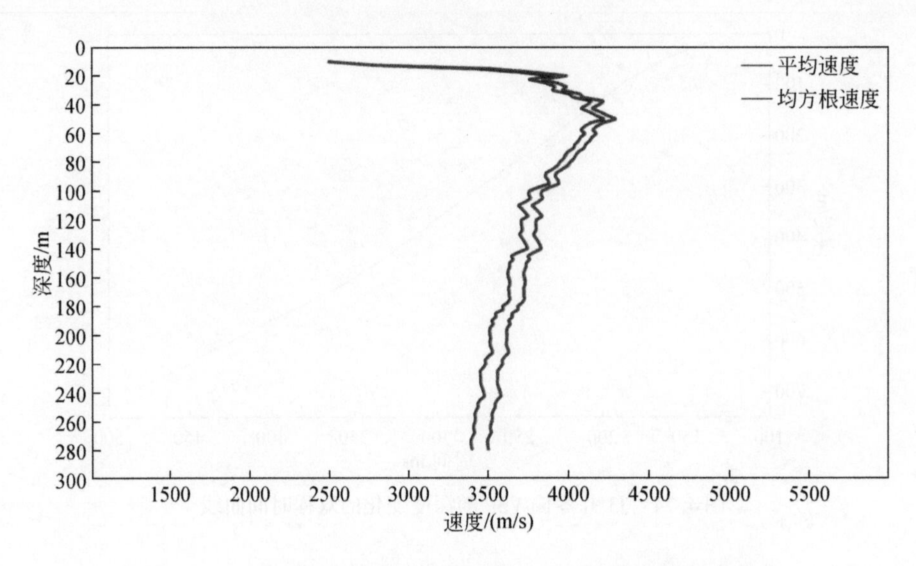

图 4.75　J1 井零偏 VSP 平均速度和均方根速度随深度变化曲线

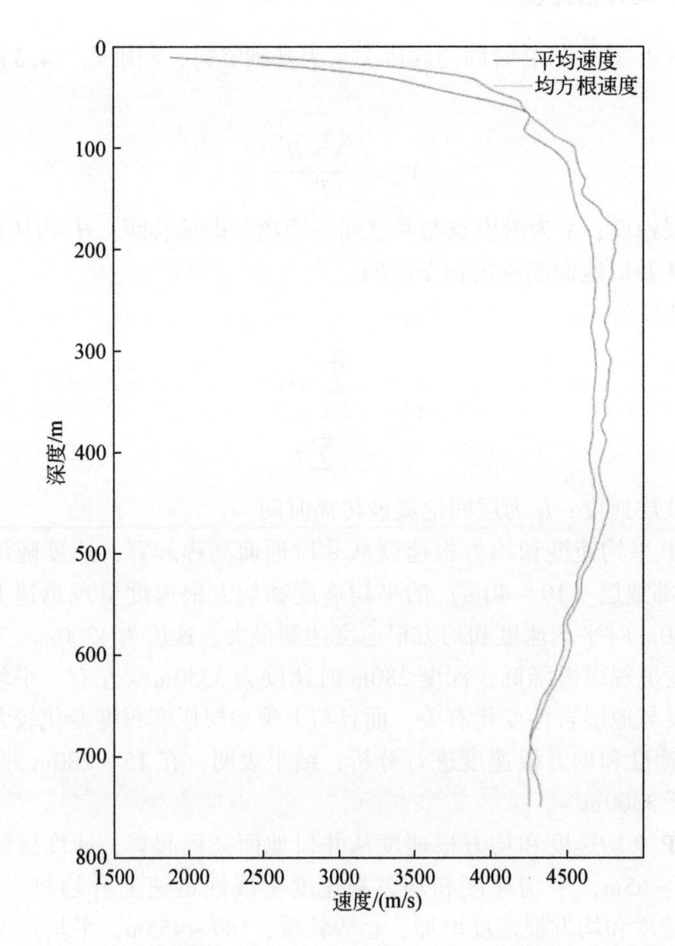

图 4.76　J2 井零偏 VSP 平均速度和均方根速度随深度变化曲线

整体呈增加趋势，趋势较缓，变化幅度不规则；455～685m，平均速度和均方根速度整体呈减小趋势，速度变化率小；685～750m，平均速度和均方根速度呈增加趋势，速度变化趋势较缓。

对J2井平均速度和均方根速度进行分析，结果表明，在55～750m井段，平均速度、均方根速度都大于4000m/s，两者随地层深度的增加不呈线性增加趋势。

J3井零偏VSP平均速度和均方根速度从井口地面高程起算，速度随深度变化曲线如图4.77所示。35～200m，平均速度和均方根速度呈迅速上升趋势，速度变化率大；200～470m，平均速度和均方根速度上升趋势变缓，到深度450m左右达到最大，最大平均速度约4300m/s，最大均方根速度约4400m/s；470～690m，平均速度和均方根速度整体呈缓慢下降趋势，690m深度处平均速度约3900m/s，均方根速度约4070m/s。

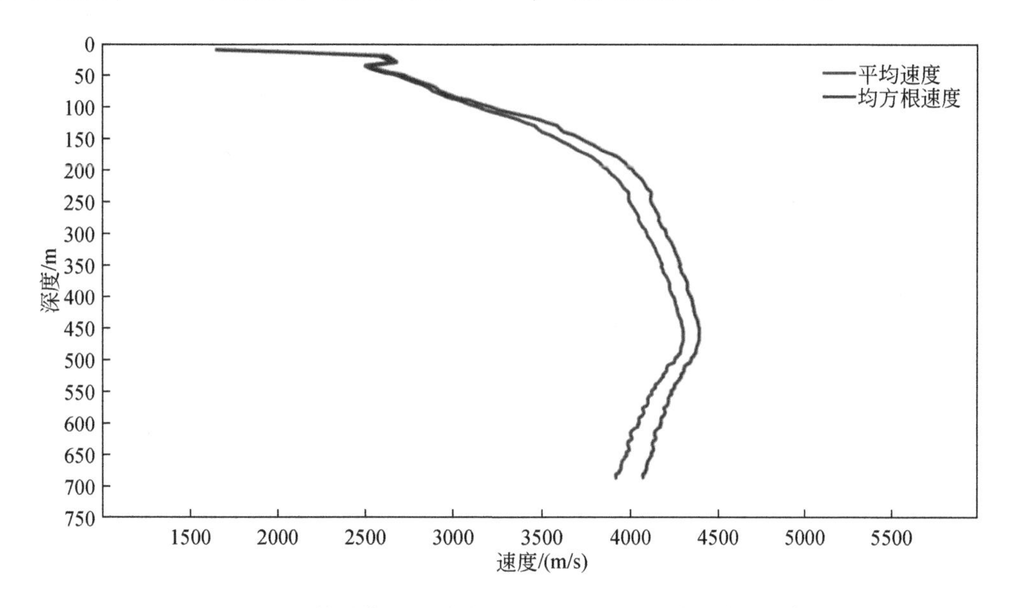

图4.77　J3井零偏VSP平均速度和均方根速度随深度变化曲线

对J3井平均速度和均方根速度进行分析，结果表明，在150～690m井段，平均速度、均方根速度都大于3500m/s。

3. 层速度

利用时-深关系可计算出J1、J2、J3井的零偏VSP层速度，计算公式如下：

$$V_{Ni}=\frac{H_{i+1}-H_i}{\dfrac{H_{i+1}T_{i+1}}{\sqrt{H_{i+1}^2+X^2}}-\dfrac{H_iT_i}{\sqrt{H_i^2+X^2}}} \tag{4.5}$$

由于VSP测量时道间距（$H_{i+1}-H_i$）较小（最小的为J2井部分井段点距为1m），初至时间T_i的微小误差会引起层速度的高频抖动误差，一般应对层速度进行适当的数学平滑处理。

采用多级检波器同时接收同一激发点的信号，解决了深度的定位和多级接收道的一致性问题，利用多级检波器之间的时差计算获得的层速度精度更高、更准确。加密点的层速度计算中注意前、后深度点的使用，距离加密深度点最近的深度点不参与计算。

计算得到 J1 井零偏 VSP 层速度如图 4.78 所示，为了便于比较图中还绘出了 J1 井声波速度。0～30m，VSP 层速度浅层干扰影响，精度不够；50～95m，VSP 层速度的变化趋势与声波速度变化基本一致，均呈下降趋势；160～200m、210～280m，地质钻遇地层上包含多套煤层，煤层速度低于上覆地层，从 VSP 层速度曲线上也可以看到这些深度段出现的低速度点，约 2200m/s。

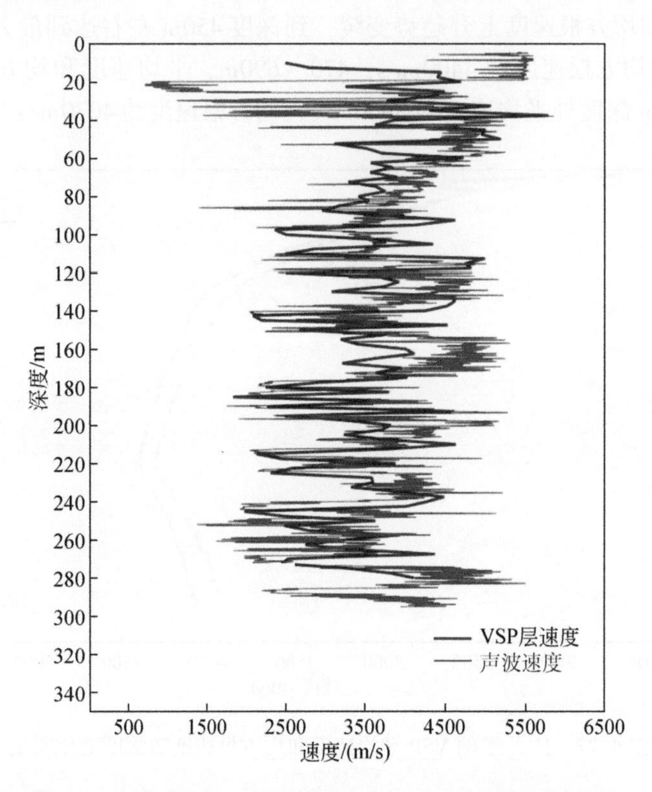

图 4.78　J1 井零偏 VSP 层速度和声波速度随深度变化曲线

计算得到 J2 井零偏 VSP 层速度和声波速度，如图 4.79 所示。0～75m，受浅层干扰影响，VSP 层速度的精度不够；75～750m，VSP 层速度的变化趋势与声波速度变化基本一致，细节上的差异是由于两者的测量机制不同。

计算得到 J3 井零偏 VSP 层速度和声波速度，如图 4.80 所示。50～100m，VSP 层速度整体低于声波速度；100～450m，VSP 层速度与声波速度变化基本一致，均呈平稳趋势；450～500m，VSP 层速度呈下降趋势；500～690m，受煤层低速层影响，VSP 层速度和声波速度，均呈现出速度震荡变化。

总的来看，J1、J2、J3 井 VSP 层速度和声波速度基本趋势吻合。从 VSP 层速度与声波速度的变化，可以看出二者的测量方法产生了速度差异，从 VSP 层速度与岩性的比较来看，VSP 层速度精度较高。

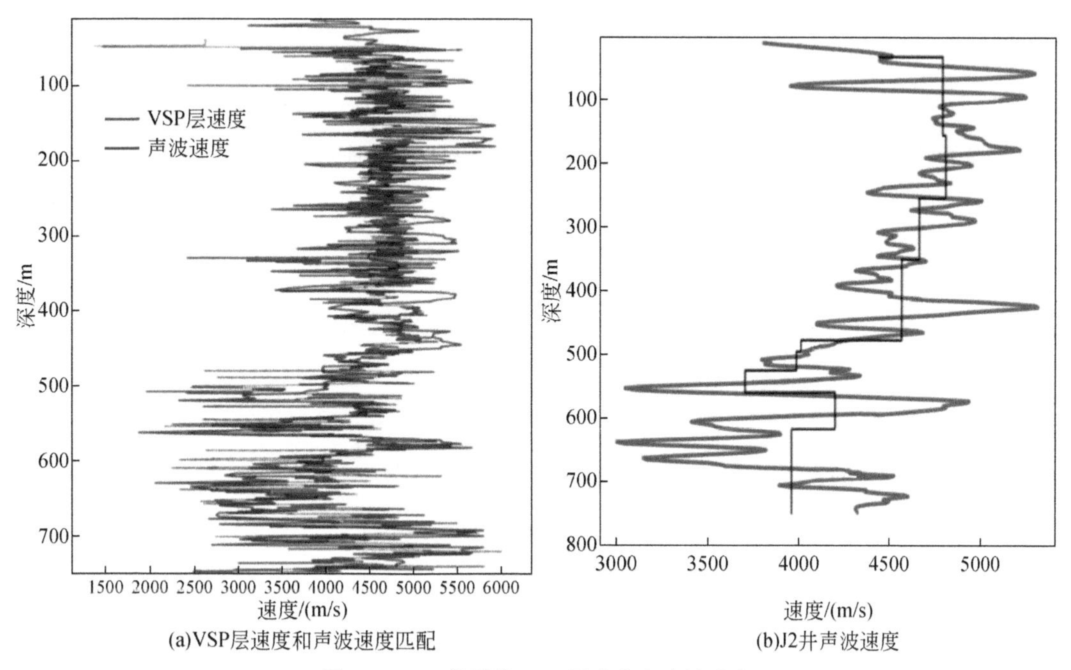

图4.79　J2井零偏VSP层速度和声波速度

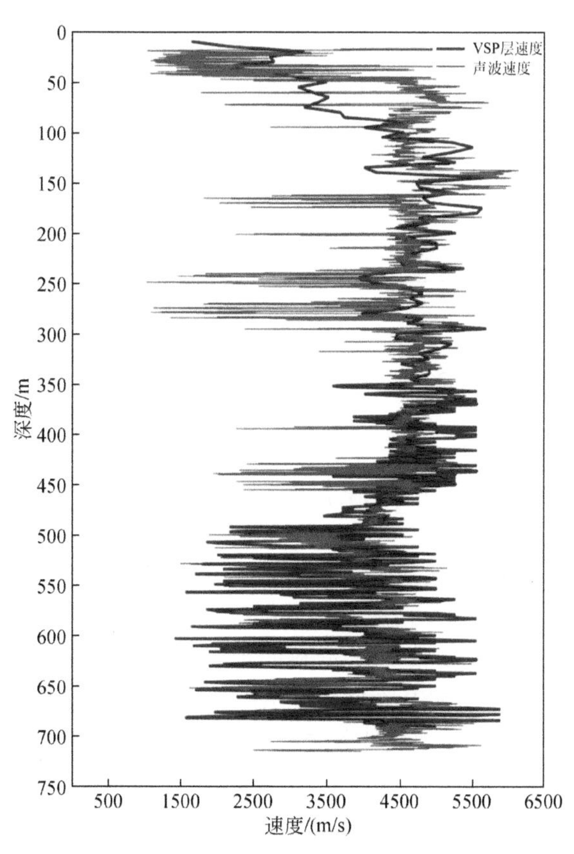

图4.80　J3井零偏VSP层速度和声波速度随深度变化曲线

层速度是研究地层岩性的重要参数，其变化特征与地层岩性密切相关，能够反映出地层岩性的变化，可用于地面地震资料的偏移处理和地层岩性解释。

J2、J3 井炸药震源零偏 VSP 原始两个水平分量资料记录到下行横波信息，受强井筒多次波及强的背景干扰影响，整个井段波形变化大，波组特征连续性较差，对零偏三分量资料做进一步的偏振处理，在偏振后的径向分量对下行横波波场进行分离处理，分离得到的下行横波波场，特征波组连续性得到改善，但部分井段波组连续性仍较差，因而在部分井段没有得到高精度横波时间，这将影响计算得到的 J2、J3 井的横波层速度精度，图 4.81 和图 4.82 分别为 J2、J3 井零偏 VSP 的纵波层速度和横波层速度。

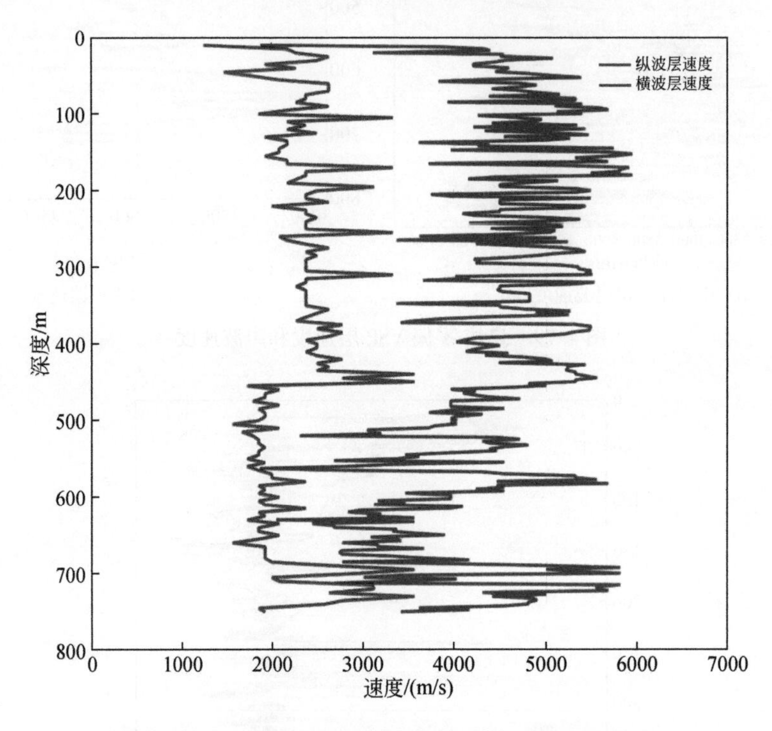

图 4.81　J2 井零偏 VSP 的纵波层速度和横波层速度

4.6.2　地震反射波组地质属性标定

零偏 VSP 提取的时-深关系建立了地震反射波组与地下地质层位之间的联系和对比的桥梁。确定地震剖面上反射波组所对应的地质层位时，用 VSP 资料是最直接的方法。由于 J1 井井周没有地面地震资料，零偏 VSP 资料的地层标定主要是对原始波场进行了标定，见表 4.14。利用 J2、J3 井零偏 VSP 资料对滇东雨汪矿区主要可采煤层的地质层位进行精细标定，是本次 VSP 测井的主要地质任务之一。

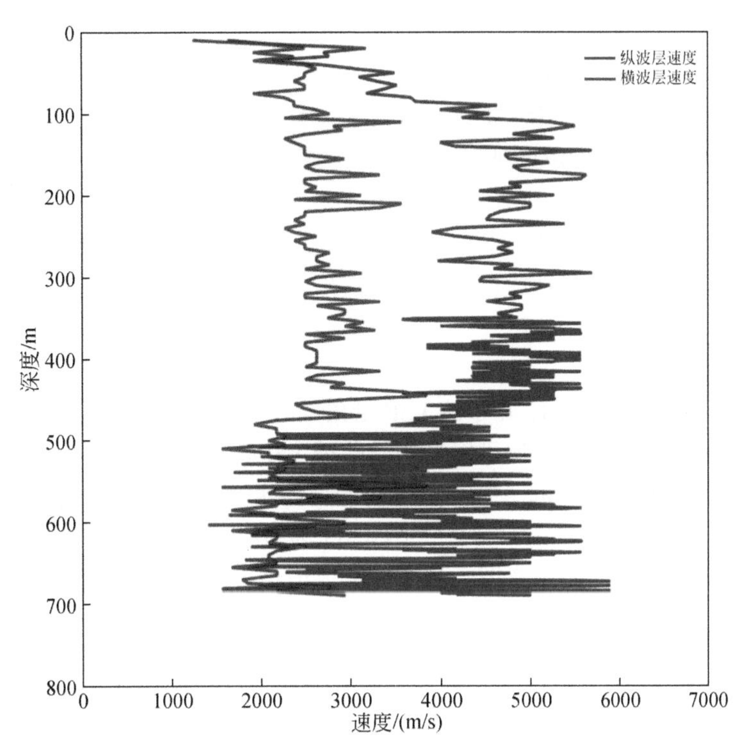

图 4.82　J3 井零偏 VSP 的纵波层速度和横波层速度

表 4.14　J1 井零偏 VSP 资料原始波场标定结果（可控震源）

地层			煤层	底深/m	VSP 原始波场标定时间（可控震源）/ms
卡以头组	T_1k			87.4	48.13
长兴组	P_2c			108.10	60.74
龙潭组	P_2l	$P_2l^{3\text{-}3}$	C_1	109.00	61.47
			C_2	111.70	62.96
			C_3	116.50	64.96
			C_4	141.00	78.41
		$P_2l^{3\text{-}2}$	C_5	149.8	84.97
			C_{7+8}	178.80	101.21
			C_{8+1}	183.80	105.47
		$P_2l^{3\text{-}1}$	C_9	189.90	110.19
			C_{13}	214.90	125.15
			C_{14}	223.20	131.13
			C_{15}	245.30	144.56
			C_{16}	270.90	161.56
			C_{17}	273.00	163.18
		P_2l^2	C_{18}	285.50	—
			C_{19}	298.90	—

VSP 资料与过井地面地震剖面的对比步骤如下：

1）根据地震资料的反射波组特征，进行波组特征对比，研究 VSP 资料和地面地震资料的反射波组特征及其变化规律，选取标准反射层位。

2）根据钻井地质分层确定的地层界面深度，利用 VSP 资料建立的时-深关系，确定各地质分层界面所对应的地震反射波组的位置。

3）利用 VSP 计算出的地层层速度资料，结合测井资料，研究地层、岩性的纵横向变化和纵波阻抗变化规律，解释地震反射波组所对应的位置。

1. J2 井反射波组标定

为了进行综合对比，利用 J2 井零偏 VSP 给出的时-深关系，结合声波测井数据制作声波合成记录，与井旁地面波组对比可以进一步验证 VSP 时-深关系。

通过过井地震资料频谱分析，地震资料目的层的主频为 48Hz 左右，因此在制作合成记录时选用 50Hz 的里克（Ricker）子波。图 4.83 为 50Hz 里克子波、井旁三维地震剖面、声波合成记录及声波阻抗曲线示意图，从声波合成记录与井旁三维地震剖面之间的主要反射波组的对比来看，主要波组能较好对应，但两者反射波组的振幅强弱关系有些差别。

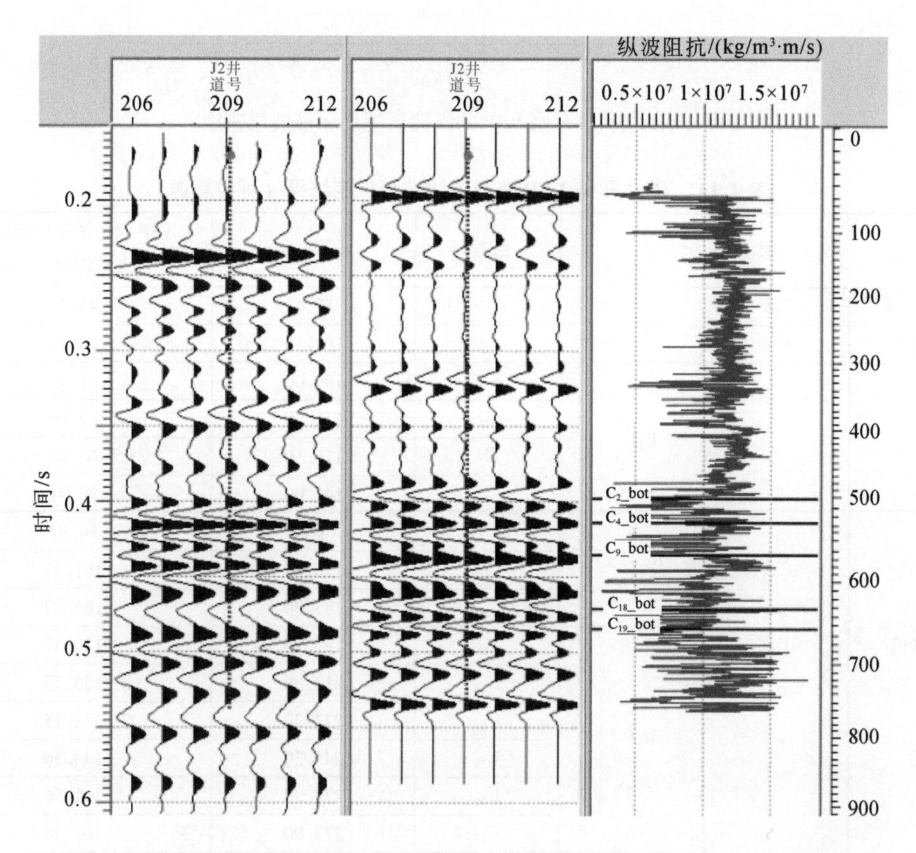

图 4.83　50Hz 里克子波、井旁三维地震剖面、声波合成记录及声波阻抗曲线示意图

根据J2井零偏波场分离后上行反射波的频谱分析，VSP上行反射波频谱高于井旁三维地震剖面，利用匹配滤波处理后的资料与井旁三维地震剖面对比并综合分析结果，结合声波合成记录，确定VSP走廊叠加剖面与井旁三维地震剖面波组之间的对应关系，VSP走廊叠加与地面Inline 208线波组对比的整体校正量为163.5ms。根据以上的解释原则和步骤，综合J2井的钻井、VSP、井旁三维地震剖面、声波合成记录以及速度（VSP、声波）的变化规律等资料，确定了各反射波组在井旁三维地震资料上的特征及其地质属性。图4.84为J2井零偏VSP走廊叠加剖面嵌入井旁三维地震剖面（Inline 208线）及各反射波组的对比标定解释，标定结果见表4.15。

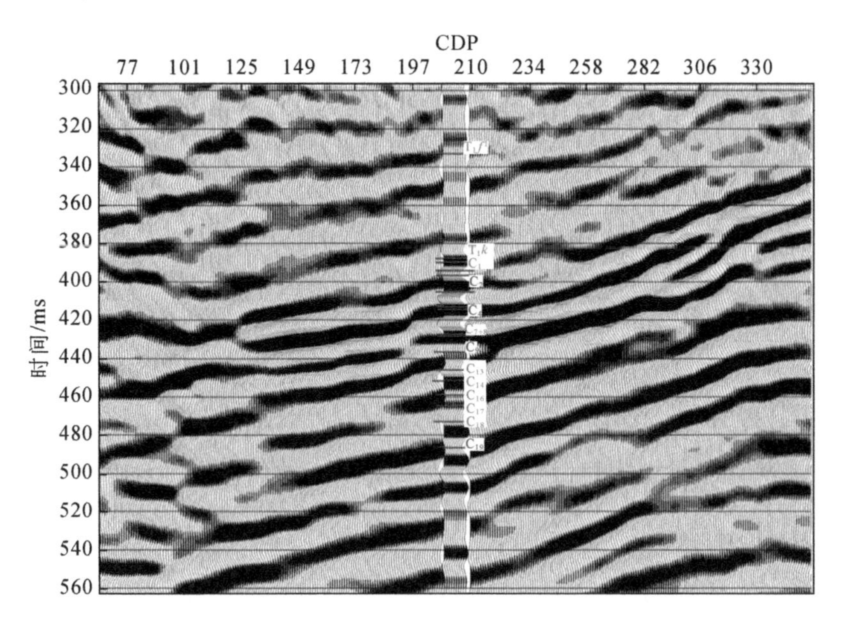

图4.84　J2井零偏VSP走廊叠加剖面嵌入井旁三维地震剖面（Inline 208线）及各反射波组的对比标定解释

表4.15　J2井零偏VSP资料对井旁三维地震Inline 208线剖面的标定结果（炸药震源）

地层		煤层	底深（井口）/m	VSP标定时间/ms	地震剖面解释相位
飞仙关组	T_1f^4		31.6	201.55	近波峰
	T_1f^3		155.4	251.39	近零值
	T_1f^2		253.3	291.57	近零值
	T_1f^1		348.9	332.95	近波峰
卡以头组	T_1k		476.9	388.04	近波谷
长兴组	P_2c	C_1	481.1	390.15	近零值
		C_{1+1}	489.6	394.26	近波谷
			497.8	398.35	近零值

续表

地层		煤层	底深（井口）/m	VSP 标定时间/ms	地震剖面解释相位
龙潭组	第三段第三亚段 P_2l^{3-3}	C_2	501.7	400.32	近波峰
		C_{2+1}	510.9	405.20	近零值
		C_3	520.8	411.96	近零值
			527.6	414.23	近零值
	第三段第二亚段 P_2l^{3-2}	C_4	528.4	414.83	近波峰
		C_{7+8}	552	427.53	近零值
		C_{8+1}	554.3	428.69	近零值
			562.6	434.09	近零值
	第三段第一亚段 P_2l^{3-1}	C_9	564.4	436.34	近波谷
		C_{13}	587	445.82	近零值
		C_{14}	600.3	451.82	近波谷
		C_{16}	610.6	457.98	近波峰
			620.8	464.67	近波峰
	第二段 P_2l^2	C_{17}	621.2	465.08	近波峰
		C_{18}	632.7	472.87	近波谷
		C_{19}	654.5	486.58	近波峰

2. J3 井反射波组标定

同样地，利用 J3 井零偏 VSP 给出的时–深关系，结合 J3 井声波测井数据制作声波合成记录，与井旁地面波组对比可以进一步验证 VSP 时–深关系。图 4.85 为 J3 井可控震源

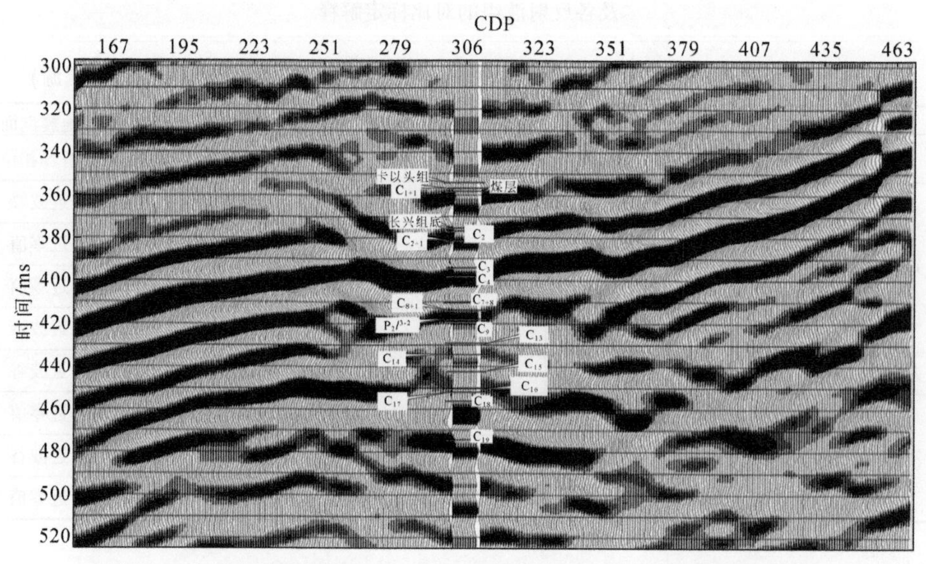

图 4.85　J3 井可控震源零偏 VSP 走廊叠加剖面嵌入井旁三维地震剖面（Inline 492 线）及各反射波组的对比标定解释

零偏VSP走廊叠加剖面嵌入井旁三维地震剖面（Inline 492线）及各反射波组的对比标定解释。图4.86为J3井炸药震源零偏VSP走廊叠加剖面嵌入井旁三维地震剖面（Inline 492线）及各反射波组的对比标定解释。标定结果见表4.16。

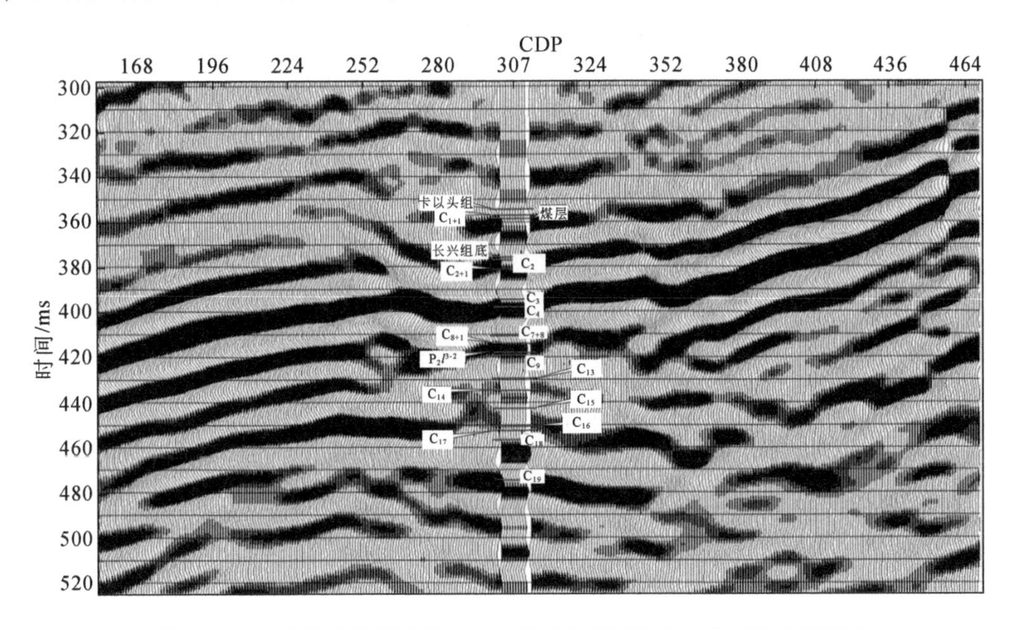

图4.86　J3井炸药震源零偏VSP走廊叠加剖面嵌入井旁三维地震剖面（Inline 492线）及各反射波组的对比标定解释

表4.16　J3井零偏VSP资料对井旁三维地震Inline 492线剖面的标定结果（可控/炸药震源）

地层		煤层	底深(井口)/m	VSP标定时间(可控震源)/ms	VSP标定时间(炸药震源)/ms
飞仙关组	T_1f^4				
	T_1f^3		135.6	204.768	209.504
	T_1f^2		235.6	245.268	250.212
	T_1f^1		328.2	285.52	289.9
卡以头组	T_1k		486.6	354.34	356.264
长兴组	P_2c	C_1	491.7	357.104	360.388
		C_{1+1}	494.5	358.69	361.94
			521.7	375.766	379.528
龙潭组	第三段 第三亚段 $P_2l^{3\text{-}3}$	C_2	522.9	376.72	380.44
		C_{2+1}	530.7	381.28	385.86
		C_3	550.3	394.238	395.764
		C_4	557.0	398.24	399.66

续表

地层		煤层	底深(井口)/m	VSP 标定时间(可控震源)/ms	VSP 标定时间(炸药震源)/ms
龙潭组	第三段第二亚段 P_2l^{3-2}	C_{7+8}	576.9	410.63	411.272
		C_{8+1}	585.1	414.18	415.268
			590.7	418.13	420.168
	第三段第一亚段 P_2l^{3-1}	C_9	592.0	419.42	420.48
		C_{13}	609.1	429.38	429.452
		C_{14}	615.9	434.89	433.696
		C_{15}	630.0	442.86	440.3
		C_{16}	645.2	450.46	449.48
			646.4	451.708	450.464
	第二段 P_2l^2	C_{17}	647.1	452.33	450.996
		C_{18}	654.3	456.548	455.392
		C_{19}	681.7	474.776	471.424

4.6.3　地震反射特征综合分析

VSP 测井建立了准确的时-深关系，并有效地将地层与相应的地震反射波组联系起来，利用 J2 井炸药震源、J3 井可控震源零偏 VSP 资料（已校正到地面地震处理基准面），结合钻井地质分层、测井和前期研究成果，标定 J2 井井旁三维地震资料 Inline 208 线、J3 井井旁三维地震 Inline 492 线各反射波组的地质属性，并对其主要煤层波组的反射特征进行定性分析。

（1）下三叠统飞仙关组

飞仙关组岩层上部岩性主要表现为泥质粉砂岩、粉砂岩、泥质粉砂岩薄互层，以及较厚的粉砂岩。中部岩性表现为灰岩、粉砂岩互层，大套粉砂质泥岩。下部岩性以细砂岩、粉砂质泥岩为主。由于灰岩、泥岩与粉砂岩存在速度差，在声波阻抗曲线上表现为多个阻抗界面。

J2 井将 348.9m 定为下三叠统飞仙关组底。J2 井 VSP 上行波剖面上飞仙关组的底部附近以弱振幅反射为主。经过 VSP 资料对比，井旁三维地震资料 Inline 208 线将飞仙关组的底 328.2m 标定在时间 332.95ms。

J3 井将 328.2m 定为下三叠统飞仙关组底。J3 井 VSP 上行波剖面上飞仙关组的底部附近以弱振幅反射为主。经过 VSP 资料对比，井旁三维地震资料 Inline 492 线将飞仙关组的底 328.2m 标定在时间 385.52ms。

（2）下三叠统卡以头组

卡以头组以泥质粉砂岩、粉砂岩、粉砂质泥岩互层为主。

J2井将476.9m定为下三叠统卡以头组底。J2井VSP上行波剖面上卡以头组的底部附近以弱振幅反射为主。经过VSP资料对比，井旁三维地震资料Inline 208线将卡以头组的底476.9m标定在时间388.04ms。

J3井将486.6m定为下三叠统卡以头组底。J3井VSP上行波剖面上卡以头组的底部附近以弱振幅反射为主。经过VSP资料对比，井旁三维地震资料Inline 492线将卡以头组的底486.6m标定在时间354.34ms。

（3）上二叠统长兴组

长兴组以泥岩、粉砂质泥岩为主，夹少量粉砂岩、细砂岩，J2井钻遇C_1煤层、C_{1+1}煤层，J3井钻遇C_{1+1}煤层，煤层薄。

J2井将497.8m定为上二叠统长兴组底界深度。C_1煤层底界深度为481.1m，C_{1+1}煤层底界深度为489.6m，钻井上揭示C_1与C_{1+1}煤层间夹8.3m厚粉砂岩，煤层速度低于粉砂岩速度，在声波阻抗曲线上表现为强阻抗界面。经过VSP上行波剖面解释对比，在井旁三维地震资料Inline 208线上将长兴组的底深497.8m标定在弱振幅反射波波峰近零值上，对应时间为398.35ms。

J3井将521.7m定为上二叠统长兴组底界深度。C_{1+1}煤层底界深度为491.7m，494.5m是钻遇的另一套煤层的底，两套煤层之间夹2.5m厚泥岩。经过VSP上行波剖面解释对比，在井旁三维地震资料Inline 492线上，将长兴组的底深521.7m标定在中强振幅反射波波谷上，对应时间为357.766ms。

C_1煤层：J2井在长兴组中发育C_1煤层（480.4～481.1m），厚度0.7m。其上覆地层岩性为泥质粉砂岩，下伏地层岩性为粉砂岩，在VSP上行波剖面上表现为一组中强振幅反射波，在地震剖面上表现为中强振幅的反射波组，井旁一定范围内反射波连续，但区域范围内不能连续追踪，经过VSP上行剖面解释对比，在地震剖面上将C_1煤层底深481.1m标定在弱振幅反射波近波峰上，对应时间为390.15ms。

C_{1+1}煤层：J2井中C_{1+1}煤层为489.4～489.6m，煤层厚度为0.2m，上覆地层为厚度8.3m的粉砂岩层，下伏地层为厚度0.6m的碳质泥岩层，在波阻抗界面上对应明显的波阻抗界面，在VSP上行波剖面上表现为强振幅的反射波组，在井旁地震剖面上表现为中强能量的反射波组，井旁反射波组层次较为清晰，连续，可在一定范围内进行追踪。经过VSP上行波剖面解释对比，在地震剖面上将C_{1+1}煤层底深489.6m标定在由负相位到正相位的近零值处，对应时间为394.26ms。

J3井中C_{1+1}煤层为491.1～491.7m，煤层厚度为0.6m，上覆地层为厚度4.5m的泥质粉砂岩层，下伏地层为厚度2.5m的泥岩层，在地震剖面上将C_{1+1}煤层底深491.1m标定在弱振幅反射波近波谷上，对应时间为357.104ms。

（4）上二叠统龙潭组第三段第三亚段

钻井揭示上二叠统龙潭组第三段第三亚段地层岩性，以灰黑色泥岩、粉砂质泥岩、细砂岩为主，并钻遇多组煤层，J2井钻遇C_2、C_{2+1}、C_3煤层，J3井钻遇C_2、C_{2+1}、C_3、C_4煤层。

J2井将527.6m定为龙潭组第三段第三亚段底，将501.7m定为C_2煤层底，将510.9m

定为 C_{2+1}煤层底，将 520. 8m 定为 C_3煤层底。

J3 井将 557. 0m 定为龙潭组第三段第三亚段底，将 522. 9m 定为 C_2煤层底，将 530. 7m 定为 C_{2+1}煤层底，将 550. 3m 定为 C_3煤层底，将 557. 0m 定为 C_4煤层底。

C_2煤层：J2 井中 C_2煤层为龙潭组第三段第三亚段中发育的煤层（500 ~ 501. 7m），厚度为 1. 7m，其上覆岩层为厚度 2. 2m 的碳质泥岩，下伏地层为厚度 8. 3m 泥质粉砂岩，在 VSP 上行波剖面上表现为强振幅反射，在井旁地震剖面上表现为中强振幅反射，反射波连续，在井旁一定范围内可追踪，但在区域范围内不能连续追踪，经过 VSP 上行剖面解释对比，在地震剖面上将 C_2煤层底深 501. 7m 标定在中强振幅反射波正相位近波峰上，对应时间为 400. 32ms。

J3 井中 C_2煤层为龙潭组第三段第三亚段中发育的煤层（521. 7 ~ 522. 9m），厚度为 1. 2m，其上覆岩层为厚度 3. 3m 的碳质泥岩（长兴组底），下伏地层为厚度 1. 1m 的碳质泥岩。在地震剖面上将 C_2煤层底深 522. 90m 标定在弱振幅反射波负相位近零值上，对应时间为 376. 72ms。

C_{2+1}煤层：J2 井中 C_{2+1}煤层为龙潭组第三段第三亚段中发育的煤层（510 ~ 510. 9m），厚度为 0. 9m，其上覆岩层为厚度 8. 3m 的泥质粉砂岩，下伏岩层为厚度 7. 5m 的粉砂岩。在 VSP 上行波剖面上表现为强振幅反射，在井旁地震剖面上表现为中强振幅反射，反射波连续，在井旁一定范围内可追踪，但在区域范围内不能连续追踪，经过 VSP 上行剖面解释对比，在地震剖面上将 C_{2+1}煤层底深 510. 9m 标定在中强振幅反射波由波峰到波谷近零值上，对应时间为 405. 20ms。

J3 井中 C_{2+1}煤层为龙潭组第三段第三亚段中发育的煤层（530. 0 ~ 530. 7m），厚度为 0. 7m，其上覆岩层为厚度 6. 0m 的粉砂质泥岩，下伏岩层为厚度 0. 4m 的碳质泥岩。在地震剖面上将 C_{2+1} 煤层底深 530. 70m 标定在中强振幅反射波近波峰上，对应时间为 381. 28ms。

C_3煤层：J2 井中 C_3煤层为龙潭组第三段第三亚段中发育的煤层（519. 3 ~ 520. 8m），厚度为 1. 5m，其上覆岩层为厚度 0. 9m 的碳质泥岩，下伏岩层为厚度 0. 8m 的碳质泥岩。在 VSP 上行波剖面上表现为强振幅反射，在井旁地震剖面上表现为强振幅反射，反射波连续，在区域范围内能连续追踪，经过 VSP 上行剖面解释对比，在地震剖面上将 C_3煤层底深 520. 8m 标定在强振幅反射波由波谷到波峰近零值上，对应时间为 411. 96ms。

J3 井中 C_3煤层为龙潭组第三段第三亚段中发育的煤层（548. 5 ~ 550. 3m），厚度为 1. 8m，其上覆岩层为厚度 6. 4m 的细砂岩，下伏岩层为厚度 2. 3m 的粉砂质泥岩。在地震剖面上将 C_3 煤层底深 550. 30m 标定在中强振幅反射波负相位近零值上，对应时间为 394. 238ms。

C_4煤层：J3 井中 C_4煤层为龙潭组第三段第三亚段中发育的煤层（555. 7 ~ 557. 0m），为龙潭组第三段第三亚段底，厚度为 1. 3m，其上覆岩层为厚度 1. 6m 的泥岩，下伏岩层为厚度 15. 3m 的细砂岩，是龙潭组第三段第二亚段顶部岩层。在地震剖面上将 C_3煤层底深 557. 0m 标定在中强振幅反射波正相位近波峰上，对应时间为 398. 24ms。

（5）上二叠统龙潭组第三段第二亚段

J2 井将 562. 6m 定为龙潭组第三段第二亚段底，将 528. 4m 定为 C_4煤层底，将 552. 0m

定为 C_{7+8}煤层底，将554.3m定为 C_{8+1}煤层底。

J3井将590.7m定为龙潭组第三段第二亚段底，将576.9m定为 C_{7+8}煤层底，将585.1m定为 C_{8+1}煤层底。

C_4煤层：J2井中 C_4煤层为龙潭组第三段第二亚段中发育的煤层（527.6～528.4m），厚度为0.8m，其上覆岩层为厚度1.5m的粉砂质泥岩（同为龙潭组第三段第三亚段底），下伏岩层为厚度16.7m的粉砂岩。在VSP上行波剖面上表现为强振幅反射，在井旁地震剖面上表现为强振幅反射，反射波连续，在区域范围内能连续追踪，经过VSP上行剖面解释对比，在地震剖面上将 C_4煤层底深528.4m标定在强振幅反射波正相位近波峰上，对应时间为414.83ms。

C_{7+8}煤层：J2井中 C_{7+8}煤层为龙潭组第三段第二亚段中发育的煤层（550.0～552.0m），厚度为2m，其上覆岩层为厚度3.7m的泥质粉砂岩，下伏岩层为厚度1.4m的粉砂质泥岩。在VSP上行波剖面上表现为弱振幅反射，在井旁地震剖面上表现为弱振幅反射，反射波连续，在区域范围内能连续追踪，经过VSP上行剖面解释对比，在地震剖面上将 C_{7+8}煤层底深552.0m标定在弱振幅反射波由波谷到波峰近零值上，对应时间为427.53ms。

J3井 C_{7+8}煤层为龙潭组第三段第二亚段中发育的煤层（573.9～576.9m），厚度为3m，其上覆岩层为厚度1.6m的泥岩，下伏岩层为厚度7.0m的粉砂质泥岩。在地震剖面上将 C_{7+8}煤层底深576.90m标定在中强振幅反射波近波谷上，对应时间为410.63ms。

C_{8+1}煤层：J2井中 C_{8+1}煤层为龙潭组第三段第二亚段中发育的煤层（553.4～554.3m），厚度为0.9m，其上覆岩层为厚度1.4m的粉砂质泥岩，下伏岩层为厚度6.9m的粉砂岩。在VSP上行波剖面上表现为弱振幅反射，在井旁地震剖面上表现为弱振幅反射，反射波连续，在区域范围内能连续追踪，经过VSP上行剖面解释对比，在地震剖面上将 C_{8+1}煤层底深554.3m标定在弱振幅反射波由波谷到波峰近零值上，对应时间为428.69ms。

J3井 C_{8+1}煤层为龙潭组第三段第二亚段中发育的煤层（584.3～585.1m），厚度为0.8m，其上覆岩层为厚度0.4m的碳质泥岩，下伏岩层为厚度2.5m的泥岩。在地震剖面上将 C_{8+1}煤层底深585.10m标定在中强振幅反射波负相位近正相位零值上，对应时间为414.18ms。

（6）上二叠统龙潭组第三段第一亚段

J2井将620.8m定为龙潭组第三段第一亚段底，将564.4m定为 C_9煤层底，将587.0m定为 C_{13}煤层底，将600.3m定为 C_{14}煤层底，将610.6m定为 C_{16}煤层底。

J3井将646.4m定为龙潭组第三段第一亚段底，将592.0m定为 C_9煤层底，将609.1m定为 C_{13}煤层底，将615.9m定为 C_{14}煤层底，将630.0m定为 C_{15}煤层底，将645.2m定为 C_{16}煤层底。

C_9煤层：J2井中 C_9煤层为龙潭组第三段第一亚段中发育的煤层（562.6～564.4m），厚度为1.8m，其上覆岩层为厚度1.4m的碳质泥岩，下伏岩层为厚度22.1m的粉砂岩。在VSP上行波剖面上表现为中强振幅反射，在井旁地震剖面上表现为中强振幅反射，反射波连续，在井旁一定范围内可追踪，但在区域范围内不能连续追踪，经过VSP上行剖面解释对比，在地震剖面上将 C_9 煤层底深 564. 4m 标定在强振幅反射波负相位近波峰上，对应时间为 436. 34ms。

J3 井 C_9 煤层为龙潭组第三段第一亚段中发育的煤层（590. 7 ~ 592. 0m），厚度为 1. 3m，其上覆岩层为厚度 2. 5m 的泥岩，是龙潭组第三段第二亚段底部岩层，下伏岩层为厚度 0. 8m 的粉砂质泥岩。在地震剖面上将 C_9 煤层底深 592. 00m 标定在弱中振幅反射波正相位近零值上，对应时间为 419. 42ms。

C_{13} 煤层：J2 井中 C_{13} 煤层为龙潭组第三段第一亚段中发育的煤层（586. 5 ~ 587. 0m），厚度为 0. 5m，其上覆岩层为厚度 22. 1m 的粉砂岩，下伏岩层为厚度 10. 7m 的泥质粉砂岩。在 VSP 上行波剖面上煤层附近表现为弱强振幅反射，在井旁地震剖面上表现为中强振幅反射，反射波连续，在井旁一定范围内可追踪，但在区域范围内不能连续追踪，经过 VSP 上行剖面解释对比，在地震剖面上将 C_{13} 煤层底深 587. 0m 标定在中强振幅反射波由正相位到负相位近零值上，对应时间为 445. 82ms。

J3 井 C_{13} 煤层为龙潭组第三段第一亚段中发育的煤层（607. 5 ~ 609. 1m），厚度为 1. 6m，其上覆岩层为厚度 7. 3m 的泥岩，下伏岩层为厚度 1. 0m 的泥岩。在地震剖面上将 C_{13} 煤层底深 609. 10m 标定在中弱振幅反射波近波谷上，对应时间为 429. 38ms。

C_{14} 煤层：J2 井中 C_{14} 煤层为龙潭组第三段第一亚段中发育的煤层（597. 7 ~ 600. 3m），厚度为 2. 6m，其上覆岩层为厚度 10. 7m 的泥质粉砂岩，下伏岩层为厚度 9. 1m 的粉砂质泥岩。在 VSP 上行波剖面上煤层附近表现中强振幅反射，在井旁地震剖面上也表现为中强振幅反射波，经过 VSP 上行剖面解释对比，在地震剖面上将 C_{14} 煤层底深 600. 3m 标定在中强振幅反射波负相位近波峰上，对应时间为 451. 82ms。

J3 井 C_{14} 煤层为龙潭组第三段第一亚段中发育的煤层（615. 5 ~ 615. 9m），厚度为 0. 4m，其上覆岩层为厚度 5. 4m 的粉砂岩，下伏岩层为厚度 12. 2m 的泥质粉砂岩。在地震剖面上将 C_{14} 煤层底深 615. 9m 标定在弱振幅反射波正相位近峰值处，对应时间为 434. 89ms。

C_{15} 煤层：J2 井中未钻遇 C_{15} 煤层；J3 井中 C_{15} 煤层为龙潭组第三段第一亚段中发育的煤层（628. 1 ~ 630. 0m），厚度为 1. 9m，其上覆岩层为厚度 12. 2m 的泥质粉砂岩，下伏岩层为厚度 13. 1m 的粉砂岩。在地震剖面上将 C_{15} 煤层底深 630. 0m 标定在弱振幅反射波近波谷上，对应时间为 442. 86ms。

C_{16} 煤层：J2 井中 C_{16} 煤层为龙潭组第三段第一亚段中发育的煤层（609. 4 ~ 610. 6m），厚度为 1. 2m，其上覆岩层为厚度 9. 1m 的粉砂质泥岩，下伏岩层为厚度 10. 2m 的泥质粉砂岩。在 VSP 上行波剖面上表现为中强振幅反射，在井旁地震剖面上表现为强振幅反射，反射波在井旁一定范围内能连续追踪，但在区域范围内不能连续追踪，经过 VSP 上行剖面解释对比，在地震剖面上将 C_{16} 煤层底深 610. 6m 标定在强振幅反射波正相位近峰值上，对应时间为 457. 98ms。

J3 井中 C_{16} 煤层为龙潭组第三段第一亚段中发育的煤层（644. 4 ~ 645. 2m），厚度为 0. 8m，其上覆岩层为厚度 1. 3m 的泥岩，下伏岩层为厚度 1. 2m 的泥岩。在地震剖面上将 C_{16} 煤层底深 645. 2m 标定在弱振幅反射波正相位近负相位零值上，对应时间为 450. 46ms。

（7）上二叠统龙潭组第二段

J2井钻遇地层揭示龙潭组第二段为620.8～763.6m（未穿），地层岩性主要为泥岩、碳质泥岩、泥质粉砂岩、粉砂岩、细砂岩和多套煤层。在波阻抗界面上表现为多个波阻抗界面，在VSP上行剖面上段内表现有多组强振幅反射波，反射波层次好，Inline 208线地震剖面上也表现有多组强振幅反射，波组特征明显，井旁反射波连续性较好，层次清晰。

J3井钻遇地层揭示646.4～716.7m（未穿）为龙潭组第二段，地层岩性主要为泥岩、泥质粉砂岩、碳质泥岩、细砂岩、粉砂质泥岩、粉砂岩和多套煤层。

C_{17}煤层：J2井中C_{17}煤层是龙潭组第二段中发育的煤层（620.8～621.2m），厚度为0.4m，其上覆岩层为厚度10.2m的泥质粉砂岩，下伏岩层为厚度8.4m的粉砂质泥岩。在VSP上行波剖面上表现为强振幅反射，在井旁地震剖面上表现为强振幅反射，反射波连续，在井旁一定范围内能追踪，但在区域范围内不能连续追踪，经过VSP上行剖面解释对比，在地震剖面上将C_{17}煤层底深621.2m标定在强振幅反射波由正相位到负相位近零值上，对应时间为465.08ms。

J3井中C_{17}煤层是龙潭组第二段中发育的煤层（646.4～647.1m），厚度为0.7m，是龙潭组第二段顶界地层，其上覆岩层为厚度1.2m的泥岩，下伏岩层为厚度6.0m的泥岩。在地震剖面上将C_{17}煤层底深647.1m标定在弱振幅反射波近波谷上，对应时间为452.33ms。

C_{18}煤层：J2井中C_{18}煤层是龙潭组第二段中发育的煤层（629.6～632.7m），厚度为3.1m，其上覆岩层为厚度8.4m的粉砂质泥岩，下伏岩层为厚度5.4m的泥岩。在VSP上行波剖面煤层附近表现为中强振幅反射，在井旁地震剖面上也表现为中强振幅反射，经过VSP上行剖面解释对比，在地震剖面上将C_{18}煤层底深632.7m标定在中强振幅反射波负相位近谷峰上，对应时间为472.87ms。

J3井中C_{18}煤层是龙潭组第二段中发育的煤层（653.1～654.3m），厚度为1.2m，其上覆岩层为厚度6.0m的泥岩，下伏岩层为厚度0.4m的泥岩。在地震剖面上将C_{18}煤层底深654.3m标定在中强振幅反射波负相位近正相位零值上，对应时间为456.548ms。

C_{19}煤层：J2井中C_{19}煤层是龙潭组第二段中发育的煤层（652.4～654.5m），厚度为2.1m，其上覆岩层为厚度7.6m的泥质粉砂岩，下伏岩层为厚度1.7m的碳质泥岩。在VSP上行波剖面上表现为中强振幅反射，在井旁地震剖面上表现为强振幅反射，反射波连续，层次清晰，能在区域范围内连续追踪，经过VSP上行剖面解释对比，在地震剖面上将C_{19}煤层底深654.5m标定在中振幅反射波负相位近波峰上，对应时间为486.58ms。

J3井中C_{19}煤层是龙潭组第二段中发育的煤层（680.1～681.7m），厚度为1.6m，其上覆岩层为厚度1.1m的泥岩，下伏岩层为厚度11.0m的粉砂岩。在地震剖面上将C_{19}煤层底深681.7m标定在中强振幅反射波负相位近零值上，对应时间为474.776ms。

VSP井详细数据见附表1～附表3，对J2、J3井VSP观测井段，以VSP上行反射P波、走廊叠加剖面、井旁三维地震资料、钻井资料为基础分别制作了桥式对比图，如附图1和附图2所示。

4.7 小　结

1）喀斯特地貌条件下零偏 VSP 资料处理关键技术。零偏 VSP 资料处理，重点做好静校正、初至拾取、球面扩散能量补偿、波场分离、反褶积处理、走廊叠加等技术。通过对采集的零偏 VSP 垂直分量（Z）、原始水平分量（X、Y）进行分析，表明喀斯特地貌条件下 VSP 数据的干扰波较强。垂直分量（Z）原始剖面上，可见较强能量的直达 P 波，井筒下行管波能量次之，中浅层的下行转换波和上行反射波被强直达波的能量掩盖。原始水平分量（X、Y）上，下行横波清晰，下行 P 波能量较弱，干扰波影响大。

为了做好波场分离处理，通过参数试验和方法比较，最终选择先去背景干扰，通过逐波识别追踪，再用叠加消去法与中值滤波法相结合来成功分离上、下行波场。初至拾取中，考虑 J2 井零偏 VSP 数据采集时采用的是炸药震源激发，因此拾取下行直达波的下跳点时间为初至时间，J3 井采用可控震源激发，理论认为可控震源激发得到的 VSP 记录近似为零相位的记录，因此拾取下行直达波的最大谷峰时间为初至时间。

2）基于零偏 VSP 数据地震层位标定。考虑到零偏 VSP 上行反射 P 波波场和井旁三维地震资料目的层通常存在频带差异，在将零偏 VSP 走廊叠加剖面嵌入井旁地面地震前，需要分别对二者进行频谱分析和匹配滤波，避免因有效频带不同带来的资料不匹配问题。频谱分析结果表明，VSP 资料与地面地震资料主频相当，VSP 资料有效频带稍宽，为了对地面资料进行标定，可以对 VSP 走廊叠加进行匹配滤波处理，提高 VSP 波组与地震剖面相应的波组吻合度。

地震层位标定，需要基于 VSP 资料的时-深关系。利用零偏 VSP 给出的时-深关系，结合声波测井数据制作声波合成记录，与井旁地震波组对比进一步验证 VSP 时-深关系，确定各个主要地层的时-深关系。基于 VSP 数据，J2 井卡以头组顶底反射波双程时差约为 56ms，卡以头组底部反射波约为 388. 04ms，距离 C_2 煤层底板反射波约为 12ms。经过 J2 井 VSP 上行剖面解释对比，在地震剖面上将 C_2 煤层底深 501. 7m 标定在中强振幅反射波正相位近波峰上，对应时间为 400. 32ms。将 C_{7+8} 煤层底深 552. 0m 标定在弱振幅反射波由波谷到波峰近零值上，对应时间为 427. 53ms。将 C_9 煤层底深 564. 4m 标定在强振幅反射波负相位近波峰上，对应时间为 436. 34ms。将 C_{19} 煤层底深 654. 5m 标定在中振幅反射波负相位近波峰上，对应时间为 486. 58ms。

J3 井卡以头组顶底反射波双程时差约为 67ms，卡以头组底部反射波约为 356. 26ms，距离 C_2 煤层底板反射波约为 12ms。在地震剖面上将 C_2 煤层底深 522. 90m 标定在弱振幅反射波负相位近零值上，对应时间为 376. 72ms。将 C_{7+8} 煤层底深 576. 90m 标定在中强振幅反射波近波谷上，对应时间为 410. 63ms。在地震剖面上将 C_9 煤层底深 592. 00m 标定在弱中振幅反射波正相位近零值上，对应时间为 419. 42ms。

第 5 章　高分辨率三维地震资料处理

煤田地震资料的数据处理，主要为后续地质构造、煤层厚度、顶底板岩性、煤体结构等地震资料解释提供基础资料。为了获得高质量的解释成果，要求地震资料的处理具有高分辨率、高保真的特征。通过分析现场采集数据和 VSP 数据，表明喀斯特地貌条件下的地震波场复杂，地震资料主要具有干扰波强发育、地震剖面信噪比低、静校正突出等特征。因此，在地震资料的处理过程中，需要面对静校正、信噪比和分辨率等一系列挑战。围绕喀斯特地貌条件下的地震数据处理难题，构建针对性的地震数据处理流程，重点采取多种静校正方法，综合运用去除地表剧烈起伏影响、多域去噪提高信噪比、地表一致性振幅补偿等多种相对保幅处理技术确保真振幅信息，并对叠前时间偏移进行合理地震成像，进而提高地震资料的分辨率和信噪比，使得地震资料具有较高的成像质量。

5.1　处 理 任 务

研究区边界及位置示意图如图 5.1 所示。

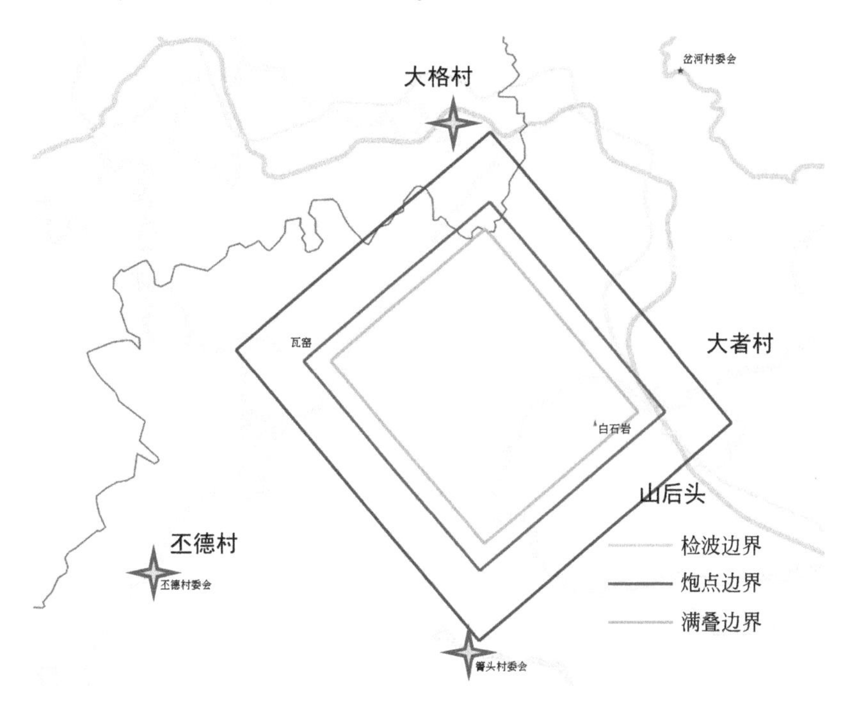

图 5.1　研究区边界及位置示意图

本次地震勘探的主要地质任务是为了查清地下精细构造，为矿区提供可靠的地质资料。因此，在优质采集野外第一手资料的前提下，应特别注重资料的处理工作。根据本次承担的地质任务拟定如下资料处理的主要任务：

1）在常规三维地震资料处理流程中，力争选取适合本区资料特点的处理模块和参数。主要处理模块和参数要通过大量的对比试验来确定，以便突出有效波，提高资料的信噪比和分辨率。

2）在高分辨率、高信噪比的基础上，重点突出高保真度，加强保幅处理，保持地震信号的相对振幅和反映地层界面特征的动力学特点。

3）尽可能拓宽地震信号的有效带宽，确保对小构造的分辨能力。

4）选好偏移速度场，保证构造的准确空间归位，确保地震资料解释的精度要求。

5.2 处理难点与流程

5.2.1 处理难点

通过对野外地震原始资料的分析，结合研究目标，归纳出本次处理有以下难点。

1）静校正问题：研究区大部分地表起伏剧烈，低速带发育，野外静校正问题突出。能否准确地计算低速带模型，进而求取精确的野外静校正量，是影响处理质量的关键。

2）高保真去噪问题：本区噪声发育明显，不同种类噪声同时存在，面波和线性干扰、强振幅异常等噪声大大降低了资料的信噪比，获得高质量的成像数据需要对这些噪声进行有效压制。

3）成像精度问题：获取准确的速度，选择合适的偏移方法，以及提高偏移成像的精度是处理的主要目的之一。

要达到提高信噪比、准确成像的处理目标，需做好以下几方面工作：

1）选择合适的噪声压制方法，做到既能压制各种噪声，又能在保真的基础上加强目的层的有效波能量。

2）做好初至拾取、基准面静校正、剩余静校正与叠加速度分析迭代等基础工作，消除地表等因素对反射波时距曲线的影响。

3）精细建立偏移速度场，确保各煤层系与地质构造能准确成像。

5.2.2 处理流程

根据资料特点与难点，制定地震资料处理流程如图 5.2 所示。

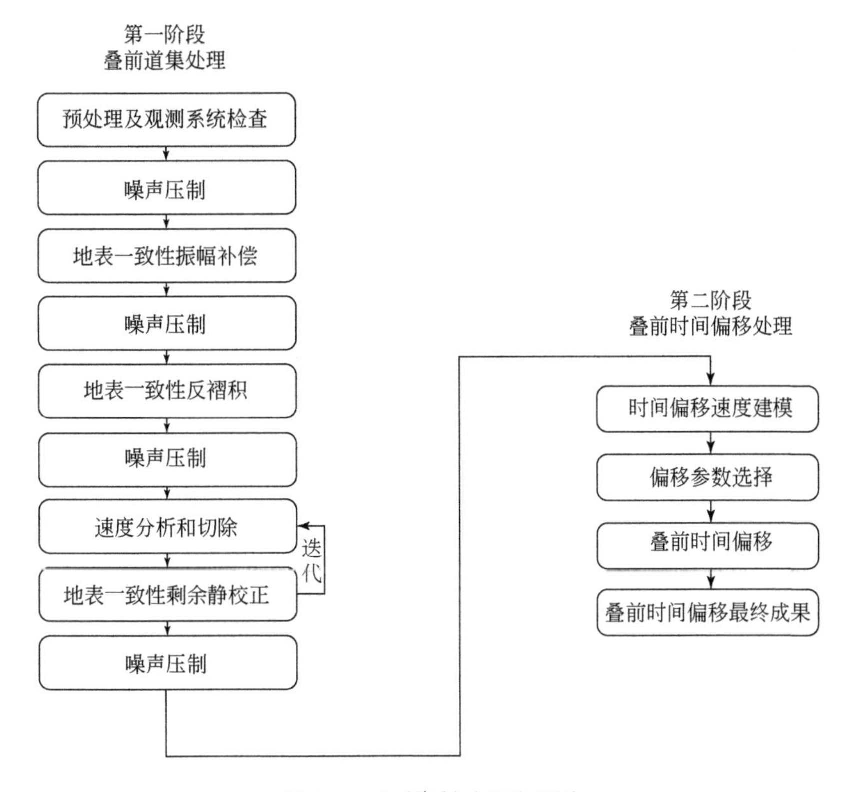

图5.2　地震资料处理流程图

5.3　静校正计算

从微测井结果上看，研究区灰岩表层相对较薄，高速层一般在3000m/s以上，且有三口微测井未追到高速层。考虑研究区地表条件，山区表层变化剧烈且复杂，微测井难以控制表层变化情况，需考虑与多种静校正方法结合分析。

静校正的目的是消除低速带厚度、速度、地形变化引起的波场畸变，无论是为了常规处理的叠加成像效果还是叠前时间偏移处理的数据准备，静校正问题和静校正技术的应用都是成败的关键，因此做好静校正工作是至关重要的。研究区地表情况复杂，静校正问题特别突出。

本次处理试验了常用的高程静校正、折射波静校正和层析静校正，为了保证测试的准确性，每种静校正都拾取了各自的叠加速度，通过对比，最终选用折射静校正方法（图5.3～图5.6）。

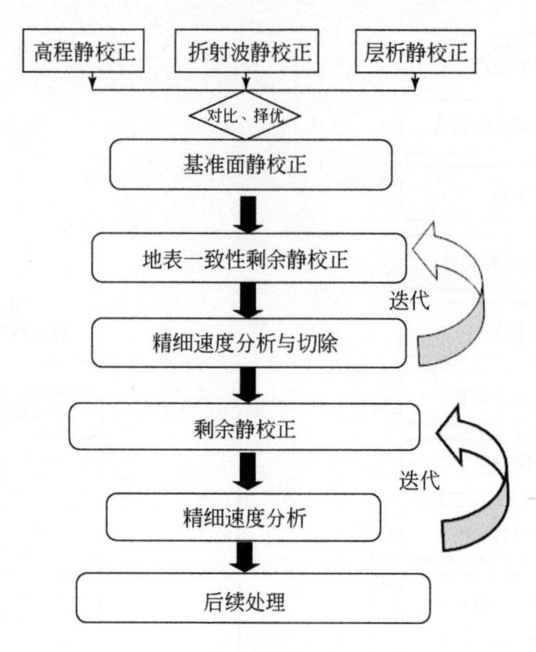

图 5.3　静校正流程图

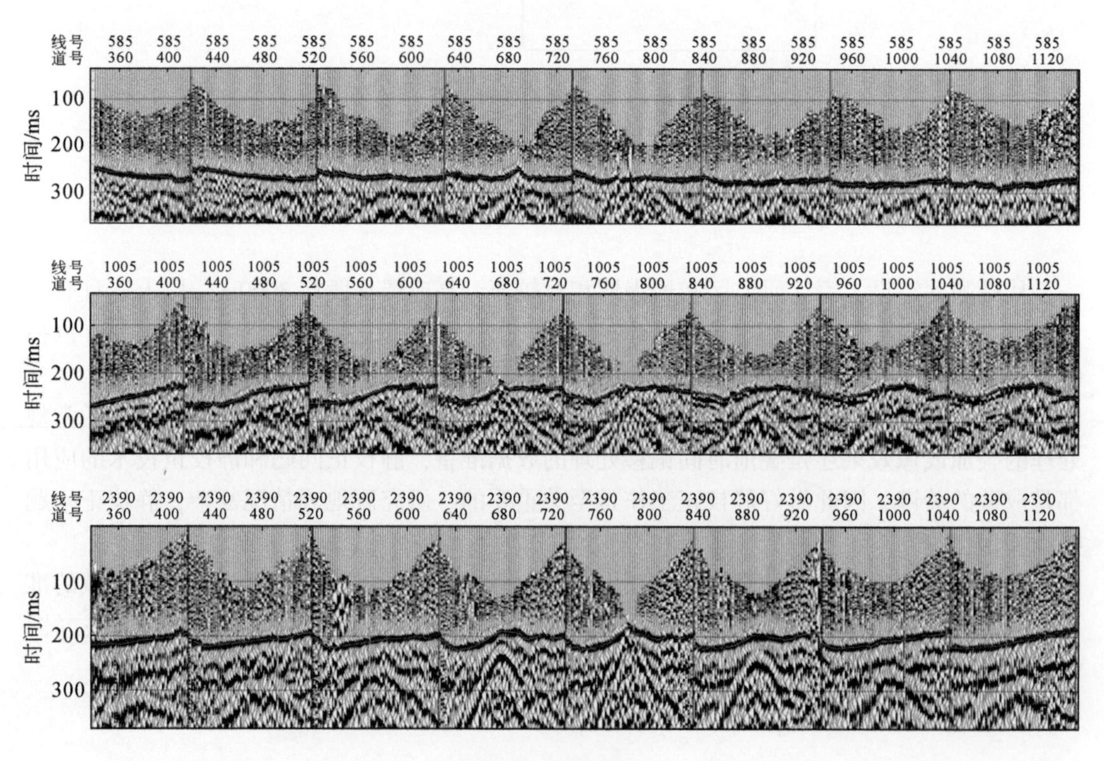

图 5.4　初至拾取

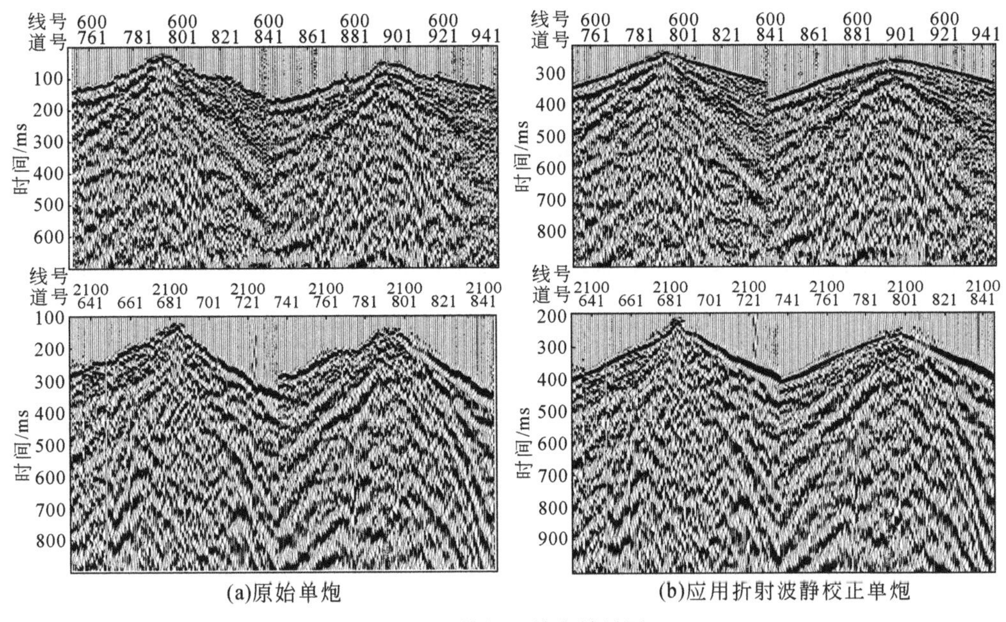

(a)原始单炮　(b)应用折射波静校正单炮

图5.5　静校正单炮效果图

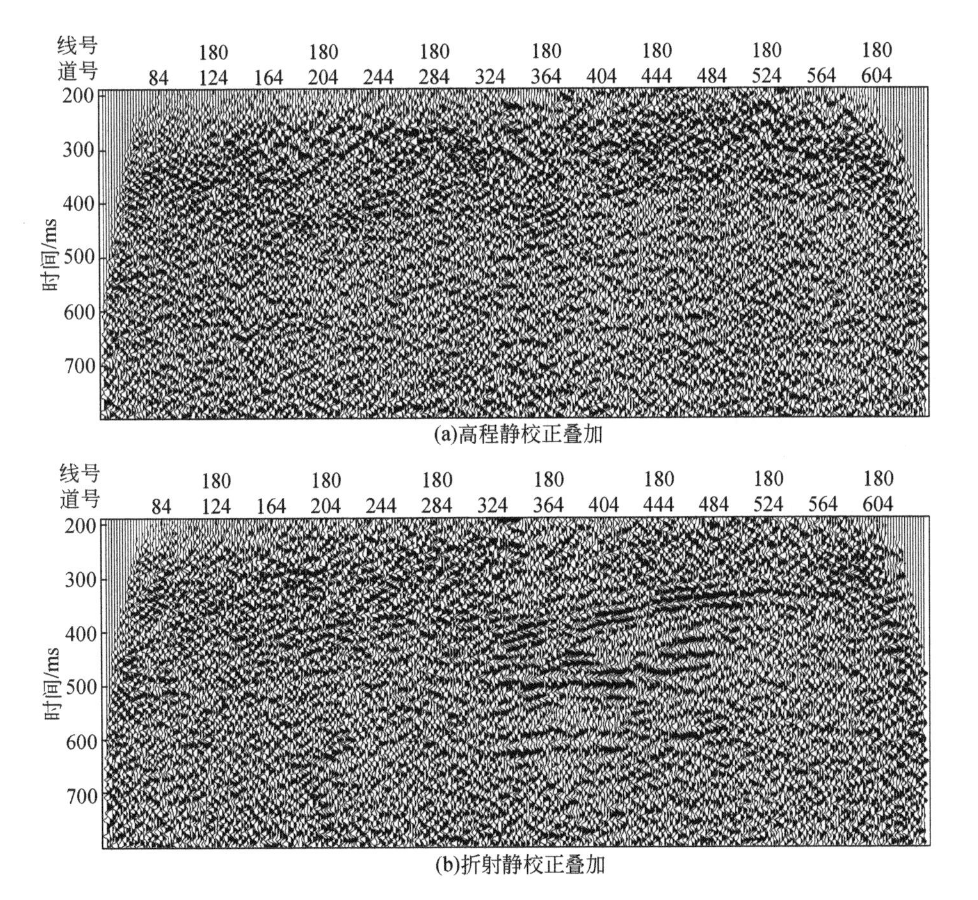

(a)高程静校正叠加

(b)折射静校正叠加

图5.6　静校正叠加效果图

5.4　叠前噪声压制

叠前噪声的有效压制，是数据处理的关键之一。在本次原始资料中，发育声波、面波、线性干扰、随机噪声、野值等干扰波。这些噪声的存在对成像质量造成很大的影响。如何在保护有效波的同时尽量压制干扰噪声是叠前噪声衰减的目标。

针对研究区的噪声特点，本次处理采用分频异常振幅衰减技术和十字滤波技术等技术。

5.4.1　分频异常振幅衰减技术

分频异常振幅衰减技术利用了噪声在不同频段相对有效波的振幅差异来压制噪声。当某一时窗、某频率段范围内的平均振幅高于一个预先给定的阈值时，说明存在异常振幅值，该振幅值将通过乘以一个比例因子或由相邻道插值来进行压制。阈值一般通过将某频段所有相邻道的平均振幅乘以一个特定的因子来计算得到。平均振幅的计算公式如下：

$$E_{ftk} = \frac{1}{n_{ftk}} \sum_{i=1}^{n_{ftk}} A_{iftk}^2 \tag{5.1}$$

式中，E_{ftk}为第 k 道、时窗 t 内、频段 f 的振幅（能量）；A_{iftk}为第 k 道、时窗 t 内、频段 f、样点 i 的振幅（能量）；n_{ftk}为样点总数。该方法对压制野值、声波等噪声具有较好的效果。

5.4.2　十字滤波技术

由于面波在三维空间上形成以震源为顶点的锥形体，在近排列炮集上体现为线性噪声，而在远排列炮集上则体现为曲线特征。常用的线性 FX 滤波已经不能满足压制远排列面波的要求，故而采用十字滤波技术。十字排列技术是抽取某一条检波线和与之垂直的炮线的所有地震道形成一个道集。对重新组合的十字排列道集进行三维 Fourier 变换，在频率-波数域滤波，去除线性噪声后再进行 Fourier 反变换。

5.4.3　叠前噪声压制应用效果

叠前噪声压制技术不是单个模块、单个流程就可以完成的，需要在振幅补偿前、反褶积前、反褶积后反复根据需要进行，并且要根据数据特点灵活地选择数据域进行噪声压制。图 5.7 ~ 图 5.9 为噪声压制前后单炮和叠加的对比，从图中可以看出原始记录中的噪声得到了明显的压制，有效波更为突出，信噪比得到了提高。

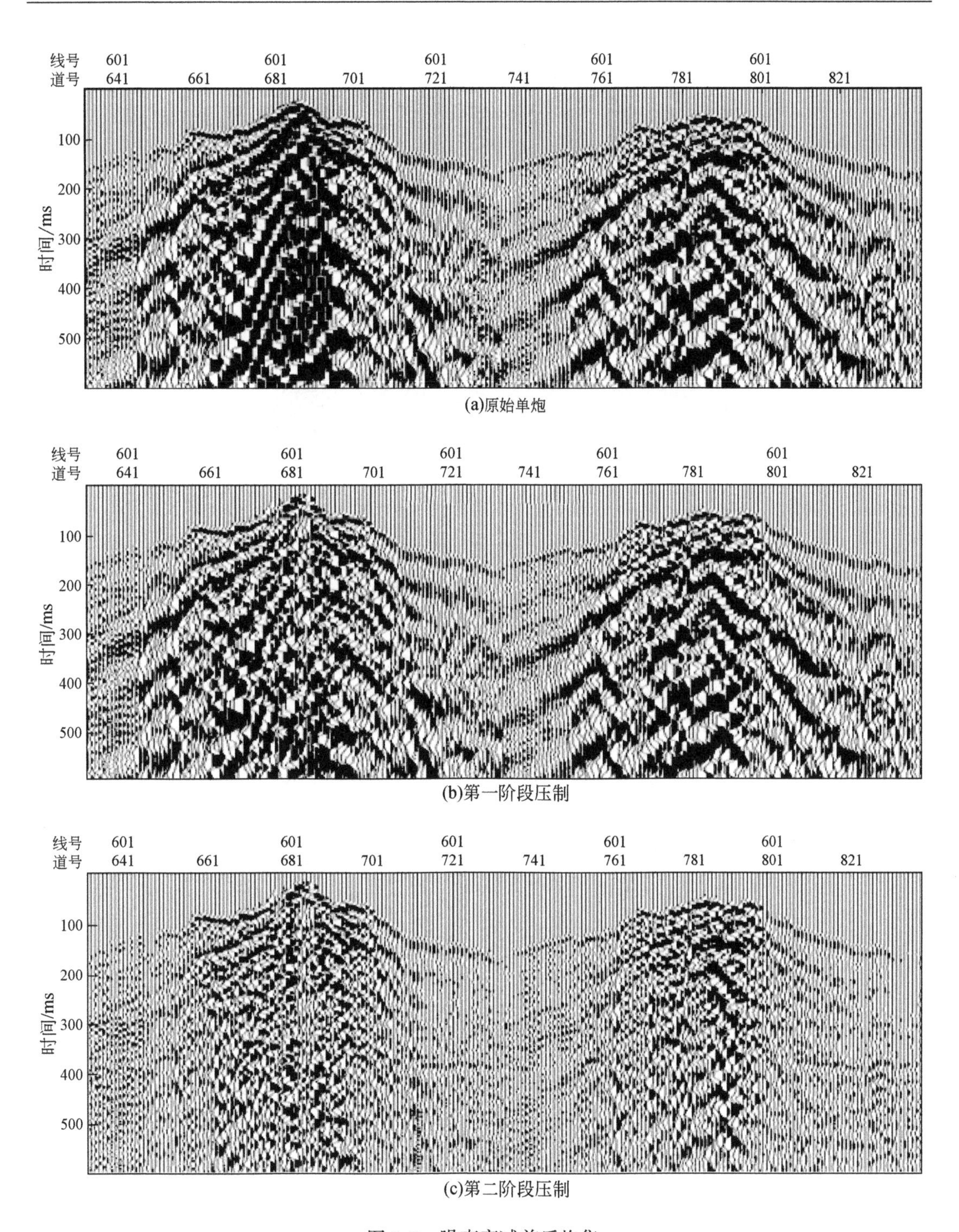

(a)原始单炮

(b)第一阶段压制

(c)第二阶段压制

图5.7　噪声衰减前后炮集

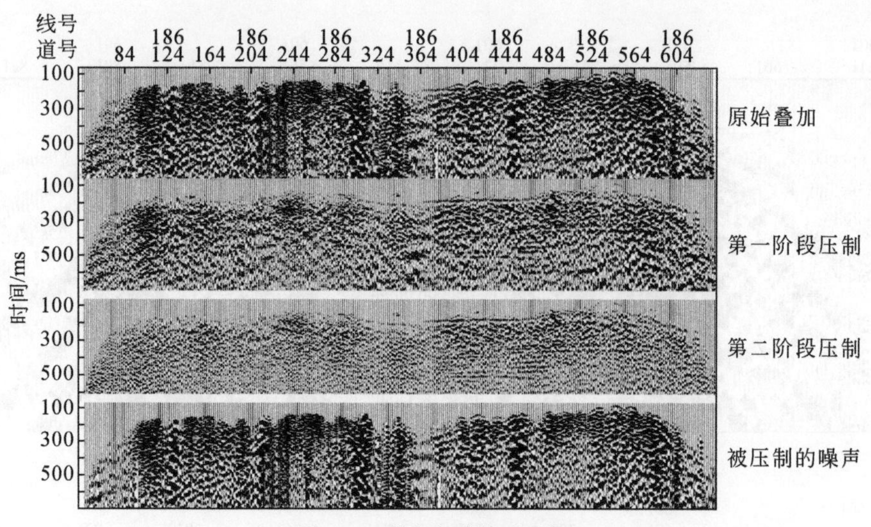

图 5.8　噪声衰减前后叠加

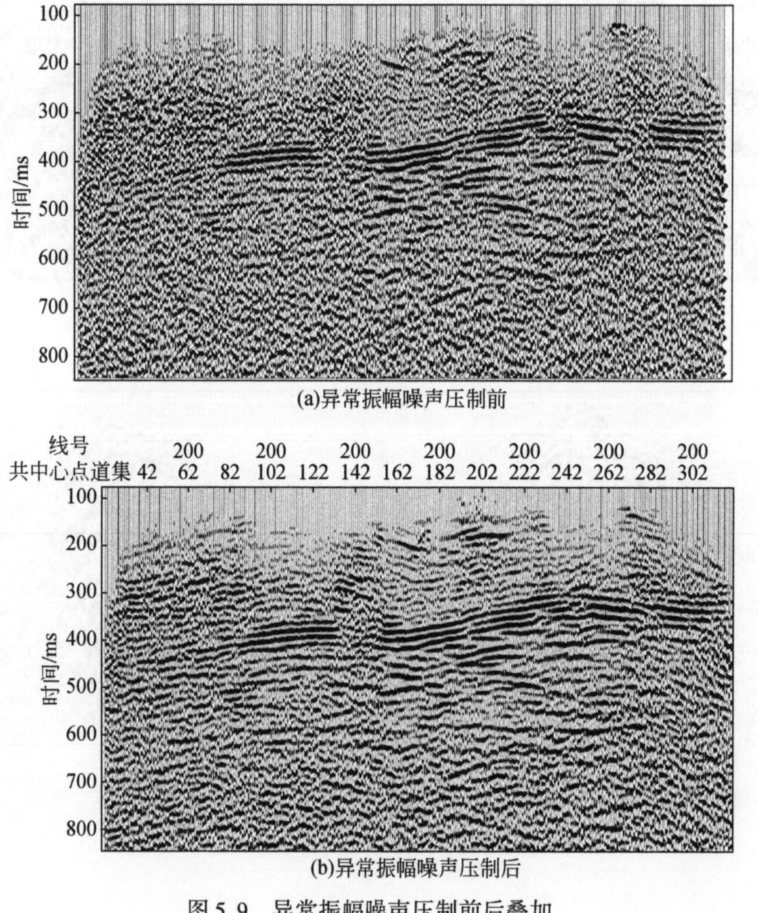

图 5.9　异常振幅噪声压制前后叠加

5.5 振幅补偿

受地震波的几何扩散、地表激发接收因素的影响，地震记录深浅能量、炮间、道间能量的不均衡，为后面的成像及解释反演带来困难。消除这些影响就需要进行振幅补偿处理。振幅补偿处理一般包括几何扩散补偿（或球面扩散能量补偿）技术和地表一致性振幅补偿技术。

5.5.1 几何扩散补偿技术

地震波在传播过程中，随着波前扩散，单位波前面上的能量逐渐减少，这种现象称为几何扩散现象或球面扩散现象。相应地，补偿由于几何扩散现象引起的地震资料纵向上能量差异的地震处理技术称为几何扩散补偿技术。几何扩散补偿因子计算公式如下：

$$D(T)=\frac{V_{\mathrm{rms}}^2 T}{V_{\min}^2} \tag{5.2}$$

式中，V_{rms}为均方根速度；$V_{\min}$为最小速度，可视为归一化因子；T为双程旅行时；$D(T)$为补偿因子。

5.5.2 地表一致性振幅补偿技术

为了消除由于地表激发、接收条件的不一致引起的地震波振幅变化，可以采用地表一致性振幅补偿的办法来处理。它涉及对共炮点、共检波点、共偏移距道集的振幅进行补偿，可以有效消除各道、炮之间的非正常能量差异。

地表一致性振幅补偿的数学模型为

$$A_{ij}=S_i \cdot R_j \cdot G_k \cdot M_l \tag{5.3}$$

式中，A_{ij}为第i炮、第j道振幅；S_i为第i炮位置上的分量；R_j为第j个检波器位置上的分量；G_k为第k个中心点位置有关的分量，中心点位置为第i炮与第j个检波点的中心位置；M_l为与偏移距有关的分量。

合理使用地表一致性振幅补偿方法可以消除激发和接收因素变化所造成的地震波能量在空间方向上的差异，使叠加剖面在横向上的能量达到均衡。

5.5.3 应用效果

由于大地滤波的作用，地震波在传播过程中能量衰减很多，尤其是高频成分损失严重。另外，受激发、接收等因素影响也会引起记录道的能量差异，导致接收到的振幅不能真实地反映地下介质的动力学特征及相互差异。因此，采用地表一致性真振幅恢复并对其补偿因子做扫描测试，对地震波球面扩散与吸收进行补偿，使地震波能量真正体现煤层介质的真实情况，可以为地震波的对比及岩性解释提供依据。球面扩散能量补偿效果见图 5.10，地表一致性振幅补偿效果见图 5.11。

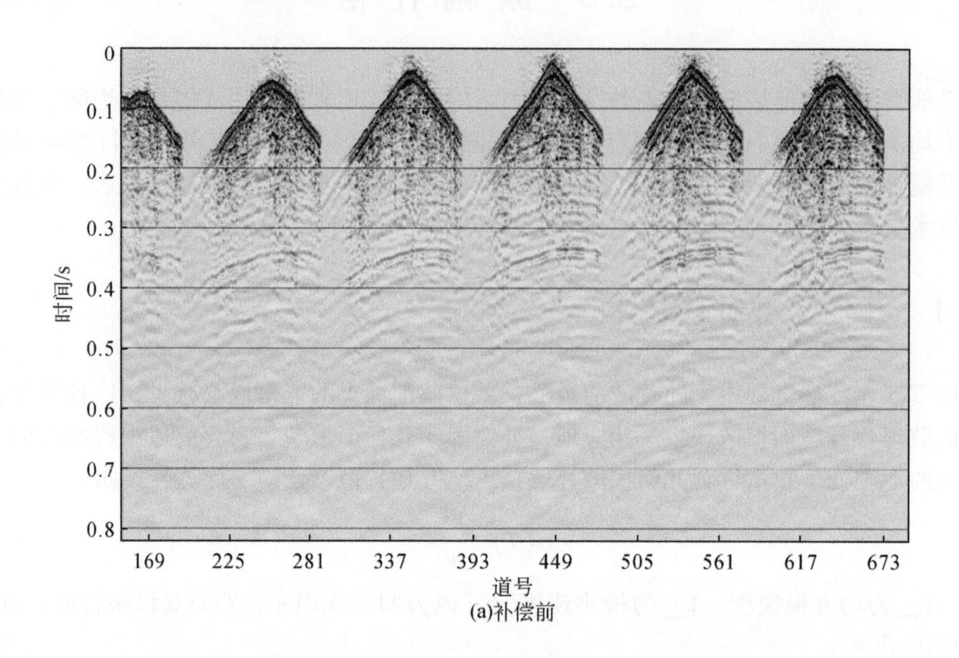

(a)补偿前

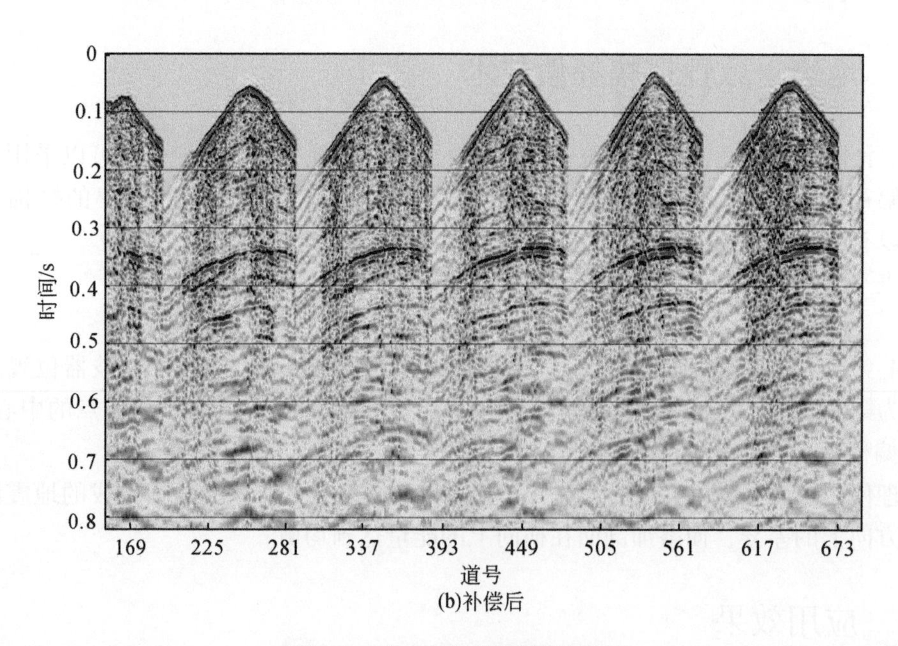

(b)补偿后

图 5.10 球面扩散能量补偿效果

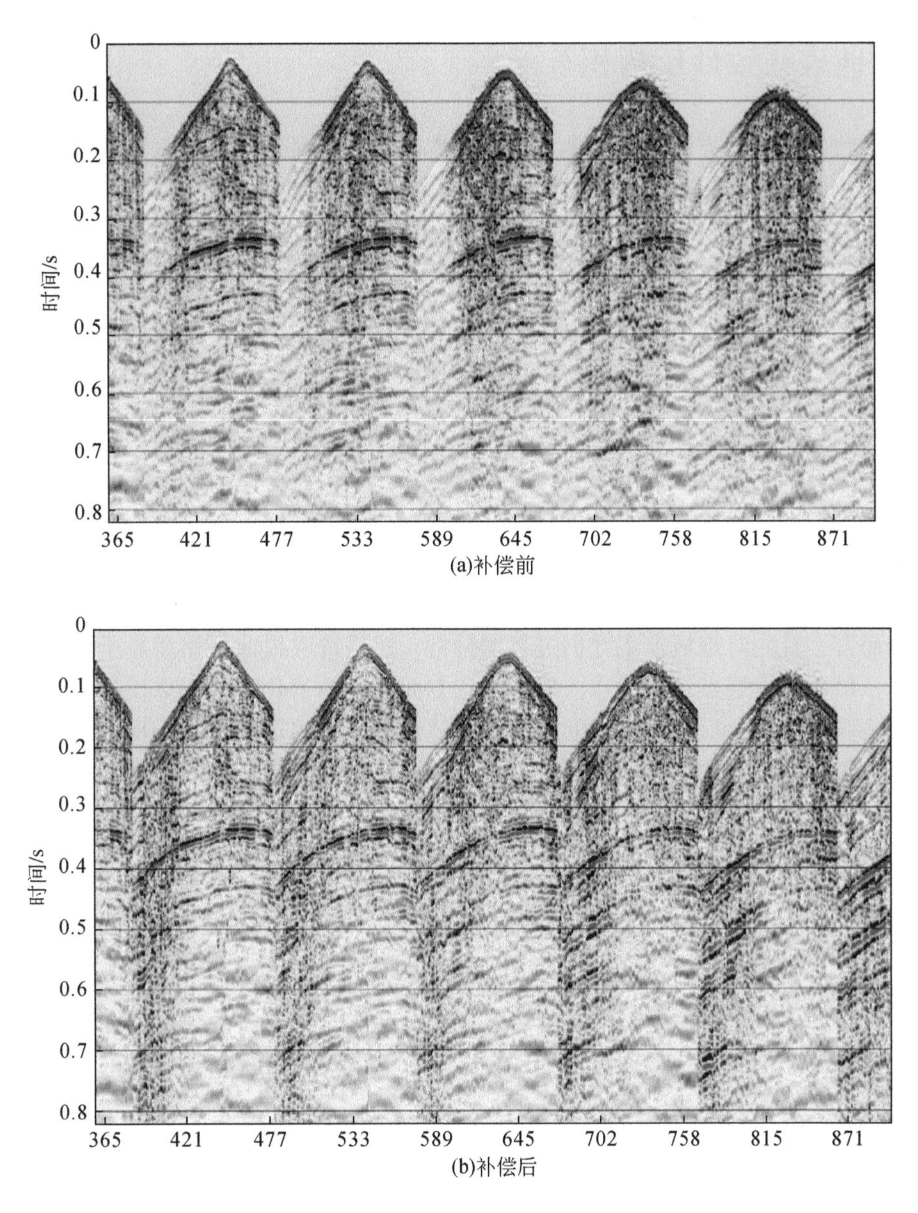

(a)补偿前

(b)补偿后

图5.11　地表一致性振幅补偿效果

5.6　反　褶　积

反褶积是数据处理的关键。比较常用的反褶积方法是地表一致性反褶积与预测反褶积的组合方法。前者可以减小由地表因素带来的子波差异，后者可以提高资料纵向分辨率，同时对多次波有一定的压制作用。

5.6.1　地表一致性反褶积

地表一致性反褶积方法是基于地表同一位置的，无论是深、中、浅层反射，其滤波作用均与地震波的入射角无关。在做好静校正、叠前去噪和能量补偿等处理环节的基础上，选用地表一致性反褶积来进一步消除因地表激发和接收等因素差异而带来的横向上的波形不一致问题，此反褶积可以从共炮点、共检波点、共偏移距、共 CMP 道集四个分量进行统计，计算反褶积算子，使子波的形态与能量分布更趋于一致。

基本地震记录褶积模型的一般模型如下：

$$x(t)=w(t)*e(t)+n(t) \tag{5.4}$$

式中，$x(t)$ 为实际地震记录；$w(t)$ 为子波；$e(t)$ 为地震脉冲响应；$n(t)$ 为噪声。

地表一致性褶积模型如下：

$$x_{ij}(t)=s_i(t)\cdot g_j(t)\cdot e_k(t)\cdot h_l(t) \tag{5.5}$$

式中，$x_{ij}(t)$ 为地震记录模型；$s_i(t)$ 为震源 i 对应分量；$g_j(t)$ 为检波器 j 对应分量；$e_k(t)$为中心点对应分量，$k=(i+j)/2$；$h_l(t)$为炮检距对应分量，$l=|i-j|$。

具体而言，首先对炮域道集数据进行谱分析，然后选取提取反褶积算子的时窗长度及预测步长，最后根据炮点、检波点、偏移距三方面因素的变化，来提取反褶积算子，并进行反褶积运算。其中，反褶积算子的时窗长度及预测步长的选取是影响反褶积处理效果的重要参数，实际处理应用中，根据地区原始资料的优势频带范围及对地震资料处理的要求，进行合理的优化选取。应用地表一致性反褶积技术，对地震子波进行校正，可以有效地消除地表条件差异对地震子波的影响，从而增强地震子波横向稳定性和一致性。

5.6.2　预测反褶积

预测反褶积的主要目的是消除短周期多次波及混响对有效波的干扰，同时压缩地震子波，提高分辨率。预测就是根据过去和现在已发生的事实判定将来会出现的情况，但并非所有事物都可线性预测。函数 $x(t)$ 可线性预测的条件是，$x(t)$ 为平稳随机过程，即它的统计特征：数学期望和方差是与时间无关的量，且自相关函数 $r_{xx}(\tau)$ 只与时差 τ 有关。一般认为地震记录为平稳随机过程，满足以上条件，因而可以预测。

预测方程如下：

$$\begin{bmatrix} r_{xx}(0) & r_{xx}(1) & \cdots & r_{xx}(m) \\ r_{xx}(1) & r_{xx}(0) & \cdots & r_{xx}(m-1) \\ \vdots & \vdots & & \vdots \\ r_{xx}(m) & r_{xx}(m-1) & \cdots & r_{xx}(0) \end{bmatrix} \begin{bmatrix} c(0) \\ c(1) \\ \vdots \\ c(m) \end{bmatrix} = \begin{bmatrix} r_{xx}(l) \\ r_{xx}(l+1) \\ \vdots \\ r_{xx}(l+m) \end{bmatrix} \tag{5.6}$$

式中，方程左端系数矩阵和右端向量均由地震记录的自相关函数组成。求解该方程，即得到最小平方意义下的预测滤波因子 $c(s)$，用 $c(s)$ 对 $x(t)$ 进行滤波，若输出 $x'(t+\tau)$，就是预测滤波，若输出 $e(t+\tau)$，就是预测反滤波或预测反褶积。

预测反褶积的几个主要参数如下。

（1）算子长度

这里的算子长度指的是预测滤波算子长度。预测反褶积算子长度由预测滤波算子长度和预测距离确定。设预测滤波因子为$\{c(0), c(1), \cdots, c(m)\}$，则预测反褶积算子为$\{1, 0, \cdots, 0, -c(0), -c(1), \cdots, -c(m)\}$，其中 0 的个数等于$\tau-1$。在预测滤波中，滤波算子长度原则上是越大越好。但太大的因子长度会增加运算时间，而且没有必要。如果滤波因子长度过小，则预测效果不好，预测反褶积达不到反褶积的目的。具体大小应用试验来确定。

（2）自相关长度

当预测算子长度为m时，自相关函数的长度不得小于$m+\tau$。如果自相关函数的长度小于$m+\tau$，则一般会自动在后面补零，这会给算子的计算带来误差；如果自相关函数的长度大于$m+\tau$，对计算没有影响，但要多花费机器时间。自相关函数长度还与时窗长度有关，一般自相关函数长度不应大于数据时窗长度的 2 倍减 1，在这个范围以外的自相关函数值全为 0，没有必要计算。

（3）白化因子

预测方程并非在任何情况下都可以求解。该方程有唯一确定解的条件是：它的系数矩阵是正定的，即它的各子行列式的值都大于 0。由于这里的系数矩阵是由自相关函数构成的，所以可以保证它的各子行列式的值都不小于 0，即它应该是半正定的。为了使系数矩阵变为正定，以便求解方程，可以将矩阵的对角线元素增加一个百分数B，将预测方程改造为

$$\begin{bmatrix} (1+B)r_{xx}(0) & r_{xx}(1) & \cdots & r_{xx}(m) \\ r_{xx}(1) & (1+B)r_{xx}(0) & \cdots & r_{xx}(m-1) \\ \vdots & \vdots & & \vdots \\ r_{xx}(m) & r_{xx}(m-1) & \cdots & (1+B)r_{xx}(0) \end{bmatrix} \begin{bmatrix} c(0) \\ c(1) \\ \vdots \\ c(m) \end{bmatrix} = \begin{bmatrix} r_{xx}(\tau) \\ r_{xx}(\tau+1) \\ \vdots \\ r_{xx}(\tau+m) \end{bmatrix} \tag{5.7}$$

以上做法实际上是将$x(t)$的自相关函数加一个能量为B的脉冲函数，这相当于在地震记录$x(t)$上加一个白噪声，故称这一改造为预先白噪化。B称为白噪系数或白噪因子。

（4）预测距离

预测距离即前面提到的τ是一个重要的参数，它对反褶积的功能起决定性作用。τ越小，反褶积的功能越强，反之，反褶积的功能越弱。当$\tau=1$时，预测反褶积变成了脉冲反褶积；当τ大于子波长度时，预测反褶积不起作用。在叠前处理中，τ的大小应略大于一个子波的主周期为好。

5.7　速度分析与自动剩余静校正

5.7.1　速度分析

叠加成像技术的关键在于速度分析的准确性，为了提高速度谱解释的精度，首先进行

速度扫描，得到研究区由浅至深的速度规律，并在动校正道集上确定动校拉伸范围应选择的动校切除参数，然后做速度分析，如图 5.12 所示。同时，通过与剩余静校正迭代处理，两次进行速度分析，得到较精确的速度场。

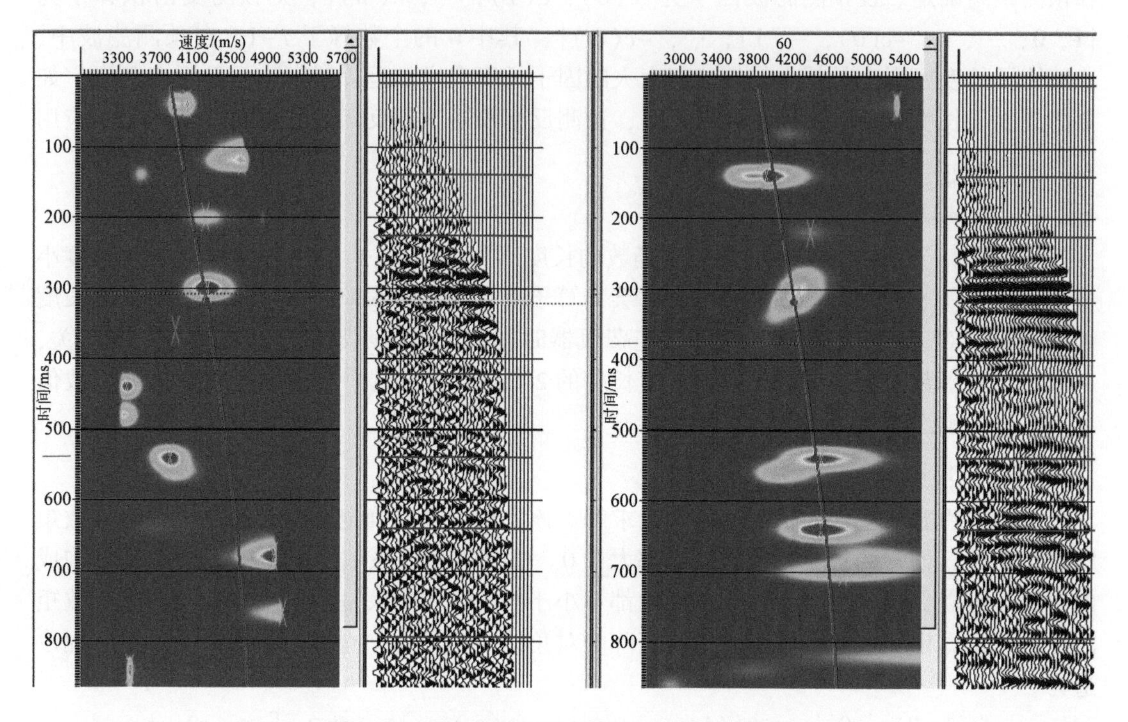

图 5.12 速度分析与剩余静校正前后的速度谱

5.7.2 三维地表一致性剩余静校正

三维地表一致性剩余静校正根据 CDP 道集叠加的最佳准则，确定一套地表一致性时移，使叠加效果最佳。在计算过程中不校正大的静校正异常值，一切改善都基于原始的输入剖面，既不改变倾角也不改变连续性。

5.7.3 应用效果

研究区剩余静校正前后剖面对比如图 5.13 所示，剩余静校正应用后剖面叠加改善非常明显。

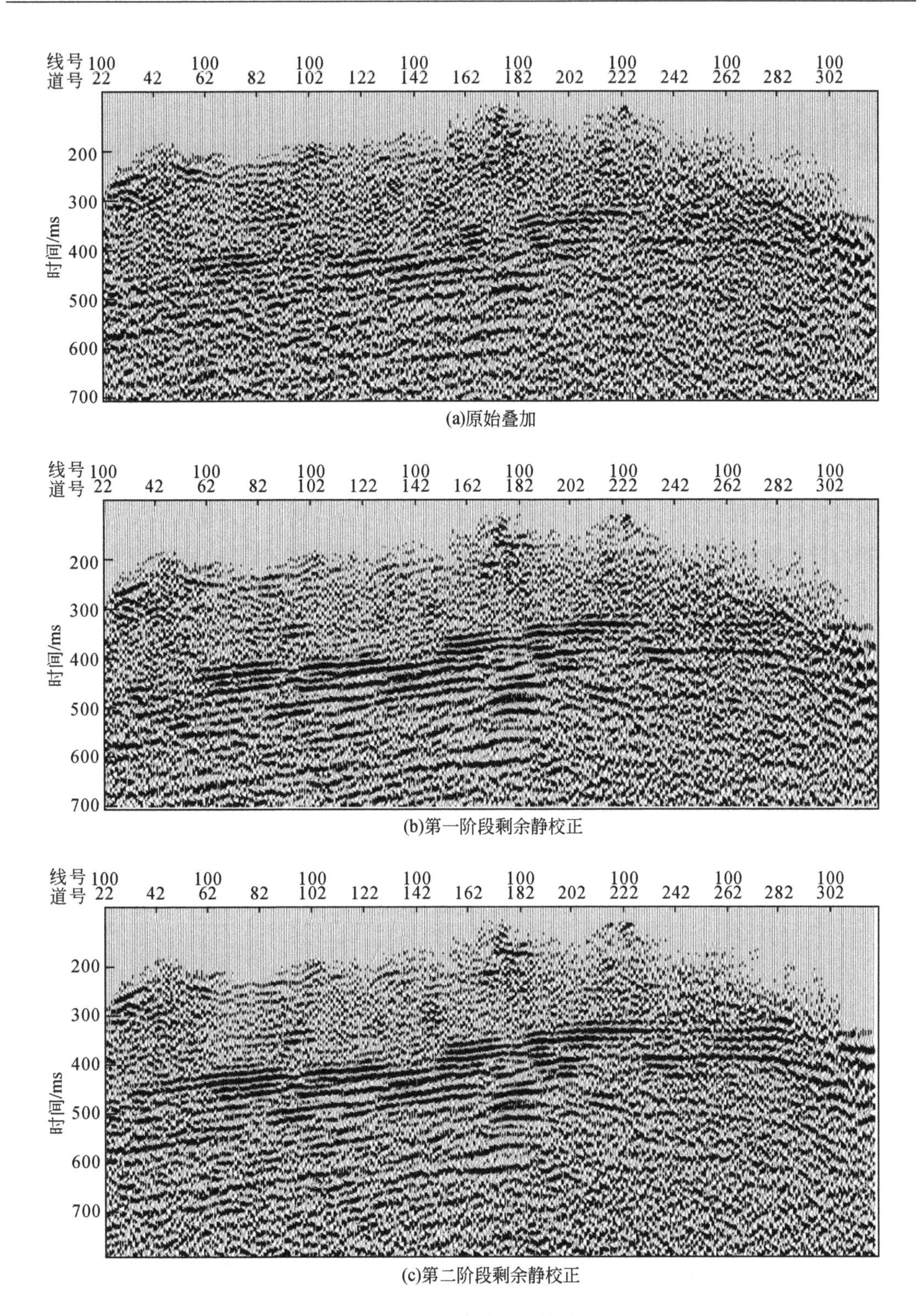

(a)原始叠加

(b)第一阶段剩余静校正

(c)第二阶段剩余静校正

图5.13　剩余静校正效果

5.8 偏移处理

叠后时间偏移在以往的油气勘探过程中起到了重要作用，但随着勘探难度的提高，在构造较为复杂或横向速度变化强的地区，基于常规偏移的处理方法再也难见成效。究其原因，常规处理是先叠加后偏移，水平叠加过程受水平层状介质假设制约，在复杂地质构造条件下，这种叠加过程很难实现同相叠加，这样会对波场产生破坏，所以用这种失真了的叠后数据进行偏移处理就难以取得好的成像效果。为了克服非同相叠加给后续偏移带来的麻烦，人们提出使用叠前偏移，即先偏移处理使波场归位，再把同一地下点的偏移波场相叠加。这样，在横向速度中等变化的较为复杂的构造成像中叠前时间偏移可以弥补常规偏移的不足。

5.8.1 叠前时间偏移技术特点

叠前时间偏移能够适应中等横向变速的介质，由此可以满足大多数探区的精度要求；相对叠后时间偏移来说，更适用于复杂构造，对目的层和储层的成像有较好的保幅性，所得结果能够更好地进行属性分析、振幅随偏移距变化/振幅随方位角变化 1 振幅随参数变化反演和其他参数反演。

5.8.2 应用效果

采用克希霍夫三维叠前时间偏移方法，该方法使用均方根速度模型计算三维旅行时，具有偏移运算快、成像精度高的特点，效果主要受速度模型、地层倾角、孔径等参数影响，其在煤田地震勘探中被广泛应用。叠后时间偏移与叠前时间偏移效果对比见图 5.14。

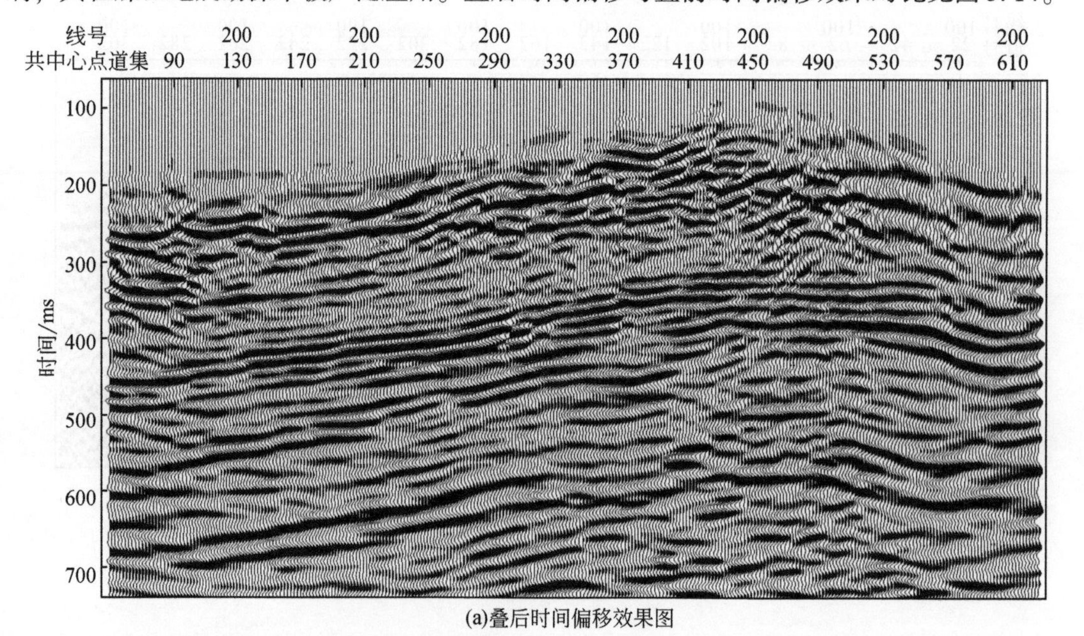

(a)叠后时间偏移效果图

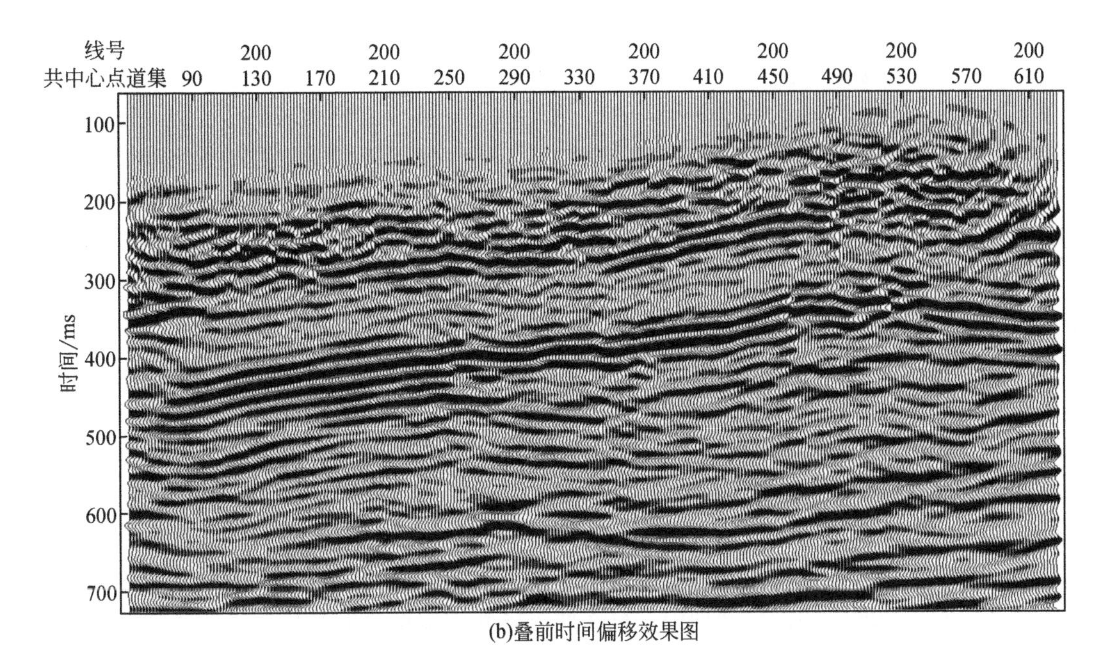

(b)叠前时间偏移效果图

图5.14　叠后时间偏移与叠前时间偏移效果对比

5.9　小　　结

喀斯特地貌条件下的雨汪勘探区内，主要是起伏地表，地震资料信噪比低。从弱信号提取的地震数据处理角度出发，主要研究了薄煤层高分辨率处理过程中的关键性技术，如振幅补偿、反褶积、面波压制、剩余静校正、速度分析、偏移等关键技术，进而提高了地震资料的分辨率和信噪比，使得薄煤层的同相轴具有较高的分辨率，获得的认识如下：

1）雨汪勘探区内，高程变化比较大，起伏地表引起的地下反射波畸变，有效波同相轴不连续，从原始叠加剖面上看，目的层有效波不成像，可见整个研究区存在严重的静校正问题。结合实际情况，确定应用折射静校正解决长短波长静校正问题，应用地表一致性剩余静校正解决剩余高频静校正问题。

2）喀斯特地貌条件下单炮记录，主要面临的干扰是强面波、声波干扰、随机干扰，可以通过相对保幅的去噪技术消除。通过控制频率和视速度范围去除面波干扰；在不同频带范围内，使用自动样点编辑，对每个样点的振幅与给定时窗的中值进行比较，对异常振幅进行编辑。通过这些保幅去噪技术，面波、声波及其他随机干扰波得到了有效去除，目的层反射波组更加清晰、突出。

3）针对单炮记录在横向上差异大的特点，采用球面扩散振幅补偿和地表一致性振幅补偿。首先，选定合适参数进行球面扩散补偿，补偿地震波向下传播过程中因球面扩散而造成的时间方向的能量衰减，使浅、中、深层能量得到均衡；其次，地表一致性振幅补偿，主要是补偿地震波在传播过程中由于激发因素和接收条件的不一致性问题引起的振幅能量衰减，消除因风化层厚度、速度、激发岩性等地表因素横向变化造成的能量差异，使全区地震资料的横向能量趋于一致。

4）对于煤田地震资料，反褶积是提高地震资料分辨率的一个重要手段。反褶积是通过压缩地震子波来提高地震的分辨率。在使用反褶积方法时，要准确估算子波并压缩地震子波。由于三维地震勘探区的激发和接收条件都有所变化，地震子波在能量上和波形一致性上都有很大差异。因此，选择地表一致反褶积方法来消除地震子波因激发和接收条件变化引起的差异，从而使地震子波波形的一致性有一定的改善，并且该处理使得地震子波在一定程度上得到了压缩，进而使频带宽度得到拓宽，地震资料的分辨率也就相应得到提高，同时压制了残余的低频干扰，使剖面的分辨率和信噪比达到最佳效果。

5）采用多次速度分析、剩余静校正迭代技术来进一步消除剩余动静校正时差的影响，确保同一面元内各道同相叠加。通过剩余静校正，目的层同相轴的连续性明显提高。

6）地震资料的叠前偏移成像，需要依靠高质量的速度模型，根据研究区内的地震地质条件，正确地拾取目的层段的反射波叠加速度，了解研究区内叠加速度的变化范围，通过精细速度拾取，在道集上有效校平反射同相轴，尽量消除倾斜界面引起的共反射点分散及叠加速度多值现象，提高横向分辨率和信噪比，使地下反射点实现正确归位。雨汪矿区三维地震数据的叠前时间偏移处理中，首先通过试验确定偏移的孔径、反假频参数和偏移倾角参数，然后对目标线进行偏移，通过共反射点道集是否拉平，从而分析叠前偏移的速度。

第6章　喀斯特地貌条件下三维地震勘探构造解释

地下断层是影响煤矿采掘布置、安全生产的重要影响因素。断层会导致煤层变薄或增厚以及构造附近的煤质变差，同时构造的存在还影响煤层顶板的稳定性及隔水层的完整性，直接影响煤层的可采性。因此，查清煤系地层中的断层构造，是地震勘探的一项重要任务。目前，在地震地质条件较好的区域，如淮南能够实现落差3～5m断层。在喀斯特地貌条件下，地表主要为山地，起伏地表带来了静校正、信噪比低等问题，同时主采煤层的埋藏深度一般在300～600m，部分矿区的断层地震响应特征不明显，断层构造的解释效果差。

为了在喀斯特地貌条件下取得较好的断层解释效果，首先通过层位解释，提取多种属性分析，通过后验概率优化的支持向量机模型，结合已知地质信息，建立具有代表性的训练数据集，开展小断层可靠性分析。是否可以根据有限揭露的地质信息，对断层的分布位置进行智能预测，一直是煤炭地震勘探需要解决的核心问题。基于雨汪煤矿巷道位置，获得2号煤层已知断层非断层信息共5800个数据，形成四小块已知区域A、B、C、D。通过采用粒子群算法对支持向量机中的两个参数进行全局寻优，并将标准支持向量机的决策值转化为后验概率输出，以区域A、B、C、D单独或组合形式排列作为训练测试集，对该模型进行训练测试。为了将识别情况划分为可靠或不可靠，设分类界限为0.5，即后验概率>0.5，将其划分为断层，0.5<后验概率<0.7的视为控制较差断层，0.7≤后验概率<0.9的视为较可靠断层，后验概率≥0.9的视为可靠断层，其余情况均视为非断层，进而对整区进行预测分类，得出断层预测图。通过基于后验概率优化的支持向量机模型，开展喀斯特地貌条件下的断层地震智能解释实践，在雨汪煤矿实现了小构造的精确解释，为喀斯特地貌条件下的煤矿区构造探查提供了一种新的选择。

6.1　支持向量机二分类与粒子群算法原理

6.1.1　线性支持向量机

支持向量机是由Cortes和Vapink于1995年首先提出的，是使用最为广泛的学习算法，在解决小样本的分类问题时具有优良的泛化性和鲁棒性。从线性可分模式分类角度来看，支持向量机的主要思想如下：首在构建一个最优决策超平面，使平面两侧距平面最近的两类样本之间的距离最大化，从而为分类问题提供良好的泛化能力（对未知样本进行预测的精确度）。同时，根据Cover定理：将复杂的非线性的模式分类问题投射到高维特征空间可能是线性可分的，因此只要特征空间的维数足够高，原始模式空间就能变换为一个新的高维特征空间，使在特征空间中，模式以较高概率呈线性可分状态。最优超平面，如图6.1所示。

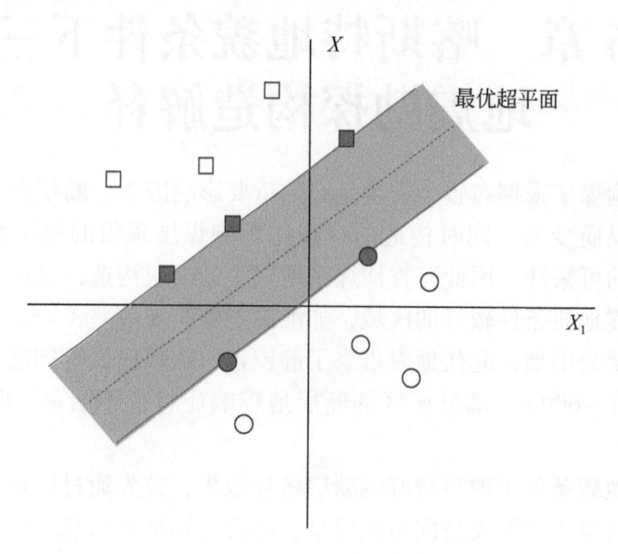

图6.1　线性可分数据分布情况

训练样本$\{(X_i,d_i)\}_{i=1}^{N}$，X_i是输入模式的第i个样本，d_i表示对应的期望输出，假设$d_i=1$和$d_i=-1$代表的两种模式线性可分，则超平面方程：

$$W^{\mathrm{T}}X+b=0 \tag{6.1}$$

W是可调的权值向量，b是偏置，则也可以记为

$$\begin{aligned} &W^{\mathrm{T}}X+b\geqslant 0,\text{当 } d_i=1 \text{ 时} \\ &W^{\mathrm{T}}X+b<0,\text{当 } d_i=-1 \text{ 时} \end{aligned} \tag{6.2}$$

分离边缘ρ：超平面附近数据点之间的间隔。支持向量机的最终目标是找到一个超平面，使得该超平面的分离边缘达到最大，即要求确定使ρ最大时的W和b，因此最大超平面的权重W_0和偏置b_0是唯一的，则最优超平面方程为$W_0^{\mathrm{T}}X+b_0=0$。样本空间中的随机数据点X到最优超平面的距离为

$$r=\frac{W_0^{\mathrm{T}}X+b_0}{\|W_0\|} \tag{6.3}$$

式（6.3）变形得到判别函数：

$$g(x)=r\|W_0\|=W_0^{\mathrm{T}}X+b_0 \tag{6.4}$$

g（x）表示X到最优超平面的代数距离，一对（W_0，b_0）一定满足条件：

$$\begin{aligned} &W_0^{\mathrm{T}}X_{\mathrm{i}}+b_0\geqslant 1,\text{当 } d_i=1 \text{ 时} \\ &W_0^{\mathrm{T}}X_{\mathrm{i}}+b_0<-1,\text{当 } d_i=-1 \text{ 时} \end{aligned} \tag{6.5}$$

能够使式（6.5）中等号成立的数据点（X_i，d_i），就被称为支持向量，且支持向量X^{s}满足：$|g(X^{\mathrm{s}})|=1$，支持向量是到决策面两侧距离最近的数据点，支持向量是所有数据点中最难分类的，支持向量的选取直接决定最优决策超平面的位置。将式（6.5）中的式子合并得到：

$$d_i(W^{\mathrm{T}}X+b)\geqslant 1 \tag{6.6}$$

进而得到支持向量到最优决策超平面的代数距离为

$$r=\frac{g(X^{s})}{\|W_0\|}\begin{cases}\dfrac{1}{\|W_0\|}, & \text{当 } d^{s}=1 \text{ 时}\\ -\dfrac{1}{\|W_0\|}, & d^{s}=-1 \text{ 时}\end{cases} \tag{6.7}$$

故利用分离边缘表示两类支持向量之间的距离为

$$\rho=2r=\frac{2}{\|W_0\|} \tag{6.8}$$

从式（6.8）可以看出，求分离边缘最大可以转化为求 $\|W\|$ 最小，因此在满足式（6.6）的条件下，使 $\|W\|$ 达到最小的超平面即所求的最优超平面。

求解线性可分数据的最优超平面可以转化为求解如下约束问题，寻找训练样本 $\{(X_i,d_i)\}_{i=1}^{N}$ 对应的权值向量 W 和阈值 b 的最优值，即满足 $d_i(W^{\mathrm{T}}X+b)\geqslant 1$ 的条件下，权值向量 W 达到最小化，此时代价函数表示为

$$\phi(W)=\frac{1}{2}\|W\|^2=\frac{1}{2}W^{\mathrm{T}}W \tag{6.9}$$

可以看出，$\phi(W)$ 是关于 W 的凸函数，同时约束条件与 W 是线性相关的，因此计划利用拉格朗日系数方法解决此问题。

首先建立拉格朗日函数：

$$L(W,b,\alpha)=\frac{1}{2}W^{\mathrm{T}}W-\sum_{i=1}^{N}\alpha_i[d_i(W^{\mathrm{T}}X_i+b)-1]\text{，其中 } \alpha_i\geqslant 0 \tag{6.10}$$

式中，α_i 为拉格朗日乘子。故将求解 $\phi(W)$ 最小值问题转化为求解拉格朗日函数最小值问题，想要使函数值达到最小，先让 $\phi(W)$ 有减小的趋势，而式（6.10）右端第二项的求和运算有增大的趋势。要求 $\phi(W)$ 最小值，可对式（6.10）分别求 W 和 b 的偏导数，同时令偏导结果为零：

$$\begin{aligned}\frac{\partial L(W,b,\alpha)}{\partial W}&=0\\ \frac{\partial L(W,b,\alpha)}{\partial b}&=0\end{aligned} \tag{6.11}$$

利用式（6.10）和式（6.11）可推导出第一个优化条件：

$$W=\sum_{i=1}^{N}\alpha_i d_i X_i \tag{6.12}$$

第二个优化条件：

$$\sum_{i=1}^{N}\alpha_i d_i=0 \tag{6.13}$$

为了让式（6.10）右端第二项取得最大值，将式（6.10）中的括号展开可得

$$L(W,b,\alpha)=\frac{1}{2}W^{\mathrm{T}}W-\sum_{i}^{N}\alpha_i d_i W^{\mathrm{T}}X_i-b\sum_{i}^{N}\alpha_i d_i+\sum_{i}^{N}\alpha_i \tag{6.14}$$

式中，$b\sum_{i}^{N}\alpha_i d_i=0$，根据式（6.12）可将式（6.14）转化为

$$L(W,b,\alpha)=-\frac{1}{2}W^{\mathrm{T}}W+\sum_{i}^{N}\alpha_i \tag{6.15}$$

根据式（6.12）能够得到：

$$W^{\mathrm{T}}W=W^{\mathrm{T}}\sum_{i=1}^{N}\alpha_i d_i X_i=\sum_{i=1}^{N}\sum_{j=1}^{N}\alpha_i\alpha_j d_i d_j X_j^{\mathrm{T}}X_i \tag{6.16}$$

因此，得到关于 α 的目标函数为

$$Q(\alpha)=\sum_{i=1}^{N}\alpha_i-\frac{1}{2}\sum_{i=1}^{N}\sum_{j=1}^{N}\alpha_i\alpha_j d_i d_j X_j^{\mathrm{T}}X_i \tag{6.17}$$

通过上述推导，将最小化 L（W，b，α）问题转化为 Q（α）最大化的对偶问题，即求给定训练样本使式（6.18）为最大值的拉格朗日系数｛α_1，α_2，…，α_i｝，并满足约束条件 $\sum_{i=1}^{N}\alpha_i d_i=0$，其中 $\alpha_i\geqslant 0$，上述求解 α 的最值问题是一个由不等式约束的二次函数极值问题。式（6.17）最优解需要满足卡鲁斯–库恩–塔克（Karush-Kuhn-Tucker，KKT）条件，即 $\alpha_i[d_i(W^{\mathrm{T}}X_i+b)-1]=0$，$i=1$，2，…，$i$；等式成立存在两种情况：①$\alpha_i=0$，②$d_i$（$W^{\mathrm{T}}X_i+b$）$=1$，第二种情况只对支持向量进行求解。假设函数 Q（α）的最优解为｛α_{01}，α_{02}，…，α_{0i}｝，利用式（6.12）计算权值向量的最优解，因为多数样本的拉格朗日系数等于零，所以得到最优权值向量：

$$W_0=\sum_{i=1}^{N_{\mathrm{s}}}\alpha_{0,i}d_i X_i=\sum_{\substack{\text{所有支}\\\text{持向量}}}\alpha_{0,i}d^{\mathrm{s}}X^{\mathrm{s}} \tag{6.18}$$

由式（6.18）可以看出，训练样本通过线性组合得到权值向量的最优解，而且最优超平面的位置只由支持向量决定。通过已经求得的最优权值向量，再挑选一个支持向量，计算得到最优偏置为

$$b_0=1-W_0^{\mathrm{T}}X^{\mathrm{s}} \tag{6.19}$$

最终得到求解线性可分问题的最优类判别函数为

$$f(x)=\mathrm{sgn}\left[\sum_{i=1}^{N}\alpha_{0,i}d_i X_i^{\mathrm{T}}x+b_0\right] \tag{6.20}$$

判别函数中所有的输入向量，只有支持向量对应的拉格朗日系数不等于零，其余向量的拉格朗日系数均为零，因此支持向量的数目直接决定计算的难易程度。

6.1.2 非线性支持向量机

1. 非线性数据的最优超平面构建

当利用线性可分的解决方案来分类非线性可分问题时，一些样本可能无法满足 d_i（$W^{\mathrm{T}}X_i+b$）$\geqslant 1$ 的约束条件，从而导致分类误差。因此，需要适当放宽约束条件，将上述线性可分问题称为“硬间隔”可分。这样，就可以减少分类误差，提高分类效果。而对于非线性可分数据要得到最优超平面则需要利用“软间隔”，即引入松弛变量，来达到线性可分的目标。

$$d_i(W^{\mathrm{T}}X_{\mathrm{i}}+b)\geqslant 1-\varepsilon_i \tag{6.21}$$

式中，松弛变量 $\varepsilon_i\geqslant 0$，用来表示一个数据点相对线性可分的偏离程度。当 $0\leqslant\varepsilon_i\leqslant 1$ 时，表明数据点在超平面的正确一侧；当 $\varepsilon_i>1$ 时，表明数据点在超平面的错误一侧；当 $\varepsilon_i=0$ 时，说明数据点精确地满足 $d_i(W^{\mathrm{T}}X_{\mathrm{i}}+b)\geqslant 1$ 的支持向量 X^s。因此，可以采用与线性可分问题类似的方法建立非线性可分问题的最优超平面。

对于给定的训练样本 $\{(X_i,d_i)\}_{i=1}^N$，在式（6.21）的约束下，得到最小化关于权值 W 和松弛变量 ε_i 的代价函数。$\phi(W,\ \varepsilon)=\frac{1}{2}W^{\mathrm{T}}W+C\sum_{i=1}^{N}\varepsilon_i$，$C$ 是选定的正参数。拉格朗日函数变为 $L(W,\ b,\ \alpha)=\frac{1}{2}W^{\mathrm{T}}W-\sum_{i=1}^{N}\alpha_i[d_i(W^{\mathrm{T}}X_i+b)-1+\varepsilon_i]$ 与之前的推导类似，得到非线性可分数据的对偶问题表示为：给定训练样本，有目标函数：$Q(\alpha)=\sum_{i=1}^{N}\alpha_i-\frac{1}{2}\sum_{i=1}^{N}\sum_{j=1}^{N}\alpha_i\alpha_j d_i d_j X_j^{\mathrm{T}}X_i$ 为最大值的拉格朗日系数 $\{\alpha_1,\ \alpha_2,\ \cdots,\ \alpha_i\}$，并满足约束条件 $\sum_{i=1}^{N}\alpha_i d_i=0$；通过分析目标函数可知，目标函数中不含有松弛变量和正参数，因此线性可分问题和非线性可分问题的目标函数表达式基本相同，只是约束条件被替换为 $0\leqslant\alpha_i\leqslant C$。

为解决非线性可分问题，支持向量机能够将原始低维向量空间映射到一个高维特征向量空间，如图6.2所示。由Cover定理可知，若映射函数适当且特征空间的维数足够高，则大部分非线性可分问题都可以转化为线性可分问题进行处理，通过非线性映射 $\phi(X)$：由向量 X_i 变为维数更高的向量 Z_i，在特征空间中只需要找到合适的核函数 $K(X_i,\ X_j)=\phi(X_i)\cdot\phi(X_j)$，就能将求解非线性可分问题变为求解线性可分问题，构造与内积核相关。

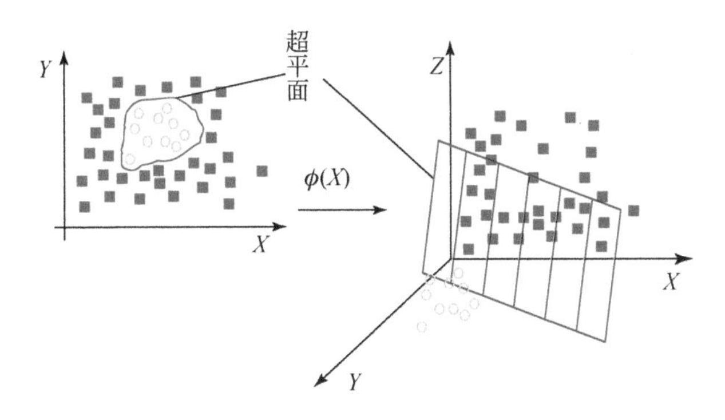

图6.2　非线性可分数据映射到高维空间

2. 基于内积核的最优超平面

内积核是支持向量机运算的重要工具，其解决了传统内积和升维带来的巨大运算量，其选择是使用支持向量机的重要部分，直接影响支持向量机解决分类问题的能力。

（1）描述相似性的工具：内积

在分类问题中，对于给定的训练集，要找到一个决策函数，根据此决策函数，对一个新的输入数据进行预测，确定属于哪一类。解决这一问题最简单的方法如下：将新的输入与正类的输入和负类的输入进行比较，与哪个更相似，就推测新的输入属于哪一类。针对多个点的相似问题可以用内积来表达，也就是说内积决定了它们的相似程度。

（2）核函数的重要性

以二阶齐次多项式为例，设维空间为 n，多项式阶数为 d，此时 $n=2$，$d=2$，如二维空间的模式 $x=([x]_1, [x]_2)^{\mathrm{T}}$，则模式 x 的所有二阶单项式为 $[x]_1^2$、$[x]_2^2$、$[x]_1[x]_2$、$[x]_2[x]_1$，说明将原二维空间张成的是一个四维空间，可知特征空间的维数等于 n^d，然后在特征空间中进行内积运算。这时会观察到一个现象：当 n 和 d 都不太小时，n^d 会相当大，如 $n=200$、$d=6$ 时，特征空间的维数可达到上亿维，在进行内积时工作量巨大，因此能否先进行内积，后进行升维，这时就定义了核函数：从 R^n 到特征空间 H 的映射 $C_d(x)$，则在特征空间 H 上的内积 $(C_d(x), C_d(x'))$ 可表示为 $(C_d(x), C_d(x'))=K(x, x')$，其中 $K(x, x')=(x\cdot x')^d$。定义核函数可以在低维空间先进行内积运算，然后进行升维，这极大地减少了运算量。

令 x 表示从输入空间中取出的向量，假定维数为 m_0，令 $\{\phi_j(x)\}_{j=1}^{\infty}$ 表示一系列非线性函数的集合，从维数 m_0 的输入空间转换成无限维输出空间。给定上述变换过程，能够定义一个与方程一致的超平面作为决策面：

$$\sum_{j=1}^{\infty} w_j\phi_j(x)=0 \tag{6.22}$$

式中，w_j 为特征空间转换成输出空间的权值；$\phi_j(x)$ 为特征向量。为了方便将式（6.22）中的偏置设为0，使用矩阵的观点，写为紧凑形式：

$$W^{\mathrm{T}}\phi(X)=0 \tag{6.23}$$

式中，$\phi(X)$ 为特征向量；W 为相应的权重向量。寻找转换后模式的线性可分性，将式（6.18）中的形式用权重向量改写为

$$W=\sum_{i=1}^{N_s}\alpha_{0,i}d_i\phi(X_i) \tag{6.24}$$

式中，特征向量表示为 $\phi(X_i)=[\phi_1(x_i), \phi_2(x_i), \cdots]^{\mathrm{T}}$；$N_s$ 为支持向量的个数。将式（6.23）代入式（6.24）中，将输出空间的决策面表示为

$$\sum_{i=1}^{N_s}\alpha_i d_i\phi^{\mathrm{T}}(X_i)\phi(X)=0 \tag{6.25}$$

可以看到式（6.25）中的标量项 $\phi^{\mathrm{T}}(X_i)\ \phi(X)$ 代表一个内积。将内积写成：

$$K(X,X_i)=\phi^{\mathrm{T}}(X_i)\phi(X)=\sum_{j=1}^{\infty}\phi_j(X_i)\phi_j(X) \tag{6.26}$$

因此，新的输出空间的超平面能够表示为

$$\sum_{i=1}^{N_s}\alpha_i d_i K(X,X_i)=0 \tag{6.27}$$

函数 $K(X, X_i)$ 称为内积核，核函数 $K(X, X_i)$ 用于计算在嵌入函数转换后的特征空间中，两个数据点 X 和 X_i 的内积。

核函数具有两个特点：

1）内积核在自变量范围内是对称函数，表示为

$$K(X,X_i)=K(X_i,X)$$

2）当 $X=X_i$ 时，达到最大值。注意，最大值不一定出现，如 $K(X, X_i)=X^{\mathrm{T}}X_i$ 作为核无最大值。

3. 核函数的选取

在支持向量机中，选择核函数，也就是说需要选择一个映射，将输入空间映射到另一个空间，一般而言，这个空间是一个 Hilbert 空间。选择不同的核函数，实际上就是选择了不同的内积，也就是说评价相似性和相似程度的标准有所不同。因此，在解决实际问题的过程中，映射的选择是非常重要的。确定映射之后，通过内积就确定了核函数。

在一个平面上的核函数 $K(X, X_j)$ 的总和是一个常数。可以将核函数 $K(X_i, X_j)$ 看成一个 $N\times N$ 对称矩阵的 ij 个元素矩阵 $K=\{K(X_i, X_j)\}_{i,j=1}^{N}$，称为核矩阵，简称 Gram 矩阵。

Mercer 定理：用 $K(X, X')$ 表示一个连续并且对称的核，其中 $a\leqslant X\leqslant b$，X' 与 X 类似。核 $K(X, X')$ 可以被展开为级数：$K(X, X')=\sum_{i=1}^{\infty}\lambda_i\phi_i(X)\phi_i(X')$，其中所有的 λ_i 都是正的，为了保证展开式合理并且为绝对一致收敛，充要条件是 $\int_b^a\int_b^a K(X, X')\varphi(X)\varphi(X')\mathrm{d}X\mathrm{d}X'\geqslant 0$。对于所有的 $\varphi(\cdot)$ 成立，这样有 $\int_b^a\varphi^2(X)<\infty$ 成立，其中 a 和 b 是实整数。函数 $\phi_i(X)$ 为展开的特征函数，λ_i 为特征值，通过 Mercer 定理只能知道空间是否存在内积核，即能否被支持向量机采用，不能构造函数 $\phi_i(X)$，且 Mercer 定理对可用核的数量进行了限制。

利用内积核的展开式能够得到一个决策面，该决策面在输入空间中是非线性的，但决策面在特征空间的像是线性的。

对特定的训练样本 $\{(x_i,d_i)\}_{i=1}^{N}$，寻找能够实现目标函数最大化的拉格朗日乘子 $\{\alpha_i\}_{i=1}^{N}Q(\alpha)=\sum_{i=1}^{N}\alpha_i-\frac{1}{2}\sum_{i=1}^{N}\sum_{j=1}^{N}\alpha_i\alpha_j d_i d_j K(X_i, X_j)$，并满足约束条件：① $\sum_{i=1}^{N}\alpha_i d_i=0$；② $0\leqslant\alpha_i\leqslant C$。

常用的核函数有以下四种：

1）线性核函数：$K(X, X_i)=X'*X_i$；

2）多项式核函数：$K(X, X_i)=(1+X^{\mathrm{T}}X_i)^p$，为一个 p 阶多项式分类器，p 由用户决定；

3）Gauss 核函数（径向基函数网络）：$K(X, X_i)=\exp\left(-\frac{1}{2\sigma^2}\|X-X_i\|^2\right)$，用户指定宽度 σ^2；

4）Sigmoid 核函数（两层感知器）：$K(X, X_i)=\tanh(\beta_0X^{\mathrm{T}}X_i+\beta_1)$，只有某些 β_0、β_1 满足 Mercer 定理。

以上是一些常用的核，对于核的构造可以遵循一个原则，即通过简单的核来构造复杂的核。除上述常用的核函数，还有 B-样条核、傅里叶核等。在解决实际问题的过程中，核函数的选取至关重要，能够直接影响支持向量机分类的性能。

6.1.3 支持向量机后验概率

在解决样本分类的不确定性问题中，分类结果一般采用概率值的形式输出。标准支持向量机的输出值是样本和决策边界的距离，而非概率值。

标准的支持向量机无阈值输出为

$$f(x)=h(x)+b \tag{6.28}$$

式中，$f(x)$ 为样本对 x 的无阈值输出。

$$h(x)=\sum_i y_i a_i k(x_i, x) \tag{6.29}$$

式中，y_i 为样本的所属类别，取值 $\{0,1\}$。

Platt 利用参数化的 Sigmoid 函数将标准支持向量机输出结果映射为概率值，其转化形式为

$$P(y=1|f)=\frac{1}{1+\exp(Af+B)} \tag{6.30}$$

式中，A、B 为待拟合的参数。

用极大似然估计来计算公式中的参数 A、B。定义训练集为 (f_i, t_i)，t_i 为目标概率输出值，定义为

$$t_i=\frac{y_i+1}{2} \tag{6.31}$$

极小化训练集上的负对数似然函数，

$$\min -\sum_i t_i \lg(p_i)+(1-t_i)\lg(1-p_i) \tag{6.32}$$

其中，

$$p_i=\frac{1}{1+\exp(Af_i+B)} \tag{6.33}$$

由于 Sigmoid 函数的稀疏性，而 t_i 取值 $\{0,1\}$，要完全拟合目标值，就要求 Sigmoid 的输入向实数轴两端靠拢，而 Sigmoid 函数对数轴两端的值变化不敏感，难以区分，所以对 t_i 做一个平滑处理：

$$t_i=\begin{cases}\dfrac{N_+ +1}{N_+ +2}, & y_i=+1\\[2ex] \dfrac{1}{N_- +2}, & y_i=-1\end{cases} \quad i=1,\cdots,I \tag{6.34}$$

式中，N_+为正样本的数目；N_-为负样本的数目。

6.1.4 损失函数和期望风险

支持向量机的泛化能力即推广能力，是描述支持向量机推广优劣的量度。泛化能力强

说明支持向量机能够很好地预测分类，预测结果更准确。

损失函数是描述决策函数预测准确度的量度，预测结果与决策函数的选择息息相关，因为预测是根据决策函数推断出的结果。因此，损失函数即实际输出和决策函数推测结果有无差别的量度。一般有0-1损失函数和ε-不敏感损失函数两种。假设输入为x，观察值（实际输出）为y，假设值（预测结果）为$f(x)$，c为损失函数，有$c(x, y, y)=0$。$\tilde{c}$为损失函数的权重，0-1损失函数表示为$c(x, y, f(x))=\tilde{c}(y-f(x))$，其中若$\varepsilon=0$，$\tilde{c}(\varepsilon)=0$，若$\varepsilon$为其他，$\tilde{c}(\varepsilon)=1$。$\varepsilon$-不敏感损失函数表示为$\tilde{c}(\varepsilon)=\max(|\varepsilon|-\xi, 0)$，$\varepsilon<0$，$\xi$为实际损失值，即预测误差。

利用损失函数关于概率分布$P(x, y)$的黎曼-斯蒂尔切期（Riemann-Stieltjes）积分定义期望风险，期望风险依赖于概率分布和损失函数，期望风险能够直观地看出平均的损失程度，但是损失函数是人为选择的，带有人为主观性，需依照具体问题对应分析；而概率分布是客观存在的，不依人为意识转移。支持向量机寻优是为了更好地解决分类问题，即通过分析得到一个使期望风险达到最小的决策函数。

支持向量机除了能解决二分类问题，也能解决多分类问题，还能解决回归问题。在解决多分类问题时，通常情况下，先将一类和其他类分开，然后依次重复，最后将所有的类别分开。这是一个简单的多分类方法，但是思路上与二分类的问题相似，由于下面只用到二分类的问题，所以就不过多介绍多分类的内容。

6.1.5　粒子群算法原理

优化问题一直是科学家探讨的热点问题，研究什么样的方案最优和怎样找到最优方案。常规的优化问题，通常在一定的约束条件下，寻找所需要指标的最值。一般可分为线性规划、非线性规划、多目标规划等问题，如线性规划问题常用的有最速下降法，非线性问题常用的算法有共轭梯度法和牛顿法。人们从不同的角度出发对生物系统及其行为特征进行模拟，开发出通用性较强的智能优化方法，具有代表性的智能方法有模拟退火算法、遗传算法、蚁群算法等。

粒子群算法是通过模拟鸟类相互协作寻找食物而发明的一种智能算法，是一种基于迭代算法的优化方法，用于解决连续变量的优化问题。鸟类群体共同寻找食物，在个体飞行过程中找到距离食物最近的地方，同时和其他鸟类交流，找到群体中最接近食物的位置，不断缩小与食物的距离，最后找到食物。鸟群中的成员在寻找食物的过程中既可以通过自身学习，也可以借鉴群内其他成员的经验，实现个体间的信息交换，达到信息共享。在粒子群算法中，每个解决方案称为粒子，通过最优粒子找到问题的最优解决方案。每个解决方案有自己的速度和位置，还有相应的适应值。粒子群算法是基于群体的，不依赖个体的演化，而是根据对环境的适应度，找到群体的最优值。在一维空间中，某个个体的位置表示为x_i，该个体运动过程中，适应值最好的位置为p_i，群体中所有个体中适应值最好的位置为p_g，个体的运动速度为v_i，则对于每一代，个体的位置和速度将进行以下变化：

$$v_i=w\cdot v_i+c_1\cdot \mathrm{rand}(\cdot)\cdot(p_i-x_i)+c_2\cdot \mathrm{Rand}(\cdot)\cdot(p_g-x_i) \tag{6.35}$$

$$x_i=x_i+v_i \tag{6.36}$$

式中，w 为惯性权重；c_1 和 c_2 为加速常数，rand（ ）和 Rand（ ）都表示在 0 ~ 1 范围内的随机值。w 保证在全局范围内寻优，c_1 使个体在自身运动中寻优，c_2 在群落中信息共享。寻优时，重复

$$v_i = w \cdot v_i + c_1 \cdot \text{rand}(\cdot) \cdot (p_i - x_i) + c_2 \cdot \text{Rand}(\cdot) \cdot (p_g - x_i) \tag{6.37}$$

直到找到最优适应值或达到最大迭代次数时停止，对应上述的算法流程，粒子群算法的基本框架如图 6.3 所示。

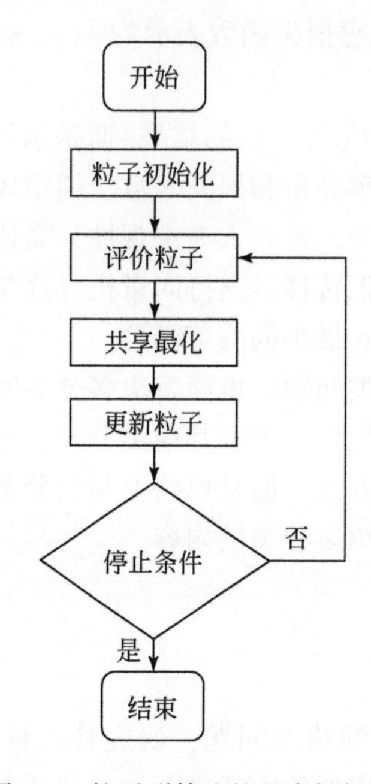

图 6.3　粒子群算法的基本框架图

粒子群算法的主要模型有基本粒子群优化算法模型、带惯性权重粒子群优化模型、邻域版粒子群优化模型、全面学习粒子群优化模型、离散粒子群优化模型。粒子群算法既可以解决全局优化、约束优化问题，又可以解决动态优化、组合优化问题，还能解决多目标优化问题。粒子群算法易实现、收敛速度快，所以在许多领域都得到了广泛应用，如人工神经网络的训练、函数优化、模式识别以及数据挖掘中的优化问题等有关复杂性的优化问题。全局优化问题是在目标区域内寻找全局最优解或众多局部最优解；约束优化问题是寻找带有等式和不等式约束的优化目标函数的最优解；组合优化的可行解数量是庞大的，理论上可以利用枚举法找到最优解，但在实际问题中常常无法实现；多目标优化问题要找到多个目标函数同时最优的解。

6.1.6　基于粒子群算法的支持向量机参数寻优

支持向量机进行二分类的准确率，依赖于核参数与惩罚因子的选取，核参数与惩罚因子选择越合适，支持向量机分类的准确率就越高。因此，寻找到合适的核参数和惩罚因子，是使支持向量机分类性能达到最佳的重要途径。上述粒子群算法是现今常见的寻优算

法之一，应用非常广泛，相比遗传算法、蚁群算法等寻优算法，粒子群算法的优点明显，如算法简单、运算方便快捷，所以利用粒子群算法寻找最优的支持向量机参数。接下来，利用粒子群算法，对支持向量机核参数和惩罚因子进行寻优。支持向量机参数寻优的大致过程如下：首先，给定初始粒子的惩罚参数 c_0 和核参数 g_0；其次，评价局部范围内，每个粒子支持向量机预测的准确率，找到支持向量机最大准确率对应的惩罚参数和核参数，即为最优参数；再次，比较当前参数的支持向量机正确率与最优参数的支持向量机正确率，更新当前粒子的正确率和参数值；最后，当进行到最大迭代次数或支持向量机正确率达到要求时，停止迭代，此时的参数就是支持向量机最优的惩罚因子和核参数。利用粒子群算法进行支持向量机参数寻优的基本流程如图 6.4 所示。

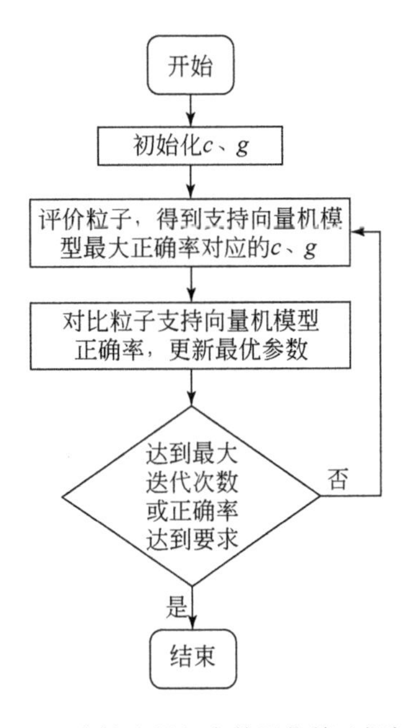

图 6.4　支持向量机参数寻优算法框架图

通常情况下，最大进化代数即迭代次数 Max 为 200，种群数量 Size 设为 20，惩罚因子 c 一般在（0，100），核参数 g 一般在（0，1000）。利用粒子群算法对支持向量机参数寻优的伪代码如下：

```
Max=200;
Size=20;
cg=[1,1];
generation=1;
for i=1:Size
    cg=[c,g];
    Accuracy(i,1)=svmtrain(cg);
end
Bestaccuracy=max(Accuracy);
Bestcg=cg;
```

```
for generation=1:Max
  v(i:1)=w·v(i:1)+c1 ·rand·(cg_temp-cg(i: 1)) +c2·Rand() ·(Bestcg-
cg(i: 1));
  cg(i: 1) =cg(i: 1) +v(i: 1);
  for i=1: Size
     Accuracy(i, 1) =svmtrain(cg);
     NewBestaccuracy=max(Accuracy);
     cg_temp=cg;
  end
  if NewBestaccuracy>Bestaccuracy
     Bestcg=cg_temp;
  end
  ifgeneration==Max
     Break;
  end
  generation=generation+1;
end
```

6.2 层位标定及主要反射特征

6.2.1 层位标定

层位标定就是将深度域的地质分层深度转化为时间剖面上该分层的反射时间并且确定出该分层界面的物理特性。精细的层位标定对提高地震解释、反演及综合预测的精度十分重要。合成地震记录（图6.5～图6.7）的制作是精细层位标定的有效手段。层位标定的正确与否，直接影响构造解释的结果和精度。在充分分析区内钻孔资料的基础上，结合钻孔资料和地震时间剖面，由合成记录来确定地震反射波与地质层位的对应关系。基于VSP数据和测井声波数据，将目的层C_2煤层、C_3煤层、C_{7+8}煤层和C_9煤层的反射波分别命名为H_2波、H_3波、H_{7+8}波和H_9波，如图6.8所示。

H_2波：单相位反射波，对应于龙潭组第三段的C_2煤层反射波，是本区主要目的层反射波，由于C_2部分区域煤层自身厚度较薄，该反射波在地震时间剖面上表现特征为能量较弱，部分地段信噪比较高、连续性较好、波形较稳定，在全区大部分地段可连续追踪。H_2波是解释C_2煤层赋存形态和构造的依据。

H_3波：单相位反射波，对应于龙潭组第三段的C_3煤层反射波，是本区主要目的层反射波，由于C_3煤层和围岩间的物性差异较大，能形成较强的反射波。该反射波在地震时间剖面上表现特征为能量强，同相轴连续性好，波形稳定，在全区可连续追踪。H_3波是解释C_3煤层赋存形态和构造的依据。

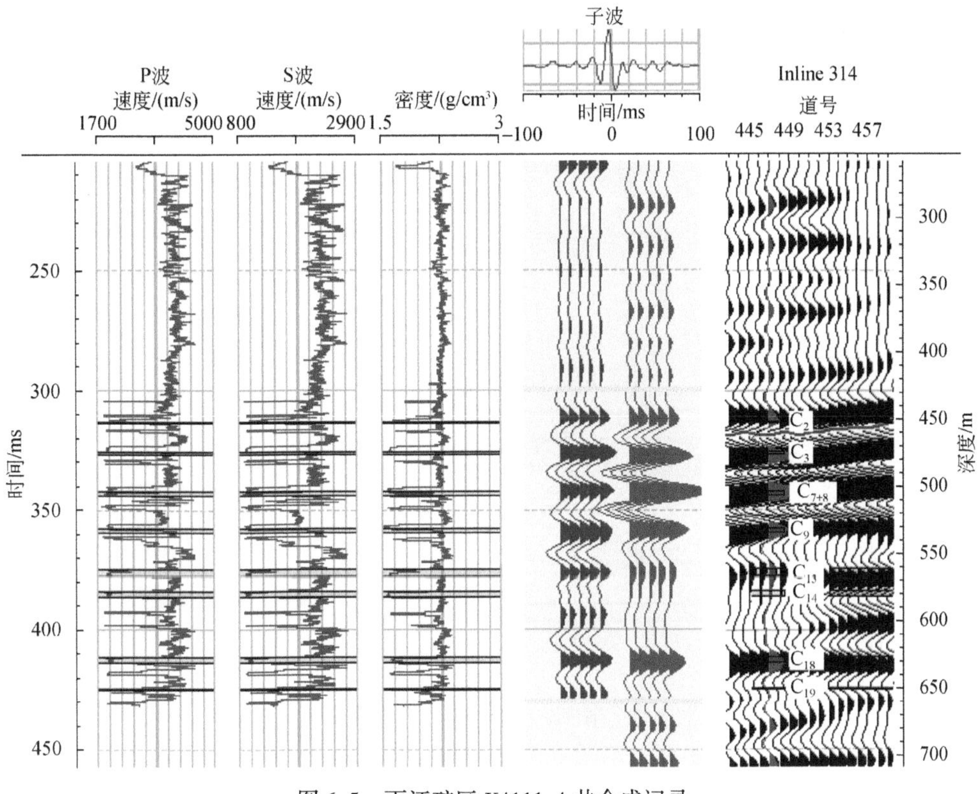

图6.5　雨汪矿区K4111-4井合成记录

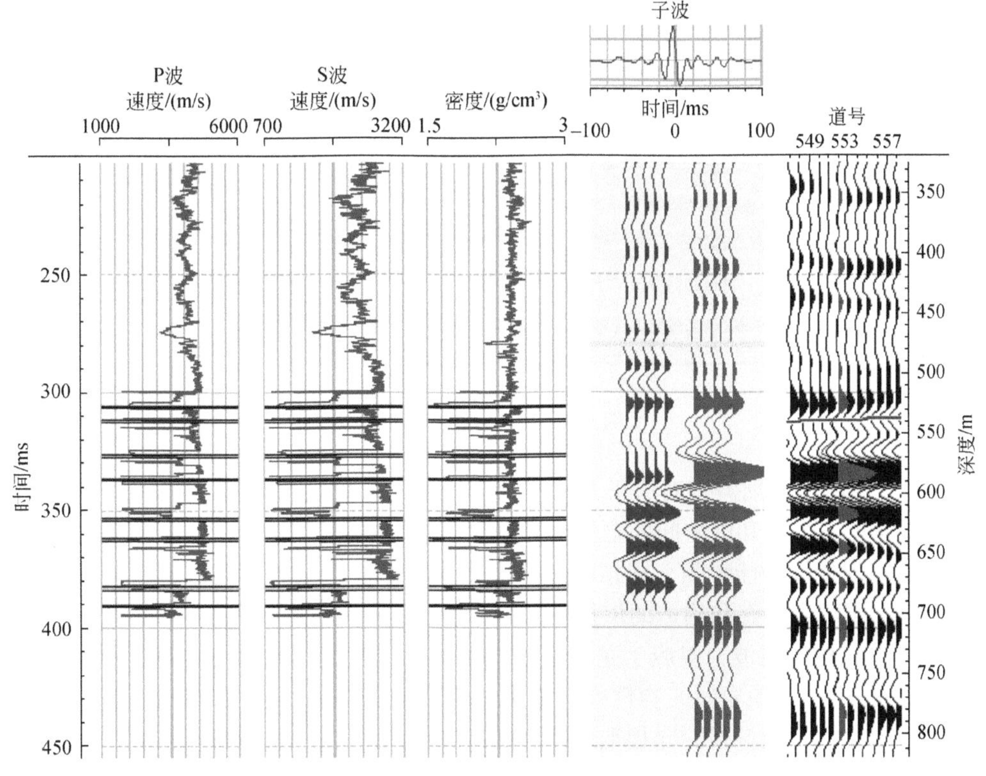

图6.6　雨汪矿区K4115-1井合成记录

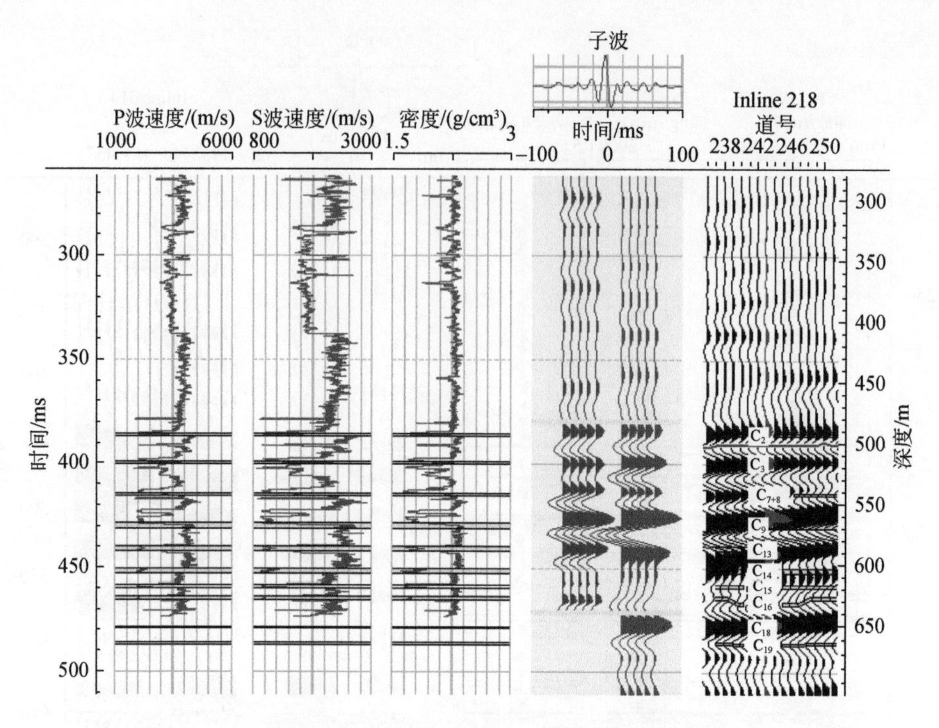

图 6.7　雨汪矿区 K4109-3 井合成记录

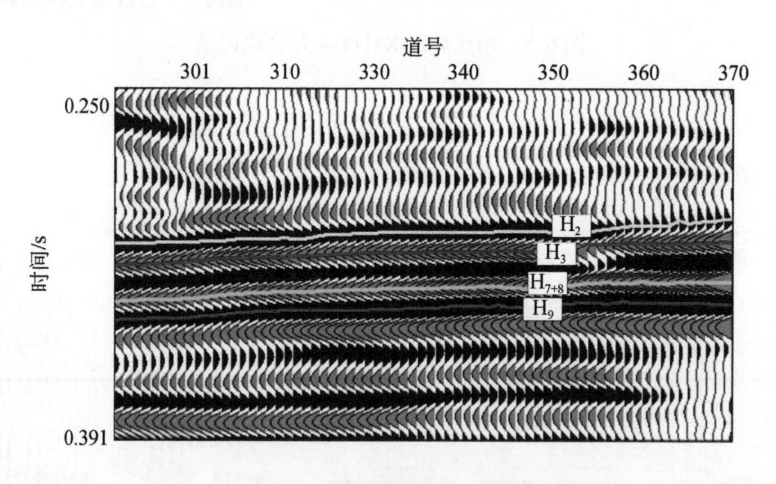

图 6.8　层位标定示意图

H_{7+8}波：单相位反射波，对应于龙潭组第三段的 C_{7+8}煤层反射波，是本区主要目的层反射波，由于 C_{7+8}煤层和围岩间的物性差异较大，能形成较强的反射波。该反射波在地震时间剖面上表现特征为能量强，同相轴连续性好，波形稳定，在全区可连续追踪。H_{7+8}波是解释 C_{7+8}煤层赋存形态和构造的依据。

H_9波：单相位反射波，对应于龙潭组第三段的 C_9 煤层反射波，是本区主要目的层反射波，由于 C_9 煤层和围岩间的物性差异较大，能形成较强的反射波。该反射波在地震时间剖面上表现特征为能量强，同相轴连续性好，波形稳定，在全区可连续追踪。H_9波是解

释 C_9 煤层赋存形态和构造的依据。

6.2.2 波组的对比追踪

首先，对目的层反射波 H_2 波、H_3 波、H_{7+8} 波和 H_9 波进行网度（20m×20m）对比追踪，并对其反映出的构造进行反复确认，在平面上对断点进行初步组合，形成全区构造形态的基本格架。其次，利用工作站的自动拾取功能进行加密（5m×5m）追踪对比。这样不仅保证了逐线逐道均有解释结果，而且保证了资料解释的合理性及质量。对于原始资料质量较差、构造复杂的地段，则遵循先易后难的原则，在不同块段增加控制点的数量，分区、分块进行层位追踪。图 6.9 为雨汪井田煤层强反射波三维可视化图。

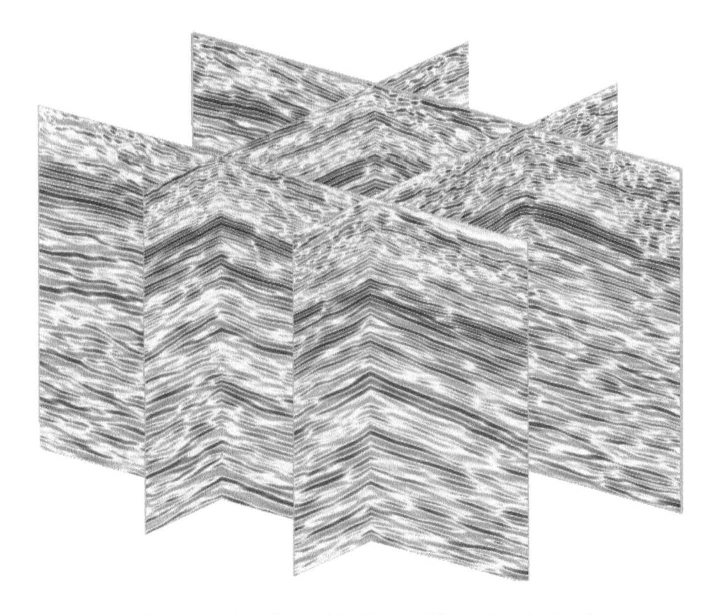

图 6.9　雨汪井田煤层强反射波三维可视化图

6.3 地震属性改进及优选

经过全三维处理得到本次雨汪井田勘探区三维地震数据体（图 6.10），三维数据体中蕴藏着丰富的地质信息。地震资料解释就是利用综合解释技术与方法对数据体内的地质信息进行加工提炼，将地震信息转换成地质信息的过程。

近年来，利用不同的沿层地震属性，通过水平切片、垂直剖面和三维可视化等手段可以从不同角度去研究、分析每一个小构造和断层，提高了解释的效率和精度，这些以往有效的方法，可以结合已知的地质信息，帮助确定训练数据的选取。

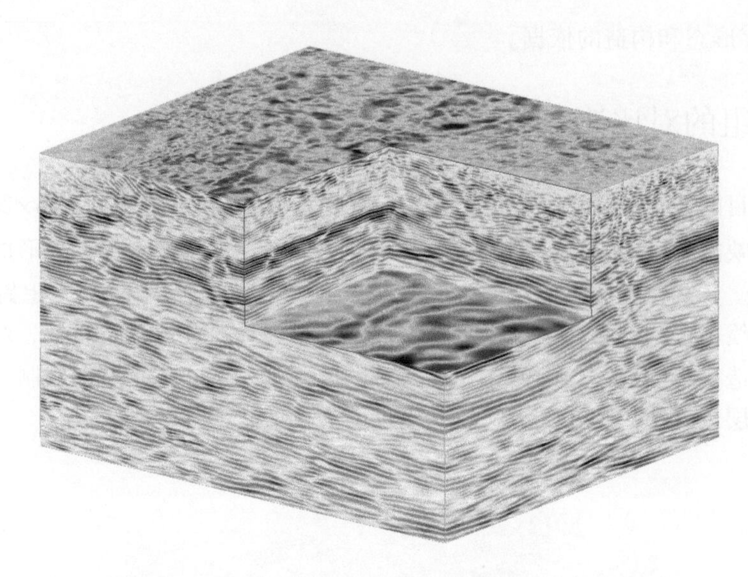

图 6.10　雨汪井田勘探区三维地震数据体椅状显示图

6.3.1　地震属性分析

地震属性是通过对地震原始数据进行各种数学运算的总称，通过不同的数学运算，来突显地质体不同方面的性质和特征。地震属性是基于地震数据体，通过一定的数学计算得到的，不同地震属性的算法原理不同，因此可以利用地震属性算法分析识别断层常用的地震属性。

(1) *方差体属性*

方差体是利用统计计算三维地震数据体中相邻道之间地震信号的相关性，得到采样点处的方差值，通过方差体能够获得数据体中的不连续信息，来识别小断层和陷落柱等岩性变化的异常点。方差体是通过量化处理相干属性生成的一种属性，能够突出地震数据中的不相关信息。方差值越大，说明相似性越差，不连续性越强，即可能存在断层。

方差体运算分为加法运算和乘法运算，这里以乘法运算为例阐述计算方差值的算法：以采样点为中心，取上下各 1/2 时窗长度内的样点数，求出参与运算的各道时窗长度内所对应采样点的振幅平均值，再求出同一时刻参与运算的各道每个采样点的振幅值与上述得到的振幅平均值的方差和。计算时窗上下两端取值为 0，当前采样点取值为 1，中间各点权值由线性内插得到，将此作为时窗的权重函数，如图 6.11 所示。将得到的方差和乘以三角形权重函数的加权值，再进行归一化处理，即得到当前样本点的方差值。

$$\delta^2 = \frac{\sum\limits_{j=t-\frac{L}{2}}^{t+\frac{L}{2}} w_{j-t} \sum\limits_{i=1}^{I} (x_{ij} - \bar{x}_j)^2}{\sum\limits_{j=t-\frac{L}{2}}^{t+\frac{L}{2}} \sum\limits_{i=1}^{I} (w_{ij} x_{ij}^2)} \tag{6.38}$$

式中，δ^2 为当前采样点的方差值；w_{j-t} 为三角形权重函数；w_{ij} 为矩阵 w 中与时间序列相关的权重；x_{ij} 为第 i 道 j 时刻采样点的振幅值；$\overline{x}_j$ 为所有 i 道数据在 j 时刻的平均振幅值；L 为时窗的长度；I 为参与计算的地震数据的道数。

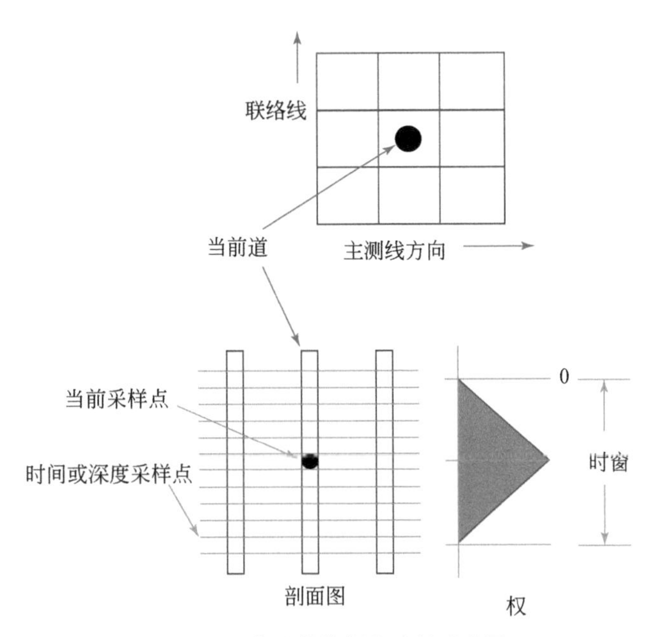

图 6.11　方差体数据点选择示意图

一般情况下，方差体高值对应的位置，常发育断层，值越高，说明断层尺度越大，因此大多数情况下，可以根据方差值确定有无断层发育。Inline 151 方差体属性剖面如图 6.12 所示。

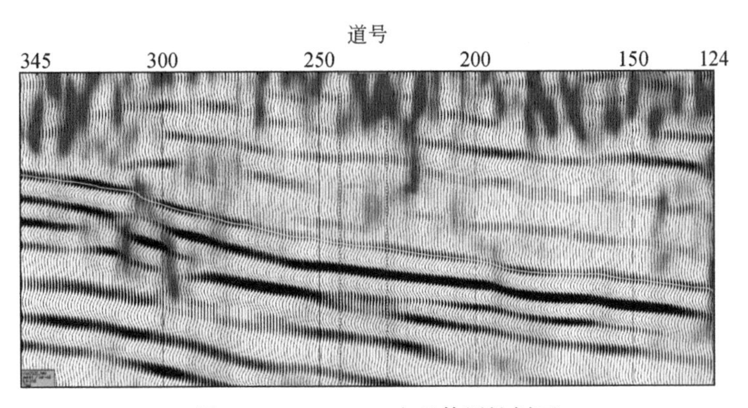

图 6.12　Inline 151 方差体属性剖面

方差体技术是揭示地下异常体的一种有效方法，它更能清楚地识别断层和地层特征。方差体技术的特有算法是通过三维数据体来比较局部地震波形的相似性。相干值较低的点与地质不连续性如断层和地层、特殊岩性体边界有密切的关系。对相干数据体作水平切片图（图 6.13），可揭示断层、岩性体边缘等地质现象，识别构造和断层的分布，还能够减

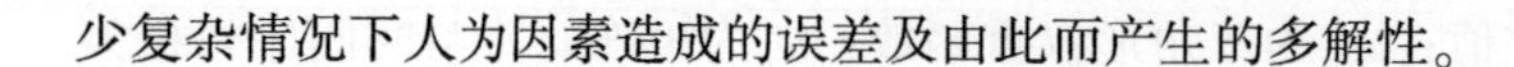
少复杂情况下人为因素造成的误差及由此而产生的多解性。

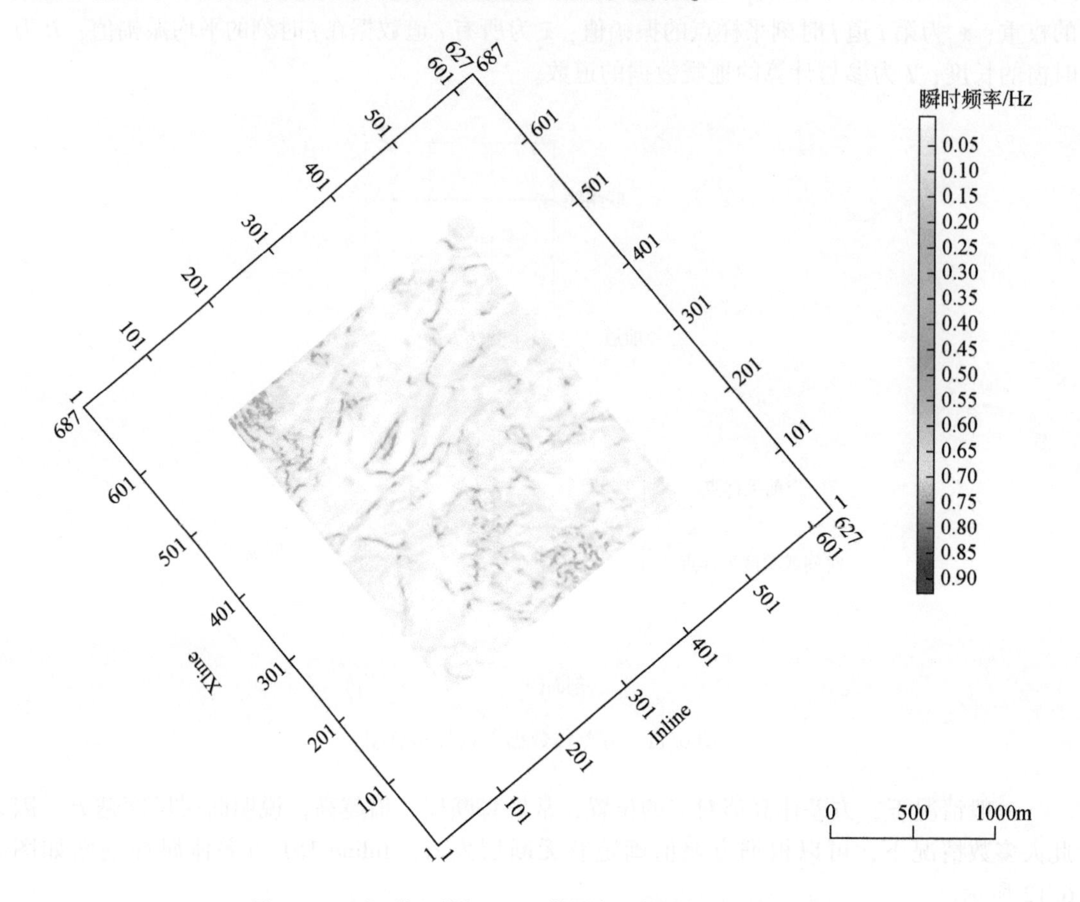

图 6. 13　雨汪井田勘探区 C_2 煤层方差体属性沿层切片图

(2) 平均能量属性

在时窗内，以一定采样间隔提取振幅值，求取每道的平均能量则通过对时窗内的振幅值平方相加，然后除以时窗内的采样数，即平均能量 $=\frac{\sum 振幅^2}{采样数}$，采样方式如图 6. 14 所示。地震波在传播过程中，在同一连续反射界面的能量相差不大，然而地震波遇到断层或裂缝时，由于岩石相对破碎，会产生多个方向的反射同时吸收较多的能量，与同一反射界面连续的位置相比能量变弱很多，常常相差不止一个量级。因此，理论上根据平均能量的变化情况，能够识别断层是否存在。

(3) 最大振幅属性

最大振幅属性是通过计算时窗内的波峰和波谷值，获得最大波峰和最大波谷值。然后，在最大波峰或波谷值以及其两侧的两个采样点之间绘制一条抛物线，最后沿着这条抛物线进行内插，以获得最大振幅值，如图 6. 15 所示。振幅的大小反映了反射波的强弱，断层能够吸收能量和发散反射波能量，导致反射波能量变弱，振幅减小，所以当振幅的变化趋势为降低到升高时，最小值处可能存在断层。

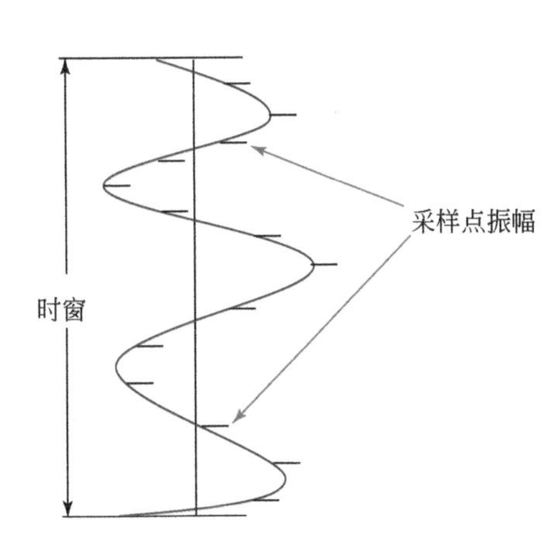

图6.14　平均能量属性采样图示

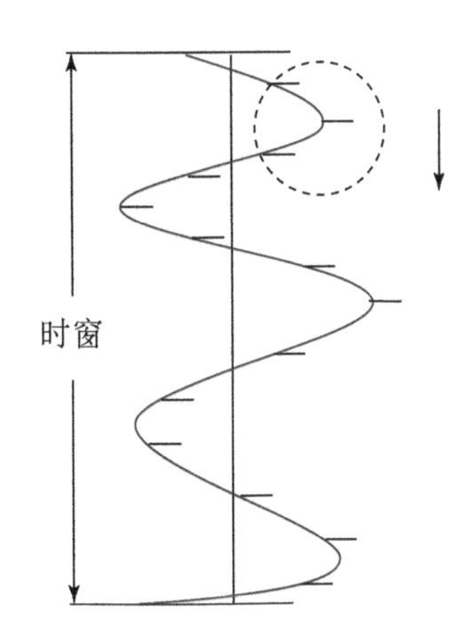

图6.15　最大振幅属性采样图示

(4) 瞬时相位属性

地震波在各向异性的均匀介质中传播时，相位是连续的，当波在存在异常的介质中传播时，在异常的位置相位会发生显著变化。断层是地质体常出现的异常现象，所以相位也会发生变化。瞬时相位可以很好地指示地层的连续性、识别小断层和层序边界，如图6.16所示。

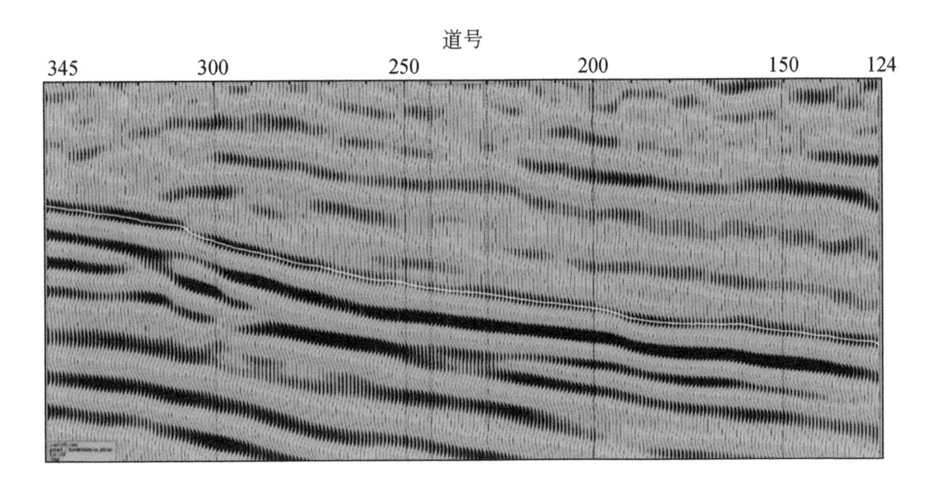

图6.16　Inline 151 瞬时相位属性剖面

(5) 瞬时频率属性

频率为相位的时间导数，$w=\frac{\mathrm{d}(\mathrm{phase})}{\mathrm{d}t}$，瞬时频率的时间导数被称为相位加速度。瞬时频率由瞬时相位的时间变化率计算得到，瞬时频率与子波的频率不同，它通常用于估计地震波的衰减情况，与相位和振幅无关，能够测量地质区间旋回，也能用来分析断层间的互相关性，如图6.17和图6.18所示。

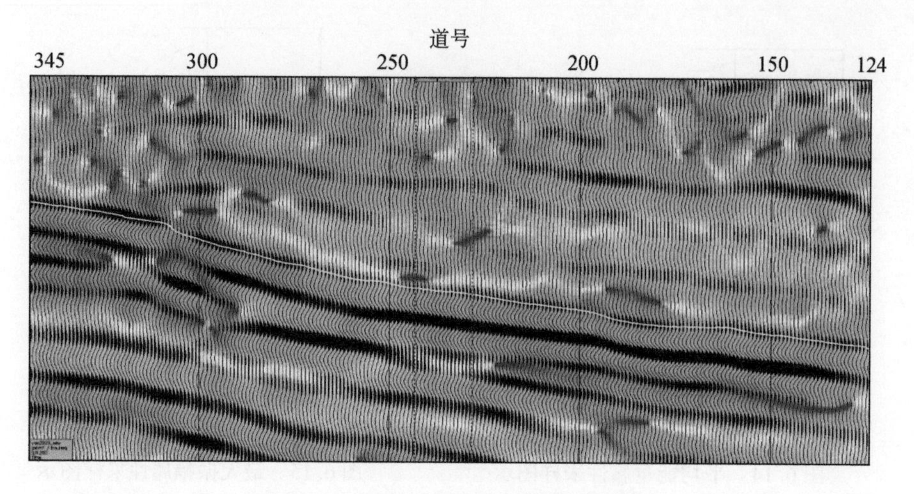

图 6.17　Inline 151 瞬时频率属性剖面

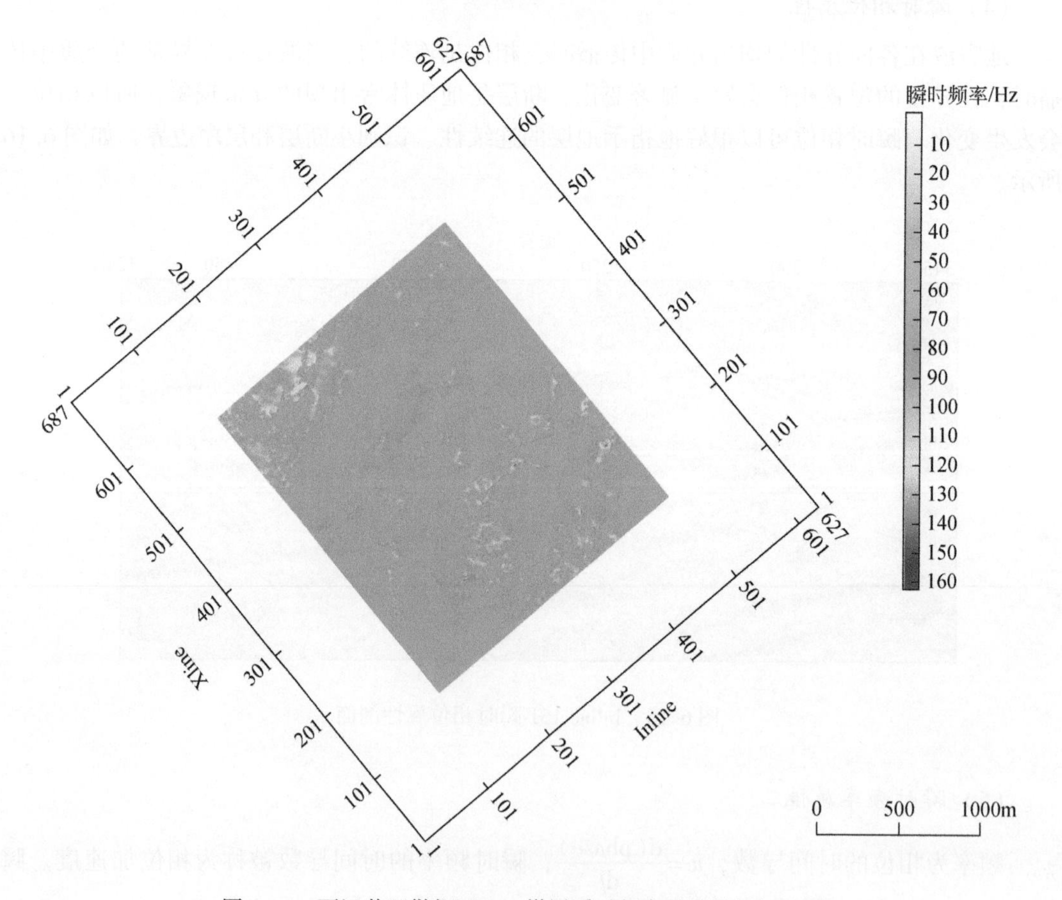

图 6.18　雨汪井田勘探区 C_{7+8} 煤层瞬时频率属性沿层切片图

(6) 反射强度属性

反射强度是由时窗内的平均振幅乘以采样间隔计算得到的，即反射强度$=\frac{\sum 振幅}{采样数}\times$采样间隔，如图6.19所示。当原始的地震数据保持频率特征时，反射强度能够划分振幅特征。平均能量、最大振幅和反射强度都是与振幅相关的属性，但前两者为层属性，而反射强度为体属性，如图6.20所示。

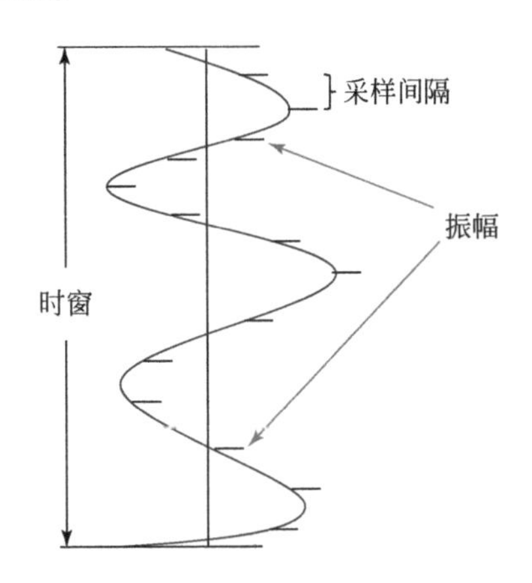

图6.19　反射强度属性采样图示

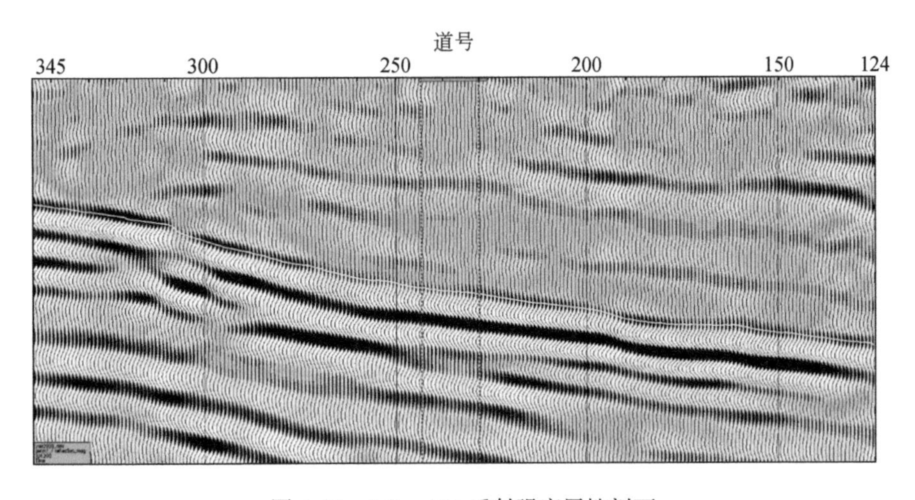

图6.20　Inline 151反射强度属性剖面

(7) 弧长

弧长是作为地震道的波形长度来定义的，它是在时窗内对所有地震道变化范围的比例测量。用道的波形样式绘制地震道曲线，然后想象一根绳子放在地震道上跟着每个波形波动，地震道的弧长就相当于绳子伸展开的总长度。

弧长用于区分高振幅高频率和高振幅低频率之间，以及低振幅高频率与低振幅低频率之间的差异。例如，因为页岩和砂岩的界面一般有一些突变和高阻抗的反差，弧长就用于页岩序和砂岩含量较高的层序之间的识别，宽带越小，弧长就越接近总绝对值振幅。这一属性与反射的非均质性相似。

（8）带宽

数据体的有效带宽是由数据体零延时的自相关除以采样周期与道两边所有自相关的总和之积而求得的。

有效带宽被看作是定量化的相似数据体。狭窄的带宽是比较相似的数据体，而较宽的带宽是不太相似的数据体。因此，宽的带宽表示不均匀的反射特征，被认为是复杂的地层；窄的带宽表示较简单的或平滑的反射特征，认为是均匀的地层模式。带宽有助于在数据体中识别噪声区，有噪声的数据体比没有噪声的数据体有很明显的带宽。

（9）均方根振幅属性

均方根振幅是时窗内各采样点振幅平方和平均值的平方根。因为在取平均值前先对振幅进行了平方计算，因此该属性对振幅的变化非常敏感，当岩层内有层理发育时，通常会引起反射振幅的变化，时窗内均方根振幅表现出高强的特征。

（10）混沌体属性

混沌体属性是指，混沌信号组分包含在地震数据中，用地层倾角和方位角估计方法衡量“杂乱”程度，如图 6. 21 所示。属性值的范围为 0 ~ 1。地震信号在断层处，反射杂乱，因此地震数据的嘈杂程度可以用来指示断层和地层的不连续性。

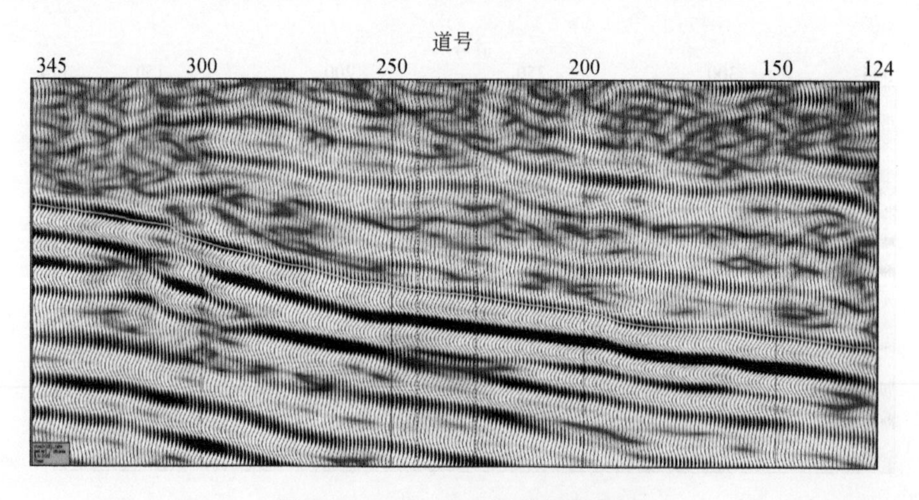

图 6. 21　Inline 200 混沌体属性剖面

（11）倾角连续属性

倾角连续性属性是目前精确的倾角估计方法，好的倾角估计可以提供更好的结构属性。倾角连续性计算是基于地震波传播过程中，同一波峰前后时刻的倾角值进行的。倾角连续性可分为主测线正倾角、主测线负倾角、联络测线正倾角和联络测线负倾角四种。在有断层发育的位置，地层的倾角会发生变化，因此通过倾角变化能够识别断层，如图 6. 22 所示。

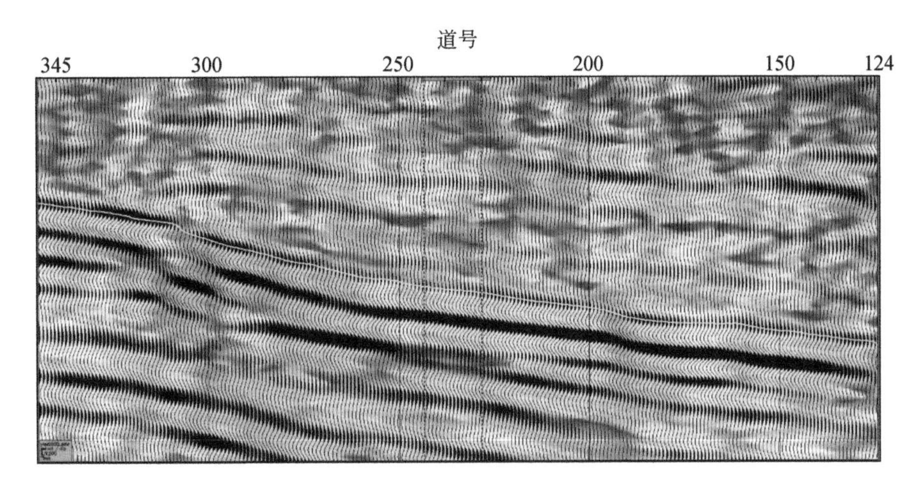

图6.22　Inline 200 倾角连续性属性剖面

6.3.2　地震属性的断层响应特征

岩体在构造应力的作用下发生破裂，破裂面两侧的岩体发生显著位移或失去连续性或完整性，形成断层。空间上与某一断裂带有关的高裂缝岩石变形区都可以称为破碎带，断层破碎带的规模与地质环境有关。由于张应力或挤压力的作用，断层破碎带处岩石经历复杂的地质作用，甚至破碎带两侧岩体的物性发生变化，如岩石密度、硬度、孔隙度，出现断层泥和断层角砾岩等。由于断层处的物性发生变化，在地震上的响应也会发生变化，可以利用地震属性，如频率、振幅、倾角等地震属性，分析这种地质变化。为探讨地震属性与断层的对应关系，下面建立断层正演模型，计算地震属性，观察断层破碎带在地震属性响应上的变化情况。如图6.23所示，建立的断层正演模型参数如下：模型分为三层，上、下两层为砂岩层，速度均为3000m/s，密度为2.7g/cm^3；中间为煤层，埋深300～330m，

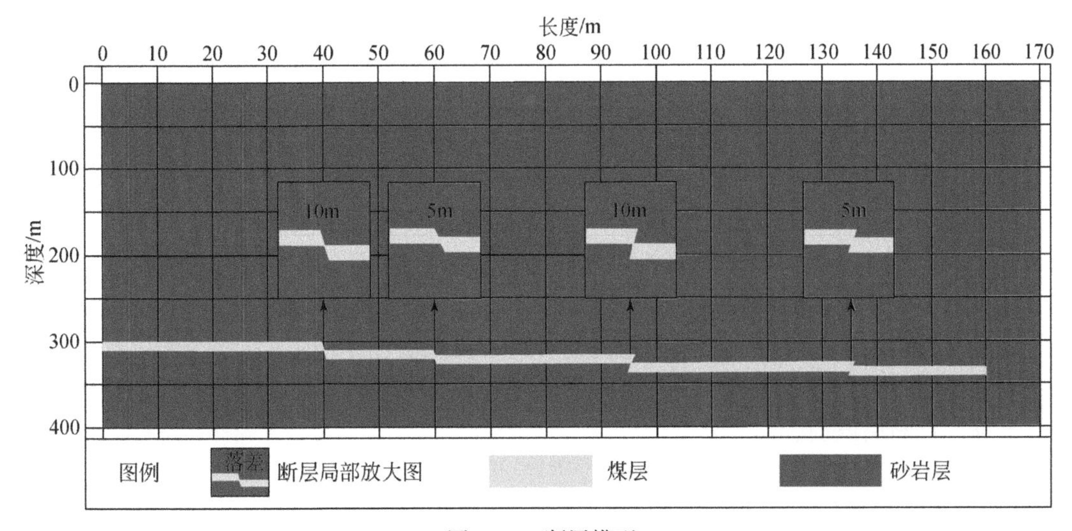

图6.23　断层模型

速度为2000m/s，密度为1.5g/cm^3，层厚为10m。煤层含有4个断层，其中2个为正断层，2个为逆断层，自左至右断层落差分别为10m、5m、10m、5m，对应地震道号为40、60、95和135。模型地震道间距为1m，震源为里克子波，频率为60Hz，采用垂直激发，自激自收。模型正演得到的地震剖面，如图6.24所示。

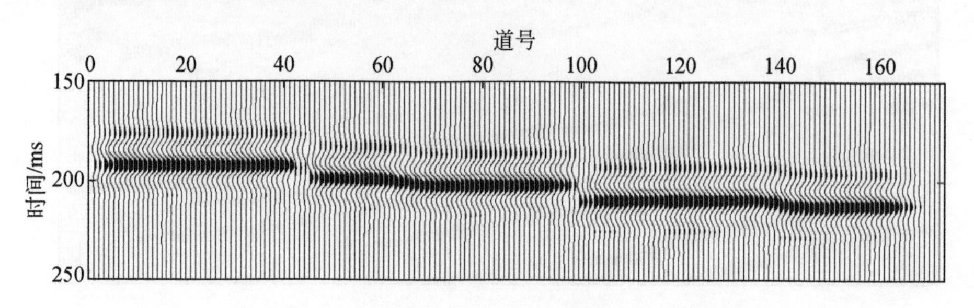

图6.24　断层模型正演剖面

对上述建立的正演模型提取方差、走向曲率、混沌体、反射强度、瞬时相位、瞬时频率、倾角偏差、倾角连续性、衰减系数和最大振幅，共10种地震属性。提取属性数据，同时添加断层信息，取样点处有断层则用“1”表示，无断层则用“0”表示，断层分布在构成属性值和断层信息的数据集。将每种属性值和断层信息分别投到坐标系中，通过观察属性值变化和断层信息变化的特征，可以看出断层信息大致随属性值的变化呈现一定的规律性，如图6.25所示。从图中可以看出，方差属性值在一定范围内的最大值处会有断层存在，方差值大的点说明该处地层性质与周围的差异很大，地层表现为不连续，符合断层存在的特征；无论是正曲率还是负曲率，一定范围内绝对值最大处有断层存在，曲率绝对值大，表示该处地层的弯曲程度大，符合由褶皱形成的断层特征；一定的范围内，混沌体值大的位置，有断层存在，混沌体值越大，表明该处的反射越乱，地层的物性越不均一，符合断层破碎带的特征；局部范围内，反射强度最小的位置，存在断层，由于断层处的岩石相对破碎，对地震波能量吸收较多，所以反射强度会变小；一般情况下，发生正负相位转换的位置，存在断层；瞬时频率在局部极小值的位置，存在断层，由于断层处岩石破碎，瞬时频率降低；倾角偏差局部极大值的位置，存在断层，由于断层处倾角发生的变化较大，所以断层处的倾角偏差值会变大；倾角连续性绝对值局部极大值的位置，存在断层，和倾角偏差相同，都表征倾角的变化情况，所以断层的位置，倾角会变得不连续；衰减系数局部最小值处，存在断层，由于衰减对高频影响大，而对低频影响相对较小，断层处的频率减小，衰减的影响较弱，所以断层处的衰减系数表现为局部极小值；最大振幅局部极小值的位置，存在断层，振幅能够表征地震波能量强弱，由于断层对能量的吸收作用，所以断层处的振幅为局部极小值。

通过对上述地震属性与断层分布情况的分析，可以看出10种属性都与断层存在一定的关系，虽然不是严格的一对一关系，但是包含大部分断层的特征，因此利用上述地震属性，能够进行断层识别。

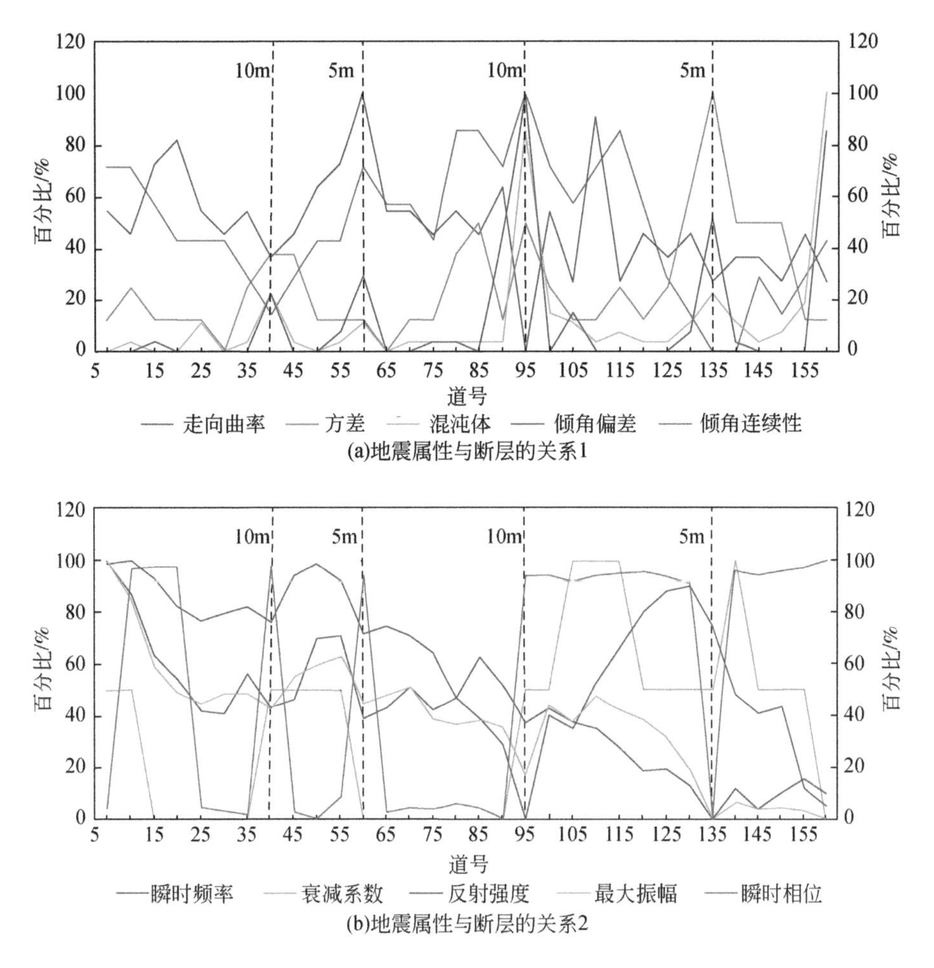

(a)地震属性与断层的关系1

(b)地震属性与断层的关系2

图6.25　地震属性与断层的关系

6.3.3　地震属性的评估

通过对断层与地震属性响应特征的分析，可以看出地震属性与断层存在密切的关系，且这些属性可能与断层有相似的关系，因此需要对属性进行评估。属性评估的主要目标是找到独立的变量，标记出相关性好的属性，并从属性集合中剔除相关的属性。首先，沿着目的层 T_0波开一个宽度为10ms的时窗，提取上述10个属性，组成属性集合；然后，计算各属性的并行相关系数。相关系数的数值越大，两个属性的相关性越强，即说明两种属性与断层的关系更加相似。这种数值方法，与在属性剖面上，通过视觉的定性解释类似，但是由于是通过数值计算得到的，因此拥有更多的定量描述。对这些属性进行评估，最重要的就是降低潜在的伪相关性。伪相关性是偶然发生的相关性，不是真正的物理相关性。伪相关性出现的概率与用于分类的地震属性的数量成正比，与数据控制点的数量成反比。为了把出现伪相关性的概率降到最低，所以应尽量多地选择样本数量。属性评估的结果能够揭露一些地震属性之间存在密切关系，表明属性集中的一些属性可以不用于断层识别。

为了更进一步地评估各属性之间的相关关系，再次寻找属性集合中各属性间的相关性，利用另一种形式，表明各个属性间的相关性，通过统计测试，进行 R 型聚类分析，更加直观有效，根据聚类分析的结果，选择相互独立的属性，即关系较小的属性。

6.3.4　地震属性选择

属性评估之后，从属性集合中剔除无效的属性完成属性选择，为了确定一个“选择有效属性”的客观流程，需要制订一套属性选择的标准：

1）选择有限个属性，在分类中限制地震属性的数目，能够降低伪相关性的发生概率，这对正确识别断层尤为重要。

2）每个属性都有一个相对突出的地质意义，一些地震属性受多个地质因素的影响，但确定每个属性所代表的地质意义是非常必要的，同时选择的地震属性必须具有断层地质意义，如表 6.1 所示。

3）每个属性都是独立统计的，通常情况下，相关性强的属性是不能用来进行分类的。相关性强的属性共同组成一个属性簇，每个属性簇中只能选择一个属性。

表 6.1　各地震属性的地质意义

地震属性	沉积环境	结构连续性	断层	厚度
走向曲率	—		—	
瞬时频率			—	—
方差			—	
混沌体			—	
瞬时相位		—	—	
衰减系数			—	
倾角偏差		—	—	
反射强度		—		
倾角连续性		—	—	
最大振幅		—		

6.4　断 层 识 别

6.4.1　研究区已知断层情况

本节主要研究滇东雨汪矿区中的 C_2 煤层、C_3 煤层、C_{7+8} 煤层和 C_9 煤层四层煤层，通过区内测井标定该四层煤层，利用地震解释软件，解释得到该四层煤的层位；研究区地震数据的面元为 5m×10m，在解释软件中的面元为 5m×5m，对研究区地震数据提取 8 种地震属性，包括方差、反射强度、瞬时相位、瞬时频率、倾角连续性、混沌体、均方根振幅、最大振幅形成研究区的属性数据；属性数据同样为 5m×5m 的网格，研究区内共 638953 个数据点，其中 C_2 煤层 159446 个数据点，C_3 煤层 159836 个数据点，C_{7+8}煤层 159837 个数据点，C_9 煤层 159834 个数据点；将钻井处、巷道处的属性值和断层信息，汇总成网络的样本数据。研究区内共有钻井 16 口，巷道 5 条；提取钻井处该四层煤层和巷道处的 8 种属性值，其中巷道中除揭露的断层外，每 5m 一个采样点提取属性值，并记录每个取样点处是否存在断层，存在用“1”表示，不存在用“0”表示，共提取 23200 个样本数据。以 C_2 煤层为例，提取巷道位置已知的断层非断层信息（区域 A、B、C、D，如图 6. 26 所示），共 5800 个已知数据点，其中断层点有 551 个，其余都是非断层点。

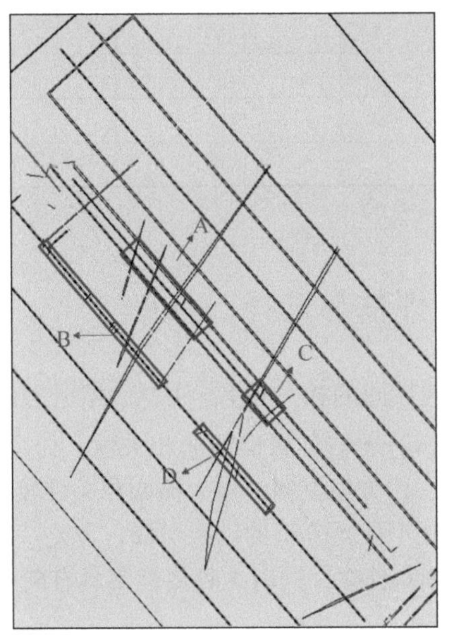

图 6. 26　雨汪矿区巷道附近位置

矿区内巷道位置区域 A 包含落差 5m、延伸长度为 136m 断层，落差 18m、延伸长度 593m 断层，落差 60m、延伸长度 2528m 断层，落差 8m、延伸长度 2148m 断层；区域 B 包含落差 4. 5m、延伸长度 118m 断层，落差 8m、延伸长度 366m 断层，落差 3m 断层，落差 6m、延伸长度 97m 断层，落差 60m、延伸长度为 2528m 断层；区域 C 包含落差 57m、延伸长度 997m 断层，落差 8m 断层；区域 D 包含落差 57m、延伸长度 997m 断层，落差 8m、延伸长度 260m 断层，落差 8. 4m、延伸长度 1872m 断层。从图 6. 27 中可以看出，区域 A、B 同时分布着落差大小不一的断层，区域 C、D 分布着落差相对较小的断层。

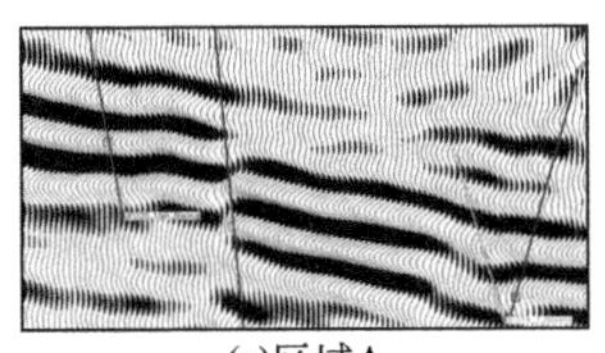

(a)区域A

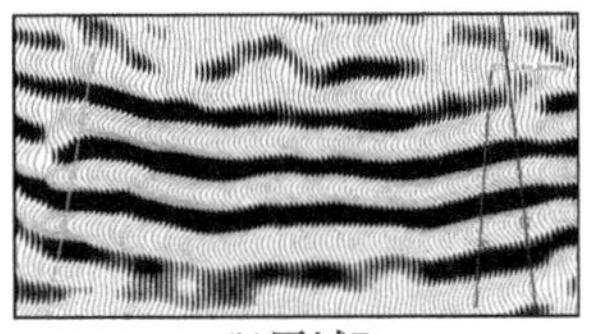

(b)区域B

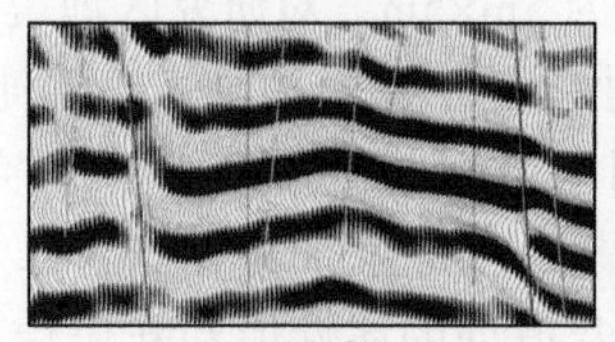
(c)区域C

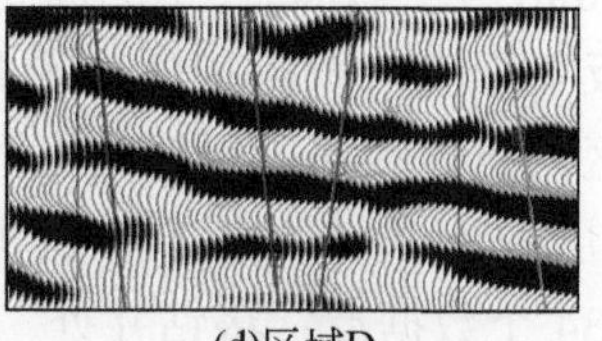
(d)区域D

图 6.27　巷道周围揭露的断层地震剖面图

提取巷道位置周围煤层的断层非断层信息，得到四块区域已知点情况见表 6.2。

表 6.2　雨汪矿区巷道附近位置断层非断层情况分布

项目	区域 A	区域 B	区域 C	区域 D
断层点个数/个	216	137	70	128
非断层点个数/个	1896	1711	510	1132
总计	2112	1848	580	1260

6.4.2　采区地震属性评估与选择

分析样本数据，计算各属性间的相关系数。以 C_2 煤层为例，如表 6.3 所示；然后进一步分析，利用 R 型聚类分析，评估各属性间的相关性，如图 6.28 所示。从表 6.3 和图 6.28 中可以看出，反射强度、均方根振幅、最大振幅相关性较高；方差、倾角连续性相关性较高；由相关系数计算和 R 型聚类分析的结果可知，方差、瞬时相位、瞬时频率、混沌体、最大振幅相关性较低，相对独立，同时 5 种属性都具有断层的地质意义，因此选择这 5 种属性作为支持向量机的样本。

表 6.3　C_2 煤层地震属性相关系数

项目	1	2	3	4	5	6	7	8
1	1	−0.397480	−0.032584	−0.055309	0.603830	0.243107	−0.383633	−0.388108
2	−0.397480	1	−0.064388	0.112734	−0.417623	−0.382981	0.892618	0.865151
3	−0.032584	−0.064388	1	−0.176059	0.023087	0.019568	−0.076355	−0.074265
4	−0.055309	0.112734	−0.176059	1	−0.348364	−0.244316	0.142582	0.211883
5	0.603830	−0.417623	0.023087	−0.348364	1	0.421966	−0.410866	−0.448640
6	0.243107	−0.382981	0.019568	−0.244316	0.421966	1	−0.414386	−0.440320
7	−0.383633	0.892618	−0.076355	0.142582	−0.410866	−0.414386	1	0.962515
8	−0.388108	0.865151	−0.074265	0.211883	−0.448640	−0.440320	0.962515	1

注：1-方差，2-反射强度，3-瞬时相位，4-瞬时频率，5-倾角连续性，6-混沌体，7-均方根振幅，8-最大振幅

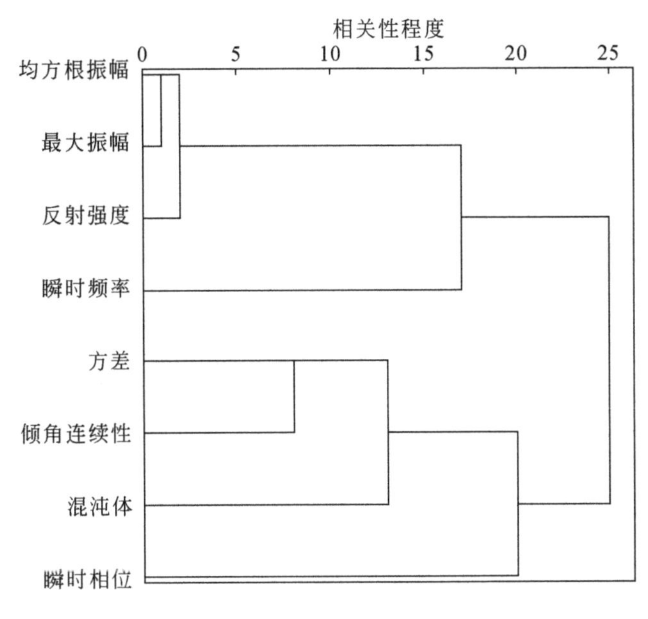

图 6.28　R 型聚类分析

6.4.3　模型参数优化

由于 5 种属性的量纲不同，直接用于模型训练，会影响网络训练结果，所以在训练之前，对样本进行归一化处理，以消除量纲。从处理后的数据中，选出已知的 5800 个样本数据，依次增加训练集数据数量，测试集数据数量（1000 个，其中断层数据点有 118 个）不变，准确率情况如表 6.4 所示。

表 6.4　支持向量机模型准确率情况表

训练集/个	50	100	150	200	250	300
准确率/%	84.5	87.2	88.3	88.6	88.5	88.5
训练集/个	500	1000	2000	3000	4000	4800
准确率/%	88.5	91.2	88.8	89.3	89.8	90.3

可见，断层识别准确率随训练集数量的增多而升高，但是训练集数量太多会增加训练时间，因此选择 1000 个数据点作为训练集，模型就能达到预期效果，训练时间较短且准确率较高。

从处理后的 5800 个数据中，选出 2000 个样本数据，其中断层样本 208 个，非断层样本 1792 个。从样本数据中选取 1000 个数据作为训练样本，1000 个样本作为测试数据。利用粒子群算法，将预测断层支持向量机模型的正确率作为适应度函数，将模型的惩罚参数 c 和核函数参数 g 作为待优化参数，优化预测断层的支持向量机模型。通过优化得到进化代数和适应度关系的曲线，如图 6.29 所示。从图中可以看出，进化到 10 代后最佳适应度值就不再发生变化，此时最佳惩罚参数 $c=7.60273$，核函数参数 $g=25.0228$，即得到模型的最优参数，此时模型识别率为 89.8%。根据标准支持向量机求解出的最优参数对后验概率支持向量机模型进行训练，得到的参数 A、B 的求解结果为 $A=-2.1494$，$B=-0.0698$。

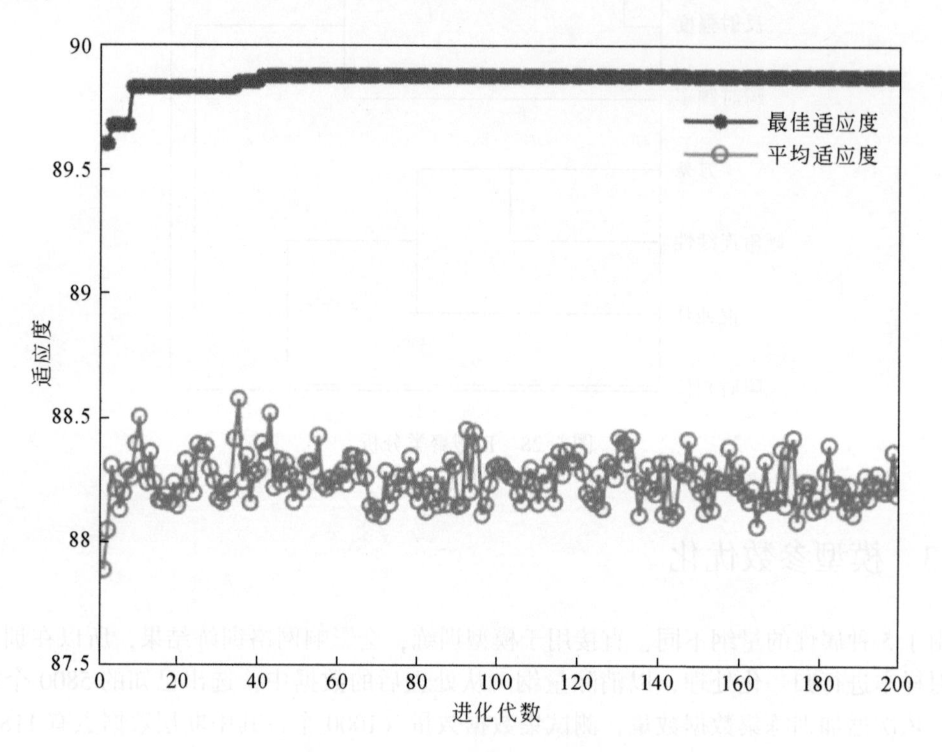

图 6.29　进化代数与适应度关系

参数 $c_1=1.5$，$c_2=1.7$，终止代数=200，种群数量=20

上面的几个小节通过理论基础的研究和分析，提出支持向量机融合多种地震属性自动识别小断层的方法。通过正演可知，断层与属性值存在一定的变化关系。通过支持向量机对属性值进行二分类，从而识别断层和非断层。由对滇东雨汪矿区支持向量机模型的断层识别结果可知，利用方差、瞬时相位、瞬时频率、混沌体和最大振幅 5 种地震属性，作为支持向量机模型的输入数据，能够有效地识别断层。其中，主要的断层都能够准确识别，而且断层定位较准确。利用支持向量机模型自动识别断层需要有足够多数量的已知信息，而且尽量让这些已知信息位置分布相对均匀。只有满足以上条件，才能得到符合实际的断层分布结果。

6.5　基于支持向量机的地震构造解释成果平面成图

6.5.1　粒子群算法寻优后的构造解释成果平面成图

将预测结果的属性值与坐标点进行关联，形成一个三维矩阵，分别由 CDP、Inline 和预测结果组成。利用 MATLAB 中的“contour（）”函数进行绘图。图 6.30 为由粒子群寻优算法确定参数 c 和 g 的属性平面图和人工解释断层对比图。从图中可以看出，被识别为断层的区域走向和人工解释的断层区域走向大致相同。

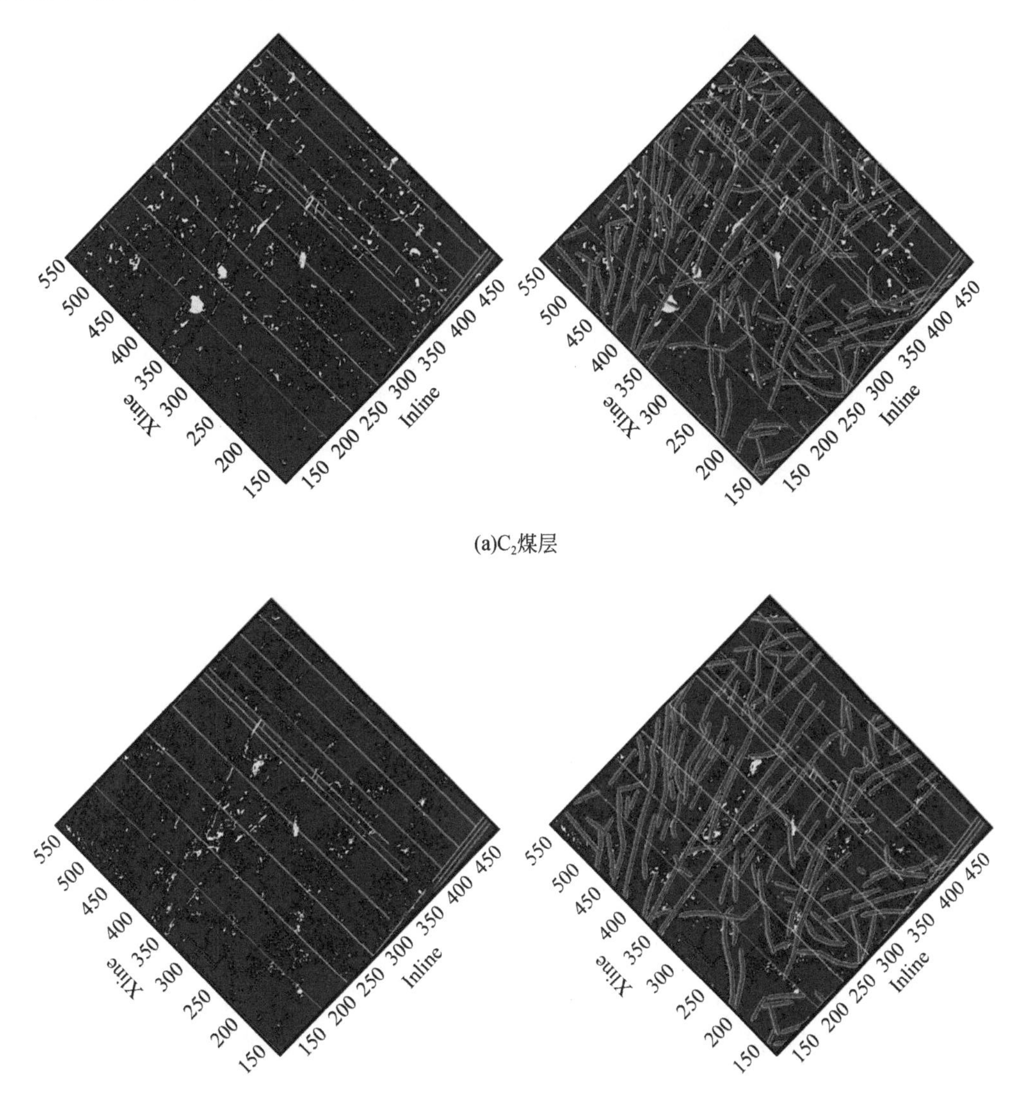

(a)C_2煤层

(b)C_3煤层

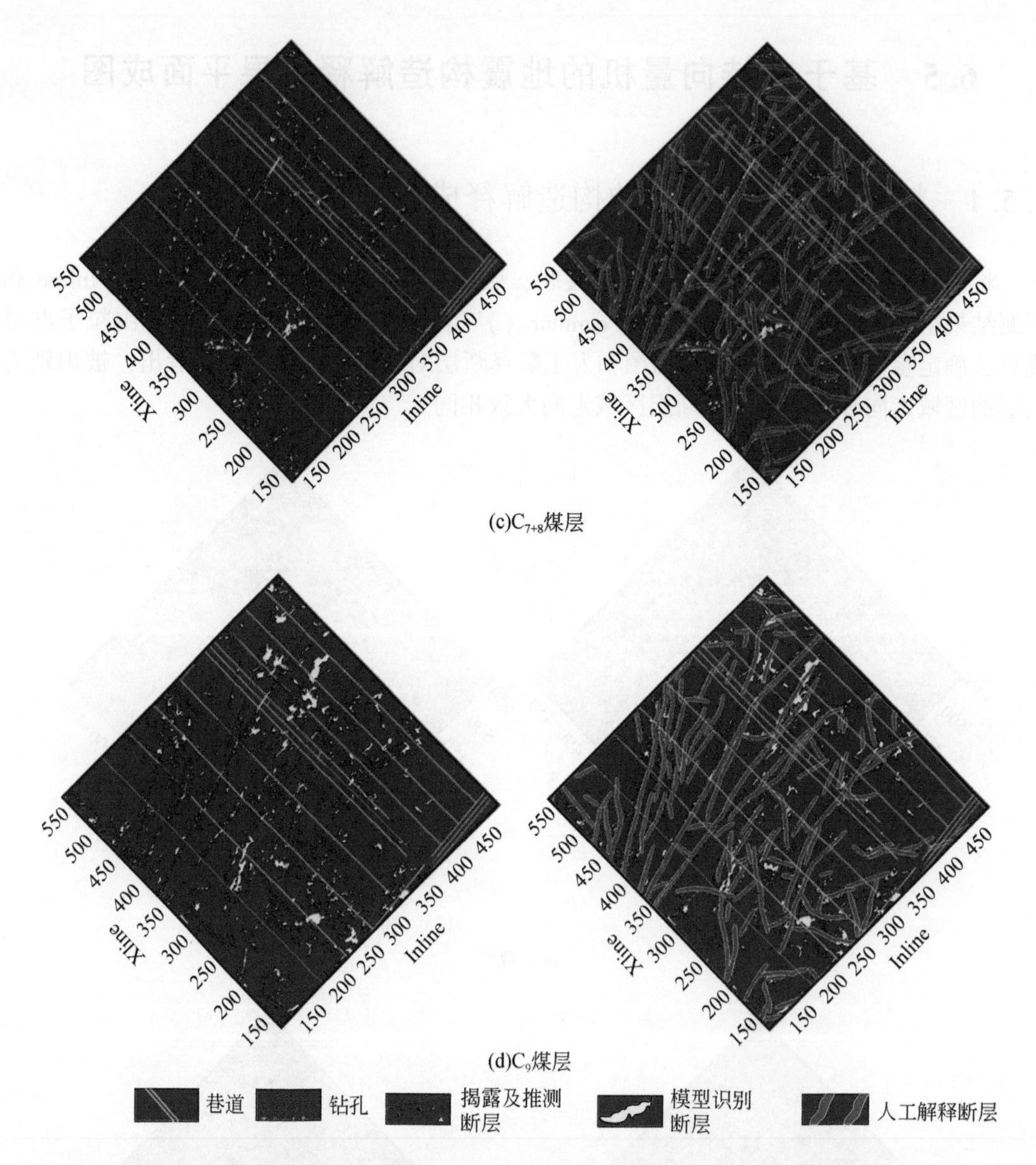

图 6.30　由粒子群寻优算法确定参数 c 和 g 的属性平面图和人工解释断层对比图

6.5.2　后验概率优化后的构造解释成果平面成图

图 6.31 为经过后验概率分级的属性平面图和人工解释断层对比图。其中，概率 $P \geq 0.9$ 的为可靠断层点，概率 $0.7 \leq P < 0.9$ 的为较可靠断层点，概率 $0.5 \leq P \leq 0.7$ 的为稍可靠断层点。从图中可以看出，被识别为断层的区域走向和人工解释的断层区域走向大致相同，相比于未引入概率的识别结果，引入概率后的识别结果边界更加收敛。

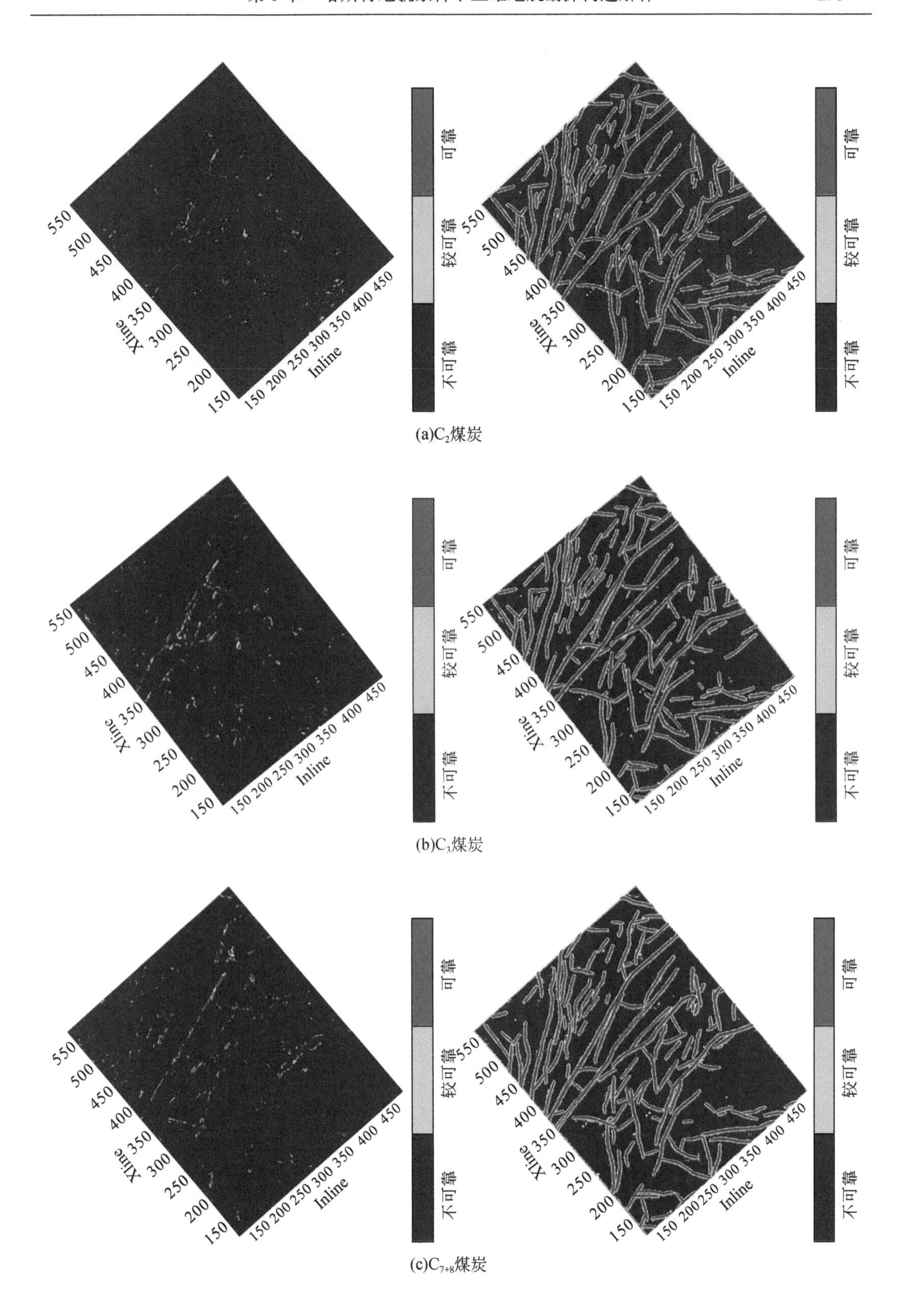

(a)C_2煤炭

(b)C_3煤炭

(c)C_{7+8}煤炭

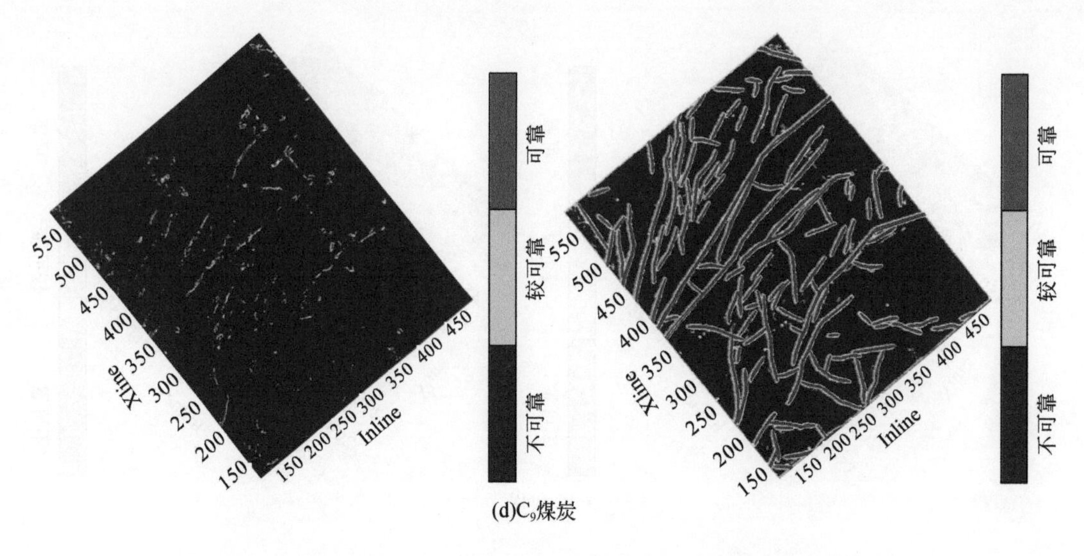

图 6. 31　经过后验概率分级的属性平面图和人工解释断层对比图

通过支持向量机模型识别断层，得到采区断层分布。模型解释与人工解释相比缩短了解释周期，该采区利用模型解释从属性数据处理、评估到模型训练、预测所用的时间不到人工解释时间的一半。综合分析来看，支持向量机模型能够识别断层，同时还具有快速、准确、直观等优点。

6.6　构造解释成果

6.6.1　等值线图绘制

充分利用测井资料和叠加速度，构建起全区内的空变速度场，精细反演区内的速度特征，将时间域的地震数据转换成深度域的地震数据，在视觉上更加直观，便于煤矿使用和验证。

（1）时间等值线平面图绘制

等时图以时间为量纲，它反映了目的层的基本构造（褶曲、断层）形态，是做好时深转换的基础。分别对 C_2煤层、C_3煤层、C_{7+8}煤层和 C_9煤层进行 20m×20m 的层位追踪解释之后，结合时间域建立的空间构造体系，选取合适的网格化参数和平滑参数即可完成雨汪井田勘探区时间等值线图的绘制，如图 6. 32 所示。

（2）速度等值线平面图绘制

速度是联系时间域和深度域的纽带，由时间域转换成深度域，需用速度参数，因此速度的求取和成图方法的选择是时深转换的关键。速度标定，即利用区内已知钻孔揭露的地质层位深度及时间域对应的反射波旅行时反算求出速度值，将离散的速度值，通过合理的

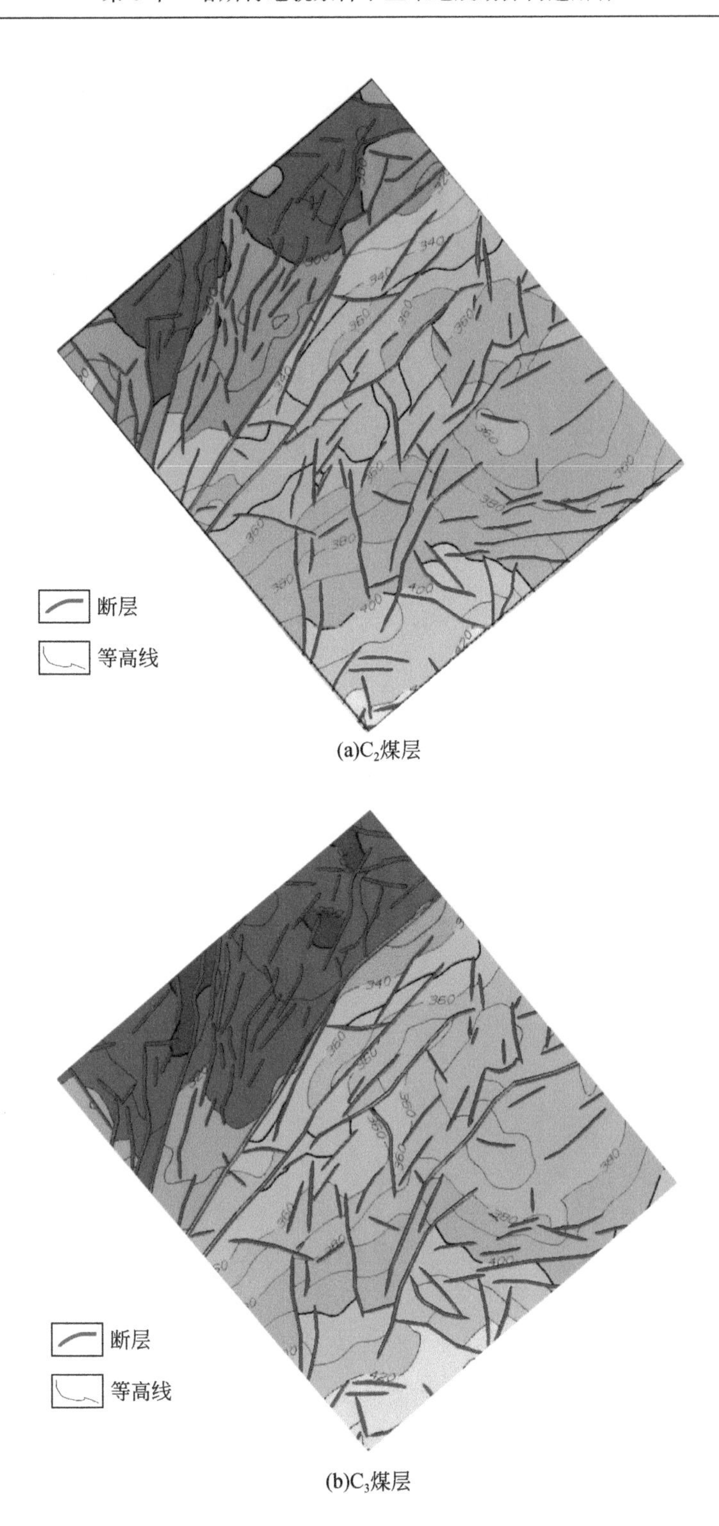

(a)C_2煤层

(b)C_3煤层

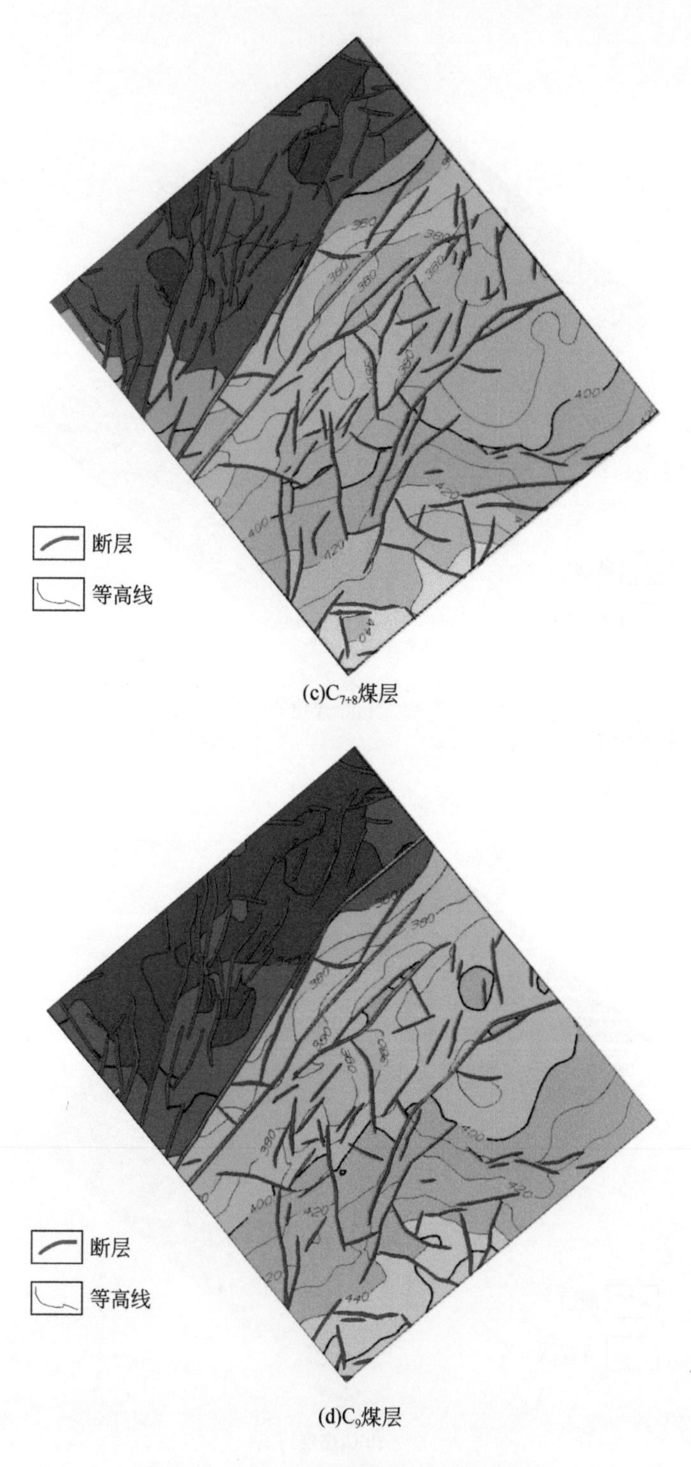

(c)C_{7+8}煤层

(d)C_9煤层

图 6.32　雨汪井田勘探区时间等值线图

井间内插方式建立起雨汪井田勘探区速度场（图 6. 33），将速度参数提供给时深转换，可以获得较高的转换精度。全区共利用 16 个钻孔进行标定，严密控制了全区速度的变化，当发现标定速度异常时，返回去检查断层和相位追踪是否正确，避免了追踪对比错误。

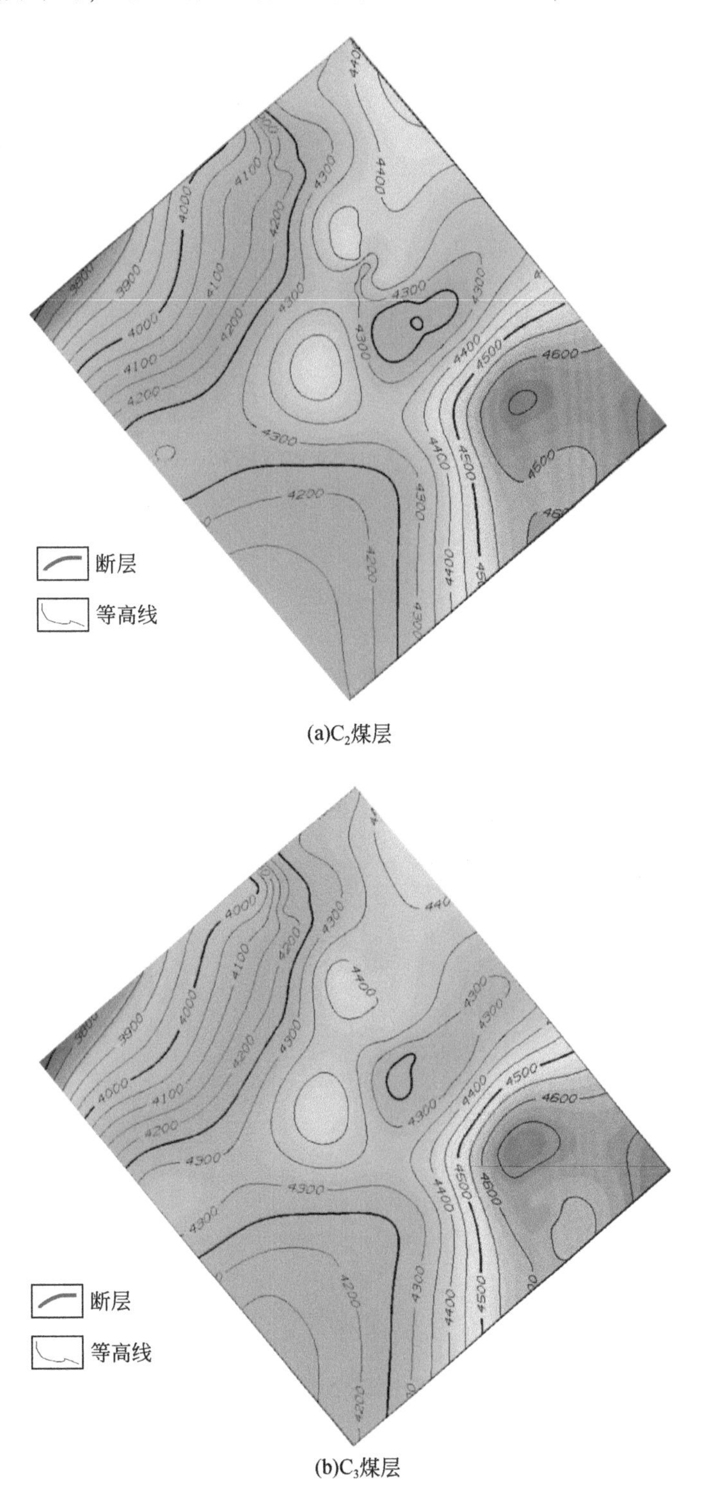

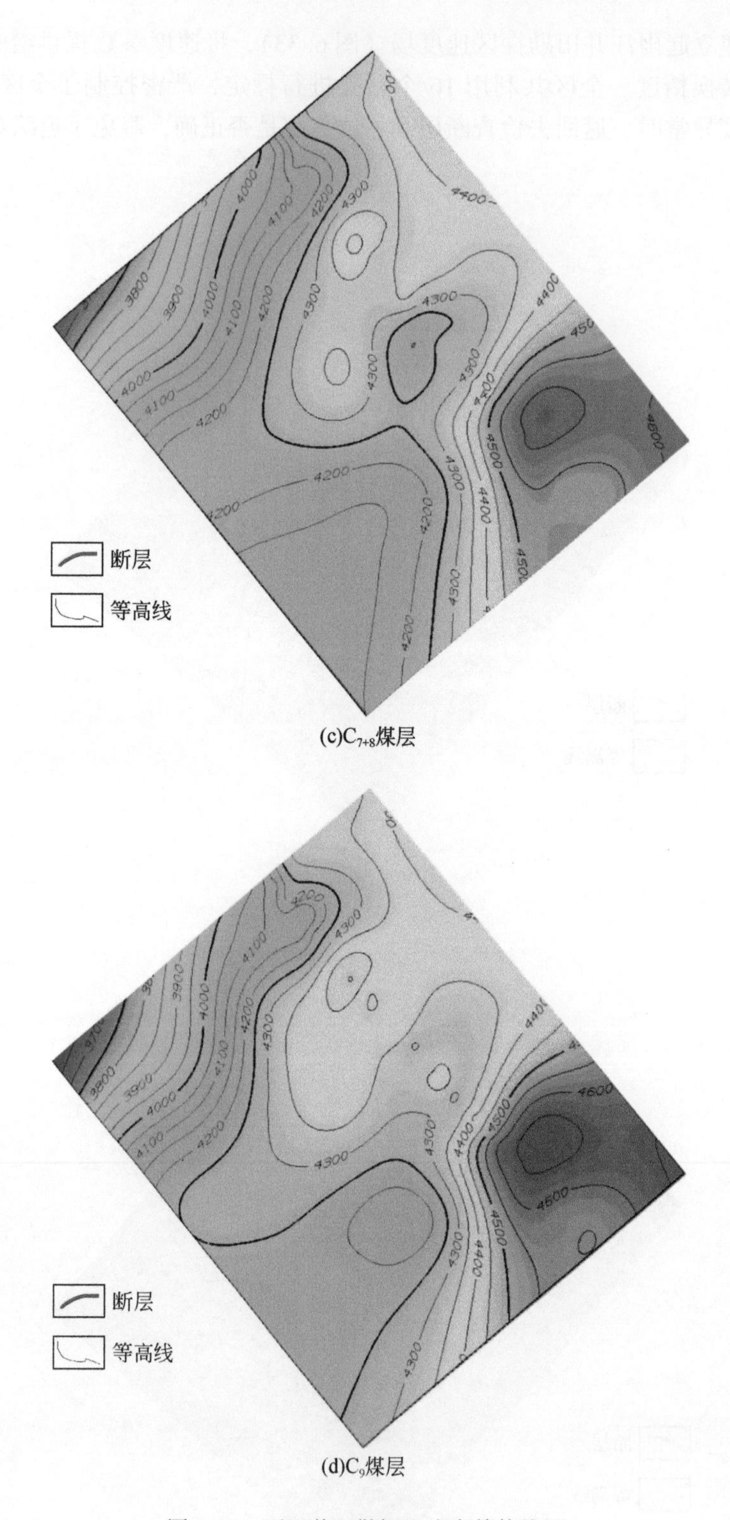

(c)C_{7+8}煤层

(d)C_9煤层

图 6.33　雨汪井田勘探区速度等值线图

(3) 时深转换及深度构造图绘制

在等时图的基础上，通过精确的速度场进行时深转换，由 CPS-3 绘图软件将其深度数据进行网格化和平滑处理及局部人工干预修饰，即雨汪井田勘探区底板等高线图，如图 6.34 所示。

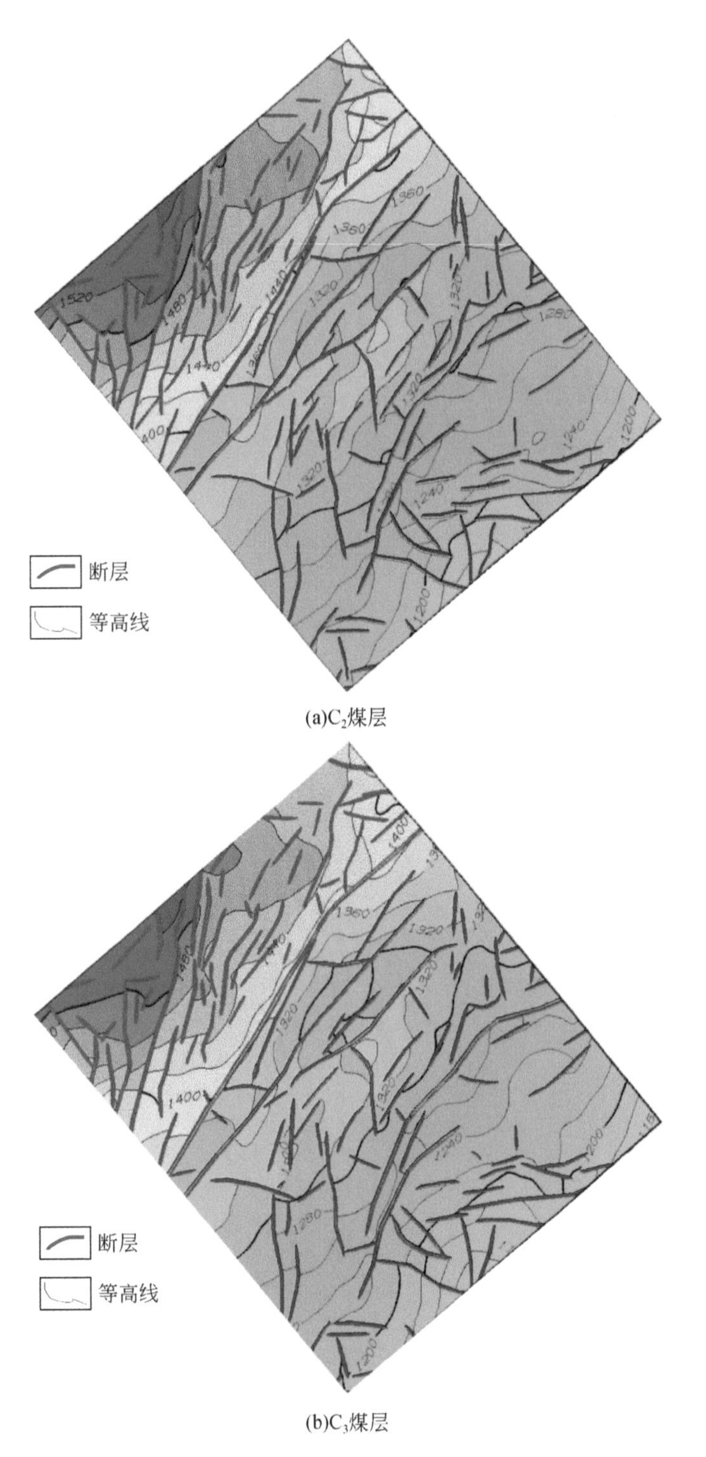

(a)C_2煤层

(b)C_3煤层

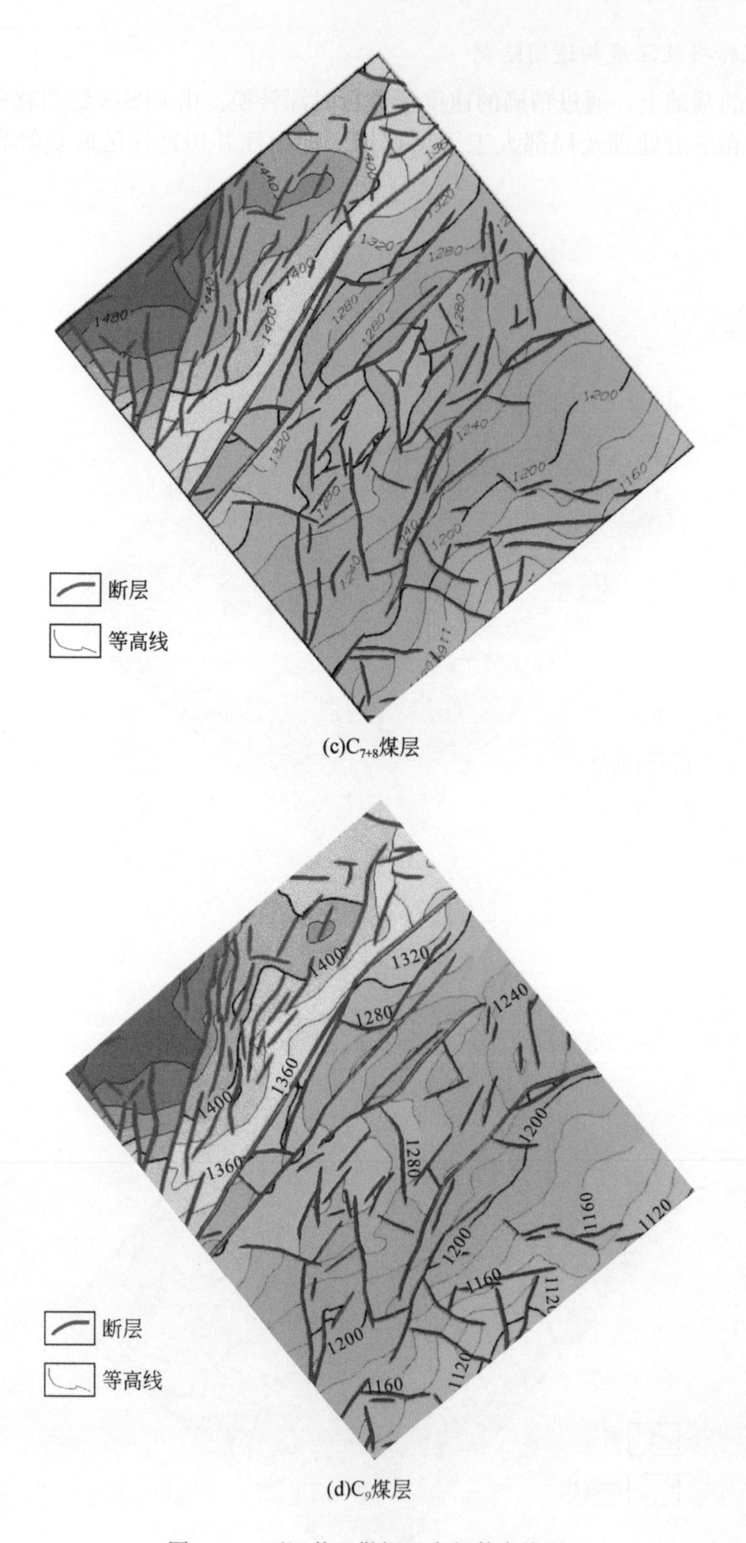

(c)C_{7+8}煤层

(d)C_9煤层

图 6.34　雨汪井田勘探区底板等高线图

6.6.2　煤层的总体形态

此次进行三维地震勘探的雨汪井田勘探区内主要煤层总体为一倾向 SE 的单斜。各煤层底板标高的最低点位于勘探区的东南部，C_2 煤层、C_3 煤层、C_{7+8}煤层及 C_{15}煤层，最低点分别为 1160m、1135m、1110m、1075m。最高点位于西北部 C_2 煤层、C_3 煤层、C_{7+8}煤层及 C_{15}煤层，最高点分别为 1545m、1530m、1495m、1480m。三维可视化图如图 6.35 和图 6.36 所示。

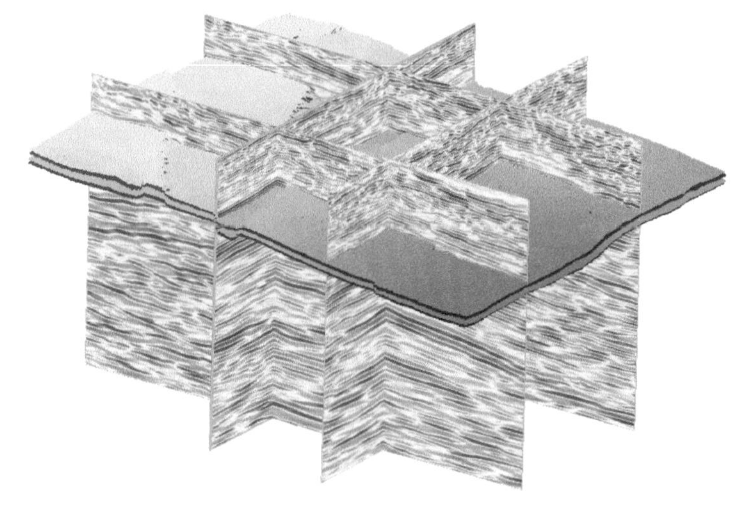

图 6.35　雨汪井田勘探区地震数据体地层层位三维可视化图

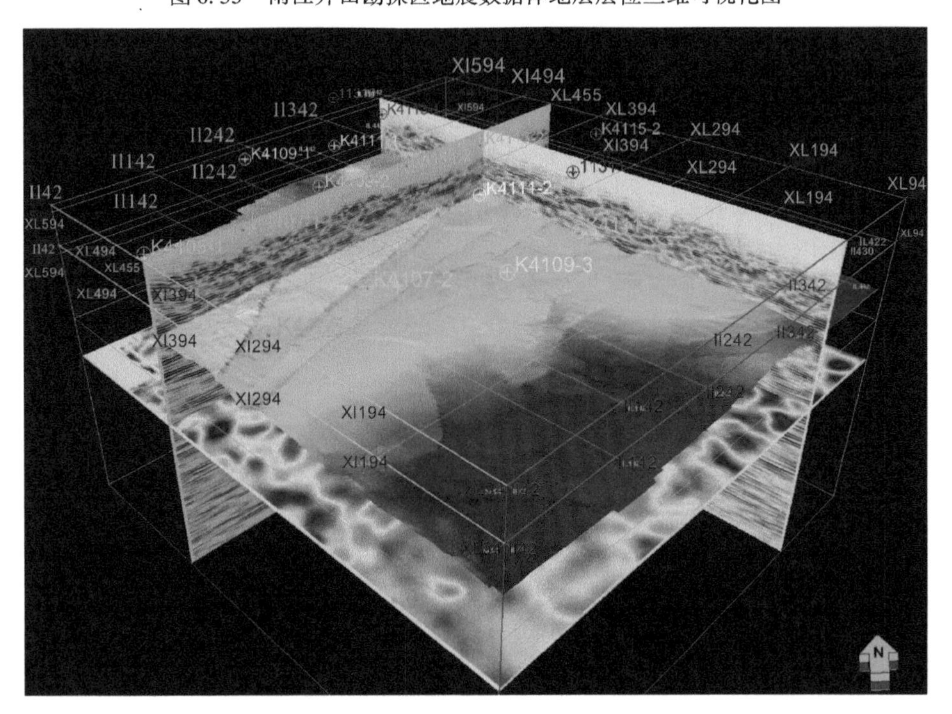

图 6.36　雨汪井田勘探区 C_2煤层三维可视化效果图

6.6.3　煤层倾角大于15°区块的圈定

利用解释系统沿层构造属性计算功能，根据获得的煤层底板等高线，可以直接获得煤层的倾角分布。即在主测线与联络测线方向分别计算倾角，然后由其梯度得到该点的倾角值。倾角分布可以展示层位构造起伏的大小。

通过对雨汪井田勘探区主采煤层底板等高线的计算可以得到倾角分布情况，结果如图6.37～图6.40所示。从图中可以看出，蓝色、红色区域为煤层倾角大于15°区域，结合断层分布情况可知，倾角大于15°的区域均为断层发育区域，是由断层错动引起的煤层起伏形态的异常。图中绿色圈定区域为煤层倾角小于15°区域。总体而言，勘探区内各主采煤层大部分区域倾角都小于15°。

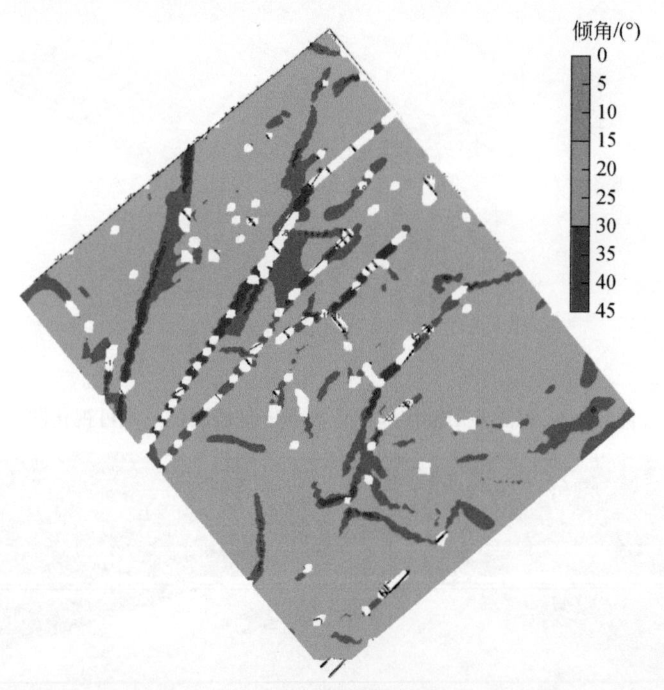

图6.37　雨汪煤矿一井 C_2煤层倾角大于15°区域分布图（蓝色、红色区域）

6.6.4　断层的控制

（1）C_2煤层断层控制

雨汪井田勘探区内 C_2煤层共解释断层127条，其中与已知揭露断层对应15条。正断层122条，逆断层5条。按照断层落差大小分类，落差≥20m断层10条，落差10～20m断层（包括10m）31条，落差5～10m断层（包括5m）42条，落差3～5m断层（包括3m）22条，落差小于3m断层22条。

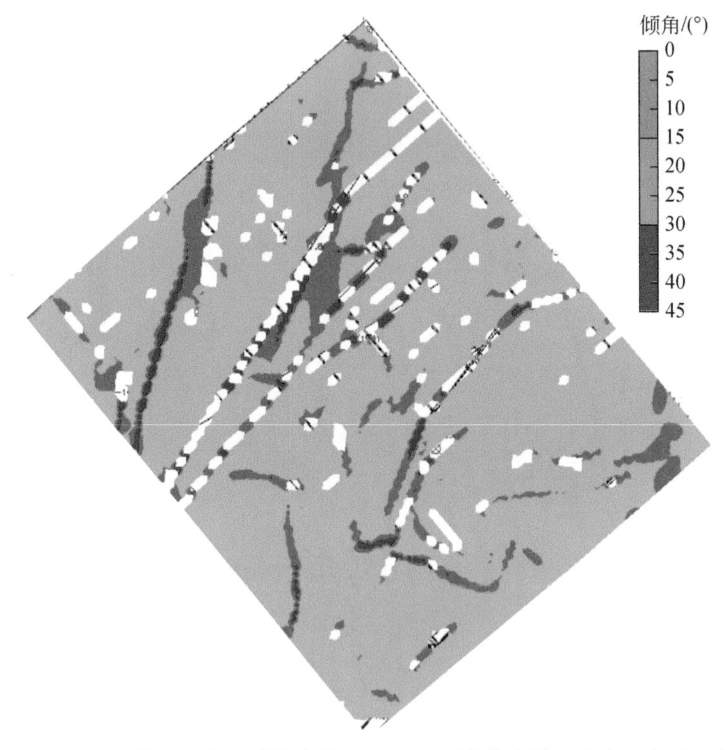

图 6.38　雨汪煤矿一井 C_3煤层倾角大于 15°区域分布图（蓝色、红色区域）

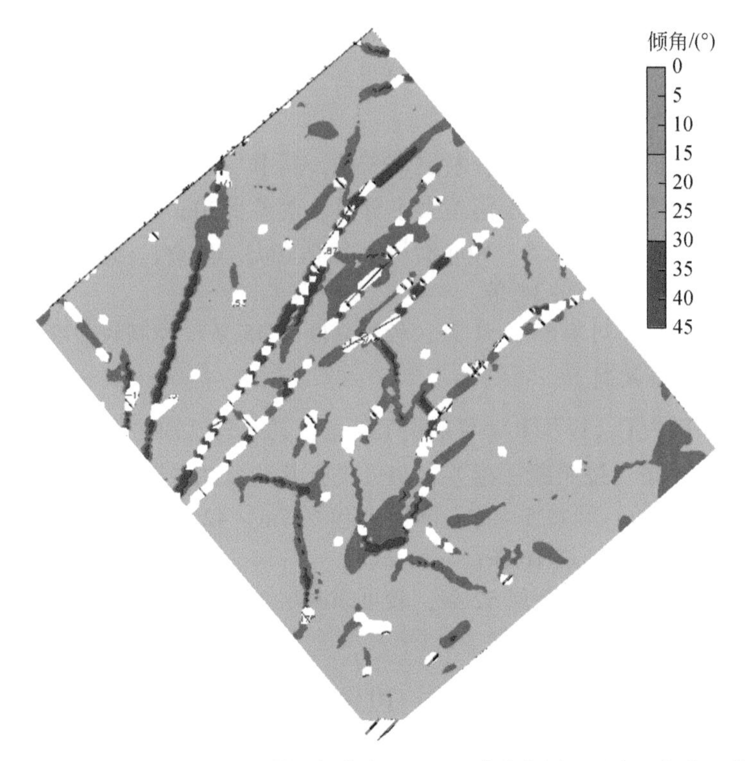

图 6.39　雨汪煤矿一井 C_{7+8}煤层倾角大于 15°区域分布图（蓝色、红色区域）

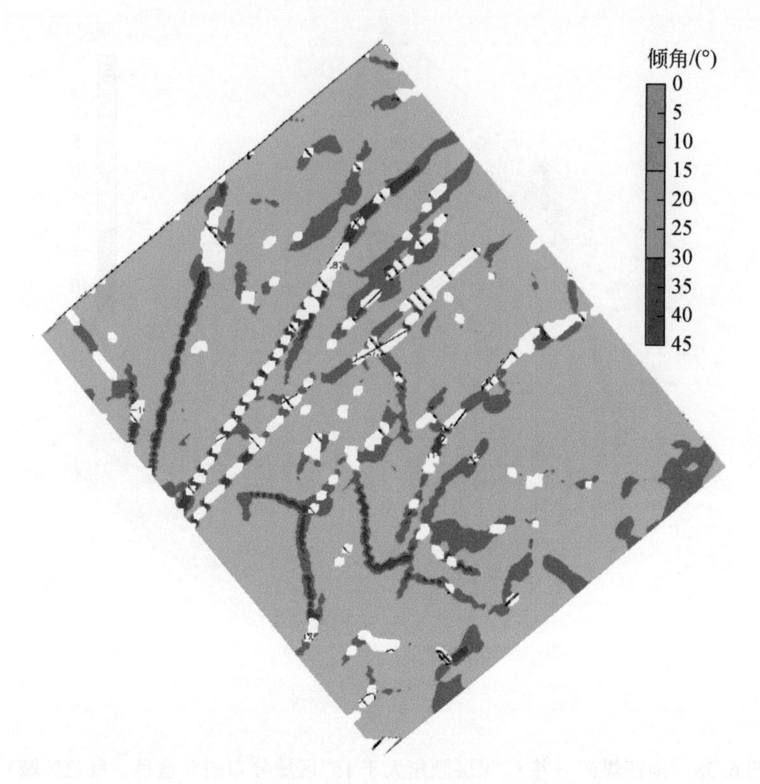

图 6.40　雨汪煤矿一井 C_9 煤层倾角大于 15°区域分布图（蓝色、红色区域）

按照可靠程度划分：可靠断层 64 条，较可靠断层 33 条，控制较差断层 30 条。

（2）C_3 煤层断层控制

雨汪井田勘探区内 C_3 煤层共解释断层 123 条，其中与已知揭露断层对应 13 条。正断层 118 条，逆断层 5 条。按照断层落差大小分类，落差≥20m 断层 13 条，落差 10～20m 断层（包括 10m）26 条，落差 5～10m 断层（包括 5m）28 条，落差 3～5m 断层（包括 3m）22 条，落差小于 3m 断层 34 条。

按照可靠程度划分：可靠断层 51 条，较可靠断层 35 条，控制较差断层 37 条。

（3）C_{7+8} 煤层断层控制

雨汪井田勘探区内 C_{7+8} 煤层共解释断层 125 条，其中与已知揭露断层对应 13 条。正断层 120 条，逆断层 5 条。按照断层落差大小分类，落差≥20m 断层 11 条，落差 10～20m 断层（包括 10m）21 条，落差 5～10m 断层（包括 5m）42 条，落差 3～5m 断层（包括 3m）35 条，落差小于 3m 断层 16 条。

按照可靠程度划分：可靠断层 52 条，较可靠断层 36 条，控制较差断层 37 条。

（4）C_9 煤层断层控制

雨汪井田勘探区内 C_9 煤层共解释断层 110 条，其中与已知揭露断层对应 12 条。正断层 106 条，逆断层 4 条。按照断层落差大小分类，落差≥20m 断层 12 条，落差 10～20m 断层（包括 10m）23 条，落差 5～10m 断层（包括 5m）37 条，落差 3～5m 断层（包括

3m）17 条，落差小于 3m 断层 21 条。

按照可靠程度划分：可靠断层 43 条，较可靠断层 32 条，控制较差断层 35 条。关于断层控制详细情况见附表 4 ~ 附表 7，断层的地震响应特征如图 6.41 ~ 图 6.55 所示。

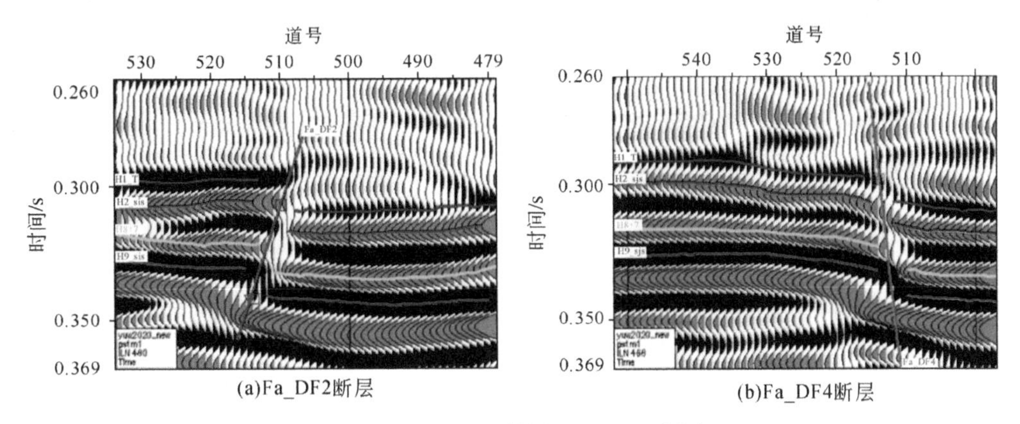

图 6.41　Fa_DF2 断层和 Fa_DF4 断层

H1_T、H2_sjs、H7+8、H9_sjs 为地层反射界面，仅作记号标识，下同

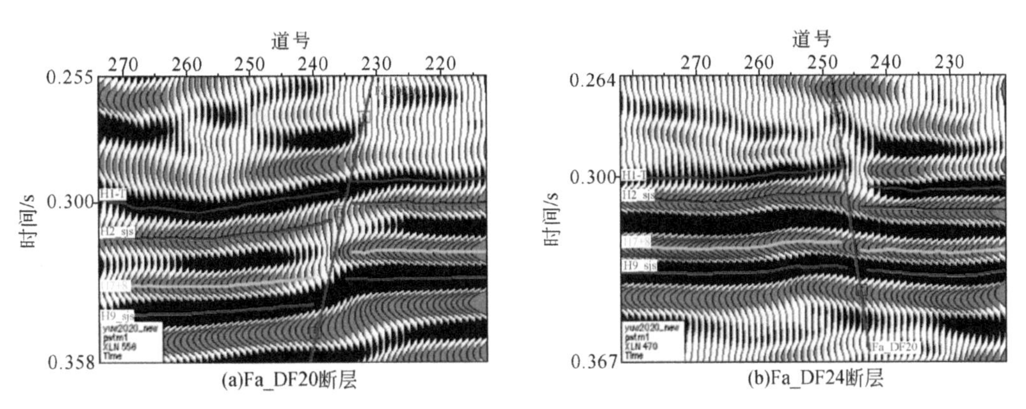

图 6.42　Fa_DF20 断层和 Fa_DF24 断层

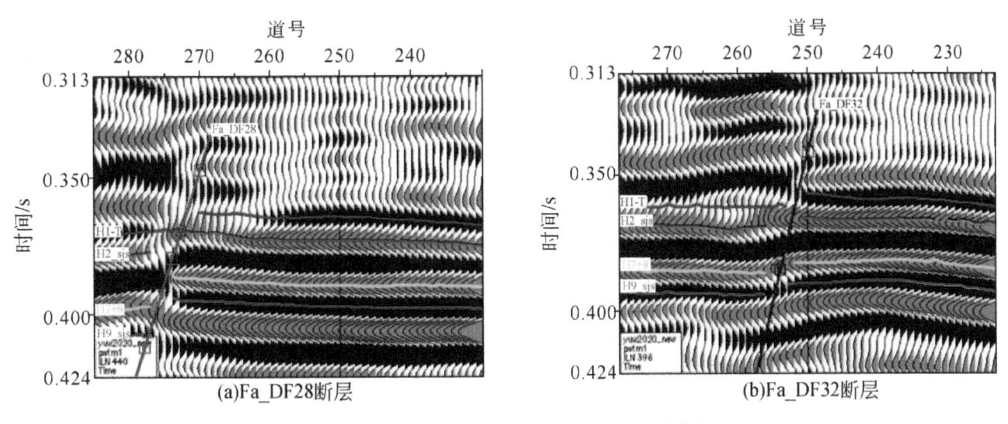

图 6.43　Fa_DF28 断层和 Fa_DF32 断层

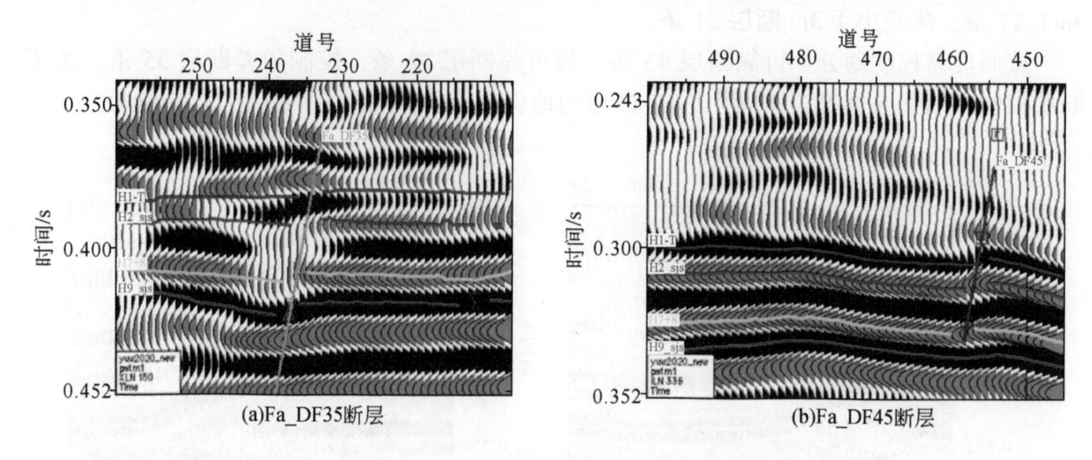

图 6.44　Fa_DF35 断层和 Fa_DF45 断层

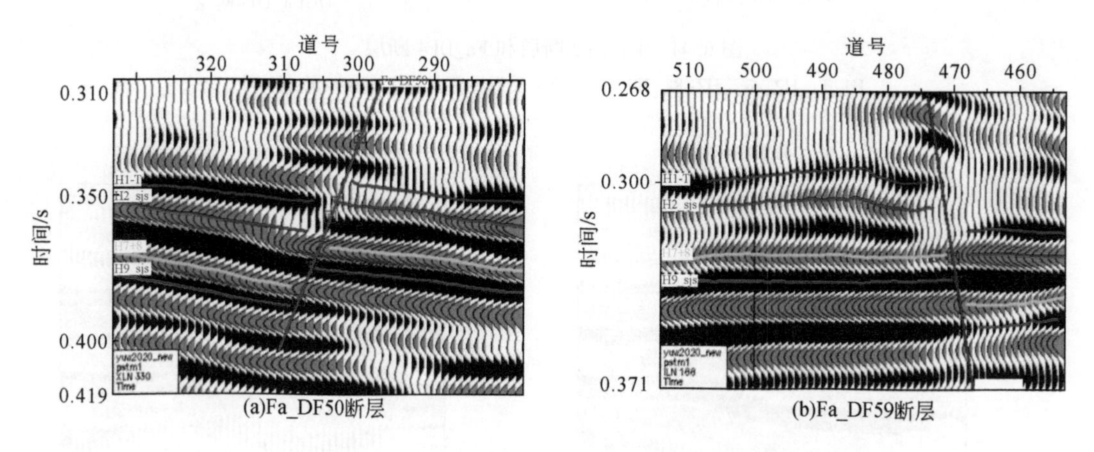

图 6.45　Fa_DF50 断层和 Fa_DF59 断层

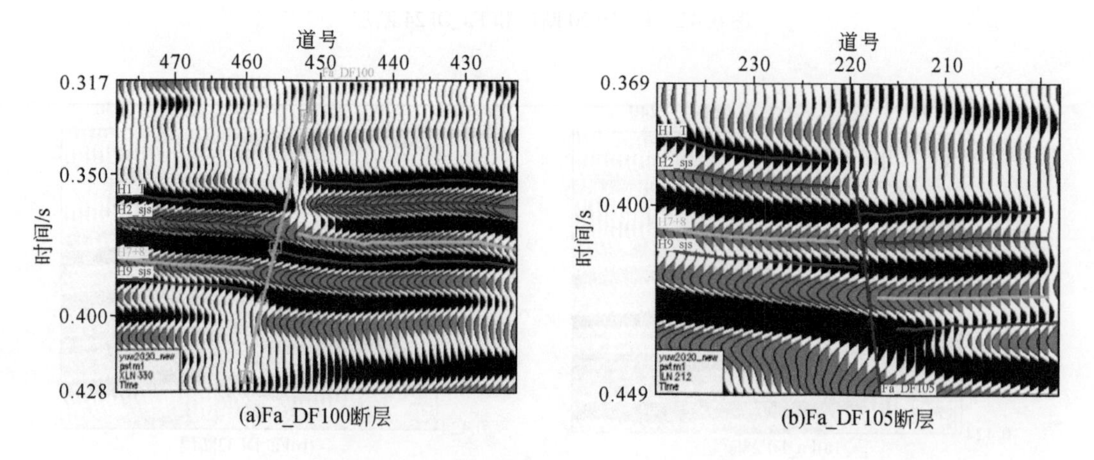

图 6.46　Fa_DF100 断层和 Fa_DF105 断层

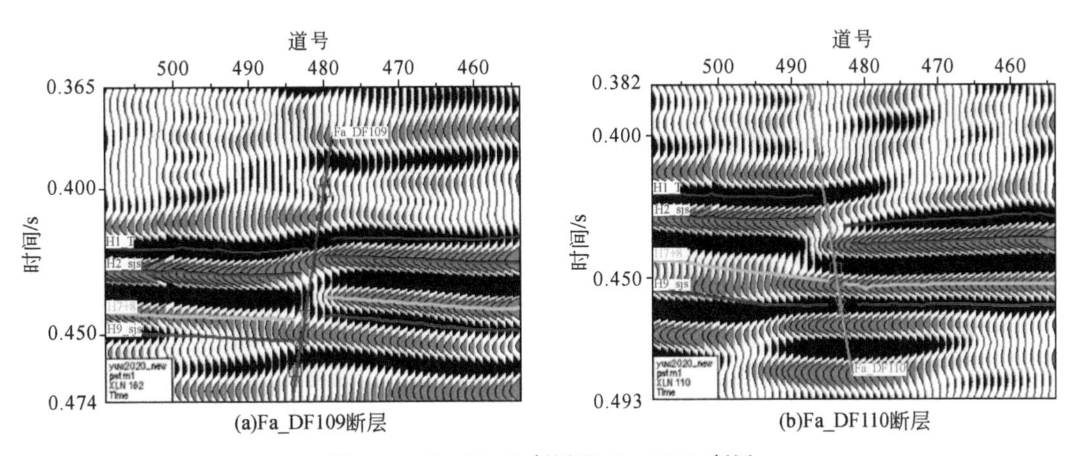

(a)Fa_DF109断层　(b)Fa_DF110断层

图6.47　Fa_DF109断层和Fa_DF110断层

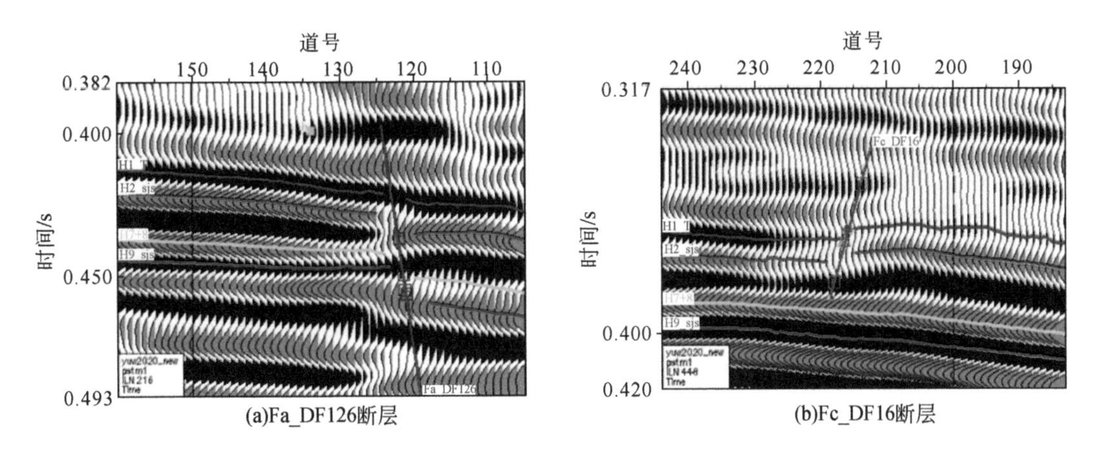

(a)Fa_DF126断层　(b)Fc_DF16断层

图6.48　Fa_DF126断层和Fc_DF16断层

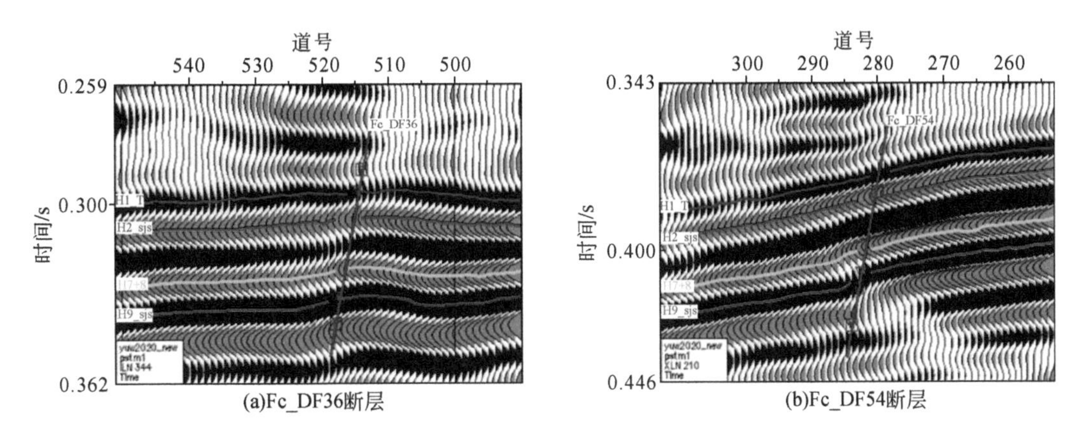

(a)Fc_DF36断层　(b)Fc_DF54断层

图6.49　Fc_DF36断层和Fc_DF54断层

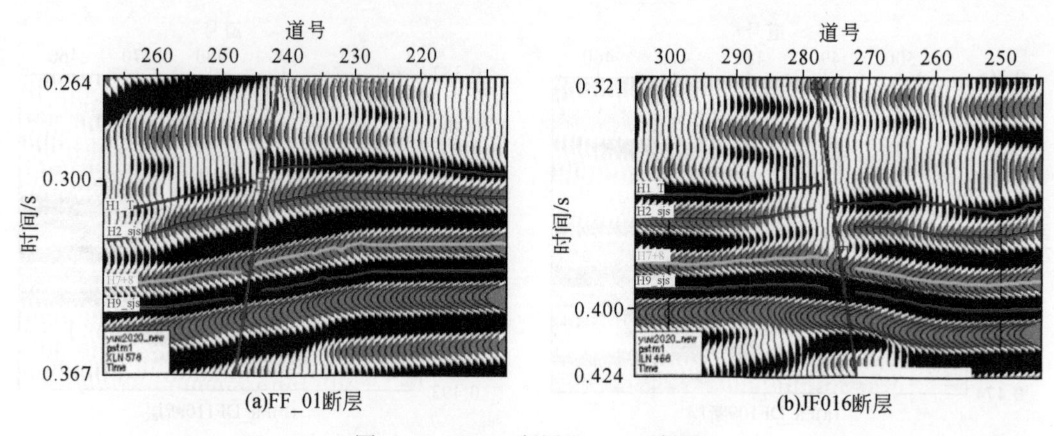

图 6.50　FF_01 断层和 JF016 断层

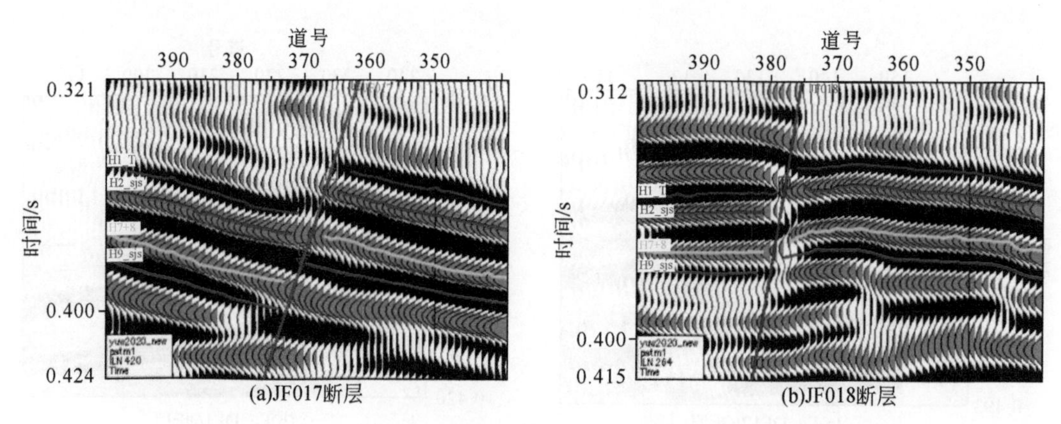

图 6.51　JF017 断层和 JF018 断层

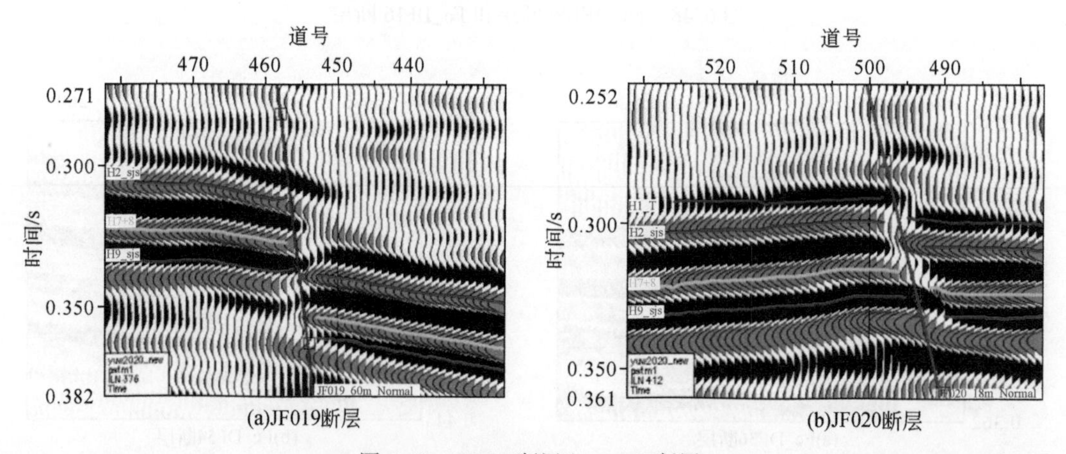

图 6.52　JF019 断层和 JF020 断层

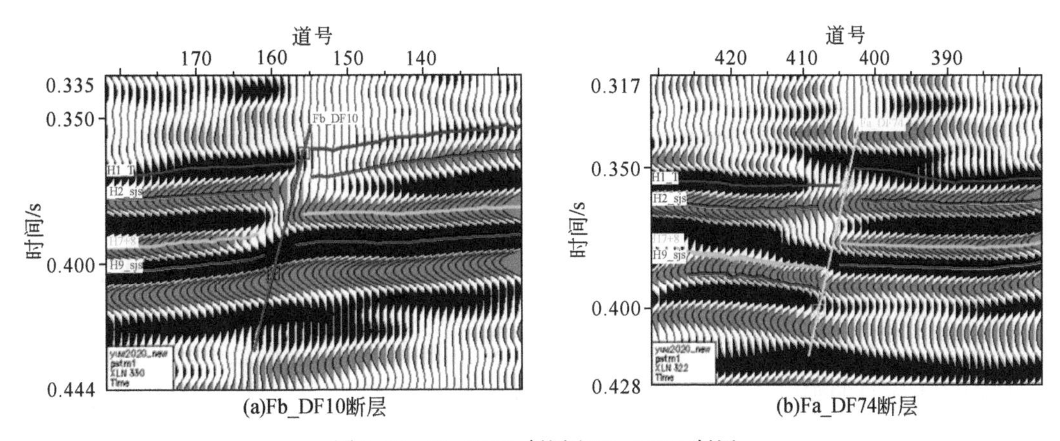

(a)Fb_DF10断层 (b)Fa_DF74断层

图6.53 Fb_DF10断层和Fa_DF74断层

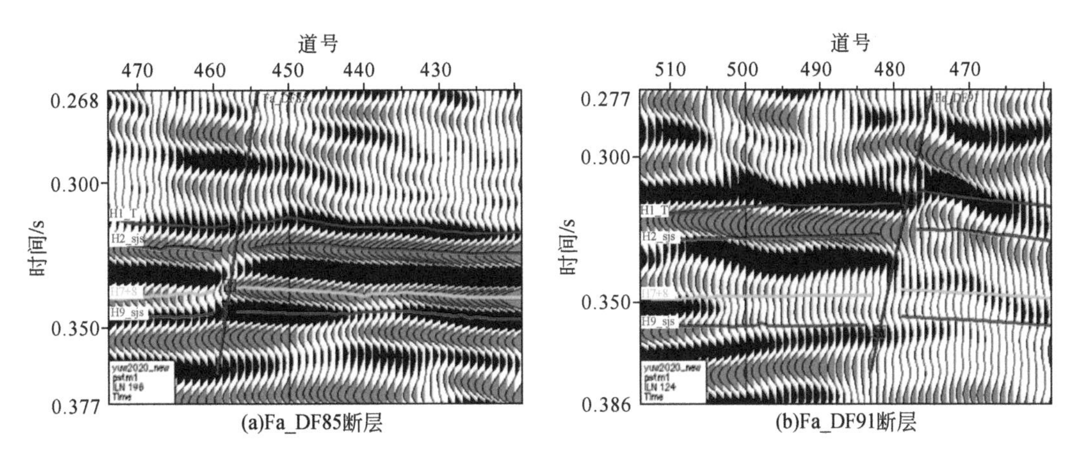

(a)Fa_DF85断层 (b)Fa_DF91断层

图6.54 Fa_DF85断层和Fa_DF91断层

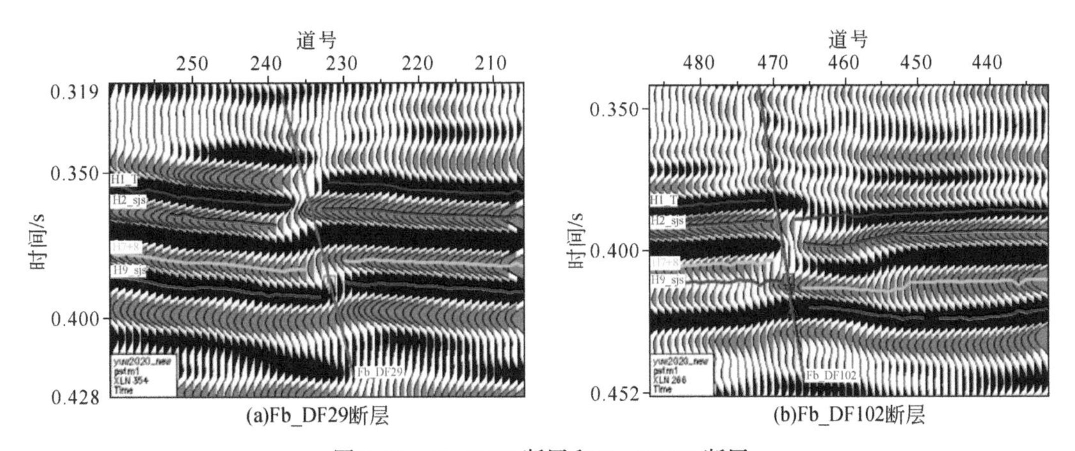

(a)Fb_DF29断层 (b)Fb_DF102断层

图6.55 Fb_DF29断层和Fb_DF102断层

6.7 小　结

1）本区高分辨率三维地震常规解释方法合理，对比可靠，精度较高。从体、面、线、点等多渠道以及数据体的多个视角，全方位剖析三维地震数据体，结合各种切片（如沿层切片、水平切片等）和各种地震剖面（如主测线、联络测线）进行层位和断层解释，基于后验概率支持向量机模型，预测了研究区的断层展布，获得了地质构造解释成果。本次雨汪井田勘探区内 C_2 煤层共解释断层 127 条，C_3 煤层共解释断层 123 条，C_{7+8} 煤层共解释断层 125 条，C_9 煤层共解释断层 110 条。对地质构造的认识，完全推翻了地勘钻孔认为煤系地层构造不发育的观点，并且得到了井下验证。

2）建立并开发出一套基于支持向量机的三维地震资料精细构造解释方法。利用支持向量机、粒子群寻优算法，结合相关性分析、R 型聚类分析等优选方法，选出了方差、瞬时相位、瞬时频率、混沌体、最大振幅 5 种对断层响应程度较好且相关性较低的地震属性，将巷道和采区已揭露的断层和非断层数据作为模型的训练数据，对研究区进行断层预测，解释了研究区断层走势和可能存在断层的区域，基于后验概率支持向量机模型，开展不同训练数据集特征下的断层验证。结果表明，以小区域去预测整区断层，小区域包含断层信息应尽量同时包含大小不同断层，其预测情况才会好。此外，训练集数量越多、训练集区域质量越好，其预测出的断层可靠点占比越大。通过智能化解释的断层发育区，与人工解释的断层发育区高度吻合，表明研究区内解释的断层发育规律具有较高的可靠性。

第7章　基于波阻抗反演的雨汪煤矿含煤地层岩性分析

将横向上高密度的地震数据和纵向上高分辨率的测井数据结合起来，有助于发挥钻孔位置测井资料与地震资料的匹配优势，建立时间-深度对应关系。通过将地震振幅数据转化为波阻抗数据，同时提高远离钻孔位置的地震资料解释准确性。波阻抗反演综合利用地震数据与测井资料在这方面的优势，为含煤地层岩性分析提供了可能。

针对雨汪矿区的情况，目前比较关心含煤地层岩性划分、卡以头组砂岩类岩石富水性、煤层的分叉合并等地质问题。已有研究表明，含煤地层中，正常煤层表现为低纵波速度和密度，其波阻抗值为低值。与煤岩相比，泥岩、砂岩等岩性波阻抗值明显较大，因此通过波阻抗反演的数据成果，可以很好地划分煤层与围岩；当煤层发生分叉合并时，由于夹矸的波阻抗与煤层有明显区别，且波阻抗反演提高了地震数据的分辨率，因此基于波阻抗数据体开展煤层的分叉合并分析。研究区还比较关注卡以头组砂岩类岩石的富水性，当岩石的孔隙度、含水饱和度变化时，其纵波速度和密度也产生变化，考虑研究区内有电阻率测井，因此通过建立电阻率测井与波阻抗属性的关系，指示岩石的富水性变化，根据卡以头组岩性波阻抗的变化规律进而围绕砂岩划分出不同的富水性，指导煤矿开采和相关的地质分析。

7.1　煤层顶底板岩性测井统计

井田内主要含煤地层为龙潭组 C_2 ~ C_{19} 煤层段。地层厚 134.67 ~ 188.16m，平均厚 163.01m，含煤 10 ~ 21 层，一般含煤 16 层，煤层总厚 23.81m，含煤系数 14.61%。含可采煤层 9 ~ 18 层，一般 11 层，可采总厚 18.08m，可采含煤系数 11.09%。

井田内可采煤层较多，C_2 ~ C_{19}煤层间距平均 163.01m，而可采煤层达 11 层，平均煤层间距较小，仅 14.82m，上一层煤的底板一般为下一层煤的老顶或直接顶。大部分煤层均有伪顶和伪底，据邻区白龙山煤矿及周边小煤矿开采情况调查了解，伪顶和伪底岩性为泥岩或碳质泥岩时，具有易软化、遇水膨胀、机械强度差等特性，伪顶随采随落，厚度较大时，较难支护，常产生冒落带，伪底厚度较大时，易产生底鼓现象，甚至造成支柱下沉。

由钻孔资料可知，勘探区内大部分钻孔埋深在 450 ~ 650m，仅有 K4109 钻孔埋深在 198 ~ 265m。C_2煤层平均厚度 1.39m，C_3煤层平均厚度 1.48m，C_{7+8}煤层平均厚度 1.93m，C_9煤层平均厚度 1.60m。C_3与 C_2煤层的平均层间距为 18.68m，C_{7+8}与 C_3煤层的平均层间距为 27.66m，C_9与 C_{7+8}煤层的平均层间距为 23.35m。表 7.1 为 C_2 到 C_9 煤层顶底板及厚度统计表。

表 7.1　主要煤层特征表

井名	C_2煤层				C_3煤层				C_{7+8}煤层				C_9煤层			
	顶板岩性	厚度/m	底板岩性	厚度/m	顶板岩性	厚度/m	底板岩性	厚度/m	顶板岩性	厚度/m	底板岩性	厚度/m	顶板岩性	厚度/m	底板岩性	厚度/m
K4115-1	碳质泥岩	0. 8	粉砂岩	1. 23	泥质粉砂岩、粉砂质泥岩	5. 27	泥质粉砂岩、粉砂质泥岩	6. 76	泥质粉砂岩	2. 72	粉砂质泥岩、泥岩	4. 37	粉砂质泥岩、含碳泥岩	2. 27	粉砂岩、高岭石泥岩	2. 41
K4115-2	粉砂质泥岩	3. 94	粉砂质泥岩	0. 95	粉砂质泥岩、高岭石泥岩	1. 5	泥质粉砂岩	2. 82	泥质粉砂岩、粉砂质泥岩	8. 46	泥质粉砂岩、高岭石泥岩	1. 24	泥质粉砂岩、碳质泥岩	3. 95	粉砂质泥岩、泥岩	1. 49
K4113-1	泥质粉砂岩	5. 21	泥质粉砂岩、粉砂质泥岩	2. 87	粉砂岩	9. 82	粉砂岩	6. 85	粉砂岩	7. 85	细砂岩	23. 14	细砂岩	23. 14	粉砂岩	4. 66
K4113-2	泥质粉砂岩	1. 87	粉砂质泥岩	4. 89	泥质粉砂岩	1. 02	含碳泥岩	4. 13	细砂岩	15. 62	泥质粉砂岩	8. 93	粉砂质泥岩	9. 44	碳质泥岩	1. 12
K4111-1	泥质粉砂岩	6. 8	泥质粉砂岩	4. 45	粉砂质泥岩、碳质泥岩	2. 09	泥质粉砂岩	6. 88	粉砂质泥岩	4. 01	泥质粉砂岩	6. 06	泥质粉砂岩	4. 58	泥岩	2. 91
K4111-4	含碳泥岩	1. 15	粉砂质泥岩	1. 65	细砂岩	9. 86	粉砂岩	3. 99	粉砂岩	19. 33	泥质粉砂岩	0. 87	细砂岩	12. 44	粉砂岩	4. 85
K4111-2	细砂岩	9. 3	粉砂岩	13. 37	泥质粉砂岩	1. 47	粉砂质泥岩	6. 21	泥质粉砂岩	8. 71	泥质粉砂岩	1. 76	粉砂质泥岩	3. 03	粉砂质泥岩、碳质泥岩	2. 45
K4111-3	泥岩	0. 86	泥岩	1. 3	粉砂质泥岩	4. 66	粉砂质泥岩	5. 36	泥质粉砂岩	2. 31	泥质粉砂岩	6. 92	粉砂质泥岩	4. 94	细砂岩	3. 61
K4109-1	泥质粉砂岩	5. 9	泥质粉砂岩	3. 65	粉砂质泥岩	1. 3	泥质粉砂岩	2. 1	泥质粉砂岩	1. 05	菱铁质泥岩、碳质泥岩	0. 8	粉砂质泥岩	8. 95	碳质泥岩、菱铁质粉砂岩	2. 0
K4109-2	粉砂质泥岩	7. 13	泥质粉砂岩	4. 96	粉砂岩	11. 5	泥质粉砂岩	8. 46	泥质粉砂岩	8. 88	泥质粉砂岩、含碳泥岩	4. 43	泥质粉砂岩	9	粉砂岩	13. 02
K4109-3	泥质粉砂岩	4. 76	细砂岩	7. 76	泥质粉砂岩	4. 51	泥质粉砂岩、泥岩	1. 66	粉砂质泥岩	1. 1	粉砂质泥岩	1. 60	粉砂质泥岩	3. 12	细砂岩、泥岩	10. 61
K4107-1	粉砂质泥岩	5. 11	细砂岩、泥岩	7. 46	泥质粉砂岩	2. 64	粉砂岩	4. 51	泥质粉砂岩	5. 36	粉砂质泥岩	1. 2	粉砂岩	5. 84	细砂岩、粉砂质泥岩	2. 2
K4107-2	粉砂质泥岩	1. 58	泥质粉砂岩	3. 88	泥质粉砂岩	10. 05	泥质粉砂岩	3. 89	粉砂岩	7. 22	粉砂岩	7. 26	泥质粉砂岩	3. 03	粉砂岩	4. 57
K4105-1	粉砂质泥岩、高岭石泥岩	2. 03	泥质粉砂岩	4. 23	泥质粉砂岩	3. 9	泥质粉砂岩	3. 66	泥质粉砂岩	6. 57	粉砂质泥岩	2. 64	泥质粉砂岩	4. 75	泥质粉砂岩	4. 72
K4105-2	粉砂质泥岩	1. 21	泥质粉砂岩	4. 54	粉砂岩	12. 33	泥质粉砂岩	4. 67	细砂岩	17. 06	粉砂质泥岩	7. 83	泥质粉砂岩	14. 62	泥质粉砂岩、粉砂质泥岩	1. 25
K4113-4	泥质粉砂岩、含碳泥岩	1. 6	泥质粉砂岩	6. 06	细粒砂岩	7. 95	泥质粉砂岩	4. 45	泥质粉砂岩、泥岩	9. 82	泥岩、粉砂质泥岩	1. 1	粉砂质泥岩	5. 28	泥岩、粉砂质泥岩	1. 21

7.2　基于测井约束的含煤地层波阻抗反演

叠后地震反演大致可以分为两类：带限（迭代）反演和宽带反演（如基于模型的反演和稀疏脉冲反演）。目前，最为常用的叠后地震反演方法主要是基于模型反演和稀疏脉冲反演。研究区内共有 8 口井有纵波速度和密度曲线，为满足煤田精细探测的需要，主要采用基于模型的反演方法。

7.2.1　基于模型反演原理

基于模型反演有一定的假设前提，如假定相邻层之间纵波发射系数之间的差别很小，即

$$R_n \approx \frac{1}{2}\Delta \ln I_n = \frac{1}{2}(\ln I_{n+1} - \ln I_n) \tag{7.1}$$

式中，R_n 为相邻两个测量的对数差（从自然对数的基准）；I_n 为每一层的波阻抗。

对于一个包含 N 个反射系数的反射系数序列，在假设处理过程中已经将噪声去除完全的前提下，有

$$\begin{bmatrix} R_1 \\ R_2 \\ \vdots \\ R_N \end{bmatrix} = \frac{1}{2}\begin{bmatrix} -1 & 1 & 0 & \cdots \\ 0 & -1 & 1 & \ddots \\ 0 & 0 & -1 & \ddots \\ \vdots & \ddots & \ddots & \ddots \end{bmatrix}\begin{bmatrix} L_1 \\ L_2 \\ \vdots \\ L_N \end{bmatrix} \tag{7.2}$$

式中，R_1，R_2，…，R_N 为一系列电阻值。

其中对于任意第 n 层，有 $L_n = \ln(I_n)$。

地震记录相当于大地反射系数序列与地震子波进行褶积，而后再加噪声，如果假定地震记录是无噪的，那么它可以写成：

$$\begin{bmatrix} S_1 \\ S_2 \\ \vdots \\ S_N \end{bmatrix} = \begin{bmatrix} w_1 & 0 & 0 & \cdots \\ w_2 & w_1 & 0 & \ddots \\ w_3 & w_2 & w_1 & \ddots \\ \vdots & \ddots & \ddots & \ddots \end{bmatrix}\begin{bmatrix} R_1 \\ R_2 \\ \vdots \\ R_N \end{bmatrix} \tag{7.3}$$

地震记录中的第 n 个采样点可以用 S_n 表示；w_n 则可以代表提取子波中对应的第 n 项。

由式（7.2）与式（7.3），可以得到一个完整的地震道的表达形式：

$$\begin{bmatrix} S_1 \\ S_2 \\ \vdots \\ S_N \end{bmatrix} = \frac{1}{2}\begin{bmatrix} w_1 & 0 & 0 & \cdots \\ w_2 & w_1 & 0 & \ddots \\ w_3 & w_2 & w_1 & \ddots \\ \vdots & \ddots & \ddots & \ddots \end{bmatrix}\begin{bmatrix} -1 & 1 & 0 & \cdots \\ 0 & -1 & 1 & \ddots \\ 0 & 0 & -1 & \ddots \\ \vdots & \ddots & \ddots & \ddots \end{bmatrix}\begin{bmatrix} L_1 \\ L_2 \\ \vdots \\ L_N \end{bmatrix} \tag{7.4}$$

式（7.4）可以进行简写为式（7.5），式中 S 代表整个地震道，W 代表子波矩阵，D 代表微分矩阵，L 是由一系列 L_n 构成的矩阵。

$$S = \frac{1}{2}WDL \tag{7.5}$$

在地震道和地震子波已知的前提下，可以通过矩阵反演方法计算 L，进而得到每一层的波阻抗 I_n。但直接进行矩阵反演既耗时，又不稳定，并且通过此方法并不能得到关于波阻抗的低频成分，而低频成分对于反演来说是尤为重要的，缺失了低频成分只能得到相对的波阻抗值（图 7.1）。

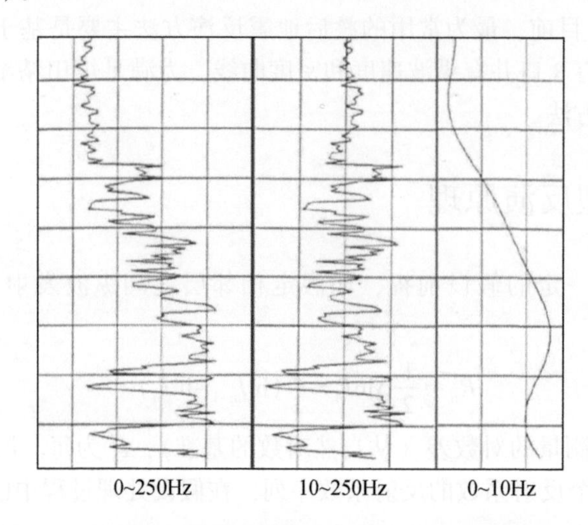

图 7.1　不同频段的波阻抗曲线（Chopra and Marfurt，2002）

为此，在进行反演时，通常不直接进行矩阵反演，而是构建一个初始模型 L_0，然后对模型进行不断更新，采用共轭梯度法一步步逼近准确解。为了对 L 的可能解进行约束，设定上下边界 L_l和 L_u，L 的最终解应满足 $L_l \leqslant L \leqslant L_u$。

7.2.2　基于模型反演流程

根据上述反演原理，建立叠后波阻抗反演的流程如图 7.2 所示。从图中可以看出，获得合适的反演结果，需要对测井资料预处理，提取地震子波，建立初始模型，用反演分析方法进行深入分析。反演过程可以大致分为以下几步：

1）对测井得到的波阻抗进行方波化，方波化尺寸代表了模型中每一层的厚度，该层厚度一般等于或大于地震数据的采样率。

2）将子波和方波化后的模型进行褶积，以获得合成地震道。合成地震道与原始地震道之间存在一定差异，存在差异的原因有两个：一是二者反射系数序列不尽相同；二是原始地震道中包含噪声成分，而合成地震道中没有。

3）通过采用最小平方优化方法（也称最小二乘法），不断更新模型波阻抗数据，以使合成地震道与原始地震道之间的差异最小，在此过程中，常通过改变方波化尺寸和振幅大小，以使误差尽可能小。

4）重复上述步骤，直至合成道与原始道之间的差异达到最小。

对于测井资料较多的区域，基于模型反演是不错的选择，但在测井资料较少时，如果仍采用基于模型反演，得到的结果可能会过度模型化，即反演结果和初始模型非常相似。

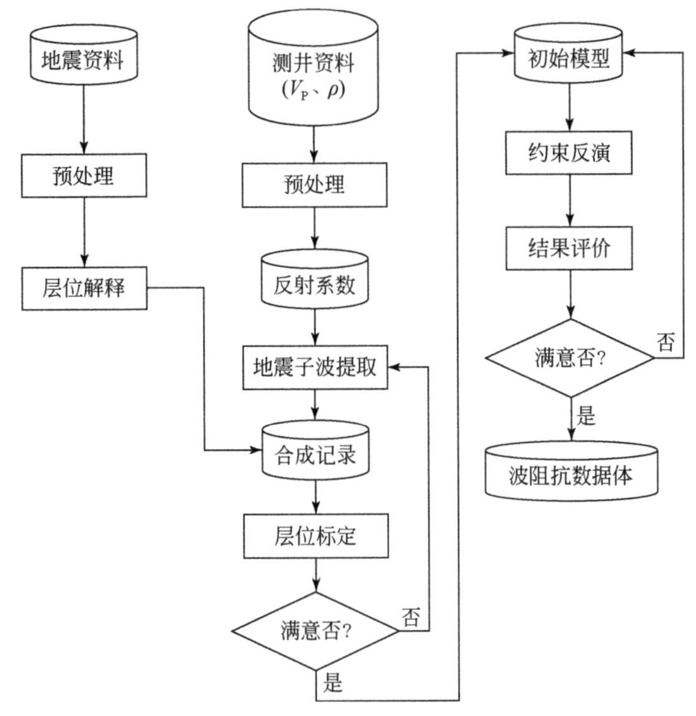

图7.2　基于模型反演流程

V_P 为纵波速度；ρ 为岩密度

7.2.3　测井曲线预处理

在本次勘探区内，一共收集到钻孔16个，8口井资料包含密度、电阻率、散射伽马（伽马-伽马）和自然伽马曲线，能够用于进行后续的反演，如图7.3和图7.4所示。

为了消除仪器采集等对曲线造成的误差，提高反演结果的准确性，需要对这8口井的纵波速度及密度曲线进行标准化处理。本研究采用频率直方图交会分析的方法进行标准化处理。一般认为，不同井点同一标准层应具有相似的或呈规律性变化的测井响应，根据频率直方图确定的极值就可以定性分析与定量校正。如图7.5所示，如果标准井A的测井曲线直方图分布范围是 $A_1 \sim A$，B井的分布范围是 $B_1 \sim B$，因此要想办法将它们调到同一个范围，如图7.5所示。

$$Acb=\frac{Acb-B}{B_1-B}\times(A_1-A)+A$$

式中，c、b 为衰减系数，表示从频率点 B 到频率点 A 的声压级的衰减程度。

根据对研究区钻井测井资料的统计，由于K4111-4井位于研究区中部位置且其测井资料全面准确，所以进行测井标准化处理时选取K4111-4井为标准井。由于研究区岩性复杂，故取 C_2 煤层向上20～140m的岩性作为标准层进行标准化统计。

图7.6和图7.7分别是全区密度曲线与全区密度曲线标准化后的显示图。经过标准化之后，全区测井基本消除了外部因素的影响，只反映岩性的变化，因而能够用来进行反演。

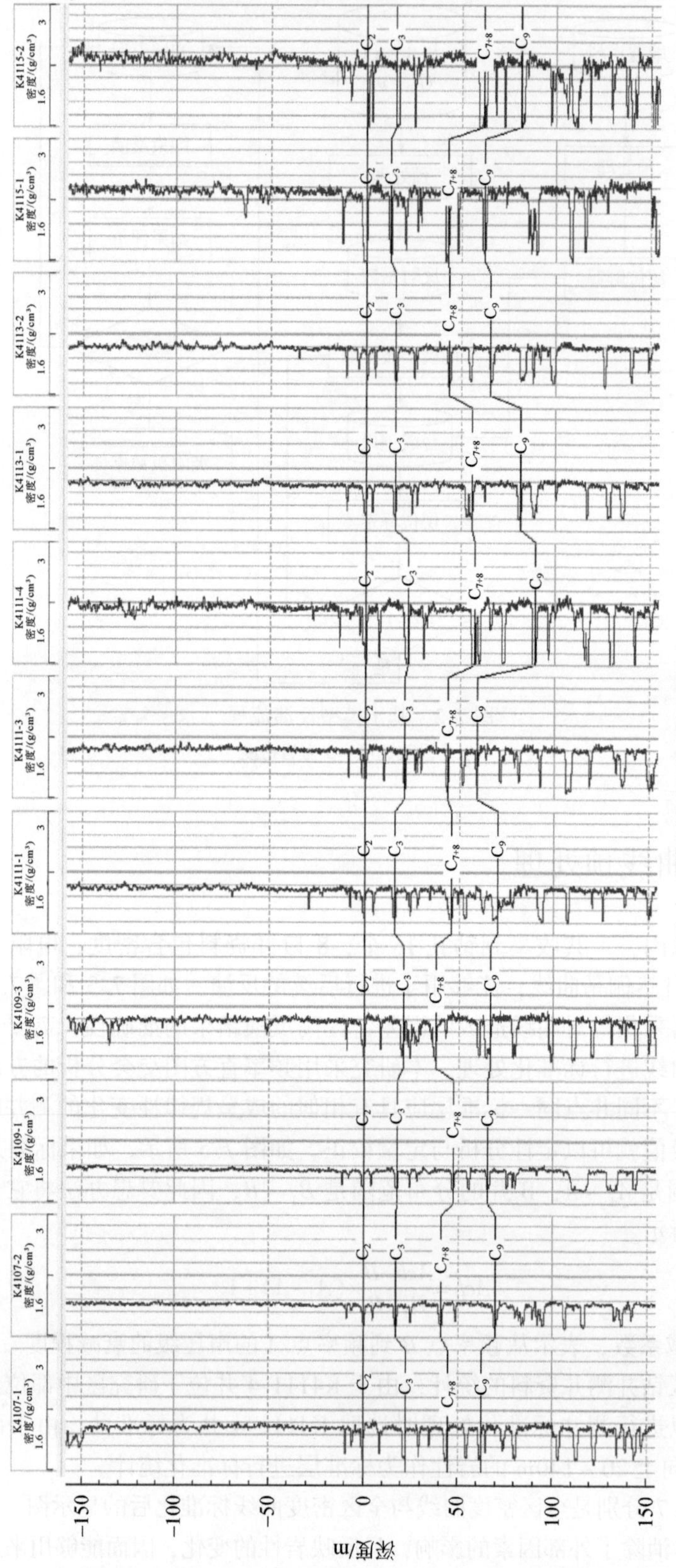

图7.3　全研究区密度曲线显示

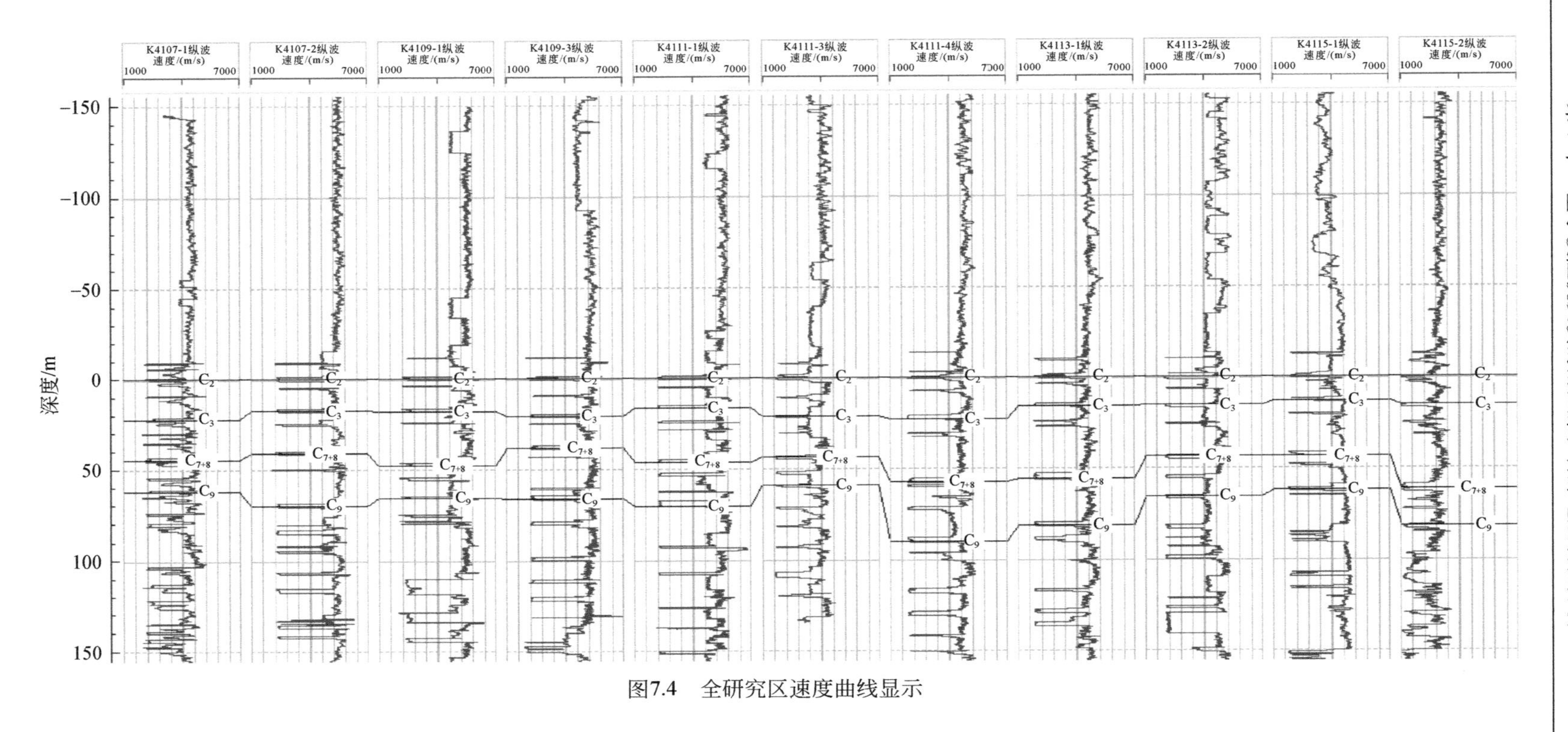

图7.4　全研究区速度曲线显示

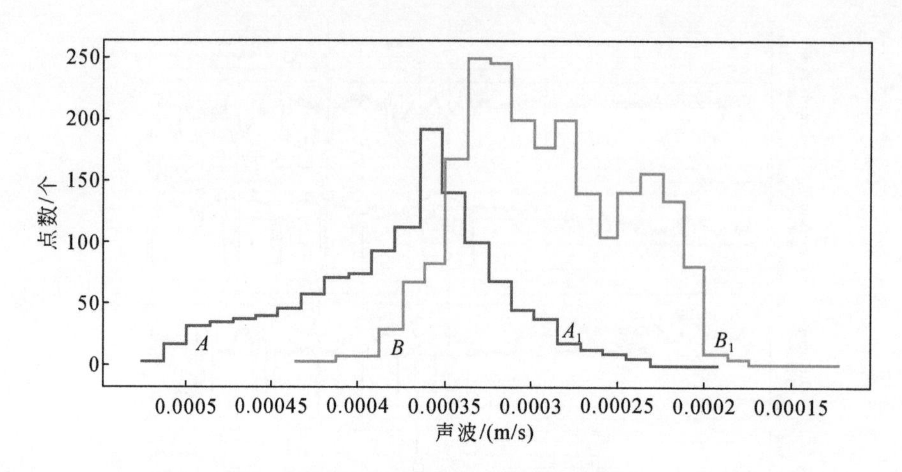

图 7.5 测井曲线标准化示意图

7.2.4 子波提取

测井、地质、钻井的信息是以深度计算的，而地震信息是以时间计算的，如何建立深度域测井、地质、钻井资料与时间域地震资料之间的关系是地震反演的关键之处。层位标定及子波提取是联系地震和测井数据的桥梁，在地震反演中占有重要地位。对基于模型的反演，地震子波更是联系地震记录与初始模型的纽带，模型反演结果与地震记录、初始模型、地震子波密切相关。在地震记录为已知参数，初始模型不可能更精确的情况下，如何求取更合适的地震子波是反演成败的关键之一。因此，在这个意义上，地震子波的含义远远超出了它在常规地震资料处理中的含义，此时的地震子波定义为地震记录与初始模型之间的匹配因子更合理。因此，只有在子波提取较准确的情况下，才能获得高精度的预测结果。

子波的频率要与井旁地震道主频一致。对目的层段的井旁地震剖面做频谱分析，确定其主频，作为合成记录的主频。

子波长度的选取要适宜（一般为 100ms 左右）。由于地层对高频有吸收效应，因此在浅层，子波长度可以选择短些；在深层，子波可略长。

常见的提取子波的方法有以下两种。

1）Ricker 子波：单纯从层位对比来讲，用零相位里克子波很合适。因为用零相位里克子波制作合成记录时没有时移，层位对比准确。然而却不能满足反演的要求，这是由于实际地震子波往往是混合相位的，其形态远比里克子波复杂。

2）统计法提取子波：该方法得到的子波是从井旁地震道中提取的，由地震道的自相关得到，是多地震道的平均自相关估计。其相位谱则假定为一常数，由解任意度的最小平方整形滤波器得到平均相位。在该方法中，子波的相位是预先给定的，而且子波的形状不太理想，但与地震剖面的吻合程度较高。对于信噪比高的资料，该子波提取方法是较为可取的。

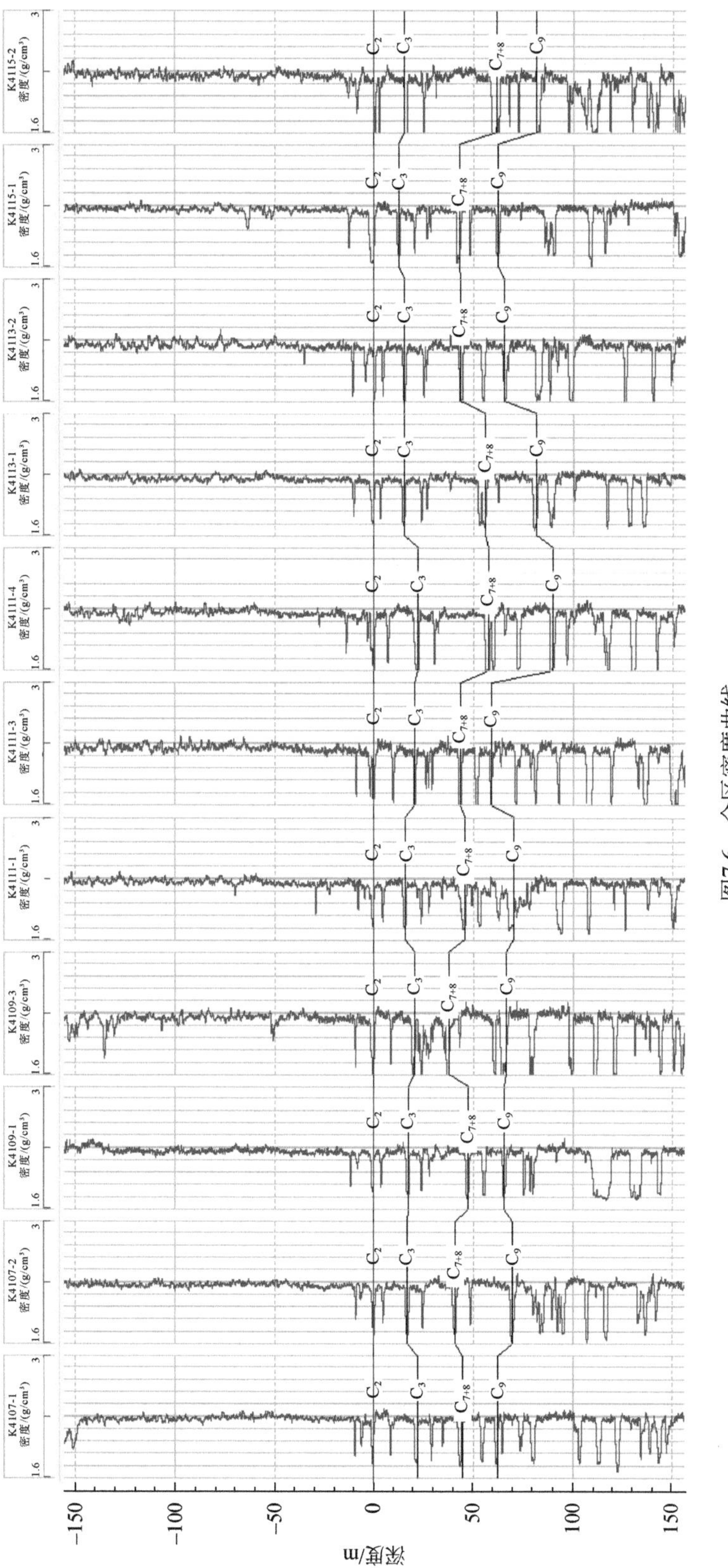
K4115-2 密度/(g/cm³)
K4115-1 密度/(g/cm³)
K4113-2 密度/(g/cm³)
K4113-1 密度/(g/cm³)
K4111-4 密度/(g/cm³)
K4111-3 密度/(g/cm³)
K4111-1 密度/(g/cm³)
K4109-3 密度/(g/cm³)
K4109-1 密度/(g/cm³)
K4107-2 密度/(g/cm³)
K4107-1 密度/(g/cm³)
3
1.6
C2
C3
C7+8
C9
-150
-100
-50
0
50
100
150
深度/m

图7.6　全区密度曲线

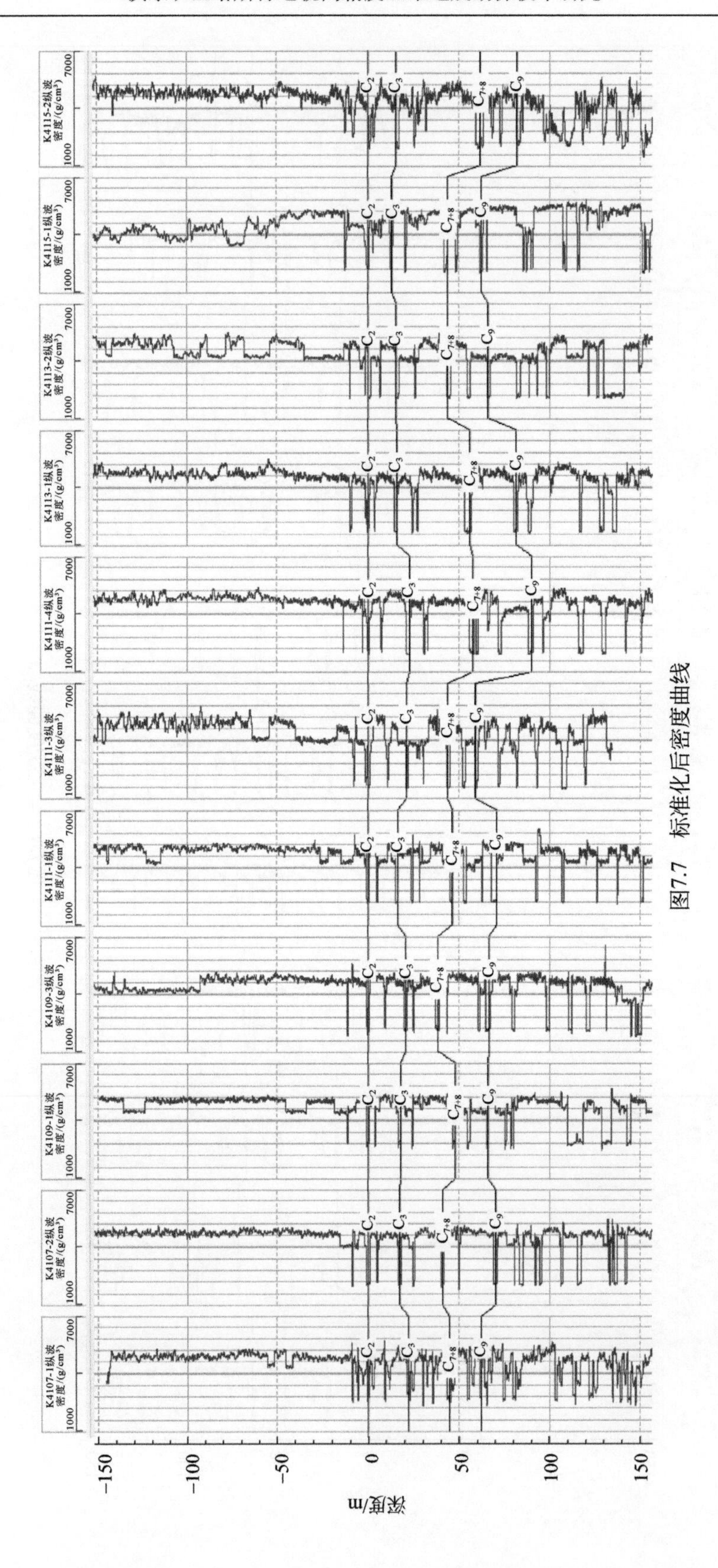

图7.7　标准化后密度曲线

通过地震数据的频谱分析得知，研究区地震数据主频为50Hz，因此里克子波的主频也取50Hz。分别提取里克子波和统计子波进行分析，如图7.8～图7.10所示，经过对比分析发现统计子波相关系数高于里克子波，所以本次反演选取统计子波作为最终的子波。

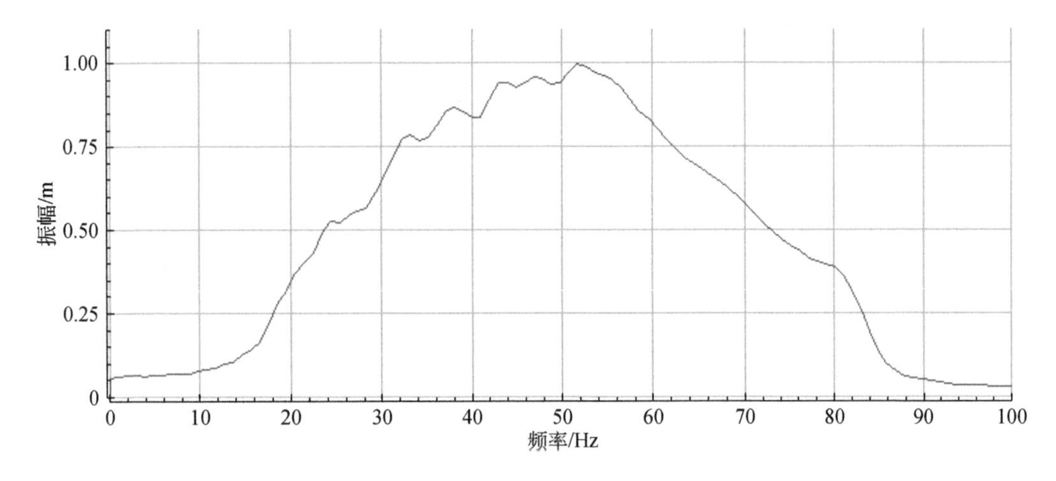

图7.8　地震数据频谱分析

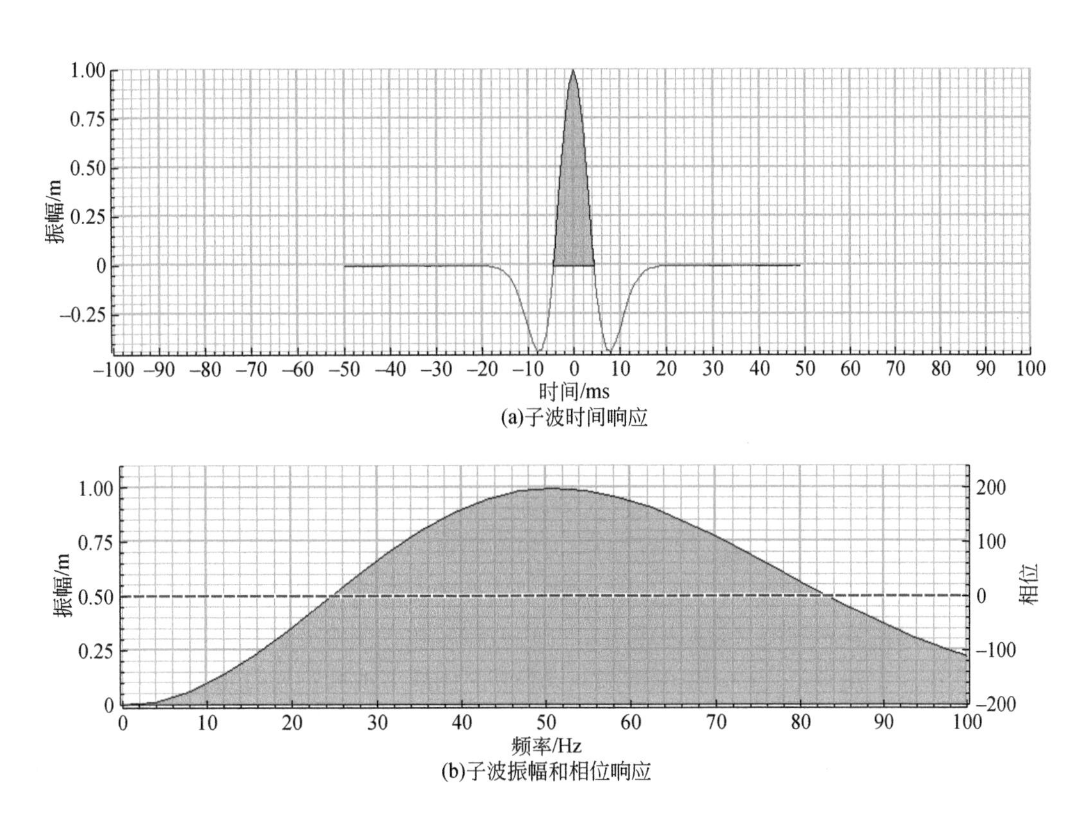

图7.9　里克子波及其频谱

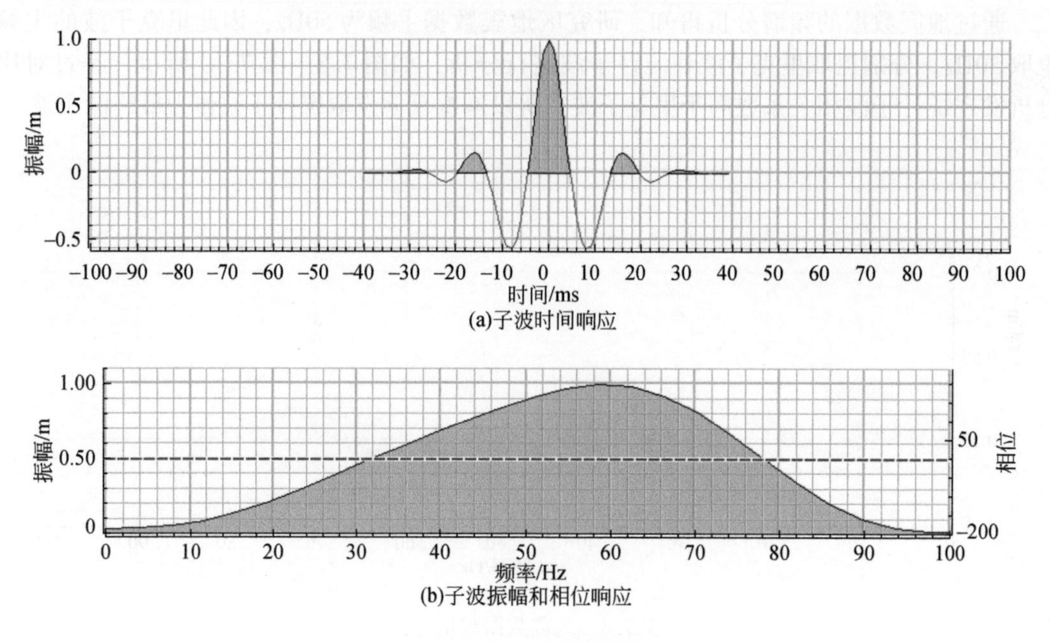

图 7. 10　统计子波及其频谱

提取子波时，时窗应满足以下几个条件：①时窗长度应是子波长度的 3 倍以上，以降低子波的抖动程度，提高其稳定性；②时窗顶底位置不要放在测井曲线变化剧烈的地方，应在地震波的过渡带；③时窗长度加上子波长度所对应的位置要有测井曲线，以避免在褶积过程中出现边界截断效应；④参与子波提取的井旁地震道尽量沿构造走向，远离断层，对于斜井，最好沿井轨迹选择道窗；⑤要选择信噪比高、品质好的时间段，在断层周围、深层、偏离井位太远处，均不宜提取子波。

7. 2. 5　井震标定

地震地质层位标定是地震构造解释和地震反演的基础，井震标定是否正确，直接影响到地质模型和波阻抗模型的建立，并最终影响到反演结果的好坏。地震地质标定是通过合成地震记录实现的。合成地震记录是借助声波速度资料、密度资料和地震子波等褶积获得的地震反射图，通过精确制作合成记录，将地层岩性界面精确标定在地震剖面上。合成地震记录是联系地震资料和测井资料的桥梁，是构造解释和岩性地震解释的基础，是地震与地质相结合的一个纽带。它将深度域的测井资料和时间域的地震资料有机结合在一起，实现了测井资料的高垂向分辨率和地震资料的高横向分辨率的有机结合。

在井震标定时，参考邻区内经验时-深关系，首先做好标准反射层的标定，使合成地震记录与井旁地震道保持标准反射层的反射波组相位、能量关系的一致性。然后对目的层进行精细标定，根据目的层与围岩的对比情况、实际地震资料的极性，确定目的层在实际地震资料中的反射特征和相应的位置，特别是与波峰、波谷的对应关系，在必要的时候可以对井曲线进行适当的拉伸与压缩，得到最佳的标定结果。在保证合成记录与井旁地震道良好相关的同时，确定该井合理的时-深关系，从而完成该井的地震地质标定。

对于井震标定的好坏，主要有以下检验手段。

1）相关系数法：通过计算合成记录与地震剖面的相关系数，可以判断井震标定质量的高低和子波选取的好坏，但不是唯一标准。不同的子波对应不同的相关系数，在同一张图上，不同井之间的相关系数也有所不同。对于相关系数低的井，可以回到前面进行调整，直到达到满意的效果。

2）测井曲线对比法：在求反射系数时，要对合成记录进行拉伸和压缩，这会改变声波曲线的形态，因此要对时-深调整的声波曲线与原始声波曲线进行对比，保证二者的形态变化不超出允许的范围。

3）残差剖面法：残差剖面是合成记录与地震剖面之差，残差剖面越小，表明合成记录与地震剖面在频率、振幅、相位等方面的匹配越好，合成记录也就越精确。

图7.11～图7.14分别是K4107-2井、K4111-3井、K4111-4井和K4115-1井的井震标定示意图，各井合成地震道和真实地震道在各个煤层上的相关系数较高，井震标定达到反演要求。

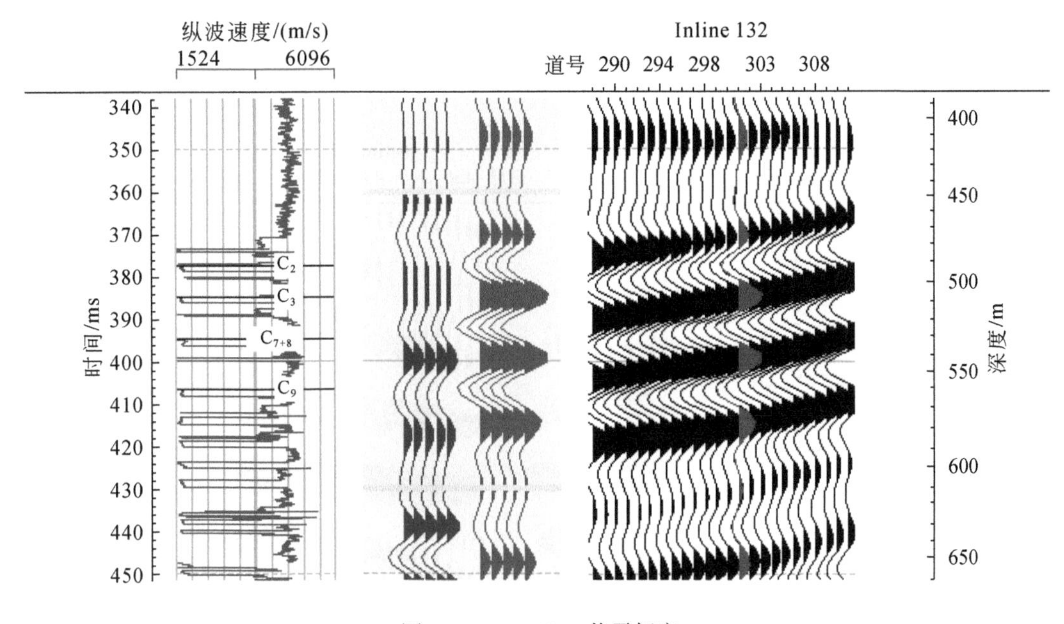

图7.11　K4107-2井震标定

7.2.6　初始模型建立

在地震反演中，初始地质模型的合理建立是很重要的，特别是对模型反演来说，反演结果的好坏很大程度上由初始模型即先验地质认识决定，因此建立初始模型是做好基于模型反演的关键。建立尽可能接近实际地层条件的初始波阻抗模型，是减少其最终结果多解性的根本途径。测井资料在纵向上详细揭示了岩层的变化细节，地震资料则连续记录了界

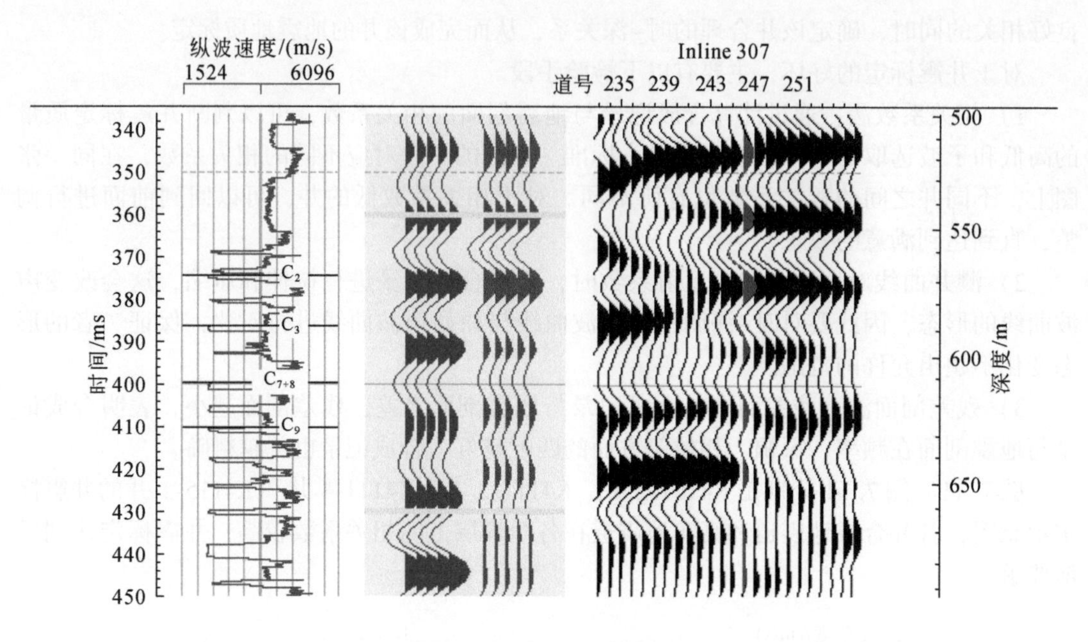

图 7.12　K4111-3 井震标定

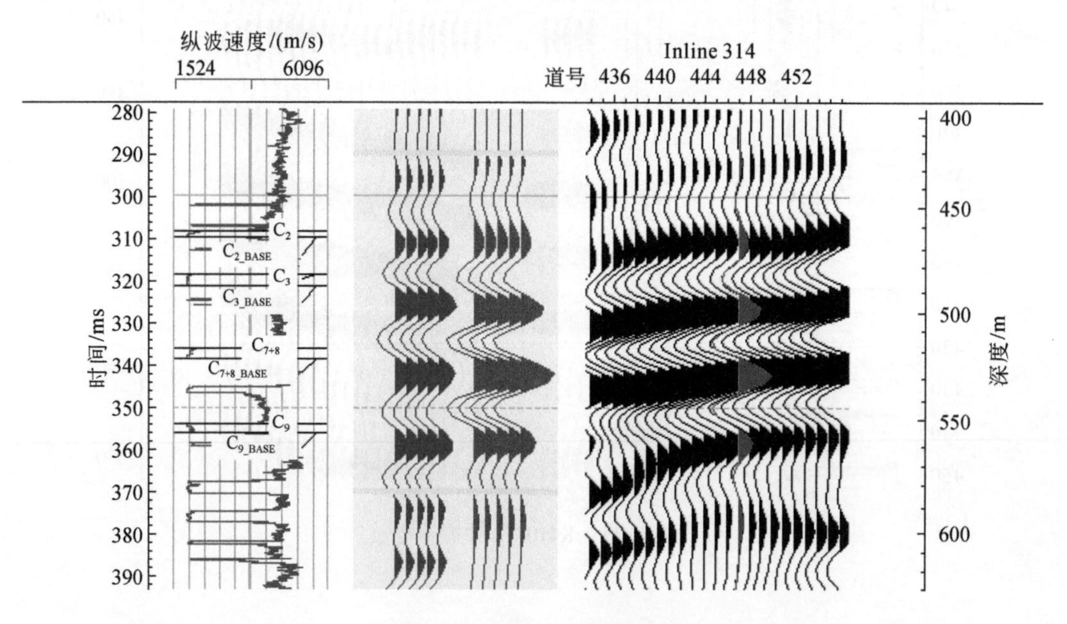

图 7.13　K4111-4 井震标定

面的横向变化，二者的结合，为精确建立空间波阻抗模型提供了必要的条件。

从地震资料出发，以测井资料和钻井数据为基础，建立能反映本区沉积体地质特征的低频初始模型。具体做法如下：根据地震精细解释层位，建立一个地质框架结构。在该地质框架结构的控制下，再根据一定的插值方式，对测井数据沿层进行内插和外推，产生一个平滑、闭合的实体模型（如波阻抗模型）。因此，合理地建立地质框架结构和定义内插

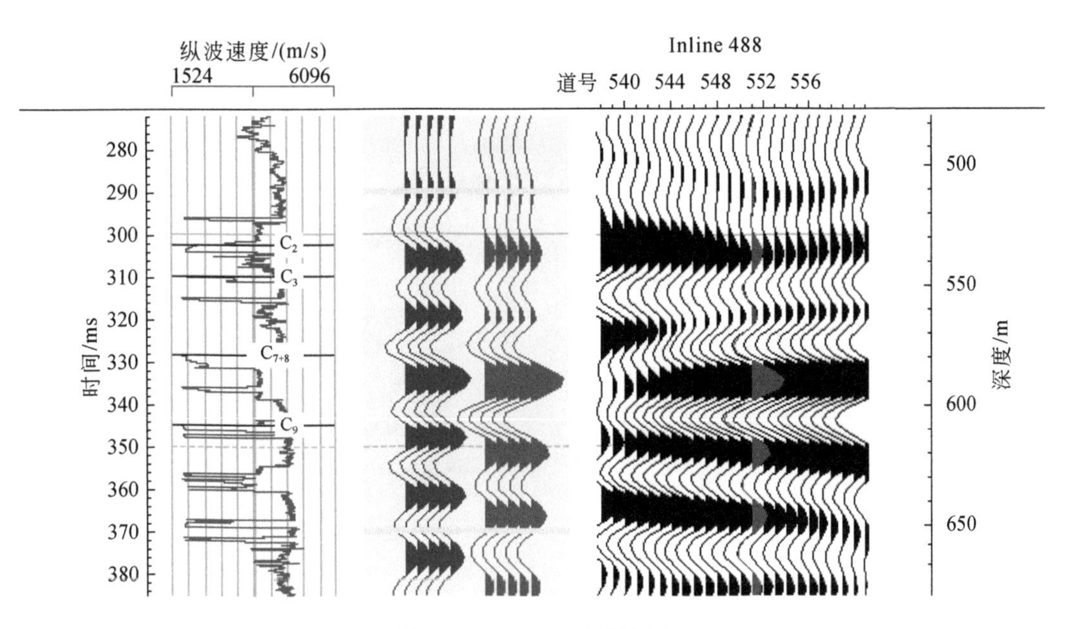

图 7.14 K4115-1 井震标定

模式是关键的两个部分。

(1) 地质框架结构的建立

地下沉积体的空间接触关系是十分复杂的，计算机无法一次确定各个层位之间的拓扑关系，在建模中的地质框架结构通过地质框架结构表按沉积体的沉积顺序，从下往上逐层定义各层与其他层的接触关系（平行于顶层、平行于底层、层间平均）。

(2) 内插模式的定义

参数内插并不是简单的数学运算，而是要根据层位的变化，对测井曲线进行拉伸和压缩，是在层位约束下的具有地质意义的内插。内插方式有反距离平方、三角形网格及克里金插值法等，这几种插值方式都遵循一个准则：任何一口井的权值在本井处为1，在其他井处为0。其中，反距离平方适用于井资料少的地区，三角形网格法只适用于规则分布的开发井网间的插值，本次采用了克里金插值法。克里金插值法是一种较光滑的内插方法，实际上是特殊的加权平均法，主要反映了岩性参数的宏观变化趋势，该方法所给出的结果是确定性的，比较接近真实值，其误差取决于方法本身的适用性及宏观地质条件，就井间估计值来讲，该方法更能反映客观地质规律，精度相对较高，是定量描述的有力工具。初始模型中的任意未知地震道上的波阻抗值或其他测井曲线垂直组分按下式计算：

$$\mathrm{VC} = \sum_{n=1}^{N} W_n \cdot \mathrm{VC}_n \tag{7.6}$$

式中，VC为不知道上沿层波阻抗值（或其他测井曲线垂直组分）；VC_n为每口井的垂直曲线组分；W_n为归一化的波阻抗权值大小；n为井的总个数；$\sum W_n = 1$。

图7.15是研究区波阻抗反演所建模型K4111线连井剖面图，从图中可以看出井曲线和模型道吻合程度高，横向连续性强。

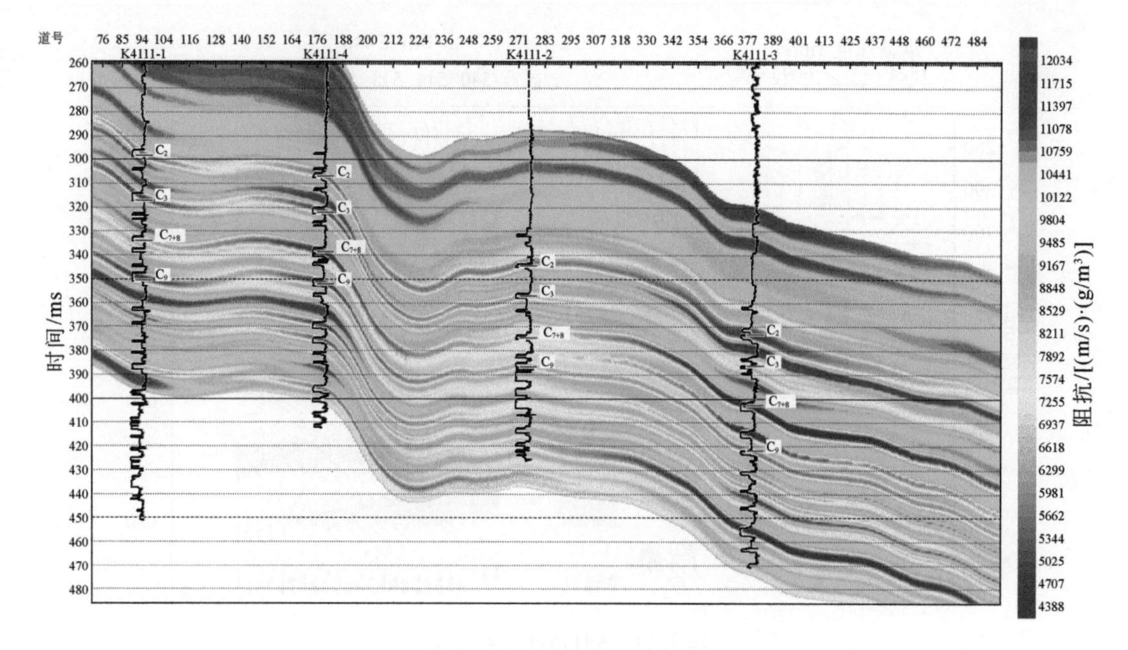

图 7.15　模型 K4111 线连井剖面

7.2.7　反演分析

在完成以上各项工作的基础上，选定时窗和地震道范围，采用基于模型的方法进行反演。反演中，先对过井剖面进行反演，调整反演参数，进行反复试验、分析，确定合适的参数，然后对全区进行反演，该过程称为反演分析。

(1) 约束条件

使用约束条件的方法有两种。

第一种方法认为，附加信息是一种“硬”约束。该约束条件设定了根据初始模型反演得到最终结果的绝对边界。这种约束使用初始猜测约束作为反演的起点，并用一个最大阻抗变化参数（即初始猜测平均阻抗的百分比）作为限定反演计算的阻抗偏离初始猜测的“硬边界”。在反演计算中，阻抗参数可以自由的改变，但不能超过固定的边界。例如，25%被使用，则样点 i 处计算的最终阻抗 I (i) 必须满足：

$$I_0(i)-25\%I_{AV}\leqslant I(i)\leqslant I_0(i)+25\%I_{AV} \tag{7.7}$$

式中，I_0 (i) 为样点处的初始猜测阻抗；I_{AV}为输入约束 I_0的平均阻抗。

当不存在约束或约束很宽时，由目标函数的最小平方解系统，可以得到与地震道最佳拟合的期望输出，且其低频趋势由初始模型来实现而不是由数据解出。反之，最大阻抗变化参数减小时，约束变紧。而当其趋于零时，则引起期望输出无限地逼近初始模型。

第二种方法认为，附加信息是一种“软”约束。即初始猜测阻抗是一块分离的信息，通过对初始猜测阻抗与地震道加权将其加到地震道上。虽然不像约束反演中设定一个“硬”边界来约束反演阻抗值的变化，但计算出一个随着计算阻抗偏离初始猜测而增加的

补偿。其目标函数为

$$J=\frac{w_1\ (L-H_r)^T(L-H_r)}{\mathrm{LMS}}+\frac{(1-w_1)(T-W_r)^T(T-W_r)}{\mathrm{TMS}} \tag{7.8}$$

式中，J 为最终的计算结果或指标；w_1 为权重系数，用于调整（$L-H_r$）与 LMS 之间的关系，w_1 在 0～1，当 $w_1=1$ 时，表示（$L-H_r$）与 LMS 之间的关系不受权重调整；当 $w_1<1$ 时，表示（$L-H_r$）与 LMS 之间的关系受到权重调整；L 为某一段时间或长度参数；H_r 为某一参考高度或参考点，用于基准或参照；T 为时间或某种变换的参数，如信号处理中的频率、波形等；LMS 为某种变换或处理后的结果，如信号处理中的滤波器输出；W_r 为参考点或基准高度的变换或处理结果。

式（7.8）描述了如何通过权重系数 w_1 调整 LMS 和（$T-W_r$）之间的关系，从而得到 J 的值。在实际应用中，该公式可以用于计算和调整不同参数之间的关系，以满足特定的需求或目标。具体应用场景可能包括信号处理、数据分析、优化问题等领域。

由此可见，反演同时平衡两种信息——地震道和初始猜测阻抗。如果 w_1 被设成极端值 0，初始猜测事实上被忽略，反演的实质即为找一个最佳的匹配地震数据，而失去测井约束的含义。反之，如果 w_1 被设为 1，则地震道被忽略，产生一个初始猜测阻抗的“分块”形式。

上述两种反演方法均有一个共同特点，即可以通过约束参数的选取控制反演阻抗是偏向地震道，还是偏向初始模型。具体参数的选择可根据目标勘探的要求及资料背景来确定。通常在多井且井间距离较小的反演中，为使井间阻抗曲线有较好的可比性，可适当地控制反演结果偏向初始模型。而对于单井或虽有多井但井间距离较大的情况，可控制反演结果偏向地震道。但在地震资料分辨率较低的情况下，也可考虑加强测井曲线的约束，以期获得较高分辨率的反演结果。

针对研究区的特点，综合分析两种约束方法，决定采用硬约束的方法进行反演。可以发现，由 10% 到 40% 时，反演结果变化较大，而从 60% 到 80% 再到 100% 对目的层的反演结果影响比较小。因此，由于研究区钻井的间距大且为了使反演的结果更加偏向地震道，减小反演结果的模型化，对研究区进行叠后反演时，其硬约束条件选择 40%，以求获得更好的结果。

图 7.16～图 7.21 为三维勘探区井的叠后反演分析剖面。从这些剖面图可以发现，合成记录与实际地震记录的匹配差异非常小，适合进行叠后反演。

（2）子波比例

褶积模型是地震勘探中所有反演的基础，它将地震波动方程的解与地下介质的物性参数联系起来，可提供推断地下地质结构信息的有力工具。

$$\text{地震道}=\text{子波}\times\text{反射系数}+\text{噪声} \tag{7.9}$$

在频率域可以近似为

$$\text{反射系数}=\text{地震道}/\text{子波} \tag{7.10}$$

为了解除反射系数，必须知道子波。通常，提取的子波只知道其形状，而不知道其绝对振幅，但反演同样要求知道绝对振幅。通过令初始猜测合成道的均方根振幅等于真实地震道的均方根振幅，从而自动确定子波的比例。

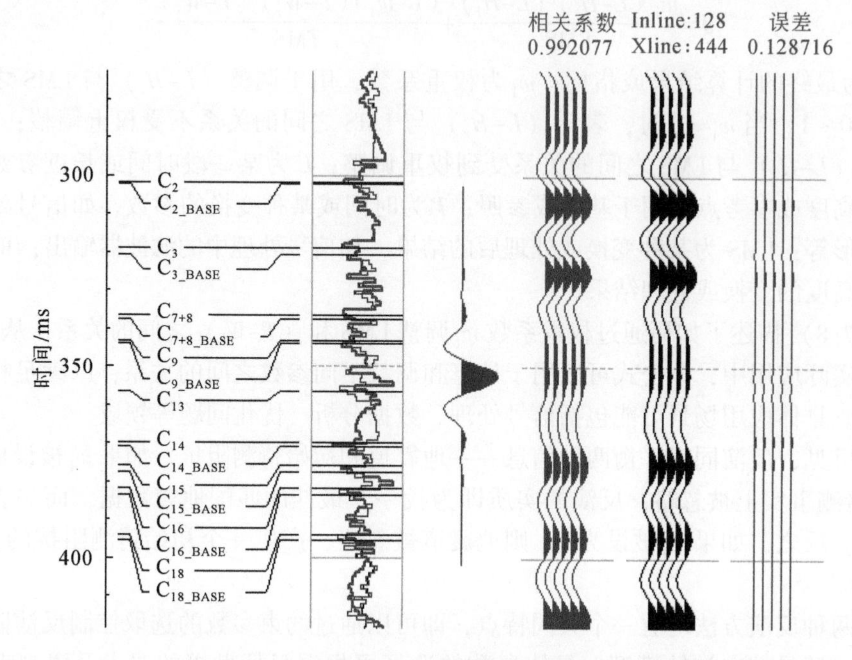

图 7.16　K4107-1 井叠后反演分析剖面

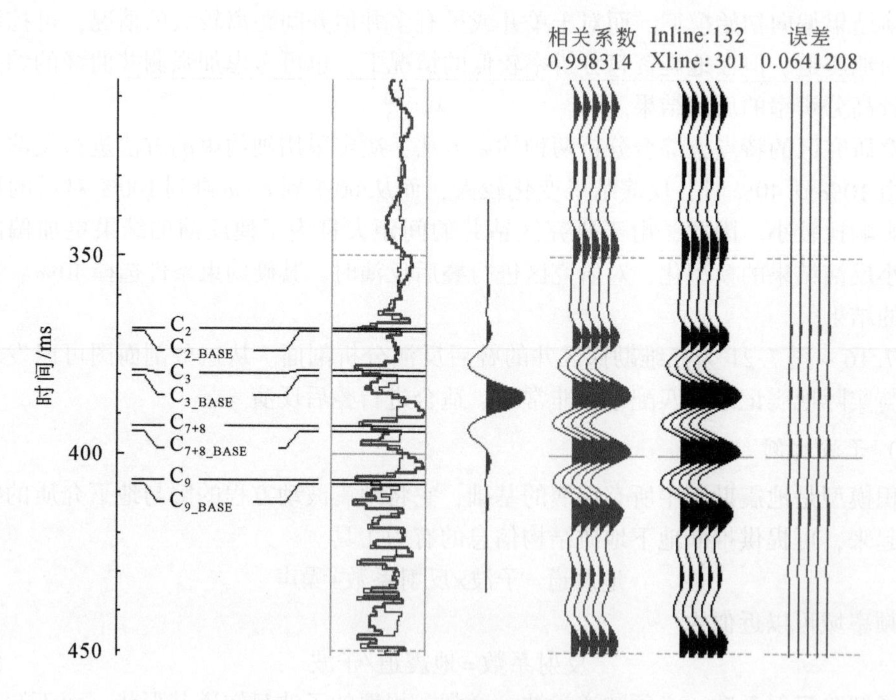

图 7.17　K4107-2 井叠后反演分析剖面

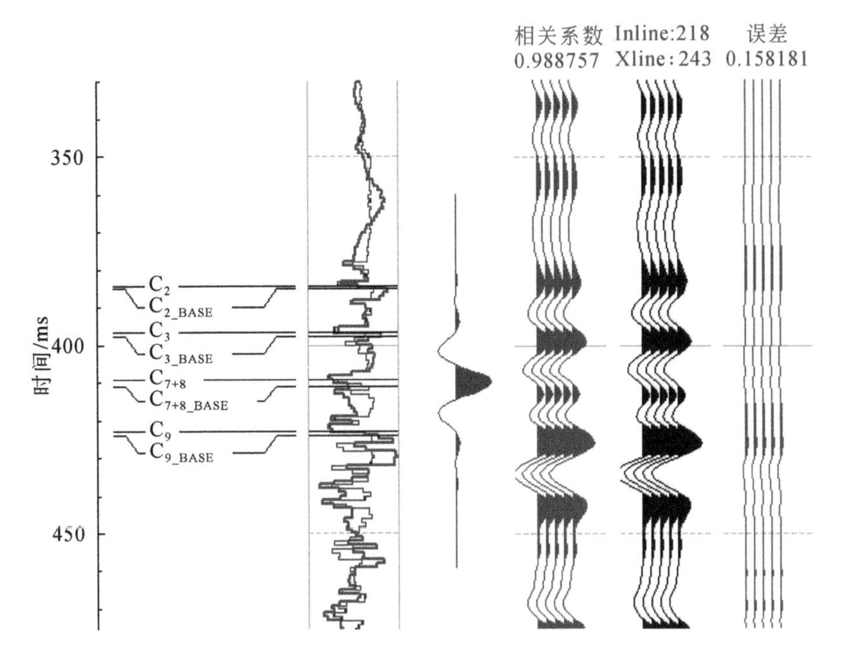

图 7.18　K4109-3 井叠后反演分析剖面

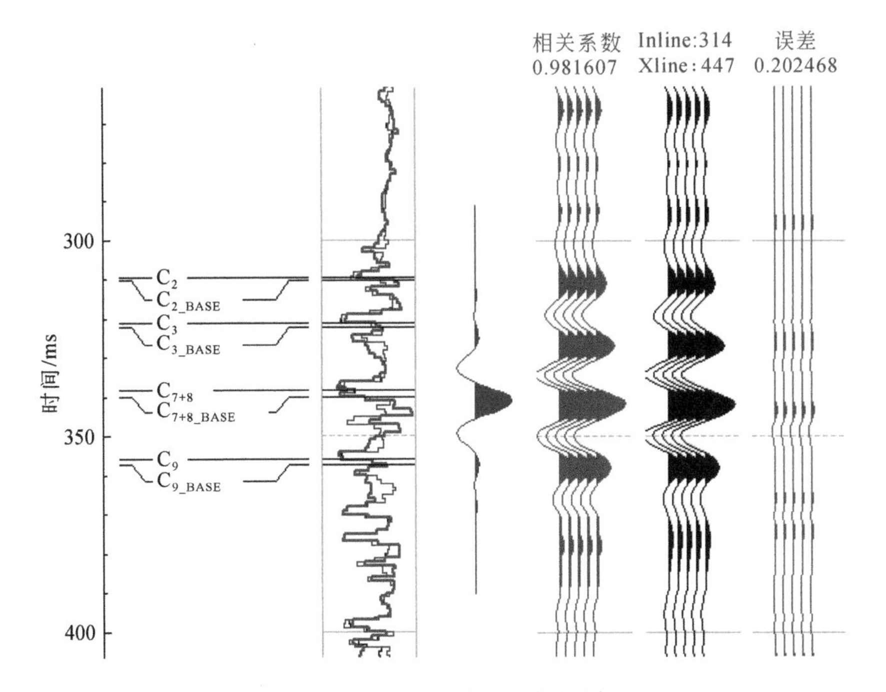

图 7.19　K4111-4 井叠后反演分析剖面

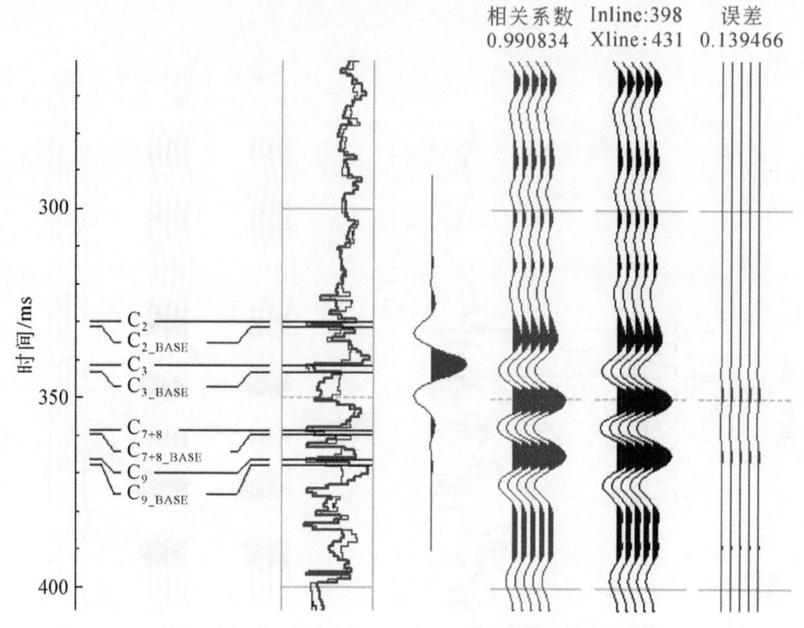

图 7.20　K4113-2 井叠后反演分析剖面

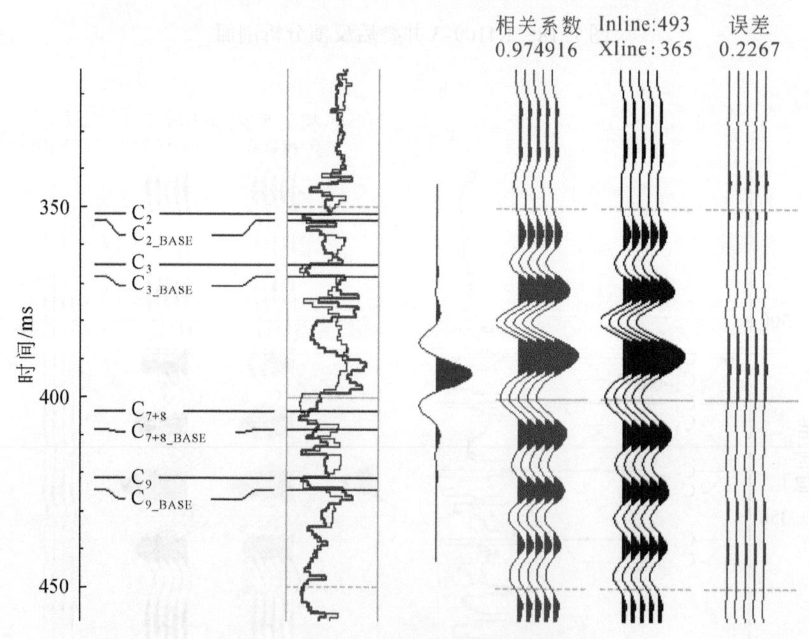

图 7.21　K4115-2 井叠后反演分析剖面

比例因子的选项如下：

1）对整个数据体计算单一比例因子。单一比例因子是理论上所希望的。这是因为，该选项假设有一个适合数据体中所有道的单一子波比例因子，这样将保留道间的振幅变化。

2）对每一道计算不同的比例因子。这种比例因子实际上更稳健。该选项假设地震道需要重新刻度，以便去掉那些不是由岩性引起的道间变化。

对于每一个选项，用于确定比例因子的时窗都可以与实际反演的时窗不同。

1）迭代次数。对于合理的反演过程，一般在20次左右可以很好地做到全局寻优。迭代次数和反演中所用的方波尺寸有关，方波越小，需要的迭代次数越多，确定迭代次数不够的方法是检查误差图。

2）方波平均大小。该参数控制最终结果的分辨率。该参数将初始模型方波化为一系列相同的方波，最终反演结果将改变方波的尺寸，但是方波的个数不变。使用较小的方波增加了最终结果的分辨率，但是所增加的细节来自初始猜测模型，使用小的方波也会提高输入道和最终合成道之间的匹配程度。

3）最大波阻抗变化百分率。无限带宽约束反演通过修改模型来匹配地震数据，该参数控制模型的变化程度。

4）预白化。求解问题的方程组存在变态性，为了改善方程组的变态程度，在对角线元素上加上一个阻尼因子，使方程组能很好求解，其取值一般为1%。

5）数据范围：为了减少计算时间，不取整个数据做计算，本次反演取时窗为200～600ms。

7.2.8 反演结果评价

利用反演分析得到的参数进行波阻抗反演，得到波阻抗数据体。在解释前，需要解释人员精细地检验波阻抗反演结果的正确性，才能得到客观的评价结果。主要采用以下方法进行判断。

(1) 波阻抗和地震波形的叠合

首先将反演得到的波阻抗数据体和地震数据体归一化为同一数量单位，然后在波阻抗剖面上叠加原始地震波形。反演是地震引导下的反演，如果反演结果和地震波形相差较大，甚至出现串层现象，这都预示着反演的效果不好，可能出现假的地质现象，会严重误导解释人员。

(2) 井旁道与测井曲线对应关系的检验

如果井旁道与测井响应不具备很好的对应关系，即在测井曲线上有很好的响应，而在井旁道波阻抗上没有显示，则说明建立的初始波阻抗模型不理想，反演过程中地震信息对测井信息改造较多，这样会给反演带来许多假象而导致反演结果不对。

(3) 连井测井剖面和连井波阻抗剖面的对比

通过做连井测井对比剖面，可以对井与井之间岩性展布的变化规律有明确的认识。假如连井波阻抗剖面所反映的岩性变化规律与测井对比结果一致，则说明反演结果合理，符合地质认识。

从波阻抗反演剖面图（图7.22、图7.23）可以看出，反演结果在一定程度上拓宽了地震频带，曲线拟合较好，地层构造格架较为合理，提高了纵向上的分辨率，反演剖面能够区分出强反射、低波阻抗的煤层。对 C_2 煤层顶板到 C_9 煤层底板的岩性，波阻抗分布规律呈现出灰岩>砂泥岩>煤层的规律。图7.24与图7.25分别是三维勘探区 C_2 煤层和 C_9 煤层

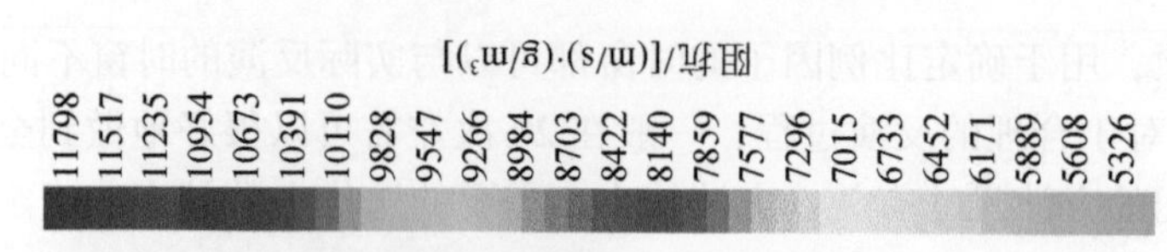

图7.22　叠后反演剖面 Inline 242

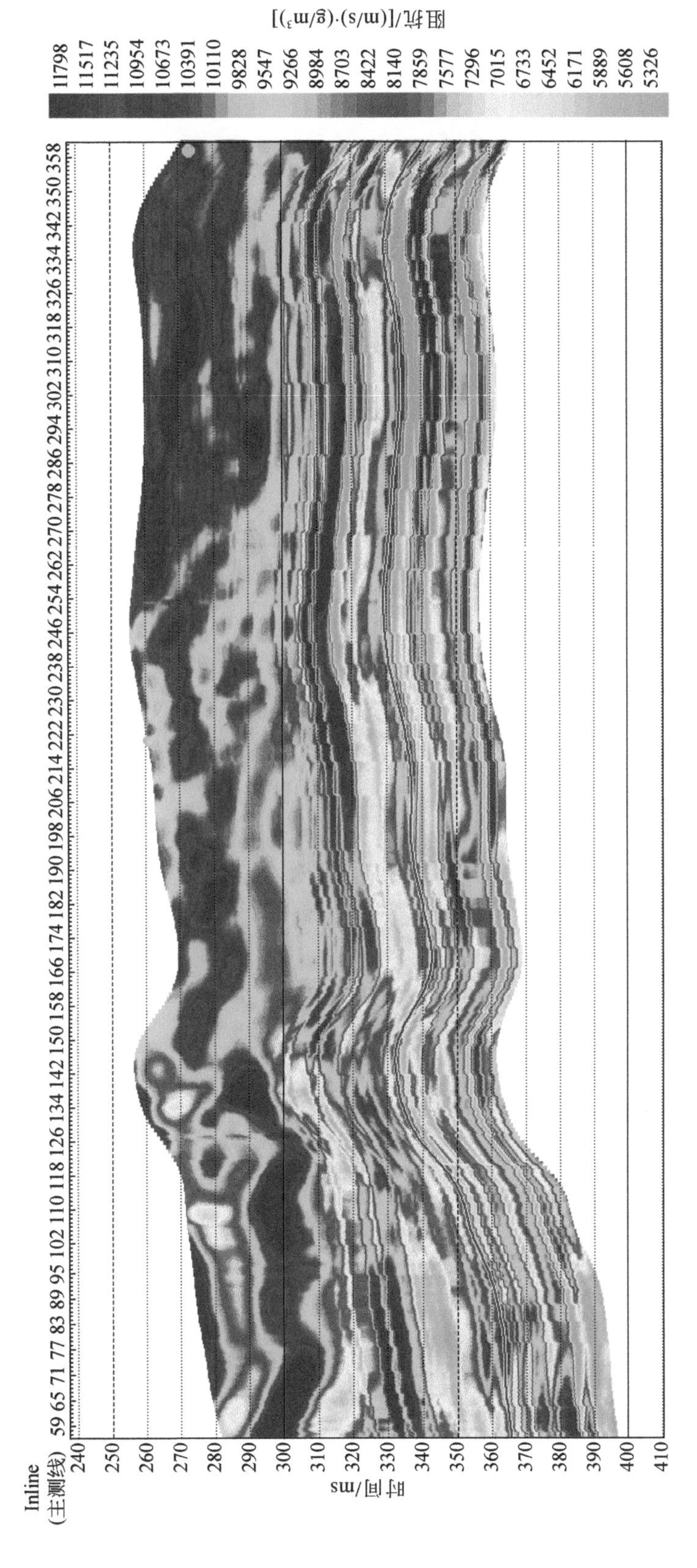

图7.23　叠后反演剖面 Xline 441

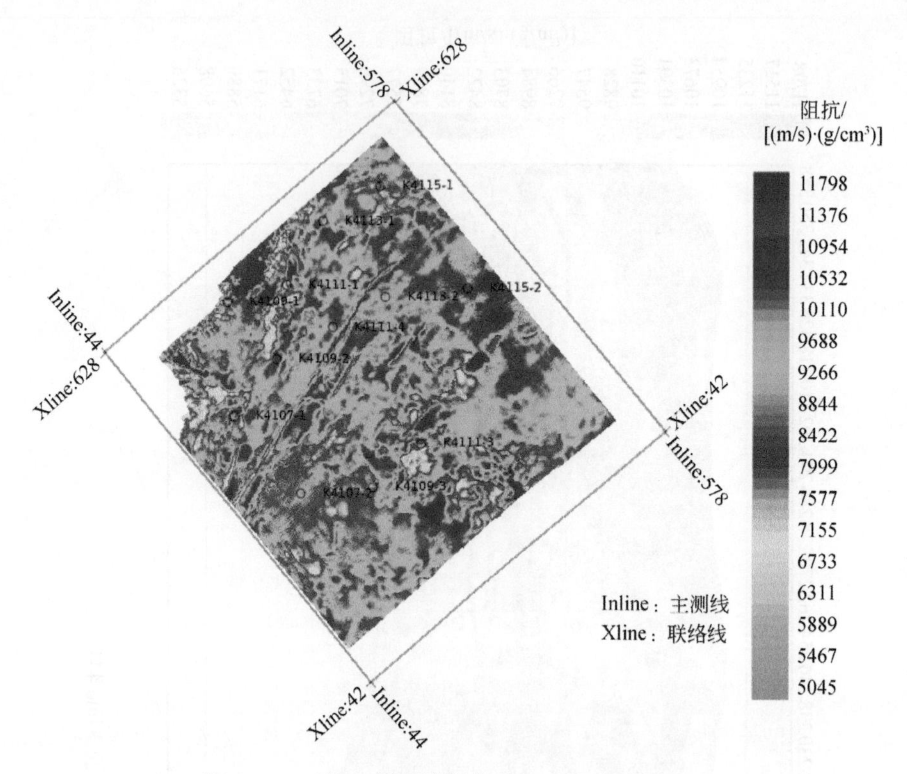

图 7.24　三维 C_2 煤层沿层向上 4ms 纵波阻抗切片

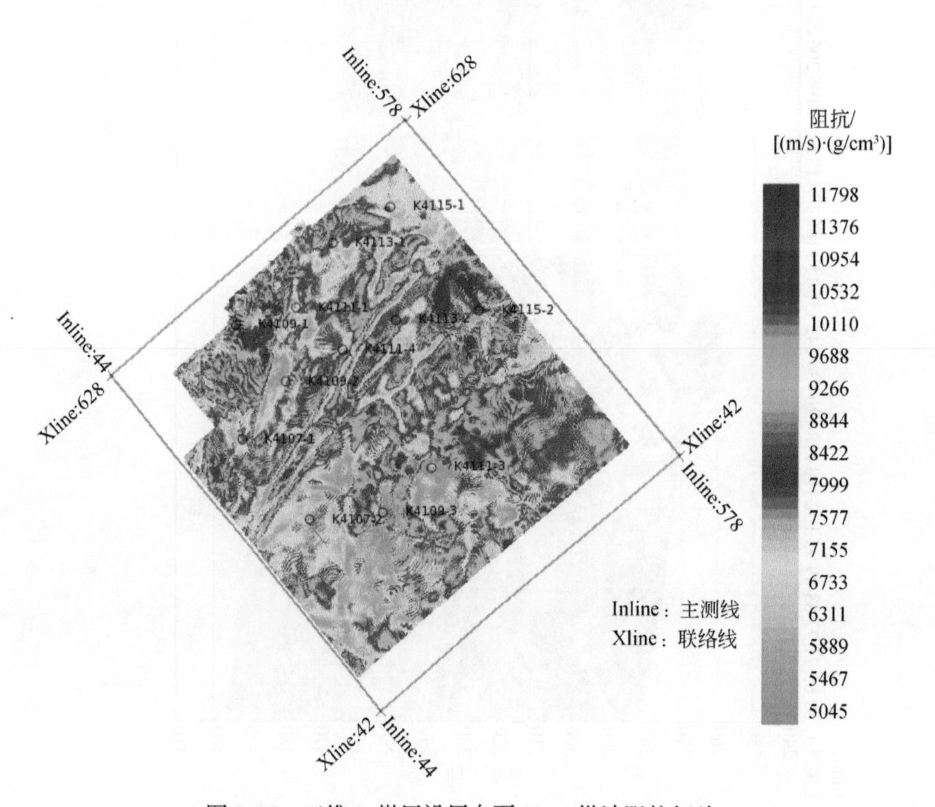

图 7.25　三维 C_9 煤层沿层向下 12ms 纵波阻抗切片

附近纵波阻抗切片图。从图7.24可以看出，在C_2煤层沿层向上-4ms切片大部分区域为低纵波阻抗值，此处为砂岩层，推断有富水区存在。同理，从图7.25可以看出，C_9煤层沿层向下12ms切片显示几乎全部为低阻抗值，推测此处有其他煤层，可以发现，煤层在切片中表现为特征明显的低值，说明波阻抗反演能够区分煤层与顶底板岩性。特征明显的低值，说明波阻抗反演能够区分煤层与顶底板岩性。

7.3　基于交会图分析地层岩性与波阻抗的关系

通过7.2节对研究区测井资料统计分析，在掌握C_2、C_3、C_{7+8}、C_9煤层顶底板岩性大体分布特征的基础上，此次主要通过叠后反演的方法对目的煤层顶底板岩性进行预测。由表7.2可知，在纵波阻抗值上煤层<泥岩<砂岩<灰岩，煤层为低值，灰岩为高值，因此通过叠后反演能够有效地区分煤层和围岩。而砂岩和泥岩区分难度很大。依据以往经验和交会图分析可知，自然伽马曲线可以有效地区分砂岩和泥岩，因此这里通过叠后反演获得波阻抗数据体，结合自然伽马曲线，从而进行砂岩和泥岩的有效区分。

表7.2　常见岩体的密度、纵波速度对比表

岩性	密度/(g/cm^3)	纵波速度v_p/(m/s)	阻抗值
泥岩	1.2~2.4	2700~4100	3240~10040
砂岩	1.8~2.8	2500~4000	4500~11200
灰岩	2.3~3.0	5500~6500	12650~19500
煤岩	1.2~1.7	1600~2500	1920~4250

为了验证方法的可行性，对自然伽马拟声波阻抗和纵波阻抗进行交会图分析。图7.26为K4111-3的C_2煤层顶板到C_9煤层底板之间拟声波阻抗与纵波阻抗的交会图分析，纵轴表示纵波阻抗，横轴表示拟声波阻抗，图中的红色区域纵波阻抗为<5000（m/s）·(g/cm^3)（sh<17%，sh为泊松比）的煤层；蓝色区域即拟声波阻抗<7×10^5API·g/cm^{3}且5000（m/s）·(g/cm^3)<纵波阻抗<10000（m/s）·(g/cm^3)的泥岩；未圈定范围的岩性主要为砂岩或其他岩性。

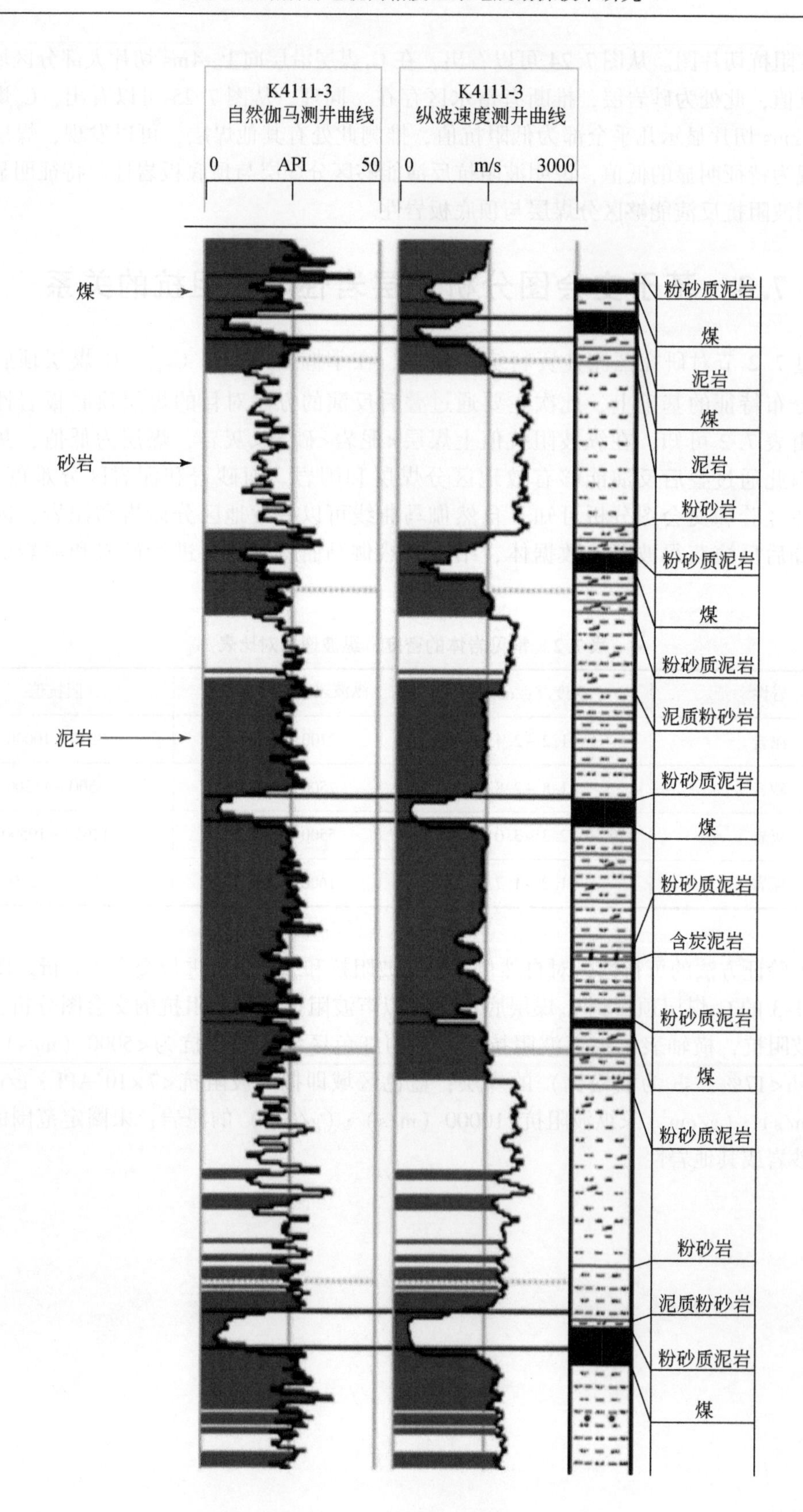
K4111-3
自然伽马测井曲线
0
API
50
K4111-3
纵波速度测井曲线
0
m/s
3000
煤
砂岩
泥岩
粉砂质泥岩
煤
泥岩
煤
泥岩
粉砂岩
粉砂质泥岩
煤
粉砂质泥岩
泥质粉砂岩
粉砂质泥岩
煤
粉砂质泥岩
含炭泥岩
粉砂质泥岩
煤
粉砂质泥岩
粉砂岩
泥质粉砂岩
粉砂质泥岩
煤

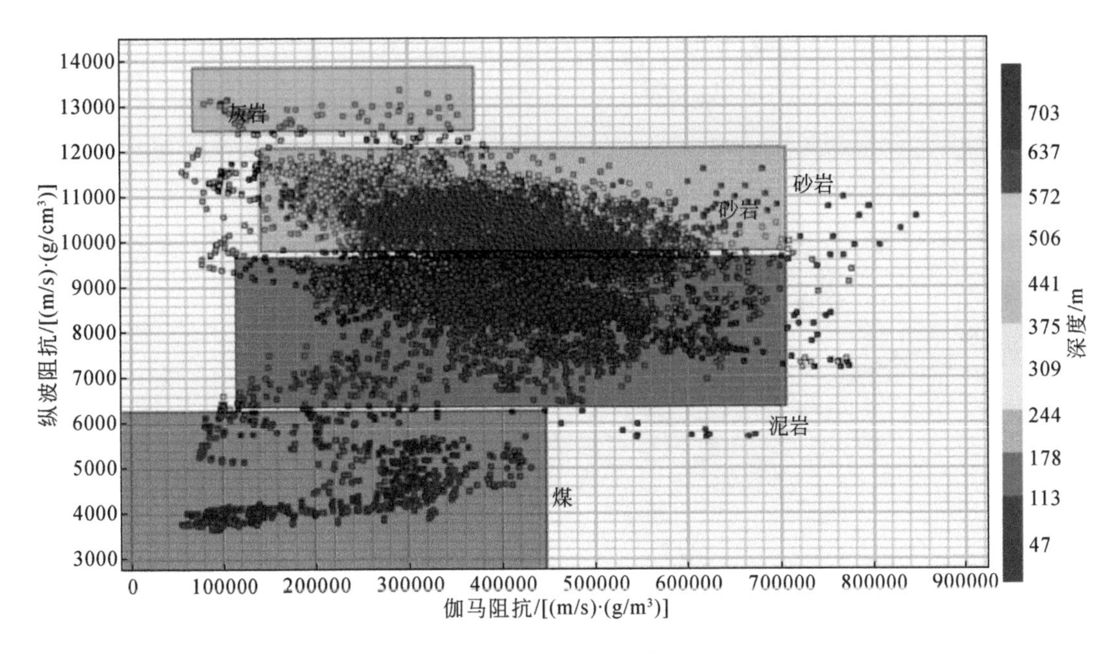

图 7.26 K4111-3 拟声波阻抗与纵波阻抗交会图

7.4 卡以头组砂岩富水性趋势预测

煤系地层上部砂岩发育，其孔隙度较发育，含水丰富。在本次解释中也发现有断层贯穿煤层顶板及煤层的情况，若断层导通砂岩含水层，则对下部各煤层的安全开采造成极大的威胁。为确保煤田开采过程中的安全，需要对砂岩含水层的分布和富水性进行研究，为煤矿的安全开采提供依据。

对钻井所测的视电阻率曲线进行分析，可以判断砂岩及灰岩的含水性，但由于钻探费用较高，又为一孔之见，因此考虑将横向分辨率较高、勘探成本相对较低的地震资料与纵向分辨率较高的测井资料相结合，通过波阻抗反演技术获得波阻抗数据体，利用波阻抗的横向变化，来分析煤层上部砂岩的富水性。

当存在含有流体的砂岩层，会使该区域岩层波阻抗明显变化，将打破水平方向的波速均一性。当其在三维空间上具有一定规模时可改变波阻抗的变化规律，表现为局部的波阻抗低值。因此，使得利用地震波阻抗反演数据体研究目标区的富水性成为可能。

10ms 属性切片（图 7.27），距 C_2煤层顶板约 15m，此段地层岩性主要为粉砂岩，孔隙度较大，整体富水性强，在勘探区南部松毛林水库有强富水区（浅蓝色区域）。20ms、30ms、40ms 属性切片（图 7.28 ~ 图 7.31），随着距 C_2煤层顶板距离的变大，其含水性逐渐减弱，富水区域变小。40 ~ 50ms，砂岩层的含水性增大，富水区域变大。

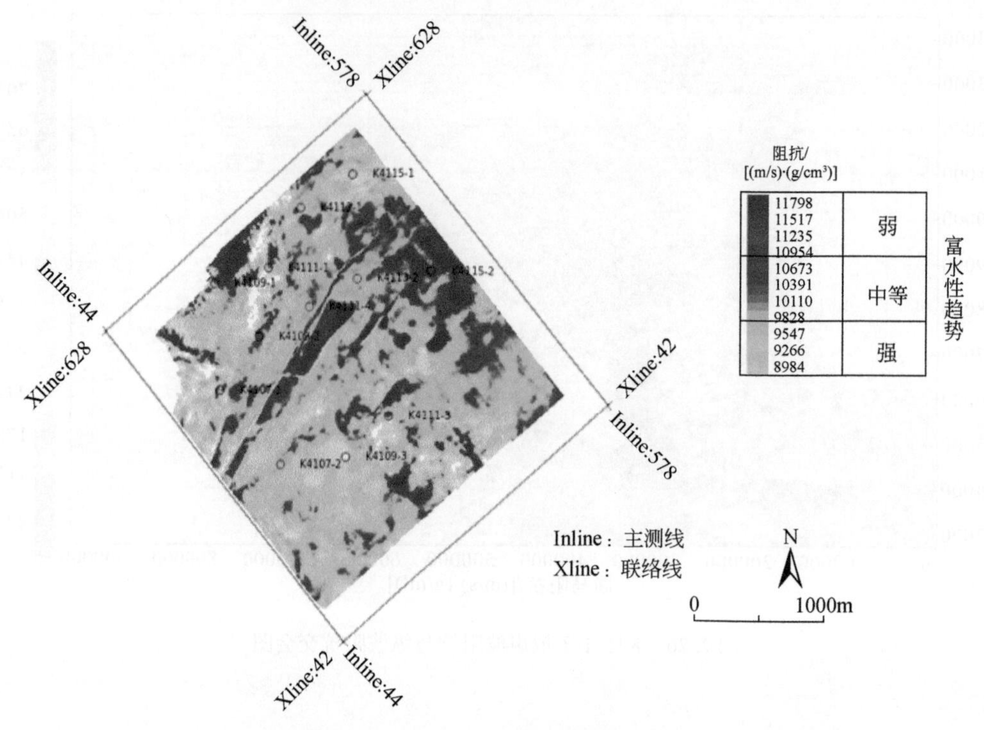

图 7.27　C_2煤层顶板 10ms（约 15m）波阻抗属性水平切片（均方根值）

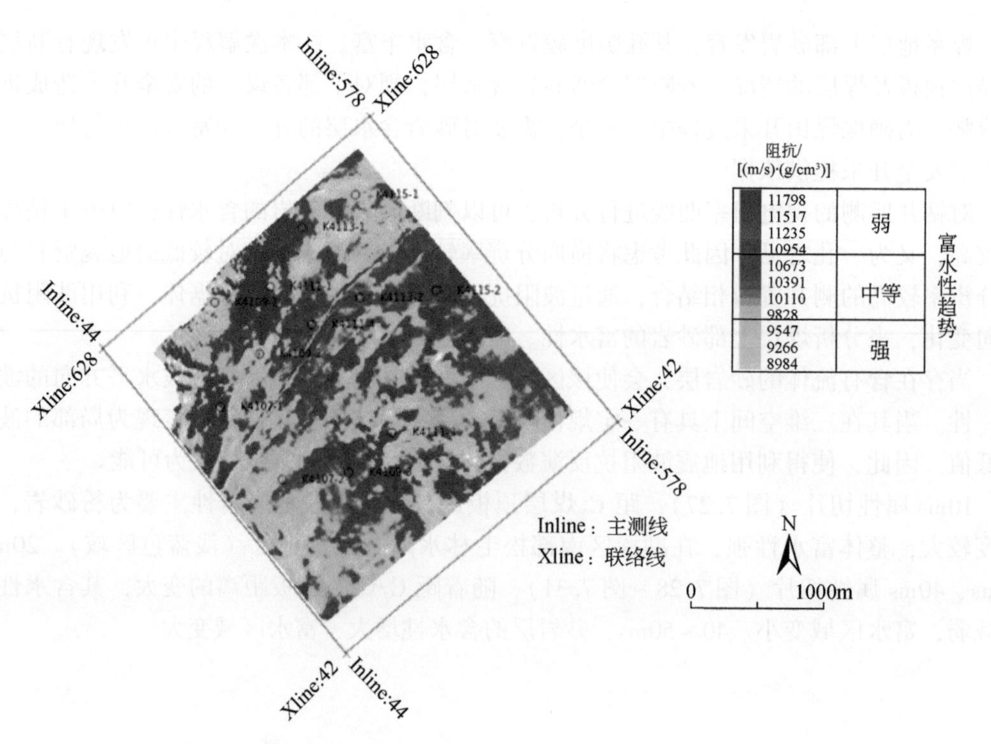

图 7.28　C_2煤层顶板 20ms（约 30m）波阻抗属性水平切片（最大值）

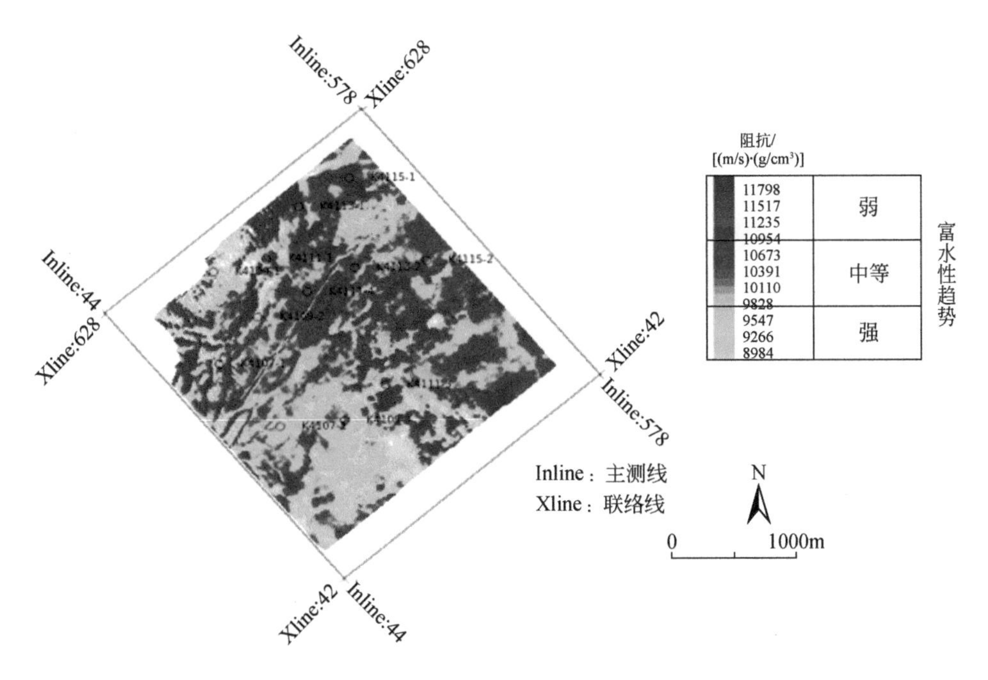

图7.29　C_2煤层顶板30ms（约45m）波阻抗属性水平切片（最大值）

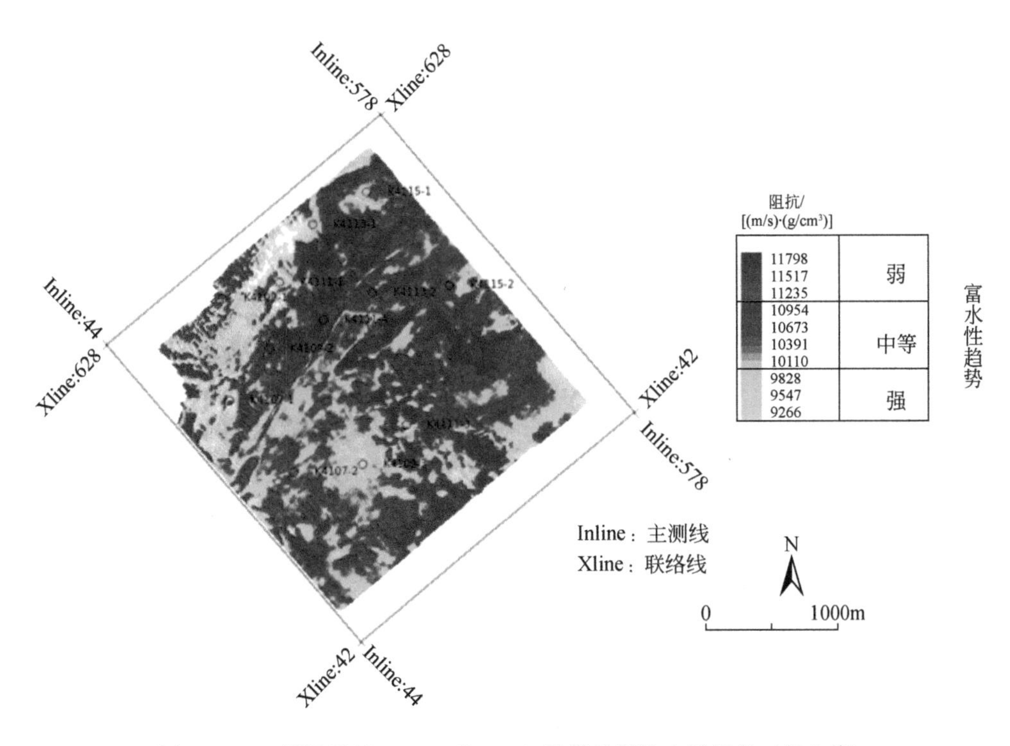

图7.30　C_2煤层顶板40ms（约60m）波阻抗属性水平切片（最大值）

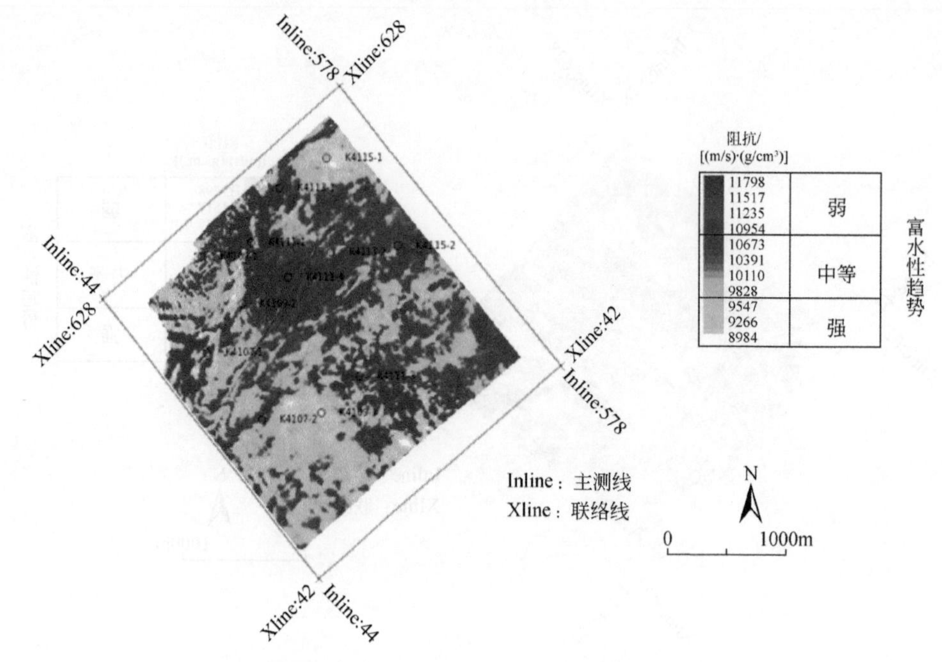

图 7.31 C_2煤层顶板 50ms（约 75m）波阻抗属性水平切片（最大值）

7.5 导水裂隙带发育规律

7.5.1 蚂蚁体地震属性

蚂蚁体是一种利用蚂蚁算法计算地震数据体中不连续界面的地震属性。该属性的核心是，利用蚂蚁算法能快速有效地计算出不连续界面的分布。研究发现，蚂蚁寻找食物过程，走的路径是最短的。进一步的研究发现，自然界中的蚁群在觅食过程中会留下一种称为信息素的分泌物质，靠着留下的信息素蚂蚁能够找到从蚁巢到食物的最短路径，即使二者之间存在障碍物，也能以最短的路径绕过。蚂蚁算法根据蚂蚁的集群觅食活动规律，建立利用群体智能进行优化搜索的模型。该算法模拟自然界中蚂蚁的觅食行为而产生，主要通过称为人工蚂蚁的智能群体之间的信息传递来达到寻优的目的，其原理是一种正反馈机制，即蚂蚁总是偏向于选择信息素浓的路径，通过信息量的不断更新最终收敛于最优路径上。蚂蚁体可以用于分析勘探区内的断裂构造、裂缝分布情况等。

7.5.2 裂缝发育区与断裂构造的关系

为了得到勘探区导水通道的信息，本次解释过程中，在雨汪矿区三维地震勘探资料的预处理资料基础上，得到了蚂蚁体数据体，如图 7.32 所示。利用蚂蚁体数据对地震数据的裂隙分布进行分析，结果如图 7.33 ~ 图 7.35 所示。

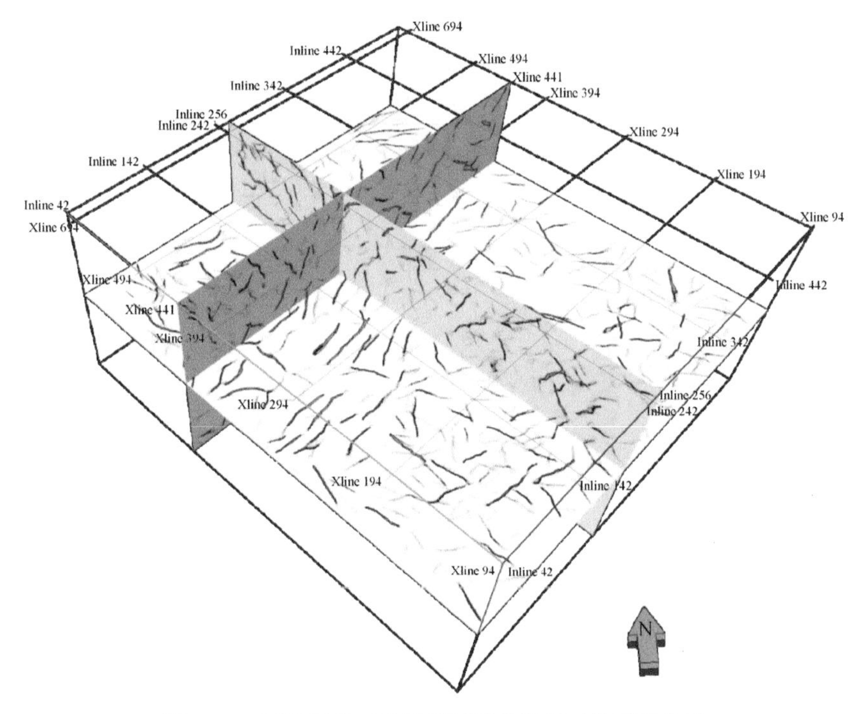

图 7.32 雨汪煤矿三维地震蚂蚁体数据三维可视化图

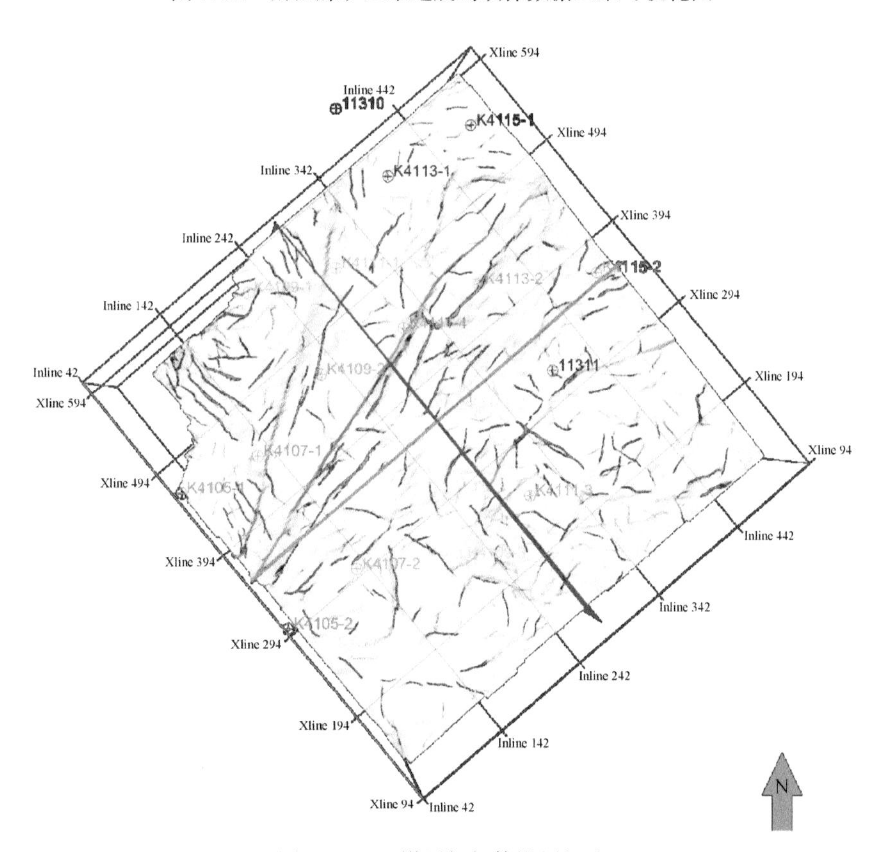

图 7.33 C_2煤层蚂蚁体沿层切片

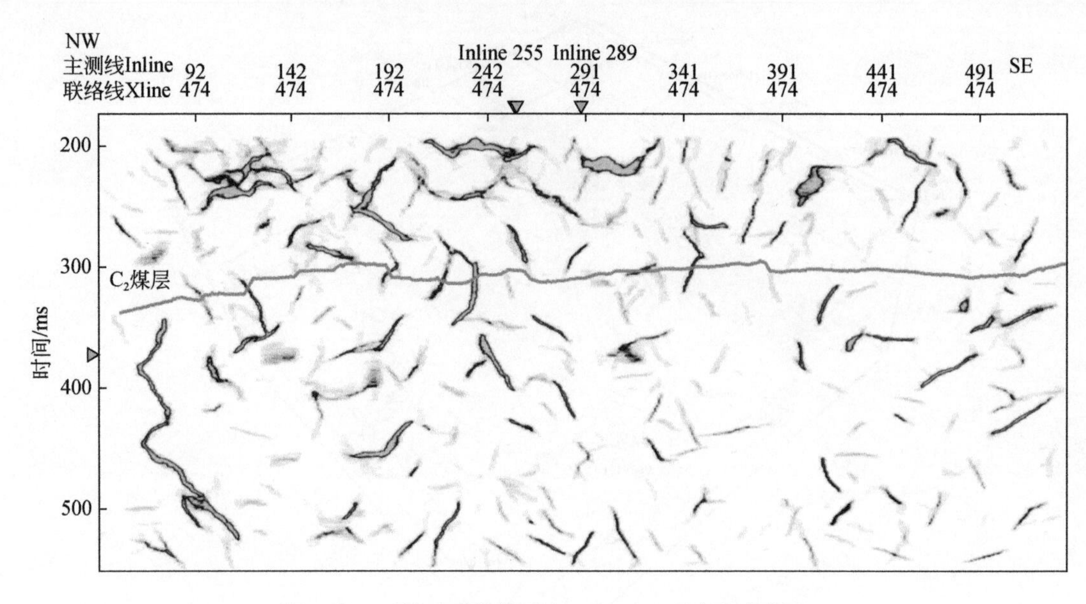

图 7.34　三维地震勘探区内 Inline 289 的蚂蚁体剖面

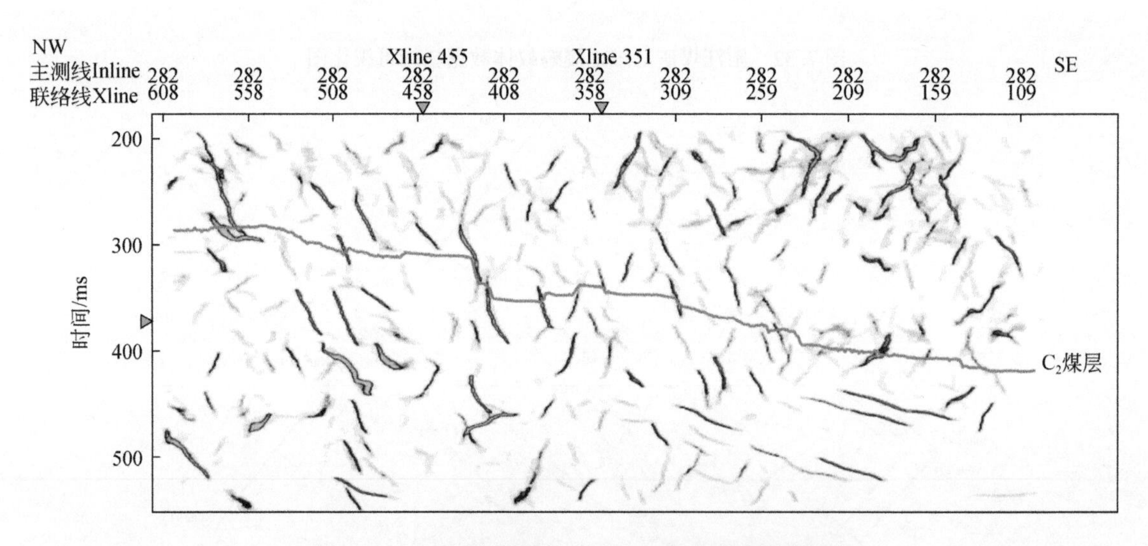

图 7.35　三维地震勘探区内 Xline 351 的蚂蚁体剖面

从图 7.34 和图 7.35 中可以看出，勘探区内裂隙分布范围较广泛。勘探区中部地堑构造附近（内部及边缘）裂隙延展方向为 NE 方向，与两条大落差正断层走向一致。勘探区西侧裂隙延伸方向主要为 NW 向，东部裂隙方向以 NE、NW 两种延伸方向为主。通过图 7.34 和图 7.35 可知，区内的一些裂隙与断层相连接，如果这些连接处与含水层相通，那么它们有可能成为导水通道，同时也有可能成为煤层瓦斯流动的通道。

7.6　C_2、C_3、C_{7+8}、C_9 煤层合并分叉分析

C_{7+8}煤层平均厚度1.93m，全井田发育，为全井田主要可采煤层之一，该煤层对比可靠。通过波阻抗反演，进行煤层的合并分叉预测。

图7.36～图7.38为Inline 491、Inline 511、K4113的波阻抗反演剖面。图7.39为C_{2+1}

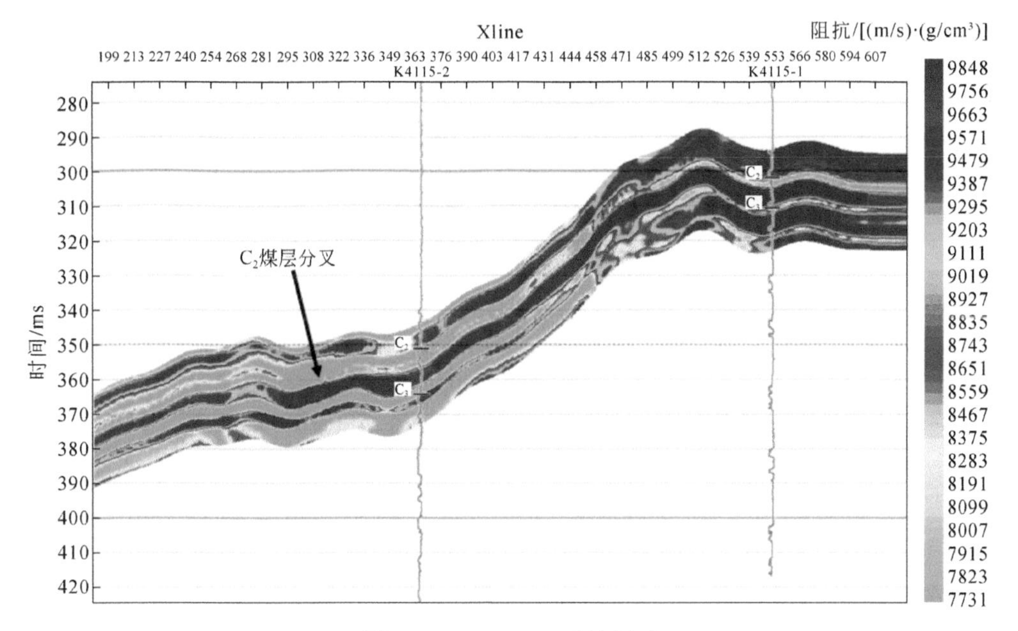

图7.36　Inline 491 反演剖面

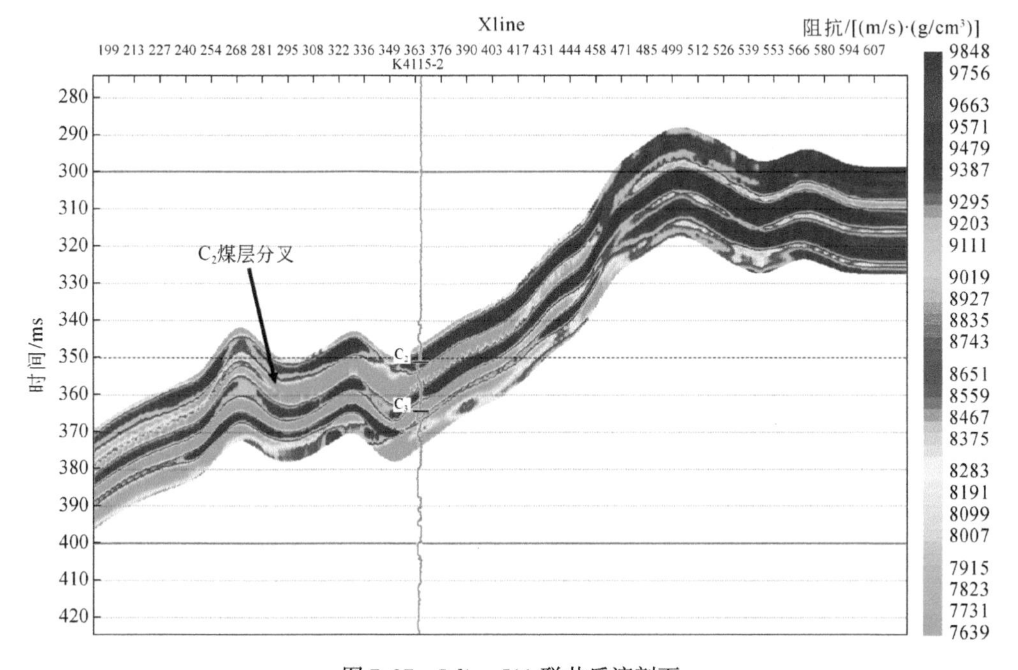

图7.37　Inline 511 联井反演剖面

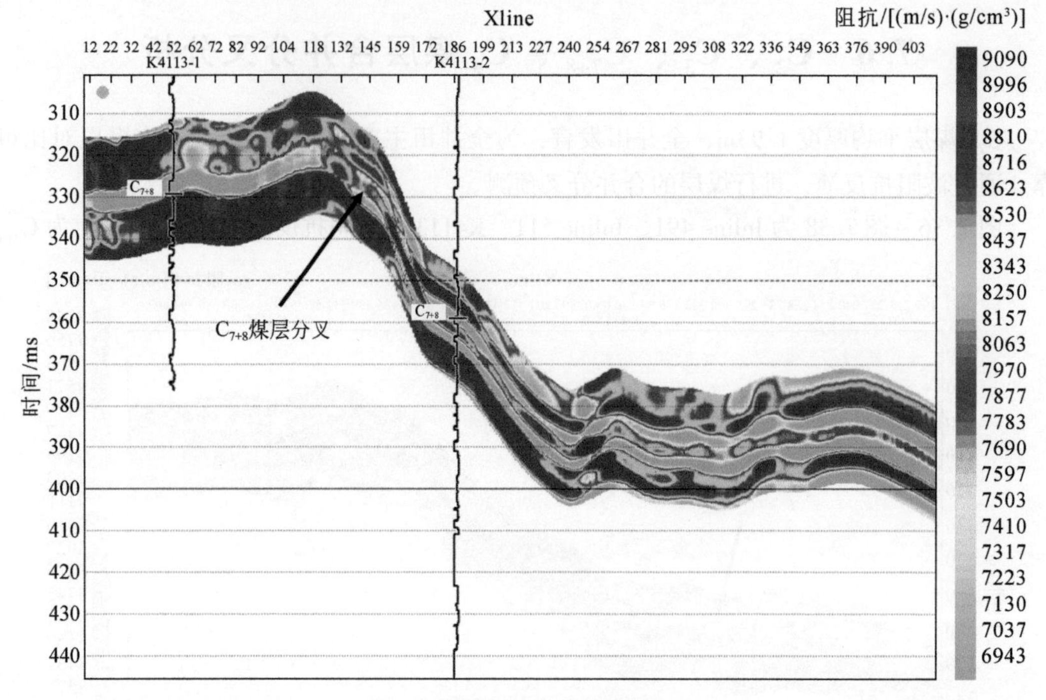

图 7.38　K4113 联井反演剖面

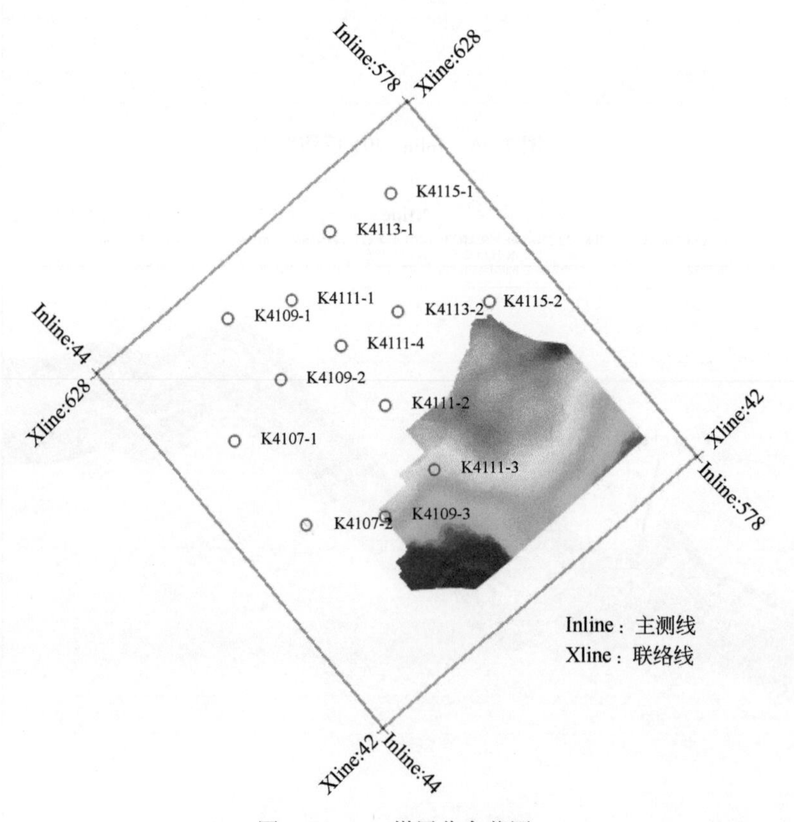

图 7.39　C_{2+1}煤层分布范围

煤层分布范围。C_{7+8}煤层的分叉合并可以被波阻抗地震反演数据体反映出来。从 K4113 剖面和 C_{2+1}煤层分布范围来看，C_{7+8}煤层存在分叉合并现象。此外，通过波阻抗反演发现，C_2煤层在某些区域也有分叉现象。根据钻孔信息，C_2煤层与 C_3煤层下方存在一层煤，即 C_{2+1}煤层。在反演得到的波阻抗数据体中，通过层位追踪，我们已经大致确定了 C_{2+1}煤层的分布范围。如图 7.39 所示，C_2煤层大致在 K4115-2、K4111-2、K4109-3 等几口井附近发生分叉。C_{2+1}煤层大致分布在研究区的东南侧，其埋深变化与 C_2煤层埋深变化情况保持一致，由北向南逐渐增加。

7.7　C_2、C_3、C_{7+8}、C_9 煤层密度分析

由于提取岩石物性参数所用的弹性波阻抗体是从反演中得到的，而且反演得到的井旁道弹性波阻抗数据与井内的岩石物性参数之间的关系较为密切。因此，应选用反演得到的井旁道弹性波阻抗曲线和井曲线（P 波速度、S 波速度和密度曲线）建立关系式，这样得到相关系数。用反演得到的井旁道曲线与井内的 P 波速度、S 波速度和密度曲线建立关系式，可获取具有代表性的系数值。将获得的 9 个常系数推广于各地震道的采样点 t，就可以得到 P 波速度、S 波速度和密度数据体，如图 7.40 和图 7.41 所示。

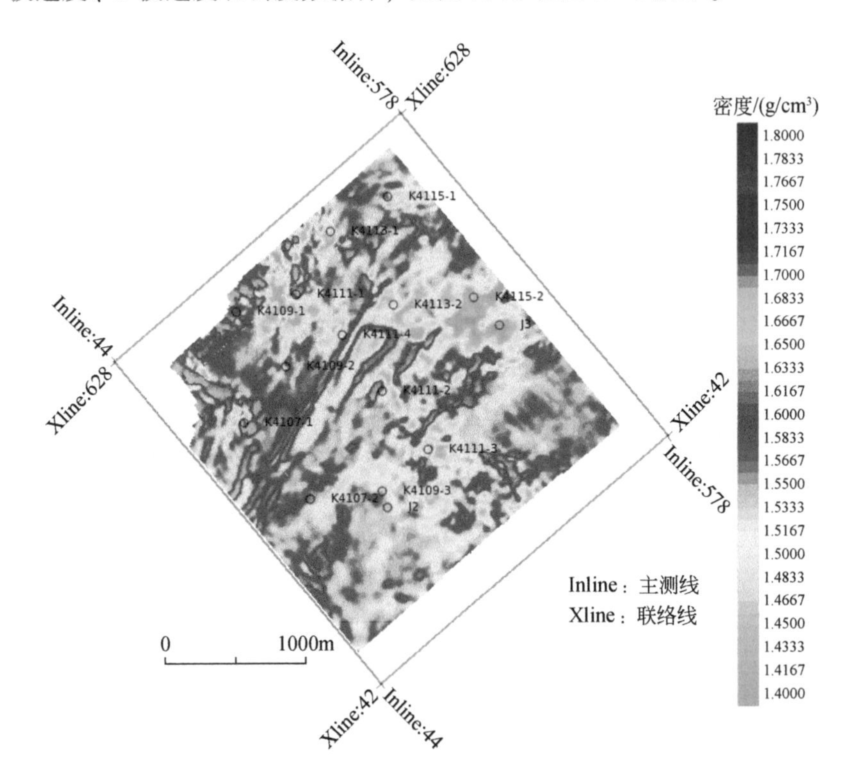

图 7.40　C_2煤层密度平面图

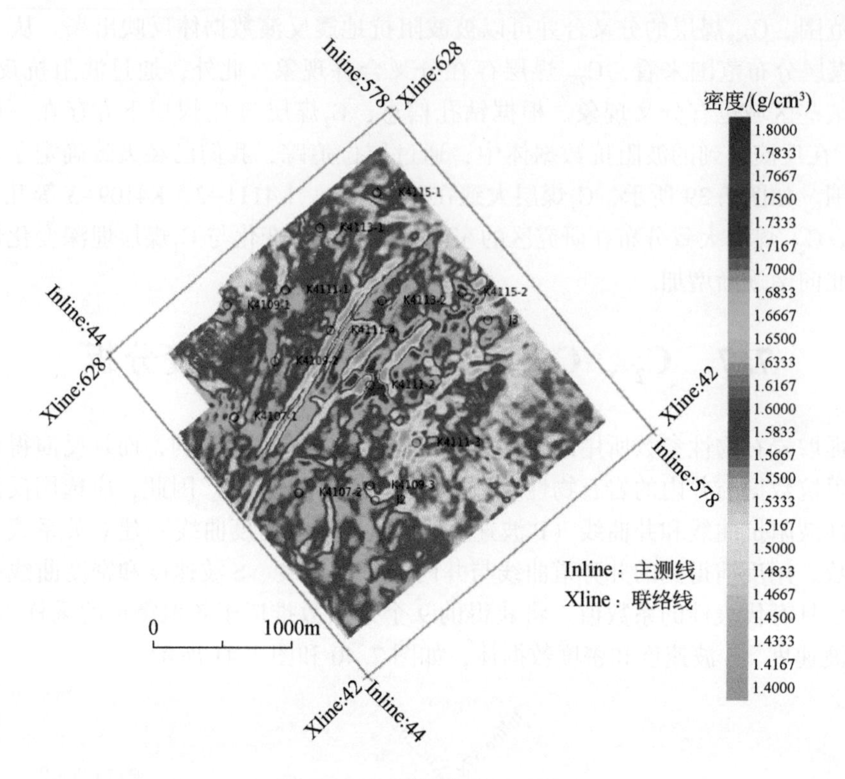

图 7.41　C_3煤层密度平面图

7.8　小　　结

波阻抗反演综合利用横向上高密度的地震数据和纵向上高分辨率的测井数据，有利于发挥钻孔位置测井资料与地震资料的匹配，可以为含煤地层岩性、卡以头组岩石富水区、煤层分叉合并圈定提供技术路径。通过分析测井约束波阻抗反演原理，结合煤田的地震资料特征，分析了反演中的关键步骤。同时，在雨汪煤矿区的波阻抗反演数据体上，根据不同岩性的波阻抗特征，首次预测喀斯特地貌条件下的含煤地层岩性分布特征。

1）根据波阻抗反演的原理分析，分析了测井资料整理、合成记录、初始模型和迭代分析等反演中的关键步骤。测井曲线需要进行去野值和归一化处理，消除非地质因素的影响。

合成记录是建立测井资料和地震记录的匹配关系的桥梁。其关键是子波的提取，结合研究区的情况，提出如下子波合理提取方法：一是先通过里克子波或者地震数据估算出来的统计性子波建立测井资料与地震数据的初步匹配关系。在此基础上，利用地震和测井资料进行提取，得到一个新的子波，进一步改进井资料与地震数据的匹配。匹配关系没有达到满意效果时，可以再次进行子波的提取。在反演的过程中，井资料被认为是最可靠的资料，尽量不要改动。为了改进地震记录与合成记录的匹配程度，主要通过改进地震子波来实现。

模型是否合理关系反演的成败。针对煤田构造复杂、薄互层发育的特征，指出用于控制模型内插的层位成果要遵循两个重要原则：一是在层位标定的基础上，层位解释尽量沿着同相轴追踪。用于反演的层位解释与用于构造成图的层位解释是不同的。用于构造成图的层位注重层间距的合理性，而反演的层位则更注重沿同相轴追踪，反映反射系数的特征。二是层位解释满足闭合和一致性。在断层附近，由于层位变化大，波组关系复杂，做到层位闭合和一致性并不容易，需要做多次对比和尝试，找到最合理的层位解释方案。

针对模型结果的合理性，提出了两种评价方法，一是切片方式评价。切片产生的是沿某一时间或层位的属性特征，该方法是评价波阻抗数据体的整体特征是否符合大的地质趋势。二是单井或任意位置反演评价。假设模型与地质情况相符，则通过单井反演和任意位置反演很容易得到好的反演结果。评价结果认为，模型与真实地质情况相似性差时，则要深入分析子波提取、层位解释、内插方法等环节，通过多次分析，选择最合适的初始模型。

针对反演中迭代次数、方波大小、波阻抗变化率等参数设置，主要通过井旁地震反演分析来确定，根据两者之间的相关分析和波形相似性分析，确定反演参数。

2）通过叠后波阻抗反演的方法进行了煤层顶底板岩性预测的研究。雨汪煤矿的地层岩性波阻抗分析表明，煤层<泥岩<砂岩<灰岩，煤层波阻抗最小，灰岩波阻抗最大。砂泥岩波阻抗往往受非地层岩性因素影响，在很多情况下不能很好地反映岩性变化。考虑自然伽马测井在砂泥岩地层剖面中，其曲线值主要取决于岩层中泥质含量，反映的岩性变化特征十分明显，划分砂泥岩非常有效。因此，通过自然伽马测井–波阻抗交会图方法区分砂泥岩。通过电阻率测井刻画卡以头组砂岩的富水性，建立卡以头组砂岩富水区和波阻抗的对应关系，圈定卡以头组砂岩的富水区，指出松毛林水库下方的卡以头组砂岩具有明显的富水性特征。根据煤层和夹矸、围岩的物性差异，进行 C_2 煤层、C_{7+8} 煤层合并分叉的预测。

第8章 基于地震AVO技术的煤层含气量分布规律

煤层含气量是吨煤中所含有的全部瓦斯体积量。煤层含气量是计算瓦斯资源量的重要基础数据，对于煤矿井下抽采，也具有重要的指导意义。煤层含气量主要通过直接测定法或者间接测定法获取，其中直接测定方法有美国矿业局的测定方法、史密斯-威廉姆斯法等，间接测定方法有含气梯度法、等温吸附试验方法等方法，这些测量结果主要是散点式的，如寺河煤矿西二盘的钻孔煤层含气量主要是采用直接测定法，钻孔网格为200m×200m。

为了进一步获取精确的瓦斯资源分布，一般还需要对测取的煤层含气量进行外推。目前，这些方法主要是借鉴已有的煤层含气量测量方法，如在已知有效埋深和含气量线性关系时，利用含气量梯度法进行预测，该方法假设勘探区内的有效埋深和含气量是一个单一的线性关系。

针对目前地震勘探技术广泛应用于采区构造精细探查，尤其是地震资料具有在横向上高密度的特征，如三维地震网格一般为10m×5m，与钻孔勘探网格200m×200m相比，提高了近800倍。因此，利用地震资料对煤层含气量进行预测，具有横向上高密度的特征，效果应该更好。利用地震资料预测煤层含气量，面临煤层含气量与地震属性之间内在关系的问题。

目前认为地震属性中，AVO属性与油气关系密切。利用测井资料研究了煤储层参数与地震波弹性参数之间的关系及其AVO响应特征。以煤层瓦斯富集地质理论为基础，根据煤层瓦斯与常规砂岩储层天然气赋存机理的对比，提出以煤层割理裂隙为探测目标的煤层瓦斯富集AVO技术预测理论，认为AVO梯度和伪泊松比反射系数是对煤层割理裂隙发育程度最为敏感的属性。这表明，AVO属性与煤层含气量之间的关系密切。为此，在前人研究的基础上，以雨汪煤矿主采煤层为依托，从测井曲线的AVO响应特征入手，以此为依据对整个勘探区内的地震振幅进行校正，保持相对保幅特性，同时根据AVO原理计算AVO属性，建立煤层含气量与AVO属性之间的统计关系，对煤层含气量进行预测，试图探索一条煤层含气量预测的新途径。

8.1 AVO反演原理

8.1.1 AVO原理与反演方法

AVO分析方法是在叠前道集上对AVO特征进行分析，借此对岩石中孔隙流体性质和岩性做出推断。其基础就是平面波在分界面上的反射和透射理论，如图8.1所示。

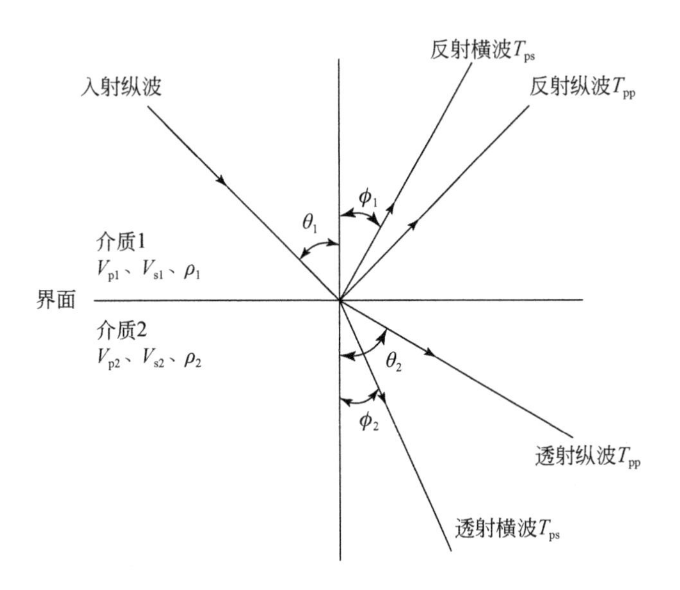

图 8.1　AVO 原理示意图

平面波在分界面上的反射和透射与入射角、反射角和透射角有关，各波之间的运动学关系由斯内尔（Snell）定律表示：

$$\frac{\sin\theta_1}{V_{p1}}=\frac{\sin\theta_2}{V_{p2}}=\frac{\sin\phi_1}{V_{s1}}=\frac{\sin\phi_2}{V_{s2}} \tag{8.1}$$

早在 1899 年，Knott 就提出了振幅随炮检距的关系。1919 年，Zoeppritz 根据斯内尔定律、位移的连续性和应力的连续性推导出了著名的 Zoeppritz 方程。完整的 Zoeppritz 方程全面考虑了平面纵波和横波入射在平界面两侧产生的纵横波反射和透射能量之间的关系，如下式所示：

$$\begin{vmatrix} \sin\theta_1 & \cos\phi_1 & -\sin\theta_2 & \cos\phi_2 \\ -\cos\phi_1 & \sin\phi_1 & -\cos\theta_2 & \sin\phi_2 \\ \sin2\theta_1 & \dfrac{V_{p1}}{V_{s1}}\cos2\phi_1 & \dfrac{\rho_2 V_{s2}^2 V_{p1}}{\rho_1 V_{s1}^2 V_{p2}}\sin2\theta_2 & \dfrac{-\rho_2 V_{s2} V_{p1}}{\rho_1 V_{s1}^2}\cos2\phi_2 \\ \cos\phi_1 & \dfrac{-V_{s1}}{V_{p1}}\sin\phi_1 & \dfrac{-\rho_2 V_{p2}}{\rho_1 V_{p1}}\cos2\phi_2 & \dfrac{-\rho_2 V_{s2}}{\rho_1 V_{p1}}\sin\phi_2 \end{vmatrix} \begin{vmatrix} R_{pp} \\ R_{ps} \\ T_{pp} \\ T_{ps} \end{vmatrix} = \begin{vmatrix} -\sin\theta_1 \\ -\cos\theta_1 \\ \sin2\theta_1 \\ -\cos2\phi_1 \end{vmatrix} \tag{8.2}$$

式中，R_{pp}为纵波反射系数；R_{ps}为转换横波反射系数；T_{pp}为纵波透射系数；T_{ps}为转换横波透射系数；V_{p1}为界面上岩石的纵波速度；V_{p2}为界面下岩石的纵波速度；V_{s1}为界面上岩石的横波速度；V_{s2}为界面下岩石的横波速度；ρ_1 为界面上岩石的密度；ρ_2 为界面下岩石的密度。

式（8.2）是一个四阶矩阵组成的联立方程组，当入射角已知时，按斯内尔定律求出 θ_1、θ_2、ϕ_1 和 ϕ_2，再解公式，就可以求出四个未知数 R_{pp}、R_{ps}、T_{pp}、T_{ps}。

在各向同性水平层状介质的条件下，如果入射纵波的能量为 1，当地震波垂直入射到界面上时有 $\theta_1=0°$，按照斯内尔定律，则 $\theta_1=\theta_2=\phi_1=\phi_2=0°$，这时解 Zoeppritz 方程可得

$$
\begin{cases}
R_{\mathrm{pp}} = \dfrac{\rho_2 V_{\mathrm{p2}} - \rho_1 V_{\mathrm{p1}}}{\rho_2 V_{\mathrm{p2}} + \rho_1 V_{\mathrm{p1}}} \\
T_{\mathrm{pp}} = 1 - R_{\mathrm{pp}} = \dfrac{2\rho_1 V_{\mathrm{p1}}}{\rho_2 V_{\mathrm{p2}} + \rho_1 V_{\mathrm{p1}}} \\
R_{\mathrm{ps}} = T_{\mathrm{ps}} = 0
\end{cases} \tag{8.3}
$$

结果表明：①当地震波垂直入射到界面上时，横波的反射系数和透射系数均为零，即法向入射时不产生转换波，只有反射纵波和透射纵波；②反射系数 R_{pp} 是由两种介质的波阻抗差决定的。波阻抗差有正有负，所以反射波的相位不一定与入射波的相位相同；③透射系数 T_{pp} 总是正值，所以透射波相位与入射波相位总是一致的。

当入射纵波倾斜入射时（$\phi_1 \neq 0°$），不能直观地利用公式研究这些波之间的能量关系。但是可以从 Zoeppritz 方程中发现，除了受入射角变化的影响外，密度和纵横波速度的比值对纵横波反射系数和透射系数起着关键作用。

研究表明：①密度比和横波速度比对反射系数和透射系数随角度的变化趋势影响不大，只影响取值大小；②临界角主要取决于介质 1 和介质 2 的纵波速度比，横波速度比和密度比对临界角没有影响；③入射角小于临界角时，反射系数变化比较简单，在代数值范围内表现为单调上升或下降；④入射角大于临界角时，无纵波透射产生，这就是所谓的广角反射。

多次覆盖技术提供了对每一反射点以不同入射角重复观测的可能性，这就为利用生产资料研究反射振幅与入射角的关系提供了有利条件。

8.1.2　AVO 的近似公式

弹性波完整的 Zoeppritz 方程中，在已知入射角、反射界面上下两层介质的纵波速度、横波速度、密度的情况下，可以求得所有反射波及透射波反射透射的系数。为了进一步分析反射系数与物性参数的关系，尤其是介质中含流体，如气、油的情况，许多学者对反射系数的公式进行了近似，有 Bortfeld 近似（1961 年）、Hilterman 近似（1975 年）、Aki 和 Richards 近似（1980 年）、Shuey 近似（1985 年）等多种近似公式。本次反演使用的是 GeoView 软件，其中使用的近似公式主要是后两者的近似公式。

1. Aki 和 Richards 近似

Aki 和 Richards 认为，在大多数地球物理介质中，相邻两层介质的弹性参数变化较小，因此 $\Delta V_{\mathrm{p}}/V_{\mathrm{p}}$、$\Delta V_{\mathrm{s}}/V_{\mathrm{s}}$、$\Delta\rho/\rho$ 和其他值比为小值，所以可以略去它们的高次项，则其纵波的反射系数 $R(\theta)$ 为

$$
R(\theta) \approx a\frac{\Delta V_{\mathrm{p}}}{V_{\mathrm{p}}} + b\frac{\Delta\rho}{\rho} + c\frac{\Delta V_{\mathrm{s}}}{V_{\mathrm{s}}} \tag{8.4}
$$

其中，方程中的系数及参数的表达式如下：

$$
\begin{aligned}
&a=1/(2\cos^2\theta)=(1+\tan^2\theta)/2\\
&b=0.5-[(2V_s^2/V_p^2)\sin^2\theta]\\
&c=-(4V_s^2/V_p^2)\sin^2\theta\\
&V_p=(V_{p1}+V_{p2})/2\\
&V_s=(V_{s1}+V_{s1})/2\\
&\rho=(\rho_1+\rho_2)/2\\
&\Delta V_p=V_{p2}-V_{p1}\\
&\Delta V_s=V_{s2}-V_{s1}\\
&\Delta\rho=\rho_2-\rho_1\\
&\theta=(\theta_i+\theta_t)/2\\
&\theta_t=\arcsin[(V_{p2}/V_{p1})\sin\theta_i]
\end{aligned}
\tag{8.5}
$$

式中，V_p 为纵波速度；V_s 为横波速度；ρ 为密度；θ_i 为入射角；θ_t 为透射角。

把式（8.5）的结果代入式（8.4）后

$$
\begin{aligned}
R(\theta)&\approx\frac{1+\tan^2\theta}{2}\frac{\Delta V_p}{V_p}+\left(\frac{1}{2}-\frac{2V_s^2}{V_p^2}\sin^2\theta\right)\frac{\Delta\rho}{\rho}-\frac{4V_s^2}{V_p^2}\sin^2\theta\frac{\Delta V_s}{V_s}\\
&\approx\frac{\sec^2\theta}{2}\frac{\Delta V_p}{V_p}+\frac{1}{2}\left(1-4\frac{V_s^2}{V_p^2}\sin^2\theta\right)\frac{\Delta\rho}{\rho}-\frac{4V_s^2}{V_p^2}\sin^2\theta\frac{\Delta V_s}{V_s}\\
&\approx\frac{1}{2}\left(1-4\frac{V_s^2}{V_p^2}\sin^2\theta\right)\frac{\Delta\rho}{\rho}+\frac{\sec^2\theta}{2}\frac{\Delta V_p}{V_p}-\frac{4V_s^2}{V_p^2}\sin^2\theta\frac{\Delta V_s}{V_s}
\end{aligned}
\tag{8.6}
$$

2. Shuey 近似

通过对 Aki 和 Richards 近似进行重新组合，Shuey 得到一个随着入射角变化的近似线性公式：

$$
\begin{aligned}
R(\theta)&\approx\frac{1}{2}\left(\frac{\Delta\alpha}{\alpha}+\frac{\Delta\rho}{\rho}\right)+\left(\frac{1}{2}\frac{\Delta\alpha}{\alpha}-4\frac{\beta^2}{\alpha^2}\frac{\Delta\beta}{\beta}-2\frac{\beta^2}{\alpha^2}\frac{\Delta\rho}{\rho}\right)\sin^2\theta+\frac{1}{2}\frac{\Delta\alpha}{\alpha}(\tan^2\theta-\sin^2\theta)\\
&\approx\frac{1}{2}\left(\frac{\Delta V_p}{V_p}+\frac{\Delta\rho}{\rho}\right)+\left(\frac{1}{2}\frac{\Delta V_p}{V_p}-4\frac{V_s^2}{V_p^2}\frac{\Delta V_s}{V_s}-2\frac{V_s^2}{V_p^2}\frac{\Delta\rho}{\rho}\right)\sin^2\theta+\frac{1}{2}\frac{\Delta V_p}{V_p}(\tan^2\theta-\sin^2\theta)
\end{aligned}
\tag{8.7}
$$

式中，α 和 β 是用来描述地震波在地下传播过程中速度和密度变化的参数。

可以表示成：$R(\theta)\approx I+G\sin^2\theta+C\sin^2\theta\tan^2\theta$，其中

$$I=\frac{1}{2}\left(\frac{\Delta V_p}{V_p}+\frac{\Delta\rho}{\rho}\right)\tag{8.8}$$

$$G=\frac{1}{2}\frac{\Delta V_p}{V_p}-2\frac{V_s^2}{V_p^2}\frac{\Delta\rho}{\rho}-4\frac{V_s^2}{V_p^2}\frac{\Delta V_s}{V_s}\tag{8.9}$$

$$C=\frac{1}{2}\frac{\Delta V_p}{V_p}\tag{8.10}$$

进行化简得到：

$$I=\frac{1}{2}\left(\frac{\Delta V_{\mathrm{p}}}{V_{\mathrm{p}}}+\frac{\Delta\rho}{\rho}\right)=\frac{1}{2}\left(\frac{2V_{\mathrm{p2}}-V_{\mathrm{p1}}}{V_{\mathrm{p2}}+V_{\mathrm{p1}}}+\frac{2\rho_2-\rho_1}{\rho_2+\rho_1}\right)=\cdots=\frac{V_{\mathrm{p2}}\rho_2-V_{\mathrm{p1}}\rho_1}{V_{\mathrm{p2}}\rho_2+V_{\mathrm{p1}}\rho_1}\times\left(1-\frac{1}{4}\frac{\Delta V\Delta\rho}{V\ \rho}\right)$$

$$G=\frac{1}{2}\frac{\Delta V_{\mathrm{p}}}{V_{\mathrm{p}}}-2\frac{V_{\mathrm{s}}^2}{V_{\mathrm{p}}^2}\frac{\Delta\rho}{\rho}-4\frac{V_{\mathrm{s}}^2}{V_{\mathrm{p}}^2}\frac{\Delta V_{\mathrm{s}}}{V_{\mathrm{s}}}=\cdots=-\left(\frac{3-7\sigma}{2-2\sigma}\right)\frac{\Delta V_{\mathrm{p}}}{V_{\mathrm{p}}}-\left(\frac{1-2\sigma}{1-\sigma}\right)\frac{\Delta\rho}{\rho}+\frac{\Delta\sigma}{(1-\sigma)^2} \tag{8.11}$$

$$C=\frac{1}{2}\frac{\Delta V_{\mathrm{p}}}{V_{\mathrm{p}}}$$

式中，σ 为地震波在地下传播过程中的相对密度变化，它反映了地下岩石密度变化对地震波传播的影响。

从上面的分析可以看出，式（8.4）侧重通过泊松比而不是横波速度来表征 AVO 近似。Shuey 近似方程最关键的是将泊松比引入到公式中，突出并证明了泊松比对反射系数的影响，这是 Shuey 近似公式与其他近似公式的最大区别。

8.1.3 AVO 属性分析理论

AVO 属性分析是地震属性分析中的重要内容，也是地震数据处理与解释的重要内容。AVO 属性分析反映了分界面两侧弹性参数的差异，而这种差异恰恰反映了介质的性质，从而对介质进行预测。下面介绍基于 Shuey 近似方程的 AVO 属性分析理论：在 8.1.2 节中提到了 Shuey 近似式。当地震波的入射角较大时，反射振幅则会发生畸变，且畸变的临界角会不停地发生变化，所以只研究地震波中小角度入射时的情况。在这种情况下，Shuey 近似式可以进一步简化成两部分，即小角度入射项和中角度入射项，如式（8.12）。式子可以看成是一个关于 $R(\theta)$ 和$\sin^2\theta$ 的线性关系的线性方程。可以从线性方程中进行 AVO 属性的提取，从而利用对 AVO 属性的分析进行特殊岩性体和油气的识别。

$$R(\theta)=A+B\sin^2\theta \tag{8.12}$$

式中，$A=R_0$，截距，表示纵波垂直入射时的反射系数；$B=A_0B_0+\dfrac{\Delta\sigma}{(1-\sigma)^2}$，梯度，表示振幅随偏移距的变化率。

在进行截距梯度的计算过程中，可以将具体的计算公式变现为

$$A=R_0=\frac{1}{2}\left[\frac{\Delta V_{\mathrm{p}}}{V_{\mathrm{p}}}+\frac{\Delta\rho}{\rho}\right]=R_{\mathrm{p}} \tag{8.13}$$

式中，R_{p} 为纵波反射系数。

根据 Shuey 近似式可以直接得到截距和梯度两种属性，那么将截距与梯度进行不同的组合还可以得到以下常见的 AVO 属性，且它们分别具有不同的物理含义。

（1）伪泊松比属性

$$A+B=R_{\mathrm{p}}+R_{\mathrm{p}}-2R_{\mathrm{s}}=2(R_{\mathrm{p}}-R_{\mathrm{s}}) \tag{8.14}$$

式中，R_{s} 为横波反射系数。

其物理含义为：反映了上下岩层的泊松比变化。从式（8.14）中可以看出，伪泊松比表示的是纵横波反射系数的差值，可以很好地判断地层的含气性。

（2）横波阻抗属性

$$A-B=R_p-R_p+2R_s=2R_s \tag{8.15}$$

其物理含义为：反映上下岩层的横波阻抗差异，体现了平面波垂直入射时的横波反射系数，是一种拟合计算方法，可以将其与其他属性相结合进行含气性的预测。

（3）AVO 异常指示因子属性

$$A \cdot B=R_p \cdot R_p-R_s \tag{8.16}$$

截距与梯度的乘积没有较为明确的物理含义，但是在进行截距与梯度的乘积过程中，将异常的程度进行放大化，表示 AVO 异常的增强，同时乘积的符号也有助于对岩性的识别。AVO 异常的增强有助于对油气的识别，所以 AVO 异常指示因子属性也是识别油气的一个重要属性。

截距与梯度相乘，同号为正，异号为负，这对于地层岩性的判断具有一定的指导作用。不同的截距、梯度乘积得到不同的 AVO 异常指示因子的物理意义可以利用表 8.1 来表示。

表 8.1　不同的 AVO 异常指示因子的物理意义

A	B	$A \cdot B$	意义
>0	>0	>0	振幅随偏移距的增大而增大
<0	<0	>0	振幅绝对值随偏移距的增大而增大
<0	>0	<0	振幅随偏移距的增大而减小
>0	<0	<0	振幅随偏移距的增大而减小

（4）极化角属性

极化角被定义为在任何给定的界面上，一个时间窗口中反射的 AVO 的截距和梯度在截距-梯度空间中具有一个特定方向的角度。与背景角度不同的地方则被认为是异常的。因此，极化角可以帮助识别 AVO 异常。根据 GeoView 软件中 AVO 属性部分给出的原理说明，在进行计算极化属性计算的过程中，可以将任何给定的界面看成是一个协方差矩阵来进行计算，协方差矩阵可以表示为式（8.17），即将界面中的截距与梯度组成协方差矩阵进行特征向量的求取，在协方差矩阵中特征向量的方向则表示数据偏离的方向，该方向角表示相应的极化角属性，如式（8.18）。

协方差矩阵定义了 AVO 属性中截距与梯度属性的传播（方差值）与方向（协方差值）。协方差矩阵表示在 n 维空间中样本集在各个方向上能量的分布，求得的协方差的特征向量实际上表示原 n 维空间中的特定方向，样本集的能量主要集中在这些特征方向上，并且特征向量的大小可以反映出样本集在这些特定方向上的能量大小。在协方差矩阵中，第一特征向量（最大特征向量）与数据最大方差的方向是一致的，并且该向量的大小等于相应特征值，所以在 AVO 属性中，极化角属性表示截距与梯度的主要分布方向和分布大小。

$$C = \frac{1}{N}\begin{bmatrix} \sum_{i=1}^{N} A_i^2 & \sum_{i=1}^{N} A_i B_i \\ \sum_{i=1}^{N} A_i B_i & \sum_{i=1}^{N} B_i^2 \end{bmatrix} \tag{8.17}$$

式中，C 表示协方差矩阵；$\sum_{i=1}^{N} A_i^2$ 和 $\sum_{i=1}^{N} B_i^2$ 分别表示平面内截距、梯度的平方的加和；$\sum_{i=1}^{N} A_i B_i$ 表示平面内截距与梯度的乘积的加和；N 表示界面中截距与梯度的组数；A_i、B_i 分别表示截距与梯度。

这样，在得到协方差矩阵的情况下可以通过求取特征向量来求取极化角属性，但在求取协方差矩阵特征向量的过程中，往往会得到多解的形式，在这里选取第一特征向量即最大特征向量进行极化角属性的计算：

$$\tan^{-1}\left(\frac{F_y}{F_x}\right) \tag{8.18}$$

式中，F_x 和 F_y 分别表示求解获得的第一特征向量的 X 轴和 Y 轴方向上的分量。

（5）极化强度属性

极化强度是指分析的时间窗口内的矢量的端点到原点的距离，即矢量的大小。根据定义可以得到极化强度的公式表示如下：

$$\sqrt{\frac{1}{N}\sum_{i=1}^{N} A_i^2 + \frac{1}{N}\sum_{i=1}^{N} B_i^2} \tag{8.19}$$

8.2 基于地质模型分析 AVO 属性的影响因素

8.2.1 建立地质模型

地震属性是进行地震处理与解释的重要方式。AVO 属性是地震属性解释的重要方面，它反映了地层分界面的弹性参数差异。要进行 AVO 正演模拟，首先要建立一个地层模型，将得到的纵横波速度和密度等数据，通过 Zoeppritz 方程或其近似方程进行反射系数的求解，形成理论地震记录。在这里利用 Shuey 近似式进行属性计算，从而得到纵横波速度与 AVO 属性之间的关系，进而得到煤岩组分与 AVO 属性之间的关系。

单界面双层地球物理模型是研究的基础模型，所以将通过建立单界面双层地球物理模型来进行 AVO 属性分析。从 C_2 煤层顶板的钻孔资料中可以得到如下信息：其中有 K4111-3 钻孔资料显示顶板为泥岩和粉砂质泥岩，所以可以看出 C_3 煤层的顶板岩性主要发育为泥岩。根据滇东雨汪矿区反演结果可以得到，砂岩的平均密度为 1.8 ~ 2.8g/cm³，波速一般为 2.5 ~ 4.0km/s；泥岩的平均密度为 1.2 ~ 2.4g/cm³，波速一般为 2.7 ~ 4.1km/s；所以在建立模型的过程中，将煤层的顶板设置为泥岩。

根据滇东雨汪矿区的实际资料进行分析，可以得到煤层顶板的泥岩平均密度为 2.26g/cm^3，平均纵波速度为 3.0km/s，平均横波速度为 1.41km/s。将以上参数作为模型中介质 1 的参数进行模拟。下层表示煤层，利用自相容模型计算得到的纵横波速度和密度进行计算，故建立模型参数见表 8.2。

表 8.2　模型 1 物性参数表

模型介质	纵波速度/(km/s)	横波速度/(km/s)	密度/(g/cm^3)
介质 1	3	1.41	2.26
介质 2（1）	2.69	1.54	1.50
介质 2（2）	2.62	1.51	1.47
介质 2（3）	2.56	1.48	1.43
介质 2（4）	2.51	1.44	1.40
介质 2（5）	2.45	1.42	1.37
介质 2（6）	2.40	1.39	1.34
介质 2（7）	2.36	1.36	1.31
介质 2（8）	2.32	1.34	1.28

注：介质 1 为煤层顶板的泥岩；介质 2 为煤层

将横波速度作为介质 2 的参数进行 AVO 属性分析，这样可以得到实际数据的 AVO 属性值。可以利用实际数据计算得到的 AVO 属性值与有机质/灰分的关系来检验模拟数据通过模型得到的 AVO 属性与有机质/灰分含量之间的关系。

同以上建立模型的过程相同，将介质 2 的数据设置为实际数据，介质 1 仍然利用的是通过测井数据分析得到的泥岩的参数进行建模，参数列表见表 8.3。

表 8.3　模型 2 物性参数表

模型介质	纵波速度/(km/s)	横波速度/(km/s)	密度/(g/cm^3)
介质 1	3	1.41	2.26
介质 2（1）	2.28	1.26	1.47
介质 2（2）	2.25	1.18	1.48
介质 2（3）	2.33	1.25	1.52
介质 2（4）	2.4	1.35	1.55
介质 2（5）	2.52	1.36	1.58
介质 2（6）	2.62	1.42	1.60
介质 2（7）	2.22	1.11	1.52
介质 2（8）	2.15	1.2	1.41
介质 2（9）	2.36	1.24	1.54
介质 2（10）	2.33	1.34	1.58
介质 2（11）	2.18	1.15	1.45
介质 2（12）	2.2	1.16	1.45

续表

模型介质	纵波速度/(km/s)	横波速度/(km/s)	密度/(g/cm³)
介质 2 (13)	2.19	1.19	1.44
介质 2 (14)	2.23	1.18	1.44
介质 2 (15)	2.17	1.11	1.55
介质 2 (16)	2.27	1.14	1.44
介质 2 (17)	2.19	1.2	1.43
介质 2 (18)	2.21	1.24	1.45
介质 2 (19)	2.26	1.19	1.45

8.2.2 AVO 属性与煤岩组分的关系

利用模型中给出的数据建立单界面双层介质模型。结合 AVO 理论的分析方法进行 AVO 属性的计算，分别求得截距、梯度、伪泊松比、横波阻抗、AVO 异常指示因子、极化角、极化强度属性值。将得到的属性值分别与有机质含量进行线性相关分析，可以得到相应的关系。

1. 截距、梯度属性与煤岩组分的关系

利用 Shuey 近似式进行 AVO 属性分析，首先计算 AVO 的截距与梯度属性，将对模拟数据进行建模，并将计算得到的截距与梯度属性值进行整理并形成列表，见表 8.4。

表 8.4 截距与梯度属性

模型标号	1	2	3	4	5	6	7	8
A	-0.2566	-0.2794	-0.3041	-0.3239	-0.3461	-0.3667	-0.3855	-0.4047
B	0.0681	0.0871	0.1116	0.1400	0.1559	0.1791	0.2034	0.2225

将有机质含量、灰分含量与得到的截距、梯度属性进行线性相关分析，得到图 8.2 和图 8.3。由于实际数据建模后计算得到的截距、梯度属性值较多，因此直接表示在图中。

从图 8.2 中可以看出，在这次模型建立的过程中，由于顶底板为泥岩，纵横波阻抗都大于煤层的纵横波阻抗，所以截距表现为负值。图 8.2 (a) 中的模拟数据表示截距与有机质含量之间的关系，为负相关关系，即随着有机质含量的增加，截距逐渐减小，但绝对值逐渐增大。有机质含量与截距之间的线性相关系数高达 0.9984，有机质含量与截距属性之间基本上表现为线性关系，且趋势线方程可以表示为 $A=-0.0042V_0-0.0478$。当有机质含量为 100% 时，截距值达到最小为 -0.4678；当有机质含量为 0 时，截距最大为 -0.0478。当有机质体积分数从 50% 变化到 85% 时，截距的相对变化量为 0.1481，变化率为 57.72%。

因为有机质含量与灰分含量之间为负相关关系，所以灰分含量与截距之间的关系表现

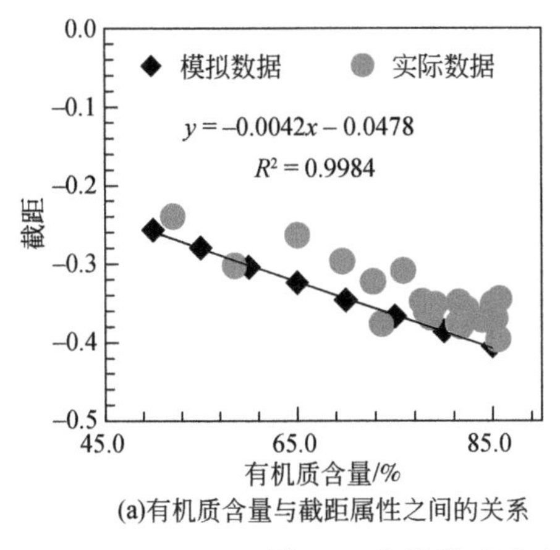

(a)有机质含量与截距属性之间的关系

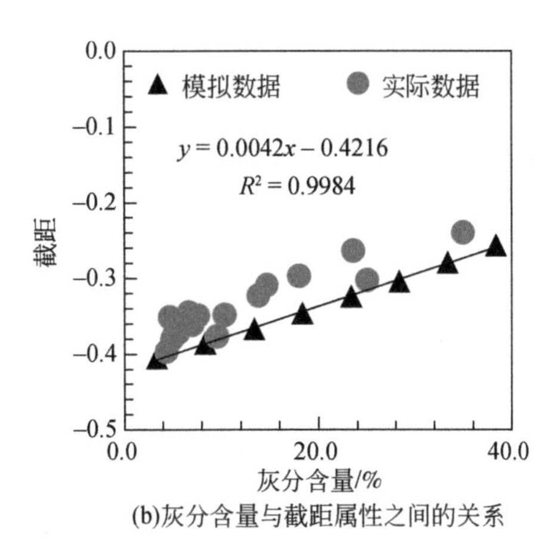

(b)灰分含量与截距属性之间的关系

图 8.2　有机质/灰分含量与截距属性之间的关系

为正相关关系，即随着灰分含量的增加，截距值逐渐增大，但绝对值逐渐减小。灰分含量与截距之间的线性相关系数与有机质相同，为 0.9984。同样，灰分含量与截距属性之间基本上呈线性关系，趋势线方程为 $A=0.0042V_a-0.4216$。利用趋势线方程进行计算，当灰分含量为 100% 时，截距值达到最大为 0.0016；当灰分含量为 0 时，截距最小为−0.4216。

从图 8.2 中可以看出，实际数据计算得到的 AVO 属性与有机质/灰分含量之间的关系与模拟数据计算得到的大体相同。由于在实际勘探过程中，煤岩的有机质含量均较高，所以在实际数据中有机质含量主要集中在 80% 以上，灰分含量主要集中在 20% 以下。从图中可以看出，模拟数据比实际数据计算得到的截距与梯度属性略偏小，这是由于在进行自相容近似模型的建立过程中，孔隙纵横比的取值是一个关键的地方，由于在煤岩骨架中，有机质含量较大，所以将有机质的平均孔隙纵横比 0.8 作为模型建立过程中的孔隙纵横比。实际煤岩中孔隙纵比均存在一定的差异，且实际煤岩中的孔隙纵横比偏大，导致在进行模拟的过程中计算得到的体积模量偏小，剪切模量偏大，根据结果得到煤岩的预测纵波速度偏小，预测横波速度偏大，导致截距略偏小。

在煤岩中，有机质含量与灰分含量都会对 AVO 属性中的截距属性有影响。纵波垂直入射时反射振幅随着有机质含量的增加逐渐增大，随着灰分含量的增加逐渐减小，且与有机质/灰分含量之间呈线性关系，相关系数为 0.9984。利用上述有机质/灰分含量与截距之间的关系，可以根据波阻抗剖面进行有效换算和波阻抗属性的地质含义分析，从而判断地下煤岩层的特征。

从图 8.3 中可以看出，在此次建模过程中，求得的梯度值为正值，振幅与偏移距为正相关关系。同样地，梯度与有机质含量之间表现为正相关关系，随着有机质含量的增加，截距增加，且两者之间的关系接近线性关系，线性相关系数为 0.9979，相关性很高；趋势线方程为 $B=0.0045V_0+0.1563$。当有机质含量为 100% 时，截距最大为 0.6063；当有机质含量为 0 时，截距最小为 0.1563。当有机质体积分数从 50% 变化到 85% 时，梯度的相对变化量为 0.1544，变化率为 226.73%。灰分含量与截距之间呈负相关关系，随着灰分含量的增加，截距逐渐减小，两者之间的关系呈线性关系，线性关系系数为 0.9979，相关性较高；趋势线方程为 $B=-0.0045V_a+0.2394$。根据趋势线方程进行计算，当灰分含量为

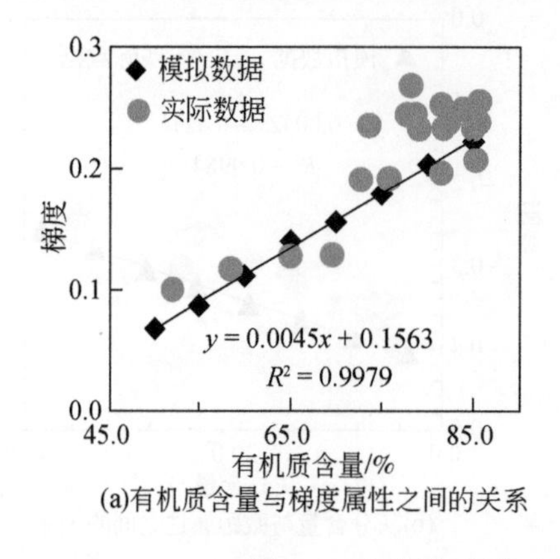

(a)有机质含量与梯度属性之间的关系

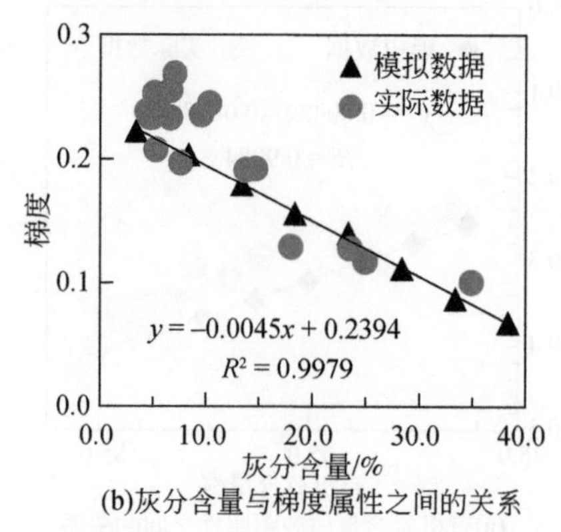

(b)灰分含量与梯度属性之间的关系

图 8.3　有机质/灰分含量与梯度属性之间的关系

100%时，截距最小为-0.2106；当灰分含量为0时，截距最大为0.2394。实际数据计算得到的梯度值略大于模拟数据得到的梯度值，在进行新煤岩密度的计算过程中，灰分密度利用的是灰分平均密度，在煤岩中矿物的组成也是影响矿物密度的一个主要因素，在这里也是影响梯度属性计算的一个因素。

梯度属性受到纵横波速度和密度的影响，梯度的异常反映的是上下地层弹性参数之间的差异。因此，根据得到的有机质/灰分含量与截距之间的关系，可以进行煤储层特征分析，也就是利用梯度的大小来预测有机质/灰分的含量从而判断煤岩的品质。

2. 伪泊松比属性与煤岩组分的关系

计算得到的伪泊松比的数值列表见表8.5。

表 8.5　伪泊松比属性

模型标号	1	2	3	4	5	6	7	8
$A+B$	-0.1885	-0.1923	-0.1925	-0.1839	-0.1902	-0.1876	-0.1821	-0.1822

伪泊松比属性是将截距与梯度属性进行加和得到的，反映了岩层的泊松比变化，在进行模拟的过程中得到的伪泊松比属性值均为负值，表示在上下岩层之间泊松比的变化为负值。将得到的伪泊松比属性值与有机质/灰分含量进行线性相关分析，如图8.4所示。由于实际数据建模后计算得到的伪泊松比属性值较多，则直接表示在图8.4中。

从图8.4中可以看出，有机质含量与伪泊松比之间表现为正相关关系，即随着有机质含量的增加，伪泊松比增加，两者之间的线性相关系数为0.5077，相关性较低。两者之间的关系可以利用趋势线方程 $A+B=0.0002V_0-0.2041$ 进行计算，当有机质含量为100%时，伪泊松比为-0.1841；当有机质含量为0时，伪泊松比为-0.2041。当有机质体积分数从50%变化到85%时，伪泊松比属性的相对变化量为0.0063，变化率为3.34%。灰分含量与伪泊松比之间表现为负相关关系，且两者之间的线性相关系数为0.5077，相关性较低。两者之间的关系利用趋势线方程 $A+B=-0.0002V_a-0.1822$ 进行计算，当灰分含量为100%

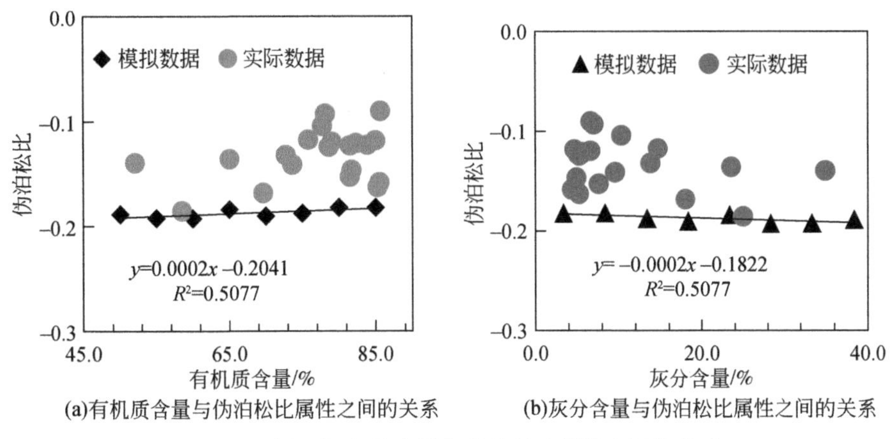

(a)有机质含量与伪泊松比属性之间的关系　(b)灰分含量与伪泊松比属性之间的关系

图 8.4　有机质/灰分含量与伪泊松比属性之间的关系

时，伪泊松比为–0.2022；当灰分含量为 0 时，伪泊松比为–0.1822。实际数据计算得到的伪泊松比属性与模拟数据得到的整体走向是相同的，但比模拟数据计算得到的属性数值略小。在地层中，如果得到的伪泊松比数值较大，即纵波反射系数变化较大，横波反射系数变化较小，则可以证明含油气层的存在。经过以上分析，有机质/灰分含量与伪泊松比之间的相关系数较低，通常情况下不能利用伪泊松比进行有机质/灰分含量的预测，也不能利用有机质/灰分含量对伪泊松比属性进行有效预测。

3. 横波阻抗属性与煤岩组分的关系

横波阻抗属性的计算结果见表 8.6。横波阻抗由截距与梯度的差值表示，在 8.1 节中得到的截距为负值，梯度为正值，进行差值计算，在建立的模型中计算得到的横波阻抗为负值。上下层的横波阻抗变化为负值，即煤层的横波阻抗相对于泥岩的横波阻抗来说，数值更小，反映了平面波垂直入射时横波反射系数的变化为负值。

表 8.6　横波阻抗属性

模型标号	1	2	3	4	5	6	7	8
$A-B$	–0.3247	–0.3665	–0.4157	–0.4639	–0.5020	–0.5458	–0.5890	–0.6271

将得到的有机质/灰分含量与横波阻抗属性进行线性相关分析，如图 8.5 所示。从图中可以看出，横波阻抗与有机质含量之间为负相关关系，随着有机质含量的增加，横波阻抗减小，两者之间呈线性关系，线性相关系数为 0.9989，相关性很高；两者之间的趋势线方程为 $A-B=-0.0087V_0-0.1085$。当有机质含量为 100% 时，横波阻抗最小为–0.9075；当有机质含量为 0 时，横波阻抗最大为–0.1085。当有机质体积分数从 50% 变化到 85% 时，横波阻抗的相对变化量为 0.3024，变化率为 93%。横波阻抗与灰分含量之间表现为线性关系，两者之间呈正相关关系，且线性相关系数较高，为 0.9989。随着灰分含量的增加，横波阻抗增加。两者之间的趋势线方程可以表示为 $A-B=0.0087V_a-0.661$。利用趋势线方程进行计算，当灰分含量为 100% 时，横波阻抗最大为 0.209；当灰分含量为 0 时，横波

阻抗最小为-0.661。利用实际数据计算得到的横波阻抗属性与模拟数据计算得到的横波阻抗属性趋势相同，证明利用横波阻抗属性进行有机质/灰分含量的预测更可靠。这是由于在利用自相容近似模型进行预测的过程中，对煤岩的横波速度预测较准确。

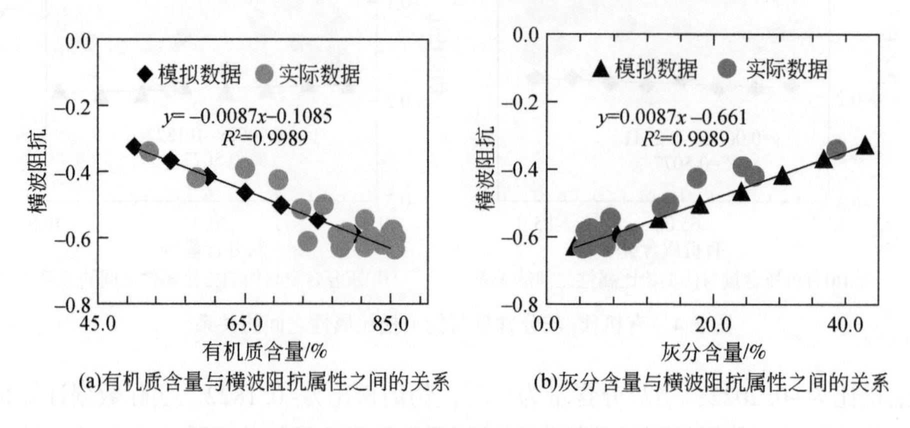

(a)有机质含量与横波阻抗属性之间的关系　(b)灰分含量与横波阻抗属性之间的关系

图 8.5　有机质/灰分含量与横波阻抗属性之间的关系

4. AVO 异常指示因子属性与煤岩组分的关系

利用截距与梯度的乘积表示 AVO 异常指示因子，利用模型计算的结果可以表示为表 8.7。

表 8.7　AVO 异常指示因子属性

模型标号	1	2	3	4	5	6	7	8
$A\times B$	-0.0175	-0.0243	-0.0339	-0.0453	-0.0540	-0.0657	-0.0784	-0.09

在进行计算的过程中，由于截距计算得到的为负值，梯度为正值，所以得到的 AVO 异常指示因子值表现为负值。将得到的 AVO 异常指示因子与有机质/灰分含量进行线性相关系数分析，如图 8.6 所示。从图中可以看出，有机质含量与 AVO 异常指示因子之间表现为负相关关系，随着有机质含量的增加，AVO 异常指示因子逐渐减小，但绝对值逐渐增大。两者之间的关系基本上呈线性关系，线性相关系数为 0.9946，相关系数很高，且符合趋势线方程 $A\times B=-0.0021V_0+0.0903$。利用趋势线方程进行计算，当有机质含量为 100% 时，AVO 异常指示因子最小为-0.1104；当有机质含量为 0 时，AVO 异常指示因子最大为 0.0903。当有机质体积分数从 50% 变化到 85% 时，AVO 异常指示因子的相对变化量为 0.0725，变化率为 414.29%。灰分含量与 AVO 异常指示因子之间呈正相关关系，随着灰分含量的增加，AVO 异常指示因子增加，绝对值减小。两者大体上呈线性关系，线性相关系数为 0.9946，相关系数很高，符合趋势线方程 $A\times B=0.0021V_a-0.095$。利用得到的趋势线方程进行计算，当灰分含量为 100% 时，AVO 异常指示因子最大为 0.115；当灰分含量为 0 时，AVO 异常指示因子最小为-0.095。利用实际数据进行计算得到的属性值均匀地分布在模拟数据计算得到的趋势线两侧，证明以上得到的数据趋势是正确的，即表

明 AVO 异常指示因子与有机质含量之间呈负相关关系，与灰分含量之间呈正相关关系。

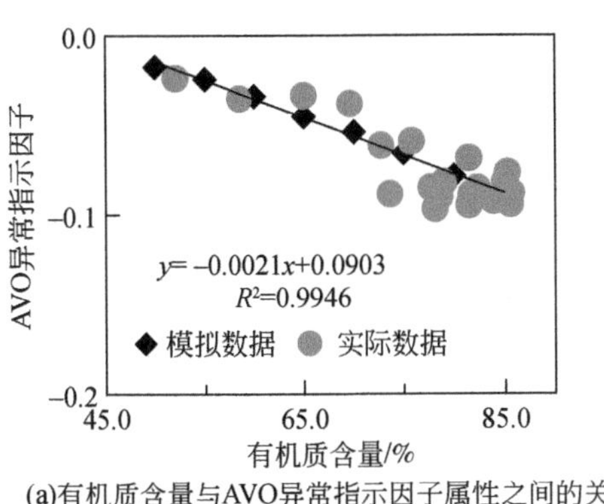

(a)有机质含量与AVO异常指示因子属性之间的关系

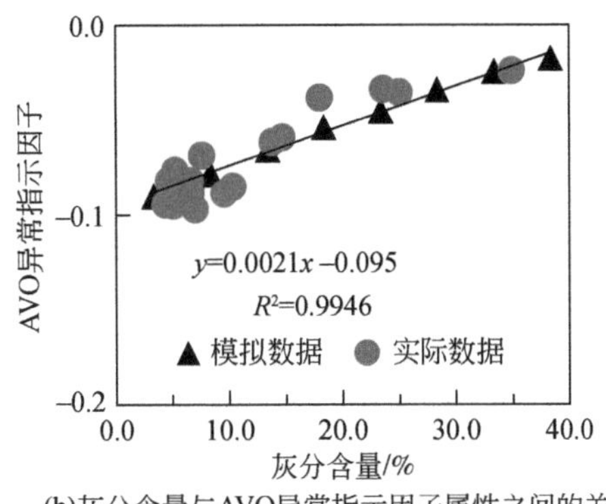

(b)灰分含量与AVO异常指示因子属性之间的关系

图 8.6　有机质/灰分含量与 AVO 异常指示因子属性之间的关系

AVO 异常指示因子通过将截距与梯度相乘计算，所以将结果进行了放大，提高了结果的指示作用。截距与梯度的乘积的正负号有助于岩性的识别。在这里，可以基于有机质/灰分含量与 AVO 异常指示因子的关系，利用其中一个来预测另一个，从而进行煤岩品质或者含油气性的判断。

5. 极化角属性与煤岩组分的关系

通过建立协方差矩阵进行极化角属性的计算，将得到的结果列表，见表 8. 8。

表 8.8　极化角属性

模型标号	1	2	3	4	5	6	7	8
极化角	−0. 6676	−0. 6662	−0. 6650	−0. 6637	−0. 6623	−0. 6610	−0. 6597	−0. 6586

从图 8. 7 中可以看出，有机质含量与极化角之间表现为正相关关系，随着有机质含量的增加，极化角逐渐增大。两者之间基本上呈线性关系，线性相关系数为 0. 9991，满足趋势线方程 $\phi=0.0003V_0-0.6805$。利用趋势线方程进行计算，当有机质含量为 100% 时，极化角为−0. 6505；当有机质含量为 0 时，极化角为−0. 6805。当有机质体积分数从 50% 变化到 85% 时，极化角属性的相对变化量为 0. 009，变化率为 1. 35%。在有机质的变化过程中，极化角的变化极小，所以在该模型中，不适宜利用极化角属性来进行有机质含量的预测。灰分含量与极化角之间表现为负相关关系，随着灰分含量的增加，极化角减小。两者之间基本上呈线性关系，线性相关系数为 0. 9991，且满足趋势线方程 $\phi=-0.0003V_a-0.6576$。利用趋势线方程进行计算，当灰分含量为 100% 时，极化角为−0. 6876；当灰分含量为 0 时，极化角为−0. 6576。从趋势线计算表示的结果来看，灰分含量的变化对极化角属性的影响较小。利用实际数据计算得到的极化角属性值与有机质/灰分含量之间的关系，与模拟数据计算得到的关系是相同的。即极化角属性与有机质之间表现为正相关，与灰分含量之间表现为负相关，但有机质/灰分含量对极化角属性的影响比较小。

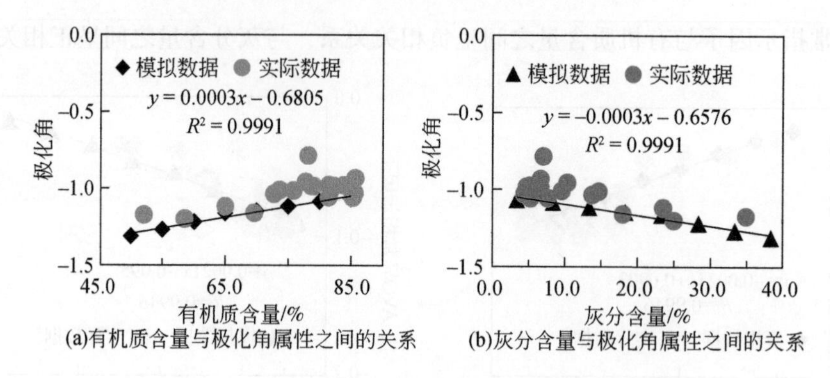

图 8.7　有机质/灰分含量与极化角属性之间的关系

6. 极化强度属性与煤岩组分的关系

将计算得到的极化强度属性值列表，见表 8.9。

表 8.9　极化强度属性

模型标号	1	2	3	4	5	6	7	8
极化强度	0.2582	0.2695	0.2792	0.2875	0.3003	0.3103	0.3200	0.3281

将得到的极化强度属性与有机质/灰分含量进行画图，如图 8.8 所示。从图中可以看出，有机质含量与极化强度之间呈正相关关系，随着有机质含量的增加，极化强度逐渐增加。且两者之间基本上呈线性相关的关系，线性相关系数为 0.9982，满足趋势线方程 $E=0.002V_0+0.1579$。利用趋势线方程进行计算，当有机质含量为 100% 时，极化强度最大为 0.3579；当有机质含量为 0 时，极化强度最小为 0.1579。当有机质体积分数从 50% 变化到 85% 时，极化强度属性的相对变化量为 0.0699，变化率为 27.07%。灰分含量与极化强度之间呈负相关关系，随着灰分含量的增加，极化强度逐渐减小。两者之间基本呈线性相关关系，线性相关系数为 0.9982，满足趋势线方程 $E=-0.002V_a+0.3362$。利用趋势线方程进行计算，当灰分含量为 100% 时，极化强度最小为 0.1362；当灰分含量为 0 时，极化强度最大为 0.3362。

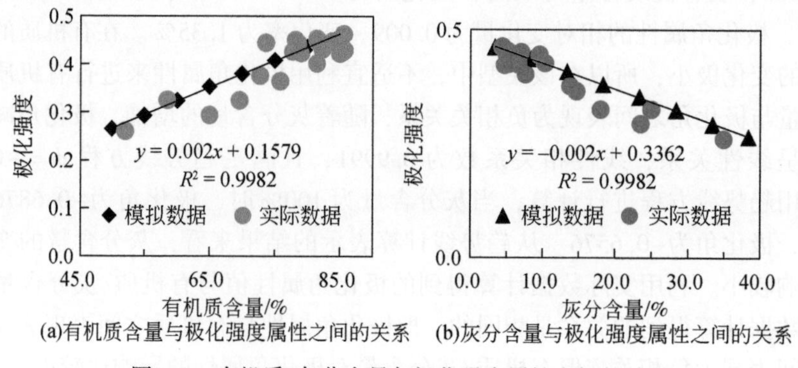

图 8.8　有机质/灰分含量与极化强度属性之间的关系

利用实际数据计算得到的极化强度与模拟数据计算得到的趋势相同，且均匀地分布在趋势线两侧，预测较为准确。这表明，极化强度属性与有机质含量之间呈正相关关系，与灰分含量之间呈负相关关系。

在进行 AVO 属性分析的过程中，得到的 AVO 属性与煤岩组分（有机质/灰分含量）之间均具有较好的相关性，现在将得到的相关系数表示在表 8.10 中。由于在进行计算的过程中，有机质含量与灰分含量满足线性关系，所以计算得到的有机质含量与各属性之间的线性相关系数和灰分含量与各属性之间的线性相关系数相同。同时，将有机质/灰分含量与各属性之间建立的趋势线方程中的截距表示在表 8.10 中。同理，得到有机质含量与各属性之间的截距和灰分含量与各属性之间的关系呈相反数。

表 8.10　各 AVO 属性之间与有机质/灰分含量的关系

属性	与有机质含量的关系式	与灰分含量的关系式	线性相关系数	相对变化量
截距	$y=-0.0042x-0.0478$	$y=0.0042x-0.4216$	0.9984	-0.1481
梯度	$y=0.0045x-0.1563$	$y=-0.0045x+0.2394$	0.9979	0.1544
伪泊松比	$y=0.0002x-0.2041$	$y=-0.0002x-0.1822$	0.5077	0.0063
横波阻抗	$y=-0.0087x-0.1085$	$y=0.0087x-0.661$	0.9989	-0.3024
AVO 异常指示因子	$y=-0.0021x+0.0903$	$y=0.0021x-0.095$	0.9946	-0.0725
极化角	$y=0.0003x-0.6805$	$y=-0.0003x-0.6576$	0.9991	0.243
极化强度	$y=0.002x+0.1579$	$y=-0.002x+0.3362$	0.9982	0.196

注：y 表示各 AVO 属性值；x 表示有机质/灰分的体积分数，单位为%

有机质/灰分含量与各 AVO 属性之间都具有较好的相关性，这从线性相关系数的数值上就可以看出。表 8.10 中关系式的斜率表示有机质/灰分含量对各 AVO 属性的影响程度。即斜率的绝对值越大，则有机质/灰分含量对该属性的影响就越大，通过该属性来判断有机质含量时，其区分度就越明显。从表 8.10 中可以看出，横波阻抗属性受有机质/灰分含量的影响最大，即表示在建立的模型中，有机质/灰分含量对横波阻抗的影响较大，表示上下地层之间横波阻抗发生了较大的差异。同时，极化角属性受有机质/灰分含量的影响最小。

7. AVO 属性与孔隙流体的关系

对滇东矿区雨汪煤矿的实际资料进行分析，可以得到煤层顶板的泥岩平均密度为 2.26g/cm^3，平均纵波速度为 3.0km/s，平均横波速度为 1.41km/s。将得到的以上参数作为模型中介质 1 的参数进行模拟。下层表示的是煤层，根据不同的含流体饱和度计算得到纵横波速度和密度。模型物性参数见表 8.11。

表 8.11　模型物性参数表

模型介质	纵波速度/(km/s)	横波速度/(km/s)	密度/(g/cm^3)
介质 1	3	1.41	2.26
介质 2（9）	2.21	1.19	1.59

续表

模型介质	纵波速度/(km/s)	横波速度/(km/s)	密度/(g/cm³)
介质 2 (10)	2.22	1.19	1.57
介质 2 (11)	2.24	1.20	1.55
介质 2 (12)	2.26	1.21	1.53
介质 2 (13)	2.27	1.22	1.52

利用以上模型，分别求得截距、梯度、伪泊松比、横波阻抗、AVO 异常指示因子、极化角、极化强度属性值。将得到的属性值分别与吸附气饱和度进行线性相关分析，可以得到相应的关系。

(1) 截距、梯度属性与含吸附气饱和度的关系

将计算得到的截距、梯度与含吸附气饱和度进行相关性分析，如图 8.9 和图 8.10 所示。

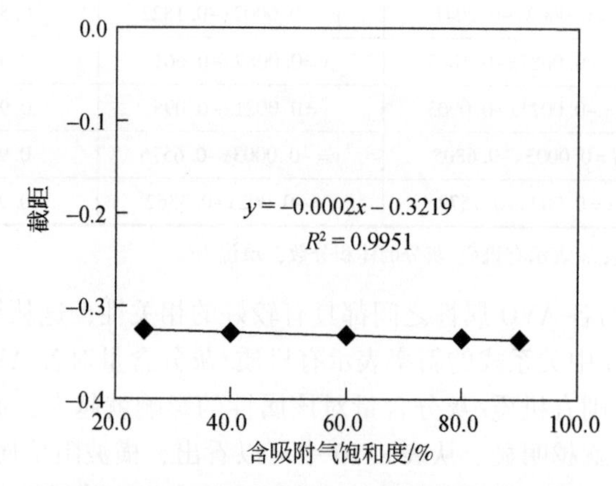

图 8.9　含吸附气饱和度与截距属性之间的关系

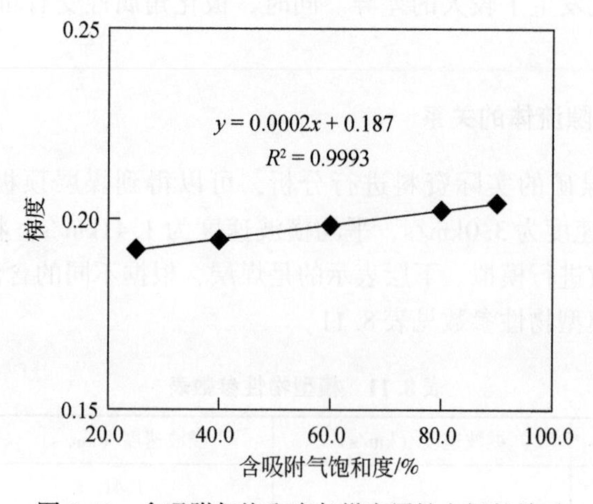

图 8.10　含吸附气饱和度与梯度属性之间的关系

在这里，利用相对变化量和相对变化率表示AVO属性与含吸附气饱和度的关系。相对变化量表示含吸附气饱和度由25%变化到90%时AVO属性值的变化量；相对变化率表示相对变化量与含吸附气饱和度为25%时的AVO属性值的比值。

随着含吸附气饱和度的增加，截距减小，当含吸附气饱和度由25%增加到90%时，截距减小0.01，相对变化率为3.2%，相对变化率较小。

随着含吸附气饱和度的增加，梯度增加，当含吸附气饱和度由25%增加到90%时，梯度增加0.012，相对变化率为6.39%，相对变化率较小。

（2）伪泊松比属性与含吸附气饱和度的关系

将计算得到的伪泊松比属性与含吸附气饱和度进行相关性分析，如图8.11所示。

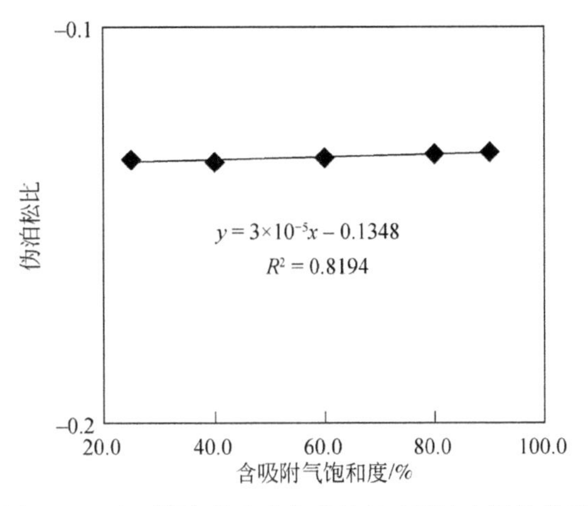

图8.11　含吸附气饱和度与伪泊松比属性之间的关系

随着含吸附气饱和度的增加，伪泊松比增加，当含吸附气饱和度由25%增加到90%时，伪泊松比增加0.002，相对变化率为-1.389%，相对变化率较小。

（3）横波阻抗属性与含吸附气饱和度的关系

将计算得到的横波阻抗属性与含吸附气饱和度进行相关性分析，如图8.12所示。

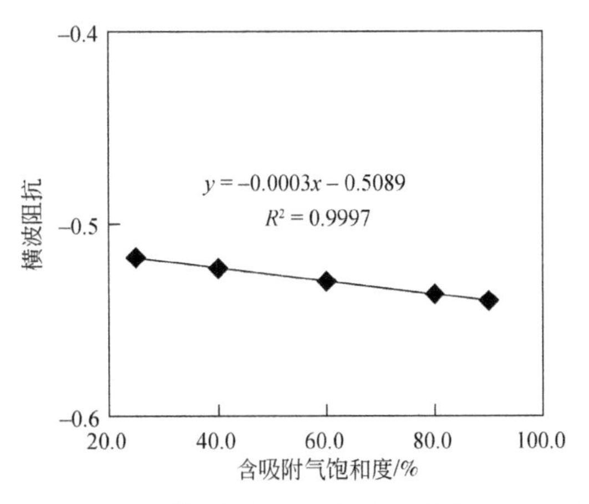

图8.12　含吸附气饱和度与横波阻抗属性之间的关系

随着含吸附气饱和度的增加，横波阻抗减小，当含吸附气饱和度由 25% 增加到 90% 时，横波阻抗减小 0.023，相对变化率为 4.38%，相对变化率较小。

(4) AVO 异常指示因子属性与含吸附气饱和度的关系

将计算得到的 AVO 异常指示因子属性与含吸附气饱和度进行相关性分析，如图 8.13 所示。

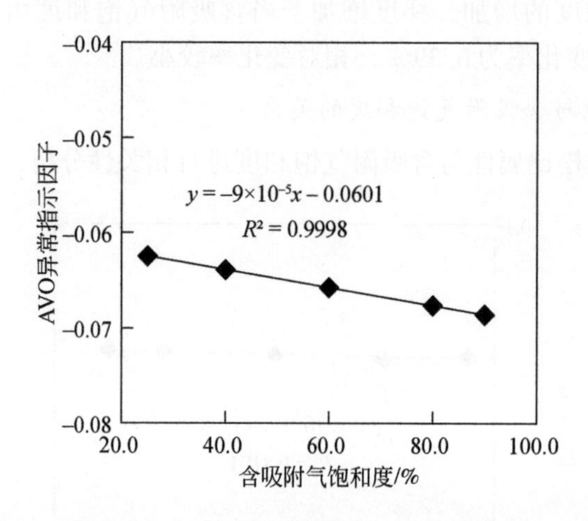

图 8.13　含吸附气饱和度与 AVO 异常指示因子属性之间的关系

随着含吸附气饱和度的增加，AVO 异常指示因子减小，当含吸附气饱和度由 25% 增加到 90% 时，AVO 异常指示因子减小 0.006，相对变化率为 9.79%。

(5) 极化角属性与含吸附气饱和度的关系

将计算得到的极化角属性与含吸附气饱和度进行相关性分析，如图 8.14 所示。

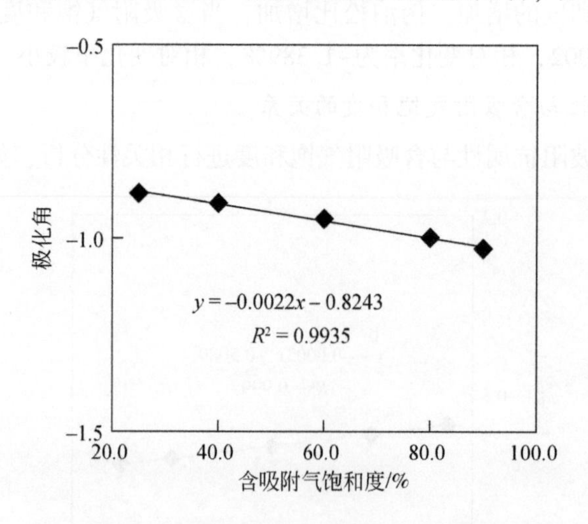

图 8.14　含吸附气饱和度与极化角属性之间的关系

随着含吸附气饱和度的增加，极化角减小，当含吸附气饱和度由 25% 增加到 90% 时，极化角减小 0.143，相对变化率为 16.13%。

(6) 极化强度属性与含吸附气饱和度的关系

将计算得到的极化强度属性与含吸附气饱和度进行相关性分析，如图8.15所示。

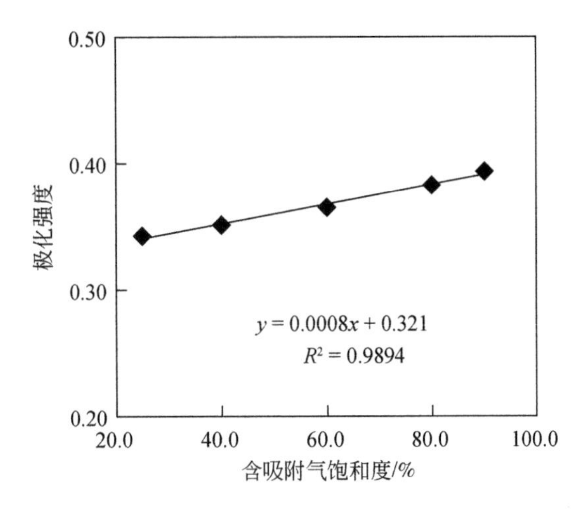

图8.15 含吸附气饱和度与极化强度属性之间的关系

随着含吸附气饱和度的增加，极化强度减小，当含吸附气饱和度由25%增加到90%时，极化强度增加0.051，相对变化率为14.87%。

综合以上分析，可以得到各AVO属性与煤岩孔隙流体的关系，见表8.12。将含吸附气饱和度由25%增加到90%时，AVO属性的相对变化量见表8.12。

表8.12 各AVO属性与含吸附气饱和度的关系

属性	与含吸附气饱和度的关系式	线性相关系数	相对变化量
截距	$y=-0.0002x-0.3219$	0.9951	-0.01
梯度	$y=0.0002x+0.187$	0.9993	0.012
伪泊松比	$y=3\times10^{-5}x-0.1348$	0.8194	0.002
横波阻抗	$y=-0.0003x-0.5089$	0.9997	-0.023
AVO异常指示因子	$y=-9\times10^{-5}x-0.0601$	0.9998	-0.006
极化角	$y=-0.0022x-0.8243$	0.9935	-0.143
极化强度	$y=0.0008x+0.321$	0.9894	0.051

注：y表示各AVO属性值；x表示含吸附气饱和度，单位为%

从表8.12中可以看出，含吸附气饱和度与梯度、伪泊松比和极化强度等属性呈正相关关系；与截距、横波阻抗、AVO异常指示因子和极化角属性呈负相关关系。随着含吸附气饱和度的增加，极化角的相对变化量最大为0.143；截距的相对变化量最小为0.01；含吸附气饱和度对极化角属性的影响最大，但是相对变化量较小，在进行实际地震勘探中不利于研究。

8.3　AVO 反演及效果分析

8.3.1　AVO 反演流程

进行地震 AVO 反演（图 8.16），关键就是希望能获得与地下实际情况比较符合的截距和梯度信息。为了实现这一目的，主要是通过对比测井的 AVO 响应与实际地震资料的响应是否比较一致。

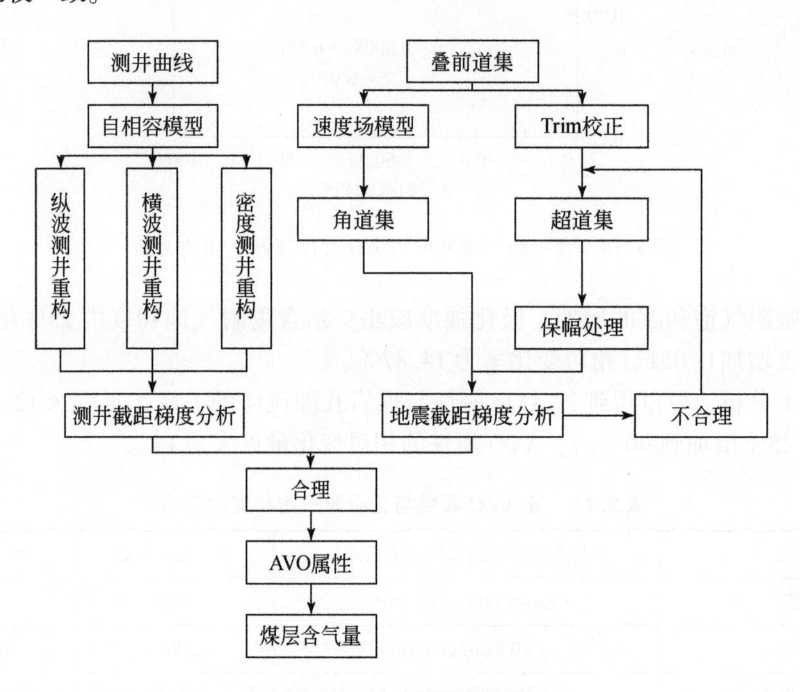

图 8.16　AVO 反演流程图

8.3.2　测井资料预处理

雨汪矿区搜集到的测井数据有 K4115-1、K4113-1、K4111-1、K4109-1、K4107-3、K4105-1、K4107-1、K4109-2、K4111-4、K4113-2、K4115-2、K4105-2、K4107-2、K4109-3、K4111-3、K4111-2 共 16 口井，实际使用 7 口（除去除勘探区边界上的井），具体见表 8.13。

表 8.13　雨汪矿区原始测井信息统计表

井位编号	位置	GG	GR	SP	NP	是否选用
K4115-1	勘探区域内部	有	有	有	有	是

续表

井位编号	位置	GG	GR	SP	NP	是否选用
K4113-1	勘探区域内部	有	有	有	有	是
K4111-1	勘探区域内部	有	有	有	有	是
K4109-1	勘探区域边缘	有	有	有	有	否
K4107-3	勘探区域边缘	有	有	有	有	否
K4105-1	勘探区域边缘	有	有	有	有	否
K4107-1	勘探区域边缘	有	有	有	有	否
K4109-2	勘探区域边缘	有	有	有	有	否
K4111-4	勘探区域内部	有	有	有	有	是
K4113-2	勘探区域内部	有	有	有	有	是
K4115-2	勘探区域边缘	有	有	有	有	否
K4105-2	勘探区域边缘	有	有	有	有	否
K4107-2	勘探区域边缘	有	有	有	有	否
K4109-3	勘探区域内部	有	有	有	有	是
K4111-3	勘探区域内部	有	有	有	有	是
K4111-2	勘探区域边缘	有	有	有	有	否

注：GG为伽马-伽马；GR为伽马射线测井；SP为自然电位测井；NP为自然伽马射线强度

1. 测井曲线重构流程

AVO反演需要纵波速度、横波速度、密度曲线来计算截距和梯度。在雨汪矿区已有测井资料中，只有GG、GR、SP、NP测井资料，缺少纵横波速度及密度测井资料，需要经过理论计算得到纵横波速度和密度测井曲线。

1）利用测井曲线计算地层密度、孔隙度及成分含量。利用散射伽马测井曲线计算地层密度，利用密度数据及自然伽马测井计算地层孔隙度及成分含量。

2）按照深度及岩性对地层进行分层，整合对应深度的孔隙度、密度和成分含量。

3）根据不同岩性及成分含量，给定组成成分的体积模量、剪切模量及孔隙纵横比。基于自相容模型对纵横波速度测井曲线进行重构。

具体的测井曲线重构技术路线如图8.17所示。

2. 密度测井曲线重构

补偿地层密度测井是利用伽马射线与物质作用的康普顿（Compton）效应。X射线通过实物物质发生散射时，散射光中除了有原波长λ_0的X光外，还产生了波长$\lambda>\lambda_0$的X光，其波长的增量随散射角的不同而变化。利用固定强度的伽马射线源照射地层，伽马射线穿过地层时，由于产生康普顿效应，伽马射线会吸收，地层对伽马射线吸收的强弱取决于岩石中单位体积内所含的电子数，即电子密度，而电子密度又与地层的密度有关，由此通过测定伽马射线的强度就可以测定岩性的密度（图8.18）。伽马源和源距选定后，探测器接收到的伽马强度取决于散射和吸收两个过程，测井记录的计数率越低，地层密度越大。根据散射伽马和密度曲线的关系，得到密度曲线的求取方法如下式所示：

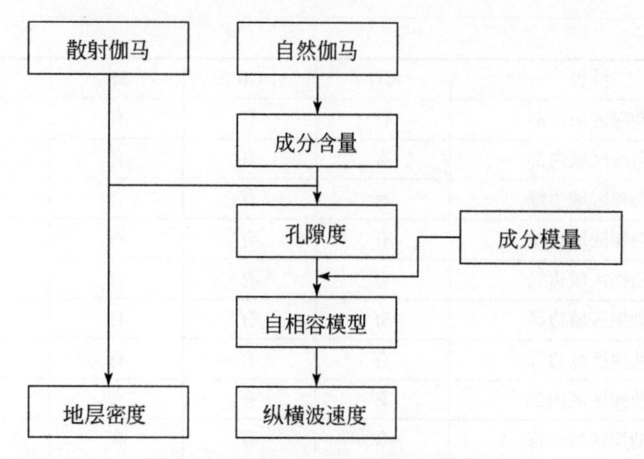

图 8.17　测井曲线重构技术路线图

$$D(i)=a\lg G(i)+b \quad (i=1,2,3,\cdots,n) \tag{8.20}$$

式中，$D(i)$ 为密度曲线，g/cm³；a、b 为 GG 曲线与密度曲线关系的无量纲系数；$G(i)$ 为 GG 曲线，API。

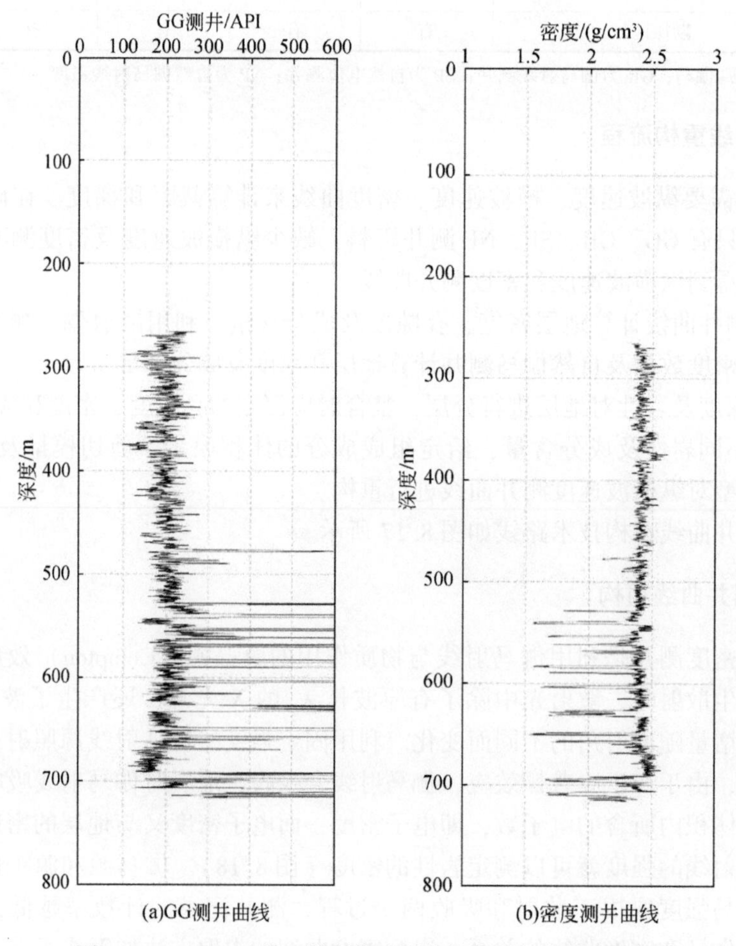

图 8.18　K4115-1 基于散射伽马测井的密度测井曲线重构

3. 基于自相容模型的纵横波速度测井曲线重构

传统的经验公式法适用于单一岩性，对于不同的岩性需要用到不同的经验公式。勘探区内地层岩性多样，采用单一的经验公式会造成很大的误差。本次纵横波速度的计算采用自相容模型，其优势在于可以在已知岩石矿物成分及孔隙流体的条件下，不用考虑各个组分的加入顺序，计算岩石的有效弹性模量。它的局限性在于只有在岩石的孔隙度特定范围内，才能保证岩石中固体与孔隙相互连通，而地下岩石的临界孔隙度在40%左右，所以满足自相容模型的条件。

理论上，估算孔隙介质或复合材料的有效模量需要明确以下几点：①岩石中各种成分的体积含量；②不同成分的弹性模量；③岩石中各种成分的几何形状和空间分布。边界模型（如Hashin-Shtrikman边界、Voigt-Reuss模型）只考虑了前两个方面，并没有考虑到岩石各组成部分几何形状的影响，Kuster-Toksöz模型假定孔隙的几何形状是非常规则的。这些方法都有一个共同的特点，都把多相介质中的一相视为基质，剩余的其他成分视为无限大基质中的内含物。因此，这些方法都只限于计算低孔隙度岩石的有效弹性模量。

Budiansky（1965）与Hill（1965）提出了自相容模型（图8.19）。该模型的基本思想如下：将要求解多相介质放置于一无限大的基质中，该基质的弹性参数是任意可调的。通过调整基质的弹性参数，使得可调基质弹性参数与多相介质的弹性参数相匹配，当有一平面波入射时，多相介质不会再引起散射，此时基质的弹性模量与多相介质的有效弹性模量相等。该方法既考虑到孔隙形状的影响，又能够适用于孔隙度较大的岩石。这种方法仍然是计算孤立的内含物的变形。但是该方法中不再选用多相材料中的一相作为基质，而是选用要求解的有效介质作为基质，通过不断改变基质来考虑内含物之间的相互作用。

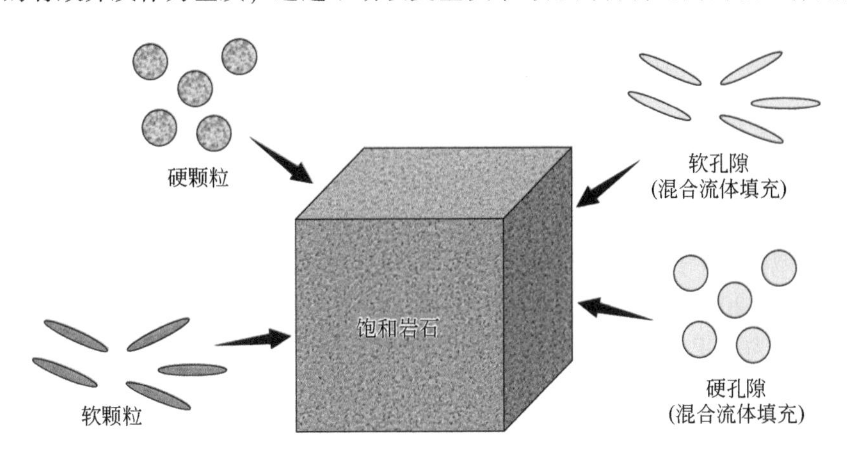

图8.19　自相容模型示意图

在进行建模的过程中，使用的是Berryman在1995年给出的N相混合物的自相容近似模型。由于公式具有耦合性，在进行求解的过程中采取多次迭代的方法。Berryman给出的N相混合物的自相容近似的一般形式如下：

$$\sum_{i=1}^{N} v_i(K_i - K_{SC}^*)P^{*i} = 0 \tag{8.21}$$

$$\sum_{i=1}^{N} v_i(\mu_i - \mu_{SC}^*)Q^{*i} = 0 \tag{8.22}$$

式中，i表示第i种材料；v_i表示第i种材料的体积分数；K_i和μ_i分别表示第i种材料的体积模量和剪切模量；K_{SC}^*和μ_{SC}^*分别表示自相容模型等效体积模量和剪切模量；P^{*i}和Q^{*i}表示几何因数，与包含物的形状有关。

利用自相容近似模型求得煤样的体积模量和剪切模量，通过式（8.23）和式（8.24），求得岩石的纵横波速度：

$$V_p = \sqrt{\frac{K_{SC}^* + \frac{4}{3}\mu_{SC}^*}{\rho}} \tag{8.23}$$

$$V_s = \sqrt{\frac{\mu_{SC}^*}{\rho}} \tag{8.24}$$

式中，ρ为密度。

在建立模型时，砂岩利用主要成分石英来作为背景介质，不断加入其他成分来替换石英；泥岩利用主要成分黏土来作为背景介质，不断加入其他成分来替换黏土；煤利用主要成分有机质来作为背景介质，不断加入其他成分来替换有机质；灰岩利用主要成分方解石来作为背景介质，不断加入其他成分来替换方解石。

在建立自相容近似模型的过程中，需要知道岩石的孔隙度、孔隙纵横比、各组分的含量及模量。利用自然伽马测井（GR）可以计算岩石的泥质含量V_{SH}。

$$V_{SH} = \frac{GR - GR_{min}}{GR_{max} - GR_{min}} \tag{8.25}$$

式中，GR、GR_{min}、GR_{max}分别为目的层、纯砂岩和纯泥岩层的自然伽马读数值。

岩石的孔隙度可以通过下式计算获得：

$$\phi_D = \frac{\rho_{ma} - \rho_b}{\rho_{ma} - \rho_f} - V_{SH}\frac{\rho_{ma} - \rho_{SH}}{\rho_{ma} - \rho_f} \tag{8.26}$$

式中，ϕ_D为密度孔隙度；ρ_{ma}为岩石骨架密度值；ρ_b为油气密度；ρ_f为地层流体密度值；ρ_{SH}为泥岩密度值。

自相容近似模型中孔隙纵横比取值为0.1。关于有机质的体积模量和剪切模量的取值，是根据Shitrit等（2016）提出的“有机质的剪切模量是体积模量的一半”获得的，有机质的体积模量取值为5GPa，剪切模量取值为2.5GPa。基于自相容模型的纵横波速度测井曲线重构如图8.20所示。

由于不同年代，不同测井仪器和不同测井系列得到的数据刻度不一致，测井曲线之间存在较大的系统误差，若直接使用这些测井曲线，无疑会将测井的系统误差带入结果中，造成地层横向上的突变，这与地质规律是相违背的。因此，将所有井的测井曲线进行统一标度处理，消除井与井之间的系统误差，校正后的曲线如图8.21～图8.23所示。

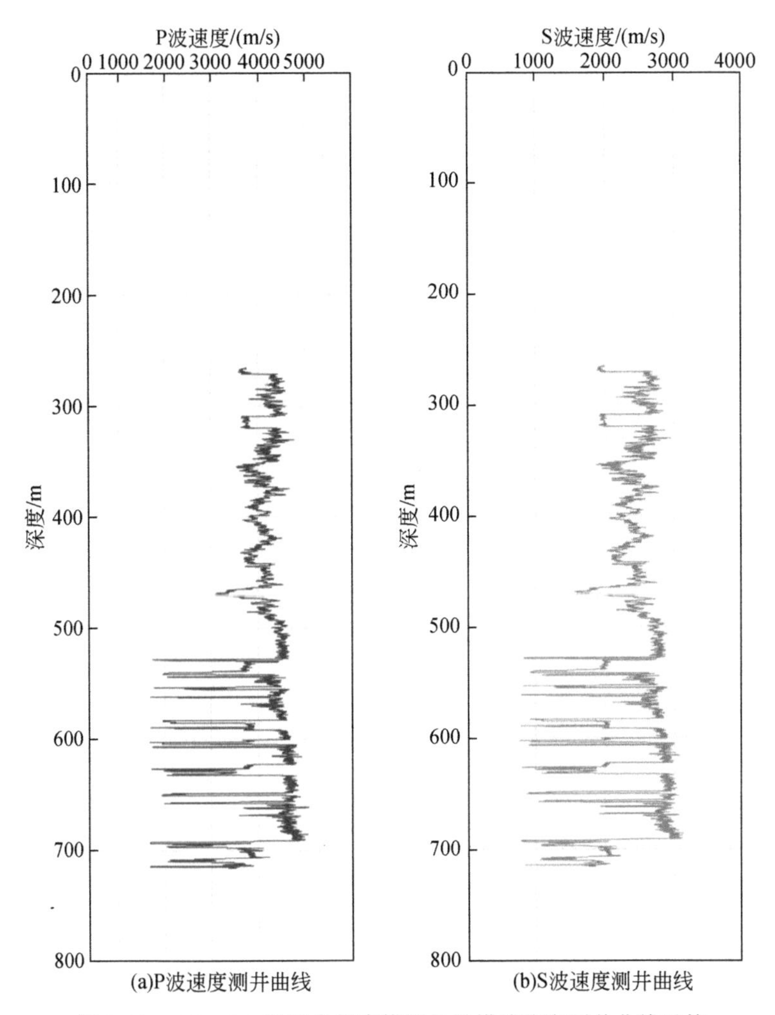

(a)P波速度测井曲线　(b)S波速度测井曲线

图8.20　K4115-1基于自相容模型的纵横波速度测井曲线重构

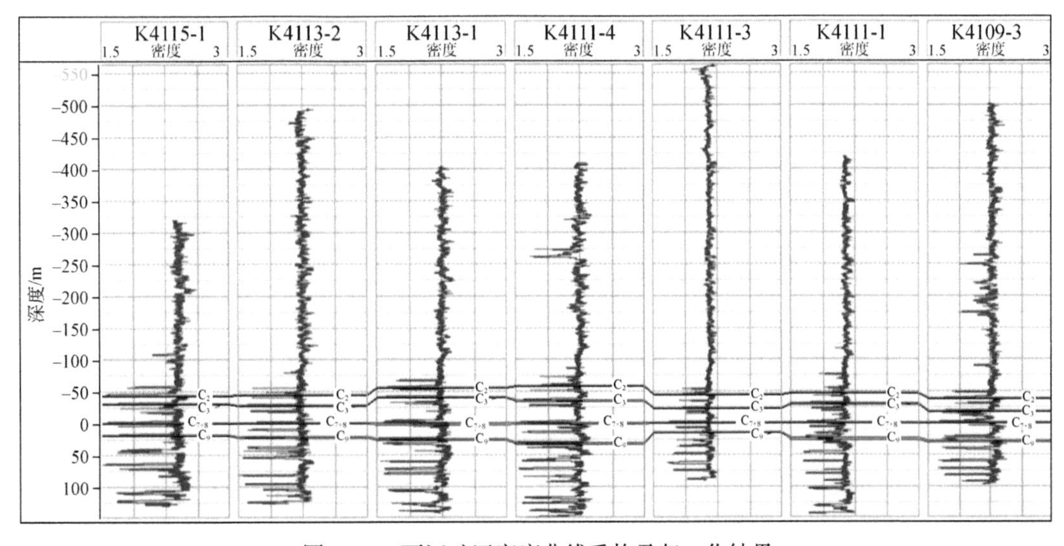

图8.21　雨汪矿区密度曲线重构及归一化结果

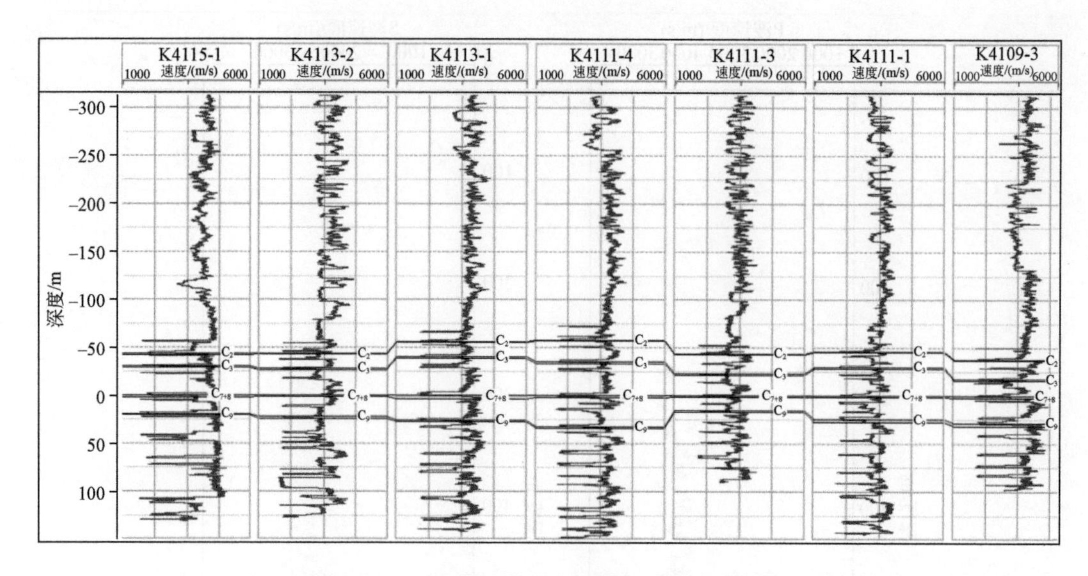

图 8.22　雨汪矿区纵波曲线重构及归一化结果

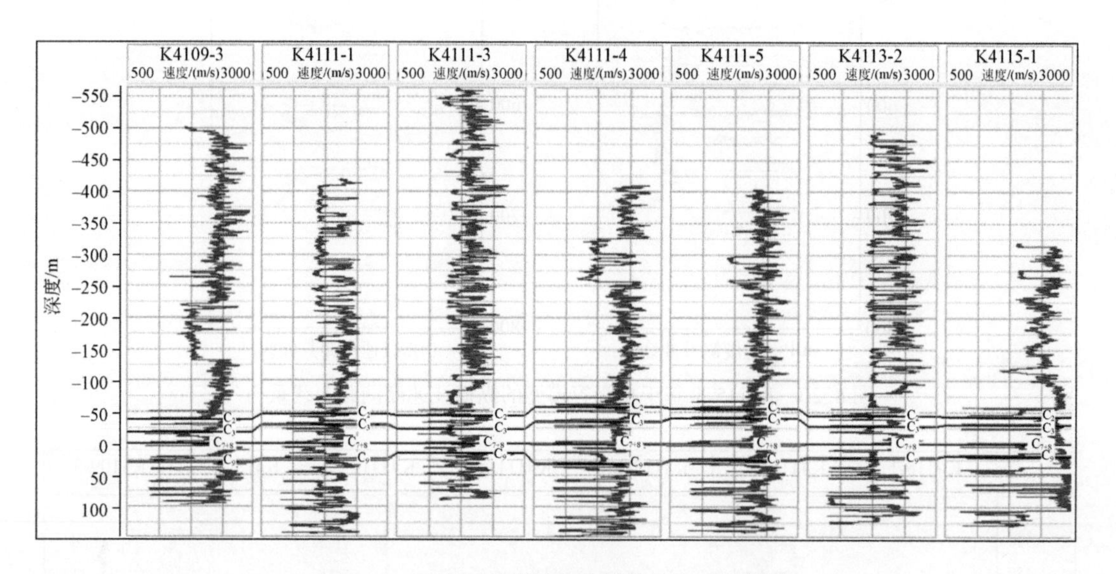

图 8.23　雨汪矿区横波曲线重构及归一化结果

8.3.3　煤层反射波层位标定

1. 子波提取

子波是指在传播过程中不随时间改变形状、频率稳定的地震脉冲。它由一系列具有不同振幅和频率的谐波构成，在传播过程中子波的频率不会发生改变，同时也不会被大地吸收某些频率，而反射系数则是在反射界面上多次修改子波的振幅大小，不改变其形态大小和极性，在每个反射界面上，子波都会重新出现一次，最终叠加在一起形成地震记录。

在常规的地震反演中主要使用三种地震子波，第一种是里克子波，即不考虑测井和地震的影响，从理论角度出发直接创建一个和地震主频相同的零相位里克子波，使用这种方法的好处是，理论的零相位里克子波旁瓣小，子波品质好，在进行合成地震记录时分辨率较高。坏处是忽略了地震子波混合相位的影响，会与实际资料存在一定的误差。第二种是统计子波，该方法是从实际地震资料出发，在目的层位附近选择一定范围的时窗，在一定的时间和空间中提取得到。统计子波是由地震数据经过自相关计算得到的，与实际地震剖面的相似性很好，但是利用该方法得到的子波一般旁瓣很复杂，因此该方法只适用于信噪比较高的地震资料。第三种是井旁道地震子波，该方法是利用测井数据和井旁道的地震资料进行相关性分析，在测井数据和井旁道地震数据之间进行计算得到，这种方法提取的子波很大程度上依赖于测井数据的准确性，测井数据的好坏将直接影响子波的品质，从而影响地震反演的结果。本次采用井旁道地震子波，子波提取过程中考虑到地层对子波的高频成分具有衰减的影响，最终得到如图 8. 24 所示的子波。

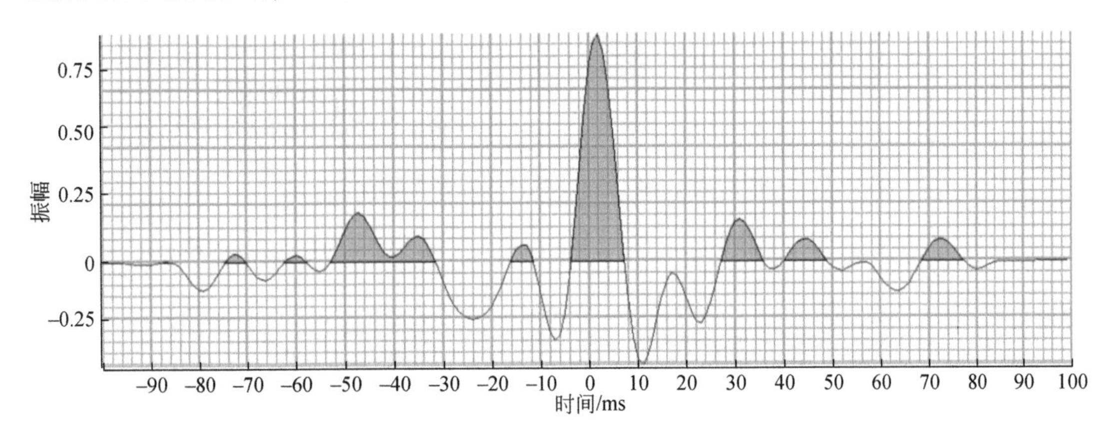

图 8. 24　子波

2. 井震标定

井震标定是联系地震资料和测井资料的桥梁，是地震与地质相结合的一个纽带。井震标定是否正确，直接影响到反演的准确性。合成地震道与井旁地震道相似程度越高，代表着子波越合理、井震之间的时深位置对应得越好，这是合成地震记录的唯一评定准则。层位标定的正确与否，直接影响 AVO 反演的结果和精度。

井震标定的准确性将直接影响地震资料与测井资料在时间和空间上匹配的准确度，因此在进行井震标定的过程中，最终的目标是使合成的地震记录能够与井旁地震道尽可能相似。在实际操作过程中，首先是将目的层位的合成地震道与地震资料中的目的层位标定，尽量是波峰与波峰、波谷与波谷一一对应。在确定大致的趋势后，可以根据实际的地震道集进行一定的调整，使得合成的地震道集与实际的地震道集的相似系数达到最高，从而得到最准确的标定结果，如图 8. 25 ~ 图 8. 31 所示。

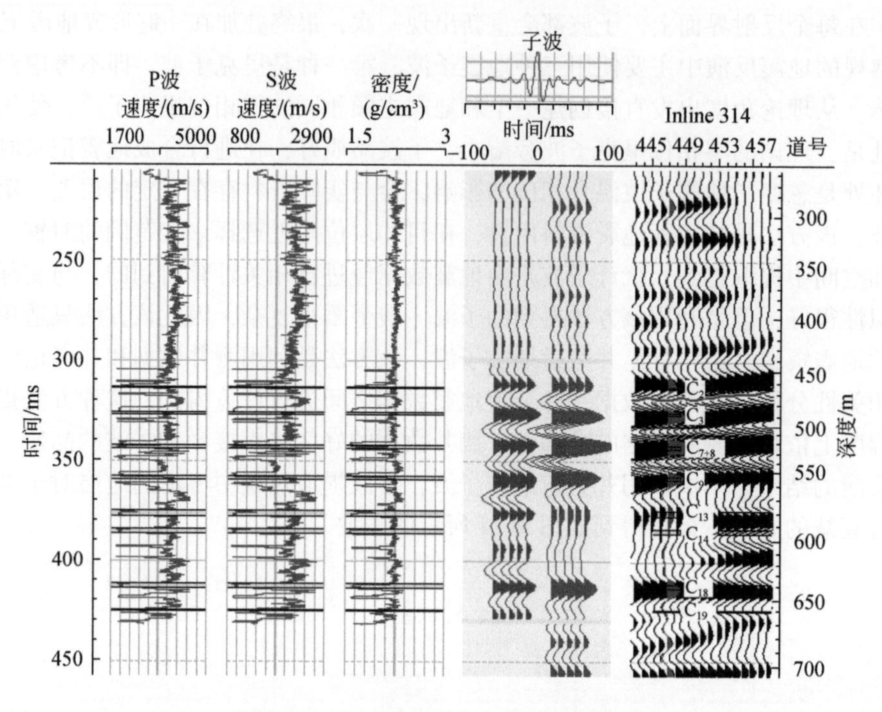

图 8.25　雨汪矿区 K4111-4 井合成记录

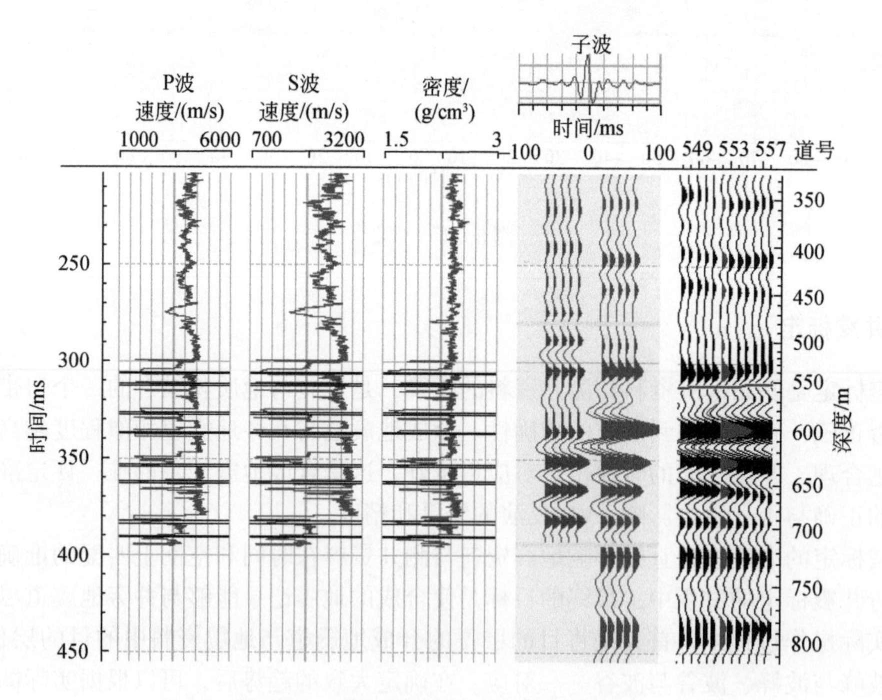

图 8.26　雨汪矿区 K4115-1 井合成记录

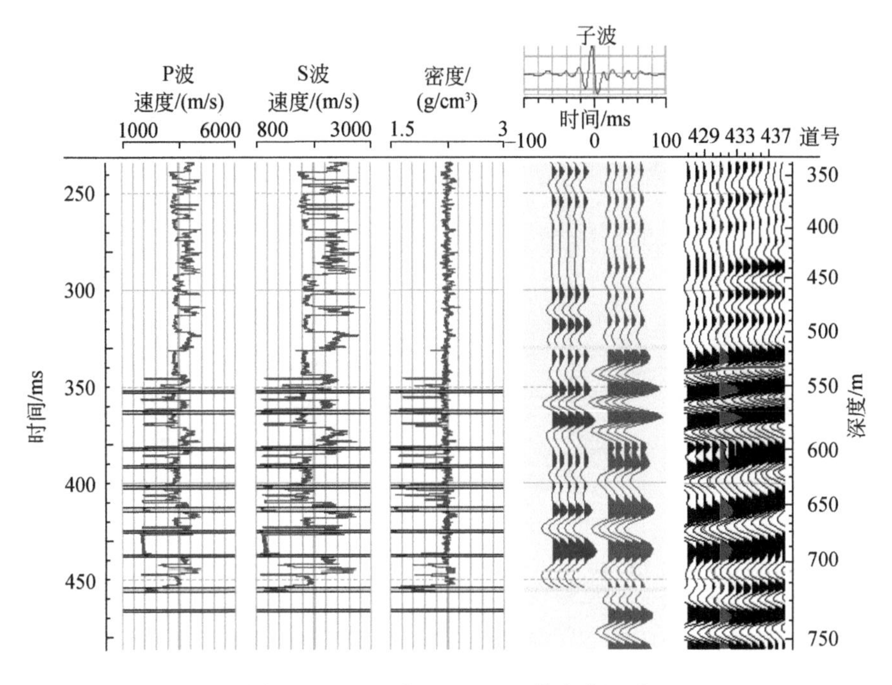

图 8.27　雨汪矿区 K4113-2 井合成记录

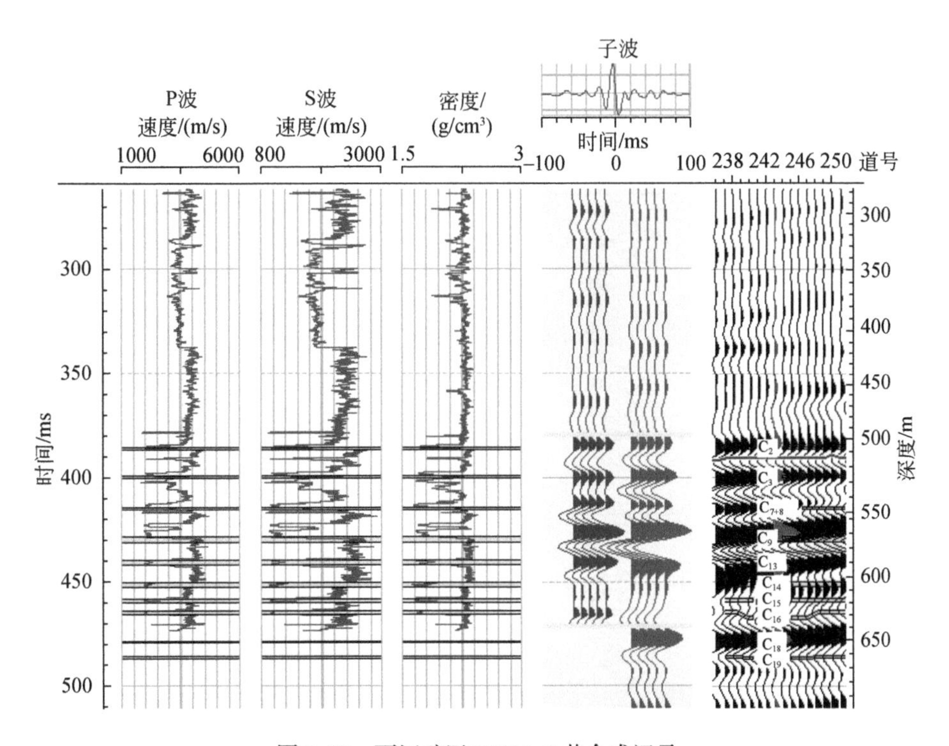

图 8.28　雨汪矿区 K4109-3 井合成记录

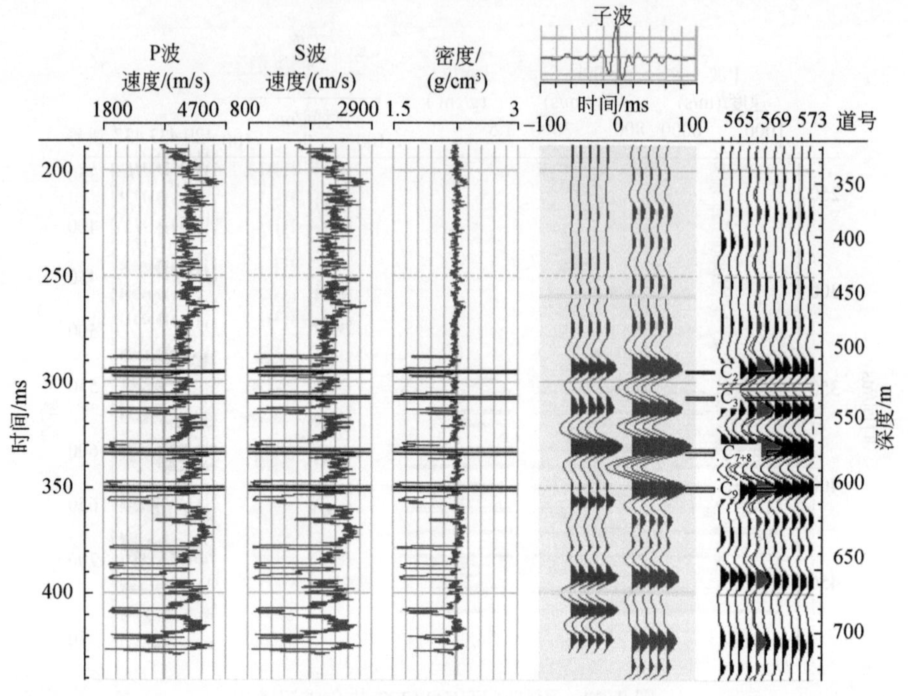

图 8.29　雨汪矿区 K4113-1 井合成记录

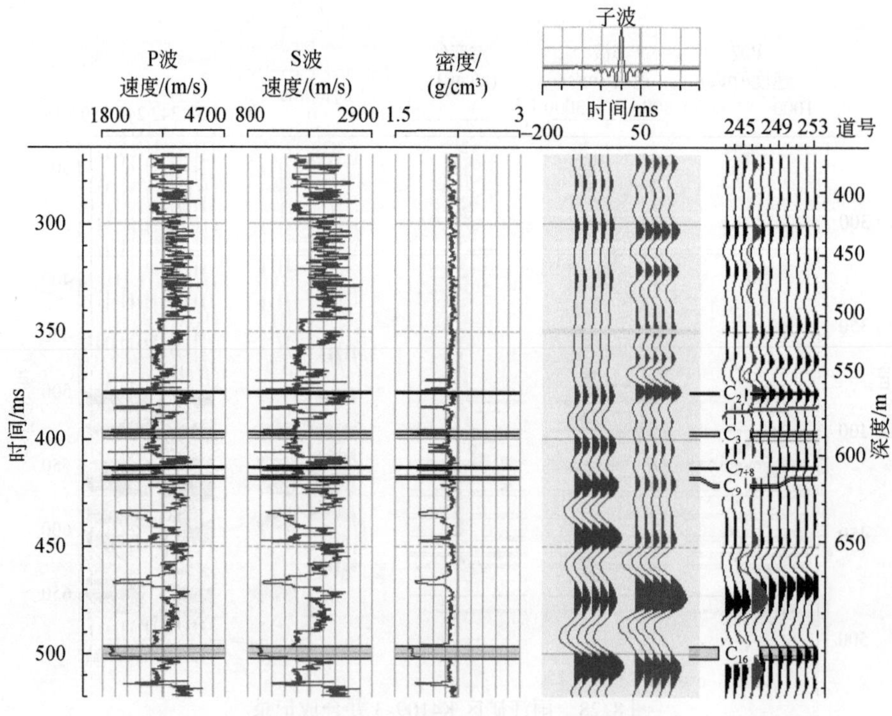

图 8.30　雨汪矿区 K4111-3 井合成记录

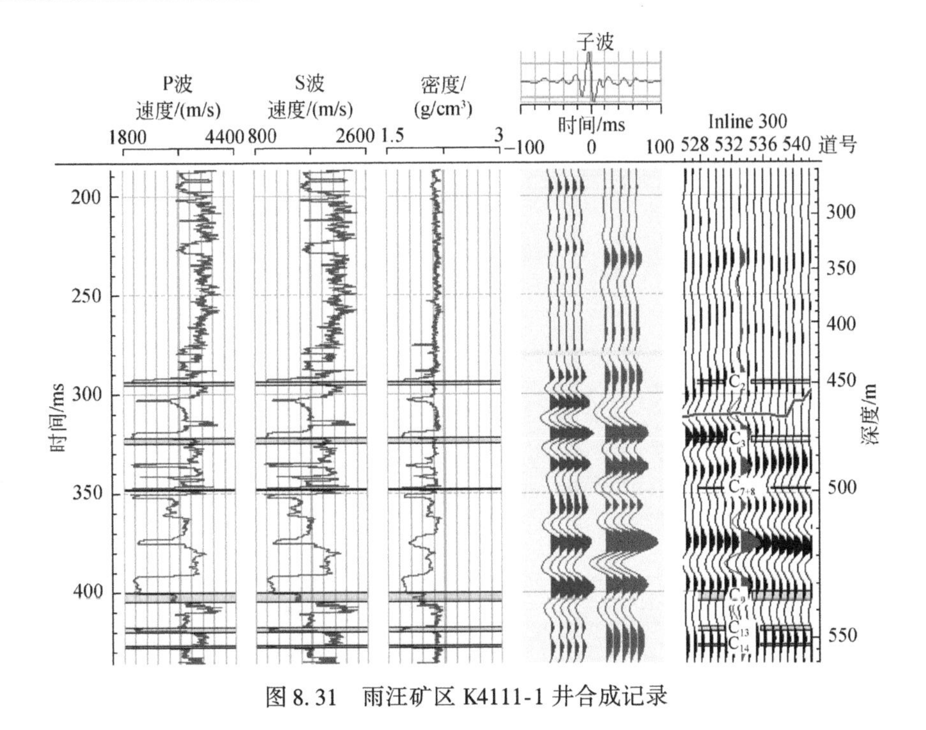

图 8.31　雨汪矿区 K4111-1 井合成记录

8.3.4　实际井资料的 AVO 模拟

用测井曲线进行实际资料模拟计算，进一步分析煤层的 AVO 响应特征。制作 AVO 合成记录如图 8.32 ~ 图 8.38 所示。

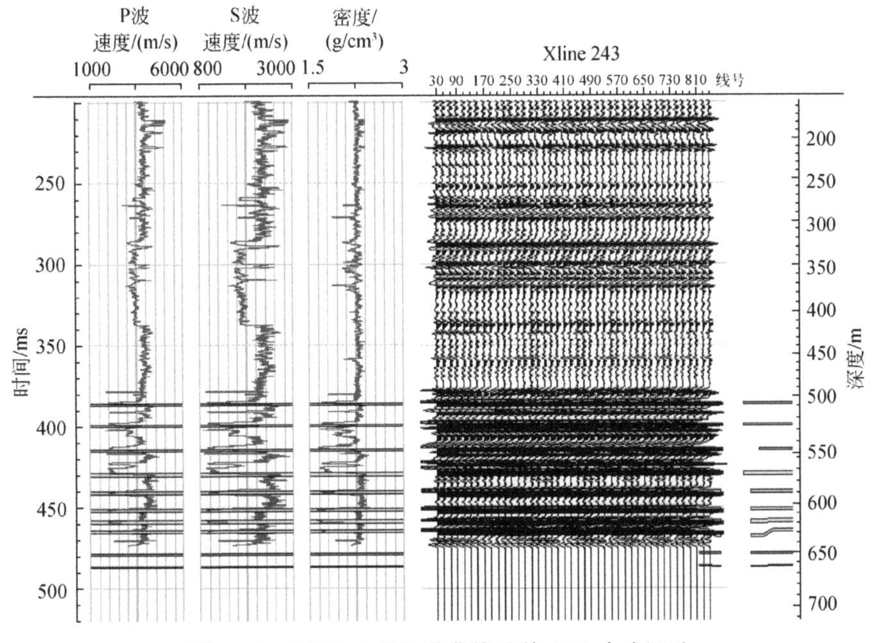

图 8.32　K4109-3 井测井曲线及其 AVO 合成记录

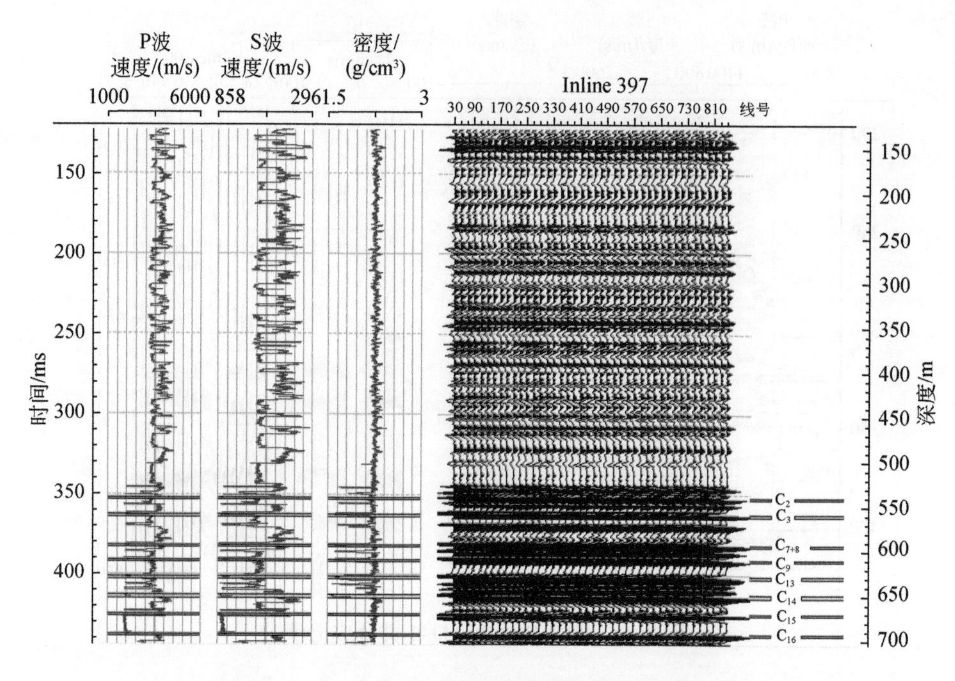

图 8.33　K4111-2 井测井曲线及其 AVO 合成记录

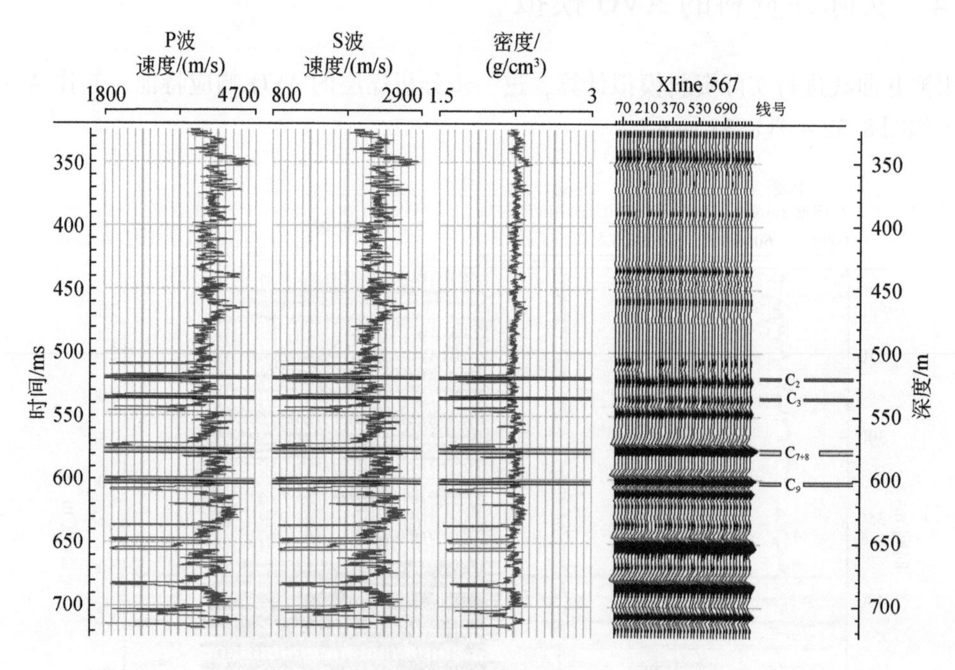

图 8.34　K4113-1 井测井曲线及其 AVO 合成记录

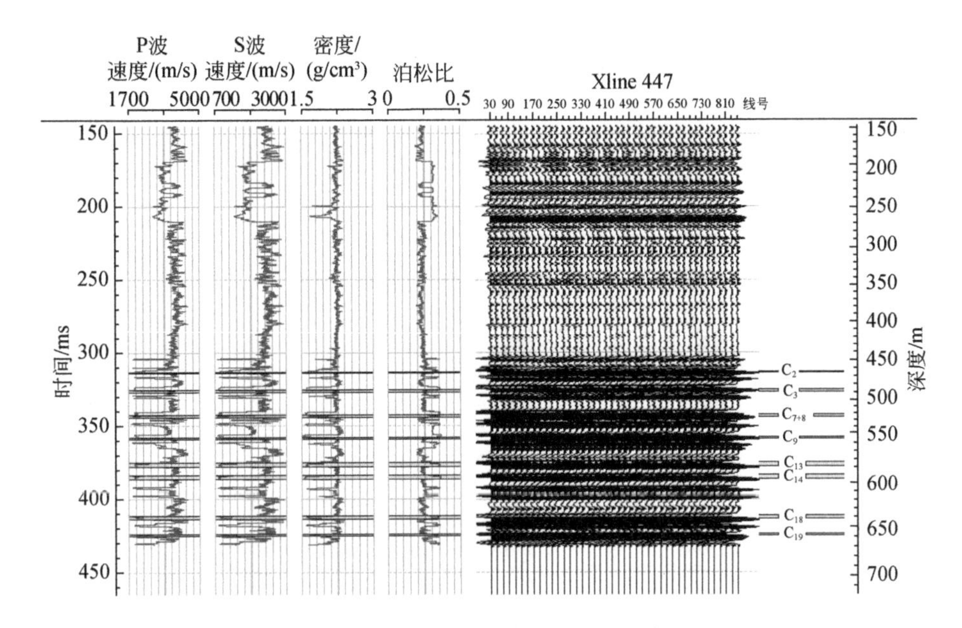

图 8.35　K4111-4 井测井曲线及其 AVO 合成记录

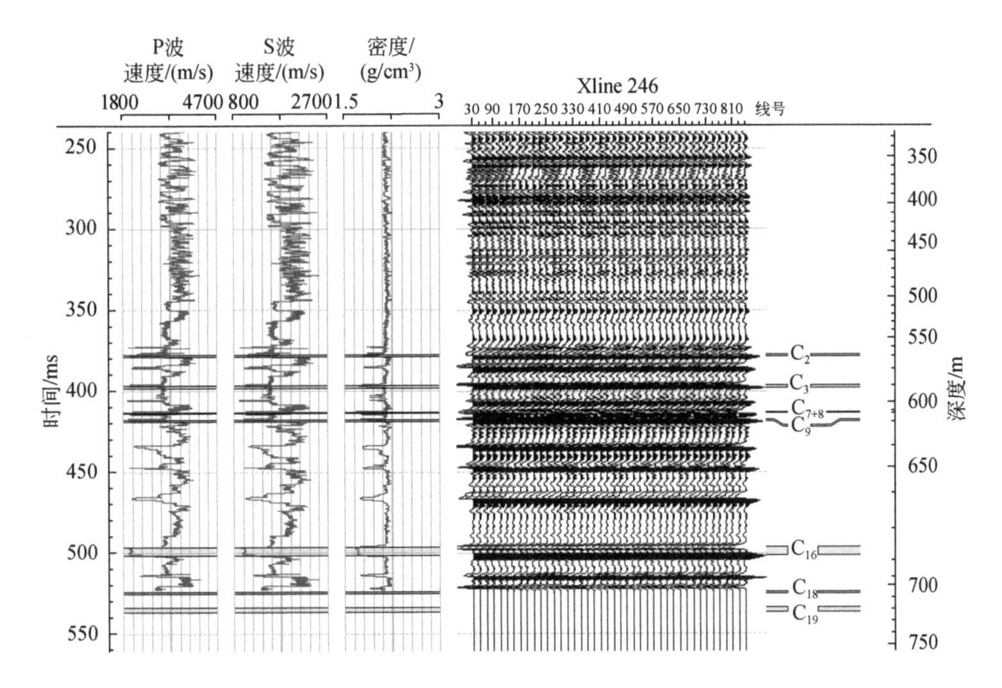

图 8.36　K4111-3 井测井曲线及其 AVO 合成记录

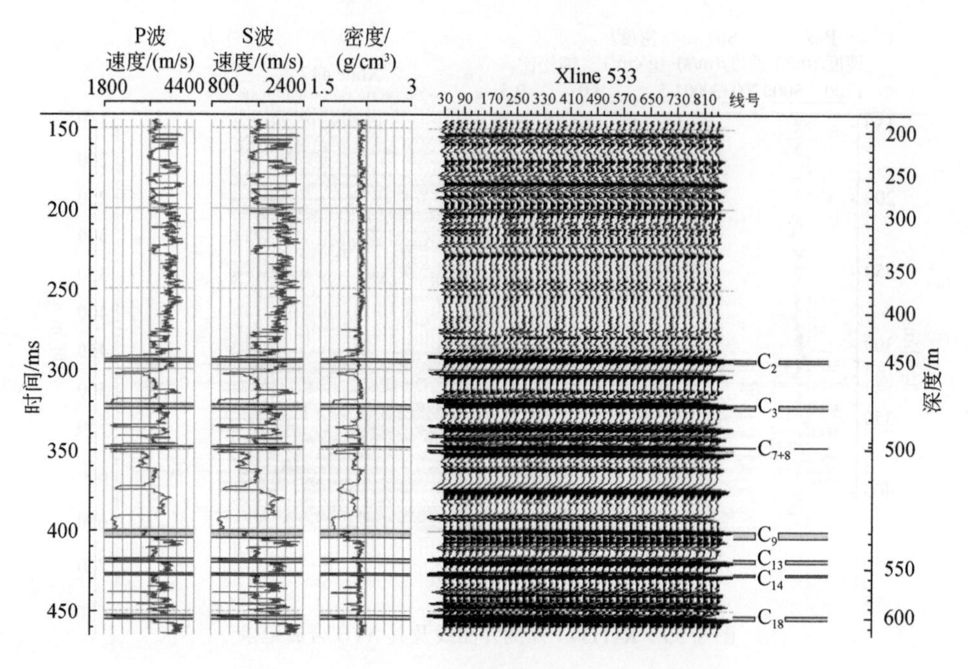

图 8.37　K4111-1 井测井曲线及其 AVO 合成记录

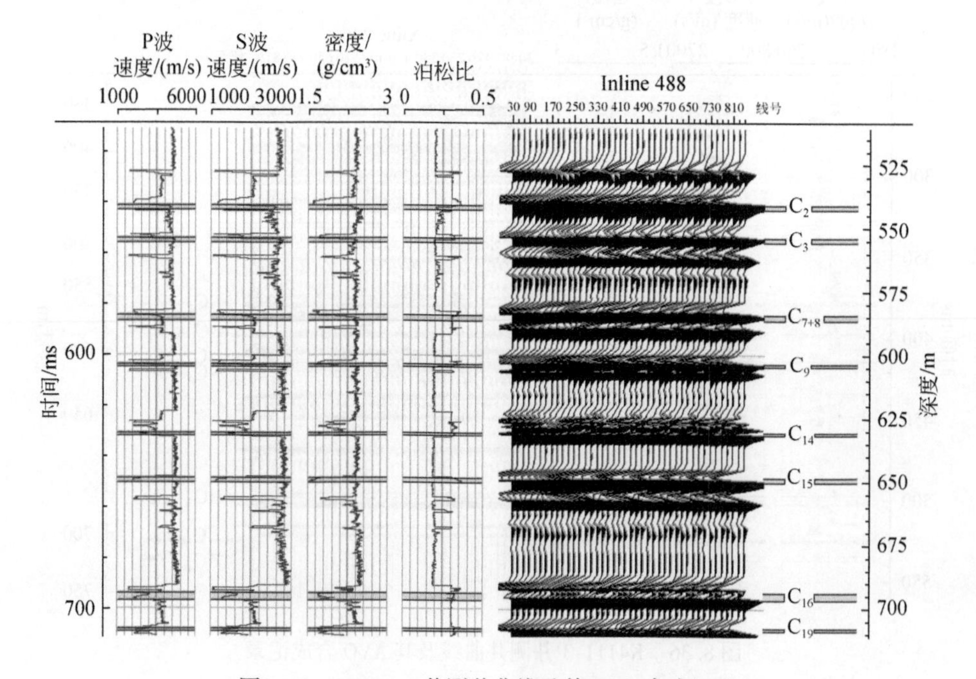

图 8.38　K4115-1 井测井曲线及其 AVO 合成记录

8.3.5　速度场建立及角道集

1. 速度场

速度场的建立有三种方法，第一种是通过速度表的形式，由多井 P 波建立，其中数据由 Inline、Xline、Time 和 Velocity 四列构成，其中速度可以是层速度，也可以是均方根速度。第二种是单井 P 波速度建立速度场，建立单口井附近的 AVO 速度场，这是一种最为快速的速度场建立方法，适用于面积较小的研究区。第三种是多井 P 波、S 波在层位约束下建立 AVO 速度模型，速度空间的延伸受层位的约束，在过井处的速度与井上的速度是严格匹配的。

为了得到较为准确的速度场模型，本次采用多井 P 波、S 波在层位约束下建立的 AVO 速度模型方法。利用钻井测定的纵波测井曲线，在空间上经过插值、平滑滤波等处理，形成的速度场实为一个三维数据体，可以直接在地震数据显示窗口中观察，最直观有效。其速度空间的延伸明显受地质分层约束。该方法在过井位处模型速度和井上的速度是严格匹配的，速度场空间的延伸则由层位决定，如图 8.39 和图 8.40 所示。

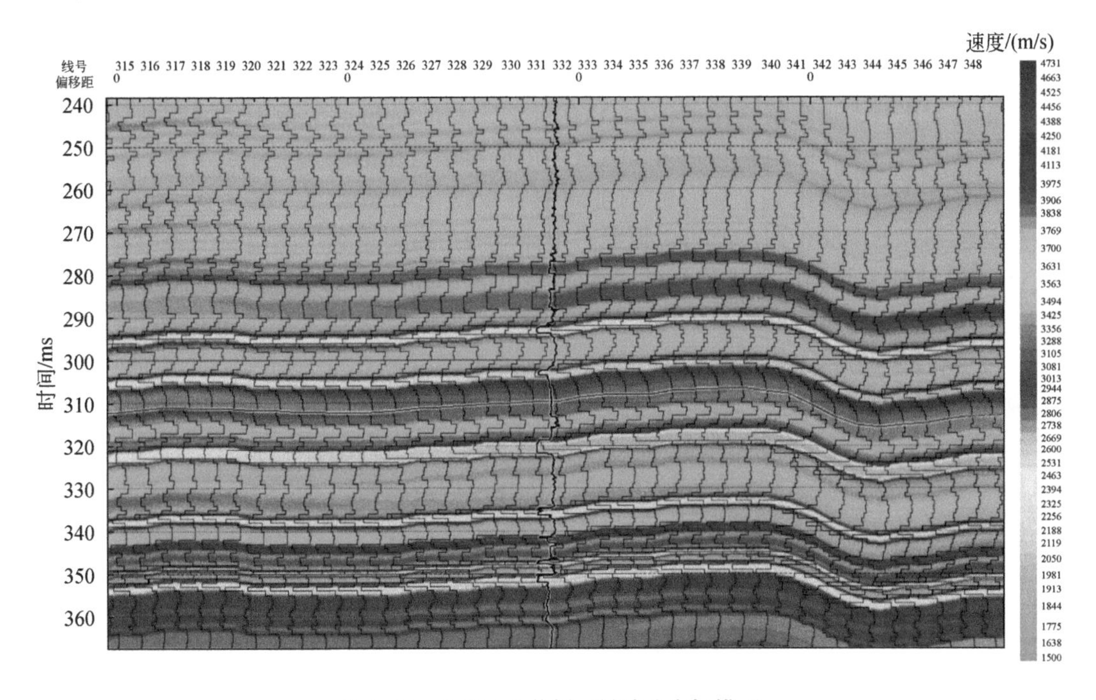

图 8.39　K4111-1 井剖面纵波速度场模型

2. 角道集

原始地震数据为 CRP 道集，是来自不同偏移距的同一个反射点地震道集合。其目的是从不同的地表位置（方位角度）同时观察一个反射点，也称多次叠加技术。此技术最初

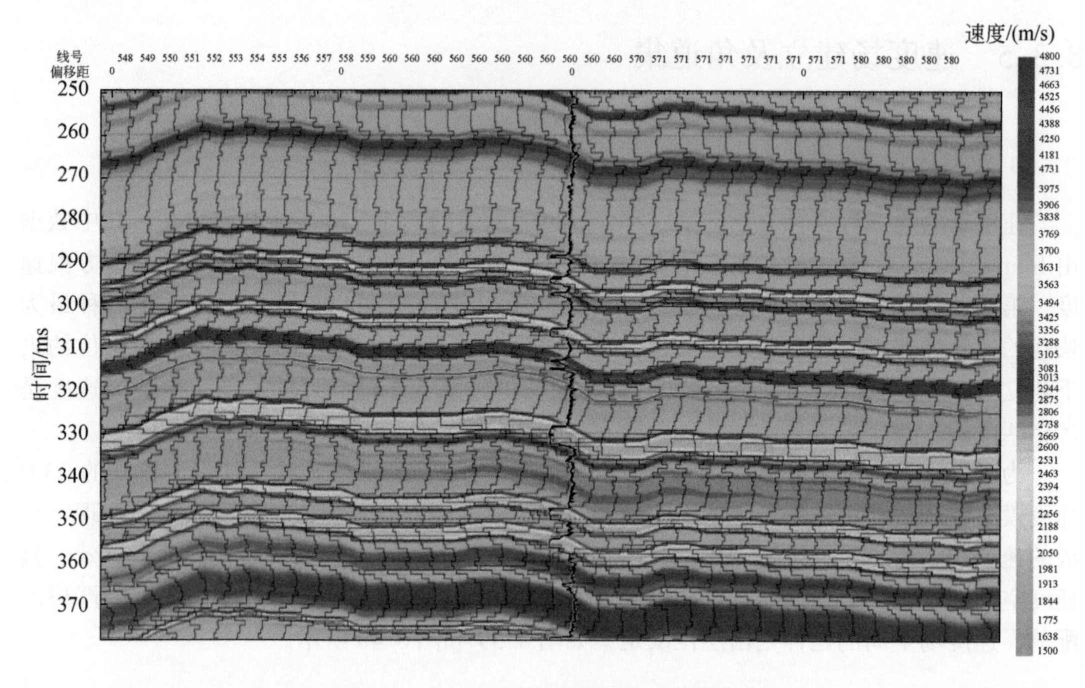

图 8.40　K4113-1 井剖面纵波速度场模型

是用于抵抗干扰波，提高信噪比的。而 AVO 反演需要的是角道集数据，因此需要通过已知的速度场模型将偏移距道集转化为角道集。角道集是指在不同入射角度下所对应的地震反射数据，这些数据是由多个偏移距的常规地震数据叠加而成的。将这些不同角度的道集，按从小到大的顺序排列，就可以形成一个完整的角道集。利用角道集和偏移距道集进行 AVO 分析实质上是相同的，因为偏移距道集和角道集二者之间可以相互转化，只是在剖面上显示的方式有所差别。对某一个偏移距数据，时间从小到大其对应的角度则是由大到小，浅层数据入射角大，深层则小。因为角道集数据由一系列不同入射角范围的数据组合而成，如每隔 3°一道数据，则每道的角度依次为 0°、3°、6°等，这时每道数据实际上来自一个给定入射角附近的扇形区域，如 3°角的数据可以是来自 1.5°～4.5°入射角度范围。从扇形区域范围可以直接观察到各个角度在不同深度的数据量是不同的，与偏移距域数据一样，在角道集上浅层地震数据覆盖次数依然较少，其抗噪声能力当然也差。

将偏移距的道集转化为角道集有两种方法。第一种方法是直线近似计算法，具体方法是假设地震波传播到每个反射界面都不受反射界面的影响，透射波不会发生角度的变化，完全遵循反射定律，与此同时反射界面完全水平，这时入射角度完全由炮检点位置确定，反射点位于炮检点中点，具体应用时只需循环计算不同偏移距和不同时间的地震数据属于哪个角度即可。第二种方法是射线近似法，与第一种方法不同，该方法考虑到上覆地层对地震波射线路径的影响，结合反射波时距曲线双曲线方程和反射定理等，获得的一种射线追踪近似算法。由于第二种方法对模型的描述更加符合实际情况，因此本次在角道集转换中使用第二种方法，最终得到如图 8.41 所示角道集数据。

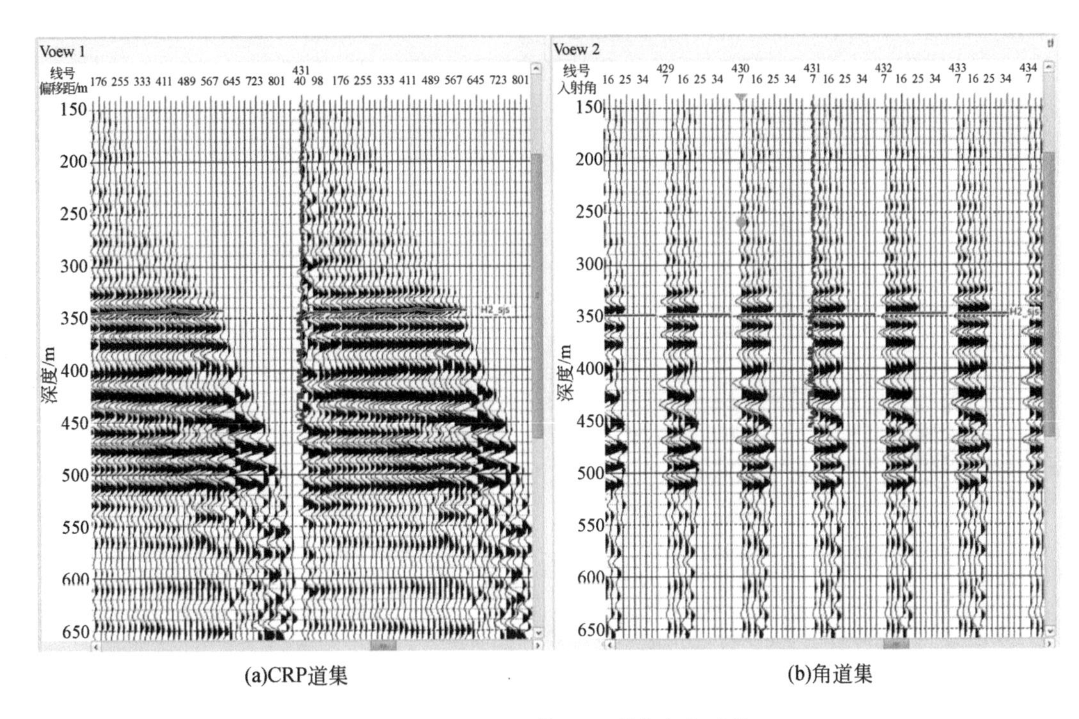

(a)CRP道集　　(b)角道集

图8.41　K4113-2井CRP道集与角道集

8.3.6　AVO处理

1. 超道集

超道集是一种可以消除随机噪声的方法，通过多个面元的数据合并，压制没有固定规则的随机噪声，强化有效信号。它是一种较为科学的去噪方法，将多个相邻CRP点数据组合到一起，重新计算出组合中心点的反射点道集，类似于多次叠加，能较好地压制随机噪声。其计算原理基于两点，第一点是噪声是随机分布的，在相邻反射点不同的偏移距上噪声彼此之间可以抵消，而有效地震反射信号由于同相叠加得以强化；第二点是相邻的CRP道集数据都来自同一个菲涅尔（Fresnel）带内，可以看成是一个反射点信息，这也是相邻地震道波形相似的物理学基础。

超道集在抗噪方面的长处显而易见，但其算法同样存在缺陷，第一是由于深中浅层都使用了同样的组合面元大小，在特殊情况下，实际浅层组合的地震道有可能不是来自同一个反射面元，从而造成叠加数据质量下降。第二是有可能降低地震数据的分辨率，这点在剖面上是观察不到的，信噪比和分辨率是此消彼长的关系，特别是弱反射层经过叠加后可能会消失。组合与多次叠加技术都有降噪作用，但同样存在降频效果，多个形状完全一样的同相轴（子波），它们之间仅存在很小的时差，叠合在一起得到的同相轴会变胖，在频域相当于加了个低通滤波，这种降频可能十分微弱，但确实存在。超道集是建立在共同反射面元基础上的，虽然能压制随机噪声，但不会对数据质量产生天翻地覆的变化。超道集虽然有些弊端，但总体上利大于弊，因此通常在 AVO 反演和叠前反演数据处理过程中将其纳入标准流程。K4113-2 井 CRP 道集和超道集对比如图 8. 42 所示。

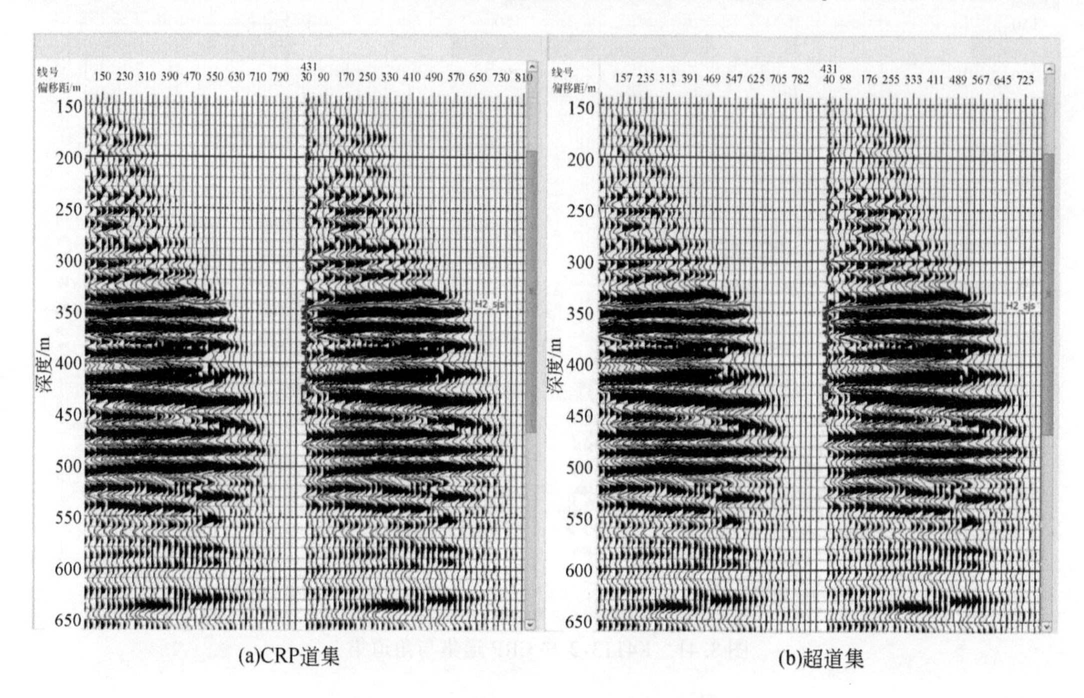

(a)CRP道集　　(b)超道集

图 8. 42　K4113-2 井 CRP 道集和超道集对比

2. Trim 校正

Trim 校正是一种修正拉平 CRP 道集的方法，修正的原理是通过在给定的时窗内将输入的地震道与模型道相关，求取二者之间的时差并通过时移对齐，使最终输出的振幅能量向模型道聚拢。该方法彻底贯彻执行了一个反射点一个时间上只能有一个层位的原则，这也是叠后层位能映射到叠前数据上的基础。该方法完全基于统计学理论，与地震波的物理传播规律无关。

Trim 校正的具体操作是，首先选择和叠后剖面类似的模型道，然后将 CRP 道集上的地震数据与模型道进行相关性分析，在选定的时窗范围内对道集进行一定的校正，使得不同入射角的道集数据都能与目的层位保持同一基准面，从而强化多个层位，当然多个层位之间数据移动、对齐时需要数据道内的插值处理。最终目的是在 CRP 道集上拉平一层或多个目的层。K4113-2 井 Trim 校正前后对比如图 8. 43 所示。

3. 保幅处理

地震在地下传播的过程中，振幅受到介质吸收、球面扩散等多种因素的影响，因此还需要通过一定的保幅处理，恢复地震资料的相对保幅特征。保幅处理是否合适，主要是选取井附近的地震资料，分析其振幅随偏移距的变化情况，然后与井资料的振幅随偏移距变化对比，看两者之间是否具有一致性，如果实际地震资料的 AVO 现象与井资料差别较大，

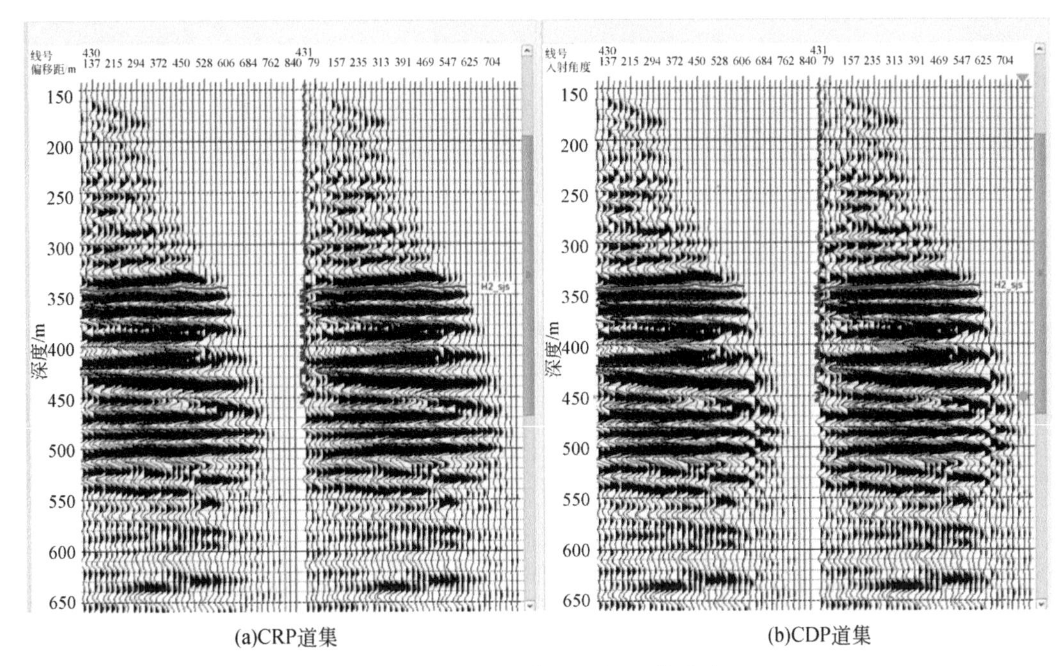

(a)CRP道集　　(b)CDP道集

图8.43　K4113-2井Tirm校正前后对比

则需要进一步进行地震资料的保幅处理。保幅处理前后对比如图8.44所示。

8.3.7　截距梯度的对比分析

由含煤地层物性特征和地震波传播原理可知，对于煤层的底板，反射系数为一个正值(正截距)，随着偏移距的增加，反射系数减小（负梯度），如图8.45所示。根据这样的常识，可以很容易地看到，利用测井资料得到的AVO现象非常符合这一特征，而利用地震资料得到的AVO现象却不一定符合该特征，这说明，以测井资料为标准，分析AVO现象是一种较为可靠的方法。由于煤层及其围岩的物性特征，AVO现象还表现出一定的截距、梯度大小变化。如果地震资料上的AVO现象与测井资料上的AVO现象具有较好的一致性，就表明地震资料的保幅处理较合理，如果两者具有较大的差别，就说明保幅处理需要做进一步的改进。

8.3.8　反演计算

AVO反演计算较简单，只需输入角道集和速度场，选择两项或三项Aki-Richards方程或者是两项Fatti方程，计算生成AVO截距、梯度或者曲率三维数据体。本次计算使用的是Geoview软件中的AVO Analysis和AVO Attribute Volume模块。综合考虑多个近似公式的利弊后，最终反演选用了较为常用的两项Aki-Richards方程，计算得到最终的反演结果。图8.46为K4113-2井Inline 397 AVO反演梯度剖面图。图8.47和图8.48分别为C_{7+8}煤层截距和梯度切片。

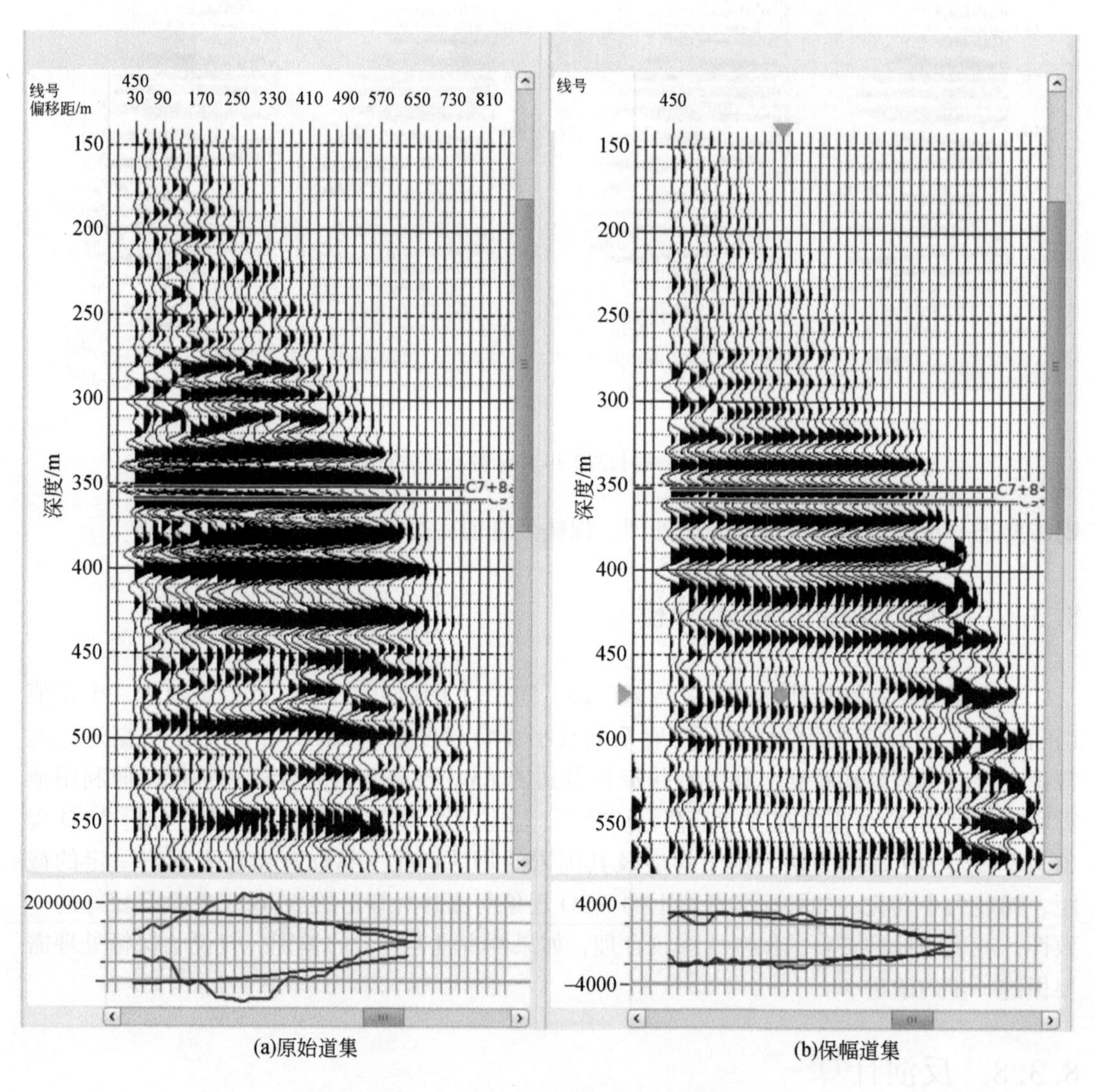

(a)原始道集　　(b)保幅道集

图 8.44　K4113-2 井 Inline 397 保幅处理前后对比

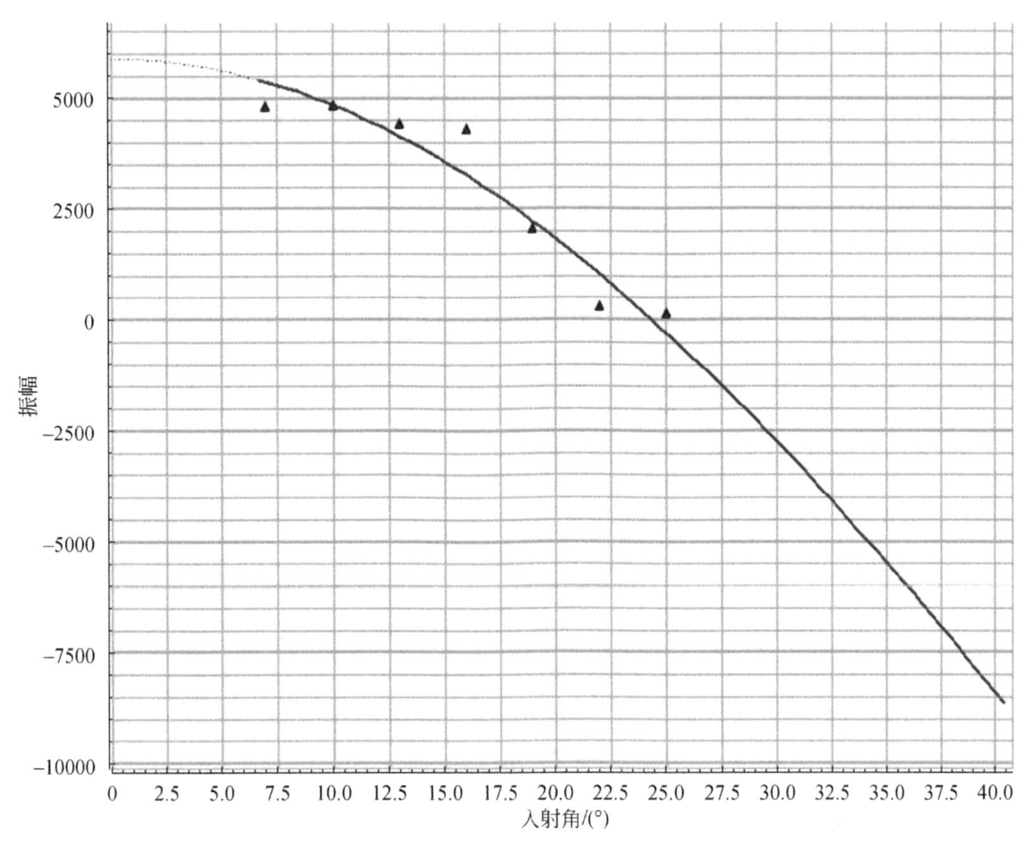

图8.45　K4113-1井正演AVO曲线和实际AVO响应对比

时间=340ms，相关系数=0.848485

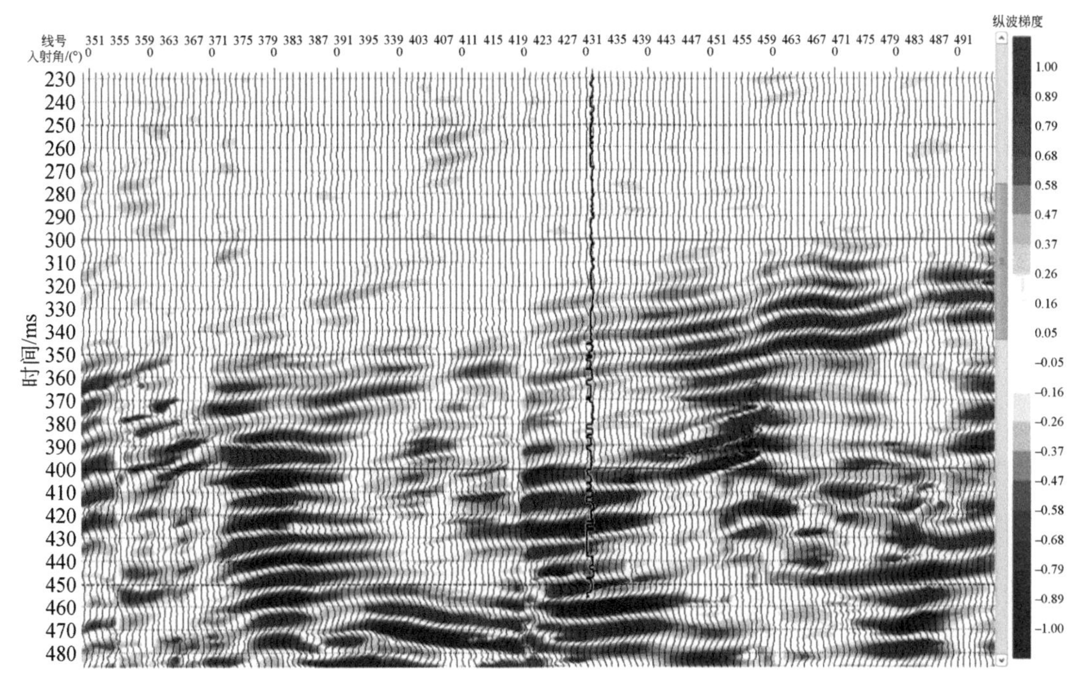

图8.46　K4113-2井 Inline 397AVO反演梯度剖面

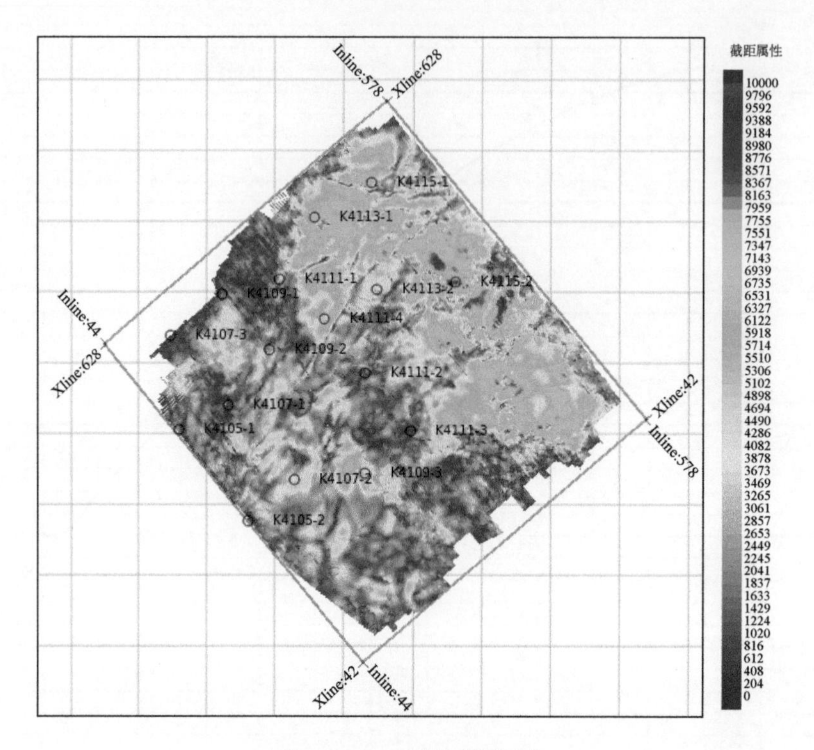

图 8.47　C_{7+8} 煤层截距切片

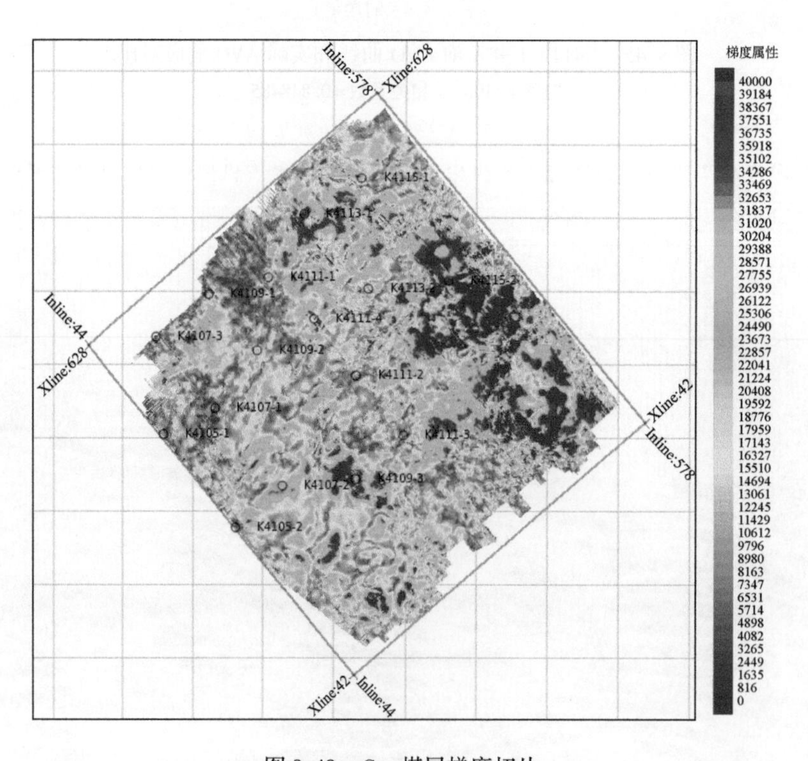

图 8.48　C_{7+8} 煤层梯度切片

8.4　C_2、C_3、C_{7+8}、C_9煤层吨煤含气量分布规律

8.4.1　煤与瓦斯突出区、瓦斯富集区的AVO响应特征

煤与瓦斯突出是影响煤矿安全生产的重大问题之一，其预测方法主要有地面区域性预测、采面超前探测和巷道瓦斯检测。实践研究证明，瓦斯突出区煤岩通常是破碎的，甚至呈粉末状，且瓦斯含量异常高。因此，瓦斯突出区煤岩物性（如波阻抗、密度、剪切模量、弹性模量等）存在异常。这种异常会引起地震勘探中AVO异常。进一步地，地震AVO反演结果中的异常区可能就是煤岩物性异常区，即煤与瓦斯突出危险区。

常规含气砂岩AVO研究是以天然气为直接检测目标的。其物理基础是：当水饱和砂岩变为气饱和砂岩时，游离态天然气的压缩模量等于零，含气砂岩纵波速度降低、横波速度基本不变，泊松比减小，从而使得气饱和砂岩与泥岩盖层之间的波阻抗差和泊松比差别增大，在地震资料上则会表现为明显的AVO异常。煤层瓦斯的富集与其生成和运移是密切相关的，是整个成煤作用过程的结果。其影响因素包括煤岩组成、煤的变质程度、煤层厚度、煤体结构、裂隙系统、煤层的埋藏深度和围岩性质等。通常，在不是特别大的研究范围内，同一煤层的煤岩组成、煤的变质程度、煤层厚度、煤层的埋藏深度和围岩性质等因素变化不大，煤体结构和裂隙系统发育程度则是决定瓦斯富集程度的重要因素。煤层中割理和裂隙越发育，瓦斯富集的程度就越高，其原因在于煤层中90%以上的瓦斯以分子状态吸附在微孔隙和割理裂隙表面，而游离态的瓦斯则很少。

根据Gregory的实验室测定成果，岩石的裂隙引起岩石的V_p、V_s（纵横波速度之比）和泊松比σ增大。美国新墨西哥州Cedar Hill煤层气田煤样品试验测定结果（少量裂隙、中等裂隙、密集裂隙的泊松比分别为0.31、0.37、0.43）表明，煤的泊松比也是随着裂隙发育程度的增大而增大的。一般压实的砂岩泊松比在0.17～0.26，压实的泥岩泊松比在0.28～0.34。因此，即使煤层的顶板和底板是泥岩，当煤层中的割理裂隙密度较大时，煤层与其顶（底）板之间将存在明显的泊松比差。

与常规砂岩储层中的天然气相比，瓦斯对煤层弹性参数的影响比较复杂。吸附态瓦斯在范德瓦尔斯力和孔隙水压力作用下，以类似液体状态凝结在煤孔隙和裂隙的表面。根据Gassmann方程和Biot理论，吸附态瓦斯对弹性参数的影响类似于孔隙水，其影响是可以忽略的。在分析气体对岩石弹性参数的影响时，Gassmann方程和Biot理论假设岩石孔隙连通性好，使得游离态气体能够在地震波的扰动下在孔隙之间自由流动，在地震波的半个周期内从初始平衡状态达到新的平衡状态。在满足这一假设条件时，孔隙中的游离态气体才能够导致岩石泊松比明显降低。煤层微孔隙的孔径主要在5～8nm，微孔隙的渗透率很小，只有毫达西数量级，游离态瓦斯不能在微孔隙之间自由流动。因此，可以忽略煤层微孔隙中的游离态瓦斯对煤泊松比的影响。另外，由于绝大多数煤层都富含水，割理裂隙中的游离态瓦斯主要是溶解在水中，其对煤泊松比的影响也可以被忽略。但是，当煤层不饱含水（干燥煤层或者地下水仅仅充填了部分割理裂隙空间）时，游离态瓦斯会占据全部或

部分割理裂隙空间。在这种情况下，根据 Gassmann 方程和 Biot 理论，割理裂隙中的游离态瓦斯将导致煤的泊松比减小，其影响不可忽略。而割理裂隙本身对煤泊松比的影响与割理裂隙中游离态瓦斯对煤泊松比的影响相反，因而根据泊松比等弹性参数难以对煤层的裂隙发育程度和瓦斯富集情况做出准确判断。因此，在通常条件下（除了不饱含水煤层），可以利用 AVO 技术探测煤层中的割理裂隙富集部位，进而预测瓦斯富集程度。

在瓦斯局部富集 AVO 技术探测原理分析的基础上，筛选了一套数据（表 8.14），进行 AVO 理论模型正演计算，研究煤层顶面振幅随入射角（偏移距）变化的特征。

表 8.14　AVO 模型参数

煤体结构	V_p/（m/s）	V_s/（m/s）	密度/（g/cm^3）	泊松比 σ
原生结构煤Ⅰ	2400	1260	1.500	0.310
原生结构煤Ⅱ	1960	1090	1.390	0.276
原生结构煤Ⅲ	1500	981.39	1.350	0.370
原生结构煤Ⅳ	650	195.98	1.250	0.450
泥岩	3170	1585	2.360	0.333
砂岩	3601	2172	2.562	0.214

在 AVO 模型分析中，首先研究具有不同煤体结构的煤层 AVO 特征，而不考虑薄层调谐效应的影响。AVO 正演模拟计算使用策普里兹（Zoeppritz）方程算法。模型中煤层厚度设计为 50m，设计了原生结构煤Ⅰ、原生结构煤Ⅱ、原生结构煤Ⅲ、原生结构煤Ⅴ四种煤体结构的煤层；顶板和底板设计为砂岩和泥岩两种，顶板和底板的厚度各为 100m；选择 58Hz 零相位里克子波进行计算，结果见图 8.49。

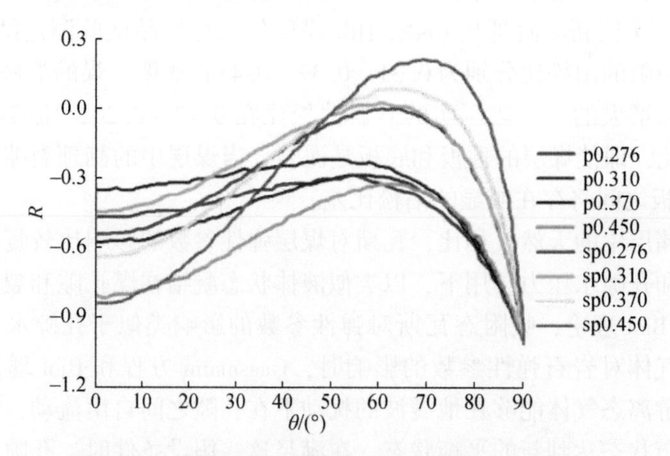

图 8.49　煤层顶面反射系数 R 随入射角 θ 变化关系

图例中 p 代表顶板岩性为泥岩，sp 代表顶板岩性为砂岩，数据指不同煤体结构煤的泊松比

从图 8.49 中可以看出：

1）顶板岩性对 AVO 特征有很大影响，图中曲线明显地按照顶板岩性（砂岩、泥岩）分为两组；

2）当入射角小于 15°时，振幅随入射角的变化不明显；入射角为 15°～40°时，反射系数随入射角明显变化，对 AVO 分析最有意义；

3）对于不同破碎程度的煤体，其反射系数随着入射角变化的梯度有明显差异，因此可以使用 AVO 探测煤体结构局部破碎，进而可能探测瓦斯局部富集；

4）无论是砂岩顶板还是泥岩顶板，软分层（即非常破碎的构造煤）的 AVO 特征都是突出的。这有利于使用 AVO 技术预测煤体结构变化和瓦斯富集情况。

8.4.2　AVO 属性分析

AVO 解释的目的就是要将 AVO 属性与岩性及流体性质联系起来，揭示 AVO 属性的地质意义。实际分析中，AVO 的截距–梯度交会图和 AVO 属性剖面叠合显示是最基本的方法。AVO 的截距–梯度交会是基于一定的岩性分类基础，将实际样点放入截距–梯度坐标平面上，直观地对地震资料上的 AVO 异常进行分析研究；AVO 属性剖面则是通过截距–梯度两参数的不同组合，得到能反映岩性分布和含油气性的参数剖面，必须充分分析 AVO 属性的获取方法，得到每一种属性与地质参数的对应关系，并将参数进行有效的叠合显示，作为进行异常特征分析的有效辅助条件，最后结合研究地区的地质和地球物理特点，建立本区的地质异常 AVO 识别标志。

根据 Zoeppritz 方程的近似公式可以直接得到截距（A）和梯度（B）两种属性，那么将截距与梯度进行不同的组合还可以得到以下常见的 AVO 属性，且它们分别具有不同的物理含义。

（1）伪泊松比属性

$$A+B=R_p+R_p-2R_s=2(R_p-R_s) \tag{8.27}$$

其物理含义为：反映了上下岩层的泊松比变化。从式（8.27）中可以看出，伪泊松比表示纵横波反射系数的差值，可以很好地判断地层的含气性。

（2）横波阻抗属性

$$A-B=R_p-R_p+2R_s=2R_s \tag{8.28}$$

其物理含义为：反映上下岩层的横波阻抗差异，体现了平面波垂直入射时的横波反射系数，是一种拟合计算方法，可以将其与其他属性相结合进行含气性的预测。

（3）AVO 异常指示因子属性

$$A\cdot B=R_p\cdot R_p-R_s \tag{8.29}$$

虽然截距与梯度的乘积并没有明确的物理含义，但这个过程可以将异常情况突出显示，从而有效放大异常程度。这不仅增强了 AVO 的异常表现，而且乘积符号也有助于对岩性的识别。AVO 异常的增强有助于对油气的识别，所以 AVO 异常指示因子属性也是识别油气的一个重要属性。

（4）极化强度属性

极化强度是指分析的时间窗口内矢量的端点到原点的距离，即矢量的大小。

$$\sqrt{\frac{1}{N}\sum_{i=1}^{N}A_i^2+\frac{1}{N}\sum_{i=1}^{N}B_i^2} \tag{8.30}$$

（5）极化角属性

极化角被定义为在任何给定的界面上，一个时间窗口中反射的 AVO 的截距和梯度在截距-梯度空间中具有的一个特定方向的角度。与背景角度不同的地方则被认为是异常的。因此，极化角可以帮助识别 AVO 异常。在进行极化属性计算的过程中，将任何给定的界面看作一个协方差矩阵，将界面中的截距与梯度组成协方差矩阵进行特征向量的求取。在协方差矩阵中特征向量的方向则表示数据偏离的方向，该方向角表示相应的极化角属性。在 AVO 属性中，极化角属性表示截距与梯度的主要分布方向和大小。

对叠前地震数据进行反演后，首先得到截距和梯度属性，对这些属性进行计算，进一步得到相关的 AVO 属性。AVO 主要属性见表 8.15。

表 8.15　AVO 属性描述

AVO 属性	表达式	物理意义
截距	A	地震波垂直入射时的反射系数
梯度	B	地震波反射系数变化梯度
伪泊松比	$A+B$	当 $V_p/V_s=2$ 时，表示泊松比大小
横波阻抗	$A-B$	当 $V_p/V_s=2$ 时，表示横波波阻抗大小
流体因子	$\Delta F=\frac{\Delta V_p}{V_p}-b\frac{V_s}{V_p}\frac{\Delta V_s}{V_s}$	表征流体富集区，b 为 Castagna 泥岩基线系数
AVO 异常指示因子	$A\cdot B$	

8.4.3　C_2 煤层吨煤含气量分布规律

对 C_2 煤层含气量与各个属性的关系进行分析（表 8.16），结果表明大多数 AVO 属性与含气量具有较好的关系，相关系数在 0.5 以上，其中横波反射系数属性相关性最好，相关系数达到-0.740553。因此，在属性的分析结果中，选取横波反射系数属性对勘探区内含气量进行预测，通过协克里金内插方法，最终得到勘探区内的含气量分布（图 8.50 和图 8.51）。

表 8.16　C_2 煤层 AVO 属性与含气量的线性相关性

属性	相关系数
横波反射系数	-0.740553
梯度	-0.740535
泊松比变化	-0.730301
截距	-0.666279
振幅随偏移距的变化率	0.636504
极化系数平方	-0.544048

续表

属性	相关系数
偏振幅度	0. 539487
极化权重	0. 426051
偏振积	0. 426051
梯度截距	0. 362222
偏振角差	-0. 275402
截距梯度	0. 206668

图 8. 50　C_2 煤层横波反射系数属性与含气量相关性

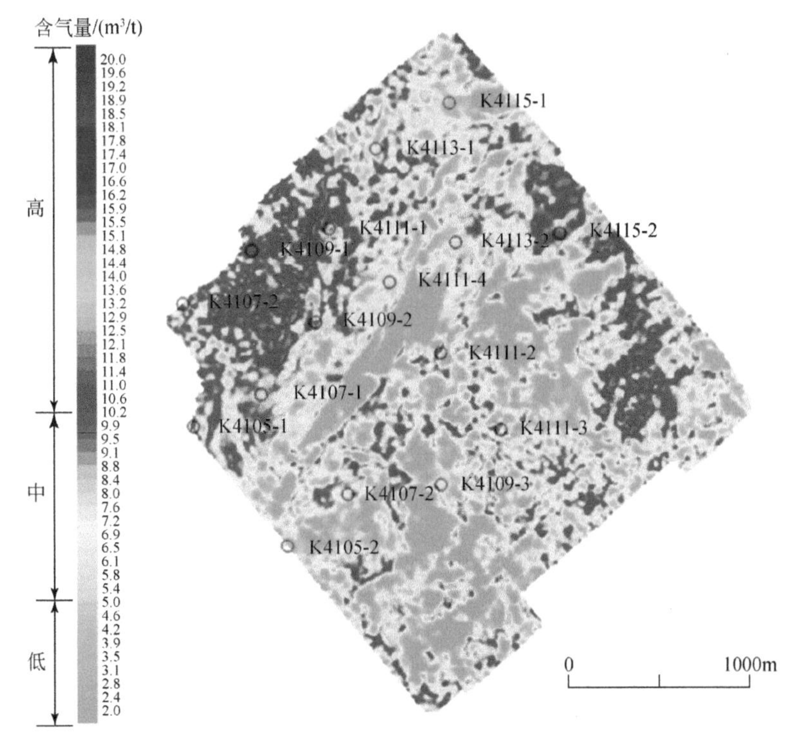

图 8. 51　C_2 煤层含气量分布

8.4.4　C_3煤层吨煤含气量分布规律

对 C_3 煤层含气量与各个属性的关系进行分析（表 8.17），结果表明大多数 AVO 属性与含气量具有较好的关系，相关系数在 0.4 以上，其中截距属性相关性最好，相关系数达到-0.740883。因此，在属性的分析结果中，选取截距属性对勘探区内含气量进行预测，通过协克里金内插方法，最终得到勘探区内的含气量分布（图 8.52 和图 8.53）。

表 8.17　C_3 煤层 AVO 属性与含气量的线性相关性

属性	相关系数
截距	-0.740883
极化权重	-0.488799
横波反射系数	-0.483451
截距梯度	-0.475126
偏振积	-0.472767
梯度	-0.443038
泊松比变化	-0.387125
极化系数平方	-0.303688
振幅随偏移距的变化率	-0.258237
梯度截距	-0.255484
偏振幅度	-0.253627
偏振角差	0.016425

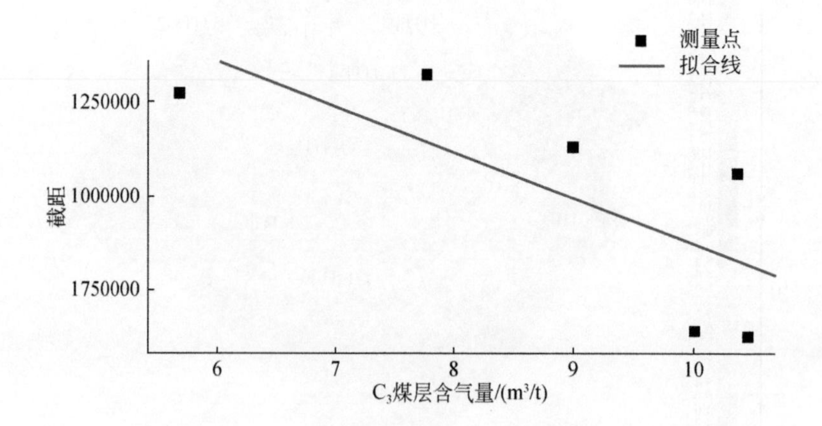

图 8.52　C_3 煤层截距属性与含气量相关性

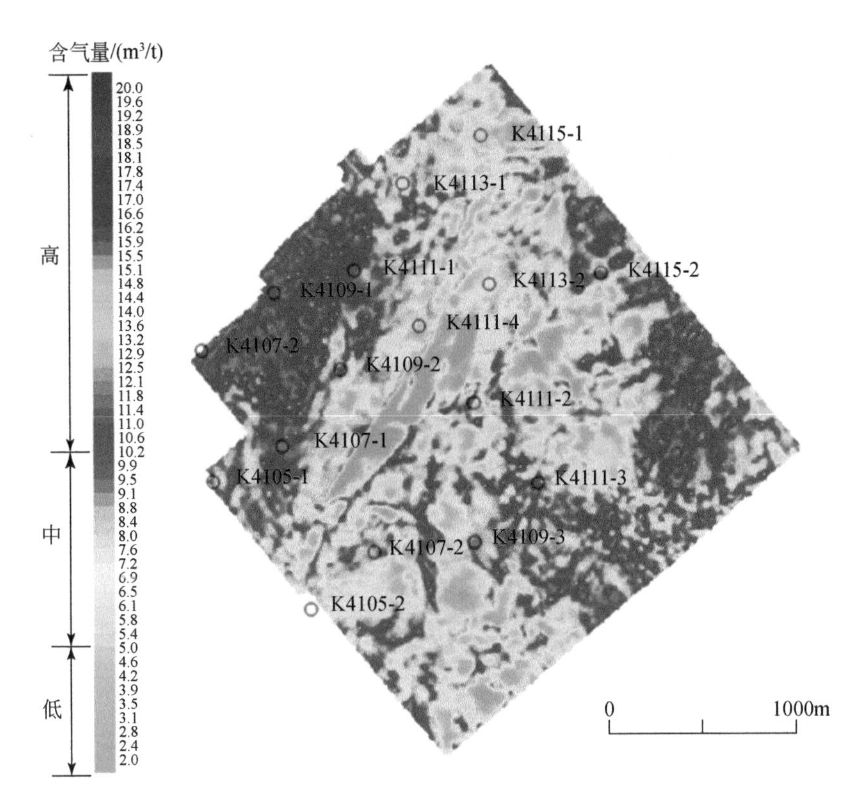

图 8.53　C_3 煤层含气量分布

8.4.5　C_{7+8}煤层吨煤含气量分布规律

对 C_{7+8}煤层含气量与各个属性的关系进行分析（表 8.18），结果表明大多数 AVO 属性与含气量具有较好的关系，相关系数在 0.5 以上，其中截距梯度属性相关性最好，相关系数达到 0.824678。因此，在属性的分析结果中，选取截距梯度属性对勘探区内含气量进行预测，通过协克里金内插方法，最终得到勘探区内的含气量分布（图 8.54 和图 8.55）。

表 8.18　C_{7+8}煤层 AVO 属性与含气量的线性相关性

属性	相关系数
截距梯度	0.824678
截距	0.746930
振幅随偏移距的变化率	0.680530
泊松比变化	0.671860
横波反射系数	0.666149
梯度	0.665281
偏振积	0.640498

续表

属性	相关系数
梯度截距	0. 637188
偏振幅度	0. 629841
极化权重	0. 503479
偏振角差	0. 290752
极化系数平方	-0. 248036

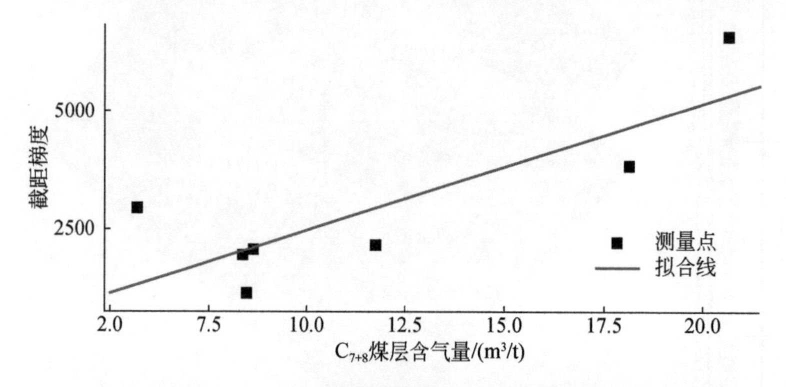

图 8. 54 C_{7+8}煤层截距梯度属性与含气量相关性

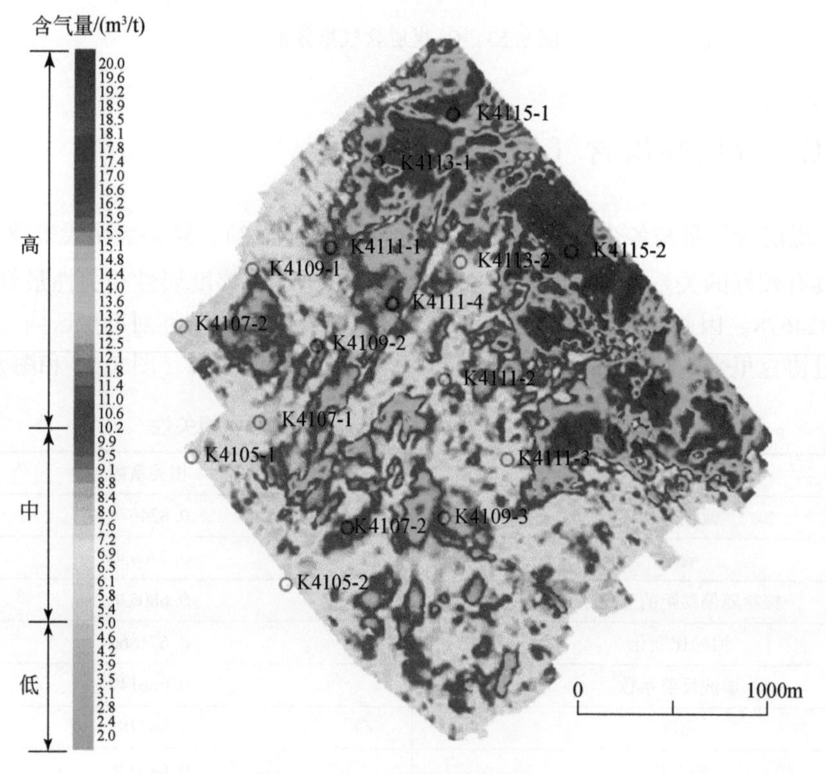

图 8. 55 C_{7+8}煤层含气量分布

8.4.6 C_9煤层吨煤含气量分布规律

对 C_9 煤层含气量与各属性的关系进行分析（表 8.19），结果表明大多数 AVO 属性与含气量具有较好的关系，相关系数在 0.4 以上，其中极化系数平方属性相关性最好，相关系数达到 0.839522。因此，在属性的分析结果中，选取极化系数平方属性对勘探区内含气量进行预测，通过协克里金内插方法，最终得到勘探区内的含气量分布（图 8.56 和图 8.57）。

表 8.19　C_9 煤层 AVO 属性与含气量的线性相关性

属性	相关系数
极化系数平方	0.839522
极化权重	0.510753
截距梯度	0.477417
偏振积	0.474158
截距	0.470218
泊松比变化	0.405425
梯度	0.388122
振幅随偏移距的变化率	0.380982
偏振幅度	0.367691
横波反射系数	0.361431
梯度截距	0.332271
偏振角差	-0.315135

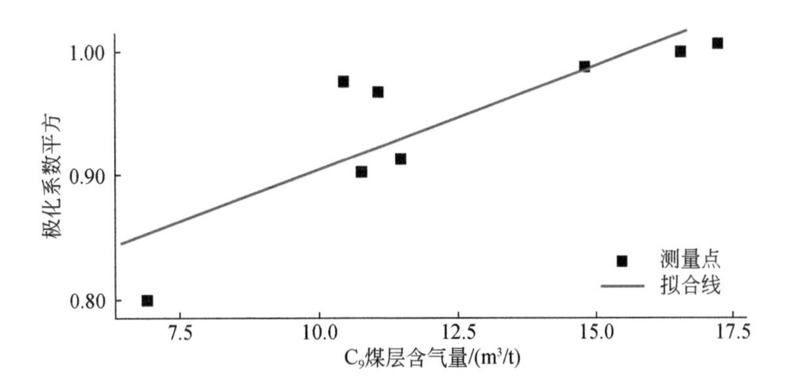

图 8.56　C_9煤层极化系数平方属性与含气量相关性

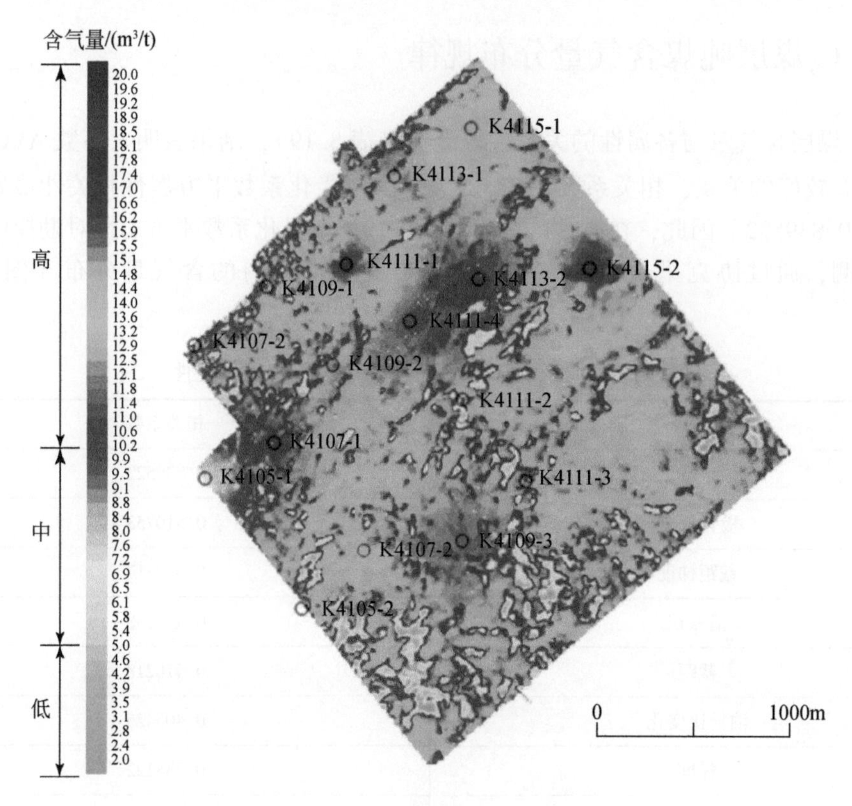

图 8.57 C_9 煤层含气量分布

8.5 小 结

目前认为地震属性中，AVO 属性与油气关系密切，然而吸附态保存的瓦斯与游离态保存的油气，在地质特征、地震响应特征方面存在较大的差异。因此，在前人研究的基础上，综合利用地震数据、测井曲线、含气量数据，构建含气量的 AVO 反演分析流程，并以滇东喀斯特地貌条件下的雨汪煤矿为例进行研究，试图探索一条煤层含气量预测的新途径。该流程从测井曲线的 AVO 响应特征入手，以此为依据对整个勘探区内的地震振幅进行校正，保持相对保幅特性。同时，利用测井资料建立了更为合理的速度场，通过合理扩大道集面元，提高叠前资料的信噪比。根据 AVO 原理计算 AVO 属性，建立煤层含气量与 AVO 属性之间的统计关系，并获得了理论验证。优选具有较高线性关系的地震属性预测勘探区内煤层含气量分布，对煤层含气量进行预测，并和钻孔直接内插等方法进行对比，获得了以下认识：

1）AVO 属性分析要求地震资料的数据处理具有保幅特性，因此必须评价地震资料的保幅特性。针对煤田地震资料的特点，由于测井资料的高分辨率，因此利用测井资料构建的速度场更能反映地下实际情况；以测井曲线的 AVO 响应为标准，校正整个勘探区内的振幅分布特征，有利于得到合理的 AVO 属性分布。

2）基于理论模型对比各种 AVO 公式的近似效果，结果表明：Shuey 近似与 Zeoppritz 方程精细解的相似性较好，以此为基础计算了相关的 AVO 地震属性。分析了截距、梯度、伪泊松比、横波阻抗、AVO 异常指示因子、极化角、极化强度等属性。通过建立地质模型，分析模型参数与 AVO 属性的关系，并与实际数据进行了对比分析。经过研究可以得到，各 AVO 属性与有机质/灰分含量之间大体上均呈线性关系，且各 AVO 属性（除伪泊松比属性外）与有机质含量之间均具有较好的相关性。各 AVO 属性与煤岩组分（有机质/灰分含量）之间具有如下相关关系：截距、横波阻抗和 AVO 异常指示因子等属性与有机质含量之间呈负相关关系，与灰分含量之间呈正相关关系；梯度、伪泊松比、极化角、极化强度等属性与有机质含量之间呈正相关关系，与灰分含量之间呈负相关关系。当有机质体积分数从 50% 增加到 85% 时，可以利用属性的相对变化量和变化率共同表示有机质/灰分体积分数对 AVO 属性的影响。从煤岩组分与 AVO 属性之间的关系可以看出，除伪泊松比属性外，截距、梯度、横波阻抗、AVO 异常指示因子、极化角和极化强度属性均与有机质/灰分含量之间具有较好的相关性。当有机质体积分数从 50% 变化到 85% 时，横波阻抗的相对变化量为 0. 3024，变化率为 93%，在以上 AVO 属性中相对变化量最大，表明有机质/灰分含量对上下地层的横波阻抗差异影响更大。此外，还分析了 AVO 属性与煤岩孔隙流体的关系，含吸附气饱和度由 25% 增加到 90% 时，极化角属性的变化率最大（16. 13%），但是相对变化量较小，即煤岩孔隙流体对 AVO 属性的影响较小。

AVO 属性和煤层含气量的线性相关性强，C_2煤层与横波反射系数的相关性最高，相关系数为-0. 740553；C_3煤层与截距属性的相关性最高，相关系数为-0. 740883；C_{7+8}煤层与截距梯度属性的相关性最高，相关系数为 0. 824678；C_9煤层与极化系数平方属性的相关性最高，相关系数为 0. 839522。勘探区内的煤层含气量总体上符合地质规律：随着埋深的增加，深部煤层的含气量大于浅部煤层的含气量。

第9章 煤层资源稳定性及煤层气资源潜力评价

为了实现煤炭资源、煤层气资源的合理勘探、开发、利用，提高采收率，必须具备高精度的煤层资源稳定性和可靠的煤层气资源量。根据《煤矿地质工作规定》，煤层稳定性以煤层变化规律和可采性划分，采用定性和定量相结合的方法确定。目前，传统的计算方法主要是通过钻孔煤厚数据对煤层厚度进行计算，而这里基于地震资料获取的煤层厚度数据，采用离散差分的方法计算。传统的煤层气资源量计算方法主要是通过煤层含气量和煤层吨位来进行计算，其中煤层含气量包括以游离态、溶解态、吸附态三种方式存储于煤层中的煤层气资源，煤层的吨位主要是煤层体积和密度的乘积，而煤层体积等于煤层厚度和煤层面积的乘积。因此，进行煤层气资源潜力评价，实际需要四个已知量：煤层含气量、煤层面积、煤层厚度和煤层密度。这里研究利用地震资料获得这些已知量的方法，其中煤层含气量采用第8章的计算结果，煤层面积采用离散差分的方法计算，煤层厚度基于钻孔成果，利用克里金方法计算，密度则通过叠后波阻抗反演获得煤层密度进行计算。此外，还基于地震资料得出的煤层资源稳定性和煤层气资源潜力评价结果，与钻孔控制下的计算成果进行对比，从而评估两种方法的效果。

9.1 煤层稳定性定性、定量评定

采用定性评价方法，可以划分为稳定煤层、较稳定煤层、不稳定煤层、极不稳定煤层，分别描述如下：

1）稳定煤层。煤层厚度变化很小，变化规律明显，结构简单至较简单；煤类单一。全区可采或大部分可采。

2）较稳定煤层。煤层厚度有一定变化，但规律性较明显，结构简单至复杂；有两个煤类。全区可采或大部分可采。可采范围内厚度及煤质变化不大。

3）不稳定煤层。煤层厚度变化较大，无明显规律，结构复杂至极复杂；有3个或3个以上煤类。主要包括：煤层厚度变化很大，具突然增厚、变薄现象，全区可采或大部分可采；煤层呈串珠状、藕节状，一般连续，局部可采，可采边界不规则；难以进行分层对比，但可进行层组对比的复合煤层。

4）极不稳定煤层。煤层厚度变化极大，呈透镜状、鸡窝状，一般不连续，很难找出规律，可采块段零星分布；无法进行煤分层对比，且层组对比也有困难的复合煤层。

采用定量评价方法，薄煤层以煤层可采系数 K_m 为主，煤层厚度变异系数 γ 为辅；中厚及厚煤层以煤厚变异系数为主，可采性指数为辅，具体的评价指标见表9.1。

煤层厚度的划分参照《煤、泥炭地质勘查规范》，薄煤层厚度0.5～1.3m，中厚煤层厚度1.3～3.5m，厚煤层厚度3.5m以上。按照国家现行规范规定，资源量估算的工业指标如下：①最高灰分（Ad）为40%；②原煤全硫（St，d）不超过3%；③最低发热量（Qnet，ar）为22.1MJ/kg；④本井田所在区域为富煤区，煤层倾角<25°，一般为8°~15°，煤类为无烟煤，故煤层最低可采厚度定为0.80m。

表9.1　评价煤层稳定性的主、辅指标

煤层	稳定煤层		较稳定煤层		不稳定煤层		极不稳定煤层	
	主要指标	辅助指标	主要指标	辅助指标	主要指标	辅助指标	主要指标	辅助指标
薄煤层	$K_m\geqslant0.95$	$\gamma\leqslant25\%$	$0.8\leqslant K_m<0.95$	$25\%<\gamma\leqslant35\%$	$0.6\leqslant K_m<0.8$	$35\%<\gamma\leqslant55\%$	$K_m<0.6$	$\gamma>55\%$
中厚煤层	$\gamma\leqslant25\%$	$K_m\geqslant0.95$	$25\%<\gamma\leqslant40\%$	$0.8\leqslant K_m<0.95$	$40\%<\gamma\leqslant65\%$	$0.65\leqslant K_m<0.8$	$\gamma>65\%$	$K_m<0.65$
厚煤层	$\gamma\leqslant30\%$	$K_m\geqslant0.95$	$30\%<\gamma\leqslant50\%$	$0.8\leqslant K_m<0.95$	$50\%<\gamma\leqslant75\%$	$0.7\leqslant K_m<0.8$	$\gamma>75\%$	$K_m<0.70$

可采系数按照如下方法计算：

$$K_m=\frac{n'}{n} \tag{9.1}$$

式中，K_m为煤层可采系数；n为参与煤层厚度评价的见煤点总数；n'为煤层厚度大于或等于可采厚度的见煤点数。

煤层厚度变异系数按照如下方法计算：

$$S=\sqrt{\frac{\sum_{i=1}^{n}(M_1-\overline{M})^2}{n-1}} \tag{9.2}$$

$$\gamma=\frac{S}{\overline{M}}\times100\% \tag{9.3}$$

式中，γ为煤层厚度变异系数；M_1为每个见煤点的实测煤层厚度，m；$\overline{M}$为煤矿（或分区）的平均煤层厚度，m；n为参与煤层厚度评价的见煤点数；S为均方差值，m。

其原理如下：将计算煤层所有控制点的煤层厚度视为一组离散型随机变量，其中厚度均值为煤层厚度的平均值，既随机变量的中心值；变异系数反映了煤层厚度变化的程度和幅度；煤层可采系数能较可靠地反映煤层的可采性。煤层标准差、方差系数、变异系数均为数值越小，煤层的稳定程度越好；煤层可采系数越小，煤层可采性越差，煤层可采系数越大，煤层可采性越好。

9.2　煤层气资源潜力的计算方法

从煤层含气量数据出发，采用如下公式计算：

$$G_i=\frac{V_i\cdot\rho_i\cdot M_i}{1000} \tag{9.4}$$

式中，G_i表示单元网格内煤层气资源量，m^3；V_i表示单元网格内体积，m^3；ρ_i表示单元网格内煤层密度，kg/m^3；M_i表示单元网格内煤层含气量，m^3/t。

上述已知数据主要来源于地震解释成果，体积、煤层密度、煤层含气量最终都表示为一个规则网格的形式，因此式（9.4）表示每个单元网格的量。如图9.1所示，解释中使用的网格为20m×20m，然而煤层的形态并不总是水平的，它通常呈现出褶曲的起伏形态。因此，在20m×20m的面元内，如果简化了煤层的形态，使其视为水平情况，那么在西采区内，将有近6km^{2}的面积，涵盖了将近15万个网格。如果这带来的误差不能被忽略，那么在计算面积时，采用有限差分的方法对其进一步离散化。这种方法简便、快速，能够得到较好的效果。本研究利用商业化的Petrol软件直接计算得到每个网格单元的体积，用于计算网格单元的体积时，需要提供煤层底板等高线 A_i 和煤层厚度 H_i 的分布，这两个量也可通过地震资料获得。

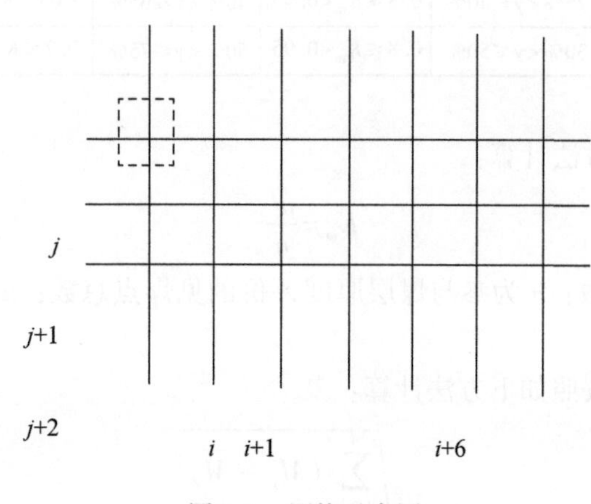

图9.1 网格示意图

9.3 基于地震数据的已知量的计算

9.3.1 利用地震属性计算煤层厚度

通过整理雨汪矿区钻孔，区内已知煤层厚度的钻孔及巷道点有48个。通过分析煤层厚度与地震属性之间所具有的相关性，选择具有较好相关系数的地震属性，利用克里金内插的方法，获得勘探区内的煤层厚度分布。本次计算了雨汪矿区的地震属性一共是31个，根据统计分析，煤层厚度与地震属性的相关性，见表9.2。

表9.2 煤层厚度与地震属性的相关性

地震属性	相关系数
波阻抗振幅包络	-0.6370
波阻抗振幅平均	-0.5796
波阻抗正交道	-0.4844
波阻抗	-0.3974
波形长度	0.3693

续表

地震属性	相关系数
余弦相位	-0. 3182
瞬时相位	-0. 3069
频率属性	0. 2039

本研究使用的煤层厚度预测方法是利用协克里金建立煤层振幅与煤层厚度之间的关系。克里金技术这一术语出自英文 Kriging，亦可称为克里金估计方法，是地质统计学的主体和核心部分。利用克里金进行内插，具有以下特征。

(1) 估计的无偏性和最佳性

人们通过各种途径获得的地质或地球物理数据，是客观存在的地下层性质的一种反映。测量技术的局限性，测量工具和仪器的误差，人工操作的失误，以及人们对测量原理和地质背景认识的不足，都使得人们获取的地下数据与真实情况存在一定的偏差，从而具有一定的随机性。此外，在煤田勘探开发中，作为采样点的观测量值主要来自钻孔，其数目明显不足，因此利用这些观测值得到的各种值必然具有不确定性和随机性。对此，克里金估计技术利用区域化变量理论，将空间各处的观测值看成随机变量的现实，且将网格节点数值的估计归纳为随机函数的最佳无偏估值问题，从而较其他方法更能适应观测数据和估计结果的随机性，而且也具有更坚实的理论基础。与克里金估计技术所具有的估计的无偏性和最佳性相比，其他估计方法在很大程度上是经验性的，没有相应的理论来加以描述，也无法预先科学地判断给定算法效果的适用程度。

(2) 体现变量的结构特性

区域化变量的结构特性是指其空间相关性、连续性、各向异性和结构套合性，它们随所描述自然现象性质的不同而改变，克里金估计得到的加权系数不仅和参估点与被估点之间的距离有关，而且也和相应的变差函数有关，即与所确定的区域化变量的结构特性有关。因此，利用克里金估计技术得到的网格化数据能体现区域化变量的结构特性。然而，利用距离反比加权方法形成网格化数据时，其加权系数被参估点与被估点之间的距离完全确定，而与具体的观测值本身毫无关系。这时，只要两个区域性变量的观测点位置相互重合，无论这两个变量的空间变异性有多么巨大的差别，而其对应的加权系数总是完全相同的。这显然是不合理的。

(3) 反映地质学的认识

在克里金估计中，变量的区域化结构特性对加权因子的影响，是通过变差函数来体现的。变差函数反映了变量空间相关性质随距离变化的规律。变差函数的主要参数：基台值和在值点附近的变化情况具有明显的地质意义，因此地质家的认识有重要的影响，从而使网格化数据体现地质家对该地区的认识和经验。这种合理性是其他形成网格化数据的方法所不具备的。

由于克里金估计技术不仅考虑了观测点和被估计点的相对位置，而且还考虑了各观测点之间的相对位置。因此，克里金加权系数较距离平方加权系数更为合理优越。根据克里金估计技术的特点，得到的煤层厚度应与事实具有较好的符合性，计算结果也证明了这一点。

9.3.2　利用地震资料计算煤层底板等高线形态及厚度

利用地震资料计算煤层底板等高线形态，主要分为两部分的工作，一是通过测井资料层位标定确定煤层的时间层位，并根据一定的网格或者是自动追踪技术获得煤层反射波时间，并对区内的断层、陷落柱、采空区等地质异常边界进行圈定。利用勘探区内存在的见煤点标高，根据式（9.5），构建全区内的空变速度场，并根据式（9.6），将煤层反射波时间转换成煤层底板等高线。式（9.6）中1050是地震资料处理中选取的静校正基准面，单位为m。

$$\mathrm{vel}=\frac{2000(1050-\mathrm{depth})}{\mathrm{time}} \tag{9.5}$$

$$\mathrm{depth}=\frac{1050-\mathrm{vel}\cdot\mathrm{time}}{2000} \tag{9.6}$$

式中，vel表示平均速度，m/s；depth表示见煤点标高，m；time表示双程旅行时间，ms。煤层厚度趋势如图9.2～图9.5所示。

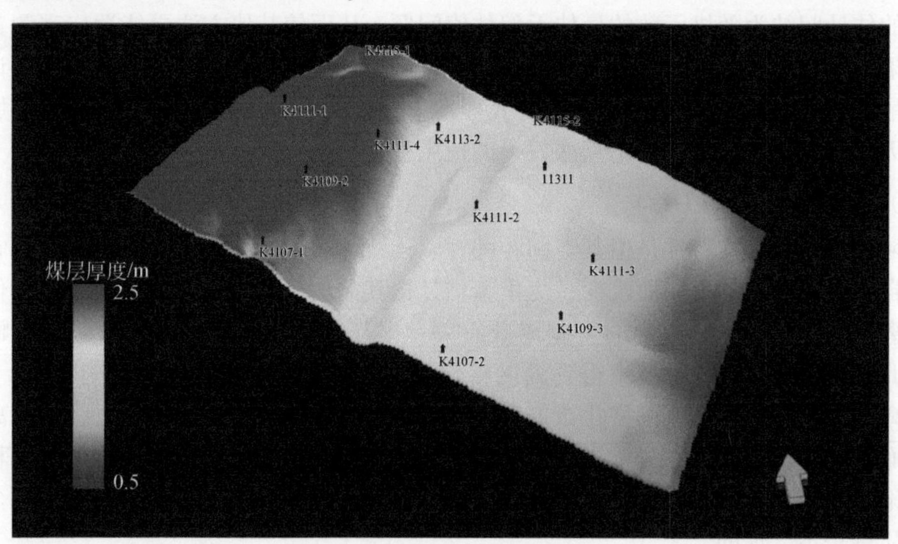

图9.2　C_2煤层厚度趋势图

9.3.3　利用叠后波阻抗反演结果求取煤层密度

通过地震叠后反演获得了波阻抗数据体，波阻抗等于声波速度和密度的乘积，而反演中有声波结果，因此可以求得雨汪矿区内的密度分布。从获得的煤层密度分布情况来看，雨汪矿区内的煤层密度最小值为1.60g/cm³，最大值为1.94g/cm³，煤层密度的平均值为1.8g/cm³。煤层密度趋势如图9.6～图9.9所示。

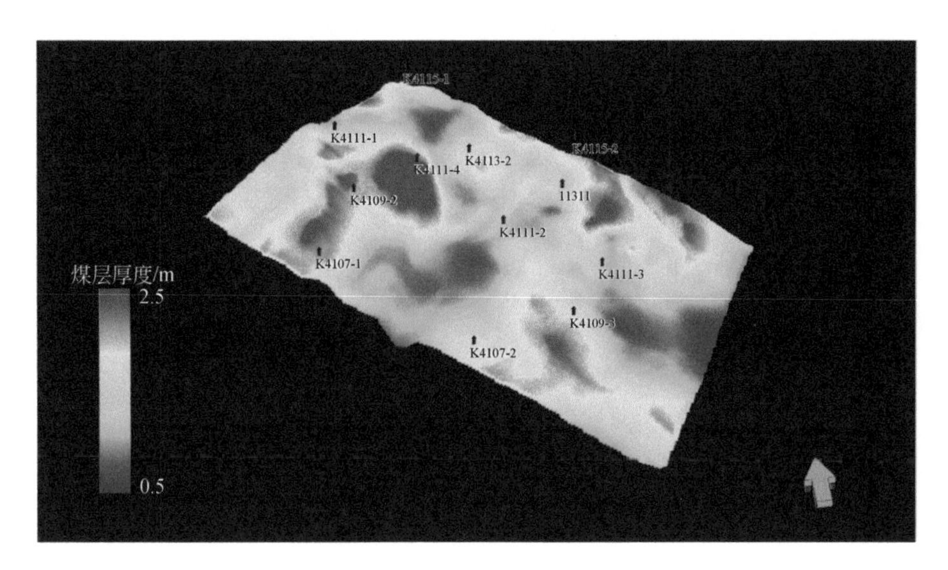

图9.3　C_3煤层厚度趋势图

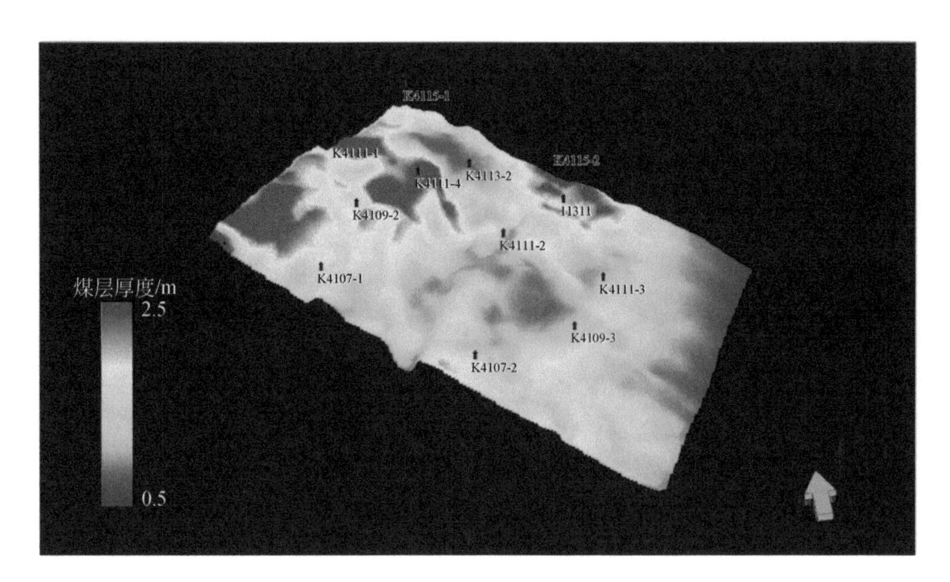

图9.4　C_{7+8}煤层厚度趋势图

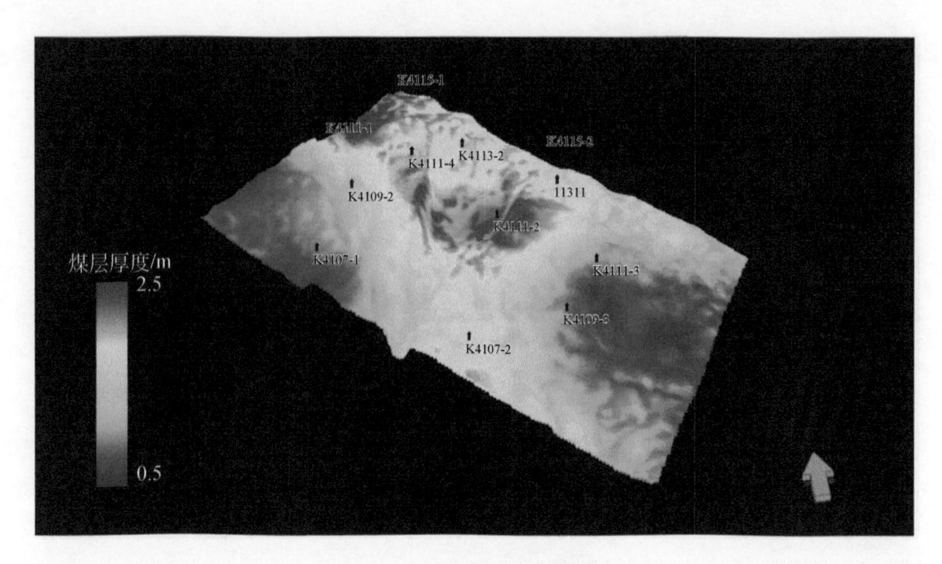

图 9.5　C_9煤层厚度趋势图

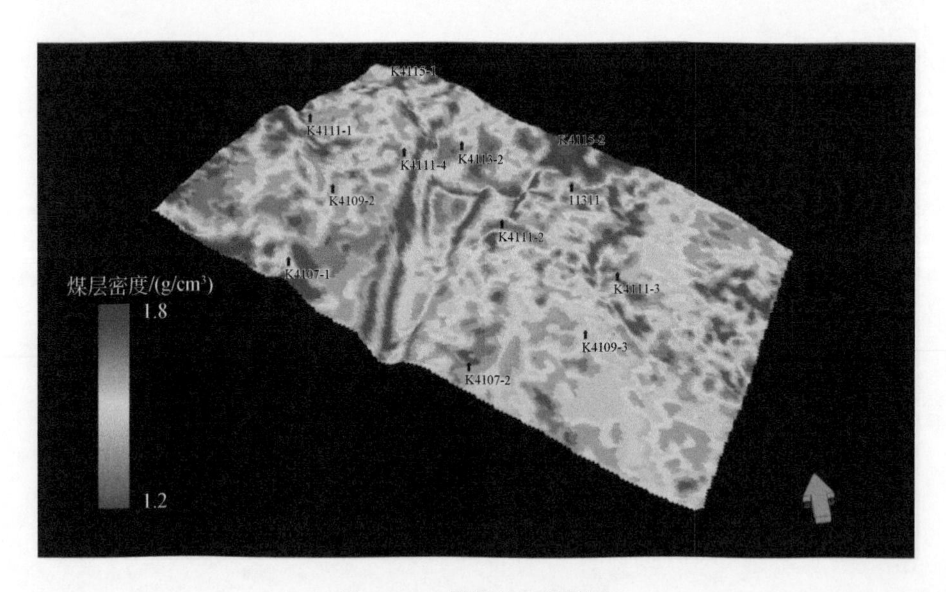

图 9.6　C_2煤层密度趋势图

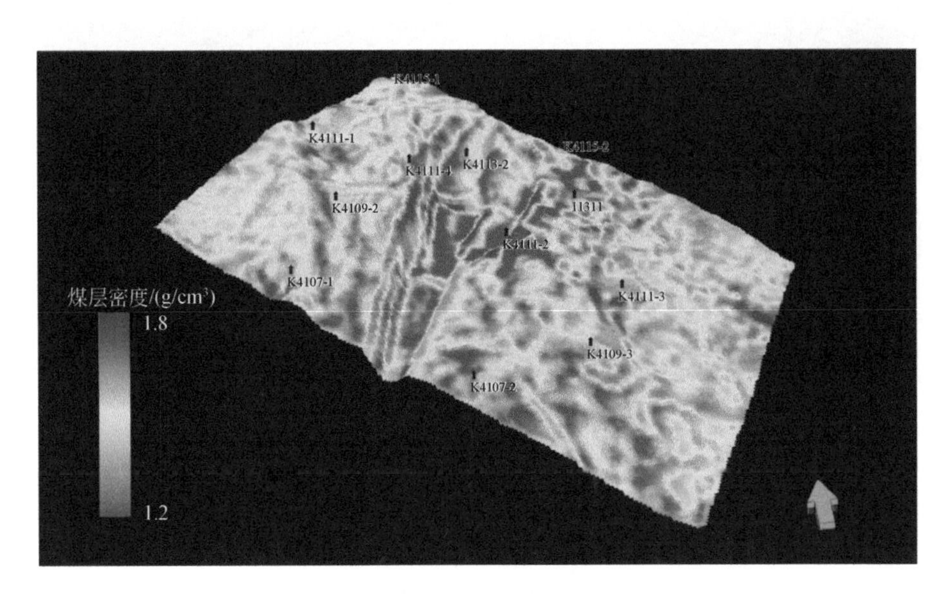

图9.7 C_3煤层密度趋势图

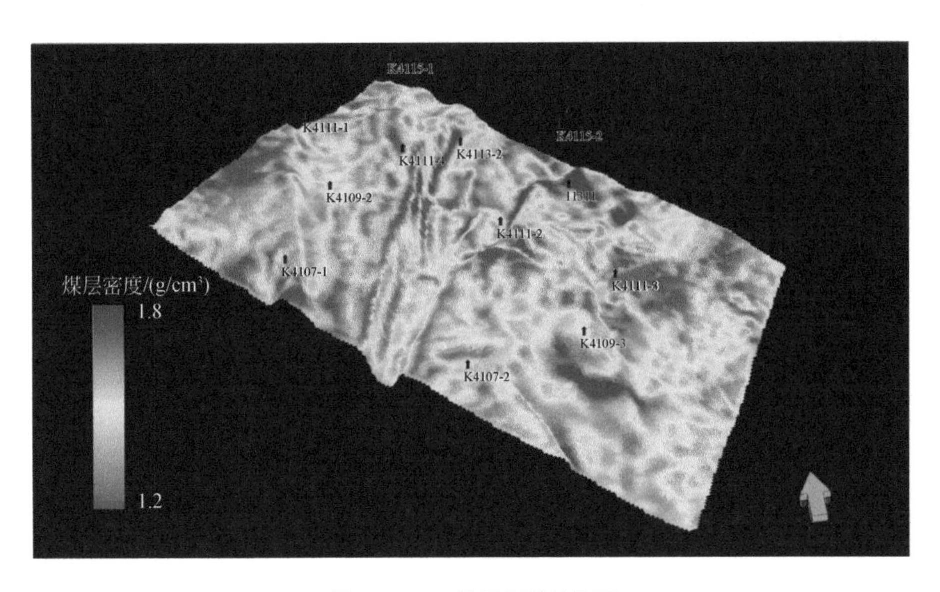

图9.8 C_{7+8}煤层密度趋势图

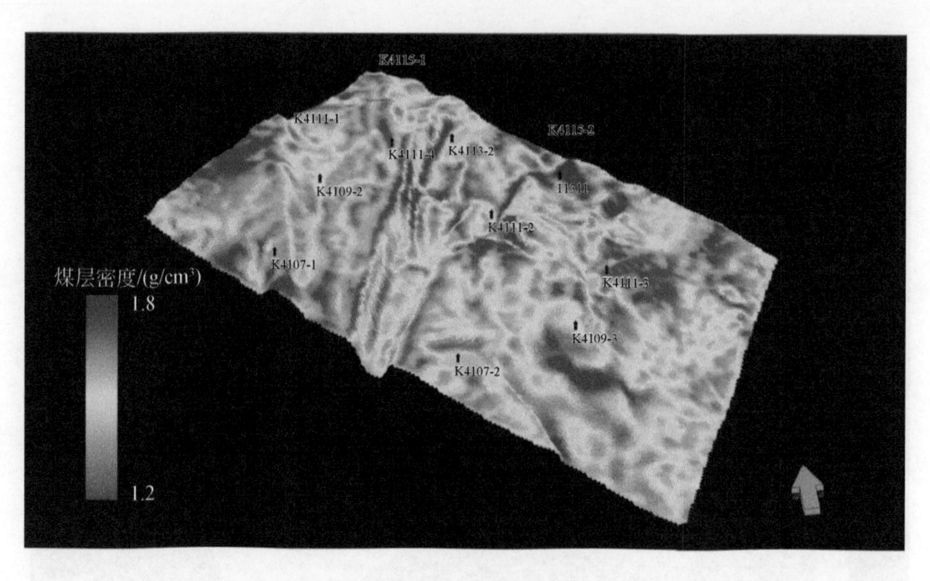

图 9.9　C_9煤层密度趋势图

9.4　基于地震成果的可采煤层稳定性定量评价

9.4.1　煤层资源稳定性评价方法

利用勘探手段获得的煤层厚度和煤质资料，对其进行分析处理、数理统计运算，找出能反映其变化的特征数，以获取划分煤层稳定程度的指标，对煤层进行定量评价，可补充定性分析结果的不足。所采用的指标根据《煤矿地质工作规定》确定（表 9.1）：煤层可采系数（K_m）、煤层厚度变异系数（γ）。参与煤层稳定性评价的钻孔信息统计见表 9.3～表 9.6。煤层厚度等值线图如图 9.10～图 9.13 所示。

表 9.3　C_2煤层厚度统计表

钻孔号	横坐标（X）	纵坐标（Y）	煤层厚度/m
K4107-1	452160.49	2782199.63	0.86
K4107-2	452636.12	2781665.90	1.25
K4109-1	452113.06	2782975.29	1.20
K4111-3	453480.31	2782014.31	0.88
K4113-2	453233.24	2783014.90	1.19
K4115-2	453808.16	2783070.06	1.01
K4109-3	453150.51	2781717.24	1.55
K4111-1	452535.52	2783090.74	1.24
K4111-2	453148.39	2782421.39	1.02

续表

钻孔号	横坐标（X）	纵坐标（Y）	煤层厚度/m
K4111-4	452863. 10	2782806. 43	1. 30
K4113-1	452787. 49	2783526. 11	1. 20
K4115-1	453192. 76	2783767. 83	1. 85
K4105-1	451791. 55	2782025. 94	0. 94
K4105-2	452305. 28	2781381. 96	0. 86
K4109-2	452462. 33	2782588. 47	1. 18
11311	453590. 16	2782606. 53	6. 23
11310	452536. 14	2783846. 44	0. 50
K0+32. 00m	452608. 07	2783583. 55	1. 59
K0+98. 00m	452651. 47	2783533. 48	1. 25
K0+132. 2m	452693. 84	2783484. 59	1. 44
K0+211. 9m	452745. 24	2783425. 26	1. 50
K0+342. 7m	452831. 04	2783326. 24	1. 63
K0+418. 2m	452880. 39	2783269. 33	1. 77
K0+475. 4m	452917. 91	2783226. 05	1. 18
K0+524. 2m	452948. 27	2783191. 00	1. 78
K1+486. 5m	453125. 27	2782986. 77	1. 61
K1+345. 4m	453214. 93	2782883. 31	1. 44
K1+287. 1m	453252. 00	2782840. 56	1. 54
K1+266. 4m	453264. 29	2782826. 33	1. 54
K1+224. 5m	453294. 61	2782791. 35	1. 52
K1+178. 4m	453322. 18	2782759. 56	1. 46
K0+1034. m	453418. 04	2782648. 96	1. 66
K0+970. 7m	453459. 86	2782600. 64	2. 01
K0+902. 0m	453504. 61	2782549. 03	1. 60
K0+832. 0m	453550. 16	2782496. 48	1. 17
K0+772. 0m	453588. 93	2782451. 73	1. 70
K0+707. 0m	453630. 83	2782403. 39	1. 63
K0+655. 2m	453664. 49	2782364. 57	1. 53
K0+595. 2m	453703. 52	2782319. 54	1. 57
K0+536. 0m	453742. 06	2782275. 01	1. 56
K0+475. 5m	453781. 51	2782229. 54	2. 05
K0+416. 2m	453820. 09	2782185. 00	1. 92
K0+356. 2m	453859. 18	2782139. 88	0. 84
K0+298. 7m	453896. 63	2782096. 67	0. 79
K0+238. 7m	453935. 72	2782051. 57	0. 84
K0+179. 7m	453973. 61	2782007. 88	1. 08

续表

钻孔号	横坐标（X）	纵坐标（Y）	煤层厚度/m
K0+119.6m	454012.45	2781963.05	0.61
K0+51.00m	454057.54	2781911.00	1.34

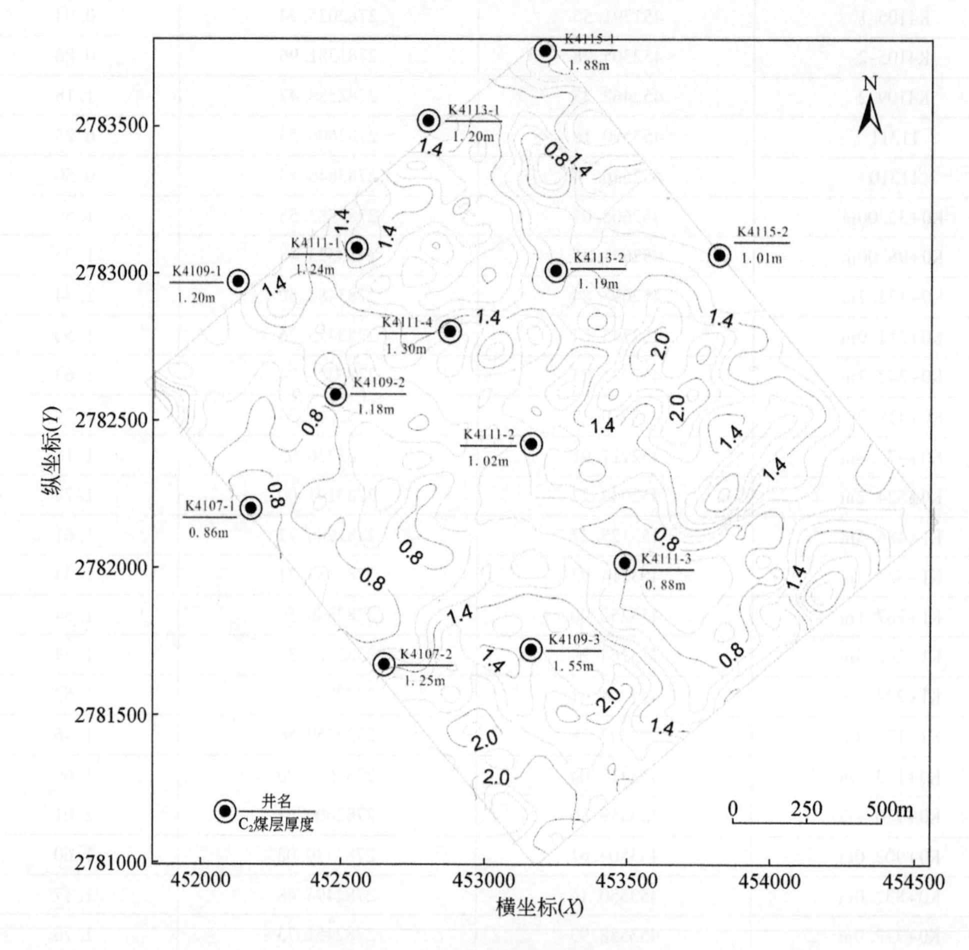

图 9.10　C_2煤层厚度等值线图

表 9.4　C_3煤层厚度统计表

钻孔号	横坐标（X）	纵坐标（Y）	煤层厚度/m
K4107-1	452160.49	2782199.63	1.50
K4107-2	452636.12	2781665.90	1.64
K4109-1	452113.06	2782975.29	1.50
K4111-3	453480.31	2782014.31	1.10
K4113-2	453233.24	2783014.90	1.59
K4115-2	453808.16	2783070.06	1.60
K4109-3	453150.51	2781717.24	1.65

续表

钻孔号	横坐标（X）	纵坐标（Y）	煤层厚度/m
K4111-1	452535.52	2783090.74	1.68
K4111-2	453148.39	2782421.39	1.15
K4111-4	452863.10	2782806.43	2.45
K4113-1	452787.49	2783526.11	1.51
K4115-1	453192.76	2783767.83	1.49
K4105-1	451791.55	2782025.94	1.60
K4105-2	452305.28	2781381.96	1.66
K4109-2	452462.33	2782588.47	1.58
11311	453590.16	2782606.53	1.99
11310	452536.14	2783846.44	1.39
K0+32.00m	452608.07	2783583.55	1.12
K0+98.00m	452651.47	2783533.48	2.08
K0+132.2m	452693.84	2783484.59	1.06
K0+211.9m	452745.24	2783425.26	1.45
K0+269.7m	452783.12	2783381.56	1.36
K0+342.7m	452831.04	2783326.24	1.23
K0+418.2m	452880.39	2783269.33	1.30
K0+475.4m	452917.91	2783226.05	1.14
K0+524.2m	452948.27	2783191.00	1.17
K1+486.5m	453125.27	2782986.77	1.22
K1+415.6m	453170.01	2782935.11	1.15
K1+345.4m	453214.93	2782883.31	1.16
K1+266.4m	453264.29	2782826.33	1.25
K1+224.5m	453294.61	2782791.35	1.28
K1+178.4m	453322.18	2782759.56	1.29
K0+1034.m	453418.04	2782648.96	1.34
K0+970.7m	453459.86	2782600.64	1.15
K0+902.0m	453504.61	2782549.03	0.93
K0+832.0m	453550.16	2782496.48	1.24
K0+772.0m	453588.93	2782451.73	1.56
K0+707.0m	453630.83	2782403.39	2.03
K0+655.2m	453664.49	2782364.57	1.55
K0+595.2m	453703.52	2782319.54	1.04
K0+536.0m	453742.06	2782275.01	1.20
K0+475.5m	453781.51	2782229.54	1.72
K0+416.2m	453820.09	2782185.00	1.48
K0+356.2m	453859.18	2782139.88	1.26

续表

钻孔号	横坐标（X）	纵坐标（Y）	煤层厚度/m
K0+298.7m	453896.63	2782096.67	1.50
K0+238.7m	453935.72	2782051.57	1.26
K0+179.7m	453973.61	2782007.88	1.56
K0+119.6m	454012.45	2781963.05	1.32

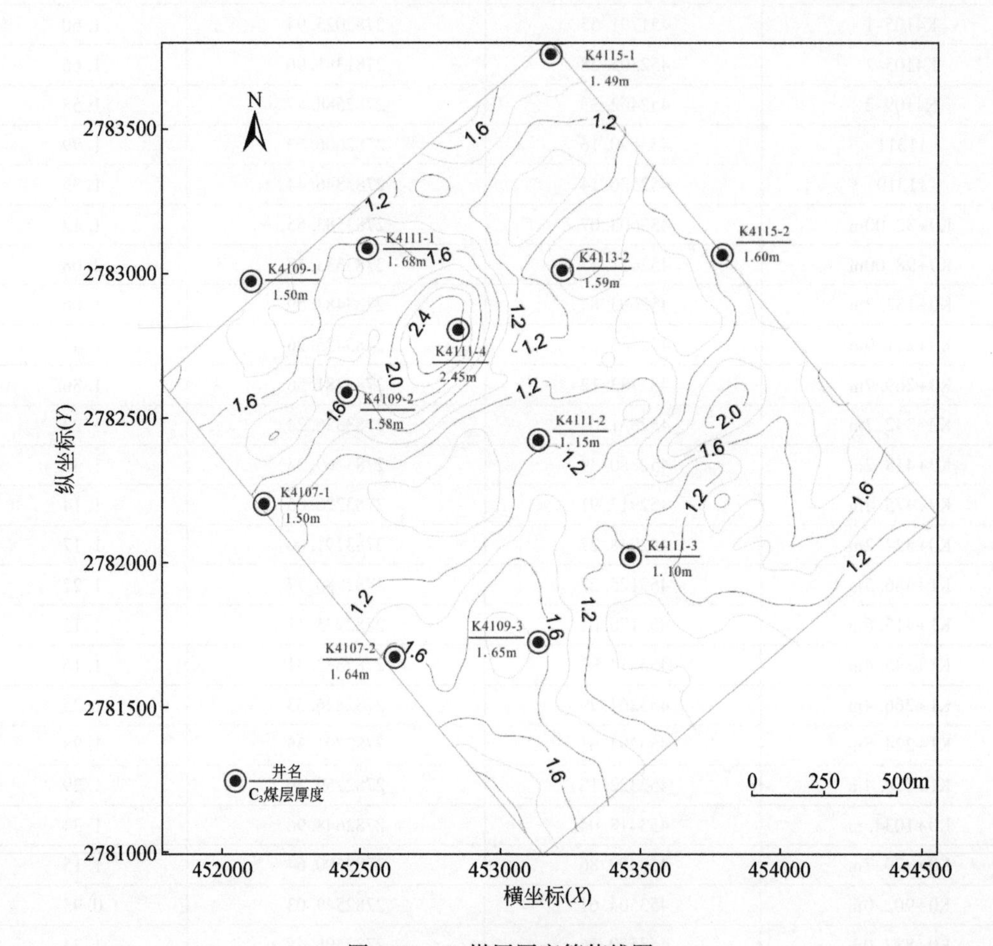

图 9.11　C_3煤层厚度等值线图

表 9.5　C_{7+8}煤层厚度统计表

钻孔号	横坐标（X）	纵坐标（Y）	煤层厚度/m
K4107-1	452160.49	2782199.63	1.90
K4107-2	452636.12	2781665.90	2.01
K4109-1	452113.06	2782975.29	1.65
K4111-3	453480.31	2782014.31	1.57
K4113-2	453233.24	2783014.90	1.70

续表

钻孔号	横坐标（X）	纵坐标（Y）	煤层厚度/m
K4115-2	453808.16	2783070.06	4.07
K4109-3	453150.51	2781717.24	1.81
K4111-1	452535.52	2783090.74	1.65
K4111-2	453148.39	2782421.39	1.11
K4111-4	452863.10	2782806.43	2.45
K4113-1	452787.49	2783526.11	3.70
K4115-1	453192.76	2783767.83	2.01
K4105-1	451791.55	2782025.94	2.35
K4105-2	452305.28	2781381.96	1.83
K4109-2	452462.33	2782588.47	2.70
K0+32.00m	452608.07	2783583.55	3.47
K0+98.00m	452651.47	2783533.48	3.92
K0+132.2m	452693.84	2783484.59	3.51
K0+211.9m	452745.24	2783425.26	3.76
K0+269.7m	452783.12	2783381.56	3.98
K0+342.7m	452831.04	2783326.24	3.67
K0+418.2m	452880.39	2783269.33	1.72
K0+475.4m	452917.91	2783226.05	1.69
K0+524.2m	452948.27	2783191.00	1.71
K1+486.5m	453125.27	2782986.77	1.79
K1+415.6m	453170.01	2782935.11	1.21
K1+345.4m	453214.93	2782883.31	1.19
K1+287.1m	453252.00	2782840.56	1.29
K1+266.4m	453264.29	2782826.33	1.30
K1+224.5m	453294.61	2782791.35	1.33
K1+178.4m	453322.18	2782759.56	1.35
K0+1034.m	453418.04	2782648.96	1.67
K0+970.7m	453459.86	2782600.64	1.60
K0+902.0m	453504.61	2782549.03	1.76
K0+832.0m	453550.16	2782496.48	1.93
K0+772.0m	453588.93	2782451.73	1.84
K0+707.0m	453630.83	2782403.39	1.74
K0+655.2m	453664.49	2782364.57	1.32
K0+595.2m	453703.52	2782319.54	1.16
K0+536.0m	453742.06	2782275.01	1.17

续表

钻孔号	横坐标（X）	纵坐标（Y）	煤层厚度/m
K0+475.5m	453781.51	2782229.54	1.29
K0+416.2m	453820.09	2782185.00	1.32

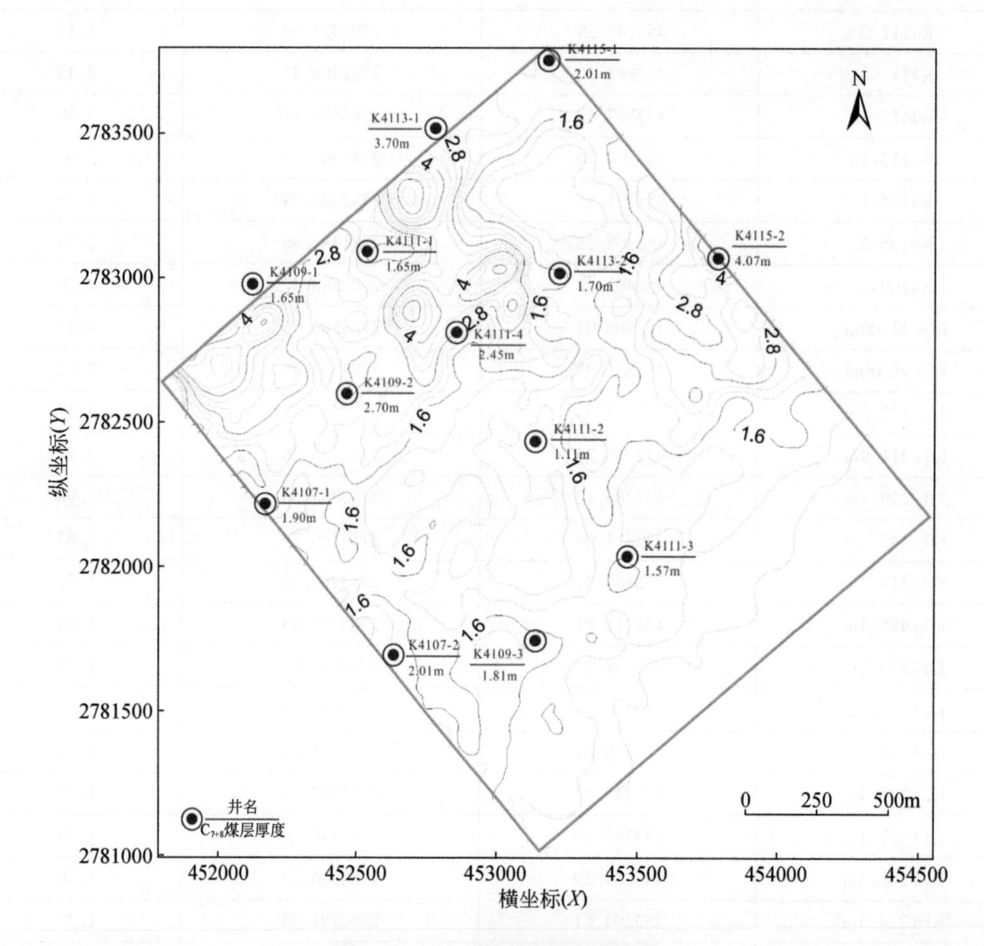

图 9.12　C_{7+8}煤层厚度等值线图

表 9.6　C_9煤层厚度统计表

钻孔号	横坐标（X）	纵坐标（Y）	煤层厚度/m
K4107-1	452160.49	2782199.63	1.15
K4107-2	452636.12	2781665.90	2.00
K4109-1	452113.06	2782975.29	1.10
K4111-3	453480.31	2782014.31	1.15
K4113-2	453233.24	2783014.90	1.85
K4115-2	453808.16	2783070.06	1.71

续表

钻孔号	横坐标（X）	纵坐标（Y）	煤层厚度/m
K4109-3	453150.51	2781717.24	2.82
K4111-1	452535.52	2783090.74	3.08
K4111-2	453148.39	2782421.39	2.30
K4111-4	452863.10	2782806.43	2.18
K4113-1	452787.49	2783526.11	2.17
K4115-1	453192.76	2783767.83	1.32
K4105-1	451791.55	2782025.94	1.72
K4105-2	452305.28	2781381.96	2.14
K4109-2	452462.33	2782588.47	1.67
K0+32.00m	452608.07	2783583.55	3.23
K0+98.00m	452651.47	2783533.48	3.22
K0+132.2m	452693.84	2783484.59	2.55
K0+211.9m	452745.24	2783425.26	2.37
K0+269.7m	452783.12	2783381.56	2.45
K0+342.7m	452831.04	2783326.24	2.25
K0+418.2m	452880.39	2783269.33	1.88
K0+475.4m	452917.91	2783226.05	1.84
K0+524.2m	452948.27	2783191.00	1.86
K1+486.5m	453125.27	2782986.77	1.94
K1+415.6m	453170.01	2782935.11	2.13
K1+345.4m	453214.93	2782883.31	2.12
K1+287.1m	453252.00	2782840.56	2.17
K1+266.4m	453264.29	2782826.33	2.05
K1+224.5m	453294.61	2782791.35	2.37
K1+178.4m	453322.18	2782759.56	2.39
K0+1034.m	453418.04	2782648.96	2.26
K0+970.7m	453459.86	2782600.64	1.97
K0+902.0m	453504.61	2782549.03	1.98
K0+832.0m	453550.16	2782496.48	1.88
K0+772.0m	453588.93	2782451.73	1.81
K0+707.0m	453630.83	2782403.39	1.75
K0+655.2m	453664.49	2782364.57	1.57
K0+595.2m	453703.52	2782319.54	1.37

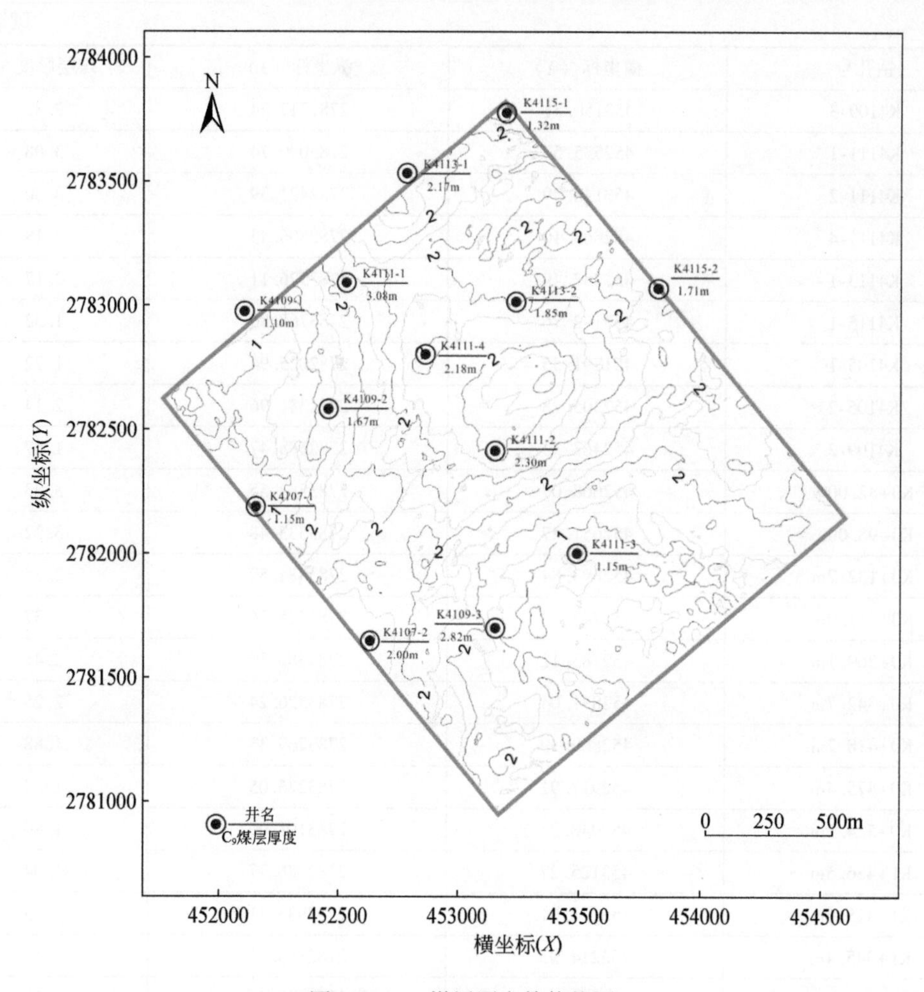

图 9.13 C_9煤层厚度等值线图

相较于钻孔数据，地震数据有高密度的优势。雨汪矿区已知煤层厚度的钻孔及巷道点有 48 个，而地震数据采用 5m×5m 的网格，雨汪矿区有超过 16 万个地震数据控制点。地震方法的好处是，控制点更密集，在外推插值时，能够更好地控制煤层厚度的形态，煤层厚度也能得到更精确的描述。将预测结果和钻孔控制的计算成果进行对比，分析两种方法的效果，见表 9.7 和表 9.8。

表 9.7 基于钻孔煤层稳定性定量评价结果

煤层	样本点数/个	变异系数 γ/%	可采系数 K_m	煤层稳定程度
C_2	47	27	0.94	较稳定
C_3	46	21	0.91	较稳定
C_{7+8}	41	45	0.98	较稳定
C_9	38	25	0.97	较稳定

表 9.8 基于地震煤层稳定性定量评价结果

煤层	样本点数/个	变异系数 γ/%	可采系数 K_m	煤层稳定程度
C_2	160643	12.4	0.94	较稳定
C_3	160643	8.3	0.91	较稳定
C_{7+8}	160643	8.6	0.98	较稳定
C_9	160643	19.7	0.97	较稳定

9.4.2 煤层资源稳定性评价结果

根据煤层厚度、结构、对比可靠程度、煤质和可采情况，可采煤层的稳定性评价结果如下。

C_2煤层：大部可采；层位稳定；厚度较稳定；结构简单；对比可靠；煤质变化稳定的薄煤层；为较稳定煤层。

C_3煤层：大部可采；层位稳定；厚度稳定；结构简单；对比可靠；煤质变化稳定的薄—中厚煤层（以中厚为主）；为较稳定煤层。

C_{7+8}煤层：全区可采；层位稳定；厚度稳定；结构简单；对比可靠；煤质变化稳定的中厚—厚煤层（以中厚为主）；为较稳定煤层。

C_9煤层：全区可采；层位稳定；厚度变化较小；结构简单—中等；煤质变化稳定；对比可靠的薄—中厚煤层（以中厚为主）；为较稳定煤层。

9.5 基于地震成果的煤层气资源潜力

利用煤层底板等高线和煤层厚度，可得到煤层顶板等高线，利用煤层顶板和煤层底板构成一个闭合空间体，从闭合体上也可以明显看出煤层厚度的变化，总体上表现为背斜南翼位置的厚度较薄，在向斜位置的煤层较厚。以这个闭合体进行单元网格的体积计算，利用有限差分的方法，获得每个单元格的体积，将煤层密度和煤层含气量赋给每个网格单元，利用三者进行乘积，得到雨汪矿区的煤层气资源量，如图 9.14 ~ 图 9.17 和表 9.9 所示。

为了进一步分析本研究所使用方法的效果，与传统上的体积法进行对比，传统上的体积法是根据式（9.7）进行计算，各个已知量主要使用钻孔、测试等散点数据直接内插得到。

$$G_i = 0.01AhDC_{ad} \tag{9.7}$$

式中，G_i 表示煤层气资源量，m^3；A 表示煤层含气面积，m^2；h 表示煤层净厚度，m；D 表示煤的密度，t/m^3；C_{ad}表示煤层含气量，m^3/t。

与该传统方法相比，本研究利用的方法具有以下几个特点：

1）传统体积法考虑的煤层含气面积，是一个平面上的面积。众所周知，煤层具有一定的起伏形态，是一个立体，实际煤层的面积必然比平面面积大，本研究计算时考虑了煤层起伏的情况，计算的煤层面积与实际煤层面积必然更为接近。

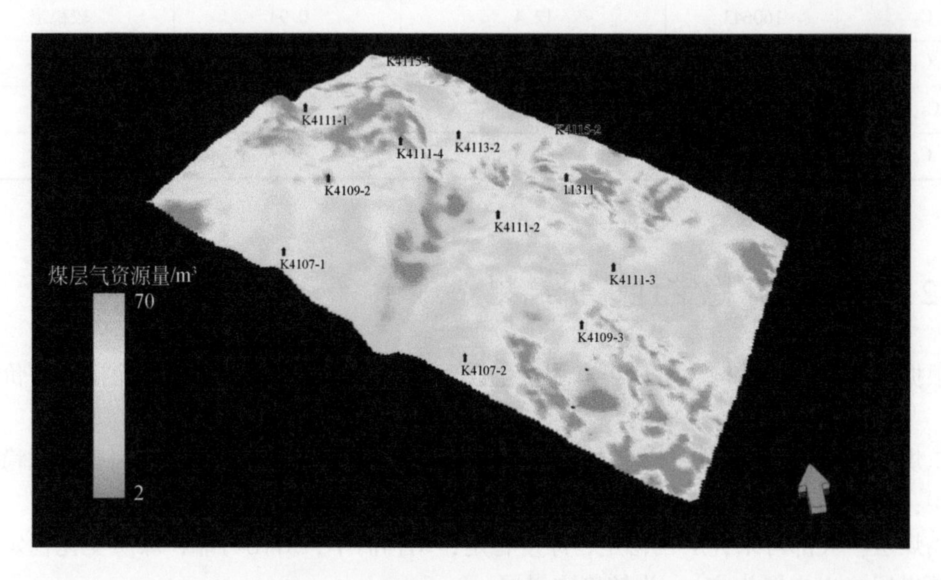

图 9.14　雨汪矿区 C_2 煤层气资源量

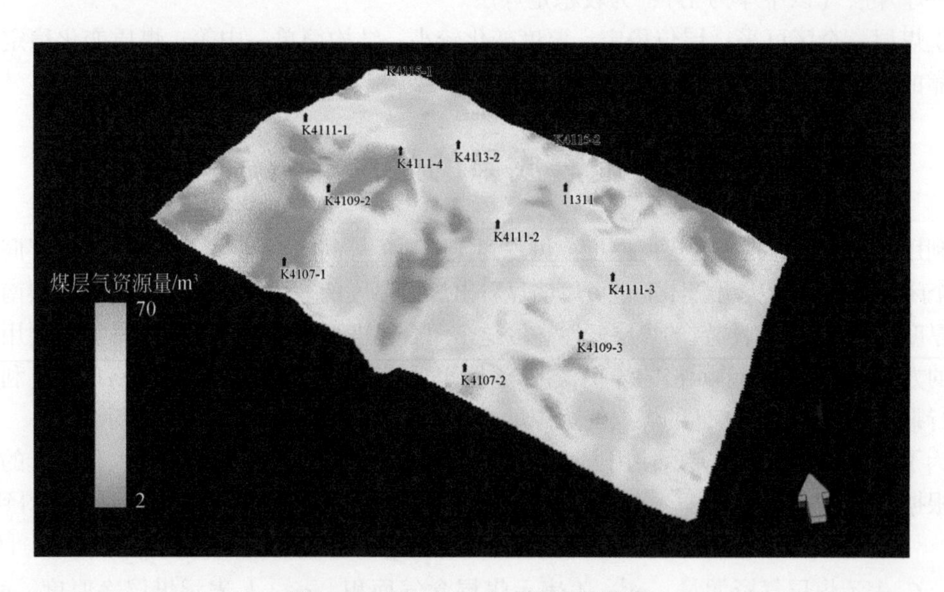

图 9.15　雨汪矿区 C_3 煤层气资源量

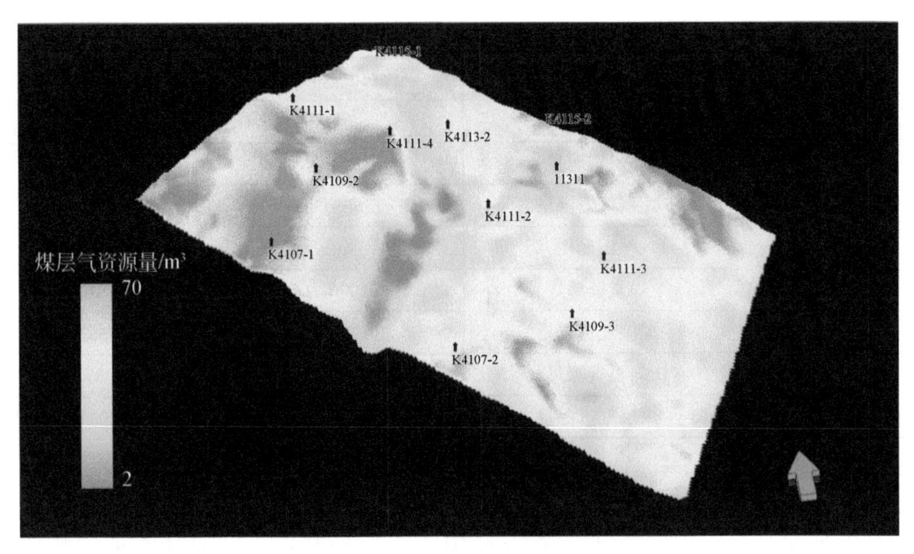

图 9.16　雨汪矿区 C_{7+8} 煤层气资源量

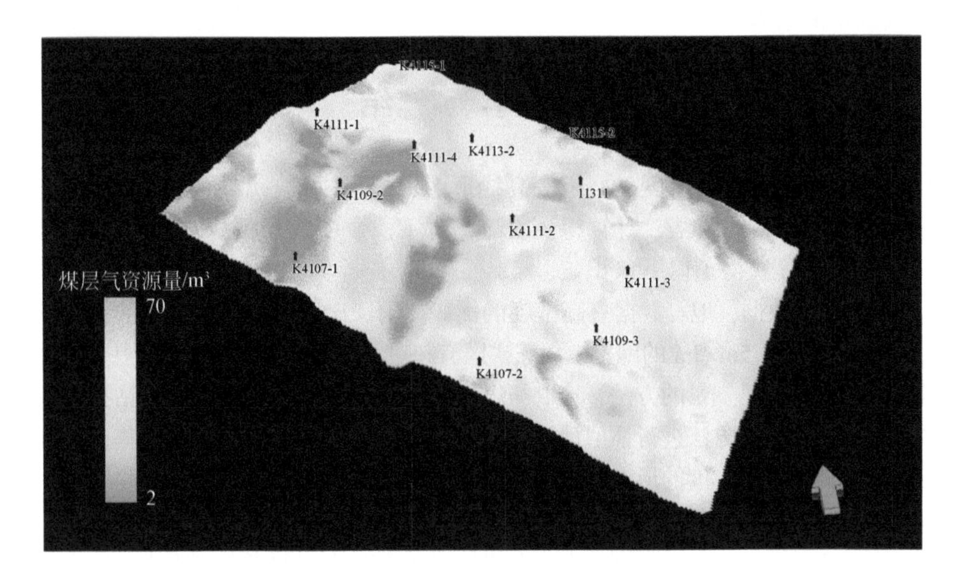

图 9.17　雨汪矿区 C_9 煤层气资源量

表 9.9　雨汪矿区煤层气资源潜力表

煤层	名称	钻孔评价结果	地震评价结果
C_2	井田面积	4km²	4km²
	煤炭资源量	678 万 t	750 万 t
	煤层气资源量	4136 万 m³	4444 万 m³
C_3	井田面积	4km²	4km²
	煤炭资源量	916 万 t	831 万 t
	煤层气资源量	7786 万 m³	7113 万 m³

续表

煤层	名称	钻孔评价结果	地震评价结果
C_{7+8}	井田面积	4km^2	4km^2
	煤炭资源量	1257 万 t	1078 万 t
	煤层气资源量	13663 万 m^3	12217 万 m^3
C_9	井田面积	4km^2	4km^2
	煤炭资源量	1096 万 t	1065 万 t
	煤层气资源量	30572 万 m^3	35639 万 m^3
总计	煤炭资源量	3947 万 t	3724 万 t
	煤层气资源量	56157 万 m^3	59413 万 m^3

2）传统体积方法使用已知的钻孔、取心等散点数据，通过对这些数据进行统计平均获得煤层气资源量的计算结果，本研究也使用这些已知数据，同时结合地震数据进行外推。由于地震数据具有在横向上高密度网格的特征，因此使用地震数据的外推精度高于单纯使用散点数据的结果。

9.6 小　　结

利用地震资料获得煤层厚度、底板等高线形态、煤层密度、煤层含气量，构建基于煤层起伏形态的资源量计算方法，计算得到 C_2、C_3、C_{7+8}、C_9煤层的煤层气资源量，并与传统体积法进行对比，获得了以下认识。

1）相较于钻孔数据，地震数据有高密度的优势。雨汪矿区已知煤层厚度的钻孔及巷道点有 48 个，而地震数据，5m×5m 的网格，雨汪矿区有超过 16 万个地震数据控制点。本书研究了利用地震资料获得这些已知量的方法，选取与煤层厚度最相关的地震属性，以钻孔及巷道煤层厚度为约束，利用克里金方法进行插值计算。地震方法的优势在于控制点更密集，在外推插值时，能够更好地控制煤层厚度的形态，煤层厚度也能得到更精确的描述。将预测结果和钻孔控制的计算成果进行对比，分析表明，基于地震方法预测煤层资源稳定性，在变异系数上，有更好的体现，而基于钻孔的变异系数则偏大。在煤层可采系数上，两者差别不大。这也表明，基于 5m×5m 网格的地震数据，对于煤层横向上的变化，具有更强的描述能力。

2）在预测煤层气资源量时，传统体积法利用钻孔、岩心等散点数据进行统计平均计算，以估计煤层面积。然而，这种方法假设煤层是一个平面区域，与实际起伏形态的地层存在较大差异。考虑到煤层的起伏形态，对煤层面积的计算方法进行改进，使其更接近实际煤层面积，从而计算得到的煤层气资源量也更加贴近实际情况。本研究提出了一种基于地震数据的煤层气资源评价方法，在利用已知数据的基础上，进一步利用地震资料和地震数据进行外推。由于地震数据具有在横向上高密度网格的特征，因此使用地震数据的外推精度高于传统数据的结果。

第10章 结　　论

由于滇东矿区地貌条件以喀斯特地貌为主，地形高差大、地层倾角陡、煤层薄、地质情况复杂，地质任务繁重。因此，分别在地震数据的采集、处理和解释阶段皆进行了细致的研究分析工作。在采集阶段，进行了地震采集参数的对比实验，并严格按照采集设计进行野外施工。在处理阶段，针对性地进行静校正处理，尽可能消除地表起伏的影响，同时对多项处理方法及处理参数进行试验，使处理流程及处理参数达到更佳。在解释阶段，通过结合已有的钻孔资料，进行了对比分析，采用体-面-线-点相结合的全三维解释方法进行精细构造解释。同时，利用支持向量机和粒子群寻优算法，对研究区进行隐蔽致灾地质区域预测，解释了研究区断层走势及可能存在断层的区域。基于波阻抗反演方法，开展了含煤地层岩性、卡以头组砂岩富水性、煤层分叉合并分析，尤其是针对卡以头组砂岩富水性进行了深入分析。基于地震AVO方法预测了煤层含气量，基于地震成果开展了煤层资源稳定性、煤层气资源潜力评价。最终圆满完成了本次勘探的地质任务，地质成果良好，达到了预期的目的。

10.1 喀斯特地貌条件下高精度三维地震采集技术研究

1）本次地震勘探野外测量人员根据勘探设计要求，于2020年4月26日进驻工地，至2020年6月6日完成测量放线工作，本次工程测量共完成勘探测量面积为10.43km^2，敷设地震测线71条，放样物理点17418个（其中检波点为13553个，炮点为3868个），复测物理点520个，复测率3.01%。2020年6月5日正式采集施工，2020年6月30日完成野外采集任务，有效炮共3800炮，其中甲级品2591炮，乙级品1209个，废品0个，甲级品率68.18%，合格率100%，远远超过设计要求。

2）通过开展微测井表层调查，结合收集的以往钻孔资料，结果表明：雨汪煤矿作为喀斯特地貌条件下的勘探区，激发岩性可以划分为灰岩区、砂岩区和黄土区。研究区灰岩表层相对较薄，砂泥岩区表层相对较厚，都表现为高速层，速度一般在3000m/s以上；马坟梁子以西石岩脚附近，因滑坡而坡积物厚，覆土层厚度（低速层）接近50m；马坟梁子北坡、烂滩村、松毛林水库附近表层相对较厚。中部以农田区为主，覆土层较薄。

3）根据地表出露岩性、表层调查、以往地勘钻孔资料，选取生产前试验点三个，分别为半坡的农田区试验点S1（桩号211221111）、高部位灰岩区试验点S2（桩号211041134）、较厚黄土区试验点S3（桩号211091094）。根据井深和药量试验，共计产生24个试验物理点。对不同药量和井深的单炮记录进行了固定增益显示，并对每个物理点进行了参数分析，包括分频扫描、主频、频宽、信噪比、能量等，共计200多个图件，深入分析药量、井深对子波、分辨率、信噪比的影响，最终确定了8m井深，2kg药量为经济技术合理激发参数。

4）本研究区在桩号210651090附近公路进行震源试验，采用12线96道接收，采用排列110491018～111371113。分别进行台次试验、硬化路面驱动幅度、扫描频率、扫描长度四项试验内容，共计14个物理点，每个物理点都进行了包括分频扫描、主频、频宽、信噪比、能量等12个参数的分析，共计100多个图件，确定了为1台一次激发，硬化路面情况下驱动幅度宜采用80%，扫描长度宜采用24s，扫描频率范围宜采用5～120Hz。从可控震源单炮记录剥离形成的剖面对比可以看出，可控震源单炮记录弥补了浅层缺口，同相轴连续性更好，能量更强，更利于追踪，可控震源的使用达到了预期效果。

5）对喀斯特地貌条件下的干扰波分析表明，在砂泥岩或砂泥岩风化层中激发，记录上干扰波主要为面波、P导波、折射波等。连续性较好的有效波主要分布在扫把形面波干扰区以外。在厚覆土区激发，记录上干扰波极为发育，能量衰减较为严重。主要干扰波为面波、P导波、S导波、折射波等；在该区域激发记录上，仅能识别断续的反射波组，其主要分布在扫扇形的S导波干扰区以外。受地形、岩性变化等影响，不同区域近表层速度、结构差异较大，变化快。这种复杂多变的起伏表层，也导致其表层干扰波场的复杂性，造成了单炮信噪比差异变化。这很好地解释了喀斯特地貌条件下地震记录表现为低信噪比的原因。

6）基于雨汪煤矿喀斯特地貌条件下的单炮分析表明，不同岩性区激发记录面貌差异较大。黄土区激发记录能量衰减快、主频低，砂岩激发能量较强，灰岩激发能量虽然次之，但频率高，散射发育。与风化层相比，受分化基岩（砂岩或灰岩）激发能量较强，面波相对不发育。风化层激发记录能量相对较弱，面波发育，主频偏低。但是，风化层激发和砂岩层激发记录的有效波连续性明显好于灰岩激发有效波连续性。随着岩石分化进一步发育形成风化覆盖层，黄土区越厚、非均一性越强，其对有效波连续性的影响越严重。通过对不同地表高程的相同岩性单炮进行分频扫描对比分析发现，在相同岩性条件下，高部位激发有效反射的连续性明显差于低部位激发的有效反射。研究区地表条件纵横向变化较大，从单炮记录上可以看出不同接收条件对单炮品质的影响差异，灰岩区接收，频率较高，高频能量衰减强；厚黄土区接收，频率相对较低，能量衰减强。低洼且厚低速灰岩区，频率低，能量较弱。

7）抽取研究区东西部两条典型剖面进行频谱分析和分频扫描，可以看出灰岩区的煤层反射资料主频偏低、频宽相对较窄，砂岩区煤层反射资料主频较高，高频信息丰富。砂岩区反射高频信息丰富，在90Hz以上仍隐约可见有效反射信息。抽取巷道位置的剖面分析巷道对成像的影响，巷道对其下煤层成像的影响主要体现在平行于巷道方向，对垂直巷道方向的影响相对较小。当测线平行于多条巷道时，测线两侧半个最大横向偏移距内巷道越多，其下煤层叠加成像效果受巷道影响越大；受单炮信噪比影响，灰岩区巷道对煤层叠加成像效果的影响更大。

10.2 喀斯特地貌条件下高精度VSP勘探技术

经过对雨汪矿区J1、J2、J3井3口井的零偏VSP原始资料波场分析及各类波的识别，制定了各井针对不同目标的处理流程，完成了本研究的地质任务，并取得了一些成果和认识。

1）可控震源采集得到的J1、J3井零偏三分量VSP资料直达波能量强，掩藏了反射波及干扰波，消去直达波后分析认为原始波场丰富，资料主频较高，但反射波层次特征稍差，存在管波等多种干扰波；炸药震源采集得到的J2井零偏三分量VSP资料井筒波能量强，掩藏了直达波及反射波，原始波场丰富，资料频带宽，主频较高，存在多种干扰波，资料总体质量基本满足本研究地质任务的要求。

2）井区可采煤层薄，J3井在目的层段加密1m采样，提高了薄煤层的标定精度；J2和J3井反射波剖面也表现出井旁地层特征，J2井旁存在多个明显小断层，构造较J3井复杂。

3）处理提取了J2、J3井的时-深关系，且时-深已校正到该区三维地震资料处理基准面。为标定地震资料反射波组，对J2、J3井VSP走廊剖面进行匹配处理，标定了过井三维地震Inline 208、Inline 492测线主要可采煤层的地质属性，经声波合成记录验证，标定结果一致。以J2、J3井零偏VSP上行反射P波、走廊叠加剖面、井旁三维地震资料、钻井资料为基础制作桥式对比图，可用于地面地震剖面层位识别解释。

4）两类震源激发，反射波场的主频有一定的差异，主要反射波标定位置也存在差异：C_2煤层：可控震源解释在近谷，炸药震源解释在复合波上峰值处；C_9煤层：可控震源解释在复合反射波的下峰值处，炸药震源解释在弱反射波近峰值处。

10.3 高分辨率地震资料处理技术研究

在喀斯特地貌条件下，雨汪勘探区内的地表起伏较大，导致地震资料信噪比低，给勘探工作带来了一定的挑战。针对地震资料处理中地形高差变化大、干扰因素多、勘探精度要求高的特点，重点研究静校正、噪声压制、反褶积、速度分析和叠前时间偏移等关键技术，提高煤层的信噪比和分辨率，确保断层和褶曲偏移归位准确。获得以下认识：

1）雨汪勘探区高程变化较大，起伏地表引起地下反射波畸变，有效波同相轴不连续，整个研究区存在严重的静校正问题。结合实际情况，确定应用折射静校正解决长短波长静校正问题，应用地表一致性剩余静校正解决剩余高频静校正问题。

2）喀斯特地貌条件下，单炮记录上主要是强面波、声波干扰、随机干扰，通过相对保幅的去噪技术消除。通过控制频率和视速度范围去除面波干扰；在不同频带范围内，使用自动样点编辑，每个样点的振幅与给定时窗的中值进行比较，对异常振幅进行编辑。通过这些保幅去噪技术，面波、声波及其他随机干扰波得到了有效去除，目的层反射波组更加清晰、突出。

3）针对单炮记录在横向上差异大的特点，采用球面扩散能量补偿和地表一致性振幅补偿。首先，选定合适参数进行球面扩散能量补偿，补偿地震波向下传播过程中因球面扩散而造成的时间方向的能量衰减，使浅、中、深层能量得到均衡；其次，地表一致性振幅补偿，主要是补偿地震波在传播过程中由于激发因素和接收条件的不一致性问题引起的振幅能量衰减，消除因风化层厚度、速度、激发岩性等地表因素横向变化造成的能量差异，使全区地震资料的横向能量趋于一致。

4）对于煤田地震资料，反褶积是提高地震资料分辨率的一个重要手段。反褶积是通过压缩地震子波来提高地震资料分辨率。在运用过程中，准确估算子波，并采取有效的手段，对地震子波进行压缩。由于三维地震勘探区的激发和接收条件都有所变化，地震子波在能量和波形一致性上都有很大差异。因此，选择地表一致反褶积方法来消除地震子波因激发和接收条件变化引起的差异，从而使地震子波波形的一致性有一定的改善，并且该处理使得地震子波在一定程度上得到了压缩，进而使频带宽度得到拓宽，地震资料的分辨率也就得到相应的提高，同时压制了残余的低频干扰，进而使剖面的分辨率和信噪比达到最佳效果。

5）采用多次速度分析、剩余静校正迭代技术进一步消除剩余动静校正时差的影响，确保同一面元内各道同相叠加。通过剩余静校正，目的层同相轴的连续性明显提高。

6）地震资料的叠前偏移成像，需要依靠高质量的速度模型，根据勘探区内的地震地质条件，正确拾取目的层段的反射波叠加速度，了解研究区内叠加速度的变化范围，通过精细速度拾取，在道集上有效校平反射同相轴，尽量消除倾斜界面引起的共反射点分散及叠加速度多值现象，提高横向分辨率和信噪比，使地下反射点实现正确归位。雨汪矿区三维地震数据的叠前时间偏移处理中，首先通过试验确定偏移的孔径、反假频参数和偏移倾角参数，然后对目标线进行偏移，通过 CRP 道集是否拉平分析叠前偏移的速度。

10.4 基于机器学习的多属性地质构造解释技术研究

1）雨汪井田勘探区高分辨率三维地震常规解释方法合理，对比可靠，精度较高。从体、面、线、点等多渠道以及数据体的多个视角，全方位剖析三维地震数据体，结合各种切片（如沿层切片、水平切片等）和各种地震剖面（如主测线、联络测线）进行层位和断层解释，最后获得了地质构造解释成果。

C_2煤层共解释断层 127 条，其中与已知揭露断层对应 15 条。正断层 122 条，逆断层 5 条。按照断层落差大小分类，落差≥20m 断层 10 条，落差 10～20m 断层（包括 10m）31 条，落差 5～10m 断层（包括 5m）42 条，落差 3～5m 断层（包括 3m）22 条，落差小于 3m 断层 22 条。按照可靠程度划分：可靠断层 64 条，较可靠断层 33 条，控制较差断层 30 条。

C_3煤层共解释断层 123 条，其中与已知揭露断层对应 13 条。正断层 118 条，逆断层 5 条。按照断层落差大小分类，落差≥20m 断层 13 条，落差 10～20m 断层（包括 10m）26 条，落差 5～10m 断层（包括 5m）28 条，落差 3～5m 断层（包括 3m）22 条，落差小于 3m 断层 34 条。按照可靠程度划分：可靠断层 51 条，较可靠断层 35 条，控制较差断层 37 条。

C_{7+8}煤层共解释断层 125 条，其中与已知揭露断层对应 13 条。正断层 120 条，逆断层 5 条。按照断层落差大小分类，落差≥20m 断层 11 条，落差 10～20m 断层（包括 10m）21 条，落差 5～10m 断层（包括 5m）42 条，落差 3～5m 断层（包括 3m）35 条，落差小于 3m 断层 16 条。按照可靠程度划分：可靠断层 52 条，较可靠断层 36 条，控制较差断层 37 条。

C_9煤层共解释断层110条，其中与已知揭露断层对应12条。正断层106条，逆断层4条。按照断层落差大小分类，落差≥20m断层12条，落差10～20m断层（包括10m）23条，落差5～10m断层（包括5m）37条，落差3～5m断层（包括3m）17条，落差小于3m断层21条。按照可靠程度划分：可靠断层43条，较可靠断层32条，控制较差断层35条。

2）在智能化解释中，利用支持向量机、粒子群寻优算法，结合相关性分析、R型聚类分析等优选方法，选出方差、瞬时相位、瞬时频率、混沌体、最大振幅五种对断层响应程度较好且相关性较低的地震属性，将巷道和采区已揭露的断层和非断层数据作为模型的训练数据，对研究区进行断层预测，解释了研究区断层走势和可能存在断层的区域。结果表明，智能化解释的断层发育区与人工解释的断层发育区高度吻合，表明研究区内解释的断层发育规律具有较高的可靠性。在此基础上，建立并开发出一套基于支持向量机的三维地震资料精细构造解释方法。

10.5　含煤地层岩性分析

波阻抗反演综合利用横向上高密度的地震数据和纵向上高分辨率的测井数据，有利于发挥钻孔位置测井资料与地震资料的匹配，可以为含煤地层岩性、卡以头组岩石富水区、煤层分叉合并圈定提供技术路径。通过分析测井约束波阻抗反演原理，结合煤田的地震资料特征，分析了反演中的关键步骤。同时，针对雨汪矿区的波阻抗反演数据体，根据不同岩性的波阻抗特征，首次预测喀斯特地貌条件下的含煤地层岩性分布特征。

1）根据波阻抗反演原理，分析了测井资料整理、合成记录、初始模型和迭代分析等反演中的关键步骤。测井曲线需要进行去野值和归一化处理，消除非地质因素的影响。

合成记录是建立测井资料和地震记录之间匹配关系的桥梁。其关键是子波的提取，结合研究区的情况，提出如下子波合理提取方法：首先通过里克子波或者地震数据估算出统计性子波，建立测井资料与地震数据的初步匹配关系。在此基础上，利用地震和测井资料进行提取，得到一个新的子波，进一步改进井资料与地震数据的匹配。在匹配关系没有达到满意效果时，可以再次进行子波的提取。在反演过程中，井资料被认为是最可靠的资料，尽量保持不变。为了提高地震记录与合成记录的匹配度，主要方法是改进地震子波。

模型是否合理关系反演的成败。针对煤田构造复杂，薄互层发育特征，指出用于控制模型内插的层位成果要遵循两个重要原则：一是在层位标定的基础上，层位解释尽量沿着同相轴追踪。用于反演的层位解释与用于构造成图的层位解释是不同的。用于构造成图的层位注重层间距的合理性，而反演的层位则更注意沿同相轴追踪，反映了反射系数的特征。二是层位解释满足闭合和一致性。在断层附近，由于层位变化大，波组关系复杂，做到层位闭合和一致性并不容易，需要做多次对比和尝试，找到最合理的层位解释方案。

针对模型结果的合理性，提出两种评价方法，一是切片方式评价。切片产生的是沿某一时间或层位的属性特征，该方法是评价波阻抗数据体的整体特征是否符合大的地质趋势。二是单井或任意位置反演评价。假设模型与地质情况相符，则通过单井反演和任意位置反演很容易得到好的反演结果。评价结果认为，模型与真实地质情况相似性差时，则要深入分析子波提取、层位解释、内插等环节，通过多次分析，选择最合适的初始模型。

反演中迭代次数、方波大小、波阻抗变化率等参数主要通过井旁地震反演分析来确定，根据地震记录的合成记录的相关分析和波形相似性分析，确定反演参数。

2）通过叠后波阻抗反演的方法进行了煤层顶底板岩性预测的研究。雨汪煤矿的地层岩性波阻抗分析表明，煤层<泥岩<砂岩<灰岩，煤层波阻抗最小，灰岩波阻抗最大。砂泥岩波阻抗往往受非地层岩性因素的影响，在很多情况下不能很好地反映岩性变化。考虑到自然伽马测井在砂泥岩地层剖面中，其曲线值主要取决于岩层中的泥质含量，反映的岩性变化特征十分明显，划分砂泥岩非常有效。因此，通过自然伽马测井-波阻抗交会图方法区分砂泥岩。通过电阻率测井刻画卡以头组砂岩的富水性，建立卡以头组砂岩富水区和波阻抗的对应关系，圈定卡以头组砂岩的富水区，指出松毛林水库下方卡以头组砂岩具有明显的富水性特征。根据煤层和夹矸、围岩的物性差异，进行 C_2 煤层、C_{7+8} 煤层的合并分叉预测。

10.6　煤层含气量的地球物理预测技术研究

目前认为地震属性中，AVO 属性与油气关系密切。然而，吸附态保存的瓦斯与游离态保存的油气，在地质特征、地震响应特征方面存在较大的差异。为此，在前人研究的基础上，综合利用地震数据、测井曲线、含气量数据，构建了含气量的 AVO 反演分析流程，并以滇东喀斯特地貌条件下的雨汪煤矿为例进行研究，试图探索一条煤层含气量预测的新途径。该流程从测井曲线的 AVO 响应特征入手，以此为依据对整个勘探区内的地震振幅进行校正，保持相对保幅特性。同时，利用测井资料建立了更为合理的速度场，通过合理扩大道集面元，提高叠前资料的信噪比。根据 AVO 原理计算 AVO 属性，建立煤层含气量与 AVO 属性之间的统计关系，并获得了理论验证。优选具有较好线性关系的地震属性预测勘探区内煤层含气量分布，对煤层含气量进行预测，并和钻孔直接内插等方法进行对比，获得了以下认识：

1）AVO 属性分析要求地震资料的数据处理具有保幅特性，因此必须评价地震资料的保幅特性。针对煤田地震资料特征，可以发现测井资料具有高分辨率，因此利用测井资料建立的速度场与地下实际情况更为接近。为了校正整个勘探区内的振幅分布特征，以测井曲线的 AVO 响应为标准，这有利于得到合理的 AVO 属性分布。

2）基于理论模型对比各种 AVO 公式的近似效果，结果表明：Shuey 近似与 Zeoppritz 方程精细解的相似性较好，以此为基础计算了相关的 AVO 地震属性。AVO 属性和煤层含气量的线性相关性强，C_2 煤层与横波反射系数的相关性最强，相关系数为-0. 740553；C_3 煤层与截距属性的相关性最强，相关系数为-0. 740883；C_{7+8} 煤层与截距梯度属性的相关性最高，相关系数为 0. 824678；C_3 煤层与极化系数平方属性的相关性最强，相关系数为 0. 839522。勘探区内的煤层含气量总体上符合地质规律：随着埋深的增加，深部煤层的含气量大于浅部煤层的含气量。

10.7　基于地震资料的煤层资源稳定性、煤层气资源潜力评价分析

煤层资源稳定性主要是指煤层厚度、煤质和煤体结构在工作区范围内变化的情况。其中，煤层厚度的变化直接影响勘查工程的密度和开采方法，是划分煤层稳定性的主要影响因素。通过分析与上述地质因素密切相关的地震属性，基于克里金内插方法，分析了煤层资源稳定性。

1）相较于钻孔数据，地震数据有高密度的优势。雨汪矿区已知煤层厚度的钻孔及巷道点有48个，而地震数据可划分为5m×5m的网格，雨汪矿区有超过16万个地震数据控制点。使用地震资料是获取这些已知量的有效方法。地震方法具有控制点更密集的优点，这使得在外推插值时能够更好地控制煤层厚度的形态，从而更精确地描述煤层厚度。将预测结果和钻孔控制的计算成果进行对比分析表明，基于地震方法预测煤层资源稳定性，在变异系数上有更好的体现，而基于钻孔的变异系数则偏大。在煤层可采系数上，两者差别不大。这也表明，基于5m×5m网格的地震数据，对于煤层横向上的变化，具有更强的描述能力。

2）传统体积法预测煤层气资源量时，利用钻孔、岩心等散点数据，对这些数据进行统计平均计算。然而，传统体积法将煤层面积看成平面上的区域面积，而实际煤层为一个起伏形态地层。考虑到煤层起伏形态的煤层面积计算方法，与实际煤层面积更为接近，计算得到的煤层气资源量与实际情况更为接近。本研究提出了一种基于地震数据的煤层气资源评价方法。在利用这些已知数据的基础上，进一步利用地震资料和地震数据进行外推。由于地震数据具有在横向上高密度网格的特征，使用地震数据的外推精度高于单纯使用散点数据的结果。这种方法能够更好地控制煤层厚度的形态，更精确地描述煤层气资源量。

参考文献

毕丽飞 . 2010. 基于多参数速度模型的转换波叠前时间偏移技术 [J] . 石油地球物理勘探，45 (3)：337-342.

蔡利文 . 2010. 利用波阻抗反演方法预测淮南顾桥矿区 13-1 煤顶板砂岩孔隙度 [D] . 北京：中国矿业大学（北京）.

晁如佑，付英露，石一青，等 . 2010. 复杂障碍区三维地震观测系统变观设计方法及应用 [J] . 复杂油气藏，3 (4)：31-34.

陈学强，张林 . 2007. 复杂地表条件下的变观设计技术 [J] . 石油地球物理勘探，42 (5)：495-498.

陈志德，刘振宽，李成斌 . 2001. 高精度克希霍夫三维叠前深度偏移及并行实现 [J] . 大庆石油地质与开发，20 (3)：64-66.

程增庆，霍全明，彭苏萍，等 . 2004. 利用三维三分量观测系统的优度选择各向异性成像有利区域 [J] . 石油地球物理勘探，39 (3)：322-326.

狄帮让，王长春，顾培成，等 . 2003. 三维观测系统优化设计的双聚焦方法 [J] . 石油地球物理勘探，38 (5)：463-469.

狄帮让，孙作兴，顾培成，等 . 2007. 宽/窄方位三维观测系统对地震成像的影响分析——基于地震物理模拟的采集方法研究 [J] . 石油地球物理勘探，42 (1)：1-6.

杜文凤 . 1997. 煤田三维地震资料精细构造解释 [J] . 中国煤田地质，4：100-108.

杜文凤 . 1998. 相干体技术在煤田三维地震勘探中的应用 [J] . 煤田地质与勘探，6：67-71.

杜文凤，彭苏萍 . 2008. 利用地震层曲率进行煤层小断层预测 [J] . 岩石力学与工程学报，27：1-6.

冯凯，和冠慧，尹成，等 . 2006. 宽方位三维观测系统的发展现状与趋势 [J] . 西南石油学院学报，28 (6)：24-28.

高银波，徐右平，梁宏 . 2010. 复杂断块叠前时间偏移技术应用实例研究 [J] . 物探化探计算技术，4：365-371.

郭恒庆，周广华，杨文钦 . 2007. 济宁二号煤矿三维地震勘探观测系统评价 [J] . 安徽理工大学学报（自然科学版），27 (增刊)：67-69.

郭明杰 . 2003. 折射波剩余静校正 [D] . 北京：中国地质大学（北京）.

何光明，贺振华，黄德济，等 . 2006. 叠前时间偏移技术在复杂地区三维资料处理中的应用 [J] . 天然气工业，26 (5)：46-48.

何凯 . 2010. 利用波阻抗反演方法预测淮南顾桥矿区灰岩孔隙度 [D] . 北京：中国矿业大学（北京）.

侯建全，王建立，孟小红 . 2002. 适合于复杂地表条件下静校正处理技术 [J] . 物探与化探，26 (4)：307-310.

侯重初，蔡宗熹，刘奎俊 . 1985. 从偶层位出发建立曲面上的位场转换解释系统 [J] . 地球物理学报，(4)：411-418.

黄中玉，朱海龙 . 2003. 转换波叠前偏移技术新进展 [J] . 勘探地球物理进展，26 (3)：167-171，185.

孔炜，杨瑞召，彭苏萍 . 2003. 地震多属性分析在煤田拟声波三维数据体预测中的应用 [J] . 中国矿业大学学报，32 (4)：443-446.

冷广升 . 2010. 地震数据采集质量控制方法研究与应用 [J] . 中国煤炭地质，22：67-72.

李福中，邢国栋，白旭明，等 . 2000. 初至波层析反演静校正方法研究［J］. 石油地球物理勘探，35（6）：710-718.
李国发，常索亮 . 2009. 复杂地表煤田地震资料处理的关键技术研究［J］. 中国矿业大学学报，38（1）：61-66.
李玲，王小善，李凤杰 . 1996. 全三维解释方法探讨与实践［J］石油地球物理勘探，4：40-45.
李佩，陈生昌，常鉴，等 . 2010. 基于波动理论的地震观测系统设计［J］. 浙江大学学报（工学版），44（1）：203-207.
李万万 . 2008. 基于波动方程正演的地震观测系统设计［J］. 石油地球物理勘探，43（2）：134-141.
李泽英，张欣 . 2010. 反褶积处理统计时窗的选择［J］. 工程地球物理学报，7（4）：421-427.
凌云研究组 . 2003. 宽方位角地震勘探应用研究［J］. 石油地球物理勘探，38（4）：350-357.
刘洋，魏修成，王长春，等 . 2002. 三维三分量地震勘探观测系统设计方法［J］. 石油地球物理勘探，37（6）：550-555.
刘振宽，刘俊峰，宋宗平，等 . 2004. 海拉尔盆地三维地震采集技术［J］. 石油物探，43（4）：395-399.
刘振武，撒利明，董世泰，等 . 2009. 中国石油高密度地震技术的实践与未来［J］. 石油勘探与开发，2（36）：129-135.
陆基孟 . 2008. 地震勘探原理［M］. 青岛：中国石油大学出版社 .
罗国安，武威，李合群，等 . 2010. 快速叠后偏移反褶积算法及应用［J］. 石油地球物理勘探，45（6）：844-849.
麻三怀，杨长春，孙福利，等 . 2008. 克希霍夫叠前时间偏移技术在复杂构造带地震资料处理中的应用［J］. 地球物理学进展，23（3）：754-760.
马淑芳，李振春 . 2007. 波动方程叠前深度偏移方法综述［J］. 勘探地球物理进展，30（3）：153-159.
潘宏勋，方伍宝 . 2010. 速度模型误差给叠前深度偏移成像带来的假象［J］. 物探化探计算技术，（1）：64-69.
逄雯 . 2010. 叠前时间偏移技术在煤田地震勘探中的应用研究［D］. 西安：西安科技大学 .
彭苏萍，何登科，勾精为，等 . 2008. 观测系统的面元划分与覆盖次数计算［J］. 煤炭学报，33（1）：55-58.
彭苏萍，邹冠贵，李巧灵 . 2008. 测井约束地震反演在煤厚预测中的应用研究［J］. 中国矿业大学学报，37（6）：729-734.
宋炜，王守东，王尚旭 . 2004. 井间地震资料克希霍夫积分法叠前深度偏移［J］. 石油物探，43（6）：524-527.
孙歧峰，杜启振 . 2011. 多分量地震数据处理技术研究现状［J］. 石油勘探与开发，38（1）：67-71.
唐建明，马昭军 . 2007. 宽方位三维三分量地震资料采集观测系统设计——以新场气田勘探为例［J］. 石油物探，46（3）：311-318.
王海燕 . 2009. 提高辽河西部凹陷中深层地震资料信噪比和分辨率技术研究［D］. 北京：中国地质大学（北京）.
王建民，刘洋，魏修成 . 2007. 三维 VSP 观测系统设计研究［J］. 石油地球物理勘探，42（5）：489-494.
王建青 . 2008. 叠前时间偏移技术在潞安矿区的应用［J］. 中国煤炭地质，20（6）：33-35.
王秀荣 . 2006. 叠前时间偏移技术在煤田地震资料处理中的应用［J］. 中国煤田地质，18（5）：47-48，69.
王言剑 . 2007. 采区三维地震勘探的实践与认识［J］. 煤矿开采，12（2）：5，17-18.
魏建新，牟永光，狄帮让 . 2002. 三维地震物理模型的研究［J］. 石油地球物理勘探，37（6）：556-561.

熊宗宫 . 2003. 浅析影响地震数据采集精度的几个因素［J］. 物探装备，13（2）：107-108.

薛花，张恩嘉，赵宪生，等 . 2010. 基于单程波动方程平面波叠前深度偏移［J］. 煤田地质与勘探，38（6）：62-65.

杨晓东，等 . 2007. 晋城蓝焰煤业有限公司成庄矿高精度三维地震勘探研究报告［R］. 晋中：山西省煤炭地质物探测绘院 .

尹成，谢桂生，吕中育，等 . 2001. 地震反演与非线性随机优化方法［J］. 物探化探计算技术，23（1）：6-10.

尹成，吕公河，田继东，等 . 2005. 三维观测系统属性分析与优化设计［J］. 石油地球物理勘探，40（5）：495-498，509.

尹喜玲 . 2010. 城市浅层三维地震勘探方法研究［D］. 杭州：浙江大学 .

张红军，平俊彪，戚群丽 . 2009. 陆上盐丘区叠前深度偏移建模技术［J］. 石油地球物理勘探，S1：16-21.

张辉 . 2010. 利用地震波阻抗反演方法预测煤层顶板砂岩富水区域［D］. 北京：中国矿业大学（北京）.

张剑锋，张江杰，张浩，等. 2010. 各向异性三维叠前时间偏移方法［P］. 中国专利：ZL201010597160. 0.

张军华，吕宁，田连玉，等. 2006. 地震资料去噪方法技术综合评述［J］. 地球物理学进展，(2)：546-553.

张军华，缪彦舒，郑旭刚，等 . 2009. 预测反褶积去多次波几个理论问题探讨［J］. 物探化探计算技术，31（1）：6-10.

张钋，李幼铭，刘洪 . 2000. 几类叠前深度偏移方法的研究现状［J］. 地球物理学进展，15（2）：30-39.

张晓坤 . 2009. 随机模拟在三维地质建模中的应用［D］. 北京：中国地质大学（北京）.

张新，潘文勇，雷新华，等 . 2010. 改进的子波反褶积在天然气水合物地震资料处理中的应用［J］. 现代地质，24（3）：501-505.

赵镨，武喜尊 . 2008. 高密度采集技术在西部煤炭资源勘探中的应用［J］. 中国煤炭地质，20（6）：11-17.

赵玉莲，李录明，王宇超，等 . 2006. 复杂构造地震叠前深度偏移方法及应用［J］. 煤田地质与勘探，34（6）：60-62.

朱海波，张兵 . 2007. 起伏地表叠前时间偏移技术研究［J］. 勘探地球物理进展，30（5）：368-372，12.

朱海波，方伍宝，孔祥宁，等 . 2009. 扩展的横向变速叠前时间偏移技术［J］. 石油物探，48（2）：153-156，16.

邹冠贵 . 2007. 测井约束反演在煤层厚度预测中的应用研究［D］. 北京：中国矿业大学（北京）.

邹冠贵 . 2010. 孔隙介质纵波传播及衰减特征评价研究［D］. 北京：中国矿业大学（北京）.

邹冠贵，彭苏萍，张辉 . 2009a. 地震反演预测灰岩孔隙度方法研究［J］. 煤炭学报，46：562-570.

邹冠贵，彭苏萍，张辉，等 . 2009b. 地震递推反演预测深部灰岩富水区研究［J］. 中国矿业大学学报，38：390-395.

左建军 . 2010. 井间地震观测系统设计实例分析［J］. 石油物探，49（5）：509-515.

Bahorich M，Farmer S. 1995. 3-D seismic discontinuity for faults and stratigraphic features：the coherence cubs［J］. The Leading Edge，14（10）：1053-1058.

Budiansky B. 1965. On the elastic moduli of some heterogeneous materials［J］. Journal of the Mechanics and Physics of Solids，13（4）：223-227.

Cameron M, Fomel S, Sethian J. 2006. Seismic velocity estimation and time to depth conversion of time-migrated images [J]. Expanded Abstracts of 76th Annual International SEG Meeting, 3066-3069.

Canadas G. 2002. A mathematical framework for blind deconvolution inverse problems [C]. SEG International Exposition and Annual Meeting. SEG: SEG-2002-2202.

Chopra Y, Marfurt J. 2002. Seismic waveform inversion for anisotropic media using neural networks [J]. Geophysics, 67 (5): 1303-1312.

Denisov M, Finikov D, Oberemchenko D. 2001. A compact non-stationary wavelet parametrization for deconvolution and Q estimation [C]. SEG International Exposition and Annual Meeting. SEG: SEG-2001-1812.

Hill R. 1965. A self-consistent mechanics of composite materials [J]. Journal of the Mechanics and Physics of Solids, 13 (4): 213-222.

Hoover G M, O'Brien J T. 1982. The influence of the planted geophone on seismic land data [J]. Geophysics, 45: 1239-1253.

Jia X F, Hu T Y, Wang R Q. 2006. Wave equation modeling and imaging by using element—free method [J]. Progress in Geophysics, 21 (1): 11-17.

Li P M. 2005. High density acquisition test with DSU at BGP [C]. SEG Extend Abstract, 1200-1211.

Liner C L, Underwood W D, Gobeli R. 1999. 3-D seismic survey design as an optimization problem [J]. The Leading Edge, 18 (9): 1054-1060.

Marfurt K J, Kirlin R L, Farmer S L, et al. 1998. 3-D seismic attributes using a semblance-based coherency algorithm [J]. Geophysics, 63 (4): 1150-1165.

Margrave G F, Lamoureux M P. 2001. Gabor deconvolution [J]. CREWES Research Report, 13: 241-276.

Mortice D J, Kenyonz A S, Beekett C J. 2001. Optimizing operations in 3-D land seismic surveys [J]. Geophysics, 66 (6): 1818-1826.

Pecholcs P I, Hastings-James R. 2002. Universal land acquisition 14 years later Peter I. Pecholcs [C]. SEG Expanded Abstracts, 21: 75-81.

Rothman D H. 1986. Automatic estimation of large residual statics corrections [J]. Geophysics, 51 (2): 332-346.

Sheriff R E. 1997. Limitations on resolution of seismic reflections and geologic detail derivable from them: Section 1. Fundamentals of stratigraphic interpretation of seismic data [C]. AAPG Meeting, 26: 3-14.

Sheriff R E, Geldart L P. 1995. Exploration Seismology (2nd ed) [M]. Cambridge: Cambridge University Press.

Shitrit O, Hatzor Y H, Feinstein S, et al. 2016. Effect of kerogen on rock physics of immature organic-rich chalks [J]. Marine and Petroleum Geology, 73: 392-404.

Vera E E. 1987. On the connection between the Herglotz-Wiechert-Bateman and tausum inversions [J]. Geophysics, 52 (4): 568-570.

Vermeer G J O. 2003. 3-D seismic survey design optimization [J]. The Leading Edge, 22 (10): 934-941.

Volker A W F, Duijndam A J W, Blacquiere G, et al. 2000. Focus beam analysis and optimization of 3D seismic acquisition observation system [C]. 2000: 5.

Wilson P R, Ross J N, Brown A D. 2001. Optimizing the Jiles-Atherton model of hysteresis by a genetic algorithm [J]. IEEE Transactions on Magnetics, 37 (2): 989-993.

Wu M, Pan S L, Min F. 2021. A Genetic Algorithm for Residual Static Correction [C]. 2021 IEEE International Conference on Big Knowledge (ICBK). IEEE: 1-7.

Xu Y, Pan D, Zhang B, et al. 2004. Application of seismic inversion using logging data as constrained condition in coalfield [J]. Journal of China University of Mining and Technology, 14 (1): 22-25.

Zhang J, Toksöz M N. 1998. Nonlinear refraction traveltime tomography [J]. Geophysics, 63 (5): 1726-1737.

Zhu X, Sixta D P, Angstman B G. 1992. Tomostatics: Turning-ray tomography+ static corrections [J]. The Leading Edge, 11 (12): 15-23.

Zou G G, Hou S N, Zhang K, et al. 2010a. Integrated water control technology for limestone water-inrush from coal floor fissures [C]. The 2nd International Conference on Mine Hazards Prevention and Control, Qingdao, Shandong, 379-388.

Zou G G, Peng S P, Shi S Z, et al. 2010b. Using P-wave attenuation to locate water-rich limestone in coal seismic survey [C]. The 80th SEG Annual Meeting. Denver, Ameriacan, 1763-1766.